Marialena Karampatsou
Der Streit um das Ding an sich

Quellen und Studien zur Philosophie

Herausgegeben von
Dominik Perler und Michael Quante

Band 150

Marialena Karampatsou

Der Streit um das Ding an sich

―

Systematische Analysen zur Rezeption des kantischen Idealismus 1781–1794

DE GRUYTER

ISBN 978-3-11-162051-0
e-ISBN (PDF) 978-3-11-073215-3
e-ISBN (EPUB) 978-3-11-073218-4
ISSN 0344-8142

Library of Congress Control Number: 2022944302

Bibliografische Information der Deutschen Nationalbibliothek
Die Deutsche Nationalbibliothek verzeichnet diese Publikation in der Deutschen
Nationalbibliografie; detaillierte bibliografische Daten sind im Internet über
http://dnb.dnb.de abrufbar.

© 2024 Walter de Gruyter GmbH, Berlin/Boston
Dieser Band ist text- und seitenidentisch mit der 2023 erschienenen gebundenen
Ausgabe.

www.degruyter.com

Vorwort

Die folgende Untersuchung ist die – in vernünftigem, begrenztem Maße – überarbeitete Fassung der Dissertation, die ich an der Philosophischen Fakultät der Humboldt-Universität zu Berlin unter dem Titel „Der Streit um das Ding an sich: Ein neuer Blick auf Kants erste Leser" eingereicht und im September 2020 verteidigt habe.

Der Prozess ihrer Entstehung war gekennzeichnet durch intensive Gespräche mit vielen Menschen, über viele Jahre. Zahlreiche Anregungen, Vorschläge, Fragen und Einwände rund um diese Arbeit, die auf diversen Konferenzen, Workshops und Kolloquien zur Sprache gebracht wurden, haben sie maßgeblich geprägt. Ich möchte mich bei all den Teilnehmer:innen dieser Konferenzen und Workshops und insbesondere bei denen des so lebhaften Kolloquiums am Lehrstuhl für Klassische Deutsche Philosophie der Humboldt-Universität – sowohl beim „inneren" Kreis als auch bei den „auswärtigen" Gästen – herzlich bedanken.

Namentlich möchte ich denjenigen besonders danken, die eine gewisse formale Funktion im Zusammenhang mit dieser Arbeit übernommen haben. Mein ganz herzlicher Dank gilt dem Betreuer und Erstgutachter meiner Dissertation, Tobias Rosefeldt. Dieser Dank gilt vielem mehr als „nur" der Betreuung (oder „nur" der tatkräftigen Unterstützung des Lehrstuhls – für diese Publikation und darüber hinaus): Das Lehrstuhlumfeld hat mein ganzes Verständnis davon, was wir überhaupt machen, wenn wir Philosophie und Philosophiegeschichte betreiben, in entscheidenden Punkten geprägt. Besonders bedanken möchte ich mich auch bei Eric Watkins, der das Zweitgutachten meiner Dissertation übernahm, und zudem mein Gastgeber während eines Forschungsaufenthalts in San Diego war. Für den Austausch (sowohl über Kant selbst als auch über Aspekte meiner eigenen Arbeit) mit Philosoph:innen dieses lebendigen Umfelds bedanke ich mich an dieser Stelle insgesamt – ohne alle Namen aufzulisten – herzlich. Auch meiner Gastgeberin im Rahmen eines weiteren Forschungsaufenthalts – in New York –, Anja Jauernig, danke ich besonders: Obwohl sie weder in der Entstehung noch in der Begutachtung der tatsächlichen Promotionsarbeit involviert war, haben manche intensive Gespräche über die Grundkonzeption meines Projekts indirekt Eingang in diese Arbeit gefunden. Mein besonderer Dank gilt ebenfalls Bernhard Thöle, der – neben dem sehr wertvollen Austausch all diese Jahre – das Drittgutachten übernahm, und dies unter besonderem Zeitdruck anfertigte. Zu danken ist auch den Herausgebern der Reihe „Quellen und Studien zur Philosophie", die meine Arbeit in ebendiese aufgenommen haben.

Die Arbeit an meiner Dissertation bzw. an ihrer Konzipierung wurde durch diverse Stipendien gefördert: das Stipendium des Landes Berlin – und die damit verbundene DAAD-Förderung für Forschungsaufenthalte – sowie das Schneider-Stiftung-Stipendium des Instituts für Philosophie und das Research-Track-Stipendium der Exzellenzinitiative an der Humboldt-Universität. Den Stipendiengebern gilt mein Dank. Das deutsche akademische System hat allerdings auch strukturelle Lücken, so dass die Institution der griechischen Familie Gelegenheit hatte, in entscheidenden Phasen einzuspringen. Für ihre Unterstützung all diese Jahre – und davor – möchte ich mich bei meinen Eltern ganz besonders bedanken.

Berlin, im Juli 2022   Marialena Karampatsou

Inhalt

Einleitung —— 1
I   Das Projekt in Kürze: Das Ding an sich in der Kantkritik zwischen 1781 und 1794 und die Kantinterpretation unserer Zeit —— 2
II   Ausblick: Struktur und Gesamtargumentation dieser Untersuchung —— 28

Teil 1: Die Unentbehrlichkeit von Dingen an sich: Der Bedarf nach existierenden, uns affizierenden Dingen an sich

Kapitel 1
Wozu braucht man die Dinge an sich? Kants erste Leser über den Bedarf nach existierenden, uns affizierenden Dingen an sich —— 37
I   Philosophische Motivation für die Festlegung auf die Dinge an sich: Realismus und Unentbehrlichkeit der Dinge an sich als ein Topos der frühen Kantkritik —— 38
II   Die Entbehrlichkeit von Dingen an sich und die Standardinterpretation der Kantlektüre Maimons —— 55
III   Gegen die Standardinterpretation der Kantlektüre Maimons. Kein Bruch in der frühen Kantrezeption —— 59

Kapitel 2
Wie sieht die Sache bei Kant selbst aus? Kants Festlegung auf die Dinge an sich in der Kantexegese der ersten Leser —— 88
I   Die Erstleser zur Kants Festlegung auf die Dinge an sich. Große Vielfalt an der Oberfläche, Gemeinsamkeiten auf einer tieferen Ebene —— 89
II   Kants dezidierte Festlegung auf die Dinge an sich: Verteidigung einer alternativen Interpretation dagegen sprechender Stellen in der *Kritik* —— 107

Teil 2: Die Zulässigkeit einer Festlegung auf existierende, uns affizierende Dinge an sich

Kapitel 3
Kants Kritiker gegen die Zulässigkeit einer Festlegung auf die Dinge an sich: Widerspruchsprobleme (und ihre Lösung) —— 133

- I Verschiedene Lesarten des Unzulässigkeitsvorwurfs —— 134
- II Der starke Widerspruchsvorwurf: Denkverbot über Dinge an sich —— 138
- III Der schwache Widerspruchsvorwurf: Wissen über Dinge an sich, Unerkennbarkeitsthese und Kategorienverbot —— 158

Kapitel 4
Kants Kritiker gegen die Zulässigkeit einer Festlegung auf die Dinge an sich: Rechtfertigungsprobleme (und ihre Lösung) —— 181

- I Kants Festlegung auf die Dinge an sich als nicht hinreichend gerechtfertigt. Der Unzulässigkeitsvorwurf als der Einwand einer Außenweltskeptikerin —— 182
- II Eine weitere Lesart des Vorwurfs der Kantkritiker: Die starkidealistischen Prämissen der antiskeptischen Argumentation Kants —— 194
- III Noch eine Lesart des Unzulässigkeitsvorwurfs: Rechtfertigung einer Festlegung auf Dinge an sich und epistemische Anfechtungsgründe; direkter Realismus und kantischer Idealismus —— 213

Teil 3: Über die bloße Existenz und Affektion hinaus: Die leitende Rolle von Dingen an sich

Kapitel 5
Kants erste Leser zur Unentbehrlichkeit und Unzulässigkeit einer noch stärkeren Festlegung auf die Dinge an sich: Die Eigenschaften von Dingen an sich und ihre leitende Rolle innerhalb der Erfahrung —— 231

- I Die Unentbehrlichkeit einer noch stärkeren Festlegung auf die Dinge an sich —— 232
- II Die Unzulässigkeit einer noch stärkeren Festlegung auf die Dinge an sich —— 262

Kapitel 6
Die leitende Rolle von Dingen an sich innerhalb der Erfahrung: Auf dem Weg zu einer (vergleichsweise) realistischen Kantinterpretation —— 278
I Transzendentale Deduktion der Kategorien und starke Festlegung auf die Dinge an sich: Vorbemerkungen —— 279
II Der Verstand als „Gesetzgebung für die Natur" und die Rolle der Dinge an sich: Skizze einer realistischen Interpretation der transzendentalen Deduktion der Kategorien —— 290
III Die realistische Interpretation der transzendentalen Deduktion als Reaktion auf die frühe Kantkritik —— 318
IV Verhältnis der Interpretationsskizze zur Kontroverse über Zwei-Aspekte- vs. Zwei-Welten-Interpretationen —— 337

Schlusswort —— 346

Literatur —— 356

Register —— 370

Einleitung

In der *Kritik der reinen Vernunft* begründet Kant seinen *transzendentalen Idealismus*, d. h. die Lehre von Ding an sich und Erscheinung. Kants These, dass wir keinen Zugang zu einer subjektunabhängigen Wirklichkeit – den Dingen an sich – haben, führt zu einer idealistischen Position, die jedoch zugleich den Anspruch erhebt, einen realistischen Zug zu haben. Kant grenzt seine Spielart des Idealismus von radikaleren Positionen ab, im Vergleich zu denen sie gemäßigt sein soll. Die allerersten Leser der *Kritik* (Feder, Garve, Pistorius, Eberhard, Jacobi, Schulze und Maimon) haben jedoch bezweifelt, dass dieser Anspruch einlösbar ist. Auf die Veröffentlichung der *Kritik* folgte bald der Vorwurf, dass der kantische Idealismus radikaler sei, als er zu sein vorgibt. In diesem Zusammenhang entfachte sich der mittlerweile sehr alte Streit um das kantische Ding an sich: Spielt dieses „realistische" Element eine Rolle in Kants System bzw. darf es eine solche Rolle spielen?

Die Erstleser[1] Kants haben die für die Entwicklung der klassischen deutschen Philosophie schicksalhafte Idee vorbereitet, dass der kantische Idealismus instabil und spannungsreich ist, und dass wir über Kant hinausgehen müssen. Sie haben Sorgen und Einwände zum Ausdruck gebracht, von denen Kantleser:innen bis heute verfolgt werden. Ziel dieses Buchs ist es nun, Haupteinwände aus dieser frühen, vorfichteschen Kritik an Kants Idealismus zu analysieren und dabei vor allem zwei Fragen nachzugehen: Lässt sich Kant gegen seine ersten Kritiker verteidigen? Und was können wir von Kants Erstlesern heute noch lernen?

Ich werde Kant gegen seine ersten Kritiker verteidigen, und dabei werde ich mich den vielen Stimmen aus der Kantforschung anschließen, die Kant ebenfalls Recht geben. Mein Ansatz unterscheidet sich jedoch zum Teil von bisherigen Verteidigungsstrategien. In der neueren Kantforschung zeichnet sich eine Tendenz ab, die Debatten, welche in der gegenwärtigen Interpretation des kantischen Idealismus besonders prominent sind, als Schlüssel zur Rekonstruktion und Widerlegung der frühen Kantkritik zu betrachten. Hierbei ragt vor allem die Debatte über Zwei-Welten- vs. Zwei-Aspekte-Interpretationen des Idealismus heraus. Ich hingegen versuche, Kant durch Strategien zu verteidigen, welche über diese

---

[1] In dieser Arbeit spreche ich durchgängig von ersten Lesern, Kritikern und Zeitgenossen Kants – und nicht von ersten Leser:innen, Kritiker:innen und Zeitgenoss:innen –, da alle gemeinten Autoren männlich sind. Soweit ich sehen kann, gab es in der historischen Phase, die hier untersucht wird, keine relevanten Beiträge von Frauen zur spezifischen Problematik des kantischen Idealismus. Zum allgemeinen, bisher wenig erforschten und unsichtbar gebliebenen Beitrag von Frauen in der deutschen Philosophie des 18. Jahrhunderts vgl. Dyck (Hrsg.) 2021.

Debatte hinausreichen und von dieser möglichst zu entkoppeln sind. Vor diesem Hintergrund versteht sich diese Abhandlung als direkter Beitrag zur Kantforschung. Durch meine Auseinandersetzung mit Kants Zeitgenossen zeige ich zum einen, dass die Möglichkeit einer Verteidigung des kantischen Idealismus sich zu prominenten, heftig debattierten Positionen der heutigen Forschung – sowie zu dem ihnen zugesprochenen Lösungspotential – oft neutral verhält, und zum anderen, dass es wichtige Fragen hinsichtlich Kants Idealismus gibt, welche mehr Beachtung verdienen, als sie in der bisherigen Kantforschung erfahren haben.

Die folgende Untersuchung ist jedoch zugleich ein Beitrag zur Kant*rezeptions*forschung. Im Rahmen dieses Projekts bringe ich die Einwände verschiedener Kantkritiker in Verbindung miteinander und versuche zu zeigen, dass sie sich oftmals gegenseitig beleuchten. Zudem möchte ich die These plausibilisieren, dass in der Geschichtsschreibung zur klassischen deutschen Philosophie besonders verbreitete *Klassifikationen* und *Gegenüberstellungen* einzelner Leser Kants die tieferliegenden Gemeinsamkeiten zwischen Kants Erstlesern verdecken, so dass die Klassifikationen in manchen Fällen revidiert werden müssen. Indem wir uns von überlieferten Klassifikationsschemata lösen, können wir besser verstehen, was bei der frühen Kantkritik auf dem Spiel steht, und warum sie für die Kantinterpretation unserer Zeit von Interesse ist.

Im Rest dieser Einleitung gehe ich auf alle angesprochenen Aspekte des Projekts dieses Buchs ausführlicher ein. In Abschnitt I werden die hier präsentierten Punkte etwas detaillierter besprochen, während ich in Abschnitt II die Struktur der folgenden Untersuchung erläutere und in Kurzform die Hauptfragen und -ergebnisse aller Kapitel vorstelle.

I Das Projekt in Kürze: Das Ding an sich in der Kantkritik zwischen 1781 und 1794 und die Kantinterpretation unserer Zeit

Bei der näheren Beschreibung des Projekts dieses Buchs gehe ich wie folgt vor. Unter (i) beginne ich mit einer sehr schnellen Einführung in Kants Begründung des transzendentalen Idealismus in der ersten *Kritik*, wobei ich einen Fokus auf Fragen lege, die für ein Verständnis der Reaktion der ersten Leser hilfreich sind. Im Anschluss daran liefere ich eine kurze, sehr allgemeine Beschreibung der frühen Reaktion, die uns eine erste Orientierung über die Thematik dieses Buchs bieten soll ((ii)). Ich gehe dann zu meiner konkreten Fragestellung über und beschreibe, wie sich das Projekt zur gegenwärtigen Kantforschung verhält und zu dieser beiträgt ((iii)). Unter (iv) diskutiere ich, welchen Beitrag diese Arbeit zur

Rezeptionsforschung leistet. Unterabschnitt (v) dient der weiteren Klarstellung hinsichtlich der Fragen und Texte, die im Mittelpunkt dieser Untersuchung stehen.

i Kants transzendentaler Idealismus: Erscheinungen, Dinge an sich und der Anspruch Kants, eine gemäßigte Position begründet zu haben

Kants Begründung des transzendentalen Idealismus in der *Kritik der reinen Vernunft*

In seiner epochemachenden *Kritik der reinen Vernunft* untersucht Kant die Grenzen, Umfang und Möglichkeit apriorischen, d. h. erfahrungsunabhängigen, Wissens. Im Zuge dessen begründet er seinen berühmten *transzendentalen Idealismus*. Kant zufolge haben wir keinen epistemischen Zugang zu einer sub*jektunabhängigen* Wirklichkeit: Unsere Wissensansprüche können nur innerhalb des Gebiets der *Erfahrung* Befriedigung finden; innerhalb dieses Gebiets haben wir nur mit subjekt*abhängigen* Entitäten zu tun. Diese subjektabhängigen Entitäten nennt Kant *Erscheinungen*. Die Welt der subjekt*unabhängigen* Entitäten, die uns ihm zufolge verschlossen bleibt, besteht in den *Dingen an sich*. Diese Thesenkombination können wir als Versuch einer ersten groben Charakterisierung von Kants transzendentalem Idealismus ansehen. Im Folgenden möchte ich – ebenfalls kurz und grob – beschreiben, wie Kant diese Thesen begründet. Ich möchte hierbei von den zahlreichen Kontroversen und Komplikationen absehen, und eine knappe (Standard-)Darstellung des kantischen Idealismus liefern, vor deren Hintergrund wir die ersten Reaktionen auf ihn besser einordnen können.

Der transzendentale Idealismus bildet ein (bzw., nach manchen Kantleser:innen, *das*) zentrale(s) Lehrstück der ersten *Kritik*. Dort trifft Kant eine Unterscheidung zwischen drei Erkenntnisvermögen – Sinnlichkeit, Verstand, Vernunft –, die jeweils im Hinblick auf ihr Potential, Wissen a priori zu generieren, geprüft werden. So wird der transzendentale Idealismus schon in der Transzendentalen Ästhetik, also dem Teil der *Kritik*, in dem Kants Untersuchung ansetzt, begründet. Dort unterscheidet Kant zwischen dem Vermögen der *Sinnlichkeit* und dem des *Verstandes*. Von ersterem werden wir mit *Anschauungen* versorgt: Bei ihnen handelt es sich um singuläre, unmittelbare „Vorstellungen". Der Verstand hingegen ist für allgemeine, mittelbare Vorstellungen, die *Begriffe*, verantwortlich (A19/B33).[2] Die Ästhetik legt

---

[2] Stellenangaben aus der *Kritik der reinen Vernunft* folgen der Paginierung der beiden Originalausgaben von 1781 (A) und 1787 (B). Alle anderen Schriften Kants werden nach Band und Seitenzahl der Akademie-Ausgabe (Immanuel Kant, *Gesammelte Schriften*, hrsg. von der Preußischen Akademie der Wissenschaften, Berlin 1900 ff.) zitiert. Die Schriften aller anderen Autor:innen werden

nun den Fokus auf Sinnlichkeit und Anschauungen. Mithilfe seiner Raum- und Zeitargumente (A22ff./B37ff., A30ff./B46ff.) verteidigt Kant die These, dass menschliche Erkenntnis- bzw. Wahrnehmungssubjekte ihnen eigentümliche *Formen* der Sinnlichkeit haben. Es handelt sich dabei um *Raum* und *Zeit*. Diese Formen der Sinnlichkeit sollen ihren Sitz im Subjekt haben, und dieser Umstand soll dafür sorgen, dass wir im Besitz von Wissen *a priori* im Hinblick auf Raum und Zeit sind. Wir können zum Beispiel a priori wissen, dass alle Gegenstände, die wir je sinnlich wahrnehmen werden, zeitlich strukturiert sein müssen. Die Tatsache, dass Raum und Zeit als Formen der Sinnlichkeit aufgewiesen werden, und auf diese Weise apriorisches Wissen auf dem Gebiet der Sinnlichkeit ermöglichen sollen, hat jedoch eine Kehrseite: Kant lehrt die *transzendentale Idealität* von Raum und Zeit, d. h. Raum und Zeit sind keine Entitäten oder Eigenschaften der subjektunabhängigen Welt (A27f./B43f., A35f./B52f.). Dies hat zur Folge, dass alle raumzeitlichen Gegenstände, mit denen wir konfrontiert werden, ebenfalls subjektabhängig sind: Sie sind Erscheinungen. Eine Welt von Gegenständen, die *unabhängig* von der Form der Sinnlichkeit von Subjekten, und *nicht* in Raum und Zeit, wären, können wir *nicht* erkennen. Diese nicht raumzeitlichen Gegenstände sind die epistemisch unerreichbaren Dinge an sich (A26ff./B42ff, A32ff./B49ff.). Die Thesen Kants über Formen der Sinnlichkeit hängen mit einem weiteren Aspekt seines Sinnlichkeitsmodells zusammen. Kant zufolge wirken die Gegenstände der Welt auf die Sinnlichkeit (kausal) ein: Wir werden von diesen Gegenständen *affiziert* und auf diese Weise mit einem „rohen", „formlosen" Material aus Eindrücken versorgt, die *Empfindungen,* die erst dank der Formen der Sinnlichkeit raumzeitlich strukturiert werden (A19ff./B33ff.).

Ein zweiter wichtiger Schritt in Kants Begründung und Präsentation des transzendentalen Idealismus findet im darauffolgenden Teil der *Kritik*, in der Transzendentalen Analytik, statt. Dort widmet sich Kant der Untersuchung von Verstand und Begriffen; sein Interesse gilt *nicht*empirischen Begriffen, die wir *nicht* aus der Erfahrung geschöpft haben könnten. Kant vertritt hier die These, dass es zwölf reine, d. h. nichtempirische Verstandesbegriffe, die sogenannten *Kategorien*, gibt. Beispiele für solche nichtempirischen Begriffe sind der Begriff der Substanz, oder der Begriff der Ursache und Wirkung (A79f./B105f.). In der transzendentalen Deduktion der Kategorien geht Kant der „quid juris"-Frage nach: Es geht darum, warum wir solche nichtempirischen Begriffe *legitimerweise*

---

nach Erscheinungsjahr und Seitenzahl zitiert. (In der Regel wird nach Jahr der Erstveröffentlichung zitiert, solange keine überarbeiteten späteren Auflagen vorliegen. Genaue Angaben zu den tatsächlich verwendeten Ausgaben, wenn diese von der Erstauflage abweichen, sind dem Literaturverzeichnis zu entnehmen. In sehr seltenen Fällen – in Briefen oder im Nachlass anderer Autor:innen als Kant – wird nach *Entstehungs-*, nicht Erscheinungsjahr zitiert.)

auf Gegenstände anwenden können (A84ff./B116ff.). Die kantische Antwort auf diese Frage dreht sich um die Idee, dass solche nichtempirischen Begriffe als *Bedingungen der Erfahrung* fungieren. „Erfahrung" bei Kant ist bedeutungsgleich mit „empirische Erkenntnis" und scheint anspruchsvoller als bloße Sinneswahrnehmung zu sein. Die kantische These ist, dass alle Gegenstände, die von endlichen – nicht unbedingt menschlichen – Subjekten erkannt werden können, so beschaffen sind, dass sie diesen Kategorien gemäß strukturiert sind. Dabei soll die *Synthesis* durch den Verstand eine bedeutsame Rolle spielen (A76ff./B102ff., A98ff., B150ff.): Der Verstand verbindet die *Empfindungen* bzw. *Anschauungen* bzw. das „*Mannigfaltige*"[3], mit denen uns die Sinnlichkeit versorgt, gemäß den Kategorien, die als *Regel* dieser Synthesis fungieren (A105f.).

Kant meint, auf diese Weise zeigen zu können, dass *alle* Gegenstände, von denen Erfahrung bzw. empirische Erkenntnis möglich ist, kategorial verfasst sind. Aus diesem Grund gelten bei ihm bestimmte *Grundsätze des reinen Verstandes*. Ich kann zum Beispiel a priori wissen, dass „[a]lle Veränderungen [...] nach dem Gesetze der Verknüpfung der Ursache und Wirkung" geschehen (B232). Vor dem Hintergrund solcher Überlegungen soll es Kant irgendwie gelingen, der „Dignität", die der „Synthesis der Ursache und Wirkung anhängt" und „die man gar nicht empirisch ausdrücken kann" (A91/B124), gerecht zu werden. Der kantische Ansatz soll damit eine Alternative zu empiristischen Programmen mit skeptischen Konsequenzen, wie das einflussreiche kausalitätsskeptische Programm Humes[4], darstellen.

Jedoch besteht die Kehrseite der Thesen, die dieses apriorische Wissen auf dem Gebiet des Verstandes ermöglichen, wiederum darin, dass die empirisch erkannten Gegenstände *subjektabhängig* sind. Die kategorial verfassten Gegenstände sind sinnlich gegebene, raumzeitliche Gegenstände, die nur Erscheinungen sein können. Kant vertritt die These, dass „[d]ie Ordnung und Regelmäßigkeit [...] an den Erscheinungen, die wir *Natur* nennen, [...] wir selbst hinein [bringen] (A125). Erscheinungen „stehen [...] unter gar keinem Gesetze der Verknüpfung, als demjenigen, welches das verknüpfende Vermögen vorschreibt" (B164). Die nichtempirischen Begriffe, d.h. die Kategorien, darf ich nur auf solche Gegenstände anwenden, die zu den Erscheinungen gehören, und die Gültigkeit der entsprechenden Grundsätze ist nur auf diese eingeschränkt. Eine Anwendung der

---

[3] Kants Rede vom „Mannigfaltigen" wird uns in dieser Untersuchung kaum beschäftigen; vgl. dazu Kap. 5, Fn. 14.
[4] Wenn hier, sowie im Rest dieses Buchs, von Hume, Berkeley, Leibniz oder Locke die Rede ist, handelt es sich immer bloß um einen Verweis auf sich *locker* an ihren tatsächlichen Thesen orientierenden philosophischen Positionen und/oder auf die *Interpretation* dieser Positionen durch Kant und/oder seine Erstleser.

Kategorien auf subjektunabhängige, nicht raumzeitliche Gegenstände, d. h. Dinge an sich, scheint hingegen ausgeschlossen zu sein. Im Abschnitt über Phänomena und Noumena am Ende der Analytik (A235 ff./B294 ff.) wird letzteres Ergebnis hervorgehoben.

Ein weiterer Bestandteil der kantischen Begründung und Präsentation des transzendentalen Idealismus ist in der Transzendentalen Dialektik, dem an die Analytik anschließenden Teil der *Kritik*, zu finden. Hier setzt sich Kant mit der *Vernunft*, als (unter anderem) dem *Vermögen zu schließen* und dem *Vermögen der Prinzipien*, auseinander (A299/B355 f.) und geht der Frage nach apriorischem Wissen auf dem Gebiet dieses Vermögens nach. Hier kommt die „destruktive" Dimension des kantischen Projekts zum Ausdruck: Die traditionelle *metaphysica specialis*, welche Gegenstände wie die Seele, die Welt als Ganzes und Gott betrifft, wird einer scharfen Kritik unterzogen. Ferner liefert Kant ein weiteres, indirektes Argument für den transzendentalen Idealismus. Kant zufolge verwickelt sich unsere Vernunft unweigerlich zu *Antinomien* (A405 ff./B432 ff.): Mit Blick auf eine Reihe von wichtigen metaphysischen Fragen lässt sich sowohl ein gutes Argument für eine These als auch ein gutes Argument für die der ersten entgegengesetzte These formulieren. Nach Kant gibt es keinen Ausweg aus dieser misslichen Situation, solange man den transzendentalen Idealismus *nicht* beherzigt. Der Unterscheidung zwischen Erscheinungen und Dingen an sich wird ein nicht geringes Lösungspotential mit Blick auf die vier Antinomien der Vernunft zugesprochen (A490 ff./B518 ff., A506 f./B534 f.).[5] Neben seiner Auseinandersetzung mit den Antinomien ist für die Präsentation und gegebenenfalls Begründung des transzendentalen Idealismus noch ein kleiner Aspekt des umfangreichen Unterfangens Kants in der Transzendentalen Dialektik nennenswert: Kant setzt sich dort mit dem Problem des Außenweltskeptizismus auseinander und versucht, die skeptischen Zweifel über die Existenz einer Außenwelt als die Konklusion eines *Paralogismus*, eines Fehlschlusses, zu entlarven (A366 ff.). Die kantische Reaktion auf diesen Fehlschluss besteht im Grunde darin, den transzendentalen Idealismus ins Spiel zu bringen, um zu zeigen, wie sich das Problem des Außenweltskeptizismus entschieden entschärft, sobald man mit transzendentalidealistischen Annahmen operiert. Im Zuge seiner Auseinandersetzung mit dieser

---

5 Kant unterscheidet allerdings zwischen *mathematischen* Antinomien (erste und zweite Antinomie) und *dynamischen* Antinomien (dritte und vierte Antinomie). Mit Blick auf die jeweilige Untergruppe ist die Auflösung der Antinomie und das sich daraus ergebende indirekte Argument für den transzendentalen Idealismus anders zu verstehen. Streng genommen kommt nur der Auflösung der *mathematischen* Antinomien die Rolle eines „indirekten *Beweises*" für den transzendentalen Idealismus zu (A502 ff./B530 ff.).

Problematik – die in der B-Auflage der *Kritik* gestrichen wird – liefert Kant auch die erste offizielle Definition des transzendentalen Idealismus.

Transzendentaler Idealismus als eine gemäßigte Spielart des Idealismus

Kant bezeichnet zwar seine philosophische Position als „Idealismus" – eine Bezeichnung, die Kants Verpflichtung auf die Subjektabhängigkeit der Wirklichkeit und alles Erkennbaren suggeriert –, ist aber stets darum bemüht, diese Charakterisierung zu qualifizieren und in gewisser Hinsicht abzuschwächen. Gleich in der ersten Präsentation der Position des transzendentalen Idealismus in der *Kritik* betont Kant, dass er die These der transzendentalen Idealität und zugleich der *empirischen Realität* von Raum und Zeit vertritt (A27 f./B43 f., A35 f./B52 f.).[6] In den *Prolegomena*, wo die Hauptthesen und -ergebnisse der *Kritik* auf leichter verständliche Weise dargestellt werden sollen, schlägt Kant sogar vor, seine Position nicht mehr als „transzendentalen Idealismus" zu bezeichnen, um Missverständnissen – die sich bei den ersten Lesern der *Kritik* bereits bemerklich gemacht haben – vorzubeugen. Kant schlägt Charakterisierungen wie „kritischer" (4: 293 f., 375) oder bloß „formaler Idealismus" (4: 375) vor.[7]

Allen diesen Qualifizierungsversuchen ist die Absicht Kants gemein, die von ihm vertretene Spielart des Idealismus als eine *gemäßigte* Position darzustellen, die von anderen, radikalen und absurden, Spielarten des Idealismus abzugrenzen ist. Kant lehrt zwar die Subjektabhängigkeit alles Erkennbaren, aber das soll nicht die ganze Geschichte sein: Der kantische Idealismus soll eine *Mittelposition* im Hinblick auf den Kontrast zwischen Subjektabhängigkeit und Subjekt*un*abhängigkeit beziehen. Die Bezeichnung „formaler Idealismus" ist in dieser Hinsicht aufschlussreich: Kant lehrt die Subjektabhängigkeit nur von *bestimmten* „Aspekten" unserer Erkenntnis und Erfahrung – Aspekte, die um die *Form* der Gegenstände als Erscheinungen kreisen. Nur im Hinblick auf *diese* Aspekte ist Kant Idealist. Im Hinblick auf *andere* Aspekte, nämlich solche, welche die *Materie* von Gegenständen betreffen, soll die kantische These *nicht* idealistisch sein. Das Eigentümliche – und auf den ersten Blick besonders Attraktive – an Kants Idealismus ist also, dass er den Anspruch erhebt, einen „Mittelweg" zwischen traditionellen Spielarten von Idealismus und Realismus (sowie „Skeptizismus" und „Dogmatismus") gefunden zu haben, und die jeweiligen Stärken dieser Positionen unter Ausschluss ihrer Schwächen miteinander kombinieren zu können.

---

6 Vgl. auch die kantischen Ausführungen zum Verhältnis zwischen transzendentalem Idealismus und empirischem Realismus in A369 f.
7 Vgl. auch B519 Anm., Zusatz der B-Auflage.

ii Die Reaktionen der ersten Kantleser: Die Nichteinlösbarkeit des kantischen Anspruchs und die Rolle des Dings an sich

Die eben geschilderte Lehre Kants könnte man auf verschiedene Weisen kritisch problematisieren. Eine erste Art von Reaktion bestünde darin, Kants *Argumente* für den transzendentalen Idealismus anzugreifen, um zu zeigen, dass der transzendentale Idealismus gar nicht wahr ist. Man könnte zum Beispiel die kantischen Raumargumente oder Kants Auflösung der Antinomien kritisieren und anhand dieser Kritik zeigen, dass nichts dagegen spricht, dass die Dinge an sich sehr wohl epistemisch erreichbar sind und dass wir daher keine Unterscheidung zwischen Erscheinungen und Dingen an sich vornehmen sollten. Eine andere Art von Reaktion bestünde hingegen darin, kantische Prämissen und Konklusionen, die den kantischen Idealismus betreffen, bis zu einem gewissen Grad zu akzeptieren und trotzdem dafür zu argumentieren, dass der transzendentale Idealismus – zumindest in der Form, in der er von Kant explizit vertreten wird – unhaltbar ist. Selbst wenn man bereit wäre, die Hauptargumente Kants in der Ästhetik, der Analytik und der Dialektik als überzeugend zu akzeptieren, könnte man Probleme mit dem Aspekt des kantischen Idealismus haben, auf den ich im vorigen Unterabschnitt hingewiesen habe: den Anspruch Kants, dadurch eine *gemäßigte* Spielart des Idealismus etabliert zu haben.

Im unmittelbaren Anschluss an die Veröffentlichung der *Kritik* im Jahr 1781 folgte zwar Stille, aber bald wurde das neue Werk intensiv wahrgenommen. Die tatsächlichen Reaktionen der ersten Leser lassen sich beiden hier vorgestellten Arten von möglichen Reaktionen zuordnen. Zum Teil werden Einwände gegen bestimmte Argumente Kants für den Idealismus vorgebracht, aber es wird auch die These geäußert, dass der kantische Anspruch, einen *Mittelweg* gefunden zu haben, nicht einlösbar ist: Wenn Kant mit seinen Überlegungen Recht hätte, so die Argumentation, würden wir bei einer Position landen, die durchaus idealistisch oder realistisch, durchaus dogmatisch oder skeptisch wäre, jedoch jeweils nicht beides. Obwohl manche Einwände der ersten Leser, die der ersten Art von Reaktion zuzuordnen sind, immer noch von großem Interesse sind und eine Herausforderung für die Begründung des kantischen Idealismus darstellen,[8] ist es eher die zweite Art von Reaktion, die für die gesamte frühe Kritik an Kants Idealismus charakteristisch ist, eine beachtliche historische Wirkung entfaltet hat, und im Mittelpunkt meiner Untersuchung hier stehen wird. Die Erstleser der *Kritik*, die Kant von den verschiedensten Standpunkten aus zu kritisieren scheinen, sind sich in einem Punkt einig: Der transzendentale Idealismus Kants entspricht nicht

---

[8] Vgl. Fn. 32.

der gemäßigten Position, die er offiziell verkörpern soll. Wie wir in der Folge sehen werden, handelt es sich hier um eine Vielfalt von Fragen und Einwänden rund um Kants Idealismus, die sich auf verschiedene Weisen interpretieren lassen, so dass ich hier bewusst sehr abstrakt sprechen möchte. All diese Reaktionen haben jedoch die Idee gemein, dass die kantische Lehre instabil und spannungsreich ist und dass der transzendentale Idealismus in einem Dilemma steckt: Entweder muss man einen starken Realismus akzeptieren, der dogmatische Anklänge haben wird, oder zugeben, dass der kantische Idealismus eine Spielart von radikalem Idealismus und/oder Skeptizismus ist.[9]

Hinter diesem Instabilitäts- und Spannungsvorwurf gegen Kants Idealismus steckt ein Streit über die Rolle desjenigen Elements in der kantischen Konstruktion, das die *realistische* Komponente des Systems auszumachen scheint: das (bzw. die) *Ding(e) an sich*. Wir haben im vorigen Unterabschnitt gesehen, dass eine Hauptidee des formalen Idealismus Kants darin besteht, dass es um eine idealistische Position nur im Hinblick auf *bestimmte* Aspekte unserer Erfahrung bzw. Erkenntnis handeln soll: Bestimmte Aspekte sind subjektabhängig, andere hingegen irgendwie subjekt*un*abhängig, und dies sorgt für den gemäßigten Charakter der kantischen Variante des Idealismus. Nun liegt es nahe, einen Zusammenhang zwischen diesen subjektunabhängigen Aspekten und dem Ding an sich herzustellen: Den ersten Lesern zufolge hängt die Frage danach, inwiefern es eine gemäßigte idealistische kantische Position geben kann, (auch) davon ab, ob und inwiefern das Ding an sich eine Rolle beim kantischen System spielt bzw. spielen darf. Würde sich zum Beispiel herausstellen, dass innerhalb des kantischen Systems ausschließlich subjektabhängige Entitäten vorgesehen sind, wäre dies folgenreich, was die Attraktivität und Radikalität des kantischen Idealismus angeht. Die Idee, dass es erhebliche Probleme mit der Rolle des Dings an sich im kantischen System gibt, und dass dies den Kern sowohl des Instabilitäts- bzw. Spannungsvorwurfs als auch des daraus resultierenden Radikalidealismusvorwurfs gegen Kants Idealismus ausmacht, ist bei manchen Kritikern Kants sehr explizit und sehr prominent, wie wir gleich sehen werden. Wir werden jedoch auch sehen, dass eine Sorge um das Ding an sich auch bei denjenigen Lesern latent vorhanden ist, die ihr Unbehagen mit Kants Idealismus auf andere Weise ausdrücken, ohne das Ding an sich in den Mittelpunkt ihrer Ausführungen zu rücken.

In seiner expliziten Variante nimmt das Problem für den kantischen Idealismus die Form eines schwierigen *Dilemmas* an: Die Dinge an sich, als die realis-

---

[9] Der genaue Zusammenhang zwischen Idealismus und Skeptizismus wird uns an verschiedenen Stellen dieses Buchs näher beschäftigen.

tische Komponente des Systems, sind für den kantischen Idealismus *unentbehrlich*, aber leider *unzulässig*. Der kantische Idealismus ist instabil und/oder spannungsreich. Die berühmte Slogan-artige Formulierung dieses Dilemmas liefert Friedrich Heinrich Jacobi in seinem Anhang „Über den transzendentalen Idealismus" zu seinem Buch *David Hume über den Glauben oder Idealismus und Realismus* aus dem Jahr 1787:

> Ich muß gestehen, daß dieser Anstand mich bey dem Studio der Kantischen Philosophie nicht wenig aufgehalten hat, so daß ich verschiedene Jahre hintereinander die Critik der reinen Vernunft immer wieder von vorne anfangen mußte, weil ich unaufhörlich darüber irre wurde, daß ich *ohne* jene Voraussetzung [gemeint ist die Voraussetzung affizierender Gegenstände, MK] in das System nicht hineinkommen, und *mit* jener Voraussetzung darinn nicht bleiben konnte. (Jacobi 1787: 109)

Jacobi bezieht sich hier auf Kants Rede in der Transzendentalen Ästhetik von einem Gegenstand, der uns *affizieren* soll. Jacobi meint, dass die Gegenstände, die diese Funktion übernehmen *müssen*, keine anderen als die Dinge an sich sind; diese Rolle *dürfen* sie jedoch nicht spielen.[10] Wie wir allerdings sehen werden, ist dieses sogenannte „Affektionsproblem" nicht die einzige Überlegung, die Jacobi selbst und die ersten Kritiker Kants im Allgemeinen mobilisieren, um die zwielichtige Rolle des Dings an sich im kantischen System aufzuzeigen. Es besteht eine allgemeine Sorge um den Status des Dings an sich bei Kant, die auf einem Geflecht von exegetischen und systematischen Gründen beruht. Auf Grundlage dieser Sorge gelangt Jacobi zur Diagnose, dass es keinen Platz für einen gemäßigten kantischen Idealismus geben kann, so dass der Verfechterin des transzendentalen Idealismus keine andere Option übrig bleibt, als sich eine Spielart des *radikalen* Idealismus zu eigen zu machen:

> Der transscendentale Idealist muß also den Muth haben, den kräftigsten Idealismus, der je gelehrt worden ist, zu behaupten, und selbst von dem Vorwurfe des spekulativen Egoismus sich nicht zu fürchten. (Jacobi 1787: 112)

Jacobi hat uns einprägsame, pointierte Formulierungen für das ganze Problem beschert. Der Großteil der Überlegungen, die Jacobis Diagnose zugrunde liegen, ist jedoch schon in einer Reihe von tonangebenden Schriften verschiedener Akteure der frühen Kantkritik anzutreffen. Dort werden diese Überlegungen oft ausführlicher entwickelt und dabei beleuchten und bereichern sie jenes Slogan-

---

[10] Das ganze Problem dreht sich um *Wissen* über Dinge an sich sowie die *Anwendung der Kategorie der Ursache und Wirkung* auf diese, die erforderlich und Kant zufolge zugleich verboten sein sollen.

artige Dilemma. In einer Reihe anonym – zum Teil vor der Veröffentlichung des jacobischen Anhangs – erschienenen Rezensionen bespricht Hermann Andreas Pistorius ähnliche Schwierigkeiten im Hinblick auf das kantische Ding an sich, die sowohl seine Unentbehrlichkeit als auch seine Unzulässigkeit betreffen.[11] Salomon Maimon behandelt bereits in seinem wichtigen ersten Werk zu Kant, dem *Versuch über die Transzendentalphilosophie* aus dem Jahr 1790,[12] sowie in späteren Werken wie der *Versuch einer neuen Logik* aus dem Jahr 1794 und *Kritische Untersuchungen* aus dem Jahr 1797 Schwierigkeiten, die sich aus einer Festlegung auf die Dinge an sich im Rahmen des kantischen Systems ergeben (würden). Gottlob Ernst Schulze setzt sich in seinem einflussreichen *Aenesidemus* aus dem Jahr 1792 mit den inzwischen unternommenen Versuchen aus kanti(ani)scher Sicht, den kantischen Idealismus gegen die ersten Einwände und Vorwürfe zu verteidigen, sehr ausführlich auseinander und argumentiert dafür, dass der kantische Idealismus nach wie vor für das Dilemma anfällig ist: Obwohl er das Ding an sich braucht, darf er es nicht haben.[13]

---

11 Besonders zentral sind zum Beispiel die Rezension zu Schultz' *Erläuterungen über des Herrn Professor Kant Critik der reinen Vernunft* aus dem Jahr 1786, die Rezension zu Jakobs *Prüfung der Mendelssohnschen Morgenstunden oder aller spekulativen Beweise für das Daseyn Gottes* aus dem Jahr 1788 sowie die Rezension Pistorius' zur B-Auflage der *Kritik*, ebenfalls aus dem Jahr 1788. Dass die Kantkritik Pistorius' oft über den Umweg einer Kritik an Kantianern zur Sprache kommt, stellt uns generell vor keine besonderen Schwierigkeiten. Pistorius macht es in der Regel explizit, dass er nicht bloß von den „Schülern" (Kantianer) sondern auch vom „Lehrer" (Kant selbst) spricht. Insbesondere was die rezensierten *Erläuterungen* Schultz' angeht, ist zudem zu betonen, dass es sich um einen Kommentar zur *Kritik* handelt, der in Absprache mit Kant entstanden ist; vgl. 10: 349 ff. Vgl. auch Erdmann 1904: 99 ff., Kuehn 2006: 643 f. Schultz gilt zudem als der einzige Interpret, von dem Kant explizit sagt, dass er den wahren Sinn seiner Philosophie getroffen habe (12: 367).
12 Im Titelblatt der Erstauflage des Werks steht zwar das Jahr 1790, aber tatsächlich ist es spätestens Anfang Dezember 1789 erschienen; vgl. Engstler 1990: 27 Fn. 2.
13 Ein Großteil der Kritik im *Aenesidemus* erfolgt zwar über den Umweg einer Kritik an der „Elementarphilosophie" Reinholds (vgl. Fn. 29), aber es wird von Schulze zudem klarerweise der Anspruch erhoben, Kant selbst zu kritisieren. Darüber gibt schon der genaue Titel des Werks Auskunft (*Aenesidemus oder über die Fundamente der von dem Herrn Professor Reinhold in Jena gelieferten Elementar-Philosophie. Nebst einer Verteidigung des Skeptizismus gegen die Anmaßungen der Vernunftkritik* [d.h. die *Kritik der reinen Vernunft*, MK]). Schulze spricht ausführlich sowohl über Reinhold als auch über Kant und macht explizit, wenn es um Letzteren geht, so dass wir auf Grundlage dieses Werks Schulzes Kantinterpretation und -kritik problemlos und zuverlässig erschließen können. In seinem sehr umfangreichen Spätwerk zu Kant, der *Kritik der theoretischen Philosophie* aus dem Jahr 1801, setzt sich Schulze direkt mit der *Kritik der reinen Vernunft* auseinander, so dass dieses Werk uns mit zusätzlichen Informationen zum Verständnis und zur Überprüfung der Kantlektüre und -kritik Schulzes versorgt.

In dieses Bild passen jedoch auch andere Autoren bzw. andere Aspekte der Position bereits erwähnter Autoren, die auf den ersten Blick von anderen Sorgen getrieben zu werden scheinen. Einen ersten – und relativ einfachen – solchen Fall bilden die Verfasser der sogenannten „Göttinger Rezension", der ersten, über eine bloße Inhaltsangabe hinausgehenden, Rezension zur *Kritik der reinen Vernunft*, die im Jahr 1782 anonym erschien. Verfasst von Christian Garve und gekürzt und überarbeitet von Johann Georg Heinrich Feder, stellt sie den *Idealismus* in den Mittelpunkt der Diskussion um das neue Werk.[14] Feder und Garve erheben als Erste den Idealismusvorwurf: Der kantische Idealismus sei letztlich zu radikal und alles andere als gemäßigt. Den Rezensenten zufolge bestehen die kantischen Thesen in einem „System des höheren Idealismus", das an die – in der deutschen Philosophie des 18. Jahrhunderts als absurd geltende – Position Berkeleys erinnert (Feder/Garve 1782: 40 f.) Sie stellen fest: „[D]ie Mittelstrasse [sic] zwischen ausschweifenden Skepticismus und Dogmatismus, den rechten Mittelweg [...] scheint uns der Verf. nicht gewählt zu haben" (Feder/Garve 1782: 47). Obwohl eine explizite Ding-an-sich-Rede hier eher ausbleibt, werden wir sehen, dass die Kantkritik Feders und Garves diese Thematik sehr wohl betrifft.

Johann August Eberhard stellt einen weiteren – etwas komplexeren – solchen Fall dar. Eberhard hat seine Kantkritik in sehr vielen Aufsätzen in den von ihm selbst herausgegebenen antikantischen Zeitschriften *Philosophisches Magazin* (erschienen von 1788 bis 1792) und *Philosophisches Archiv* (erschienen von 1792 bis 1795) zur Sprache gebracht. Er ist der einzige Akteur der frühen Kantkritik, der Kant zu der Verfassung einer Streitschrift bewog, die ausschließlich der Widerlegung der an ihn gerichteten Kritik gewidmet war.[15] Zwar sind die Fragen, die im Vordergrund von Eberhards sehr umfangreicher Auseinandersetzung mit Kant stehen, eher der *ersten* Art von Reaktion (Kritik an Kants *Argumenten* für den Idealismus) zuzuordnen, die ich oben vom Hauptgegenstand der Untersuchung hier abgegrenzt habe. Dennoch lassen sich aus systematischer Sicht viele Aspekte seiner Kantkritik, welche die Thematik des Idealismus und der Dinge an sich

---

14 Das war nicht selbstverständlich. Zwar habe ich hier bisher nur vom Idealismus Kants in der *Kritik* gesprochen, aber dies ist nur geschehen, weil es sich beim vorliegenden Buch um eine Untersuchung mit diesem Schwerpunkt handelt. Wir haben gesehen, dass der Idealismus Kants im Zuge eines Projekts über apriorisches Wissen begründet wird, und vor diesem Hintergrund hat der Idealismus einen instrumentalen Charakter. Es ist nicht offensichtlich, dass ein (ausschließlicher) Fokus auf den Idealismus eine angemessene Beschreibung des kantischen Projekts liefert. Zu diesem Punkt vgl. Kants eigene Reaktion in 4: 377 in den *Prolegomena*.
15 Es handelt sich dabei um die im Jahr 1790 erschienene Schrift *Über eine Entdeckung nach der alle neue Kritik durch eine ältere entbehrlich gemacht werden soll*. Für eine weitere Reaktion Kants auf Eberhards Kritik vgl. 20: 381 ff., 11: 183.

betreffen – mit ein wenig Rekonstruktionsarbeit – als Ausdruck der *zweiten* Art von Reaktion lesen, wonach es um die *Stabilität* der gesamten Konzeption geht.

Ein letzter und deutlich komplexerer Fall findet sich beim bereits erwähnten Maimon. Ich vertrete die kaum selbstverständliche These, dass dessen Affinität zu „Jacobis Dilemma" über die bloße, bereits thematisierte, Kritik an der Zulässigkeit von Dingen an sich hinausgeht. Maimons Umgang mit dem Ding an sich weist große Ähnlichkeiten mit dem seiner Zeitgenossen auf. Ferner können einflussreiche Aspekte seiner Kantkritik, die oft als unabhängig von der Problematik des Dings an sich betrachtet wurden, für das Verständnis der frühen Kritik an Kants Idealismus fruchtbar gemacht werden. Eine Begründung dieser kontroversen Thesen ist erst im Hauptteil dieses Buchs zu finden.

Die Überlegungen und Einwände der Erstleser verbreiten eine für die Entwicklung der klassischen deutschen Philosophie folgenreiche Idee: Der kantische Idealismus, so großartig und interessant er sein mag, stellt keine stabile Position dar. Wir können ihn nicht einfach akzeptieren und dann getrost weiterleben. Wir müssen über Kant hinausgehen; wir brauchen Fichte, Schelling oder Hegel. Die bereits erwähnten, weit weniger bekannten Leser Kants werden oft von ganz anderen philosophischen Motivationen getrieben als die Deutschen Idealisten. Trotzdem sind es diese kleineren Autoren, die mit dem erhobenen Instabilitäts- und Spannungsvorwurf im Hinblick auf einen neuralgischen Aspekt der theoretischen Philosophie Kants diese nächsten großen Stationen in der klassischen deutschen Philosophie vorbereiten. Ab dem Jahr 1794 hat Fichte mit seiner „Wissenschaftslehre" eine neue Phase der Kantrezeption eingeleitet, die außerhalb des Fokus dieser Untersuchung liegt. Fichtes (zu) selbstbewusstes Urteil über die Rolle des kantischen Dings an sich klingt vernichtend:

> Diese Absurdität irgend einem Menschen, der seiner Vernunft noch mächtig ist, zuzutrauen, ist mir wenigstens unmöglich; wie sollte ich sie Kanten zutrauen? So lange demnach Kant nicht ausdrücklich mit denselben Worten erklärt, *er leite die Empfindung ab von einem Eindrucke des Dinges an sich*; oder, daß ich seiner Terminologie mich bediene, *die Empfindung sey in der Philosophie aus einem an sich außer uns vorhandenen transcendentalen Gegenstande zu erklären*, so lange werde ich nicht glauben, was jene Ausleger uns von Kant berichten. Thut er aber diese Erklärung; so werde ich die Krit. d. r. V. eher für das Werk des sonderbarsten Zufalls halten, als für das eines Kopfs. (Fichte 1797/98: 239)[16]

---

16 Für Fichtes Umgang mit dem kantischen Ding an sich ist sein *Versuch einer neuen Darstellung der Wissenschaftslehre 1797/98*, insbesondere die dazu zählende „Zweite Einleitung in die Wissenschaftslehre" (Fichte 1797/98: 209 ff.), aus der die zitierte Stelle stammt, besonders aufschlussreich.

Die Kantlektüre Fichtes unterscheidet sich hier von der der allerersten Leser. Wie wir sehen werden, haben die vorfichteschen Leser Kant im Großen und Ganzen eine Festlegung auf die Dinge an sich *zugeschrieben*, und dabei waren sie, soweit ich sehen kann, sehr wohl in der Lage, die *Kritik* als das Werk eines Kopfs zu betrachten. Die Annahme, die Fichte jedoch mit den Erstlesern teilt, und den Boden für Äußerungen wie die eben zitierte genährt hat, war die in der frühen Kantkritik tiefgreifende und vielfach verteidigte These, dass es um die Rolle des Dings an sich im Rahmen des kantischen Idealismus sehr schlecht bestellt ist.

iii Wer hat Recht? Kant oder seine Kritiker? Und was können wir aus Kants frühen Kritikern lernen?

Ziel des hier verfolgten Projekts ist es nun, die Haupteinwände von Kants Erstlesern zu analysieren und als Ausdruck eines Spannungs- bzw. Instabilitätsvorwurfs sowie eines darauf beruhenden Radikalidealismusvorwurfs miteinander in Verbindung zu bringen. Ich werde dabei untersuchen, inwiefern diese Vorwürfe Kant tatsächlich treffen, und zugleich der Frage nachgehen, was wir aus Kants Erstlesern heute noch lernen können.

Wer hat Recht? Kant oder seine Kritiker?
Mit den Erstlesern der *Kritik* dürften sich viele, auch zeitgenössische, Leser:innen dieses Werks identifizieren. Vielen Generationen von Leser:innen ist es ähnlich wie den Erstlesern ergangen: Sie stimmen der Diagnose der Erstleser zu, dass der kantische Idealismus mit unüberwindlichen Schwierigkeiten behaftet ist, die sich nur mit Überwindung des orthodoxen Kantianismus und des „Buchstabens" der *Kritik* beheben lassen. Es wäre keine Übertreibung zu behaupten, dass die meisten Philosoph:innen, die sich der nachkantischen philosophischen Tradition verpflichtet fühlen, eine solche These unterschreiben würden. Zum Teil wird jedoch die These auch von Philosoph:innen, die dem Kantianismus eher verbunden sind, vertreten. Und sie dürfte auf die Sympathie derjenigen stoßen, die, unabhängig von ihren philosophischen Vorlieben, Kants Idealismus als inkohärent einstufen.[17]

Die Plausibilität einer solchen These ist jedoch Gegenstand heftiger Kontroverse. Innerhalb der Kantforschung hat man sich jahrhundertlang mit den Texten und philosophischen Positionen beschäftigt, welche die Reaktion der ersten Leser

---

[17] Für Beispiele von *expliziten* Reaktionen solcher Art vgl. Cassirer 1920: 31 f., 60 und 86, Dilthey 1889: 592 ff., Vaihinger 1892: 36.

ausgelöst haben. Man hat die verschiedensten Interpretationen des transzendentalen Idealismus Kants vorgeschlagen und verteidigt. Und man hat elaborierte Strategien entwickelt, die der Verteidigung Kants gegen die Einwände seiner ersten Kritiker sowie gegen ähnliche mögliche Einwände dienen. Auf dem Gebiet der Kantforschung lassen sich viele Stimmen finden, die sehr wohl Kant gegen die Kritiker verteidigen. Der Umstand, dass die Erforschung des im Mittelpunkt dieser Untersuchung stehenden Aspekts der kantischen Philosophie – d. h. des Idealismus Kants als der Lehre über Ding an sich und Erscheinung – in den letzten Jahrzehnten der Kantforschung eine Blütezeit erlebt hat, hat zur Verstärkung dieser Tendenz beigetragen. Nach vielen Jahren gründlicher Auseinandersetzung mit den systematischen und exegetischen Problemen, die der transzendentale Idealismus aufwirft, kann man zuversichtlich sein, Kant gegen die Einwände seiner allerersten Leser verteidigen zu können.

Dieser zweiten Art von Positionierung werde ich mich hier anschließen. Mein Projekt besteht zum Teil darin, die Alternativlosigkeit der Interpretation des kantischen Idealismus durch die Erstleser zu bestreiten, und die Position Kants gegen Einwände aus der frühen Kantkritik zu verteidigen. Die vorliegende Arbeit ist das Projekt einer Kantianerin, die sich der frühen Kantkritik aus der Perspektive der (zeitgenössischen) Kantforschung annähert. Ich suche Kant aus dieser Perspektive zu verteidigen, und dabei in ständigem Dialog mit bereits unternommenen Verteidigungsversuchen zu bleiben. Wenn ich also die Frage „Wer hat denn Recht? Kant oder seine Kritiker?" mit einem Wort beantworten muss, dann lautet meine Antwort: „Kant". Anhand einer intensiven Auseinandersetzung mit der Kantlektüre und -kritik der Erstleser Kants werde ich dafür argumentieren, dass der kantische Idealismus sich zentralen Einwänden, die sich um den Instabilitäts-/Spannungs-/Radikalidealismusvorwurf drehen, entziehen kann.

Was können wir aus der frühen Kantkritik lernen?
Die Frage danach, ob Kant oder seine Kritiker Recht haben, ist jedoch nicht die einzige Frage, die man sich bei einer Auseinandersetzung mit der frühen Kantkritik stellen könnte, und auch nicht die einzige Frage, der ich im Rahmen dieses Projekts nachgehe. Es geht hier zugleich um die Frage danach, was wir – neue Generationen von Leser:innen und Forscher:innen – aus der frühen Kantkritik lernen können. Können wir die Reaktionen der ersten Leser durch Verweis auf elaborierte, bereits vorhandene Ergebnisse aus der Kantforschung relativ schnell abfertigen, oder gibt es noch unerschöpftes Potential, sowohl was unser Verständnis der frühen Kantkritik per se als auch ihre Relevanz für die Kantinterpretation unserer Zeit angeht?

Obwohl ich letztlich der These zustimme, dass sich Kant verteidigen lässt, und an vielen Stellen dieses Buchs von bereits vorhandenen relevanten Ergebnissen aus der Kantforschung Gebrauch machen und/oder auf diese aufbauen werde, denke ich trotzdem, dass wir aus einer intensiven Auseinandersetzung mit den Erstlesern Kants einiges lernen können, und dass Teil davon relevant für heutige Debatten und Kontroversen in der Kantforschung ist. Über das, was wir im Allgemeinen über die frühe Kantkritik – unabhängig von ihrer Relevanz für die Kantinterpretation unserer Zeit – lernen können, werde ich im nächsten Unterabschnitt sprechen. Hier möchte ich die Frage nach der Relevanz der frühen Kritiker für die aktuelle Kantforschung anschneiden und im Zuge dessen den Beitrag meines Projekts zu dieser skizzieren.

Der transzendentale Idealismus Kants ist zwar schon seit der Veröffentlichung der *Kritik* Gegenstand heftiger Kontroversen, jedoch ist er insbesondere in den letzten Jahrzehnten in den Mittelpunkt der Forschung zur theoretischen Philosophie Kants geraten. Dabei hat sich eine prominente Debatte entfacht, welche die Frage nach der *numerischen Identität* oder *Verschiedenheit* von Erscheinungen und Dingen an sich betrifft. Wie wir auch im Rahmen dieser Untersuchung sehen werden, wurde die kantische Unterscheidung zwischen Erscheinungen und Dingen an sich traditionell so interpretiert, als ginge es um eine Unterscheidung zwischen mentalen Entitäten, „Vorstellungen", einerseits und – gegebenenfalls mysteriösen – außenweltlichen Gegenständen andererseits, die „hinter" diesen Vorstellungen stehen sollen. Diese traditionelle Interpretation wird oft als eine *Zwei-Welten-Interpretation* des transzendentalen Idealismus charakterisiert, da sie davon ausgeht, dass Erscheinungen und Dinge an sich zwei „Welten", zwei disjunkte Mengen von Gegenständen ausmachen.

Dieser traditionellen Interpretation hat man in den letzten Jahrzehnten eine alternative und einflussreiche *Zwei-Aspekte-Interpretation* entgegengesetzt, wonach Dinge an sich und Erscheinungen in einer Relation der numerischen Identität stehen sollen. Dinge an sich und Erscheinungen sind demnach *dieselben* Dinge, und die Unterscheidung betrifft unterschiedliche „Aspekte" eines und desselben Dings. Die Rede von „Aspekten" wiederum kann auf verschiedene Weisen interpretiert werden, und es wird im Rahmen dieser Arbeit Gelegenheit geben, zentrale Vorschläge aus dieser Interpretationsrichtung etwas näher zu betrachten: Verschiedene, hoch elaborierte Varianten von Zwei-Aspekten-Interpretationen stehen mittlerweile im Angebot.[18]

---

[18] Die Interpretationen des kantischen Idealismus, die in Bird 1962, Prauss 1974 und Allison 1983 entwickelt werden, gelten als die ersten – explizit formulierten – Zwei-Aspekte-Interpretationen. Adickes' Positionierung zu diesen Fragen – vgl. insbesondere Adickes 1924: 20 ff. – wird oft als eine Zwei-Aspekte-Interpretation avant la lettre gelesen.

Wie wir auch im Rahmen dieser Arbeit sehen werden, spricht einiges dafür, den ersten Kantlesern die traditionelle Zwei-Welten-Interpretation zuzuschreiben. Das Vorhandensein elaborierter Alternativen zu dieser Interpretation eröffnet nun Verteidigungspotential für Kant gegen die Reaktionen der Erstleser, das bereits genutzt worden ist: Kantforscher:innen, die als prominente Vertreter:innen von Zwei-Aspekte-Interpretationen gelten, motivieren ihre Interpretation auch dadurch, dass sie uns besser erlaubt, Kant gegen Einwände aus der frühen Kantkritik zu verteidigen. Die Hauptidee ist, dass Kants Erstleser den transzendentalen Idealismus *deshalb* für instabil, spannungsreich und zu radikal gehalten haben, weil sie ihn im Sinne einer Zwei-Welten-Interpretation gedeutet haben; stünden ihnen hingegen die Ressourcen von zwei Jahrhunderten Forschung, die in Zwei-Aspekte-Interpretationen kulminiert haben, zur Verfügung, wären sie in der Lage gewesen, den kantischen Idealismus als eine tragfähige, stabile und kohärente Position zu würdigen. Dieser zum Teil impliziten, zum Teil expliziten Reaktion auf die frühe Kantkritik scheint die Idee zugrunde zu liegen, dass eine Berufung auf Zwei-Aspekte-Interpretationen des kantischen Idealismus *notwendig* und *hinreichend* ist, um die Einwände der ersten Kantleser zu entkräften.[19]

Ich werde hier hingegen einen anderen Weg einschlagen. Ich versuche Kant durch Strategien zu verteidigen, die sich in der Regel *neutral* zu Debatten über Zwei-Aspekte- und Zwei-Welten-Interpretationen verhalten. Ich werde zwar in einigen Fällen auf Ergebnisse von Kantforscher:innen, die Zwei-Aspekte-Interpretationen als Alternative zur frühen Kantlektüre betrachten, zustimmend zurückgreifen und auf diese aufbauen. Aber ich werde zugleich die These vertreten, dass die anschlussfähigen Ergebnisse auch von nuancierten Zwei-Welten-Interpretationen übernommen werden können. In manchen anderen Fällen werde ich solche Ergebnisse und ihr Potential als Replik auf die frühe Kantkritik problematisieren, und alternative Verteidigungsstrategien vorschlagen, die von Zwei-Aspekte-Interpretationen – genauso wie Zwei-Welten-Interpretationen – entkoppelt werden können. In einem einzigen Fall werde ich sogar die These vertreten, dass sich Zwei-Welten-Interpretationen in einer vorteilhaften Position befinden, ohne jedoch ausschließen zu wollen, dass (künftige) Versionen von Zwei-Aspekte-Interpretationen das zur Diskussion stehende Problem lösen können.[20]

---

19 Für Beispiele von *expliziten* Reaktionen solcher Art vgl. Allais 2004: 657, Allison 2004: 5 und 450 Fn. 4, Rosefeldt 2013: 239 ff., Sassen 1997: 438 Fn. 63.

20 Wie es im Laufe dieser Untersuchung ersichtlich wird, ist allerdings meine Neutralität hinsichtlich Zwei-Welten- und Zwei-Aspekte-Interpretationen als eine Neutralität mit Blick auf *metaphysische* Zwei-Aspekte-Interpretationen im Kontrast zu (ohnehin metaphysischen) Zwei-Welten-Interpretationen zu verstehen. Ich bevorzuge eine metaphysische, keine methodologische Interpretation des transzendentalen Idealismus.

Mein Ziel ist es hier nicht, Zwei-Welten-Interpretationen als solche zu rehabilitieren. Ich stehe sehr positiv zu vielen Thesen und Argumenten, die in Zwei-Aspekte-Interpretationen ihren Ursprung haben, und ich verfolge nicht das Ziel, diese Interpretationen durch eine neue, nuancierte Zwei-Welten-Interpretation zu ersetzen.[21] Ich möchte jedoch anhand des Blicks auf Kants erste Leser deutlich machen, dass viele exegetische und systematische Probleme, die der transzendentale Idealismus aufwirft, Fragen betreffen und Lösungen erfordern, welche die Annahme einer Identitätsrelation zwischen Dingen an sich und Erscheinungen nicht verlangen. Obwohl die Erstleser Kant in vieler Hinsicht missverstanden haben, besteht die Quelle des Missverständnisses nicht darin, dass sie mit einer Zwei-Welten-Interpretation überhaupt operiert haben, sondern dass diese Zwei-Welten-Interpretationen mit vielen anderen problematischen Thesen *kombiniert* werden, die vermieden werden könnten.[22]

---

21 In der kürzlich erschienenen Monographie Jauernigs (2021) wird genau dieses Ziel verfolgt: Es wird die bis dato elaborierteste Zwei-Welten-Interpretation des kantischen Idealismus vorgelegt und verteidigt. Jauernigs Buch ist zwar nach Entstehung der ursprünglichen Fassung der folgenden Untersuchung erschienen, aber ich habe es bei der Überarbeitung berücksichtigt, so dass ich an geeigneten Stellen, die sich in den Gang der ursprünglichen Fassung gut einfügen, auf kürzlich veröffentlichte Thesen und Argumente Jauernigs verweise bzw. eingehe.

22 Für eine Annäherung an die Debatte zwischen Zwei-Aspekte- und Zwei-Welten-Interpretationen, die dem Geist meines eigenen Ansatzes entspricht, vgl. Walker 2010. (Allerdings nehme ich in meiner eigenen Untersuchung eher andere Probleme in den Blick, und in mancher – zum Teil näher zu besprechenden – Hinsicht weicht die von mir vertretene Kantinterpretation von der Interpretation Walkers ab.) Für eine positive Einstellung zur Tragfähigkeit einer sogenannten Zwei-Welten-Interpretation des transzendentalen Idealismus vgl. insbesondere Jauernig 2021. Vgl. auch Stang 2016, wo das Potential einer Zwei-Welten-Interpretation, solange diese im Sinne eines *„qualified* phenomenalism" verstanden wird, positiv eingeschätzt wird. Stang stuft allerdings die enge Verbindung zwischen Debatten um Identität einerseits und Debatten um den Status von Erscheinungen als „Vorstellungen" (Phänomenalismus) andererseits als irreführend ein, und plädiert für eine Auseinanderhaltung der zwei Debatten. Allais (2015: 8f., 71ff.), die eine umfassende und elaborierte Zwei-Aspekte-Interpretation entwickelt und verteidigt hat, vermeidet in ihrer jüngsten Behandlung der ganzen Problematik ihre frühere Verpflichtung – vgl. Allais 2004 – auf eine Identitätsthese hinsichtlich Erscheinungen und Dinge an sich, die durch eine „eine" vs. „zwei Welt(en)"-Terminologie zur Sprache kommt. Obwohl ich an der inzwischen etablierten Rede von Zwei-Aspekte- vs. Zwei-Welten-Interpretation festhalten werde, und manche Fragen, die zur Problematisierung dieser Rede geführt haben, hier nicht diskutieren werde, gehe ich davon aus, dass meine eigene Annäherung dieselbe Stoßrichtung hat wie Ansätze, die diese Rede problematisieren. Ich sehe eine Verbindung zwischen meiner eigenen Behandlung der frühen Kantkritik und der sich in den letzten Jahren in der Kantforschung abzeichnenden Tendenz, wonach sich die seit den letzten Jahrzehnten des 20. Jahrhunderts besonders verbreitete Unterscheidung zwischen zwei klar definierten Lagern – den Zwei-Aspektler:innen und den Zwei-Weltner:innen – aufgebrochen wird.

Mein Ansatz speist sich aus Überlegungen sowohl über die Art und Weise, wie längst diskutierte Fragen rund um Kants Idealismus zu beantworten sind, als auch aus Überlegungen über die Art von Fragen selbst, die im Zusammenhang der Idealismusproblematik einer intensiveren Diskussion würdig sind. Zur Begründung meiner Thesen lege ich zum einen den Fokus auf Fragen und Texte, die im Zentrum nicht nur der frühen Kantkritik sondern auch der Kantforschung rund um die Zwei-Welten- vs. Zwei-Aspekte-Debatte stehen, und argumentiere dafür, dass die Berufung auf Zwei-Aspekte-Interpretationen im Rahmen einer Kantverteidigung nicht notwendig ist, und dass manche bereits vorhandene Verteidigungsstrategien nicht unbedingt funktionieren. Dabei meine ich Fragen wie diejenige nach der Existenz von und Affektion durch Dinge an sich, und Texte, die als besonders zentral für Kants Idealismus gelten, wie die Transzendentale Ästhetik, der Abschnitt über Phänomena und Noumena, oder der „Vierte Paralogismus" in der A-Auflage der *Kritik*. Solche Fragen und Texte stehen im Mittelpunkt der ersten zwei Teile dieses Buchs. Zum anderen gehe ich jedoch über die Fragen und Texte hinaus, die im Zentrum der gegenwärtigen Diskussionen zu Kants Idealismus und der bereits erwähnten Debatte stehen, und argumentiere dafür, dass die Beachtung *weiterer* Aspekte von Kants Idealismus und der Kritik daran sehr lohnend sein kann. Die Frage und der Text, um die es mir vor allem geht und die im Mittelpunkt des dritten Teils dieses Buchs stehen, ist Kants transzendentale Deduktion der Kategorien und ihr Verhältnis zum transzendentalen Idealismus. In der Kantforschung hat sich eine gewisse Spezialisierung etabliert. Behandlungen des kantischen Idealismus neigen dazu, sich auf Fragen der numerischen Verschiedenheit und Identität zu konzentrieren, und anderen Fragen vergleichsweise weniger Aufmerksamkeit zu schenken. Diskussionen um die transzendentale Deduktion der Kategorien neigen dazu, die Problematik des Idealismus auszuklammern. Die ersten Leser Kants gehen hingegen anders vor. Diese Dimension der frühen Kantrezeption und -kritik finde ich interessant und anschlussfähig. Der Rückblick auf Kants allererste Leser, die solche Spezialisierungen nicht kannten, als sie ihre aus heutiger Sicht leicht als „plump" abzuweisenden Fragen und Intuitionen formuliert haben, hilft uns zu sehen, dass es hier wichtige Fragen gibt, über die wir mehr reden sollten, und über die wir – vor dem Hintergrund der bereits stattgefundenen spezialisierten Bemühungen all dieser Jahre – mehr reden können. Kants erste Leser helfen uns, manche Fragen zusammenzudenken.

iv Was können wir über die frühe Kantkritik lernen? Kants Kritiker zwischen 1781 und 1794 und die traditionelle Geschichtsschreibung

In diesem Buch werden die ersten Leser der *Kritik* und Kritiker des Idealismus Kants, die vor Fichte agiert haben, zur Sprache kommen, womit Feder, Garve, Pistorius, Jacobi, Eberhard, Maimon und Schulze gemeint sind. Dabei werden keine Kapitel oder Abschnitte mit Überschriften der Art „Feders Kantkritik", die von Kapiteln zu „Pistorius' Kantkritik" gefolgt werden, anzutreffen sein. Eine Hauptthese dieser Untersuchung besteht darin, dass die Gruppe der vorfichteschen Erstleser viel homogener ist, als es auf den ersten Blick erscheint, und dass wir die Einwände der Kantkritiker besser verstehen und würdigen können, wenn wir sie im Rahmen einer Gesamterzählung zur frühen Kantkritik in Verbindung zueinander bringen. Ich nähere mich der Kantkritik eher systematisch an, indem ich die Einwände eines und desselben Autors, die jeweils andere Aspekte ihrer Gesamtkritik betreffen, in verschiedenen Kapiteln und Abschnitten, die einen jeweils anderen thematischen Schwerpunkt haben, behandle. In diesen verschiedenen Kapiteln und Abschnitten werden dann Aspekte der Kantlektüre und -kritik verschiedener Autoren, die sich gegenseitig beleuchten und ergänzen, diskutiert.

Eine solche Annäherung an die frühe Kantkritik ist nicht selbstverständlich und läuft der traditionellen Geschichtsschreibung zur klassischen deutschen Philosophie zuwider. Betrachtet als Beitrag zur Rezeptionsforschung, verhält sich mein Projekt *kritisch* zu dieser traditionellen Geschichtsschreibung. Im Rahmen dieser Geschichtsschreibung sind vor allem drei Klassifikationsschemata zur frühen Kantkritik verbreitet, die ich kurz beschreiben und problematisieren möchte. Eine erste Klassifikation ergibt sich aus der Unterscheidung zwischen *Rationalismus* und *Empirismus*. Nach einer sehr einflussreichen Erzählung zur Geschichte der Philosophie und der Rolle Kants darin versucht Kant die zwei Hauptströmungen der Philosophie der Neuzeit, den Rationalismus und Empirismus, miteinander zu versöhnen. Und indem er es tut, distanziert er sich von beiden, so dass zu erwarten ist, dass er von beiden Lagern anschließend kritisiert wird – sowohl die Rationalisten als auch die Empiristen üben, aus jeweils anderen Gründen, Kritik an Kant. Feder, der mit Locke sympathisiert, scheint seine Kritik aus einer ganz anderen Perspektive als Eberhard, der dezidierte Leibnizianer, zu üben. Jacobi, der Hume interessant findet, scheint von ganz anderen Sorgen getrieben zu werden als Maimon, der seine Inspirationsquelle zum Teil in Leibniz zu finden behauptet.[23] In diesem Buch werde ich gar nicht auf die allgemeine Frage

---

23 Sassen (2000: 2f.) unterscheidet zum Beispiel zwischen der Gruppe der Empiristen, der Feder,

eingehen, wie hilfreich eine Unterscheidung in zwei vorkantische Hauptströmungen des Rationalismus und Empirismus für das Verständnis der Philosophie der frühen Neuzeit oder der Philosophie Kants ist.[24] Was unser Verständnis der frühen Kantkritik konkret angeht, ist es in jedem Fall erwähnenswert, dass die philosophischen Vorlieben der Akteure der frühen Kantkritik in der Regel komplexer sind, so dass die Klassifikation „Rationalist" oder „Empirist" oft nur unter der Nichtbeachtung bestimmter Aspekte ihrer Positionen oder ihrer Selbstcharakterisierung möglich sind.[25] Vor diesem Hintergrund versuche ich, bei der Behandlung der frühen Kantkritik ohne diese Unterscheidung auszukommen.

Garve, Pistorius zuzurechnen sind, und der Gruppe der Rationalisten, zu denen Eberhard gehört. In Beisers Taxonomie werden Feder, Garve, Pistorius im Abschnitt über die Lockeaner (Beiser 1987: 165 ff.) abgehandelt, Eberhard im Abschnitt über die Wolffianer (Beiser 1987: 193 ff.), während Jacobi (Beiser 1987: 44 ff.), Schulze (Beiser 1987: 266 ff.) und Maimon (Beiser 1987: 285 ff.) eine jeweils eigene Kategorie bilden sollen. Eine abgeschwächte Version dieser Unterscheidung hat man in Klassifikationsschemata, welche die Unterscheidung zwischen Empirismus und Rationalismus grundsätzlich akzeptieren, jedoch den „Eklektizismus" bestimmter Akteure zugleich hervorheben. (Johann Eduard) Erdmann (1848: 235, 247, 289) spricht zum Beispiel von Eklektikern (zu denen „Popularphilosophen" wie Feder, Garve und indirekt Pistorius gezählt werden), die den Leibnizianern-Wolffianern gegenübergestellt werden. Die Nähe zu Rationalismus von Denkern, die als Empiristen klassifiziert werden, wie Feder und Pistorius, wird in Beiser 1987: 165 anerkannt. Vgl. auch Albrecht 2014: 254 f. (Benno) Erdmann (1878: 6 ff.) unterstreicht wiederum den „Eklektizismus" von *allen* Philosophen zu Kants Zeit, inklusive des Rationalisten/Wolffianers Eberhard.

24 Diese Standarderzählung zur Geschichte der Philosophie steht in den letzten Jahrzehnten vermehrt unter Kritik. Für eine hilfreiche Diskussion zur Rolle Kants und kantianischer Geschichtsschreibung bei der Entstehung und Verfestigung dieser Standarderzählung vgl. Vanzo 2013, Vanzo 2016.

25 Ich nenne manche Beispiele, worauf ich im Rahmen dieser Untersuchung indirekt zurückkommen werde. Bei Feder ist es nicht klar, inwiefern er der empiristischen Position Lockes oder der Position Reids folgt. Und es ist etwas unklar, wie sich die ganze Position zu einem Idealismus leibnizscher Prägung verhält. Für Eberhard stellt sich die – Kant zufolge zu verneinende – Frage, inwiefern er Anhänger von Leibniz ist, oder ob es vielmehr um einen Anhänger Wolffs – der wiederum näher zum Empirismus stehen könnte – geht. Maimon ist bekannt für seine Verteidigung einer Kombination aus Rationalismus und Empirismus, die nicht nur im Denken Leibniz', sondern auch in der Philosophie Humes ihre Inspiration findet. Es sind solche Aspekte des Denkens der Erstleser, die man einzufangen versucht, indem man den frühen Kritikern Eklektizismus zuschreibt. Erwähnenswert in diesem Zusammenhang ist die Position Pistorius'. Obwohl Pistorius zu den Eklektikern gezählt wird, der sowohl zum Rationalismus als auch zum Empirismus Verbindungen haben soll, ist es nicht der Fall, dass *manche* seiner Thesen rationalistisch klingen, während *andere* Thesen hingegen empiristische Verpflichtungen verraten. Was man in seiner Kantkritik feststellt, ist, dass es *dieselben* Thesen sind – Thesen über die leitenden Eigenschaften von Dingen an sich innerhalb der Erfahrung –, die an manchen Orten in Verbindung

Ein zweites, in der Geschichtsschreibung ebenfalls verbreitetes, Klassifikationsschema, dem ich hier nicht folgen werde, betrifft die Unterscheidung zwischen „*fortschrittlichen*" und „*rückschrittlichen*" Kritikern Kants. Vor allem in „hegelianischen" Erzählungen über diesen Ausschnitt der Geschichte der Philosophie, aber auch darüber hinaus ist es verbreitet, die Erstleser Kants in zwei Gruppen aufzuspalten, je nachdem, ob ihre Kritik eher mit der Vergangenheit besessen ist, oder ob ihre Einwände eher in die Zukunft des Kantianismus weisen. In diesem Rahmen würde man zum Beispiel Feder und Eberhard als klare Fälle einer rückschrittlichen Kritik lesen, die bloß die Wiederherstellung der alten, vorkantischen, Ordnung anstreben, während zum Beispiel Jacobi, Schulze und Maimon durch ihre Kritik den Weg für eine nachkantische Zukunft vorbereiten sollen.[26] Auch diese Art von Klassifikation finde ich der Sache nach wenig hilfreich. Aus einer exegetischen Perspektive funktioniert sie schlechter, als es auf den ersten Blick erscheinen mag. Man könnte ferner philosophische Zweifeln darüber anmelden, ob eine solche Unterscheidung überhaupt jemals nützlich sein könnte.[27] Man könnte zwar versuchen, von all dieser „Rückschritt vs. Fortschritt"-Sprache zu abstrahieren und die Unterschiede zwischen den Kritikern, die der Sache nach eine Aufspaltung in diese zwei Lager begründen könnten, anders zu bestimmen. Selbst dann würde man allerdings feststellen, dass es viele Unterschiede, die auf den ersten Blick eine Aufspaltung begründen könnten, beim näheren Hinsehen doch nicht gibt – wie wir im Hauptteil dieses Buchs sehen werden. In diesem Zusammenhang wäre es nicht uninteressant, auf das Selbstverständnis der frühen Kritiker zu verweisen: Für die meisten Kritiker Kants war es sehr klar, dass

---

zu Leibniz' Position gebracht werden (vgl. Pistorius 1786) und an anderen Orten als stellvertretend für einen empiristischen Standpunkt (vgl. Pistorius 1789) präsentiert werden.

26 In Sassens (2001: 2f.) Taxonomie wird sowohl die Gruppe der Empiristen als auch die der Rationalisten (vgl. Fn. 23) als Ausdruck einer *rückschrittlichen* Kritik an Kant aufgefasst, und *fortschrittlichen* Lesern, zu denen auch Maimon zählen soll, gegenübergestellt. In Erdmanns (1848: 289) Klassifikation stellen wir etwas Ähnliches fest: Sowohl die Gruppe der Eklektiker als auch die Gruppe der Leibnizianer-Wolffianer sollen einer vergangenen Zeit angehören und werden mit den fortschrittlichen *Glaubensphilosophen*, zu denen auch Jacobi zählen soll, kontrastiert.

27 Jacobi bekennt sich zum (vorkantischen) Empirismus und seine Kritik soll doch irgendwie fortschrittlicher sein als Feders Empirismus. Maimon, der als die Kulminierung der fortschrittlichen Kritik gelten soll, bekennt sich zum Teil zu Leibniz, genau wie Eberhard, der als das Paradebeispiel rückschrittlicher Kritik gilt. Die Unterscheidung zwischen fortschrittlichen und rückschrittlichen Einwänden erscheint mir philosophisch suspekt. Sie gibt uns nur Auskunft über die philosophische Schulung der jeweiligen Gegner, die eine biographische, genetische Rolle bei der Entstehung ihrer Einwände gegen Kant gespielt haben mag, und über die Intentionen, die sie mit ihren Einwänden verfolgt haben. Sie ist wenig informativ, was die Schlagkraft und das Potential der Einwände als solcher angeht.

ihre Einwände gegen Kant starke Verbindungen und Ähnlichkeiten mit der Kritik ihrer Zeitgenossen aufwiesen, selbst derjenigen, die von Historiker:innen der Philosophie oft nachträglich als zum anderen Lager gehörend klassifiziert worden sind.[28] Ein solches Selbstverständnis entspricht meinem eigenen Vorgehen, während es in gewisser Spannung zu dem Bild steht, das durch zwei Jahrhunderte Geschichtsschreibung zur frühen Kantkritik etabliert worden ist.

Es gibt ein drittes Klassifikationsschema, das Überschneidungen mit dem zweiten aufweist, und genau genommen nicht eine interne Klassifikation der *Kritiker* betrifft, sondern vielmehr die Klassifikation der Erstleser überhaupt in *Kritiker/Antikantianer* einerseits und *Sympathisanten/Kantianer* andererseits zum Gegenstand hat. Meine Auswahl an Autoren, die hier als *Kritiker* des *transzendentalen Idealismus* behandelt werden, könnte für Anhänger:innen der verbreiteten Klassifikation zwischen Kantianern und Antikantianern etwas überraschend erscheinen. Insbesondere die Entscheidung, eingefleischte Gegner Kants, wie Feder und Eberhard, zusammen mit Lesern Kants wie Maimon zu behandeln, dürfte für manche Leser:innen befremdlich sein. Maimon wird oft als ein „selbstständiger" Kantianer gelesen, der weniger den Gegnern als vielmehr den Akteuren der frühen Kantrezeption wie Karl Leonhard Reinhold und Jacob Sigismund Beck[29] nahe steht. Anders als im Fall des Rests der hier zu behandelnden

---

[28] Um manche Beispiele zu nennen: Pistorius (1791: 34 ff.) liefert eine Gegenreplik auf die (kantianische) Kritik an der Kausalitätskonzeption, die Feder (1787) in seinem gegen Kant gerichteten Werk verteidigt hatte; die Positionierung Feders zu manchen Fragen in der antikantischen *Philosophischen Bibliothek* soll Pistorius zufolge (1791: 63) eine Annäherung Feders an seine eigene Position mit Blick auf Raum und Kausalität verraten; der Position Pistorius' mit Blick auf Raum und Zeit und einem damit zusammenhängenden Einwand gegen Kants Idealismus stimmt Eberhard (1789i: 262) explizit zu – vgl. Kap. 5, I, ii; das Erscheinen des von Eberhard herausgegebenen *Philosophischen Magazins* hielt Feder (1789b: 233) für eine „allen Freunden der Philosophie angenehme Erscheinung", die seiner „Anpreisung oder Bekanntmachung nicht weiter bedarf"; im Laufe der Zeit – nach der besonders aggressiven Reaktion Kants gegen ihn selbst im Kontrast zu Kants schonendem Umgang mit dem Rest der Kritiker – betont Eberhard (1792a: 44 f., 1792b: 499 ff.) seine Nähe zu anderen Kantkritikern wie Jacobi und Schulze.

[29] Reinhold – in seiner für die Rezeption der kantischen Philosophie einflussreichen Phase – sowie Beck verstanden sich als Kantianer. Beide haben zunächst das Projekt verfolgt, die Philosophie Kants darzustellen und sie als treue Kommentatoren zu erläutern bzw. zu popularisieren. Vor dem Hintergrund ihrer Annäherung an Kants Philosophie lassen sie sich jedoch eher als Reformatoren – statt als Kommentatoren oder Gegner – der kantischen Philosophie einstufen. Das Hauptprojekt der sogenannten „Elementarphilosophie" Reinholds besteht in einer solchen Reform der kantischen Philosophie. Es geht darum, die „Prämissen" für die kantischen „Resultate" nachzuliefern; vgl. Reinhold 1789: 39/[67]. Entwickelt wird dieses Projekt in Reinholds *Versuch einer neuen Theorie des menschlichen Vorstellungsvermögens* aus dem Jahr 1789, in seinen *Beiträgen zur Berichtigung bisheriger Missverständnisse der Philosophen* (erster Band) aus dem

Autoren wäre es nicht abwegig zu behaupten, dass Maimon Kant kaum *kritisieren* möchte. Man könnte die These vertreten, dass Maimon den Kantianismus *verbessern*, und den „Buchstaben" zugunsten des „Geistes" aufgeben möchte.[30] Selbst wenn man jedoch der These zustimmen würde, dass Maimon ein Kritiker der Philosophie Kants ist, ließe sich die These vertreten, dass Maimons *Kritik* allenfalls einen *anderen* Aspekt der theoretischen Philosophie Kants betrifft, der mit der Problematik des transzendentalen Idealismus und des Dings an sich nichts zu tun hat – es ginge dabei um Maimons Problematisierung der Anwendung der Kategorien auf empirische Gegenstände bei Kant. Diesen Aspekt meines Umgangs mit den Akteuren der frühen Kantrezeption habe ich unter (ii) bereits thematisiert und eine ausführliche Argumentation zum Fall Maimon angekündigt. Mein Umgang mit Maimon bildet genau den Punkt, wo meine Abhandlung zur frühen Kantrezeption am stärksten von bisheriger Rezeptionsforschung abweicht und Thesen, die oft als unbestreitbar gelten, in Frage stellt.

Der Fall Maimon ist der „hartnäckigste" Fall, anhand dessen ich zeigen möchte, dass die gängigen Klassifikationsschemata aufgegeben werden sollten, und dass wir einiges aus Kants Erstlesern lernen können, wenn solche Schemata, die Querverbindungen im Weg stehen, uns nicht mehr daran hindern. Die Idee jedoch, dass die Konzentration auf ein klar definiertes Problem (transzendentaler Idealismus, und insbesondere der Spannungs-/Instabilitäts-/Radikalidealismusvorwurf) und die Herstellung von Verbindungen unter verschiedenen vorfichteschen Kritikern für die Interpretation dieser Kritiker durchaus lohnend sein kann, durchzieht mein ganzes Unterfangen. In dieser Hinsicht unterscheidet sich meine Abhandlung sowohl von Werken, die dem Genre der Rezeptionsgeschichte zu-

---

Jahr 1790 sowie in seinem Werk *Über das Fundament des philosophischen Wissens* aus dem Jahr 1791. In Absprache mit Kant verfasste Beck den *Erläuternden Auszug aus den kritischen Schriften des Herrn Prof. Kant, auf Anraten desselben*, der in drei Bänden (1793, 1794, 1796) erschien. Der dritte Band dieses Werks, der den Titel *Einzig-möglicher Standpunkt, aus welchem die kritische Philosophie beurteilt werden muss* trägt, geht über einen „erläuternden Auszug" deutlich hinaus. In seiner öffentlichen Erklärung gegen Fichte vom 07.08.1799 schreibt Kant, dass man sich *nicht* „des gehörigen (Beckischen oder Fichteschen) Standpunktes bemächtigen muß" um die *Kritik* zu verstehen (12: 371).

30 In Überwegs bzw. Holzheys (Hrsg.) *Grundriss der Geschichte der Philosophie*, während zum Beispiel Zeitgenossen Kants wie Eberhard und Schulze im Abschnitt „Gegner Kants" (Lazzari 2014: 1124 ff., Bondeli 2014a: 1145 ff.) behandelt werden, findet die Auseinandersetzung mit Maimon im Abschnitt „Kantianische Systemansätze" (Bondeli 2014b: 1174 ff.) statt, wo ebenfalls Reinhold und Beck diskutiert werden. Für einen ähnlichen Umgang mit Maimon vgl. Dilthey 1889: 695 ff., Zeller 1873: 587. Beisers Klassifikation, obwohl weniger explizit, sieht ähnlich aus: In Abschnitten mit entsprechender Überschrift werden Schulze als Vertreter des *Skeptizismus* (Beiser 1987: 266 ff.) und Maimon als Vertreter einer *kritischen Philosophie* (Beiser 1987: 285 ff.) jeweils diskutiert.

zurechnen sind, als auch von Monographien zu einzelnen Autoren der frühen Kantrezeption, obwohl das hier unternommene Projekt auf vielen Ergebnissen solcher Werke aufbaut und ohne die wertvollen Ergebnisse solcher Werke nicht möglich gewesen wäre. Da mein Ziel bei der Auseinandersetzung mit der frühen Kantkritik weder darin besteht, die frühe Kantkritik *im Allgemeinen* nachzuzeichnen, noch darin, das Denken einzelner Kritiker – unabhängig von ihrer Kantkritik – zu analysieren, gehe ich an diese Autoren mit anderen Fragen heran (vgl. vorigen Unterabschnitt). Diese anderen Fragen haben zum Teil auch zu anderen Antworten darüber geführt, was unser Verständnis von dieser faszinierenden Epoche der Philosophie angeht.

v Texte und Fragen, die im Mittelpunkt dieser Untersuchung stehen

Das vorliegende Buch ist eine Untersuchung zur frühen, vorfichteschen, Kritik am transzendentalen Idealismus Kants, welche die Veröffentlichung der *Kritik der reinen Vernunft* auslöste. Was meine Auseinandersetzung mit Kants Texten angeht, bedeutet dies konkret, dass es die erste *Kritik* in ihren beiden Auflagen (1781 und 1787) ist, auf die ich meine Aufmerksamkeit richte. Mich interessiert vor allem, den Text in den Mittelpunkt zu stellen, mit dem sich Kants Erstleser selbst auseinandergesetzt haben, und bei der Kantverteidigung Ressourcen zu mobilisieren, die in diesem Werk zu finden sind.[31] Dabei werde ich allerdings an ge-

---

[31] Dieses Vorgehen hat zur Folge, dass Werke, die aus einer systematischen Perspektive eventuell relevant für die zur Diskussion stehenden Fragen wären, wie zum Beispiel die *Kritik der Urteilskraft* oder Reflexionen aus Kants Nachlass, hier unberücksichtigt bleiben werden. Mit meiner Interpretation erhebe ich zudem nicht den Anspruch, Kants späte Position zum transzendentalen Idealismus, so wie diese zum Beispiel im *Opus postumum* ausgedrückt wird, einfangen zu können.
Nicht alle Erstleser Kants haben mit derselben Auflage der *Kritik* gearbeitet. Als Feder/Garve und Jacobi ihre einflussreiche Kantkritik – jeweils in der Göttinger Rezension und im Anhang „Über den transzendentalen Idealismus" – formulierten, stand ihnen nur die A-Auflage zur Verfügung. Dasselbe gilt für den Zeitpunkt des Verfassens mancher Rezensionen Pistorius' sowie von Feders Kantbuch *Über Raum und Kausalität*. Alle diese Autoren haben allerdings die B-Auflage später ebenfalls gelesen und in anschließenden Schriften Stellung zu ihr bezogen, wie wir bei Gelegenheit sehen werden. Maimon scheint schon in seinem ersten Werk zu Kant beide Auflagen herangezogen zu haben, ohne sich der Unterschiede zwischen den beiden bewusst zu sein (vgl. zu dieser Frage Engstler 1990: 27 f. Fn. 3, Freudenthal 2003b: 150 Fn. 11). Aus Eberhards Kritik geht hervor, dass er schon zum Zeitpunkt des Verfassens seiner Aufsätze für den ersten Band des *Philosophischen Magazins* mit beiden Auflagen vertraut war. Er zitiert sowohl aus der A- (vgl. Eberhard 1789c: 280) als auch aus der B-Auflage (vgl. Eberhard 1788b: 26 f., Eberhard 1789i: 260 f.). Schulze hat, soweit ich sehen kann, ausschließlich mit der B-Auflage gearbeitet.

eigneten Stellen auch Texte Kants heranziehen, die in der Phase zwischen 1781 und 1794 entstanden sind und für die frühe Kantkritik *unmittelbar* relevant sind; zum einen weil sie eine fasslichere Darstellung der *Kritik* enthalten sollen und von den Kantlesern selbst herangezogen wurden – damit sind Kants *Prolegomena* gemeint –, zum anderen weil sie Kants Reaktion auf diese Kritik festhalten – damit sind wiederum die (bzw. Abschnitte der) *Prolegomena* sowie die Streitschrift gegen Eberhard und einschlägige Briefe Kants gemeint.

Was meine Auseinandersetzung mit den Texten von Kants Kritikern angeht, werden vor allem diejenigen Texte im Vordergrund stehen, in denen die Erstleser ihre einflussreiche Kantinterpretation und -kritik vortragen. Das sind vor allem die Texte, die ich unter (ii) bereits erwähnt habe, und die im Mittelpunkt dieser Arbeit stehen, obwohl ich gegebenenfalls auch weitere, weniger beachtete, Werke heranziehe. Bei meinem Umgang mit den Einwänden und Fragen, welche diese Texte formulieren bzw. aufwerfen, gehe ich selektiv vor. Eine erste Etappe dieses Selektionsverfahrens betrifft die Beschränkung auf die Problematik des transzendentalen Idealismus und die Rolle der Unterscheidung zwischen Erscheinungen und Dingen an sich innerhalb der theoretischen Philosophie Kants, so wie sie aus der Perspektive der ersten *Kritik* zu verstehen sind. Eine zweite Etappe des Selektionsverfahrens betrifft die Unterscheidung, die ich bereits im Unterabschnitt (i) dieser Einleitung thematisiert habe: die Unterscheidung zwischen Einwänden gegen Kants *Argumente für* den transzendentalen Idealismus einerseits und Einwänden, die sich als ein *Instabilitäts-/Spannungsvorwurf im Hinblick auf den transzendentalen Idealismus als eine gemäßigte Position* verstehen lassen. Im Fokus dieser Untersuchung stehen letztere, so dass einige, in manchen Fällen durchaus interessante, Einwände aus der frühen Kantkritik, die der ersten Kategorie von Einwänden zuzuordnen sind, hier nicht betrachtet werden.[32] Aber selbst

---

[32] Beispiele hierfür sind Einwände gegen Kants Argumente für die Idealität von Raum (und Zeit) in der Transzendentalen Ästhetik (vgl. Feder 1787: 3 ff., Schulze 1801b: 167 ff.) oder Einwände gegen Kants (Auflösung der) Antinomien (vgl. Feder 1787: 84 ff., Pistorius 1786: 108 ff., Maimon 1794: 268 ff./[210 ff.]). Quantitativ betrachtet wird Eberhard von diesem selektiven Verfahren besonders betroffen. Ein beachtlicher Teil der Kantkritik Eberhards besteht in der Verteidigung der These, dass der „Dogmatismus" die richtige philosophische Position darstellt; vgl. zum Beispiel die Argumentation Eberhards (1788a: 161 ff., 1789c: 263 ff.) für die Gültigkeit des Prinzips des zureichenden Grundes bzw. für die Möglichkeit von Verstandeserkenntnis mit Blick auf die Dinge an sich aus dem ersten Band des *Philosophischen Magazins*. Im zweiten Band des *Philosophischen Magazins*, in einer „Rekapitulation der Hauptsätze", die bisher in der Zeitschrift „bewiesen" worden sind (Eberhard 1789b: 380 ff.), betreffen fast alle Sätze die Verteidigung des Dogmatismus bzw. der leibnizschen Philosophie als der wahren philosophischen Position (und nicht zum Beispiel die Instabilität der kantischen Philosophie). In diesem sowie in den weiteren Bänden übt Eberhard (1789 h: 73 ff., 1789d: 316 ff., 1790d: 460 ff., 1790e: 89 ff.) unter anderem eine indirekte

beim Umgang mit Einwänden, die unter die enger eingegrenzte Fragestellung fallen, habe ich mich für eine dritte Selektionsetappe entschieden. Weil mein Ziel hier nicht darin besteht, eine Aneinanderreihung von Einwänden einzelner Autoren zu präsentieren, sondern die aus meiner Sicht wichtigsten Einwände vertieft zu diskutieren und ihre Relevanz für die Kantinterpretation unserer Zeit zu untersuchen, habe ich diejenigen Aspekte der Kritik der Erstleser Kants priorisiert, die meines Erachtens folgende Kriterien erfüllen: (i) philosophisches Interesse; (ii) (komparative) historische Wirksamkeit; (iii) Einbettung in eine Gesamterzählung zur frühen Kantkritik und Relevanz für ein verbessertes Verständnis der Grundzüge dieser. Dieses Vorgehen hat zur Folge, dass ich mit dieser Arbeit nicht den Anspruch erhebe, hier *alle* potentiell zur Thematik dieser Arbeit passenden Einwände zu behandeln.

Die Texte von Kantkritikern, die hier behandelt werden, weisen starke Unterschiede im Hinblick auf ihren Umfang, ihre Komplexität und ihr Interesse aus philosophischer und exegetischer Perspektive auf. Garves Beitrag zur Kantkritik ist fast ausschließlich in den sehr wenigen Seiten der Göttinger Rezension zu verorten, während Maimon mehrere Werke zu Kant verfasst hat, die über 1000 Seiten betragen, unübersichtlich strukturiert und fast allesamt relevant für unsere Thematik sind. Der Rest der Kantkritiker befindet sich irgendwo dazwischen. Der Bedarf nach intensiver Diskussion zur genauen Interpretation dieser Kritiker fällt dementsprechend unterschiedlich aus, und dies wird in der entsprechenden Forschungsliteratur zu diesen Texten zum Teil widergespiegelt. Wenn man von Gesamtdarstellungen zur klassischen deutschen Philosophie absieht, ist die Sekundärliteratur zu vielen Zeitgenossen Kants, wie Garve, Feder, Pistorius, äußerst spärlich – sie gelten als vergleichsweise weniger wichtig und relativ leicht verständlich. Zu Schulze und Eberhard findet man etwas mehr, aber immer noch sehr wenig. Insbesondere Schulze drückt seine (umfangreiche) Kantkritik in der Regel klar und verständlich aus, und dies dürfte eine Rolle dabei gespielt haben, dass

---

Kritik an Kants Raumargumenten. Die Kritik Eberhards an Kant wird selten in der Form eines Spannungs- oder Radikalidealismusvorwurfs vorgetragen. Wahrscheinlich hat man diesen Aspekt seiner Kantkritik im Sinn, wenn man ihn als den „rückschrittlichsten" Kritiker einstuft. Ich denke allerdings, dass Eberhard der Sache nach auch diese Art von Vorwurf erhebt, und dass dies zu Eberhards eigenem Selbstverständnis gut passt. Interessant ist in diesem Zusammenhang eine Stelle, worauf ich in Fn. 28 bereits verwiesen habe. Eberhard (1792b: 501) zitiert zustimmend und ausführlich aus Jacobis Anhang „Über den transzendentalen Idealismus" und schreibt: „Was dieser berühmte Schriftsteller in seiner geistreichen Manier kurz und bündig sagt, das habe ich freylich leider! weitläufig und vielleicht langweilig sagen müssen. Ich habe ihn aber nicht darum angeführt, um mich auf seine Autorität zu stützen, so groß sie auch ist; sondern bloß um es fühlbar zu machen, wie unverantwortlich man mich allein unter den Gegnern des critischen Idealismus so behandelt, wie man mich bisher behandelt hat."

trotz der weitverbreiteten Anerkennung der Wichtigkeit seines Beitrags eine Auseinandersetzung mit diesem aus Schulze-immanenter Perspektive sehr begrenzt stattgefunden hat. Jacobi hat etwas mehr Forschungsdiskussionen ausgelöst, wobei einige um Aspekte seines Denkens kreisen, die meines Erachtens von den im Mittelpunkt dieser Untersuchung stehenden Fragen leicht auseinandergehalten werden können und uns hier nicht beschäftigen werden. Den Grenzfall stellt wieder Maimon dar. Im Gegensatz zu seinen Zeitgenossen wurde sein Werk immer als sperrig und sehr dunkel wahrgenommen; anstatt jedoch aufgrund dieser wahrgenommenen Dunkelheit in völlige Vergessenheit zu geraten, ist die Forschungsliteratur zu seinem Werk und zu den Fragen, die uns hier interessieren, umfangreicher – dies ist wahrscheinlich dem Umstand geschuldet, dass man versucht hat, Licht ins dunkle Werk zu bringen, das anscheinend von *Kant* selbst mehr als das Werk aller anderen Kritiker geschätzt wurde, und Fichtes Hochachtung gewonnen hat.[33]

All diese Unterschiede werden zwangsläufig auch in meiner Behandlung wiederzufinden sein. Es wird keinen Abschnitt geben, wo ich umfangreiche Rekonstruktionsarbeit leiste, um mir Garves Position anzunähern, während es sich im Fall Maimons ganz anders verhält. Selbst in letzterem Fall jedoch wird mein Ziel dabei sein, durch die ausführliche Behandlung die, auf den ersten (und zweiten) Blick kaum evidente, *Nähe* Maimons zu den anderen Akteuren aufzuzeigen. Die Erstleser Kants haben auf quantitativ und qualitativ verschiedene, ungleiche Weise zur Kantkritik beigetragen, und diesen Umstand können wir nicht ändern. Ich hoffe jedoch zeigen zu können, dass die Herstellung von Verbindungen, die über diese quantitativen und qualitativen Unterschiede hinwegsehen, gewinnbringend und lehrreich sein kann.

II Ausblick: Struktur und Gesamtargumentation dieser Untersuchung

Die Struktur dieser Untersuchung orientiert sich an der Struktur des Problems, das ich Slogan-artig als „Jacobis Dilemma" bezeichnet habe: das Problem, dass die Dinge an sich im Rahmen des kantischen Systems zwar unentbehrlich, aber doch unzulässig sein sollen. Wie wir gesehen haben, soll dieses Problem dazu führen, dass der kantische Anspruch, eine gemäßigte Spielart des Idealismus

---

[33] Auf einschlägige Forschungsliteratur zur frühen Kantrezeption wird im Hauptteil dieses Buchs verwiesen und eingegangen. Zur Dunkelheit des maimonschen Werks vgl. Kap. 1, Fn. 50; zu Kants Urteil über Maimon vgl. Kap. 5, I, ii; zu Fichtes Urteil vgl. Fichte 1795a: 275.

begründet zu haben, von den Erstlesern Kants als nicht einlösbar eingestuft wird. Um dieses Problem näher zu untersuchen, gliedert sich dieses Buch in drei Teile, die aus jeweils zwei Kapiteln bestehen. Der erste Teil des Buchs nimmt das erste Horn des Dilemmas in den Blick: die *Unentbehrlichkeit* einer Festlegung auf Dinge an sich, verstanden als eine Festlegung auf die Existenz von Dingen an sich und eine Affektion durch diese. Der zweite Teil des Buchs legt den Fokus auf das zweite Horn des Dilemmas, nämlich die *Unzulässigkeit* der so verstandenen Festlegung. Im dritten und letzten Teil des Buchs wird eine *verschärfte* Form des Dilemmas ins Spiel gebracht und diskutiert, die sich um die Festlegung auf Dinge an sich in einem stärkeren Sinn dreht, und zwar die leitende Rolle von Dingen an sich innerhalb der Erfahrung betrifft. Es handelt sich dabei um eine Dimension der frühen Idealismuskritik, die in der bisherigen Diskussion weniger beachtet worden ist.

In Kapitel 1 (d. h. im ersten Abschnitt des ersten Teils des Buchs) widme ich mich der Frage nach der *philosophischen Motivation* einer Festlegung auf existierende und uns affizierende Dinge an sich aus der Perspektive der Kantkritiker: Was denken Kants Erstleser über die (Un-)Entbehrlichkeit einer solchen Festlegung? Die These dieses Kapitels ist es, dass *alle* vorfichteschen Leser von der Annahme ausgingen, dass der kantische Idealismus die Dinge an sich braucht, wenn er sich von einem radikalen Idealismus abgrenzen soll. Diese Auffassung ist klarerweise bei Lesern Kants wie Feder, Pistorius, Jacobi, Eberhard und Schulze zu finden. Ich argumentiere ausführlich dafür – entgegen einer sehr verbreiteten Interpretation –, dass sehr viel dafür spricht, auch Maimon so zu lesen. Diese Unentbehrlichkeitsannahme, die ich als die Ausgangsprämisse der frühen Kantkritik ansehe, werde ich in der Folge dieses Projekts nicht in Frage stellen – ich werde sie als eine plausible These einfach akzeptieren und im Verlauf dieser Untersuchung (ab dem zweiten Teil) den Fokus stattdessen auf das zweite Horn des Dilemmas legen: Angenommen, dass die Dinge an sich tatsächlich unentbehrlich sind, sind sie dann auch zulässig? Diese Frage werde ich daraufhin bejahen. Dieses Vorgehen motiviere ich durch zwei Überlegungen. Die erste ist, dass, entgegen verbreiteten Darstellungen, kein Akteur der frühen Kantrezeption die Plausibilität der Unentbehrlichkeitsannahme bestritten hat, so dass es nicht zwingend ist, dass ich mich mit dieser möglichen, aber faktisch historisch nicht vertretenen, Auffassung auseinandersetze: Dass der prominenteste Kandidat für eine solche Auffassung, Maimon, diese These nicht vertreten hat, ist die zentrale These, die ich in diesem Kapitel verteidige. Die zweite Überlegung ist, dass *Kant sich selbst* auf die Dinge an sich explizit festlegt, dass dies dem „Buchstaben" der *Kritik* entspricht, und dass eine erfolgreiche Kantverteidigung diesem Umstand Rechnung tragen sollte. Dass wir Kant tatsächlich eine solche explizite Festlegung zuschreiben sollten, ist eine der zentralen Thesen des nächsten Kapitels.

In Kapitel 2 (d. h. im zweiten Abschnitt des ersten Teils des Buchs) setze ich meine Auseinandersetzung mit der Unentbehrlichkeit einer kantischen Festlegung auf die Dinge an sich fort, indem ich mich der ganzen Thematik aus einer stärker exegetischen Perspektive annähere. Die Frage ist nicht mehr, aus welchen Gründen Kants Erstleser denken, dass Kant eine solche Festlegung *braucht*, sondern, ob sie meinen, dass Kant eine solche Festlegung *explizit* gemacht hat, und ob sie damit Recht haben. Auf den ersten Blick sieht es so aus, als gäbe es im Hinblick auf diese Frage sehr große Unterschiede zwischen den verschiedenen Kantlesern: Manche scheinen Kants explizite Festlegung zu bejahen, andere sie zu verneinen, wiederum andere scheinen sich bedeckt zu halten und/oder schwankend hierüber zu äußern. Ich argumentiere dafür, dass beim näheren Hinsehen doch viel mehr Gemeinsamkeiten als Unterschiede zu finden sind. Ich vertrete die These, dass, dem Anschein zum Trotz, die meisten Erstleser die Festlegung Kants *bejahen*. Es gibt jedoch *bestimmte* Stellen in der *Kritik*, die sie verwirren und verunsichern, und selbst bei den dezidiertesten Vertretern der kantischen Festlegung Anlass zur These geben, dass die kantische Position eventuell doch idealistischer ist und keine Festlegung auf Dinge an sich vorsieht. Das sind vor allem Stellen aus dem Ende der Transzendentalen Analytik (Phänomena/Noumena- und Amphibolie-Abschnitt) sowie dem „Vierten Paralogismus" in der A-Auflage der *Kritik*. Anschließend wende ich mich Kant selbst zu und gehe der Frage nach, ob die Kantlektüre der ersten Leser berechtigt ist. Ich stimme der ersten Komponente dieser Kantlektüre, wonach Kant „im Großen und Ganzen" seine Festlegung auf die Dinge an sich explizit gemacht hat, zu. Im Gegensatz jedoch zu den Erstlesern argumentiere ich dafür, dass auch die Stellen aus der *Kritik*, die sie – so wie viele Generationen Kantleser:innen nach ihnen – verunsichern, so gelesen werden können, dass sie dieser expliziten Festlegung auf die Dinge an sich nicht im Weg stehen. Wir können Kant eine Festlegung „ohne Wenn und Aber" zuschreiben. Im Gegensatz zu manchen bereits vorhandenen Interpretationen dieser Stellen, die ebenfalls eine Alternative zu diesem Aspekt der Kantlektüre der Erstleser bieten, verhält sich mein Interpretationsvorschlag neutral zur Debatte über Zwei-Aspekte- vs. Zwei-Welten-Interpretationen. Dabei beschränke ich mich auf eine Besprechung von Fragen, die den Abschnitt über Phänomena und Noumena betreffen, sowie damit zusammenhängenden Fragen zur Problematik des „transzendentalen Gegenstands" bei Kant. Die Auseinandersetzung mit einer relevanten Stelle aus der „Amphibolie" sowie mit dem „Vierten Paralogismus" wird auf Kapitel 3 bzw. 4 dieses Buchs verschoben, auf deren Ergebnisse ich bereits in diesem Kapitel vorgreife.

In Kapitel 3 (d. h. im ersten Abschnitt des zweiten Teils des Buchs) richte ich meine Aufmerksamkeit auf das zweite Horn des Dilemmas: Warum denken die Kantkritiker, dass die Dinge an sich unzulässig sind, und dass es im kantischen

Idealismus keinen Platz für sie geben soll? Und haben die Kritiker damit Recht? Ich treffe eine Unterscheidung zwischen *Widerspruchs-* und *Rechtfertigungsproblemen:* In der ersten Kategorie von Problemen besteht die Sorge darin, dass die Festlegung auf Dinge an sich im Widerspruch zu anderen Thesen steht, die Kant ebenfalls vertritt; in der zweiten Kategorie von Problemen besteht die Sorge darin, dass die Festlegung nicht hinreichend gerechtfertigt ist. In Kapitel 3 stehen Widerspruchsprobleme im Mittelpunkt, während die Auseinandersetzung mit Rechtfertigungsproblemen die Aufgabe des darauffolgenden Kapitels darstellt. Eine weitere Differenzierung innerhalb der Gruppe von Widerspruchsproblemen ist möglich. Ich unterscheide zwischen einem starken und einem schwachen Widerspruchsvorwurf: Dem starken Vorwurf zufolge bereitet die Festlegung auf die Dinge an sich Probleme, selbst wenn wir bloß *denken* würden, dass es Dinge an sich gibt und diese Subjekte affizieren; dem schwachen Vorwurf zufolge stellt sich das Problem erst dann, wenn wir über bloßes „Denken" hinausgehen, zum Beispiel wenn wir behaupten zu *wissen*, dass dies der Fall ist. Ich wende mich den Kantkritikern zu und gehe der Frage nach, ob sie eher einen starken oder schwachen Vorwurf erheben. Ich verteidige die These, dass, dem Anschein zum Trotz, der starke Vorwurf eine vergleichsweise geringe Rolle in der frühen Kantkritik spielt, obwohl ich diese Rolle nicht ganz abstreite. Anschließend gehe ich auf vorhandene Reaktionen auf den starken Vorwurf aus Sicht der Kantforschung ein. Ich stimme der in der Kantforschung verbreiteten These zu, dass sich der so verstandene Vorwurf entkräften lässt. Entgegen jedoch einer weit verbreiteten These, wonach diese Verteidigung aus kantischer Sicht besonders leicht fallen soll, vertrete ich die These, dass die Verteidigung, obwohl möglich, etwas komplexer ist, da sie schwierige Fragen hinsichtlich des Verhältnisses zwischen Sinnlichkeit und Verstand und ihrer jeweiligen Rolle bei der Begründung des kantischen Idealismus aufwirft. Vor dem Hintergrund dieser Problematik bespreche ich eine Stelle aus dem Amphibolie-Abschnitt, die Implikationen für die Fragestellung des vorigen Kapitels hat. Anschließend wende ich mich dem schwachen Vorwurf und den ebenfalls bereits vorhandenen Verteidigungsstrategien aus kantischer Sicht zu. Die einflussreichsten Verteidigungsstrategien stammen von Kantinterpret:innen, die Zwei-Aspekte-Interpretationen vertreten und diese als wichtigen Bestandteil ihrer Verteidigungsstrategie ansehen. Das Lösungspotential dieser Strategien möchte ich nicht abstreiten und ich greife auf dieses zurück. Ich argumentiere jedoch dafür, dass diese erfolgreichen Strategien sich leicht modifizieren und sich auch von einer (fiktiven) Zwei-Welten-Interpretin übernehmen ließen.

In Kapitel 4 (d. h. im zweiten Abschnitt des zweiten Teils dieses Buchs) beschäftige ich mich weiter mit dem zweiten Horn des Dilemmas, indem ich Rechtfertigungsprobleme hinsichtlich Kants Festlegung auf die Dinge an sich in den Blick nehme. Ich stelle eine erste, natürliche, Lesart des Rechtfertigungsproblems vor, wonach der Vorwurf der Kantkritiker dem Einwand, den eine Außenweltskeptikerin erheben würde, stark ähnelt. Dieser Lesart zufolge soll das Problem darin bestehen, dass Kant es nicht gelungen ist, zu *zeigen*, dass es eine subjektunabhängige Außenwelt (Dinge an sich) gibt und uns affiziert. Ich wende mich Kant selbst zu, und ziehe die – provisorische – Konklusion, dass Kants Kritiker tatsächlich Recht in dieser Hinsicht zu haben scheinen. Trotzdem vertrete ich die These, dass das so verstandene Problem doch nicht so brisant für Kant ist, und dass der so verstandene Vorwurf Kant-unspezifisch bleibt und daher vergleichsweise uninteressant ist. Ich formuliere dann zwei weitere Lesarten des Vorwurfs der Kantkritiker, die ebenfalls mit der Problematik des Außenweltskeptizismus zusammenhängen und die ich als interessanter und nuancierter erachte. Der ersten weiteren – und in der Kantrezeption am verbreitetsten – Lesart zufolge besteht das Problem nicht darin, dass Kant es versäumt hat, die Außenweltskeptikerin zu widerlegen, sondern darin, dass er bei seinem Versuch, dies zu leisten, radikalidealistische Prämissen in Anspruch genommen hat. Innerhalb dieser Lesart kommt einer näheren Auseinandersetzung mit dem für die Kantrezeption einflussreichen „Vierten Paralogismus" besondere Bedeutung zu. Ich argumentiere für eine alternative Interpretation des „Vierten Paralogismus": Kant kann sich gegen den Radikalidealismusvorwurf, den dieser Abschnitt der A-Auflage besonders genährt hat, wehren. Anschließend bringe ich eine letzte mögliche Lesart des Einwands der Erstleser ins Spiel, wonach das Problem nicht darin besteht, dass Kants Festlegung auf die Dinge an sich nicht gerechtfertigt (*simpliciter*) ist, sondern eher darin besteht, dass es *Kant-spezifische Gründe* gibt, die als epistemische Anfechtungsgründe für diese Rechtfertigung fungieren. Innerhalb dieser Lesart wird ein Zusammenhang mit der Problematik des Repräsentationalismus und des direkten Realismus hergestellt. Mit Blick auf den so ausgelegten Einwand stelle ich fest, dass Zwei-Aspekte-Interpretationen besser als Zwei-Welten-Interpretationen abschneiden, plädiere jedoch zugleich für eine Relativierung dieses Vorteils sowie für eine Relativierung seiner Relevanz für die frühe Kantkritik.

In Kapitel 5 (d.h. im ersten Abschnitt des dritten und letzten Teils dieses Buchs) bringe ich eine Problematik ins Spiel, die in den ersten zwei Teilen des Buchs nicht thematisiert wird. In den ersten Teilen des Buchs, sowie in den meisten Forschungsdiskussionen, wird das Dilemma für Kant als ein Dilemma zwischen Unentbehrlichkeit und Unzulässigkeit einer Festlegung auf Dinge an sich, und damit ist eine Festlegung auf die *Existenz* von Dingen an sich und eine *Affektion* durch diese gemeint. Würde man die (durchaus gängige) These vertreten, dass Kants Kritiker sich um Kants Festlegung auf Dinge an sich in genau diesem Sinn Sorgen machen, dann würde die Auseinandersetzung mit der frühen

Kantkritik bereits mit Ende des zweiten Teils zu einem Abschluss kommen. Ich vertrete hingegen die These, dass die Erstleser Kants sich darüber hinaus Sorgen um die Festlegung Kants auf Dinge an sich in einem *stärkeren* Sinn machen. Es geht dabei um eine Festlegung, die über die bloße Existenz von Dingen an sich und ihre Affektion der Subjekte hinausgeht und die *Eigenschaften* von Dingen an sich, ihre Relevanz und ihre leitende Rolle innerhalb der Erfahrung betrifft. Es geht zum Beispiel darum, ob das Ding an sich eine Rolle dabei spielt, dass ein Gegenstand eckig und nicht rund ist, oder dass ein *bestimmtes* Ereignis die Ursache eines anderen Ereignisses ist. In diesem Kapitel argumentiere ich dafür, dass Überlegungen, die um solche Fragen kreisen, einen wichtigen Aspekt der frühen Kantkritik darstellen, der bisher vergleichsweise unbeachtet geblieben – das ist der Fall für die Kantkritik der meisten Erstleser – bzw. nicht in Verbindung mit der Problematik des transzendentalen Idealismus gebracht worden ist – das ist der Fall für das ansonsten vergleichsweise vielbeachtete „quid juris"-Problem Maimons, das sich um die Problematik besonderer Kausalurteile bei Kant dreht. Dieser Aspekt der frühen Kantkritik führt zu einer Verschärfung des Dilemmas für Kant: Die Problematik der Festlegung auf Dinge an sich, deren (Un-)Entbehrlichkeit und (Un-)Zulässigkeit auf dem Spiel steht, ist stärker gemeint. Kants Kritiker meinen, dass Kant eine stärkere Festlegung braucht, aber irgendwie nicht haben darf. Anhand der Schriften der Kantleser formuliere ich die zentralen exegetischen und philosophischen Überlegungen der Erstleser, die zum einen eine Unentbehrlichkeitsthese mit Blick auf die starke Festlegung auf Dinge an sich stützen und zum anderen die Feststellung, dass eine solche Festlegung seitens Kants unzulässig wäre, untermauern sollen.

In Kapitel 6 (d. h. im zweiten und letzten Abschnitt des letzten Teils dieses Buchs) gehe ich der Frage nach, wie sich Kants Position gegen das verschärfte Dilemma verteidigen lässt. In Anlehnung an mein bisheriges Vorgehen wird auch in diesem Fall der Fokus auf das zweite Horn des Dilemmas gelegt: Ohne die Überlegungen der Erstleser rund um die Unentbehrlichkeit einer starken Festlegung auf die Dinge an sich kritisch zu hinterfragen, gelten meine Bemühungen der Infragestellung der Unzulässigkeitsthese. Der Problemkomplex, der im Mittelpunkt des dritten Teils des Buchs steht, ist sehr breit. Ich richte meine Aufmerksamkeit auf nur ein Problem aus diesem Komplex, das sowohl in der frühen Kantkritik als auch aus Kant-immanenter Perspektive besonders zentral ist: die Verflechtung des transzendentalen Idealismus mit dem Projekt der transzendentalen Deduktion der Kategorien, mit einem besonderen Fokus auf der These Kants, dass der Verstand die „Gesetzgebung für die Natur" darstellt, und auf der damit verbundenen Rolle des Dings an sich bei der Anwendung der Kategorie der Ursache und Wirkung. Ich präsentiere eine Interpretationsskizze zu Kants Deduktionsprojekt mit Blick auf genau dieses Problem. Die Skizze dient der Plausibilisierung einer alternativen, vergleichsweise realistischen Interpretation Kants, die mit den konkreten Einwänden der Erstleser gut umgehen kann. Auf Grundlage meiner Auseinandersetzung mit dieser (Teilfrage der ganzen) Problematik ziehe ich das optimistische Fazit, dass es Potential für einen erfolgreichen Umgang aus kantischer Perspektive sogar mit einer zugespitzten Variante des Streits um das Ding an sich gibt. Ein Aspekt meines eigenen Vorschlags zum Umgang mit den in diesem Kapitel relevanten Schwierigkeiten steht allerdings in der Nähe von Zwei-Welten-Interpretationen. Ich möchte aber nicht ausschließen, dass alternative Vorschläge, die ohne solche Verpflichtungen auskommen, bald im Angebot stehen könnten. Wir müssten einfach mehr über die wichtigen und hochinteressanten Fragen, welche die Erstleser der *Kritik* beschäftigt haben, diskutieren. Denn die Erstleser sind letztlich keine leichten Gegner: Sie stellen unser heutiges Kantverständnis vor Herausforderungen, und können es um einiges bereichern.

Das Buch endet mit einem kurzen Schlusskapitel, in dem die Hauptergebnisse in besonders knapper Form (erneut) zusammengefasst werden, und (noch einmal) auf die Grenzen dieser Arbeit hingewiesen wird. Anschließend, ganz im echten (?) Geiste Kants, werden diese Grenzen dann überschritten, indem Perspektiven für künftige Forschung angesprochen und zwei Fragen, die im Rahmen dieser Untersuchung unbehandelt bleiben, thematisch werden: Angeschnitten werden – in ebenfalls sehr knapper Form – die Frage nach der Interpretation und Bewertung des kantischen Idealismus, wenn man den Blick um die Berücksichtigung von Aspekten der kantischen Gesamtposition, die außerhalb meines Fokus lagen, erweitert, sowie die Frage nach den Folgen meiner Interpretation für die Forschung zum Deutschen Idealismus. Es wird die zuversichtliche Einschätzung formuliert, dass Thesen, die ich im Rahmen eines „verengten" Blicks auf den kantischen Idealismus entwickelt habe, aus der Perspektive eines erweiterten Blicks darauf an Plausibilität gewinnen würden. Und es wird ein Kommentar zu einer Frage abgegeben, deren Beantwortung vielen Leser:innen eines Buchs zur Rezeption der kantischen Philosophie ein Anliegen sein dürfte: Was für Auswirkungen könnten die hier entwickelten Thesen über den Streit um das Ding an sich *zwischen* 1781 und 1794 auf unser Verständnis der Entwicklungen *ab 1794* haben? Schlusskapitel und Buch enden mit der zuversichtlichen Einschätzung, dass sich Kants Position, trotz gewisser – und bedeutender – Zugeständnisse an die Kantkritik Hegels, prominenten Aspekten dieser entziehen könnte.

Teil 1: **Die Unentbehrichkeit von Dingen an sich: Der Bedarf nach existierenden, uns affizierenden Dingen an sich**

Kapitel 1 Wozu braucht man die Dinge an sich? Kants erste Leser über den Bedarf nach existierenden, uns affizierenden Dingen an sich

Ein wichtiger Grund, warum das Problem der Dinge an sich innerhalb des kantischen Idealismus sich nicht leicht bewältigen lässt, besteht darin, dass die Dinge an sich unverzichtbare Funktionen zu erfüllen scheinen, die von keinen anderen Entitäten übernommen werden können. Wie angekündigt, ist die Auseinandersetzung mit dem ersten Horn des Dilemmas, das gerade diesen Aspekt des Problems betrifft, die Aufgabe des ersten Teils dieses Buchs. Wie wir mit diesem ersten Horn umgehen, hat weitreichende Folgen für die Interpretation sowohl Kants als auch der Kantkritiker sowie für die zu verfolgenden Strategien zur Verteidigung Kants. In diesem Kapitel widme ich mich der Frage nach der *philosophischen Motivation* einer Festlegung auf existierende und uns affizierende Dinge an sich aus der Perspektive der Kantkritiker: Was denken Kants Erstleser über die (Un-)Entbehrlichkeit einer solchen Festlegung? Glauben sie, dass wir diese Festlegung brauchen, und warum tun sie das?

In Abschnitt I werden die zentralen Überlegungen, welche die Unentbehrlichkeit von Dingen an sich untermauern sollen, anhand der Schriften der Erstleser (Feder, Garve, Pistorius, Jacobi, Eberhard, Schulze) dargelegt. Es wird festgestellt, dass die These über die Unentbehrlichkeit von Dingen an sich und eines damit verwandten, näher zu beschreibenden Realismus einen Topos der frühen Kantkritik bildet. Abschnitt II thematisiert eine mögliche Reaktion auf die frühe Kantkritik, die ich im Rahmen dieser Arbeit nicht verfolge: Es ginge um eine Verteidigung Kants, die diese in der frühen Kantkritik verbreitete These angreifen würde. Diese mögliche Reaktion hängt mit unserem Umgang mit einem Akteur der frühen Kantrezeption, Maimon, zusammen, der oft als Vertreter genau solch einer Reaktion gelesen wurde. Abschnitt III nimmt aus diesem Grund Maimons Kantlektüre in den Blick, und es wird ausführlich für die These argumentiert, dass Maimon, genau wie seine Zeitgenossen, die Unentbehrlichkeit von Dingen an sich *nicht* abstreiten möchte.

Die Fragen, die mich in diesem Kapitel beschäftigen, sind exegetischer, nicht rein philosophischer Natur. Es geht nicht darum, ob die Annahme einer subjektunabhängigen Welt an sich plausibel ist, sondern darum, wie Kants Leser selbst die Sache gesehen haben. Ich betone jedoch, dass es in diesem Kapitel um die *philosophische* Motivation für die Einführung des Dings an sich geht, um die Fragestellung dieses Kapitels von der des nächsten abzugrenzen. Dort wird eine stärker exegetische Perspektive eingenommen – es wird darum gehen, wie die ersten Leser Kant *lesen* und ob sie ihm eine *explizite* Festlegung auf Dinge an sich *zuschreiben*. Hier geht es hingegen nur darum, welche Thesen den ersten Lesern Kants zufolge dieser vertreten *sollte*, wenn er es mit der Behauptung, eine gemäßigte Spielart des Idealismus begründet zu haben, ernst meint. Dies verhält sich neutral zur Frage, ob die Kantleser denken, dass Kant diese Thesen tatsächlich vertritt.

I Philosophische Motivation für die Festlegung auf die Dinge an sich: Realismus und Unentbehrlichkeit der Dinge an sich als ein Topos der frühen Kantkritik

Die These, dass wir die Existenz von Dingen an sich und eine Affektion durch diese brauchen, war im Rahmen der frühen Kantkritik sehr gängig. Unter (i) gehe ich auf diese These, die Überlegungen der Erstleser, die sie stützen sollen, und ihren realistischen Hintergrund ein. Anschließend füge ich manche qualifizierende Bemerkungen zur Spielart des Realismus, die in der frühen Kantkritik verbreitet war, hinzu ((ii)). Unter (iii) diskutiere ich manche Aspekte des Umgangs der Erstleser mit „Ding an sich" und „Erscheinung" und stelle fest, dass die Erstleser mit einer Interpretation des kantischen Idealismus operieren, die man aus heutiger Sicht als eine phänomenalistische Zwei-Welten-Interpretation einstufen würde.

In diesem Abschnitt diskutiere ich alle im Rahmen dieser Arbeit zu behandelnden Erstleser Kants *bis auf Maimon*. Wenn in diesem Abschnitt von *„den* ersten Lesern" oder *„allen* Lesern" die Rede ist, sind damit Feder, Garve, Pistorius, Jacobi, Eberhard und Schulze gemeint.

i Unentbehrlichkeit der Dinge an sich als eine weit verbreitete Annahme

Für die ersten Leser der *Kritik* galt es als evident, dass Kants Idealismus – und jede philosophische Position, die realistische Grundintuitionen nicht völlig über Bord werfen möchte – eine Festlegung auf Dinge an sich braucht. Das ist eine These, die von der überwältigenden Mehrheit der ersten Leser und Kritiker Kants klarerweise vertreten wird, so dass sie einen unbestrittenen Topos der frühen Kantkritik darstellt. Unter „Festlegung auf Dinge an sich" ist in diesem sowie im nächsten Teil dieses Buchs immer die Festlegung auf Dinge an sich, die *existieren* und uns *affizieren*, gemeint.¹ Wie in der Einleitung schon angesprochen, beginnt der Hauptteil der *Kritik*, der erste Abschnitt der Transzendentalen Ästhetik, mit der Rede von einem Gegenstand, der Subjekte affiziert und sie mit Sinnesmaterial – das an sich „formlos" wäre –, den Empfindungen, versorgt. Mit Kants Worten:

> Auf welche Art und durch welche Mittel sich auch immer eine Erkenntniß auf Gegenstände beziehen mag, so ist doch diejenige, wodurch sie sich auf dieselbe unmittelbar bezieht, und worauf alles Denken als Mittel abzweckt, die *Anschauung*. Diese findet aber nur statt, sofern uns der Gegenstand gegeben wird; dieses aber ist wiederum uns Menschen wenigstens nur dadurch möglich, daß er das Gemüth auf gewisse Weise afficire. [...] Die Wirkung eines Gegenstandes auf die Vorstellungsfähigkeit, sofern wir von demselben afficirt werden, ist *Empfindung*. (A19 f./B33 f.)

Es spricht viel dafür, die Affektionsrelation, die zwischen dem (menschlichen) Subjekt und dem Gegenstand stattfindet, als eine *kausale* Relation aufzufassen.² Der Gegenstand wirkt auf das Subjekt kausal ein, und auf diese Weise wird der Gegenstand dem Subjekt gegeben. Der Gegenstand ist die *Ursache*, oder zumindest der *Grund* für die Empfindungen des Subjekts, und auf diese Weise auch die Ursache/der Grund für weitere Vorstellungen, die empirischen Anschauungen, dieses Subjekts.

Für die ersten Leser ist es nun klar, dass der Gegenstand, der in diese Affektionsrelation zu Subjekten tritt, kein anderer als das Ding an sich, d. h. ein vorstellungstranszendenter, subjektunabhängiger Gegenstand, sein kann. Eine erste intuitive Überlegung, die diese Annahme stützt, hat mit dem zu tun, was wir überhaupt verstehen, wenn wir von einem Gegenstand, der uns gegeben wird und uns mit Sinneseindrücken (Empfindungen) versorgt, sprechen. Solche Gegenstände werden Gegenständen, die ich mir bloß einbilde (zum Beispiel in Halluzinationen oder Träumen), gegenübergestellt. Und der entscheidende Unterschied scheint darin zu bestehen, dass die erste Kategorie von Gegenständen, im Gegensatz zur letzteren, wirkliche, in der Außenwelt existierende, subjektunabhängige Gegenstände betrifft. Pistorius formuliert diesen Punkt in einer seiner Rezensionen zur kantischen Philosophie:

> Wenn durchaus in unsern Empfindungen nichts Reelles zum Grunde liegen [sic], sie gar nichts Objectives enthalten, und unsere Verstandesbegriffe, Grundsätze und Operationen

---

1 Ab Kapitel 5, wo die Rede von einer *starken* Festlegung auf Dinge an sich eingeführt wird, die über Existenz und Affektion hinausgeht, verhält es sich anders. Meine Rede von *Festlegung* zieht in jedem Fall Fragen nach der genauen *doxastischen Einstellung*, die damit gemeint ist, nach sich. Zu dieser Frage vgl. Kap. 3, III, i.
2 Zu dieser Frage vgl. Kap. 3, III, ii.

> sich blos auf Erscheinungen beziehen und damit beschäftigen, folglich alles nur subjectiv seyn sollte, so läßt sich schwerlich ein zuverläßiger Unterscheidungscharakter ächter Empfindungen von Phantasmen angeben. (Pistorius 1786: 120)[3]

Aus der Perspektive dieser Problematik scheint eine philosophische Position, wonach es keine Dinge an sich, sondern nur Erscheinungen (d. h. subjektabhängige und – je nach Interpretation – eventuell sogar vorstellungsimmanente Gegenstände) gibt, sehr unbefriedigend zu sein.

Eine weitere intuitive Überlegung hat mit dem repräsentationalen Gehalt meiner mentalen Zustände und mit einem Phänomen zu tun, das sowohl von Eberhard – in einem Aufsatz im *Philosophischen Magazin* – als auch von Schulze – im *Aenesidemus* – thematisiert wird. Wahrnehmungssubjekte befinden sich oft zu einem bestimmten Zeitpunkt in einem mentalen Zustand mit einem ganz bestimmten repräsentationalen Gehalt, auf den die Subjekte keinen Einfluss zu haben scheinen. Wenn ich zum Beispiel meine Augen aufmache und plötzlich mich in einem mentalen Zustand befinde, der ein Haus – und nicht zum Beispiel einen Baum – repräsentiert, dann verhalte ich mich, phänomenologisch betrachtet, zu diesem Zustand passiv. Ich kann es mir nicht aussuchen, was für einen repräsentationalen Gehalt mein mentaler Zustand bei der Wahrnehmung haben wird. Schulze, der das Haus vs. Baum-Beispiel anführt, schreibt, dass eine mögliche Erklärung für dieses Phänomen wäre, die subjektunabhängige Welt – oder, kantisch gesprochen, die Dinge an sich – ins Spiel zu bringen. Mit Schulzes Worten:

> In gewissen Vorstellungen, die wir besitzen, kommt nämlich eine doppelte Notwendigkeit vor, und zwar teils in Ansehung des Daseins derselben, teils in Ansehung des Verbindens des Mannigfaltigen, so den Inhalt derselben ausmacht. Wenn wir z. B. ein Haus sehen, so ist es uns, so lange der Zustand des Sehens dauert, unmöglich, das Haus nicht zu sehen. Wir können es zwar denken, daß an derjenigen Stelle, wo wir das Haus sehen, ein Mensch, ein Baum, oder sonst etwas Anderes stände; aber wir sind schlechterdings unvermögend, in dieser Stelle etwas anderes, als das Haus, zu sehen. Wir müssen ferner die Verbindung der Teile, die zum Hause gehören, während der Empfindung davon lassen, wie sie einmal ist, ohne darin etwas abändern zu können. Wir sind wohl im Stande zu denken, daß das Dach des Hauses unten, und der Grund davon oben wäre, und daß dasjenige, was auf der rechten Seite an demselben sich befindet, auf der linken Seite vorhanden wäre: Aber wir können dies nicht also empfinden, sondern müssen die Verbindung der Teile des Hauses, das wir sehen, während der Empfindung so lassen, wie sie einmal da ist. Sobald nun der Mensch diese doppelte Notwendigkeit in gewissen von seinen Vorstellungen kennengelernt hat, und über

---

[3] Vgl. die Verteidigung von vorstellungstranszendenten, äußeren Gegenständen als Gründen für Vorstellungen in Eberhard 1789i: insbesondere 250 f., 259 ff.

den Grund derselben nachzudenken anfängt, so wird er auch zum Glauben an die Real-Existenz gewisser Dinge außer seinen Vorstellungen geführt. (Schulze 1792: 164/[232f.]).

Ein ähnliches Phänomen, im Kontext einer Thematisierung der Unentbehrlichkeit einer kantischen Festlegung auf Dinge an sich, bringt Eberhard ebenfalls zur Sprache, indem er schreibt:

> Was ist *empirische Erkenntniß*? Empfindung; eine Empfindung aber ist ein Eindruck eines Gegenstandes auf das Gemüth oder eine Modifikation der Sinnlichkeit. *Was* modificirt aber die Sinnlichkeit? was ist der hinreichende Grund, daß in diesem Augenblicke, da ich das Papier sehe, auf welchem ich schreibe, meine Sinnlichkeit so und nicht anders modificirt wird? (Eberhard 1789e: 370)[4]

Es entspricht tatsächlich einer realistischen Grundintuition, auf die subjektunabhängige Welt als Erklärung für solche Phänomene zu verweisen. Dass ich mich gerade in diesem mentalen Zustand (Repräsentation eines Hauses) statt in einem anderen mentalen Zustand (Repräsentation eines Baums) befinde, scheint damit zu tun zu haben, dass es „da draußen" einen subjektunabhängigen Gegenstand gibt, der verantwortlich für den Gehalt dieser mentalen Zustände ist. Zum Beispiel *gibt es* tatsächlich ein Haus, das vor mir steht, und worauf ich meinen Blick gerade richte, während hingegen gerade kein Baum vor mir steht. Die Erhaltung dieser realistischen Grundintuition, in modifizierter Form, könnte auch im Rahmen des kantischen Idealismus als erstrebenswert betrachtet werden. Die Kantianerin würde zwar vehement bestreiten, dass man auf ein Haus, als einen *subjektunabhängigen Gegenstand*, als mögliche Erklärung verweisen könnte; denn Häuser sind Gegenstände in Raum und Zeit, und raumzeitliche Gegenstände können nach Kant keine subjektunabhängigen Gegenstände sein. Kant scheint jedoch die These zu brauchen, dass es einen nicht näher zu bestimmenden subjektunabhängigen Gegenstand (Ding an sich) gibt, der dem subjektabhängigen Gegenstand Haus zugrunde liegt und so beschaffen ist, dass er in Relation zu Subjekten mit einer bestimmten kognitiven Verfasstheit mentale Zustände mit einem bestimmten repräsentationalen Gehalt auslöst. Der subjektunabhängige Gegenstand wäre für diesen Gehalt *mit*verantwortlich.

---

4 Vgl. auch Eberhard 1789e: 376. Der Kontext der Äußerung Schulzes (1792: 163 ff./[231 ff.]) ist allerdings ein anderer: Wie wir bald sehen werden, ist Schulze ein *Skeptiker* und sein Beispiel an dieser Stelle erfüllt beim näheren Hinsehen eine andere Funktion. Da Schulze die Unentbehrlichkeit von Dingen an sich jedoch tatsächlich unterschreibt, und das Beispiel wegen seiner Rezeption durch Maimon uns später beschäftigen wird, wird der ganze Gedanke in der schulzeschen Variante eingeführt.

Weitere Überlegungen von Kants Zeitgenossen, die in dieselbe Richtung weisen, betreffen zentrale Unterscheidungen des kantischen Systems, wie die Unterscheidung zwischen *Materie* und *Form* der Erkenntnis, die Unterscheidung zwischen *a posteriori* und *a priori* oder die Unterscheidung zwischen *Sinnlichkeit* und *Verstand*. Im Anschluss an die zitierte Stelle aus der Transzendentalen Ästhetik schreibt Kant: „In der Erscheinung nenne ich das, was der Empfindung correspondirt, die *Materie* derselben, dasjenige aber, welches macht, daß das Mannigfaltige der Erscheinung in gewissen Verhältnissen geordnet werden kann, nenne ich die *Form* der Erscheinung" (A20/B34). Nun liegt es nahe, den formalen Aspekt als Beitrag der kognitiven Verfasstheit des Subjekts anzusehen, und den materialen hingegen auf einen Beitrag der subjektunabhängigen Welt, der Dinge an sich, zurückzuführen: Die Dinge an sich affizieren das Subjekt, und indem sie es tun, versorgen sie es mit Empfindungen, der Materie/dem Stoff der Erkenntnis. Eberhard (1789c: 275 f.) formuliert die Überlegung folgendermaßen: „Wir müssen hier zuförderst fragen, was das heiße: ‚der Sinnlichkeit wird der Stoff gegeben, den der Verstand bearbeiten soll.' Diesen Stoff können wir nicht anders erhalten, als in den Empfindungen; [...] die Empfindungen geben der Empfänglichkeit des Gemüths oder der Sinnlichkeit ihren Stoff. Wer giebt aber die Empfindungen? [...] [S]o kommen wir auf Dinge an sich."

Diese Überlegung ist wiederum mit Überlegungen, die um das Begriffspaar *a priori–a posteriori* kreisen, eng verschränkt. Wie wir schon gesehen haben, meint Kant zeigen zu können, dass wir im Besitz von apriorischem, erfahrungsunabhängigem, Wissen sind. Dieses Wissen wird ermöglicht durch die Tatsache, dass die Erfahrung eine Form hat, die wir antizipieren können. Kant zufolge hat jedoch die Erfahrung sehr wohl aposteriorische „Aspekte", über die kein Wissen a priori möglich ist. Nun liegt es nahe, eine Verbindung zwischen diesen aposteriorischen „Aspekten" der Erfahrung und affizierenden Dingen an sich herzustellen. Wenn wir zum Beispiel einen mentalen Zustand (oder dessen Gehalt) als a posteriori, empirisch gegeben einstufen, dann scheint das zu implizieren, dass wir ihn als die Wirkung einer subjektunabhängigen Welt betrachten, die für die Materie unserer Erkenntnis sorgt.[5]

---

[5] In der neueren Kantforschung wird zwischen *Wissen* und *Erkenntnis* bei Kant differenziert. Ich versuche generell, vorsichtig mit dieser Unterscheidung umzugehen. An einigen Stellen ignoriere ich sie jedoch bewusst und verwende die Ausdrücke „Wissen" und „Erkenntnis", als wären sie austauschbar. Dies passiert vor allem, wenn ich Thesen der Kantkritiker eher referiere und ihre Einwände darstelle, ohne mich mit ihnen kritisch auseinanderzusetzen. Wenn jedoch tatsächlich etwas Wichtiges für unsere Zwecke an dieser Unterscheidung hängt, werde ich dies explizit thematisieren. In Kap. 3, III, ii wird das der Fall sein.

Ein Fokus auf die Unterscheidung zwischen Sinnlichkeit und Verstand kann zu einem ähnlichen Ergebnis führen. Kant hält die Sinnlichkeit für „die *Receptivität* unseres Gemüths, Vorstellungen zu empfangen, so fern es auf irgend eine Weise afficirt wird". Diese wird dem Verstand, der das Vermögen ist, „Vorstellungen selbst hervorzubringen, oder die *Spontaneität* des Erkenntnisses" (A51/B75), gegenübergestellt. Ausgehend von einem solchen Verständnis von Sinnlichkeit scheint es nicht absurd anzunehmen, dass der Gegenstand, der für Sinneseindrücke sorgt, ein subjektunabhängiger Gegenstand sein muss. Dies scheint zur Idee, dass ich mich zum Gegebenwerden eines solchen Gegenstands passiv, und nicht spontan, verhalte, gut zu passen. Und es scheint zugleich unserem Common-Sense-Verständnis von Sinneswahrnehmung, wonach wir durch die Sinne mit der Welt „da draußen" in Kontakt kommen, zu entsprechen. Solche Überlegungen bringt Jacobi in seinem Anhang „Über den transzendentalen Idealismus" zum Ausdruck, wenn er schreibt: „Denn gleich das Wort Sinnlichkeit ist ohne alle Bedeutung, wenn nicht ein distinctes reales Medium zwischen Realem und Realem, ein würkliches Mittel *von* Etwas *zu* Etwas darunter verstanden werden" (Jacobi 1787: 109).[6]

Noch eine Überlegung dreht sich um die Alternative, die in Frage käme, falls der affizierende Gegenstand doch nicht ein Ding an sich sein, sondern einer anderen Kategorie von Gegenständen angehören sollte. Die naheliegende Alternative zum Ding an sich wäre anzunehmen, dass es sich bei den affizierenden Gegenständen um kantische Erscheinungen, d.h. subjektabhängige Entitäten (oder – im Rahmen einer bestimmten Interpretation – sogar „Vorstellungen", bloße mentale Zustände) handelt. Man könnte sich jedoch Sorgen darüber machen, ob solche Entitäten substantiell genug sind, um die Funktion eines affizierenden Gegenstands erfüllen zu können. Die Standardformulierung dieser Sorge liefert Jacobi in seinem Anhang:

> Ich glaube, dies wenige ist hinreichend zum Beweise, daß der Kantische Philosoph den Geist seines Systems ganz verläßt, wenn er von den Gegenständen sagt, daß sie *Eindrücke* auf die Sinne machen, dadurch Empfindungen *erregen*, und auf diese Weise Vorstellungen *zuwege bringen:* denn nach dem Kantischen Lehrbegriff kann der empirische Gegenstand, der immer nur Erscheinung ist, nicht ausser uns vorhanden, und noch etwas anders als eine Vorstellung seyn. (Jacobi 1787: 108)

---

6 Vgl. in diesem Zusammenhang auch Jacobi 1787: 111: „Aber sich paßiv fühlen oder leiden, ist nur die Hälfte eines Zustandes, *der allein nach dieser Hälfte nicht denkbar ist.*" Ich verstehe Jacobi wie folgt: Dass ich mich passiv fühle, erfordert, dass es einen anderen, von mir verschiedenen Gegenstand gibt, der *aktiv* ist, in dem Sinn, dass er auf mich einwirkt – das wäre das affizierende Ding an sich.

Der Gegenstand, der auf die Subjekte kausal einwirkt, und für Sinneseindrücke sorgt, kann keine Erscheinung, sondern muss ein Ding an sich sein – denn Erscheinungen sind bloße Vorstellungen und als solche können sie nicht affizieren.

Viele Leser Kants vertreten also explizit die These, dass eine Festlegung auf existierende, uns affizierende Dinge an sich unentbehrlich ist. Bei vielen von ihnen wird sie in eine explizite Verbindung mit einer allgemeinen – über Kant hinausgehenden – Problematik des Idealismus und Realismus, und weiteren Fragen, die mit dieser Problematik zusammenhängen, gebracht. So denkt zum Beispiel Schulze, dass nur unter der Bedingung, dass man sich auf affizierende Dinge an sich festlegt, „man von der sinnlichen Erkenntniß sagen [kann], daß sie kein bloßer *Schein*, sondern *Erscheinung* sey, die auf etwas objectiv Wirkliches Beziehung habe" (Schulze 1801b: 221).[7] Dieser Einschätzung liegen realistische Intuitionen zugrunde, die sich in der Positionierung zu Fragen, die um *Objektivität* und *Wahrheit* kreisen, äußern. Alle genannten Leser teilen zum Beispiel die realistische Intuition, dass die subjektunabhängige Welt als ein *Objektivitätsgarant* für unsere Aussagen/Überzeugungen fungieren soll.[8] Vorhandene explizite Äußerungen zur Wahrheitsproblematik lassen zudem auf eine *realistische Wahrheitskonzeption* der Erstleser schließen: Wahrheitswertträger sind genau dann wahr, wenn sie in einer Relation der Übereinstimmung/Korrespondenz mit der subjektunabhängigen Welt stehen. Die Zeitgenossen Kants lehnen alternative, epistemische Wahrheitskonzeptionen, die auf die Idee einer Korrespondenz zur subjektunabhängigen Welt verzichten wollen, ab. Die explizitesten Äußerungen liefert Schulze im *Aenesidemus*:

---

[7] Die Äußerung stammt aus Schulzes *Kritik der theoretischen Philosophie*. Vgl. auch Schulze 1801b: 505 f. Für eine verwandte Überlegung zur Rolle des Dings an sich bei der Abgrenzung vom „Pyrrhonismus" vgl. Pistorius 1786: 99.

[8] Bei Schulze und Pistorius kommt das bei bereits zitierten Stellen explizit zum Ausdruck. Zu Jacobi siehe insbesondere die Rede vom „wahrhaft Objektiven" in seinem Anhang: Jacobi spricht dort von einer bloß „relativ objective[n] Gültigkeit", die – laut Kant bzw. Jacobis Kantexegese – unseren „allgemeinen Vorstellungen, Begriffe[n] und Grundsätze[n]" zukommt, welche nur „die wesentliche Form" ausdrücken, „in welche jede besondere Vorstellung und jedes besondere Urteil, zufolge der Beschaffenheit unserer Natur sich fügen muß". Eine solche bloß relative objektive Gültigkeit wird von Jacobi mit einer „*wahrhaft* objective[n] Bedeutung" kontrastiert, die mit einer „Weisung" über die „Gesetze der Natur an sich" verbunden wäre und die Dinge an sich angehen würde (Jacobi 1787: 110 f.). Eine Hindeutung auf ein realistisches Objektivitätsverständnis findet sich in Eberhard 1793a: 48, wenn er sich zum Zusammenhang zwischen objektiver und intersubjektiver Gültigkeit und zwischen Wahrsein und Für-wahr-gehalten-werden wie folgt äußert: „Und wer will behaupten, daß etwas wahr sey, weil es für wahr gehalten wird? Wie folgt es, daß etwas allgemein zu gelten verdiene, weil es allgemein geltend ist? Nur von dem, was an sich und real wahr ist weiß ich mit Gewißheit, daß es von allen, die es zureichend deutlich erkennen, für wahr gehalten werden müsse."

> [Z]um *Wesen der Wahrheit und Realität unserer Erkenntnis gehört nämlich ein Verhältnis der Vorstellungen, aus denen die Erkenntnis besteht, zu Dingen außer denselben.* (Schulze 1792: 160 /[225] Anm.)

> [E]s ist daher *Entstellung des Wesens der Wahrheit*, [...] wenn einige Freunde der kritischen Philosophie meinen, daß bei der Wahrheit gar nichts auf ein Verhältnis der Erkenntnis zu Gegenständen außer den Vorstellungen ankomme, sondern dabei alles auf einem Verhältnisse der Vorstellungen zu den Gesetzen der Erkenntnisvermögen beruhe, und daß die Wahrheit eigentlich in der vollkommenen Übereinstimmung unserer Vorstellungen mit den ursprünglichen Formen, Prinzipien und Gesetzen unseres Vorstellungsvermögens bestehe. (Schulze 1792: 161/[225] Anm.)

Es ist anzunehmen, dass auch der Rest der Befürworter der Unentbehrlichkeit des Dings an sich mit solchen Thesen sympathisiert.[9] Dies trifft auch auf die zwei Leser Kants zu, die ich noch nicht angesprochen habe, Feder und Garve. Obwohl sie in ihrer Kantkritik die These über die Unentbehrlichkeit des Dings an sich nicht so explizit artikulieren, ist es klar, dass ihre Kritik mit einer solchen impliziten Annahme operiert. Wie wir schon in der Einleitung gesehen haben, erheben sie in der Göttinger Rezension den Vorwurf, dass der kantische Idealismus einer radikalen, berkeleyanischen Spielart des Idealismus gleichkommt. Und wie wir sehen werden, teilen sie viele Annahmen ihrer Zeitgenossen hinsichtlich der Gründe, die einer Festlegung auf Dinge an sich im Rahmen des kantischen Systems im Weg stehen, so dass es anzunehmen ist, dass sie die Übernahme von bestimmten Funktionen durch das Ding an sich als eine Bedingung für einen gesunden Realismus betrachten, die im kantischen Fall leider nicht erfüllt wird. Und zumindest

---

9 Pistorius (1786: 120 f.) teilt zum Beispiel explizit die „anti-kohärentistischen" Intuitionen Schulzes und greift die Idee an, dass es hinreichend für die Wahrheit von Überzeugungen sein kann, dass sie Teil eines kohärenten Überzeugungssystems sind. Im Kontext seiner bereits erwähnten Besprechung der Problematik einer Unterscheidung zwischen tatsächlich existierenden Gegenständen einerseits und Gegenständen, die ich mir bloß einbilde, andererseits, spricht er eine mögliche „kohärentische" Strategie zur Unterscheidung zwischen wahren und falschen Überzeugungen an. In Bezug auf eine solche Strategie schreibt er: „Allein theils würde dies doch das Objective nicht ausschließen und überflüßig machen, theils läßt sich auch dagegen einwenden, daß es wirklich Phantasten und Träumer giebt, die ihre Visionen in ein solches regelmäßiges Vernunftsystem zu bringen wissen, daß man ihnen keinen Verstandesbegriff, kein Axiom entgegensetzen kann, das sie nicht vermögend sind, mit ihrem Hirngespinnste zu vereinigen, und demselben anzupassen" (Pistorius 1786: 121). Für eine Andeutung auf Eberhards realistisches Wahrheitsverständnis vgl. die in der vorigen Fußnote zitierte Äußerung Eberhards. Für weitere Belege zu Schulzes Festlegung auf eine realistische Wahrheitskonzeption vgl. Schulze 1801a: 68 f., Schulze 1801a: 78 ff.

was Feder angeht, lassen sich Belegstellen anführen, wo er seine realistische Objektivitäts- und Wahrheitskonzeption zum Ausdruck bringt.[10]

ii Unterschiede zwischen den Erstlesern trotz ihrer Festlegung auf die Unentbehrlichkeit von Dingen an sich: Optimistischer vs. pessimistischer Realismus

Die Annahme, dass eine Festlegung auf Dinge an sich im Rahmen des kantischen Projekts unentbehrlich ist, bildet also eine Ausgangsprämisse der frühen Kantkritik. Hintergrund dieser Ausgangsprämisse sind realistische Intuitionen. Nun kann die Rede von Realismus im Kontext der frühen Kantrezeption etwas irreführend sein, solange wir die genaue Spielart des Realismus, die hier am Werk ist, nicht näher qualifizieren. Das wird uns erlauben, die Position der hier angesprochenen Kritiker besser zu verstehen, aber es wird in der Folge auch wichtig sein, wenn es um das Verhältnis des noch außen vor gelassenen Lesers Kants, Maimon, zu seinen Zeitgenossen gehen wird.

Unter „Realismus" als einer globalen Position – im Gegensatz zu einer lokalen, etwa mit Blick auf bestimmte Kategorien von Entitäten, wie Farben oder moralische Fakten – versteht man in der Philosophie oft eine Kombination aus Thesen wie den folgenden:

Realismus: Es gibt eine subjektunabhängige Welt; Überzeugungen/Aussagen repräsentieren diese Welt; Überzeugungen/Aussagen/Wahrheitswertträger im Allgemeinen sind genau dann wahr, wenn sie in einer Relation der Übereinstimmung/Korrespondenz mit (der relevanten Portion) der subjektunabhängigen Welt stehen.

---

[10] In Feders *Über Raum und Kausalität zur Prüfung der Kantischen Philosophie* finden sich Formulierungen, die für seine realistische Objektivitätskonzeption sprechen (vgl. Feder 1787: 76 ff.) und zugleich brauchbar für die Zuschreibung einer nicht-epistemischen Wahrheitskonzeption wären. Feder schreibt zum Beispiel: „Was wir erkennen, sollte bestehen, wenn wir alle aus dem Daseyn weggenommen wären!"; den „Gegenständen sinnlicher Wahrnehmungen" müsste man laut ihm „ein von *allen zusammen genommen* unabhängig bestehendes Daseyn" zugestehen (Feder 1787: 79). (In dieser Stellenangabe beziehe ich mich auf die *zweite* der beiden Seiten „79" in Feders Schrift. In der Ausgabe der federschen Schrift gibt es einen Paginierungsfehler, so dass die Seiten 79–96 zweimal vorkommen. Solange ich darauf nicht gesondert hinweise, ist in allen anderen Fällen immer die *erste* der entsprechenden Seiten gemeint.) Vgl. auch relevante Äußerungen Feders (1788b: 4f., 25f.) in der durch ihn und Christoph Meiners herausgegebenen Zeitschrift *Philosophische Bibliothek*.

So interpretiert, umfasst Realismus mindestens zwei Thesen: eine Festlegung auf die Existenz einer subjektunabhängigen Welt (ontologische These) sowie eine Festlegung auf eine Korrespondenztheorie der Wahrheit (semantische These). Nun wären wir schlecht beraten, den Realismus von Kants Zeitgenossen genau so zu verstehen. Die Charakterisierung scheint zweifelsohne zu den *meisten* Zeitgenossen gut zu passen: Es geht um die *optimistischen* Realisten unserer Gruppe. Feder und Garve waren prominente Vertreter einer Philosophie des gesunden Menschenverstandes in ihrer Zeit, und sie würden aller Wahrscheinlichkeit nach alle Thesen unterschreiben. Eberhard ist ein dezidierter Vertreter des „Dogmatismus" und hat einen großen Teil seiner philosophischen Energie darin investiert, die Wahrheit realismusfreundlicher Thesen zu verteidigen, so dass ich davon ausgehe, dass er ebenfalls zustimmen würde. Dasselbe ließe sich über Pistorius, der einen leibnizianischen Hintergrund hat und zugleich Common-Sense-freundliche Thesen vertritt, behaupten.[11] Jacobi würde auch zustimmen. Obwohl es einen gewissen Interpretationsspielraum hinsichtlich der Frage gibt, inwiefern Jacobi die ontologische realistische These auf Grundlage von philosophischen oder doch *außer*philosophischen Überlegungen unterschreibt, steht es fest, dass er sie in jedem Fall akzeptiert.[12]

Es gibt jedoch einen Kritiker, auf den die Charakterisierung klarerweise nicht anwendbar ist: Schulze. (Der *Aenesidemus-)*Schulze ist ein *Außenweltskeptiker* und verneint die These, dass wir wissen können, dass es eine subjektunabhängige Welt gibt. Obwohl Schulze die ontologische Komponente des Realismus bestreitet, akzeptiert er jedoch tatsächlich die semantische These, wie wir gesehen haben.[13] Aus diesem Grund müssen wir den Realismus in der frühen Kantkritik so formulieren, dass er Raum für Schulzes Spielart von *pessimistischem Realismus* lässt. Und wie wir ebenfalls gesehen haben, betrifft der Realismus in der frühen Kantkritik auch Fragen, die in Standardformulierungen der Realismusproblematik nicht explizit thematisiert werden. Eine solche Frage betrifft die Funktion der subjektunabhängigen Welt als eines *Objektivitätsgarants* für unsere Aussagen/

---

[11] Allerdings haben die Positionen Eberhards, Pistorius' und eventuell Feders beim näheren Hinsehen gewisse idealistische Züge, so dass diese Kritiker nur einer abgeschwächten Variante der These, dass wir die subjektunabhängige Welt *repräsentieren* können, zustimmen würden. Zu diesen idealistischen Zügen vgl. Kap. 5, I. Das macht allerdings keinen Unterschied für unsere Diskussion hier, und ich werde in meinem eigenen, gleich zu präsentierenden Vorschlag zum Realismusverständnis der Erstleser diesem Umstand Rechnung tragen.

[12] Jacobi spricht von der Notwendigkeit eines *Glaubenssprungs*, auf dessen Grundlage die ontologische realistische These erst einmal etabliert werden kann. Zu verschiedenen Deutungen der Position Jacobis vgl. Kap. 4, I, i sowie Kap. 4, III, i.

[13] Vgl. die hilfreiche Diskussion in Grundmann 1998: 138 ff.

Überzeugungen. Eine weitere, für unsere Fragestellung besonders zentrale Frage betrifft das Phänomen der *Affektion:* Erfordert die Erklärung eines solchen Phänomens einen Verweis auf die Rolle der subjektunabhängigen Welt? Hier ist wieder Vorsicht bei den Formulierungen geboten, damit der Realismus in keinen Widerspruch zum Außenweltskeptizismus gerät: Die realistische These wäre nicht, *dass* wir im Besitz von objektiven Überzeugungen sind, oder *dass* Affektion tatsächlich stattfindet; sondern dass, *wenn* man solche Behauptungen aufstellt und sie erklären möchte, ein Verweis auf die subjektunabhängige Welt unumgänglich wäre.

Vorsicht ist zudem bei der Rede von *Erklärung* geboten. In gewissem Sinn könnten manche Leser Kants die These akzeptieren, dass man Phänomene wie das der Affektion *ohne* einen Verweis auf die subjektunabhängige Welt erklären kann – denn sie wären bereit, alternative skeptische Hypothesen für das zu erklärende Phänomen (wie die Hypothese eines bösen Dämons) ins Spiel zu bringen oder eine genetische Erklärung für die Entstehung unserer Überzeugung über die Existenz einer subjektunabhängigen Welt anzubieten, die diese Überzeugung als eine *Illusion* entlarvt.[14] Wenn man ihnen die These zuschreibt, dass ein Verweis auf die subjektunabhängige Welt als Erklärungsfaktor bestimmter Phänomene unabdingbar ist, dann ist damit nicht die These gemeint, dass wir aufgrund des Explanandums und irgendeiner in diesem Zusammenhang angebotenen Erklärung berechtigt wären, die Existenz einer subjektunabhängigen Welt zu postu-

---

[14] Vgl. Schulze 1792: 163 ff./[231 ff.]. Das ist gerade der Kontext des zu Beginn des Abschnitts thematisierten Haus vs. Baum-Beispiels, das von Schulze angeführt wird. An dieser bestimmten Stelle geht es darum, welche Schlussfolgerungen der „im Philosophieren Ungeübte" (Schulze 1792: 166/[235]) zieht, wie also bestimmte Überzeugungen im Menschen *entstehen*, und nicht darum, ob diese *gerechtfertigt* sind: Menschen neigen dazu, aufgrund des thematisierten Phänomens – mentale Zustände mit einem bestimmten repräsentationalen Gehalt, zu denen sie sich passiv verhalten – auf die Existenz einer Außenwelt zu schließen, aber sie könnten sich dabei irren. Auch Feder (1787: 89 ff.) widerspricht der These, dass nur eine Erklärung, die über Dinge an sich laufen würde, möglich wäre. Er bespricht folgende mögliche Herausforderung für den „Idealisten", d.h. den Außenweltskeptiker, die als antiskeptische Strategie eingesetzt werden könnte: „Oder kann Er [der Idealist] erklären, wie solche Vorstellungen und Gefühle, in solch einer Ordnung, so zum Verdruß seiner Seele, bey allem ihrem Widerstreben, *aus ihr selbst entstehen?*" (Feder 1787: 91). Zum Potential einer solchen antiskeptischen Strategie äußert sich Feder kritisch. Er gibt gerne zu, dass eine radikale Idealistin mit der Herausforderung gut umgehen kann, und eine alternative Erklärung parat hätte: „Meine Meinung ist nicht, dieses gemeinen Grundes, der eben so sehr, oder noch mehr, die Leibnitzische Hypothese der vorherbestimmten Harmonie trifft, statt eines *Beweises*, wider den Idealisten mich zu bedienen. Dagegen hätte er immer die Hypothese *Berkeley's*; oder des Malebranche *Nous voyons tout en Dieu*. Es ist nur die Frage, wer hier auf Erklärungen trotzen darf" (ebd.).

lieren.¹⁵ Obwohl weder die Primär- noch die Forschungsliteratur zu diesen Fragen besonders klar ist, denke ich, dass der Realismus von Kants Zeitgenossen folgende Stoßrichtung hat: Einen Verweis auf die subjektunabhängige Welt brauchen wir im Rahmen einer *nicht zu revisionistischen* Erklärung bestimmter Phänomene; wir brauchen ihn, wenn wir im Rahmen unserer Erklärung an bestimmten Common-Sense-Überzeugungen wie die der Objektivität unserer Überzeugungen oder die Idee, dass die ganze Welt *nicht* unsere eigene Erfindung ist, festhalten möchten; ansonsten wäre natürlich eine alternative Erklärung verfügbar, aber man müsste dann bereit sein, sich zu ihren radikalen, eventuell solipsistischen Implikationen zu bekennen.

Vor diesem Hintergrund können wir den in der frühen Kantkritik verbreiteten Realismus wie folgt verstehen:

Realismus*: (i) Im Rahmen einer befriedigenden/nicht zu revisionistischen Erklärung des Phänomens der Affektion und der Passivität unserer Sinneswahrnehmung ist ein Verweis auf die subjektunabhängige Welt (Dinge an sich) unerlässlich; (ii) wenn es objektive Aussagen/Überzeugungen gibt, dann ist die subjektabhängige Welt der Standard (oder zumindest ein Parameter) für die Objektivität dieser Aussagen; (iii) Wahrheitswertträger sind genau dann wahr, wenn sie in einer Relation der Übereinstimmung/Korrespondenz mit (der relevanten Portion) der subjektunabhängigen Welt stehen.

Diese Spielart des Realismus dreht sich um die *Bedingungen*, die erfüllt werden müssen, damit wir von Affektion, Objektivität, Wahrheit auf eine *nicht zu revisionistische* Weise sprechen können. Sie ist neutral im Hinblick auf die Frage, ob diese Bedingungen *erfüllt* sind, und sie erlaubt uns zu sehen, dass sowohl Optimist:innen hinsichtlich der Erfüllung dieser Bedingungen – wie die meisten Leser Kants – als auch Pessimist:innen – wie Schulze – realistische Grundintuitionen über diese Bedingungen teilen.

iii Die Zwei-Welten-Interpretation des transzendentalen Idealismus in der frühen Kantkritik

Bevor ich zur Fragestellung der nächsten Abschnitte übergehe, möchte ich an dieser Stelle an der Interpretation der Ausdrücke „Ding an sich" und „Erscheinung" durch die Erstleser etwas tiefer bohren. Was verstehen die Erstleser dar-

---

15 *Bestimmten* Lesern, wie Eberhard, kann man jedoch die These zuschreiben; vgl. Eberhard 1789i: 243 ff.

unter? Unter „Ding an sich" verstehen alle Leser einen subjektunabhängigen Gegenstand. Um manche Formulierungen aufzugreifen: Für Kants Zeitgenossen sind die Dinge an sich reelle Objekte,[16] wahre Dinge,[17] Objekte, welche den äußeren Sensationen wirklich entsprechen,[18] Dinge, deren Existenz unabhängig von unserer Vorstellungskraft wäre,[19] wirkliche Dinge unabhängig von uns,[20] reale und objektiv wirkliche Dinge,[21] wirkliche Gegenstände, von unseren Vorstellungen unabhängige Dinge.[22] Die Interpretation des Begriffs von Ding an sich, mit dem die ersten Leser operieren, wird allerdings im Fall von bestimmten Kritikern verkompliziert, da manchmal auch der Ausdruck „transzendentaler Gegenstand" in ihren Schriften auftaucht. Letzteren Ausdruck habe ich bisher noch nicht ins Spiel gebracht, und er wird uns im nächsten Kapitel ausführlicher beschäftigen. Für unsere jetzigen Zwecke kann man festhalten, dass alle Erstleser – einschließlich Maimon, der in diesem Abschnitt noch nicht behandelt worden ist – die Ausdrücke „transzendentaler Gegenstand" und „Ding an sich" für austauschbar zu betrachten scheinen: An manchen Stellen bedienen sie sich Formulierungen der Art „Dinge an sich oder transzendentale Gegenstände" oder verwenden den Ausdruck „Ding an sich" als Explikation für den Ausdruck „transzendentaler Gegenstand".[23] Manchmal formulieren sie Thesen, die man als Thesen über das Ding an sich hätte formulieren können, als Thesen über den

---

16 Vgl. Pistorius 1786: 98.
17 Vgl. Eberhard 1789i: 258, Eberhard 1789c: 263 und 281, Eberhard 1789h: 68 und 91, Eberhard 1789d: 319. Eberhard spricht oft in demselben Zusammenhang von Dingen an sich als ὄντως ὄντα. Gawlina (1996: 168, 172) findet solche Formulierungen bedenklich und scheint davon auszugehen, dass die *Erkennbarkeit* des Dings an sich in Eberhards Formulierungen mitschwingt. Ich sehe keine Anhaltspunkte für eine solche These, und ich denke, dass sie in Spannung zu Eberhards Abgrenzung des Begriffs eines transzendentalen Gegenstands vom Begriff des Noumenon stünde. Zu letzterem Aspekt der Kantlektüre Eberhards vgl. Kap. 2, Fn. 43.
18 Vgl. Pistorius 1786: 94.
19 Vgl. Garve 1783: 845. Garve selbst spricht hier von Dingen *für* sich.
20 Vgl. Feder/Garve 1782: 40. Hier ist allerdings nicht explizit von Ding an sich die Rede. Angesichts dessen, dass dieselbe Formulierung auch in der Originalversion Garves (1783: 840) zu finden ist, und dass sie sehr nahe an Garves expliziter Äußerung in der Originalversion steht (vgl. vorige Fußnote) ist anzunehmen, dass dies sowohl Feders als auch Garves Meinung entspricht.
21 Vgl. Schulze 1792: 113/[154 f].
22 Vgl. Jacobi 1787: 106. Hier ist zwar nicht explizit von Ding an sich die Rede, aber es ist klar, dass die Konzeption eines Gegenstands beschrieben wird, die der Erscheinung gegenüberzustellen wäre, und als solche mit der Konzeption eines Dings an sich zusammenfällt.
23 Vgl. insbesondere Garve 1783: 848, 852.

transzendentalen Gegenstand.[24] Und in manchen Fällen sind es solche Stellen, die uns wichtige Auskunft darüber geben, was die Erstleser über das kantische Ding an sich denken.[25]

Dass Kant mit dem Ausdruck „Ding an sich" tatsächlich subjektunabhängige Gegenstände meint, gilt als unkontrovers. Sehr kontrovers ist hingegen ein anderer Aspekt der Kantdeutung der Erstleser: ihr Umgang mit „Erscheinung". Wie in der Einleitung bereits angesprochen, betrifft eine der umstrittensten Fragen rund um Kants Idealismus das Verhältnis zwischen Dingen an sich und Erscheinungen, und insbesondere, ob es sich dabei um eine Relation der numerischen Identität oder Verschiedenheit handelt. Wie man diese Frage beantwortet, hängt wiederum sehr eng damit zusammen, was man unter „Erscheinung" versteht. Eine Möglichkeit wäre, die kantischen Erscheinungen als vorstellungsimmanente Entitäten aufzufassen, zum Beispiel als (Konstruktionen aus) mentale(n) Zustände(n) des vorstellenden Subjekts. Diese vorstellungsimmanenten Entitäten wären dem Ding an sich, das ein außenweltlicher, vorstellungstranszendenter Gegenstand ist, gegenüberzustellen. Eine solche Auffassung über die kantischen Erscheinungen könnte man als *phänomenalistisch* bezeichnen, und sie kann exegetisch gestützt werden durch sehr viele Stellen, wo Kant selbst die Erscheinungen als *Vorstellungen* charakterisiert (A30/B45, A104, A370, A375 Anm., A490 f./518 f., A494 f./B523, A563/B591). Dieser Auffassung zufolge können die Erscheinungen *nicht* identisch mit den Dingen an sich sein: Wir haben zwei disjunkte Mengen von Entitäten, nämlich die subjektabhängigen, vorstellungsimmanenten Gegenstände einerseits (Erscheinungen) und die subjektunabhängigen, vorstellungstranszendenten Gegenstände (Dinge an sich) andererseits. Aus

---

24 Gemeint sind vor allem Thesen über transzendentale Gegenstände als übersinnliche oder unerkennbare Entitäten. Vgl. insbesondere Schulze 1792: 114/[156], 119/[164] und 274/[402], Eberhard 1789d: 318, Eberhard 1790a: 56, Eberhard 1791a: 423.

25 Das gilt insbesondere für Jacobi und manche berühmte und einflussreiche Formulierungen in seinem Anhang. Dass Jacobi (vgl. zum Beispiel 1787: 108) den Ausdruck „transzendentaler Gegenstand" favorisiert, ist dadurch bedingt, dass er sich in diesem Text auf Kants „Vierten Paralogismus" aus der A-Auflage der *Kritik* bezieht, und dort bedient sich Kant selbst solcher Formulierungen. Vgl. Allison 2004: 65, Sandkaulen 2007: 189. Derselbe Punkt gilt auch für Maimon, der uns hier noch nicht beschäftigt hat. Wie wir im übernächsten Abschnitt sehen werden, formuliert er Thesen über Dinge an sich, die als Thesen über transzendentale Gegenstände ausgedrückt werden. Dabei ist es klar, dass „transzendentaler Gegenstand" auf die kantischen Dinge an sich referiert und dass sich Maimon ebenfalls auf den „Vierten Paralogismus" bezieht; vgl. Maimon 1790b: 201 ff. Vgl. auch Maimon 1790b: 161 ff.

diesem Grund führt eine solche Auffassung über Erscheinungen zu einer Zwei-Welten-Interpretation des transzendentalen Idealismus.[26]

Diese Interpretation des Ausdrucks „Erscheinung" ist jedoch nicht zwingend. Man könnte die These vertreten, dass die kantische Rede von Erscheinungen als Vorstellungen nicht beim Wort zu nehmen ist, und dass Kant dadurch bloß die These zum Ausdruck bringen möchte, dass die Erscheinungen in irgendwelchem Sinn subjektabhängig sind, ohne ihnen ihren vorstellungstranszendenten, außerweltlichen Status gleich absprechen zu müssen. Eine solche Annäherung an die Problematik der Erscheinung würde einem erlauben, von der numerischen Identität von Erscheinungen und Dingen an sich auszugehen: Erscheinungen und Dinge an sich wären *dieselben* Dinge, und auf diese Weise würde man Äußerungen Kants gerecht werden, in denen Kant selbst die Identität von Erscheinungen und Dingen an sich nahelegt (Bxx, Bxxvff., A27f./B44, A38/B55, B69, B306). Die Unterscheidung zwischen den beiden würde eine Unterscheidung zwischen zwei „Aspekten" eines uns desselben Dinges betreffen – daher wird ein solcher Umgang mit der kantischen Erscheinung als eine Zwei-Aspekte-Interpretation charakterisiert.

Hierzu gibt es zwei einflussreiche Hauptinterpretationsmöglichkeiten. Die eine Möglichkeit besteht darin, zwischen zwei *Betrachtungsweisen* über Dinge zu unterscheiden: Wir *betrachten* dieselben Dinge einmal als Dinge an sich, einmal als Erscheinungen. Die kantische Unterscheidung zwischen Dingen an sich und Erscheinungen soll einer Unterscheidung zweier Betrachtungsweisen über Dinge gleichkommen und kann deshalb als eine *methodologische/epistemologische* Unterscheidung verstanden werden.[27] Die andere, neuere Hauptinterpretationsmöglichkeit besteht hingegen darin, die Unterscheidung zwischen zwei „Aspekten" als eine *metaphysische* Unterscheidung aufzufassen, welche die Frage be-

---

[26] Für Interpretationen, die dieser Interpretationsrichtung zuzuordnen sind, vgl. Guyer 1987: 333ff., Jauernig 2021, Stang 2014, Strawson 1966: 256ff., Vaihinger 1892: 51, Van Cleve 1999: insbesondere 8ff. und 143ff. Was die Einstufung von Interpretationen als „phänomenalistisch" angeht, ist es wichtig zu beachten, dass – genau genommen – nicht alle als phänomenalistisch eingestuften Interpretationen die These akzeptieren, dass kantische Erscheinungen *mentale Zustände* sind; manchen Varianten von Zwei-Welten-Interpretationen zufolge sind die kantischen Erscheinungen als *intentionale Gegenstände* von Vorstellungen zu verstehen. (Das ist der Fall in Jauernigs Interpretation. Van Cleves Thesen über Erscheinungen als „virtual objects" stehen dieser Lesart ebenfalls näher. Vgl. auch Aquila 1979, Robinson 1994, Robinson 1996, Sellars 1968: 31ff., in denen eine Lesart über Erscheinungen als intentionale Gegenstände vertreten wird.) Trotz dieser feinen Unterschiede sind sich Zwei-Welten-Interpret:innen darüber einig, dass kantische Erscheinungen – streng genommen – *keine* vorstellungstranszendenten Gegenstände der Außenwelt sind.

[27] Vgl. Allison 2004, Bird 1962, Prauss 1974.

trifft, was Dinge *sind*, nicht, wie wir sie *betrachten*.[28] Die zwei „Aspekte", von denen im Rahmen dieser Interpretationsrichtung die Rede ist, sind als zwei Mengen von *Eigenschaften*, die einem und demselben Ding zukommen, zu verstehen: subjektabhängige vs. subjektunabhängige Eigenschaften. Diese Unterscheidung zwischen verschiedenen Mengen von Eigenschaften kann wiederum auf verschiedene Weisen ausbuchstabiert werden: zum Beispiel als eine Unterscheidung zwischen relationalen Eigenschaften einerseits und intrinsischen Eigenschaften andererseits[29] oder als eine Unterscheidung zwischen dispositionalen Eigenschaften einerseits und ihrer kategorialen Basis andererseits.[30] Aus der Perspektive einer solchen, metaphysischen, Zwei-Aspekte-Interpretation ist der Träger von subjektabhängigen Eigenschaften (Erscheinung) und der Träger von subjektunabhängigen Eigenschaften (Ding an sich) ein und dasselbe Ding.

Behält man diese Debatte im Hinterkopf, dann ist klar, dass die Erstleser Kants implizit mit einem phänomenalistischen Verständnis von Erscheinungen und einer Zwei-Welten-Interpretation des kantischen Idealismus operieren. Das ist ausgeprägt bei Lesern wie Feder und Jacobi, die in abwertendem Ton darauf hinweisen, dass nach Kant Erscheinungen „bloße Vorstellungen" sind. Schon im ersten Satz der Göttinger Rezension ist zum Beispiel zu lesen, dass das „System des höhern [d.h. des transzendentalen, MK] Idealismus [...] die Welt und uns selbst in Vorstellungen verwandelt" (Feder/Garve 1782: 40). In seinem Anhang zitiert Jacobi (1787: 105) aus dem „Vierten Paralogismus" in der A-Auflage und versieht Kants Vorstellungsrede dort mit eigenen Hervorhebungen.[31] Pistorius,

---

28 Eine kritische Auseinandersetzung mit methodologischen Interpretationen zugunsten einer metaphysischen Interpretation des kantischen Idealismus, welche sich von prominenten Zwei-Welten-Interpretationen distanziert, ohne einer Zwei-Aspekte-Interpretation gleichzukommen, findet sich bereits in Ameriks 1982 und Ameriks 1992.
29 Vgl. Langton 1998: 15 ff., Allais 2007. Allais (2015: 116 ff., 230 ff.) spricht von „essentially manifest qualities", die den „instrinsic natures" von Gegenständen gegenüberzustellen sind.
30 Vgl. Rosefeldt 2007. („Kategorial" wird hier im Sinn zeitgenössischer Metaphysik, *nicht* im kantischen Sinn verwendet; im Rest der Untersuchung hingegen ist „kategorial" immer im kantischen Sinn – in Bezug auf die reinen Verstandesbegriffe – zu verstehen.) Rosefeldt (2022, i.E.: 25 ff.) formuliert die Unterscheidung als eine Unterscheidung zwischen „response-dependent" vs. „response-independent properties".
31 Ein sehr kurzer, früher Text Jacobis (1782: 3 f.) zu Kant trägt sogar den Titel „Meine Vorstellungen". In seinem Kantbuch schreibt Feder: „Aber die eigentlichen Grundsätze seiner [Kants] *transcendentalen Aesthetik*, oder seiner Metaphysik von der Sinnenwelt, sind immer die; daß die Vorstellung eines Körpers in der Anschauung *gar nichts* enthalte, was einem Gegenstande an sich selbst zukommen kann (*Kritik*. S. 44 ff.) daß die Regentropfen, so wohl als der Raum in welchem sie fallen, *nichts an sich selbst seyn*, sondern bloße Modificationen unserer sinnlichen Anschauung (S. 46) also Modificationen einer Eigenschaft unseres Gemüths (S. 22); und wie er selbst die Hauptfolge kurz und deutlich zusammenfaßt, (*Proleg*. S. 62) *alle Körper, mit sammt dem Raum*,

Schulze und Eberhard betonen zwar diesen Aspekt der kantischen Lehre – in ihrer Interpretation – weniger bzw. in nicht abwertendem Ton, aber es spricht sehr viel dafür, dass sie die kantischen Erscheinungen ebenfalls als vorstellungsimmanente Entitäten auffassen: Sie sprechen von den kantischen Erscheinungen als „Modification der Sinnlichkeit" und als „sinnliche Vorstellung" (Eberhard 1789f: 301, Eberhard 1789e: 370), von einer Welt nur mit Erscheinungen – d.h. ohne Dinge an sich – als eine „Welt von Vorstellungen" (Pistorius 1788b: 430) und assoziieren die Erscheinungen mit „Erfahrungserkenntnisse[n] der Dinge (oder Wahrnehmungen)" (Schulze 1801a: 379).[32] Dasselbe gilt für Garve[33] sowie für den noch gesondert zu behandelnden Maimon.[34] Vor diesem Hintergrund möchte ich der von Zwei-Aspekte-Interpret:innen vertretenen und in der Einleitung bereits angesprochenen These, dass die Erstleser Kants einer Zwei-Welten-Interpretation

---

darin sie sich befinden, müssen für nichts als bloße Vorstellungen in uns gehalten werden, und existiren nirgends anders, als bloß in unsern Gedanken. Ist dieses nicht der offenbare Idealismus? So ruft er [Kant] selbst dabey aus. Und erwartet doch wohl, daß wir Nein sagen, oder diesen Idealism wenigstens nicht mit dem bisher bekannten vermengen sollen; weil sein Name transcendentaler oder formeller Idealism heißt" (Feder 1787: 62f.). Vgl. auch Feder 1787: 68, 82ff. und 115f., Jacobi 1787: 108.

32 Vgl. auch Eberhard 1789a: 279, Eberhard 1789j: 310ff., Pistorius 1788b: 455.

In Jauernig 2021: 21f. Fn. 66 wird die Einschätzung formuliert, dass bei den ersten Kantlesern im Allgemeinen – inklusive Kritiker wie Pistorius, der namentlich erwähnt wird – zwar Formulierungen, die auf eine Zwei-Welten-Interpretation hindeuten, vorherrschend sind, aber letztlich unklar ist, inwiefern eine Zwei-Welten-Interpretation des kantischen Idealismus durch diese tatsächlich vertreten wird. Diese Einschätzung – zumindest in Bezug auf die Kantleser, die in der vorliegenden Arbeit untersucht werden – teile ich nicht. Ich denke, dass die Formulierungen der frühen Kritiker, die auf eine Zwei-Welten-Interpretation hindeuten, ernst zu nehmen sind. Was insbesondere Pistorius' Interpretation angeht, stimme ich Jauernig zu, dass manche Pistorius-Stellen, worauf sie explizit verweist, tatsächlich Fragen aufwerfen und interpretationsbedürftig sind: Stellen, in denen sich Pistorius über die „schwankende Vieldeutigkeit" Kants bzw. der Kantianer hinsichtlich des Verhältnisses zwischen Erscheinungen und Dingen an sich beklagt. Ich denke allerdings, dass solche Stellen nicht die Frage betreffen, ob das Verhältnis zwischen Erscheinungen und Dingen an sich bei Kant im Sinne einer Zwei-Welten- vs. einer Zwei-Aspekte-Lesart zu verstehen ist, sondern eine andere Frage, die uns im nächsten Kapitel ausführlich beschäftigen wird: die Frage, ob Kant – zusätzlich zur Existenz von Erscheinungen, die phänomenalistisch zu verstehen sind – noch die Existenz von Dingen an sich und eine Affektion durch diese unterschreibt. Es ist mit Blick auf diese Frage, dass Pistorius eine Ambivalenz Kants zu diagnostizieren scheint; vgl. meine Ausführungen in Kap. 2, I.

33 Vgl. Garve 1783: 857, Garve 1798: 358f.

34 Maimon stellt uns generell vor große exegetische Schwierigkeiten, und, soweit ich sehen kann, thematisiert er die Frage nicht direkt, aber ich denke, dass es unkontrovers wäre zu behaupten, dass er in dieser Hinsicht nahe an der Interpretation seiner Zeitgenossen steht. Für weitere Überlegungen und Textbelege zur Stützung dieser Einschätzung vgl. Abschnitt III, i, insbesondere Fn. 47.

anhängen, nicht widersprechen. In der Folge werde ich dafür argumentieren, dass dieser Aspekt ihrer Kantdeutung, den ich nicht bestreite, weniger *relevant* für ihre gesamte Kantkritik ist, als man annehmen könnte.

II Die Entbehrlichkeit von Dingen an sich und die Standardinterpretation der Kantlektüre Maimons

Die Strategie der ersten Kantleser besteht darin, Kant vor ein Dilemma zu stellen: Einerseits vertreten und verteidigen sie die Unentbehrlichkeit einer Festlegung auf Dinge an sich, andererseits argumentieren sie für ihre Unzulässigkeit, indem sie auf Schwierigkeiten, die sich im Rahmen des kantischen Projekts aus einer solchen Festlegung ergeben würden, hinweisen. Wie wir sehen werden, betreffen diese Schwierigkeiten vor allem zwei Punkte: dass die Festlegung auf Dinge an sich nicht gerechtfertigt ist und dass sie im Widerspruch zu kantischen Thesen steht.

Eine mögliche Reaktion auf diese Art von Kritik wäre, das *erste* Horn des Dilemmas anzugreifen, und dafür zu argumentieren, dass man die Dinge an sich gar nicht braucht. Interessanterweise gibt es eine sehr verbreitete Interpretationstendenz, wonach diese mögliche Reaktion bereits in der historischen Phase, die uns interessiert, d.h. in der vorfichteschen Kantrezeption, verfolgt wird: *Maimons* Kantlektüre wird sehr oft als ein *Bruch* in der bisherigen Diskussion gelesen. Die Idee, dass sich Maimons Umgang mit dem kantischen Ding an sich von den bisherigen Annäherungen erheblich unterscheidet, stößt sowohl in der Geschichtsschreibung zur klassischen deutschen Philosophie als auch in der Maimonforschung auf allgemeine Zustimmung. Maimon wird eine Schlüsselrolle im *Übergang* vom Kantianismus zum Deutschen Idealismus bescheinigt: Seine Kantlektüre soll einen Wendepunkt in der Geschichte der Kantrezeption und -kritik bilden.[35]

Wie in der Einleitung bereits thematisiert, besteht in der Geschichtsschreibung eine Tendenz, zwischen rückschrittlichen und fortschrittlichen Lesern Kants zu unterscheiden. Schulze und Jacobi sollen zwar fortschrittlicher als Feder und Eberhard sein, aber sie werden als *rückschrittlich* eingestuft, wenn sie mit Maimon

---

35 Ein Ausdruck dieser Interpretationstendenz ist die Betonung der Rolle Maimons – im Gegensatz zur Rolle früherer Kantleser – als Wegbereiters und als Anknüpfungspunkts für Fichtes Ansatz und für weitere nachkantische Entwicklungen; vgl. Beiser 1987: 286f., Bondeli 2014b: 1182, Dilthey 1889: 605f., Frank 1997: 23, Kroner 1921: 337, Kuntze 1912: 269, Vaihinger 1892: 37, Zeller 1873: 587. Maimon soll der erste sein, der das kantische Ding an sich „umbildet"; vgl. Windelband 1892: 497f.

verglichen werden. Diese Kontrastierung Maimons zum Rest der Kritiker ist sehr üblich, und die Formulierungen in der Forschungsdiskussion sehr vielfältig. Soweit ich sehen kann, dreht sich jedoch der ganze Kontrast um genau die Fragen, die uns im vorigen Abschnitt beschäftigt haben: Kants Zeitgenossen vertreten die Unentbehrlichkeit von Dingen an sich; Hintergrund dabei ist ihr – optimistischer oder pessimistischer – Realismus; Maimon hingegen soll für die Entbehrlichkeit von Dingen an sich plädieren und den Realismus seiner Zeitgenossen angreifen. Im Rahmen dieser Zäsurerzählung wird Maimon als ein *Antirealist* gelesen. Diese Interpretation ist die *Standardauffassung* zur Rolle Maimons in der Geschichte der frühen Kantrezeption.[36] So wie ich diese Standardinterpretation verstehe, soll der Bruch *alle* Teilbehauptungen, die den Realismus der Zeitgenossen Maimons ausmachen und die ich im vorigen Unterabschnitt präsentiert habe, betreffen. Im Rahmen dieser Interpretation würde man sagen, dass Maimons Kantrezeption einen Wendepunkt bildet, weil Maimon Realismus*, den der Rest der Kantleser akzeptiert, bestreitet.

Würde man einer solchen Interpretation des Denkens Maimons zustimmen, dann läge es nahe, dieser antirealistischen Strategie, welche die Unentbehrlichkeit der Dinge an sich bestreitet, besondere Aufmerksamkeit zu schenken und ihr

---

[36] Das Bild wird durch Formulierungen in der Forschungsdiskussion gezeichnet, die in der Regel eher knapp und komprimiert sind – vermutlich, weil sie Thesen ausdrücken sollen, die evident sind und keiner ausführlichen Darstellung und Begründung bedürfen. Es lassen sich jedoch in jedem Fall folgende Tendenzen in der Charakterisierung des Unterschieds zwischen Maimon und seinen Zeitgenossen erkennen. Maimon wird die These zugeschrieben, dass nach ihm das kantische Ding an sich *redundant/irrelevant/nicht notwendig ist/keinen explanatorischen Wert hat* und dass seine Funktion von vorstellungsimmanenten Entitäten übernommen werden kann; vgl. Atlas 1964: 44, Beiser 1987: 307, Bergman 1967: 13 f., Cassirer 1920: 80 ff., Hoyos 2008: 272, Kuntze 1912: 273 f. Vor diesem Hintergrund wird Maimon als der *erste* in der Geschichte der Kantrezeption gelesen, der transzendente Entitäten/Dinge an sich eliminieren (vgl. Beiser 1987: 284 und 303 f., Bergman 1967: 13 ff., Bondeli 2014b: 1182, Frank 1997: 96) und den immanenten Status der kritischen Philosophie auf diese Weise zurückholen möchte (vgl. Beiser 1987: 306). Maimons Zeitgenossen – d.h. Kantleser bis einschließlich Schulze – sollen die kantischen Dinge an sich realistisch interpretieren, während Maimon dagegen argumentiert (vgl. Atlas 1964: 23 f.); und sie vertreten generell *realistische* Thesen. Eine besondere Instanz solcher Thesen bildet die Wahrheitskonzeption Schulzes. Maimon wird als dezidierter Kritiker einer realistischen Wahrheitskonzeption gelesen; vgl. Beiser 1987: 283 f., Bondeli 2014a: 1149, Engstler 1998: 161 Fn. 2 und 170, Grundmann 1998: 134. Im Rahmen der Standardinterpretation hängen die verschiedenen Fragen, die in den diversen Formulierungen thematisiert werden, eng miteinander zusammen: Die Dinge an sich sind nach Maimon entbehrlich und sollen eliminiert werden, weil man die These vertritt, dass der Antirealismus eine tragfähige philosophische Position ist; vgl. Frank 1997: 126.

Potential als mögliche Reaktion auf die frühe Kantkritik – zur Verteidigung der Position Kants – näher zu untersuchen. Vielleicht ließe sich aus maimonschen Materialien eine gute Replik auf die Einwände der Erstleser finden, die gegen das erste Horn des Dilemmas gerichtet wäre. Bei einer solchen Annäherung an das Problem der Dinge an sich könnte man zudem auf einige Strategien, die in der Kantforschung vertreten werden, zurückgreifen. Wie bereits angesprochen, haben die allerersten Rezensenten der *Kritik*, Feder und Garve, einen Radikalidealismusvorwurf gegen Kant erhoben. In den *Prolegomena* hat sich Kant explizit gegen diesen Vorwurf zur Wehr gesetzt. Ein Teil seiner Antwort, die einer Abgrenzung von einer radikalen Spielart des Idealismus dienen soll, bringt die Festlegung auf die Dinge an sich ins Spiel (4: 288 ff.). Kant formuliert jedoch auch eine weitere Abgrenzungsstrategie, die ohne eine Festlegung auf Dinge an sich auszukommen scheint (4: 375).

Nun könnte man – und hat man bereits getan – diese weitere Strategie betonen, ergänzen und weiterentwickeln, um auf diese Weise für die Redundanz von Dingen an sich zu argumentieren. Entscheidend bei einem solchen Verteidigungsversuch wären die kantische These, dass die Erfahrung einen *apriorischen* Aspekt hat, und die Ressourcen zur Abgrenzung von radikalidealistischen Positionen, die diese These liefert.[37] Ferner könnte man versuchen, die These zu verteidigen, dass zentrale Unterscheidungen des kantischen Projekts, wie die Unterscheidung zwischen Form und Materie, *ohne* einen Verweis auf das Ding an sich aufrechterhalten werden können.[38] Des Weiteren könnte man sich das phänomenalistische Verständnis von Erscheinungen durch Kants Erstleser und die Tatsache, dass dies nicht alternativlos ist, zunutze machen, um das Potential eines kantischen Idealismus *ohne* Dinge an sich, dafür aber mit robusteren Erscheinungen – im Rahmen einer Zwei-Aspekte-Lesart – zu verteidigen: Vielleicht haben die Erstleser Kants Recht, wenn sie behaupten, dass wir die Dinge an sich brauchen, wenn wir sonst nur Vorstellungen (Erscheinungen) haben; wenn jedoch die Erscheinungen anspruchsvoll verstandene außergeistige Gegenstände sind, dann klingt die These, dass wir wie Dinge an sich doch nicht brauchen, viel plausibler.[39]

---

37 Eine solche Strategie verfolgt Emundts (2008). Vgl. auch Falkenstein 1995: 316 ff. In einem Aufsatz zur Göttinger Rezension favorisiert Mensch (2006) eine Strategie, die in eine ähnliche Richtung gehen würde.
38 Falkenstein (1995: 322 ff.) unternimmt einen solchen Versuch.
39 Vgl. Bird 1962: 18 ff., Prauss 1974: 192 ff., Breitenbach 2004: 142 ff. Für eine weitere Interpretation, die sich kritisch zur Annahme verhält, dass Dinge an sich die affizierenden Gegenstände sind – obwohl sie sich zur zwei-Welten- vs. Zwei-Aspekte-Kontroverse eher neutral verhält –, vgl. de Boer 2014.

Obwohl es durchaus lohnend sein könnte, auf solche Strategien einzugehen und die Unentbehrlichkeitsannahme kritisch zu untersuchen, werde ich hier einen anderen Weg einschlagen. Den Realismus, der einen Topos der frühen Kantkritik darstellt, betrachte ich als eine plausible Position,[40] so dass es ebenfalls sehr lohnend sein kann, die Unentbehrlichkeitsannahme zu akzeptieren und sich zu fragen, was für Folgen dies für die Haltbarkeit des kantischen Projekts hat: Angenommen, die Festlegung auf die Dinge an sich ist tatsächlich unentbehrlich, ist diese *erlaubt*? Aus diesem Grund suche ich hier, Kant zu verteidigen, indem ich den Fokus auf das *zweite* Horn des Dilemmas lege. Zusätzlich zur – zumindest auf den ersten Blick – philosophischen Plausibilität der realistischen Unentbehrlichkeitsannahme gibt es zwei exegetische und meines Erachtens gravierende Gründe, die dieses Vorgehen meinerseits motivieren. Der erste Grund steht im Mittelpunkt dieses Kapitels: Ich vertrete die These, dass die Standardinterpretation Maimons, wonach seine Positionierung zum Ding an sich einen Bruch in der frühen Kantrezeption darstellt, aufgegeben werden muss. Ich werde im Folgenden ausführlich dafür argumentieren, dass Maimons Kantlektüre keine Zäsur in der vorfichteschen Kantrezeption bildet und dass es sehr gute Gründe dafür gibt, ihm ebenfalls die These zuzuschreiben, dass die Dinge an sich unentbehrlich sind. *Kein* Akteur der frühen Kantkritik hat die Unentbehrlichkeit der Dinge an sich bestritten, so dass die hier skizzierte mögliche Verteidigungsstrategie in der Tat bloß *möglich* und in der historischen Phase, die hier untersucht wird, *nicht* vertreten wird. Der Rest des Kapitels enthält meine Argumentation für diese These und der Rest dieser Forschungsarbeit untersucht, wie sich Kants Position verteidigen lässt, wenn man die Unentbehrlichkeitsannahme und die realistischen Intuitionen von Kants ersten Lesern akzeptiert.

Es gibt jedoch einen weiteren Grund, der mein Vorgehen motiviert: *Kant* selbst hält die Festlegung auf die Dinge an sich für unentbehrlich. Selbst wenn es einem gelingen würde, den transzendentalen Idealismus durch eine Auseinandersetzung mit dem ersten Horn des Dilemmas zu verteidigen, hätte eine solche Strategie den Nachteil, dass die Verteidigung nur den „Geist" des Kantianismus betreffen würde. Wäre es hingegen möglich, Kant gegen seine Kritiker zu verteidigen, und dabei am „Buchstaben" der *Kritik* festzuhalten, indem man für die *Zulässigkeit* der Festlegung auf Dinge an sich argumentiert, wäre dies befriedigender.[41]

---

40 Für eine Kritik des Versuchs – insbesondere Prauss' Umgang mit dem Problem der Affektion –, einen kantischen Idealismus ohne Dinge an sich zu verteidigen, vgl. Allison 2004: 66 ff. Vgl. auch Jauernig 2021: 310 ff., Willaschek 2001: 218 f.
41 Zu Kants Positionierung zu Fragen hinsichtlich des „Geistes" und des „Buchstabens" vgl. seine bereits angesprochene Erklärung gegen Fichte, wonach die *Kritik* „nach dem Buchstaben zu

Die These, *dass* der „Buchstabe" der *Kritik* die Festlegung auf Dinge an sich vorsieht, werde ich erst im nächsten Kapitel verteidigen.

III Gegen die Standardinterpretation der Kantlektüre Maimons. Kein Bruch in der frühen Kantrezeption

Im Rahmen der Standardauffassung zur Rolle Maimons ist Maimon der erste Antirealist in der frühen Kantrezeption und sein Antirealismus schlägt sich in seinen Thesen zur Entbehrlichkeit von Dingen an sich nieder. Vergegenwärtigen wir uns, wie ich die Spielart des Realismus in der frühen Kantkritik charakterisiert habe:

Realismus*: (i) Im Rahmen einer befriedigenden/nicht zu revisionistischen Erklärung des Phänomens der Affektion und der Passivität unserer Sinneswahrnehmung ist ein Verweis auf die subjektunabhängige Welt (Dinge an sich) unerlässlich; (ii) wenn es objektive Aussagen/Überzeugungen gibt, dann ist die subjektabhängige Welt der Standard (oder zumindest ein Parameter) für die Objektivität dieser Aussagen; (iii) Wahrheitswertträger sind genau dann wahr, wenn sie in einer Relation der Übereinstimmung/Korrespondenz mit (der relevanten Portion) der subjektunabhängigen Welt stehen.

So wie ich die Standardauffassung zur Rolle Maimons verstehe, soll Maimon die Thesen (i), (ii) und (iii) bestreiten und in diesem Sinn ein Antirealist sein. Diese Standardauffassung speist sich grundsätzlich aus vier (Kategorien von) Textstellen in Maimons Werken: erstens, mehrere Stellen zur Problematik der Affektion, schon in Maimons erstem Werk zu Kant, dem *Versuch über die Transzendentalphilosophie*, als auch in späteren Werken; zweitens, (weniger) Stellen, vor allem im *Versuch einer neuen Logik*, zur Problematik der Objektivität; drittens, Maimons sogenannte Uminterpretation des Begriffs des *Dings an sich* in seinem vielbeachteten Eintrag zum Begriff der Wahrheit aus seinem *Philosophischen Wörterbuch*; viertens, Maimons explizite und ausführliche Auseinandersetzung mit Schulze und der Problematik der Dinge an sich im Rahmen des „Vierten Briefs des Philaletes an Aenesidemus"[42] in seinem *Versuch einer neuen Logik* – die Kritik an

---

verstehen, und bloß aus dem Standpunkte des gemeinen nur zu solchen abstracten Untersuchungen hinlänglich cultivirten Verstandes zu betrachten" ist (12: 371).

42 In Maimons Schriften finden sich einige Rechtschreibfehler (zum Beispiel „Philaletes" statt „Philalethes"). Bei der Wiedergabe von Maimons Worten folge ich generell der Orthographie des Originals.

Schulze betrifft sowohl die Problematik der Affektion als auch Fragen rund um das Stichwort „Wahrheit".

Ich werde im Folgenden dafür argumentieren, dass die Standardauffassung nicht alternativlos ist, und dass es sehr gute Gründe dafür gibt, sie aufzugeben. Ich werde eine alternative Interpretation der fraglichen Stellen vorschlagen, welche die Unentbehrlichkeitsannahme über Dinge an sich intakt lässt, und auf Schwierigkeiten eingehen, mit denen die Standardinterpretation konfrontiert ist. Im Rahmen meines Interpretationsvorschlags steht Maimon sehr nahe an seinen Zeitgenossen: Er ist ein Realist, wenn auch der *pessimistischen* Variante, da er einen Skeptizismus vertritt. Die Unterschiede seiner Position zu anderen Lesern Kants – vor allem Schulze, der ebenfalls ein pessimistischer Realist ist – verorte ich vor allem in seiner bestimmten Variante von Skeptizismus, die, anders als bei Schulze, mit *rationalistischen* Annahmen eng verschränkt ist. Bei meiner Argumentation werde ich den Fokus auf Maimons Äußerungen zur Problematik der Affektion – damit sind sowohl die vereinzelten Äußerungen als auch die im Rahmen seiner Auseinandersetzung mit Schulze gemachten Bemerkungen gemeint – sowie auf seine Uminterpretation des Begriffs des Dings an sich legen. Was die wenigen Stellen zur Objektivität und Wahrheit angeht, denke ich, dass meine Strategie zum Umgang mit der Affektionsproblematik auf sie übertragbar ist, und ich werde die Grundzüge einer alternativen Lesart für diese weiteren Probleme an geeigneten Stellen kurz thematisieren.

Ich entwickle meine Argumentation in der folgenden Reihenfolge. Zunächst widme ich mich Textstellen zur Problematik der Affektion, ohne Berücksichtigung der Auseinandersetzung Maimons mit Schulze, und verteidige die These, dass die Standardlesart nicht zwingend ist, und dass es eine gewisse textliche Basis für eine Alternative gibt (Unterabschnitt (i)). Anschließend, unter (ii), diskutiere ich Maimons Umgang mit dem Ding an sich in seinem „Wahrheitseintrag" und vertrete die These, dass die Standardlesart nicht zwingend ist, und dass sie vor dem Hintergrund der vergleichsweise neueren Maimonforschung eher als falsch einzustufen ist. Der vorletzte Schritt ist die Behandlung der Kritik Maimons an Schulze, wo ich für die stärkere These argumentiere, dass die Alternative nicht nur möglich und wahrscheinlich, sondern zu bevorzugen ist (Unterabschnitt (iii)). Ich schließe meine Argumentation ab, indem ich auf Belegstellen hinweise, die direkt gegen die Standardinterpretation sprechen (Unterabschnitt (iv)). Dieser Umstand, kombiniert mit der Verfügbarkeit einer alternativen Interpretation, für die ich in den vorigen Unterabschnitten argumentiert habe, führt zu dem Ergebnis, dass die Standardauffassung nicht zwingend ist, und dass die Alternative sogar zu bevorzugen ist.

i Affektion ohne Dinge an sich: Ebenbürtige Alternative oder bloßes Surrogat?

Für die realistisch gesinnten Kantleser, die ich im ersten Abschnitt besprochen habe, war es selbstverständlich, dass die Problematik der Dinge an sich mit der Affektionsproblematik eng zusammenhängt. Maimon hingegen plädiert für eine Konzeption, in deren Rahmen dem Ding an sich keine Rolle zugeschrieben wird. Dies wird im Rahmen der Standardinterpretation als klarer Hinweis darauf gelesen, dass nach Maimon die Dinge an sich entbehrlich sind, und dass wir im Rahmen einer befriedigenden Erklärung von Affektion auf die Rolle der subjektunabhängigen Welt verzichten können. Ich möchte im Gegensatz dazu die These verteidigen, dass dies aus philosophischer Perspektive nicht zwingend ist. Anschließend werde ich anhand eines Verweises auf und einer näheren Betrachtung von Textstellen die alternative Lesart exegetisch plausibilisieren.

An mehreren Stellen in verschiedenen Werken bringt Maimon tatsächlich eine Position hinsichtlich der Problematik der Affektion bei Kant (und der damit zusammenhängenden Problematik des Gegebenwerdens von Gegenständen sowie der Unterscheidung zwischen a priori und a posteriori) zum Ausdruck, die ohne einen Verweis auf eine subjektunabhängige, vorstellungstranszendente Welt auskommt. Hinsichtlich der Frage, was es heißt, dass Gegenstände einem Subjekt *gegeben* werden, oder dass ein Gegenstand Subjekte *affiziert*, schreibt Maimon:

> Das Wort: gegeben, welches Hr. K. von der Materie der Anschauung sehr oft gebraucht, bedeutet bei ihm (wie auch bei mir) nicht etwas in uns, das eine Ursache außer uns hat. (Maimon 1790b: 203)

An anderer Stelle:

> Das *Erkenntnißvermögen* wird *affizirt*, heißt, es erlangt Erkenntnisse, die nicht durch seine *Gesetze a priori* von ihm bestimmt sind. Die *Dinge an sich* kommen also hier ganz aus dem Spiel. (Maimon 1794: 435/[377])[43]

An solchen Stellen scheint Maimon folgende Thesen zu formulieren: Dass ein mentaler Zustand als empirisch gegeben, a posteriori und Produkt einer Affektionsrelation eingestuft, und von einem mentalem Zustand (oder seinem Gehalt), der als a priori eingestuft wird, abgegrenzt wird, muss nicht heißen, dass man damit den mentalen Zustand als Wirkung einer vorstellungstranszendenten, subjektunabhängigen Realität auffasst; die Unterscheidung a priori vs. a poste-

---
[43] Vgl. auch Maimon 1790b: 415f./[419f.], Maimon 1797: 67/[65].

riori ist eine bewusstseinsimmanente Unterscheidung.⁴⁴ So wie ich den Umgang der Vertreterin der Standardinterpretation mit diesen Thesen Maimons verstehe, wird davon ausgegangen, dass Maimons Thesen die Implikation haben, dass man im Rahmen einer befriedigenden/nicht zu revisionistischen Erklärung des Phänomens der Affektion auf einen Verweis auf die Rolle der Dinge an sich verzichten kann. Maimon soll die These unterschreiben, dass das Ding an sich entbehrlich ist: Die Funktionen, die man im Rahmen des Realismus* dem Ding an sich zuschreiben würde, können von bewusstseinsimmanenten Entitäten übernommen und genauso gut erfüllt werden.

Eine Entbehrlichkeitsthese über Dinge an sich jedoch folgt keineswegs aus den Thesen, die Maimon ausdrücklich vertritt. Aus einer philosophischen Perspektive betrachtet, wäre das nicht zwingend. Wenn ich für ein alternatives, schwächeres Verständnis von einer bestimmten Annahme argumentiere, könnte dies dadurch motiviert sein, dass die schwächere Annahme den Vorteil hat, dass sie systematisch zulässig ist, indem sie sich leichter rechtfertigen lässt, oder in keinem Widerspruch zu anderen Annahmen, die ich nicht fallen lassen möchte, steht. Dabei wäre es denkbar, dass ich die schwächere Annahme bewusst als eine *verarmte* Konzeption einführe. Es wäre zum Beispiel denkbar, dass ich eine konsequente *Skeptikerin* bin, und dass ich eine alternative Konzeption bestimmter Phänomene liefere, die vereinbar mit diesem Skeptizismus sein soll. Die alternative Affektionskonzeption würde dann nicht den Anspruch erheben, eine genauso gute Erklärung für das zu erklärende Phänomen liefern zu können. Es ginge bloß um einen Versuch, angesichts der Tatsache, dass ich Skeptikerin bin und nicht zeigen kann, dass es eine subjektunabhängige Außenwelt gibt und diese auf Subjekte kausal einwirkt, dem Ausdruck „Affektion" trotzdem einen Sinn abzugewinnen, der mit diesem Skeptizismus vereinbar wäre. Dabei könnten meine realistischen Grundannahmen über die Rolle der subjektunabhängigen Welt in einer wirklich befriedigenden Erklärung intakt bleiben.⁴⁵

---

44 Auch im Hinblick auf Objektivität vertritt Maimon (1794: 176 f./[118]) ähnliche Thesen: „Dasjenige im Erkenntnißvermögen, was bei allen Veränderungen des Subjekts *unverändert* bleibt, ist das *Objektive*, dasjenige aber, das mit Veränderung des Subjekts zugleich *verändert* wird, ist das bloß *Subjektive* der Erkenntniß. [...] Das *Objektive* in der Erkenntniß ist also nicht, (wie man gemeiniglich glaubt), dasjenige darin, was durch etwas *außer dem Erkenntnißvermögen* (das Objekt an sich) bestimmt wird."

45 Ähnliches gilt für die schwächere Objektivitätskonzeption: Die Idee kann sein, dass selbst innerhalb eines skeptischen Bildes, in dessen Rahmen der epistemische Zugang zum „wahrhaft Objektiven", d. h. der subjektunabhängigen Welt, dem Ding an sich, uns verschlossen bleibt, wir trotzdem nützliche Unterscheidungen treffen können, zum Beispiel zwischen einem bloß subjektiv-privaten Zustand und einem in gewissem Sinn ebenfalls subjektiven, jedoch – für eine bestimmte Klasse von Erkenntnissubjekten – intersubjektiv verbindlichen Zustand.

III Gegen die Standardinterpretation der Kantlektüre Maimons — 63

Hier sieht man die Relevanz meiner im ersten Abschnitt formulierten Bemerkungen zur genauen Spielart des Realismus, die Kants Zeitgenossen vertreten. Auch andere Kantleser wären bereit, sich der kantischen Dinge an sich zu entledigen, wenn damit nur gemeint wäre, dass eine Festlegung auf diese nicht berechtigt oder unvereinbar mit anderen kantischen Annahmen ist. Das wäre bloß ein Angriff auf die *Zulässigkeit* von Dingen an sich – hier sollte es hingegen um ihre *Entbehrlichkeit* gehen. Auch die These, dass wir *irgendeine* Erklärung des Phänomens der Affektion ohne Verweis auf die Dinge an sich haben können, würden Kritiker wie Schulze unterschreiben. Für die Verteidigung der Entbehrlichkeit von Dingen an sich reicht es nicht aus, *irgendeine* Erklärung zu liefern. Die Erklärung sollte *befriedigend* und nicht *zu revisionistisch* sein. Man müsste zeigen, dass wir die Dinge an sich gar nicht brauchen, ohne sie sehr gut leben können und wir dabei Common-Sense-Überzeugungen, welche einer radikalen, solipsistischen Position entgegengesetzt sind, trotzdem einfangen. Will man von Zäsur sprechen können, müsste man zeigen, dass sich Maimon der Dinge an sich in genau diesem Sinn entledigen will.

Die Kombination aus philosophischen Positionen, die ich vorgestellt habe (schwächere Affektionskonzeption ohne Bestreitung der Unentbehrlichkeit der subjektunabhängigen Welt), ist nicht nur eine denkbare Lesart der maimonschen Äußerungen. Eine Fokussierung auf den Kontext dieser Äußerungen kann diese Lesart als die eigentliche These Maimons plausibilisieren. An fast allen Stellen, wo Maimon seine alternative Affektionskonzeption skizziert, motiviert er seine Konzeption durch bloßen Verweis auf die systematische *Unzulässigkeit* der stärkeren Konzeption. In klarer Kontinuität mit der bisherigen Kantrezeption schließt er sich der Diagnose seiner Zeitgenossen an, dass die Annahme von Dingen an sich, welche existieren und Subjekte affizieren, unzulässig wäre und dass wir *deshalb* eine alternative Konzeption brauchen. So wie er seine Konzeption motiviert, scheint der Vorteil seiner schwächeren Konzeption bloß in ihrer systematischen Zulässigkeit – und nicht in ihrer vergleichbaren explanatorischen Kraft, zum Beispiel, die eine Festlegung auf Dinge an sich redundant machen würde – zu bestehen.

Schauen wir uns zum Beispiel eine der Maimon-Stellen zur Affektion an. Maimon (1790b: 415/[419]) schreibt, dass „[d]as Gegebene in der Vorstellung bei Herrn Kant nicht dasjenige darin heissen [kann], das eine Ursache ausser der Vorstellungskraft hat". Dann folgt unmittelbar eine Begründung mit Verweis auf die systematische Unzulässigkeit des Dings an sich: „denn nicht zu gedenken, daß man das *Ding an sich* (*noumenon*) ausser der Vorstellungskraft nicht als Ursache erkennen kann, indem hier das Schema der Zeit fehlt; man kann es auch nicht einmal assertorisch denken, weil die Vorstellungskraft selbst, so gut als das Objekt ausser derselben, Ursache der Vorstellung seyn kann" (ebd.). Und dieser

Verweis wird von Maimon als *hinreichend* für die Verteidigung seiner alternativen Konzeption erachtet, denn nach diesem Satz schreibt er: „Das Gegebene kann *also* nichts anders seyn als dasjenige in der Vorstellung, dessen Ursache nicht nur, sondern auch dessen Entstehungsart (Essentia realis) in uns, uns unbekannt ist, d. h. von dem wir bloß ein unvollständiges Bewußtseyn haben" (ebd., meine Hervorhebung). Dieselbe Begründungsstruktur ist auch an fast allen anderen relevanten Stellen zu finden.[46]

Für die Lesart, dass Maimon mit seiner alternativen Konzeption keinen Antirealismus propagiert, sondern eher den Standpunkt des konsequenten Skeptikers einnimmt, sprechen zudem Äußerungen wie die folgende, die im Kontext seiner Präsentation seiner alternativen Affektionskonzeption erfolgt:

> Ich bin darin mit Hrn. K. einig, daß der transscendentale Gegenstand aller Erscheinungen, an sich betrachtet, für uns x ist; ich behaupte aber, daß, wenn man verschiedene Erscheinungen annimmt, man auch verschiedene ihnen korrespondirende Gegenstände anzunehmen gezwungen ist, die, obschon nicht an sich, doch per analogiam mit den ihnen korrespondirenden Erscheinungen bestimmt werden können, so wie ein Blindgeborner, obschon nicht jede Farbe an sich, dennoch die ihr eigenthümliche Strahlenbrechung, durch Linien (die er in der Anschauung des Gefühls konstruiren kann) denken, und diese dadurch zu einem bestimmten Objekt machen kann. Sagt man, daß nur Anschauung mit Anschauung, nicht aber Anschauung mit dem Dinge selbst, eine Analogie habe, so hebt man dadurch ganz den Begrif von Anschauung, d. h. einer Beziehung eines bestimmten Objekts auf ein bestimmtes Subjekt. Doch da das selbst unmöglich zu beweisen ist, daß nämlich die Anschauungen, Wirkungen von etwas ausser uns selbst sind, so müssen wir, wenn wir bloß unserm Bewußtseyn nachgehn wollen, den transscendentalen Idealismus annehmen, daß nämlich diese Anschauungen bloße Modifikationen unseres Ichs sind, die durch ihn selbst so bewirkt werden, als wären sie durch von uns ganz verschiedene Gegenstände bewirkt. Man kann sich diese Illusion auf folgende Weise vorstellen. (Maimon 1790b: 201 f.)

Die Stelle ist aufschlussreich. Hier scheint Maimon mit sehr realistischen Annahmen zu sympathisieren und die These zu vertreten, dass ein angemessenes Verständnis von Erscheinungen sehr wohl auf die Dinge an sich und ihre Eigenschaften verweist. Er scheint die Spielart des Realismus, die im Rahmen der Kantrezeption auf dem Spiel steht, nicht bestreiten zu wollen. Weil aber eine Festlegung auf eine subjektunabhängige Außenwelt sich mit dem Standpunkt eines konsequenten Skeptizismus schlecht verträgt, „wenn wir bloß unserm Bewußtseyn nachgehn wollen", müssen wir auf die These verzichten, dass es eine subjektunabhängige Welt gibt, die kausal auf Subjekte einwirkt und die Ursache

---

[46] Vgl. Maimon 1790b: 203, Maimon 1797: 67/[65], Maimon 1792: 474 ff./[13 ff.], Maimon 1794: 377 f./[319 ff.]. Auch die in Fn. 44 thematisierte Maimon-Stelle zur Objektivität (Maimon 1794: 176 f./[118 f.]) hat eine ähnliche Begründungsstruktur.

ihrer Vorstellungen ist.⁴⁷ So ausgelegt, geht es nicht um eine ebenbürtige Alternative im Rahmen eines antirealistischen Projekts, sondern bloß um eine Uminterpretation bestimmter Ausdrücke, so dass die dadurch ausgedrückten Konzeptionen mit dem skeptischen Standpunkt vereinbar und somit *zulässig* sind. Der Skeptiker-Realist Schulze würde das alles problemlos unterschreiben. Und es gibt Indizien dafür, dass Maimons allererste Leser die Sache genau so gesehen haben und Maimons Thesen, zumindest so wie sie im *Versuch über die Transzendentalphilosophie* entwickelt werden, mit den Thesen Schulzes assoziiert haben.⁴⁸

Interessant in diesem Zusammenhang ist zudem Maimons Rede von der Überzeugung über die Existenz einer Außenwelt als *Illusion*, deren Entstehung es zu erklären gilt. Antirealismus wird oft mit einem antiskeptischen Anspruch verbunden. Der Realistin wird oft vorgeworfen, dass ihre Konzeption der Realität als vorstellungstranszendent und subjektunabhängig sie besonders anfällig für skeptische Einwände macht: Auf Grundlage einer solchen Konzeption erweist sich die Realität als epistemisch unzugänglich; unsere Überzeugung, dass es die Realität gibt, wird als eine bloße *Illusion* eingestuft; wir werden zur Annahme geführt, dass die Welt bloß auf bestimmte Weise verfasst zu sein *scheint*, ohne dass sie *tatsächlich* so ist. Realismus soll zum Pessimismus führen. Die Antirealistin soll hingegen diesen unangenehmen Konsequenzen entgehen, indem sie von einer Konzeption von Realität ausgeht, die den Vorteil hat, die so verstandene Realität als epistemisch zugänglich auszuweisen: Die Antirealistin braucht nicht zu sagen, dass es *scheint*, als würde die Außenwelt existieren, sondern sie kann, dank ihrer Realitäts- und dementsprechend Außenweltkonzeption, sehr wohl behaupten, dass sie *tatsächlich* existiert. Maimon spricht jedoch von *Illusionen* und bloßem *Scheinen*. Ich vertrete zwar nicht die These, dass die angeführte Stelle direkt gegen die Standardinterpretation spricht, aber ich denke, dass der angedeutete Skeptizismus Maimons nicht so gut zu einem oft antiskeptisch motivierten Antirealismus passt, so dass man sich fragen sollte, ob Maimon überhaupt eine antirealistische Position vertritt. Vor diesem Hintergrund lässt sich in jedem

---

47 Diese Stelle macht zudem deutlich, warum sich Maimons Interpretation des kantischen Idealismus als phänomenalistisch einstufen lässt. Obwohl Maimon nicht explizit von Erscheinungen spricht, zeigen Stellen wie diese, dass nach ihm eine Welt ohne Dinge an sich, d. h. eine Welt nur mit Erscheinungen, eine Welt ist, in der wir nur „Modifikationen unseres Ichs" haben.
48 In einem Text aus Fichtes Nachlass, „Eigene Meditationen über Elementarphilosophie", der wahrscheinlich gegen Ende 1793 verfasst wurde, scheint Fichte Maimon für den Verfasser des anonym erschienenen *Aenesidemus* zu halten. In jedem Fall werden die Positionen des *Aenesidemus*-Schulze und Maimons als miteinander sehr verwandt angesehen; vgl. Fichte undatiert: 23 f. Zu dieser Frage vgl. Thielke 2001: 106 f.

Fall das Zwischenfazit ziehen, dass, was die erste Kategorie von Belegstellen angeht, die Standardinterpretation nicht alternativlos ist und dass eine alternative Lesart, die sich auf eine textliche Basis berufen kann, verfügbar ist.[49]

ii Uminterpretation des Begriffs des Dings an sich. Antirealismus, Skeptizismus oder doch Dogmatismus?

In seinem Eintrag zum Wahrheitsbegriff aus seinem *Philosophischen Wörterbuch* scheint Maimon eine Uminterpretation des Ausdrucks „Ding an sich" vorzunehmen und eine alternative Konzeption von Dingen an sich einzuführen, die von der Idee einer subjektunabhängigen Welt völlig entkoppelt ist. Aufgrund der großen Interpretationsschwierigkeiten, die sich im Zusammenhang mit der Interpretation dieser Gruppe von Stellen ergeben, werde ich mich Maimons Konzeption in zwei Schritten annähern. In einem ersten Annäherungsversuch werde ich relevante Stellen besprechen, ohne Vokabular und Thesen, die für Maimon spezifisch sind, ins Spiel zu bringen. Anschließend werde ich der Frage nachgehen, wie die Stellen vor dem Hintergrund von für Maimon spezifischen Thesen, und zwar der sogenannten Differentialtheorie Maimons, zu lesen sind. Da dies allerdings die Gefahr birgt, uns zu tief in die Details und die schwer zu überschätzenden Herausforderungen des maimonschen Denkens selbst – unabhängig von Maimons Umgang mit Kant – zu stürzen,[50] werde ich hier einen Kompromiss machen und auf die

---

[49] Auch der Kontext der Äußerungen Maimons zur richtigen Objektivitätskonzeption (vgl. Fn. 44) passt eigentlich sehr gut zu meiner Lesart. Maimon (1794: 184/[126]) spricht von „sogenannten *äußeren Gegenstände[n]*", die „nur außer [...] [dem Erkenntnisvermögen] zu *seyn scheinen*", und im direkten Anschluss daran verweist er auf seine kürzlich eingeführte alternative Objektivitätskonzeption, wonach wir schon innerhalb eines insgesamt skeptischen Bildes manche nützliche Unterscheidungen treffen können.

[50] Die Werke Maimons gelten als insgesamt dunkel. Kant, der die ersten zwei Abschnitte aus Maimons Manuskript *Versuch über die Transzendentalphilosophie* gelesen hatte, schreibt in einem – uns in der Folge dieser Untersuchung näher zu beschäftigenden – Brief an Marcus Herz: „Wollen sie aber meinen Rath in Ansehung des Vorhabens, sie [gemeint ist Maimons Schrift, MK] so, wie sie ist, herauszugeben; so halte ich dafür, daß, da es Hr. Maymon vermuthlich nicht gleichgültig seyn wird, völlig verstanden zu werden, er die Zeit, die er sich zur Herausgabe nimmt, dazu anwenden möge, ein Ganzes zu liefern" (11: 54). Diesen Rat hat Maimon nicht beherzigt, und es ist davon auszugehen, dass die veröffentlichte Version des Werks sich geringfügig vom Manuskript unterscheidet, das Kant zugesandt wurde – anstatt das Manuskript zu überarbeiten, hat Maimon (mindestens) einen Anhang hinzugefügt, in dem sich seine Reaktion auf Kants Brief feststellen lässt. Maimons Zeitgenosse Reinhold war nicht bereit, eine Rezension für das Buch zu verfassen, „weil [...] [er] das wenigste von diesem Buch verstehen konnte". (Reinholds Brief ist abgedruckt in Maimon 1793b: 237/[125].) Die Gewohnheit Maimons, seine Gedanken eher „plan-

Forschungsergebnisse von Achim Engstler zur Differentialtheorie Maimons, die einer langen Interpretationstradition widersprechen, verweisen. Gerade was diese Gruppe von Textstellen angeht, lässt sich nicht nur die These verteidigen, dass die antirealistische Lesart nicht zwingend ist, sondern man kann auf bereits vorhandene Forschungsergebnisse zurückgreifen, um sogar ihre Falschheit aufzuzeigen. Vor diesem Hintergrund werde ich bei der Besprechung dieser Gruppe von Stellen vergleichsweise wenig verweilen.

Ein erster Annäherungsversuch: Maimons Konzeption als Ausdruck von Skeptizismus und ihre Vereinbarkeit mit Realismus

In Maimons Wahrheitseintrag stehen Äußerungen wie die folgenden:

> Nach mir [...] ist die Erkenntniß der Dinge an sich nichts anders als die *vollständige Erkenntniß der Erscheinungen*. Die Metaphysik ist also nicht eine Wissenschaft von etwas ausser der Erscheinung, sondern blos von den Gränzen (Ideen) der Erscheinungen selbst, oder von den letzten Gliedern ihrer Reihen. (Maimon 1791: 200 f./[176 f.])

> Das *Ding an sich* ist also eine Vernunftidee, die von der Vernunft selbst zur Auflösung einer *allgemeinen Antinomie des Denkens überhaupt* gegeben ist. Denn das Denken überhaupt besteht in Beziehung einer Form (Regel des Verstandes) auf eine Materie (das ihr subsumirte Gegebne). Ohne Materie kann man zum Bewußtseyn der Form nicht gelangen, folglich ist die Materie eine nothwendige Bedingung des Denkens, d. h. zum reellen Denken einer Form oder Verstandesregel muß nothwendig eine Materie, worauf sie sich beziehet, gegeben werden; auf der andern Seite hingegen erfordert die Vollständigkeit des Denkens

---

los" zu notieren und durch Hinzufügung weiterer Textstücke sie weiter zu erläutern, ist gerade das, was oft für noch mehr Verständnisschwierigkeiten sorgt. Die Werke Maimons haben in der Regel eine ungewöhnliche, unsystematische Struktur, welche den starken Eindruck erweckt, dass dieselben – dunklen – Gedanken ständig wiederholt werden, oft in einem anderen Kontext und in einer jeweils leicht modifizierten Form; zu dieser Frage vgl. Engstler 1990: 29 ff. Auf die Dunkelheitsvorwürfe, die schon Maimons erstes Werk zu Kant nach sich zog, reagierte Maimon, indem er sich in seinen späteren Werken mit denselben Fragen weiter auseinandersetzte und dabei ein weitgehend ähnliches Darstellungsprinzip befolgte: „[Ich] erörtere und entwickele [...] meine Gedanken über *eben dieselben Gegenstände* bei *verschiedenen Gelegenheiten* und in *verschiedenen Verbindungen* auf ganz *verschiedene Arten*. Die *Gedanken* gewinnen dadurch, die *Gegenstände* werden von *verschiedenen Seiten* betrachtet; aber der im Denken ungeübte Leser findet keinen *festen Punkt*, woran er sich halten kann" (Maimon 1794: 26/[xxvi]). Freudenthal (2003a: 1 ff.) weist allerdings darauf hin, dass die Werke Maimons einer jüdischen Tradition des Philosophierens folgen, die in der Verfassung von *Kommentaren* zu anderen Texten – statt in der Verfassung von systematisch aufgebauten Texten zu einem bestimmten Problem – besteht. Diese Tradition des Philosophierens hat Auswirkungen auf die Form und die Struktur der Texte. Die Verständnisschwierigkeiten, die maimonsche Werke oft aufwerfen, sind vor diesem Hintergrund mit interkulturellen Faktoren und der oft fehlenden Vertrautheit seiner Leser:innen mit einem Teil der Traditionen, in denen der Autor arbeitet – nämlich mit der jüdischen Tradition – eng verflochten.

> eines Objekts, daß nichts darinn *gegeben*, sondern alles *gedacht werden soll*. Wir können keine dieser Forderungen als unrechtmäßig abweisen, wir müssen also beide Genüge leisten, dadurch, daß wir unser Denken immer vollständiger machen, wodurch die Materie sich immer der Form nähert bis ins Unendliche, und dieses ist die Auflösung dieser Antinomie. (Maimon 1791: 186 f./[162 f.])

Solche Äußerungen werden oft als die „kritische" Uminterpretation des Ausdrucks „Ding an sich" und als die Verteidigung einer entsprechenden kritischen Konzeption von Dingen an sich gelesen. Ein erster Annäherungsversuch an diese Stellen, ohne einen für Maimon spezifischen Begriffsapparat ins Spiel zu bringen, könnte wie folgt aussehen. „Ding an sich" in seiner neuen maimonschen Bedeutung ist austauschbar mit „vollständig erkannter Gegenstand". Der Begriff des Dings an sich wäre dann der Begriff eines vollständig erkannten Gegenstands, dessen sich das Subjekt bei seinen Erkenntnisbemühungen bedient. Aus der Perspektive der Standardinterpretation würde man Maimon eine Konzeption zuschreiben, die in folgende Richtung geht: Im Rahmen der kritischen Konzeption von Ding an sich ist die eigentliche Wirklichkeit keine subjektunabhängige Entität, wie das kantische Ding an sich, sondern bewusstseinsimmanent und innerhalb des Gebiets der Erscheinungen zu verorten; relevant für unsere Wissensansprüche ist nur die bewusstseinsimmanente Realität, die Erscheinungen; wenn wir Metaphysik im kritischen Sinn betreiben, dann geht es bloß um Wissen um diese bewusstseinsimmanente Realität; die Funktionen des traditionell-realistisch verstandenen Dings an sich können vom kritisch uminterpretierten Ding an sich übernommen werden.

Wie überzeugend wäre diese antirealistische Lesart? Die Alternative, die ich im vorigen Unterabschnitt skizziert habe, kann auch in diesem Fall der Standardinterpretation entgegengehalten werden. Maimons „kritische" Konzeption des Dings an sich muss nicht zwangsläufig als eine Konzeption verstanden werden, die mit dem Anspruch verbunden ist, dem uminterpretierten Ding an sich genau dieselben Funktionen zuzuweisen, welche das Ding an sich in seiner realistischen Interpretation erfüllt. Die Idee könnte auch in diesem Fall sein, dass man sich um eine schwächere Interpretation bestimmter Ausdrücke bemüht, so dass die Entitäten, worauf diese Ausdrücke referieren, im Rahmen eines *skeptischen* Bildes zulässig sind. Dabei könnte man am Realismus* weiter festhalten. Nach Maimon müssen wir Skeptiker:innen sein hinsichtlich der *kantischen* Dinge an sich. Es wäre denkbar, dass man die *maimonschen* Dinge an sich *nicht* als eine ebenbürtige Alternative einführt: Innerhalb dieses skeptischen Bildes bliebe uns bloß nichts übrig, als eine möglichst vollständige Erkenntnis der Erscheinungen anzustreben, und diese vollständig erkannten Erscheinungen wären die maimonschen Dinge an sich.

Ein solcher Umgang mit dem Begriff des Dings an sich wäre eine denkbare philosophische Position, die in gewisser Hinsicht auch einen prominenten Vorgänger hätte: Kant selbst. Kant geht mit dem Begriff des Dings an sich in ähnlicher Weise um. Er führt das Beispiel des Regenbogens, den wir „eine bloße Erscheinung bei einem Sonnenregen nennen", an und kontrastiert den Regenbogen mit dem Regen, der „die Sache an sich selbst ist" (A45f./B62f.). Er gesteht zu, dass wir Dinge an sich in diesem Sinn innerhalb der Erfahrung erkennen können, und betont jedoch gleich, dass es hier um Dinge an sich nur in einem „physischen" Sinn gehen würde (ebd.). Daraus folgt jedoch nicht, dass die Dinge an sich, in einem anderen, *transzendentalen* Sinn, nämlich als subjektunabhängige, nicht raumzeitliche Entitäten, entbehrlich sind. Die Pointe der ganzen kantischen Rede von Dingen an sich innerhalb des Gebiets der Erscheinungen ist eben, dass dies *irrelevant* ist, was die Frage nach der Rolle von eigentlichen (transzendental verstandenen) Dingen an sich und ihrer Erkennbarkeit angeht.[51] Natürlich gibt es Unterschiede hinsichtlich der inhaltlichen Thesen, die Kant und Maimon vertreten: Kant, so wie ich ihn verstehe, ist kein Skeptiker und würde die These, dass wir nicht wissen, dass eine subjektunabhängige Welt existiert und den Erscheinungen zugrunde liegt, nicht unterschreiben. Die Pointe ist jedoch, dass man in beiden Fällen eine Form von „epistemischer Bescheidenheit" hinsichtlich der Dinge an sich in einer anspruchsvollen Bedeutung vertritt, und eine neue, schwächere Konzeption von Dingen an sich, die mit dieser epistemischen Bescheidenheit verträglich ist, einführt, ohne jedoch die These zu vertreten, dass Dinge an sich in den zwei verschiedenen Bedeutungen des Ausdrucks die gleichen Funktionen haben, oder dass diese epistemische Bescheidenheit mit keinem Verlust hinsichtlich unseres Zugangs zur eigentlichen Wirklichkeit verbunden ist.

Maimons Konzeption vor dem Hintergrund seiner Differentialtheorie: Die Möglichkeit einer alternativen, „dogmatischen", Lesart

Es lässt sich also die These verteidigen, dass die antirealistische Lesart dieser Stellen, zumindest in diesem ersten Annäherungsversuch, nicht zwingend ist. Die umrissene Lesart bildet jedoch tatsächlich nur einen ersten Annäherungsversuch.

---

51 Vgl. Kants genaue Formulierung: „Nehmen wir aber dieses Empirische überhaupt und fragen, ohne uns an die Einstimmung desselben mit jedem Menschensinne zu kehren, ob auch dieses einen Gegenstand an sich selbst (nicht die Regentropfen, denn die sind dann schon als Erscheinungen empirische Objecte) vorstelle, so ist die Frage von der Beziehung der Vorstellung auf den Gegenstand transscendental, und nicht allein diese Tropfen sind bloße Erscheinungen, sondern selbst ihre runde Gestalt, ja sogar der Raum, in welchem sie fallen, sind nichts an sich selbst, sondern bloße Modificationen oder Grundlagen unserer sinnlichen Anschauung, das transscendentale Object aber bleibt uns unbekannt" (A45f./B63).

Es wurde dabei davon ausgegangen, dass man die zitierten Stellen einigermaßen verstehen kann, selbst wenn man mit Maimons eigenen, schwierigen Thesen nicht vertraut ist. Nun stammen diese Stellen aus einer Phase des Schaffens Maimons, in der Maimons *Differentialtheorie* im Mittelpunkt steht. Maimons Konzeption von *Differentialen* und ihr philosophisches Potential gelten als schwer verständlich. Was jedoch unkontrovers sein sollte, ist, dass Maimon im Rahmen dieser Theorie folgende Thesen vertritt: Unter „Differentiale" sind unendlich kleine Elemente zu verstehen;[52] Sinnesobjekte bestehen aus Differentialen bzw. entspringen aus diesen;[53] die Differentiale selbst, aus denen Sinnesobjekte entspringen, sind jedoch nicht sinnlich, sondern es geht um „Ideen" des Verstandes bzw. der Vernunft, oder „Noumena";[54] die Differentiale übernehmen vor diesem Hintergrund eine Grenzfunktion, denn sie sind Elemente von sinnlichen Gegenständen, ohne selbst sinnlich zu sein.[55] Behält man diese Thesen im Hinterkopf, dann könnten manche Ausdrücke, die an den unter Diskussion stehenden Stellen vorkommen, Ausdrücke wie „Gränzen" und „ins Unendliche", „Ideen", als Maimon-Jargon eingestuft und entsprechend gedeutet werden.[56]

Was für philosophische Thesen bringen dann aber diese Stellen zum Ausdruck? Die Vertreterin der antirealistischen Interpretationsrichtung könnte die These geltend machen, dass gerade im Lichte der Differentialtheorie die antirealistische Interpretation an Plausibilität gewinnt – denn wir müssten eine Frage ins Spiel bringen, von der ich in meiner sehr groben Skizze dieser Theorie abgesehen habe: die Frage nach dem *Ursprung* der Differentiale und der Rolle des *menschlichen Verstandes* dabei. Einer verbreiteten Interpretationstendenz zufolge vertritt Maimon die These, dass *unser* Verstand die Quelle der Differentiale ist und auf diese Weise die Gegenstände, die aus Differentialen bestehen, entstehen lässt. Dieser Vorgang ist unbewusst, so dass uns die sinnlichen Gegenstände, die Er-

---

[52] Vgl. Maimon 1790b: 82, 394. Dass die Differentiale unendlich kleine Elemente sind, aus denen Gegenstände *bestehen*, ist allerdings eine Vereinfachung, die unseren Zwecken hier dient. Die Differentiale sollen nach Maimon auch eine zweite Funktion übernehmen, nämlich als *Entstehungsregel*; zu dieser Frage vgl. Engstler 1990: 165 ff.

[53] Vgl. Maimon 1790b: 32, 355.

[54] Zum nichtsinnlichen Charakter vgl. Maimon 1790b: 192 f. Zur Stützung der These, dass Differentiale Ideen des *Verstandes* sind, vgl. Maimon 1790b: 82. In Maimon 1790b: 32, 355 geht es um die Differentiale als Ideen der *Vernunft*. Vgl. auch Maimons Rede von Differentialen als *Noumena* in Maimon 1790b: 32.

[55] Zu Maimons Auffassung von Differentialen als *Grenzen* der Erfahrung vgl. Maimon 1790b: 186 f.

[56] Atlas (1964: 26 f.) weist auf diese Interpretationsmöglichkeit als *eine* mögliche Lesart hin. Engstler geht davon aus, dass die Stellen im Lichte der Differentialtheorie zu interpretieren sind, und stützt seine Interpretation dieser Theorie unter anderem auf diese Stellen.

scheinungen, als etwas von außen her Gegebenes begegnen. Eigentlich sind sie jedoch das Produkt des menschlichen Verstandes und völlig subjektabhängig.

Das Problematische an dieser Reaktion wäre, dass sie mit bestimmten Annahmen hinsichtlich der Differentialtheorie Maimons operiert, die über den als unkontrovers geltenden Teil dieser Theorie hinausgehen. Die umrissenen Thesen über den Ursprung der Differentiale und die Rolle des menschlichen Verstandes sind in der Geschichte der Maimoninterpretation tatsächlich sehr verbreitet.[57] Sie sind jedoch nicht alternativlos und sie sind noch ein Ausdruck der *traditionellen Interpretationstendenz*, deren Richtigkeit hier zur Debatte steht. Zum Glück gibt es, gerade was diesen Aspekt und diese Phase des Denkens Maimons angeht, wichtige Forschungsergebnisse, auf die ich im Rahmen meiner Verteidigung einer alternativen Interpretation der Rolle Maimons in der frühen Kantrezeption zurückgreifen möchte. In seiner ausführlichen Arbeit zu Maimons Differentialtheorie argumentiert Engstler (1990: 149 ff.) auf sehr überzeugende Weise für eine neue Interpretation, welche die bisherige Standardinterpretation der Differentialtheorie in Frage stellt. Engstler vertritt zwar dabei die These, dass die Relevanz der Differentialtheorie für die Problematik der Dinge an sich bei Kant von der bisherigen Forschung überschätzt wurde,[58] aber manche Ergebnisse, zu denen er kommt, sind für meine Zwecke unmittelbar verwertbar: Sie helfen uns sehr, einen Teil der Gründe, die für die Standardinterpretation der Rolle Maimons in der frühen Kantrezeption sprechen sollen, zu entkräften.

Engstler argumentiert ausführlich dafür, dass nach Maimon die Quelle der Differentiale *nicht* der menschliche, sondern der *unendliche*, göttliche Verstand ist. Der unendliche Verstand ist der Urheber der Erscheinungswelt, d. h. der Welt der Sinnesobjekte; dieser Erscheinungswelt liegen die Ideen des göttlichen Verstandes zugrunde. Menschliche Erkenntnissubjekte empfangen Differentiale durch das Vermögen der Sinnlichkeit. Diese Differentiale sind zwar ursprünglich Ideen, intelligible Gegenstände, aber die menschlichen Subjekte sind sich dieses ursprünglichen Charakters nicht bewusst. Um sich dieses ursprünglichen Charakters bewusst zu werden, muss unser Verstand die Sinnesobjekte in ihre Differentiale auflösen: Sinnes- und Verstandesobjekte stehen nach Maimon in einem Kontinuum, und durch den Prozess der Auflösung der Sinnesobjekte in ihre un-

---

57 Für eine ausführlichere Präsentation der Standardinterpretation der Differentialtheorie und Verweise auf ihre Vertreter:innen vgl. Engstler 1990: 144 ff.
58 Und in manchen expliziten Äußerungen zur Problematik des Dings an sich in der Kantrezeption, insbesondere was Maimons Kritik an Schulze angeht, mit der wir uns im nächsten Unterabschnitt gleich beschäftigen werden, scheint er sogar mit der Standardinterpretation, gegen die ich argumentiere, zu sympathisieren. Zum Verhältnis der Ding-an-sich-Problematik zur Kantkritik Maimons komme ich in Kap. 5, I, iii zurück.

endlich kleinen, nichtsinnlichen Elemente findet ein Übergang von einer sinnlichen zu einer *übersinnlichen, intellektuellen Anschauung* statt. Auf diese Weise gelingt es dem menschlichen Verstand, die Differentiale, d. h. die Verstandesobjekte, als *bestimmte* Objekte zu *erkennen*.

Maimons Differentialtheorie soll im Rahmen dieser Interpretation eher als ein leibnizianisches, oder sogar platonistisches,[59] Modell der Erkenntnis der eigentlichen, intelligiblen Welt gedeutet werden. Wenn Maimon, an der uns vertrauten Stelle, schreibt, dass „die Erkenntniß der Dinge an sich nichts anders als die *vollständige Erkenntniß der Erscheinungen*" ist, und dass „die Metaphisik [...] eine Wissenschaft [...] blos von den Gränzen (Ideen) der Erscheinungen selbst" ist, so ist nach Engstler (1990: 183) damit gemeint, dass „unser Verstand in den Ideen die Dinge anschaut, wie sie *an sich* sind". Ich denke, dass Engstlers Interpretation insgesamt plausibel und sehr gut belegt ist. Gerade was Engstlers konkreten Umgang mit den uns hier beschäftigenden Äußerungen Maimons in seinem Wahrheitseintrag betrifft, kann auf Parallelstellen aus Maimons *Versuch über die Transzendentalphilosophie* verwiesen werden, die zu Engstlers Lesart sehr gut passen.[60] Ich gehe deshalb davon aus, dass es um die zu bevorzugende Interpretation der Differentialtheorie Maimons geht.

Nun möchte ich kurz auf die Implikationen dieser Interpretation für meine Fragestellung eingehen. Im Rahmen dieser Interpretation beschäftigt sich Maimon grundsätzlich mit zwei Fragen. Die erste Frage ist die erkenntnistheoretische Frage, ob wir die eigentliche Realität durch unseren Verstand *bestimmt erkennen* können. Die zweite Frage ist die ontologische Frage, wie diese eigentliche Realität beschaffen ist, ob sie materiell oder eher ideeller, geistiger Natur ist. Im Hinblick auf die erkenntnistheoretische Frage ist es relativ klar, dass Maimons Thesen nichts mit Antirealismus zu tun haben. Maimons Abgrenzung von Kant(ianismus) erfolgt nicht auf Grundlage einer „kritischen" Konzeption von Realität als subjektabhängig, sondern auf Grundlage eines „dogmatischen", „vorkritischen", leibnizianische und platonistische Anklänge habenden Optimismus hinsichtlich unseres epistemischen Zugangs zu der eigentlichen Wirklichkeit: Während wir im kantischen Modell die Dinge an sich nicht bestimmt erkennen können, können wir das im Rahmen des maimonschen Modells schon. Im Hinblick auf die ontologische Frage nach der Beschaffenheit der eigentlichen Realität und ihren Zusammenhang mit Antirealismus ist zwar die Situation etwas weniger klar, aber ich denke, dass auch hier der Zusammenhang zu verneinen ist. Dass etwas eine Idee ist, kann auf sehr verschiedene Weisen interpretiert werden. Aus einer philoso-

---

59 Vgl. Engstler 1990: 184 ff.
60 Vgl. Maimon 1790b: 195 f.

phischen Perspektive sind bestimmte Spielarten der Festlegung auf eine ideelle, nicht materielle Welt mit Realismus durchaus vereinbar. Abstrakte, nicht raumzeitliche Gegenstände, wie platonische Ideen, oder übersinnliche Entitäten wie Gott oder leibnizsche Monaden sind nicht subjektabhängig. Letztere (Gott, Monaden) wären zwar geistig, in dem Sinn dass es um Geister oder geist*ähnliche* Entitäten ginge, jedoch nicht geist*abhängig* (das wären sie nur im trivialen Sinn, dass sie von sich selbst abhängig sind). Was erstere (platonische Ideen) angeht, könnte man die These geltend machen, dass sie weder geistähnlich noch geistabhängig sind. Vor diesem Hintergrund lässt sich feststellen, dass wenn man dieser – zu bevorzugenden – Interpretation der Differentialtheorie folgt, die antirealistisch inspirierte Annäherung an die Stellen aus dem *Philosophischen Wörterbuch* als falsch einzustufen ist.[61] Es lässt sich also das weitere Zwischenfazit ziehen, dass auch diese Gruppe von Stellen einer Zuschreibung einer realistischen Position zu Maimon nicht im Weg steht.[62]

---

[61] Aus diesem Grund finde ich es etwas irreführend, dass Engstler die maimonsche Position als „Idealismus" bezeichnet (vgl. den Titel seiner Monographie). Nach ihm besteht die idealistische Auffassung Maimons darin, dass die Erscheinungswelt hinsichtlich sowohl ihres Daseins als auch ihres Soseins von einem Verstand abhängig ist; vgl. Engstler 1990: 143. Die Bezeichnung ist etwas irreführend, denn Idealismus wird in der Regel als eine Spielart des Antirealismus verstanden, und eine Kernthese des Antirealismus soll wiederum mit Subjektabhängigkeit eng verschränkt sein – und dabei werden in der Regel menschliche Subjekte, ihre Fähigkeiten, Praktiken und mentalen Zustände gemeint. Bei Engstler ist hingegen der *göttliche* Verstand gemeint. (Es sind gerade diese Rolle des göttlichen Verstandes und die damit zusammenhängenden „vorkritischen" Aspekte der Gesamtposition, die im Rahmen von Engstlers Interpretation Maimon zugeschrieben werden, die manchmal als entscheidender Einwand gegen die *Richtigkeit* der Gesamtinterpretation Engstlers vorgebracht werden. In Elon 2021: 135 f. findet sich zum Beispiel die Einschätzung, dass wir gerade deshalb Engstlers Interpretation widerstehen sollten, da wir Maimons „transzendentalphilosophische[r] Argumentationsperspektive" darin nicht mehr gerecht werden würden. Was diese Art von Einwand gegen die von mir und Engstler favorisierte Interpretation angeht, lässt sich Folgendes entgegnen. *Dass* Maimon eine „kritische", „transzendentalphilosophische Argumentationsperspektive" einnimmt, ist gerade das, was zur Debatte steht. Der alternative Interpretationsansatz erhebt den Anspruch, durch ausführliche Argumentation und genaue Textanalyse gezeigt zu haben, dass diese Annahme aufgegeben werden muss. Stellen, die eine solche „transzendentalphilosophische Argumentationsperspektive" nahelegen, können anders gelesen werden und es gibt keine weiteren unabhängigen Gründe, die im Rahmen der alternativen Interpretation nicht adressiert und entkräftet wurden, die für die „kritische" Interpretation sprechen.)

[62] Man könnte sich hier allerdings fragen, wie die „skeptische" (erster Annäherungsversuch) und die „dogmatische" Lesart (unter Berücksichtigung der für Maimon spezifischen Differentialtheorie), die beide eine Alternative zur antirealistischen Lesart darstellen sollen, miteinander zusammenhängen. Das ist tatsächlich eine schwierige Frage, die uns tief in die Details des – nicht zuletzt aus solchen Gründen als dunkel geltenden – maimonschen Denkens und Schaffens führen

iii Maimon gegen Schulze: Kombination aus „rationellem Dogmatismus" und „empirischem Skeptizismus"; kein Antirealismus

In den „Briefen des Philaletes an Aenesidemus" nimmt Maimon Stellung zu Schulzes Kantkritik und insbesondere im „Vierten Brief" steht die Problematik der Dinge an sich im Vordergrund. In der bisherigen Forschungsdiskussion akzeptiert man einstimmig folgende Interpretation der kritischen Reaktion Maimons auf Schulze.[63] Dass Maimon als *Kritiker* Schulzes mit Bezug auf die Ding-an-sich-Problematik überhaupt auftritt, soll für eine antirealistische Interpretation sprechen; denn wir haben gesehen, dass Schulze, genauso wie Maimon, die These vertritt, dass wir nicht *wissen* können, dass es eine subjektunabhängige Welt gibt. Im Hinblick auf Fragen der *Zulässigkeit* der Dinge an sich – im Rahmen des kantischen Systems, oder überhaupt – sind sie sich einig. Die Tatsache, dass Maimon sich trotzdem von Schulze distanzieren will, soll vor diesem Hintergrund dafür sprechen, dass ihre Unterschiede keine andere Frage als die Frage der *Entbehrlichkeit* der Dinge an sich betreffen kann, was zu einer antirealistischen Richtung führen soll. Vor diesem Hintergrund werden manche Äußerungen Maimons zum Phänomen der Affektion und zum explanatorischen Wert der Voraussetzung von Dingen an sich als ein glasklares Bekenntnis zur Redundanz von Dingen an sich gelesen.[64]

Im Folgenden werde ich in drei Schritten gegen die traditionelle Interpretation argumentieren. In einem ersten Schritt werde ich dafür plädieren, dass die Standardinterpretation nicht zwingend ist und dass aus philosophischer Perspektive eine alternative Lesart *möglich* ist. In einem zweiten Schritt werde ich dafür argumentieren, dass die Richtigkeit der alternativen Lesart *wahrscheinlich* ist und dass man sich auf eine textliche Basis berufen kann, die dieser Lesart Plausibilität verleiht. In einem dritten Schritt werde ich die These verteidigen,

---

würde, aber sie ist prinzipiell beantwortbar. Zum einen ist es vertretbar, dass Maimon eine *Kombination* aus Skeptizismus und Dogmatismus vertritt, und dass dies eine kohärente Position ist; vgl. dazu den nächsten Unterabschnitt. Zum anderen stammen die Stellen aus einem Text mit einem besonderen entstehungsgeschichtlichen Status, so dass sich manche Spannungen durch Verweis auf die Entstehungsgeschichte erklären ließen; vgl. dazu Kap. 2, Fn. 31.

63 Gerade was Maimons Schulzekritik angeht, kenne ich keine alternative Interpretation. Auch Engstler, auf dessen Forschungsergebnisse ich im vorigen Unterabschnitt zurückgegriffen habe, scheint sich in dieser Hinsicht der Standardinterpretation anzuschließen; vgl. Fn. 36.

64 Auch eine kritische Bemerkung Maimons zu Thesen Schulzes, die sich um das Stichwort „Wahrheit" dreht, spielt eine große Rolle bei dieser Interpretationstendenz. Sie wird als Maimons eindeutige Abgrenzung von einer realistischen Korrespondenztheorie der Wahrheit interpretiert. Wie angekündigt, werde ich dieser Problematik weniger Aufmerksamkeit schenken; vgl. jedoch Fn. 77.

dass beim näheren Hinsehen Maimons Argumentation gegen Schulze nicht besonders nachvollziehbar ist, wenn man sie als eine Debatte um (Anti-)Realismus liest. Die Standardinterpretation stößt auf Schwierigkeiten, welche die Alternative vermeiden kann. Aus diesem Grund kann Letztere den Anspruch erheben, nicht bloß möglich oder wahrscheinlich, sondern die *zu bevorzugende* Interpretation zu sein.

Berufung auf Dinge an sich und ihr explanatorischer Wert. Explanatorischer Rationalismus statt Antirealismus

Eine entscheidende Äußerung Maimons im Rahmen seiner Reaktion auf Schulze betrifft die explanatorische Kraft einer Berufung auf Dinge an sich, was das Phänomen der Affektion und der Passivität unserer Sinneswahrnehmung angeht. Wir müssen zu einem Beispiel aus der Diskussion um Affektion zurückkehren, das uns bereits in Abschnitt I beschäftigt hat: Schulzes Beispiel im *Aenesidemus* über Häuser und Bäume als Illustration des Phänomens, dass sich Wahrnehmungssubjekte oft zu einem bestimmten Zeitpunkt in einem mentalen Zustand mit einem ganz bestimmten repräsentationalen Gehalt befinden, auf den die Subjekte keinen Einfluss zu haben scheinen. Erinnern wir uns an das Phänomen: Wenn ich meine Augen aufmache und mich plötzlich in einem mentalen Zustand befinde, der ein Haus – und nicht zum Beispiel einen Baum – repräsentiert, dann verhalte ich mich zu diesem Zustand passiv; ich kann es mir nicht aussuchen, was für einen repräsentationalen Gehalt mein mentaler Zustand bei der Wahrnehmung haben wird. Wir haben gesehen, dass einiges dafür spräche, zur Erklärung dieses Phänomens – auch im Rahmen einer realistisch inspirierten Kantinterpretation – die Dinge an sich ins Spiel zu bringen, die mitverantwortlich für den *bestimmten* repräsentationalen Gehalt – Haus statt Baum – wären.

Nun reagiert Maimon auf genau dieses Beispiel mit einer Äußerung, die als wichtiger Beleg für die von ihm vertretene explanatorische Redundanz der Dinge an sich gilt. Er schreibt:

> Aber was wird durch die *Voraussetzung* der *Dinge an sich* außer den Vorstellungen in Ansehung dieser erklärt? und wird hier nicht selbst der arme Indianer seine Frage erneuern: *und worauf endlich die Schildkröte?*[65] Die Frage ist: warum habe ich eben jetzt die Vorstellung des Hauses und nicht die Vorstellung des Baumes z.B. die ich ebenfalls jetzt hätte haben

---

[65] Hier bezieht sich Maimon auf eine frühere Stelle, wo er im Rahmen einer kritischen Diskussion der Thesen Reinholds zum Begriff und Funktion von Vorstellungen geschrieben hatte: „Es hat damit ungefähr die Bewandniß als mit der Frage des *Indianers*, der, indem man ihm sagte: die Welt steht auf ein Paar *Elephanten*, und die *Elephanten* auf einer großen *Schildkröte*, in seiner Unschuld fragte: und *worauf endlich die Schildkröte?*" (Maimon 1794: 379/[321]).

> können, und warum stelle ich mir das Mannigfaltige in dieser Ordnung und Verbindung [vor], da ich es auch in einer andern vorstellen kann? und die Antwort ist: weil das Haus als *Ding an sich* jetzt in der Ordnung und Verbindung *wirklich* existirt. Sollte man nicht weiter fragen: warum existirt das Haus an sich eben jetzt und in der Ordnung und Verbindung, da an seiner Stelle auch etwas anders existiren könnte? Hier ist abermals eine *Täuschung*, die auf einen unrichtigen Begriff von *Grund* beruht. (Maimon 1794: 429/[371])

Es steht außer Zweifel, dass Maimon hier die These vertritt, dass die realistisch-kantische Erklärung, die Schulze anspricht, irgendwie schlecht ist. Daraus schlussfolgert die Vertreterin der Standardinterpretation, dass nach ihm im Rahmen einer guten Erklärung auf eine Berufung auf Dinge an sich verzichtet werden kann. Das folgt jedoch keineswegs: Es wäre denkbar, dass die Berufung auf die Dinge an sich, *so wie sie im Rahmen des geschilderten Modells geschieht*, nicht befriedigend ist. Daraus folgt nicht, dass eine gute Erklärung auf die Rolle der subjektunabhängigen Welt verzichten kann. Es wäre denkbar, dass Maimon zufolge eine wirklich befriedigende Erklärung über die Dinge an sich laufen muss und dass er trotzdem bestimmte – oder sogar alle bisher verfügbaren – Varianten von Erklärungen, die sich auf die Dinge an sich berufen, als nicht befriedigend einstuft. Erstere Behauptung wäre eine These über die *Standards* guter Erklärung; letztere wäre eine These über die *Erfüllung* dieser Standards in bestimmten Fällen.

Was für einen Grund könnte jedoch jemand haben, bestimmte Erklärungen als schlecht einzustufen, ohne dabei die These zu bestreiten, dass die Berufung auf Dinge an sich explanatorischen Wert haben kann? Die Festlegung auf eine Spielart des *explanatorischen Rationalismus* könnte ein möglicher Grund sein. Stellen wir uns jemanden vor, der folgende Thesen vertritt:

Explanatorischer Rationalismus: Eine gute Erklärung zeichnet sich dadurch aus, dass sie eine nicht-triviale Antwort auf jede relevante „warum"-Frage gibt; im Rahmen einer guten Erklärung dürfen keine „nackten Tatsachen" akzeptiert werden; im Rahmen einer guten Erklärung muss für jede relevante wahre Aussage *p* ein zureichender Grund angegeben werden können, warum *p* der Fall ist.[66]

Für die Vertreterin des explanatorischen Rationalismus wäre es keinesfalls befriedigend, wenn man den mentalen Zustand mit einem bestimmten repräsentationalen Gehalt als eine nackte Tatsache betrachten würde, die keiner weiteren Erklärung, zum Beispiel durch einen Verweis auf einen subjektunabhängigen

---

[66] Meine Formulierung orientiert sich locker an Bennetts Formulierungen zum explanatorischen Rationalismus Spinozas in Bennett 2001: 170. Es gibt allerdings entscheidende Abweichungen, die in der Folge wichtig sein werden und damit zusammenhängen, dass Maimon eine *besondere*, auf den ersten Blick kontraintuitive Spielart explanatorischen Rationalismus vertritt.

Gegenstand, der (mit)verantwortlich für diesen Zustand ist, bedarf. Für die Rationalistin wäre der Verweis auf den subjektunabhängigen Gegenstand sehr wohl notwendig. Er wäre jedoch nicht hinreichend, wenn man bei seinem Erklärungsversuch dabei stehen bleiben würde, ohne dann einen Grund für den als Erklärungsgrund eingeführten Sachverhalt wiederum anzugeben usw. Betrachtet man nun die Situation aus der Perspektive der Rationalistin, kann man gut nachvollziehen, warum sie die These vertreten würde, dass ein Verweis auf die Dinge an sich, so wie er *im Rahmen des kantischen Idealismus* erfolgt, die Standards guter Erklärung nicht erfüllt. Im Rahmen des kantischen Idealismus sind die Dinge an sich *unerkennbar*, und eine uneingeschränkte Anwendung des *Prinzips des zureichenden Grundes* auf diese ist ausgeschlossen.[67] Die Kantianerin, gefragt nach ihrer Erklärung, warum ich mich gerade in einem mentalen Zustand mit *diesem* repräsentationalen Gehalt befinde, könnte eventuell auf die Existenz und kausale Wirksamkeit eines subjektunabhängigen Gegenstands verweisen, der (mit)verantwortlich für meinen mentalen Zustand ist. Gefragt jedoch danach, warum dieser subjektunabhängige Gegenstand so beschaffen ist und welche subjektunabhängigen Eigenschaften des Gegenstands erklären, dass ich mich in *diesem* mentalen Zustand befinde, würde sie wahrscheinlich schweigen, und wäre aufgrund der Grenzen, auf die unsere Erkenntnis der subjektunabhängigen Welt nach Kant stößt, nicht in der Lage, eine befriedigende Antwort zu geben.[68]

Hier könnte man auch den Unterschied zwischen Schulze und der Rationalistin verorten. Schulze würde sich mit dem kantischen Modell als möglicher Erklärung zufriedengeben. Er greift den explanatorischen Wert der Annahme von Dingen an sich nicht an. Sein Einwand betrifft die *Zulässigkeit* einer solchen Annahme. Die Rationalistin hingegen würde zudem den Einwand machen, dass die Erklärung nicht gut genug ist. (Und sollte sie darüber hinaus ebenfalls die These vertreten, dass diese Annahme *unzulässig* ist, dann könnte man leicht verstehen, warum sie die These vertreten könnte, dass Kantianismus auf die Dinge an sich verzichten kann. Da die Erklärung sowieso schlecht ist und zugleich den Nachteil hat, dass sie schlecht begründete Annahmen und Widersprüche involviert, kann man auf sie verzichten: Schlechte Erklärungen mit unbegründeten Annahmen und Widersprüchen sind schlimmer als schlechte Erklärungen ohne.)

---

[67] Das hängt eng mit der Problematik der Anwendung der Kategorien (insbesondere der Kategorie von Ursache und Wirkung) auf Dinge an sich zusammen, die bereits thematisiert wurde; vgl. A238ff./B297ff.

[68] Für eine Besprechung einer ähnlichen Sorge aus Kant-immanenter Perspektive und eine Reaktion auf diese Art von Sorge aus kantischer Sicht, vgl. Rosefeldt 2022, i.E.: 35ff., wo die These verteidigt wird, dass die „unspecific explanation", die in einem kantischen Rahmen zulässig wäre, nicht trivial ist.

Es wäre zudem denkbar, dass für diese Rationalistin nicht nur die *kantische* Erklärung scheitert, sondern dass es generell für endliche Wesen, aus Gründen, die über die Kant zufolge bestehenden Erkenntnisgrenzen hinsichtlich der Dinge an sich hinausgehen, keine wirklich befriedigende Erklärung für den zur Diskussion stehenden Sachverhalt verfügbar ist; dass es endlichen Wesen nicht gelingt, einen zureichenden Grund für jeden zu erklärenden Sachverhalt anzugeben. Eine solche Position wäre mit der Spielart des explanatorischen Rationalismus, die ich vorgestellt habe, vereinbar. Denn dieser Rationalismus betrifft die Standards guter Erklärung und nicht die Frage, ob diese Standards erfüllt werden können. Gute Erklärungen müssen völlig transparent und „all the way down" sein; ob das im Rahmen des kantischen Modells, oder auch über dieses Modell hinaus, möglich ist, ist eine andere Frage. Es gibt begrifflichen Raum für eine Kombination aus explanatorischem Realismus hinsichtlich Standards der Erklärung und *Skeptizismus* hinsichtlich der Erfüllung dieser Standards. Das hat mit einer antirealistischen Position, wonach ein Verweis auf die subjektunabhängige Welt im Rahmen einer guten Erklärung entbehrlich sein kann, nichts zu tun.

Maimons explizites Bekenntnis zum „rationellen Dogmatismus" und „empirischen Skeptizismus". Übertragung auf die Ding-an-sich-Problematik
Es gibt nicht bloß begrifflichen Raum für eine solche philosophische Position: Sie wäre eine *plausible* Lesart der maimonschen Äußerungen. Meine Ausführungen im vorigen Abschnitt, die als eine *neue Alternative* zur Standardinterpretation vorgestellt wurden, dürften Maimon-Kenner:innen *in gewisser Hinsicht bekannt* vorkommen. In der viel beachteten Schlussanmerkung seines *Versuchs über die Transzendentalphilosophie* bekennt sich Maimon zu einer philosophischen Position, die er als „rationellen Dogmatismus und empirischen Skeptizismus" bezeichnet (Maimon 1790b: 432 ff./[436 ff.]). Und er denkt, dass die Bezeichnung sich eventuell auch auf das System von Leibniz – d. h. eines berühmten Vertreters eines explanatorischen Rationalismus – anwenden ließe (Maimon 1790b: 433/[437]). Die maimonsche Selbstcharakterisierung wurde oft als rätselhaft oder inkohärent empfunden, denn Dogmatismus und Skeptizismus, Rationalismus und Empirismus werden oft als entgegengesetzte, miteinander nicht zu versöhnende Positionen betrachtet. Im Rahmen der Maimonforschung ist jedoch bereits der Versuch unternommen worden, eine wohlwollende Lesart zu entwickeln und die Kohärenz der maimonschen Position zu verteidigen. Im Rahmen dieser Interpretationstendenz schreibt man Maimon die These zu, dass er ein empirischer

Skeptiker ist, *weil* er ein rationeller Dogmatiker ist.[69] Interessant und anschlussfähig für meine Zwecke hier ist Peter Thielkes Ansatz: Thielke (2008: 597 ff.) bringt Maimons Selbstcharakterisierung in die Nähe von Fragen zu Standards von Rechtfertigung und Erklärung, und zum Prinzip des zureichenden Grundes. Die Hauptidee ist, dass Maimon ein rationeller Dogmatiker ist, weil er hohe Standards von Erklärung und Rechtfertigung hat: Er legt sich auf eine uneingeschränkte Geltung des Prinzips des zureichenden Grundes fest, was Standards guter Erklärung und Rechtfertigung angeht, und erfordert völlige rationale, transparente und vollständige Erklärungen unserer kognitiven Situation. Und dieser rationelle Dogmatismus hat eine Kehrseite. Die hohen Standards können nur in Bereichen wie der Mathematik erfüllt werden. Was unsere Auseinandersetzung mit Phänomenen der empirischen Welt angeht, können sie nicht erfüllt werden, und dies führt zu einer Form von Skeptizismus.[70]

Soweit ich sehen kann, spricht nichts gegen Thielkes Interpretation der Selbstcharakterisierung Maimons, und ich gehe davon aus, dass sie sich der Zustimmung der meisten Maimonforscher:innen heutzutage erfreut. Der Kontext allerdings, aus dem das prominente Bekenntnis Maimons zu dieser Position stammt, hat – zumindest auf den ersten Blick – mit der Problematik, die uns hier beschäftigt, d. h. der Problematik der Existenz, Affektion und Funktion von Dingen an sich, nichts zu tun. Die Position des rationellen Dogmatismus plus empirischen Skeptizismus formuliert Maimon im Zuge seiner Behandlung einer *anderen* Problematik in der kantischen Philosophie. Es geht um die Problematik der *objektiven Gültigkeit der kantischen Kategorien* und insbesondere die Problematik der Anwendung der Kategorie der Ursache und Wirkung auf bestimmte Ereignisse/Gegenstände. Mit Blick auf *diese* Problematik gilt es als unumstritten, dass Maimon eine *rationalistisch-dogmatisch* inspirierte Position vertritt, die mit seiner im vorigen Unterabschnitt besprochenen Differentialtheorie eng verschränkt ist. Eine überzeugende Erklärung für die von Kant behauptete objektive Gültigkeit der Kategorien müsste rationalistisch-dogmatisch sein. Allerdings setzt eine solche Erklärung Erkenntnisleistungen seitens der Erkenntnissubjekte voraus, für die es fraglich wäre, ob endliche Wesen sie überhaupt erbringen können. Und dies führt zum *Skeptizismus* hinsichtlich der Frage, *ob* eine solche Erklärung für endliche Wesen verfügbar ist.

Thielkes Interpretationsvorschlag, den ich als besonders anschlussfähig präsentiert habe, erfolgt im Rahmen einer Diskussion des Verhältnisses von Maimon zu Hume im Hinblick auf die Problematik der Kausalität. Thielke selbst

---

69 Vgl. Franks 2003: 200 ff.
70 Für eine ähnliche Position vgl. Hoyos 2008: 307.

stellt keinen Zusammenhang zwischen diesen Fragen und der Problematik der Dinge an sich her. Und in seinen wenigen expliziten Äußerungen zur Thematik der Dinge an sich, sympathisiert er sogar mit Thesen, die ich als Ausdruck der traditionellen und von mir kritisierten Interpretationsrichtung werte.[71] Ich denke jedoch, dass die Idee sehr gut übertragbar auf die Problematik der Dinge an sich bei Maimon ist, und die Möglichkeit einer alternativen Lesart eröffnet, die interessanterweise bisher unter den Tisch gefallen zu sein scheint – vermutlich weil die antirealistische Lesart als die *natürliche* Interpretation aller Äußerungen Maimons zum Ding an sich erscheint. Im Rahmen meiner Kritik an der „natürlichen" Interpretation schlage ich hingegen vor, die Stelle im Lichte *anderer, für Maimon spezifischer* philosophischer Verpflichtungen und zwar im Lichte des „rationellen Dogmatismus plus empirischen Skeptizismus" Maimons zu deuten. Dass die maimonsche Äußerung als Ausdruck eines explanatorischen Rationalismus und eines damit einhergehenden Skeptizismus gelesen werden kann, wäre dann nicht bloß eine philosophisch mögliche Position, die man aus der Perspektive einer fiktiven Rationalistin vertreten könnte. Für jemanden, der klarerweise eine solche Position im Hinblick auf die Problematik der Kausalität und der objektiven Gültigkeit der Kategorien vertritt, wäre es naheliegend, die von mir vorgeschlagenen Thesen auch im Hinblick auf die Problematik der Dinge an sich tatsächlich zu vertreten. Dass Maimons Äußerung zum explanatorischen Wert von Dingen an sich so intendiert ist, ist nicht bloß möglich, sondern *wahrscheinlich*.

Schwierigkeiten für die Standardinterpretation: Maimons Skeptizismus als Bestätigung der vorgeschlagenen Alternative
Im Rahmen der Standardinterpretation argumentiert Maimon für die explanatorische Redundanz einer Berufung auf die subjektunabhängige Welt. Ihm wird die These zugeschrieben, dass, bei der Erklärung des von Schulze thematisierten Phänomens (Thematisierung von Affektion anhand des Baum vs. Haus-Beispiels), die Annahme von Dingen an sich entbehrlich ist. Angesichts dieser dialektischen Situation würde man von der Antirealistin erwarten, eine *alternative*, befriedigende Erklärung des zu erklärenden Phänomens anzubieten, welche das Explanandum erklärt und zugleich den Vorteil hat, sparsamer zu sein.[72] Man würde von

---

[71] Vgl. Thielke 2001: 106.
[72] Die Antirealistin könnte natürlich die These geltend machen, dass sie gar nicht in der Pflicht steht, eine *gute* alternative Erklärung anzubieten; es reicht, wenn ihre Erklärung *genauso schlecht* wie die konkurrierende ist; die gleiche – nämlich keine – explanatorische Kraft hätte sie trotzdem und da sie sparsamer wäre, wäre sie zu bevorzugen. Ein solcher Argumentationszug würde jedoch

ihr erwarten, dass sie ihre Aufmerksamkeit auf das zu erklärende Phänomen richtet und ihre antirealistische Erklärung für *dieses* Phänomen anbietet. Interessanterweise scheint Maimon im Kontext seiner Behandlung der schulzeschen Thesen das nirgendwo zu leisten. Was sich hingegen findet, sind Indizien für die These, dass hinsichtlich der Möglichkeit, eine Erklärung oder Rechtfertigung von solchen Phänomenen zu liefern, Maimon ein *Skeptiker* ist.

Zur Erinnerung: Das Phänomen, das uns beschäftigt, kreist um Sinneswahrnehmung und mentale Zustände, die Häuser und Bäume repräsentieren. Versuchte man nun, irgendwelche Aussagen zu formulieren, die Thesen ausdrücken, deren Erklärung oder Rechtfertigung zur Debatte stünde, ginge es vermutlich um Aussagen wie „Vor mir steht ein Haus, kein Baum" oder „Ich habe gerade eine Vorstellung von einem Haus, keinem Baum". Nun gibt es hier sehr viele Unklarheiten, die ich nicht verheimlichen möchte: Unklarheiten hinsichtlich der Frage, was genau unter „Erklärung" zu verstehen ist (kausale Erklärung eines Ereignisses? epistemische Rechtfertigung einer Überzeugung?) und damit einhergehende Schwierigkeiten hinsichtlich der Frage, welche Aussagen das Phänomen, das es zu erklären gilt, am besten erfassen. Die zwei Aussagen, die ich zum Beispiel vorgeschlagen habe, drücken ganz andere Thesen aus, die in unterschiedlichem Grad anfällig für skeptische Einwände hinsichtlich ihrer Rechtfertigung sind. Ich denke, dass diese Unklarheiten in entsprechenden Unklarheiten in der relevanten Diskussion sowohl bei Maimon als auch bei Schulze ihren Ursprung haben, wo verschiedene Fragen nicht ausreichend auseinandergehalten zu werden scheinen, und diese Unklarheiten werden in der Regel auch in der relevanten Forschungsliteratur widergespiegelt. Obwohl es lohnend sein könnte, sich mehr Klarheit über diese Fragen und ihr Verhältnis zueinander bei Maimon und Schulze zu verschaffen, werde ich es hier gar nicht versuchen. Ich möchte die These verteidigen, dass unabhängig davon, wie wir Maimons Überlegungen im Hinblick auf das Stichwort „Erklärung" genau rekonstruieren, sie in jedem Fall in eine Richtung gehen, die zu meinem Interpretationsvorschlag sehr gut und zur Standardinterpretation weniger gut passt. Für unsere Zwecke hier reicht es, bloß folgende Feststellung zu treffen. Bei der Auseinandersetzung zwischen Maimon und Schulze hinsichtlich der Passivität der Sinneswahrnehmung wären die relevanten Aussagen, um die es ginge, synthetische Aussagen über die *empirische Welt:* Aussagen über Häuser und Bäume, die vor uns gerade stehen, oder über unsere mentalen Zustände, die solche Gegenstände repräsentieren. Die Stelle zum explanatorischen Wert der Berufung auf Dinge an sich, mit dem wir uns befasst

---

die Attraktivität der antirealistischen Alternative abschwächen und würde nicht so gut zu einem Projekt, das den Antirealismus als eine tragfähige Position verteidigt, passen.

haben, enthält Maimons Reaktion auf eine Äußerung Schulzes, die solche Aussagen betrifft.

Im unmittelbaren Anschluss an diese Stelle schreibt Maimon dann:

> *Grund* bezieht sich niemals aufs *Daseyn*, sondern auf die *Erkenntniß*, und ist blos die *Einheit*, wodurch das Mannigfaltige in unserer Erkenntniß, nach Gesetzen des Erkenntnißvermögens verbunden wird. Das *Allgemeine* ist der Grund von dem *Besondern* in unserer Erkenntniß. Der *Grund*, warum wir z. B. ein Dreieck als eingeschränkt denken müssen, ist, weil wir Dreieck durch den Begriff von Figur denken, und Figur als einen eingeschränkten Raum bestimmen. Durch diesen *Grund* beziehen wir diese Erkenntniß nicht blos aufs Dreieck, sondern auf alle unter dem Begriff von Figur enthaltenen Objekte. Diese verschiedene Erkenntnisse werden also durch ihren *gemeinschaftlichen Grund* verbunden. Eben so ist nach mir der *Satz der Bestimmbarkeit* der *Grund* von der Erkenntniß aller *reellen Objekte*. (Maimon 1794: 429/ [371 f.])

Die Stelle ist insgesamt keine leichte Kost, aber ich möchte den Fokus nur auf den letzten Satz legen: Maimons Verweis auf den *Satz der Bestimmbarkeit*. Aus der Perspektive der Standardinterpretation müsste dieser Verweis als rätselhaft und unmotiviert erscheinen. Der Satz der Bestimmbarkeit soll Maimons origineller Beitrag zur Philosophie sein, und spielt eine prominente Rolle in seinem *Versuch einer neuen Logik*, dem die „Briefe an Aenesidemus" angehängt sind. Der Satz der Bestimmbarkeit stellt die Bedingungen auf, die zu erfüllen sind, damit bestimmte Aussagen/Überzeugungen als „reelles Denken" statt als „willkürliches" oder bloß „formelles Denken" klassifiziert werden können. Nun kann ich hier auf die Details dieser Theorie Maimons nicht eingehen.[73] Ich denke jedoch, dass als Darstellung der Theorie folgende Thesen relativ unkontrovers und für unsere Zwecke hier ausreichend wären: (i) Eine Aussage/Überzeugung gilt als reelles Denken, und repräsentiert ein reelles Objekt, wenn ich rechtfertigen/erklären kann, dass p wahr ist; dabei sollte der Wahrheitswert von p nicht nur aufgrund des Satzes des Widerspruchs ermittelbar sein (denn der Satz der Bestimmbarkeit ist ein Prinzip für *synthetische*, nicht *analytische Aussagen*); (ii) die Erfüllung der Bedingungen, welche der Satz der Bestimmbarkeit aufstellt, ist der *zureichende Grund*, damit eine Aussage, die sich nicht ausschließlich aufgrund des Satzes des Widerspruchs als wahr einstufen lässt, als wahr gelten kann;[74] (iii) eine Aussage erfüllt die Bedingungen, welche der Satz der Bestimmbarkeit aufstellt, und lässt sich als

---

[73] Bei meiner Darstellung der Thesen Maimons rund um den Satz der Bestimmbarkeit folge ich eher Beiser 1987: 311 ff. Vgl. auch Schechter 2003.

[74] Für Maimons Thematisierung des Prinzips des zureichenden Grundes im Kontext seiner Präsentation seines Satzes der Bestimmbarkeit vgl. Maimon 1794: 78 f./[20 f.]; vgl. auch die These Maimons (1794: 82/[24]), dass das „willkürliche Denken keinen Grund hat".

reelles Denken einstufen, wenn ihre Terme in einem *einseitigen Abhängigkeitsverhältnis* stehen – der eine Term einer prädikativen Aussage muss unabhängig begreifbar vom anderen sein, der andere Term hingegen nicht; (iv) die Paradebeispiele Maimons für Aussagen, die diese Kriterien erfüllen, sind *mathematische Beispiele*;[75] Beispiele, die die empirische Welt betreffen, werden hingegen als Beispiele für *willkürliches* Denken angeführt.[76]

Wie lässt sich nun das alles mit der Problematik der Dinge an sich verbinden? Ich denke, dass Maimons Rede vom Satz der Bestimmbarkeit im Kontext dieser Problematik meine alternative Interpretation bestätigt. Aussagen der Art „Vor mir steht ein Haus, kein Baum" scheinen in jedem Fall die Kriterien reellen Denkens nach Maimon nicht zu erfüllen. Für die eventuelle Wahrheit solcher Aussagen lässt sich *kein* zureichender Grund angeben, denn sie erfüllen nicht die Bedingungen, welche der Satz der Bestimmbarkeit aufstellt. Obwohl sehr viel hinsichtlich der genauen Position Maimons unklar bleibt, denke ich, dass Maimons Verweis auf den Satz der Bestimmbarkeit jedenfalls zeigt, dass die Stoßrichtung seiner Argumentation eine ganz andere ist als diejenige, die man ihm im Rahmen der Standardinterpretation zuschreibt. Maimon kann folglich nicht das antirealistische Projekt verfolgen, eine alternative Erklärung hinsichtlich des von Schulze thematisierten Phänomens anzubieten, die ohne einen Verweis auf die subjektunabhängige Welt auskommt. Wenn er ein solches Projekt verfolgen würde, wäre es naheliegend gewesen, dass er im Anschluss an die Kritik am realistischen kantischen Modell eine alternative Erklärung für die zur Diskussion stehenden Phänomene formuliert hätte.

Stattdessen richtet er die Aufmerksamkeit seiner Leser:innen auf eine wichtige Konklusion seiner eigenen, originellen Theorie: dass es um die Rechtfertigung und Erklärung von synthetischen Aussagen, welche die empirische Welt betreffen, irgendwie schlecht bestellt ist. Maimons Verweis auf seinen Satz der Bestimmbarkeit in diesem Kontext werte ich als einen impliziten Hinweis Maimons auf seinen *empirischen Skeptizismus*, den er hinsichtlich solcher Phänomene und solche Phänomene beschreibender Aussagen, die Schulze beschäftigen, vertritt. So ausgelegt hat die ganze Textstelle, die oft als Beleg für eine alternative antirealistische Erklärung eines bestimmten Explanandums gelesen wurde, eine ganz andere Funktion. Maimon formuliert seinen explanatorischen Rationalismus, auf dessen Grundlage sich die Berufung auf die Dinge an sich als eine schlechte Erklärung erweist. Anschließend erinnert er mit seinem Verweis auf seine eigene

---

[75] Maimon (1794: 82/[24]) stuft zum Beispiel den Begriff eines Dreiecks als ein reelles Objekt ein.
[76] Vgl. Maimons Beispiele über Tisch und Fenster in Maimon 1794: 81/[23] und Stein, der das Gold anzieht, in Maimon 1794: 492/[434].

Theorie daran, dass wir Skeptiker hinsichtlich der Möglichkeit einer überzeugenden Erklärung für die zur Diskussion stehenden Explananda sein müssen. Aus der Perspektive der dialektischen Situation, die eine Debatte zwischen Realismus und Antirealismus betrifft, erscheint Maimons Argumentationsstrategie schlecht nachvollziehbar. Betrachten wir hingegen Maimons Äußerungen als eine Instanz seiner charakteristischen Kombination aus rationellem Dogmatismus und empirischem Skeptizismus, können wir sie besser einordnen und – bis zu einem gewissen Grad – verstehen. Und obwohl ich auf eine ausführliche Verteidigung der These hier verzichten werde, denke ich, dass auch die Äußerungen Maimons rund um das Stichwort „Wahrheit", die traditionell als Angriff auf die realistische Wahrheitskonzeption Schulzes gelesen wurden, eine sehr ähnliche Funktion haben und bloß Maimons Kombination aus Rationalismus und Skeptizismus zum Ausdruck bringen.[77] Es lässt sich also feststellen, dass auch die letzte Gruppe von Textstellen die traditionelle Interpretation nicht zwingend macht, und dass diese – beim näheren Hinsehen – Aspekte der maimonschen Strategie nicht erklären kann, so dass die Alternative, die ich vorgestellt habe, besser abschneidet.

---

77 Maimon kritisiert Schulzes Äußerungen zur Wahrheitsproblematik und schreibt dazu: „Die *Wahrheit* und *Realität* unserer Erkenntniß besteht allerdings darinn, daß unsere Vorstellungen mit einem gewissen von ihnen selbst verschiedenen Etwas im Verhältniß und Zusammenhang stehen, aber dieses Etwas selbst ist nicht *außer unserem Erkenntnißvermögen*" (Maimon 1794: 426/[368]). Vor dem Hintergrund der Tatsache, dass Schulze tatsächlich eine realistische Wahrheitskonzeption vertritt, und angesichts der Formulierungen Maimons, die nach einer Kritik an Korrespondenztheorien der Wahrheit klingen, könnte man hier annehmen, dass Maimon eine antirealistische, zum Beispiel epistemische, Wahrheitskonzeption verteidigen möchte. Diese Lesart verkennt jedoch die starke Präsenz von *erkenntnistheoretischem* Vokabular an der konkreten Stelle aus Schulze, auf die Maimon reagiert, als auch in Maimons Äußerungen selbst, wenn man den Kontext der zitierten Stelle berücksichtigt. Unter einer Debatte zwischen konkurrierenden Wahrheitskonzeptionen versteht man normalerweise eine Debatte hinsichtlich der Frage, wie Wahrheit, als eine Eigenschaft von Wahrheitswertträgern, zu verstehen und definieren ist. An diesen Stellen geht es hingegen um die erkenntnistheoretische Frage, unter welchen Bedingungen ich *wissen* kann, dass eine Aussage wahr ist: „Die *Vorstellungen* haben *Wahrheit* und *Realität*, wenn sie entweder als *Merkmale* in dem *Begriff* des Objekts schon *gedacht* (analytische Wahrheit) oder in der *Konstrukzion des Objekts* als mit demselben verbunden *erkannt* werden (synthetische Wahrheit)", schreibt Maimon wenige Zeilen später (Maimon 1794: 427/[369]). Und im Zuge seiner Stellungnahme zu dieser Frage führt Maimon wieder mathematische Beispiele an sowie das Beispiel einer analytischen Aussage als Beispiele, die gegen Schulzes Thesen sprechen sollen. Solche Beispiele wären im Rahmen einer Debatte um (Anti-)Realismus etwas kontraintuitiv. Ich verstehe sie hingegen als Beispiele, die die erkenntnistheoretische Frage betreffen und Maimons Berufung auf Rationalismus, den Satz der Bestimmbarkeit und empirischen Skeptizismus bei der Beantwortung dieser Frage zum Ausdruck bringen.

iv Äußerungen Maimons, die direkt gegen die Standardauffassung sprechen

Ich möchte nun meine Auseinandersetzung mit der ganzen Thematik abschließen, indem ich kurz auf zwei Stellen in Maimons Korpus hinweise, welche ein Problem für die Standardinterpretation darstellen, während sie sehr gut zu der von mir vertretenen Interpretation passen und diese bestätigen.

Die Textstellen, auf die man sich als Belege für die traditionelle Interpretation Maimons beruft, stammen aus den Hauptwerken Maimons. Auf den ersten Blick scheinen sie die Standardinterpretation zu stützen. Und in diesen Werken lassen sich, soweit ich sehen kann, keine Stellen finden, welche eindeutig gegen die Standardinterpretation sprechen. Zwar ergeben sich bei einer genaueren Analyse von Textstellen Probleme für die Standardinterpretation – vgl. meine Ausführungen im vorigen Unterabschnitt –, und es finden sich dort Äußerungen Maimons, die sehr „vorkantisch" und kaum „nachkantisch" klingen und wenig ins antirealistische Bild passen, jedoch finden sich keine Belege, die eine augenscheinliche Schwierigkeit für die Vertreter:innen der traditionellen Interpretation darstellen würden. Dieser Sachverhalt dürfte ein wichtiger Grund dafür gewesen sein, warum sich die traditionelle Interpretation so lange einer solchen Beliebtheit erfreut hat.

Wenn wir jedoch weitere, kleinere Werke oder Briefe Maimons mitberücksichtigen, dann lassen sich Äußerungen Maimons finden, welche die Vertreterin der traditionellen Interpretation vor große Schwierigkeiten stellen. Die erste Stelle ist eine Stelle aus einer sehr kleinen Schrift, die in der Maimonforschung in der Regel wenig Beachtung findet und worauf Engstler (1990: 155) hinweist, da er sie als Beleg gegen die Standardinterpretation der Differentialtheorie Maimons ansieht.[78] Dort schreibt Maimon über zwei „Hauptparteien" und er distanziert sich von beiden: Die eine Partei ist die dogmatische Partei, die die „gesetzmäßige Oberherrschaft der Metaphysik" wiederherstellen möchte; die andere Partei ist hingegen die Partei, die „sich von der Sklaverei der *Dinge an sich* losgemacht hat" und „alles aus sich selbst (aus dem Erkenntnisvermögen) schöpfen will (obschon der Fond dazu nicht hinlänglich seyn möchte)" (Maimon 1793a: 544.). Diese Äußerungen Maimons sprechen direkt gegen die Standardauffassung zur Haltung Maimons zu Dingen an sich. Im Rahmen der Standardinterpretation würde man erwarten, dass Maimon besondere Sympathie für letztere Partei hätte. Stattdessen schreibt hier Maimon explizit, dass er die Annahme der *Entbehrlichkeit* von Dingen an sich *nicht* unterschreibt. Er stimmt der These nicht zu, dass die sys-

---

[78] Es geht um eine von Maimon übersetzte und von ihm mit einer Vorrede und Anmerkungen versehene Ausgabe von Henry Pembertons Werk *Anfangsgründe der Newtonischen Philosophie*.

tematische Funktion, die dem Ding an sich zugeschrieben wird, vom Erkenntnisvermögen übernommen und genauso gut erfüllt werden kann. Das passt sehr gut zu meiner Lesart. Maimons explizite Bestreitung der Annahme der Entbehrlichkeit von Dingen an sich steht im Widerspruch zu den Thesen, die er im Rahmen der Standardinterpretation vertreten soll.

Neben einer weiteren, aus einer kleineren Schrift stammenden Stelle, die ebenfalls gegen die Entbehrlichkeit der Dinge an sich spricht (Maimon 1792: 487/ [26]), finden sich zudem manche Äußerungen Maimons zur Philosophie Fichtes, auf die ich hinweisen möchte. Die Äußerungen stammen vor allem aus zwei, in der (derzeit geläufigen) Gesamtausgabe von Maimons Werken nicht enthaltenen, Briefen Maimons an Lazarus Bendavid.[79] Im Rahmen der traditionellen Interpretation Maimons würde man erwarten, dass Maimon, der angebliche Vorgänger Fichtes, sich positiv zu Fichtes Philosophie äußern würde. Maimon hingegen äußert sich in seinem Brief vom 24.05.1800 in sehr abwertendem Ton über die „F... Philosophie", die für keine andere als die Philosophie Fichtes stehen kann.[80] Das abfällige Urteil über Fichte wird von einer weiteren Äußerung bestätigt. In seinem Brief vom 07.02.1800 schreibt Maimon: „Was Fichtens neue Lehre betrifft, so stimme ich hierinn mit Kants Erklärung hierüber völlig überein" (Maimon 1800a: 207). Ich gehe davon aus, dass sich Maimon dabei auf Kants Erklärung gegen Fichte vom 07.08.1799 bezieht, in der Kant unter anderem erklärt, „daß [er] Fichte's Wissenschaftslehre für ein gänzlich unhaltbares System [hält]" (12: 370). Maimons Urteil über Fichte steht in krassem Widerspruch zu dem, was uns die Standardinterpretation über zu erwartende Vorlieben und Abneigungen Maimons lehrt.[81] Die explizit negative Reaktion auf Fichte, zusammen mit Maimons expliziter Bestreitung der Entbehrlichkeit der Dinge an sich, zeigen, dass die Standardinterpretation nicht bloß nicht alternativlos ist, sondern dass sie als falsch bewertet werden muss. Wenn wir diese zwar am Rande seines philosophischen Schaffens stehenden, jedoch sehr expliziten Äußerungen Maimons in Einklang mit Thesen Maimons, die in den Hauptwerken formuliert werden, bringen möchten, dann *brauchen* wir eine alternative Interpretation. Ich hoffe gezeigt zu

---

[79] Vgl. Beiser 2003: 234 Fn. 5. Beiser bedankt sich bei Yitzhak Melamed für den Verweis auf diese Briefe.
[80] In seinem Brief vom 24.05.1800 spricht Maimon (1800a: 210) von einem Anhänger der „F... Philosophie", der ein „sowohl spekulativer als praktischer Narr geworden ist" und „alle Kenntnisse" verachtet, „die nicht synthetisch in gerader Linie aus seinem Ich herkommen".
[81] Beiser zufolge (2003: 234 Fn. 5) relativiert Maimon an anderem Ort (Maimon 1800b: 567ff.) sein negatives Urteil über die Philosophie Fichtes. Das sehe ich nicht. Der Text ist mit dem negativen Urteil völlig vereinbar, die Relativierung betrifft *Charakterzüge* Fichtes, nicht sein philosophisches Werk.

haben, dass die hier vorgelegte Interpretation diesem Bedarf gerecht werden kann.

Nach diesem langen Ausflug in das Denken Maimons können wir Folgendes festhalten: Maimon, genauso wie seine Zeitgenossen, die ich zu Beginn dieses Kapitels besprochen habe, unterschreibt die These, dass eine Festlegung auf existierende und uns affizierende Dinge an sich unentbehrlich ist. Kein vorfichtescher Akteur der frühen Kantrezeption hat diese Annahme bestritten. Realismus stellt die Ausgangsprämisse der ganzen frühen Kantkritik dar. Ich werde es hier unterlassen, diese so verbreitete Unentbehrlichkeitsannahme und den ihr zugrunde liegenden Realismus in Frage zu stellen. Die Funktion des nächsten Teils des Buchs (zweiter Teil, Kapitel 3 und 4) besteht hingegen darin, das zweite Horn des Dilemmas in den Blick zu nehmen, und zu untersuchen, ob eine Festlegung auf Dinge an sich im Rahmen der kantischen Philosophie zulässig ist. Bevor wir jedoch dies tun, ist die ganze Frage rund um die Unentbehrlichkeit existierender und uns affizierender Dinge an sich aus einer stärker *exegetischen* Perspektive zu betrachten. Die Frage von Kapitel 1 war, wie sich die Zeitgenossen Kants zur philosophischen Motivation für diese Festlegung positionieren: ob sie als *Philosophen* denken, dass man die Dinge an sich braucht – sowohl im Rahmen der kantischen Philosophie als auch darüber hinaus. Im nächsten Kapitel geht es hingegen darum, ob sie als *Kantinterpreten* denken, dass Kant sich explizit auf die Dinge an sich festlegt. Das ist eine andere Frage und es wäre denkbar, dass die Antworten auf die jeweiligen Fragen unterschiedlich ausfallen. Bei der Auseinandersetzung mit diesem Aspekt der Kantlektüre der Erstleser wird uns die Frage intensiv beschäftigen, wie *Kant* selbst die Sache sieht und ob die Erstleser mit ihrer Kantinterpretation Recht haben.

Kapitel 2 Wie sieht die Sache bei Kant selbst aus? Kants Festlegung auf die Dinge an sich in der Kantexegese der ersten Leser

Kants Zeitgenossen vertreten als Philosophen die These, dass Kant eine Festlegung auf existierende und uns affizierende Dinge an sich braucht. Dies lässt die Frage noch offen, ob ihrer Meinung nach Kant selbst diese Annahme explizit teilt – das wäre eine stärker exegetisch ausgerichtete Frage, und verschiedene Antworten sind möglich. Einer kritischen Auseinandersetzung mit diesem Aspekt der Kantlektüre der Erstleser kommt eine zentrale Rolle innerhalb dieses Projekts zu. In einem Projekt, wo es um die Verteidigung von Kants Position in einem bestimmten historischen Buch gegen die Reaktionen seiner ersten Leser geht, ist es von besonderer Bedeutung, wie Kant selbst die Sache sieht – eine Kantverteidigung, die unter gewissen exegetischen Zwängen operieren würde und den Anspruch erheben könnte, *Kants* eigentlichen Thesen treu zu sein, würde eine überzeugendere Antwort auf die frühe Kantkritik darstellen. Aus diesem Grund werde ich im Folgenden ausführlich der Frage nachgehen, nicht bloß welche Kantinterpretation die Erstleser Kants favorisieren, sondern ob diese *berechtigt* ist. Und wie ich bereits erwähnt habe, ist die Art und Weise, wie ich letztere Frage beantworte, folgenreich für das gesamte Projekt.

In Abschnitt I steht die Kantexegese der Erstleser im Vordergrund. Ich vertrete die These, dass die Interpretationen der kantischen Thesen durch seine Erstleser, dem Anschein zum Trotz, einander sehr ähnlich sehen. Es lassen sich zwei Haupttendenzen feststellen: Kant wird eine explizite Festlegung auf Dinge an sich zugeschrieben und *zugleich* wird die These vertreten, dass Kant an manchen Textstellen selbst ebendiese in gewisser Weise zurücknimmt. In Abschnitt II setze ich mich mit der ganzen Frage aus der Perspektive der kantischen *Kritik* und der Kantforschung auseinander. Den Erstlesern wird Recht nur im Hinblick auf die erste Haupttendenz gegeben, während ich (Teil) meine(r) alternativen Interpretationen für Textstellen bzw. Abschnitte, die zur zweiten Haupttendenz Anlass gegeben haben, vorstelle.

I Die Erstleser zur Kants Festlegung auf die Dinge an sich. Große Vielfalt an der Oberfläche, Gemeinsamkeiten auf einer tieferen Ebene

Liest man die Schriften der ersten Kantleser aus der Perspektive der uns hier beschäftigenden Frage, kann der Eindruck leicht entstehen, dass es zu diesem Punkt keine Einigkeit zwischen den Erstlesern gibt. Wir werden jedoch sehen, dass dieser Eindruck zum Teil täuscht und dass es mehr Gemeinsamkeiten als Unterschiede gibt. Bei der Behandlung der Frage, wie Kants Zeitgenossen mit seiner Festlegung auf Dinge an sich exegetisch umgehen, werde ich wie folgt vorgehen. Zunächst, unter (i), werde ich einen ersten Klassifikationsversuch der – zumindest auf den ersten Blick – verschiedenen Ansichten der Erstleser präsentieren. Anschließend werde ich in einer Reihe von Schritten anhand von Textbelegen aus der Kantrezeption zeigen, dass diese Klassifikation relativiert werden muss, und dass eine größere Einigkeit besteht, als es zunächst scheinen mag. In einem ersten Schritt zu diesem Zweck (Unterabschnitt (ii)) werde ich die These verteidigen, dass eine explizite Festlegung Kants auf die Dinge an sich in der Regel nicht bestritten oder übersehen wird, und dass Stellen in den Schriften der Erstleser, die anders klingen, *nicht* die uns hier beschäftigende rein exegetische Frage betreffen. Dabei werde ich mich mit allen Lesern bis auf Maimon befassen, da seine Positionierung (auch) zu dieser Frage größere exegetische Schwierigkeiten aufwirft und einer gesonderten Behandlung bedarf. In einem nächsten Schritt (Unterabschnitt (iii)) werde ich auf eine weitere Gemeinsamkeit zwischen den Erstlesern aufmerksam machen, die in die entgegengesetzte Richtung geht: Obwohl die Erstleser eine Festlegung Kants auf Dinge an sich als die *offizielle* und an den meisten Stellen explizit vertretene Position Kants betrachten, neigen sie alle dazu, *bestimmte* Stellen in der *Kritik* so zu lesen, als würde Kant dort doch seine Festlegung zurücknehmen. Unter (iv) gehe ich auf Maimons Kantexegese gesondert ein. Ich vertrete die These, dass Maimons Beantwortung der exegetischen Frage zu verschiedenen Zeitpunkten stark unterschiedlich ausfällt. Alles in allem stellt Maimons Kantlektüre jedoch auch in dieser Hinsicht keinen Bruch zur bisherigen Kantrezeption dar: Sie passt gut ins Bild, das in den vorigen Unterabschnitten gezeichnet wird.

i Ein erster Klassifikationsversuch

Auf den ersten Blick sieht es so aus, als hätte die *Kritik* höchst unterschiedliche Interpretationen hinsichtlich Kants Stellung zu Dingen an sich hervorgerufen. Es gibt zunächst diejenigen Leser, die Kants explizite Festlegung auf Dinge an sich nachdrücklich *bejahen*. Eine solche These bringt vor allem Schulze unmissverständlich zum Ausdruck. Nach ihm ist die Festlegung auf existierende und uns affizierende Dinge an sich nicht bloß eine These, die im Rahmen eines Idealismus kantianischer Couleur unentbehrlich wäre; sie ist zudem die These, die Kant selbst explizit vertritt. Schulze zufolge ist es die offizielle Position der *Kritik*, dass es subjektunabhängige Gegenstände gibt, welche die Subjekte affizieren und als „Materie-Lieferanten" fungieren. Für Schulze ist es klar, dass der kantische affizierende Gegenstand kein anderer als das Ding an sich sein kann (Schulze 1792: 182/[260]).[1] Dabei beschränkt sich Schulze nicht auf eine Besprechung der *Kritik*. Im *Aenesidemus* verweist er zum Beispiel auf eine – gleich zu zitierende – Stelle aus der inzwischen veröffentlichten Antwort Kants auf die Kantkritik Eberhards und führt sie als Beleg für seine Kantinterpretation an (Schulze 1792: 256/[374]). Auch in seinem Spätwerk zu Kant, seiner *Kritik der theoretischen Philosophie*, spielt er auf Kant-Stellen an, wonach es eine „große Ungereimtheit" wäre, „wenn wir gar keine Dinge an sich selbst einräumen" würden (Schulze 1801a: 572).[2]

Ein anderer Leser, Pistorius, scheint hingegen die exegetische Frage hinsichtlich Kants expliziter Festlegung für komplexer und verwirrender zu halten und sich über die Ambivalenz Kants diesbezüglich zu klagen. Pistorius (1788b: 431) zufolge ist es „die gewöhnlichste Aeußerung, insonderheit in den Schriften des Lehrers [gemeint ist Kant, MK], über Erscheinungen und Dinge an sich", dass „den Erscheinungen in der Sinnenwelt [...] wirklich Dinge an sich in der Verstandeswelt zum Grunde [liegen], worauf jene Anzeige thun, wir mögen übrigens von diesen Dingen an sich etwas wissen oder nicht, genug sie afficiren unsre sinnlichen Werkzeuge und sind die Ursache unsrer Anschauungen und Wahrnehmungen". Andererseits erwägt er auch eine alternative Interpretation, wonach die kantische Rede von Erscheinungen keine Festlegung auf Dinge an sich vor-

---

[1] Die genaue Formulierung lautet: „Alle unsere Erkenntnis fängt nämlich nach ihr [die Vernunftkritik, d.h. die *Kritik der reinen Vernunft*, MK] mit der Erfahrung an, und es sind Gegenstände außer uns wirklich da, welche unsere Sinne affizieren, und teils von selbst Vorstellungen hervorbringen, teils unsern Verstand in Tätigkeit bringen, um den rohen Stoff sinnlicher Eindrücke zu bearbeiten" (Schulze 1792: 182/[260]). Schulze (1792: 184/[263f.]) spricht vom „Gegenstand außer unsern Vorstellungen", „der nach der Vernunftkritik durch Einfluß auf unsere Sinnlichkeit die Materialien der Anschauungen" liefern soll, und er fügt in Klammern hinzu, dass es sich dabei um das „Ding an sich" handelt. Vgl. auch Schulze 1801b: 220f., 505f.

[2] Schulze bezieht sich wahrscheinlich auf Bxxvif., wonach die Behauptung „daß Erscheinung ohne etwas wäre, was da erscheint" ein „ungereimter Satz" wäre. Vgl. auch Schulze 1801a: 575.

sieht, und denkt, dass „[b]isweilen [...] es in der That [scheint], als ob Hr. Kant diese Sätze in diesem äußerst skeptischen Sinne" nimmt (Pistorius 1788b: 430).[3]

Liest man einen anderen Kritiker Kants, nämlich Eberhard, und insbesondere die Reaktion Kants auf ihn, könnte man leicht auf die Idee kommen, dass Eberhard sich Pistorius' zweiter Alternative anschließt. So schreibt Kant in einer bereits angesprochenen Stelle:

> Nachdem er [gemeint ist der Kritiker Kants Eberhard, MK] S. 275 gefragt hat: „Wer (was) giebt der Sinnlichkeit ihren Stoff, nämlich die Empfindungen?" so glaubt er wider die Kritik abgesprochen zu haben, indem er S. 276 sagt: „Wir mögen wählen, welches wir wollen – so kommen wir auf *Dinge an sich.*" Nun ist das eben die beständige Behauptung der Kritik; nur daß sie diesen Grund des Stoffes sinnlicher Vorstellungen nicht selbst wiederum in Dingen, als Gegenständen der Sinne, sondern in etwas Übersinnlichem setzt, was jenen *zum Grunde* liegt und wovon wir keine Erkenntniß haben können. Sie sagt: Die Gegenstände als Dinge an sich *geben* den Stoff zu empirischen Anschauungen (sie enthalten den Grund, das Vorstellungsvermögen seiner Sinnlichkeit gemäß zu bestimmen), aber sie *sind* nicht der Stoff derselben. (8: 215)

Kants Reaktion hier legt nahe, dass Eberhard in seiner Kritik die explizite Festlegung Kants auf Dinge an sich *verneint* hatte – als Reaktion auf diese Verneinung formuliert dann Kant eine sehr explizite *Bejahung*. Es finden sich in der Tat einige Äußerungen bei Eberhard, die für eine solche Kantinterpretation seinerseits sprechen. Zum Beispiel hatten wir im vorigen Kapitel gesehen, dass Eberhard, ähnlich wie Schulze, intuitive Beispiele hinsichtlich mentaler Zustände mit einem bestimmten repräsentationalen Gehalt anführt, um für die Unentbehrlichkeit von Dingen an sich zu argumentieren. Er fragt: „[W]as ist der hinreichende Grund, daß in diesem Augenblicke, da ich das Papier sehe, auf welchem ich schreibe, meine Sinnlichkeit so und nicht anders modificirt wird?" (Eberhard 1789e: 370). Nach Eberhard „weiß [...] [ihm] der kritische Idealismus keinen beruhigenden Grund anzugeben", da der kantische Gegenstand „selbst eine Vorstellung [ist], denn er ist eine Erscheinung" (ebd.). Hier klingt es danach, als würde Eberhard die Unentbehrlichkeit von Dingen an sich als *Philosoph* unterschreiben, während er als

---

3 Gesang (2007: xx) bringt diesen Aspekt der Kantdeutung Pistorius' in Verbindung mit der von Vaihinger (1892: 52ff.) und Adickes (1929) verteidigten Kantinterpretation, wonach Kant eine *doppelte* Affektion lehrt: *sowohl* eine Affektion durch Dinge an sich *als auch* eine Affektion durch Erscheinungen. Ich sehe keine hinreichenden Anhaltspunkte für die Herstellung eines Zusammenhangs zwischen der Theorie der doppelten Affektion und Pistorius' Thesen: Pistorius moniert Kants *schwankende* Position im Hinblick auf die Frage, ob Dinge an sich im kantischen System vorgesehen sind, welche die Affektionsarbeit übernehmen würden; *entweder* es gibt ihm zufolge affizierende Dinge an sich *oder* die Affektionsarbeit wird von anderen Entitäten übernommen.

Interpret denkt, dass Kant selbst die Sache anders sieht. Dazu passt, dass Eberhard schreibt, dass Kant es „an mehreren Orten" *ungewiss* lässt, ob die Erscheinungen „objektive, unsinnliche Gründe haben" (Eberhard 1790f: 263 f.) und „ob die Gegenstände außer der Vorstellung, die das Gemüth afficiren, von ihr als wirklich außer demselben angenommen werden oder nur als afficirende Gegenstände *gedacht* werden" (Eberhard 1792a: 75 f.).[4]

Auch die Göttinger Rezension sowie Feders und Garves Position im Allgemeinen könnten als Ausdruck eines ähnlichen exegetischen Umgangs mit Kant gelesen werden. In der Rezension ist zum Beispiel zu lesen, dass „[w]orin [...] [Empfindungen] befindlich sind, woher sie rühren, das ist uns im Grunde völlig unbekannt" (Feder/Garve 1782: 40).[5] Hier klingt es danach, als würden die ersten Rezensenten Kant *keine* explizite Festlegung auf Dinge an sich, die durch Affektion Empfindungen auslösen, zuschreiben.[6] Manche Formulierungen aus Jacobis Anhang „Über den transzendentalen Idealismus" weisen in dieselbe Richtung. Jacobis Sprache suggeriert, dass er eine Unterscheidung zwischen *Kant* selbst und den *Kantianern* seiner Zeit vornimmt, und dass er eine Festlegung auf Dinge an sich nur an *Letztere* zuschreibt.[7] Zu einem solchen exegetischen Umgang mit Kant passt auch eine Äußerung wie die folgende:

> [V]on dem *transscendentalen Gegenstande* aber wissen wir nach diesem Lehrbegriffe nicht das geringste; [...] sein Begriff ist höchstens ein problematischer Begriff, welcher auf der *ganz subjectiven, unserer eigenthümlichen Sinnlichkeit allein zugehörigen Form unseres Denkens beruht.* (Jacobi 1787: 108)

Hier spricht Jacobi über das Ding an sich nach dem Lehrbegriff der *Kritik*. Er stuft seinen Begriff als einen „problematischen" Begriff ein. Da „problematische" Urteile nach Kant solche Aussagen sind, „wo man das Bejahen oder Verneinen als

---

[4] Für weitere Belege, die für eine solche Interpretation dieses Aspekts der Kantlektüre Eberhards sprechen, vgl. Eberhard 1792a: 64 f., Eberhard 1793b: 62.

[5] Vgl. die Parallelstelle in Garve 1783: 840.

[6] Für eine weitere Stelle bei Feder, die zu dieser Interpretation passt, vgl. Feder 1787: 117 f.

[7] Jacobi schreibt, dass die kantische Kritik „von einigen Beförderern der Kantischen Philosophie nicht sorgfältig genug behandelt" wird (1787: 103); dass die *Kritik der reinen Vernunft* selbst „sich entscheidend genug" erklärt (1787: 104); dass der „Geist des Systems" ein durch und durch subjektiver Idealismus ist (1787: 108) und dass es „der Kantische Philosoph" ist (1787: 108), welcher „den Geist seines Systems ganz verläßt" und eine Affektion durch Dinge an sich behauptet (1787: 108). Sandkaulen (2007: 182 ff.) weist auf solche Textstellen hin – dies allerdings ist *nicht* die These, die Sandkaulen mit Blick auf Jacobis Kantlektüre vertritt. Gesang (2007: xviiiff.) liest Jacobis Anhang als an die *Ausleger* Kants, nicht an Kant selbst, adressiert, und stellt aus diesem Grund die Kantlektüre Jacobis zu derjenigen Pistorius' gegenüber.

bloß möglich (beliebig) annimmt" (A74/B100), wissen wir vor diesem Hintergrund nicht, ob der Begriff des Dings an sich instanziiert ist. Jacobi scheint Kants Stellung zu Dingen an sich nicht als eine Festlegung auf existierende, subjektunabhängige Gegenstände zu betrachten, sondern eher als eine Annahme, die nur eine Denknotwendigkeit von menschlichen Subjekten zum Ausdruck bringt, ohne dass daraus folgt, dass die subjektabhängigen Gegenstände tatsächlich existieren. Diese Aspekte der Kantlektüre Jacobis könnten die These stützen, dass Jacobi die explizite Festlegung Kants auf existierende, uns affizierende Dinge an sich bestreiten würde. Dieser Umstand könnte eventuell auch Fichtes differenzierte Haltung gegenüber Schulze und Jacobi erklären: Fichte hat mehr Sympathie für Jacobi als für Schulze, und ein möglicher Grund dafür wäre, dass er Schulze, anders als Jacobi, als einen klaren Vertreter der expliziten kantischen Festlegung auf Dinge an sich liest.[8]

Den Antipoden Schulzes, der die explizite kantische Festlegung nicht bloß nicht bejaht, sondern *emphatisch* verneint, scheint wiederum Maimon zu bilden. Als Reaktion auf eine relevante Äußerung Schulzes schreibt er in seinen „Briefen des Philaletes an Aenesidemus" aus seinem *Versuch einer neuen Logik*:

> Aber ich glaube, werthester Mann! darthun zu können, daß alle diese Beschuldigungen die *Kritik der reinen Vernunft* gar nicht treffen. Sie spricht gar nicht von dem *Realgrund* der Erkenntniß, und von der von ihr *realiter* verschiedenen *Ursache*, sondern bloß von den *realiter* verschiedenen *Erkenntnißarten*, und schließt keineswegs von der Beschaffenheit eines Etwas in unseren Vorstellungen auf die *objektive* Beschaffenheit desselben außer uns. Sie sagen (Seite 137) „Offenbar bringt ja der Verfasser der Vernunftkritik seine Antwort auf das allgemeine Problem: wie nothwendige synthetische Sätze in uns möglich sind, nur dadurch zu Stande, daß er den Grundsatz der *Kausalität* auf gewisse Urtheile, die nach der Erfahrung in uns da sind, anwendet, diese Urtheile unter dem Begriff der Wirkung von etwas subsumirt; und dieser Subsumtion gemäß, das Gemüth für die wirkende Ursache derselben annimmt und ausgiebt u. s. w." Von allen diesen finde ich in der *Kritik der reinen Vernunft* gar nichts. (Maimon 1794: 404 f./[346 f.])[9]

---

8 In seiner „Zweiten Einleitung in die Wissenschaftslehre" (1797/98: 236) schreibt Fichte: „*Aenesidemus*, der für seine Person *Kant* freilich auch so versteht, und dessen Skepticismus, gerade wie jene Kantianer, die Wahrheit unserer Erkenntniß in ihre Uebereinstimmung mit den Dingen an sich setzt, hat jene arge Inconsequenz [gemeint ist der Schluss aus Erscheinungen auf Dinge an sich durch Kategorienanwendung, MK] vernehmlich genug gerügt." Als Beleg für die These, dass Kant nie auf die Existenz von Dingen an sich geschlossen hat, verweist Fichte (1797/98: 235) auf Jacobis Anhang. Er scheint die Kantkritik Jacobis generell so zu deuten, als ob sie aus einem *idealistischen* Lager käme und eine Kritik an dogmatischen *Kantianern* wäre.
9 Für weitere Äußerungen aus den „Briefen des Philaletes an Aenesidemus", die in dieselbe Richtung weisen, vgl. Maimon 1794: 357 f./[299 f.], 436/[378].

Maimon macht in seiner Auseinandersetzung mit Schulze deutlich, dass er Kant anders liest: Er liest ihn als einen Skeptiker hinsichtlich der Existenz von Dingen an sich und einer Affektion durch diese. Und schon in seinem *Versuch über die Transzendentalphilosophie* kann man sehen, dass Maimons alternative Konzeption von Affektion, mit der wir uns im vorigen Kapitel beschäftigt haben, nicht als eine Alternative *zur* kantischen Position, sondern als die *eigentliche* Position von Kant selbst, wenn man ihn richtig interpretiert, ins Spiel gebracht wird.[10] Im Rahmen der Standardinterpretation Maimons könnte man diesen Aspekt des maimonschen Umgangs mit dem kantischen Ding an sich als die *zweite, exegetische* Komponente des Bruchs zwischen Maimon und den anderen Zeitgenossen Kants, welche die *erste, systematische* Komponente ergänzt, betrachten. Auch in dieser Hinsicht könnte man zum Beispiel behaupten, dass Maimon viel näher an Fichte als an allen anderen Zeitgenossen steht.

Es sieht also so aus, als gäbe es hier eine sehr große Vielfalt – im Folgenden werde ich die These verteidigen, dass dieser Eindruck täuscht.

ii Revision des Klassifikationsversuchs, Teil 1: Kants Festlegung auf die Dinge an sich als allgemein geteilte Annahme

Was für Verwirrung in den Schriften der ersten Leser sorgt, ist die Tatsache, dass es bei diesen Schriften oft nicht ganz explizit zwischen systematisch und exegetisch ausgerichteten Fragen unterschieden wird. Thesen der Kantkritik, die eigentlich die philosophische Plausibilität und Kohärenz der Position Kants betreffen, werden oft auf eine Weise präsentiert, die dazu verleiten kann, sie auch als *exegetische* Thesen darüber, wie wir Kant – eventuell im Lichte der Diskussion um die philosophische Plausibilität und Kohärenz – interpretieren sollten. Beim näheren Hinsehen stellt sich jedoch heraus, dass die meisten Erstleser Kants seine explizite Festlegung auf Dinge an sich in exegetischer Hinsicht nicht abstreiten möchten: Thesen wie diejenigen, die wir im vorigen Unterabschnitt gesehen haben, und die als Ausdruck einer Kantexegese, wonach Kant eine Festlegung auf die Dinge an sich nicht bejaht, gewertet werden könnten, sind eher als systematische Einwände zu interpretieren. Ich möchte diesen Punkt kurz plausibilisieren. Dabei werde ich Maimon außen vor lassen und erst im übernächsten Unterabschnitt wieder ins Spiel bringen.

---

10 Vgl. eine bereits zitierte Stelle: „Das Wort: gegeben, welches Hr. K. von der Materie der Anschauung sehr oft gebraucht, bedeutet bei ihm (wie auch bei mir) nicht etwas in uns, das eine Ursache außer uns hat" (Maimon 1790b: 203).

I Die Erstleser zur Kants Festlegung auf die Dinge an sich — 95

Was Feder und Garve angeht, ist es erwähnenswert, dass schon in der Göttinger Rezension eine Festlegung auf Dinge an sich erwogen wird. Die ganze Stelle, deren Teil ich bereits zitiert habe, lautet:

> Worin [...] [Empfindungen] befindlich sind, woher sie rühren, das ist uns im Grunde völlig unbekannt. Wenn es ein wirkliches Ding giebt, dem die Vorstellungen inhäriren; wirkliche Dinge unabhängig von uns, die dieselben hervorbringen: so wissen wir doch von dem einen so wenig, als von dem andern, das mindeste Prädicat. (Feder/Garve 1782: 40)[11]

So wie ich Feder und Garve verstehe, ziehen sie durchaus in Betracht, dass Kant sich explizit auf das Ding an sich als „Quelle" von Empfindungen festlegt. Sie denken jedoch, aus philosophischen Gründen, dass der kantische Idealismus nach wie vor anfällig für einen radikalen Idealismus wäre – angesichts anderer Thesen Kants wäre die Rolle des Dings an sich so schwach bzw. müsste diese Rolle als so schwach interpretiert werden, dass der so verstandene Idealismus nicht mehr als ein „Feigenblatt-Realismus"[12] wäre. Zu diesem Aspekt der Kantlektüre der Erstleser werde ich zurückkommen. Für unsere jetzigen Zwecke genügt es, festzuhalten, dass Feder und Garve schon auf Grundlage der A-Auflage der *Kritik* eine explizite Festlegung Kants auf Dinge an sich durchaus erwägen, und eine eventuelle Berufung auf diese Festlegung als Reaktion auf den Idealismusvorwurf antizipieren und zu entkräften suchen. Spätere Äußerungen legen nahe, dass Feder und Garve die explizite Festlegung Kants auf Dinge an sich bejahen. Diese Stellen bestätigen jedoch zugleich, dass ein Hinweis auf diese Festlegung Kants – als Replik auf ihre Kritik – sie nicht zufriedenstellen würde (Feder 1788a: 148f., Garve 1798: 189 ff.).[13]

Jacobis Äußerungen geben Anlass zu einer ähnlichen Verwirrung. Obwohl sie so gelesen werden könnten, als wären sie exegetisch gemeint, denke ich, dass sie letztlich als systematische Einwände bzw. als systematische Konklusion im Lichte dieser Einwände intendiert sind. Eine Konzeption des Dings an sich, wonach es

---

11 Vgl. die Parallelstelle in Garve 1783: 840.
12 Vgl. Kap. 5, Fn. 7.
13 Diese Stellen werden in Kap. 5, I, ii näher besprochen. Vgl. auch folgende Äußerung Feders (1790b: 4) im Rahmen einer „kurzen Darstellung des Kantischen Systems": „Hiemit wird gar nicht behauptet, daß diese Körper *leerer Schein* oder bloße *Einbildungen* seyn; [...] oder daß bey diesen unsern Anschauungen der Körper gar nichts *objectives zu Grunde liege*. Nur *was* dieses den Erscheinungen zu Grunde liegende objective absolute Wesen sey; wissen wir *ganz und gar nicht*, weil wir davon keine Anschauung also keine Erkenntniß haben." (Dass dieser Beleg von Feder stammt, ist allerdings nicht ganz offensichtlich. Er stammt aus einem nicht unterschriebenen Aufsatz in der *Philosophischen Bibliothek*. Adickes (1896: 60) ordnet ihn Feder zu, und das finde ich sehr plausibel.)

um keinen existierenden, subjektunabhängigen Gegenstand, sondern nur um eine Denknotwendigkeit menschlicher Subjekte ginge, wäre die verarmte Konzeption, zu der Kant angesichts der systematischen Unzulässigkeit des anspruchsvoll verstandenen Dings an sich allenfalls *berechtigt* wäre, und nicht die Konzeption, die er tatsächlich vertritt. Diese Lesart wird von manchen – nicht besonders prominenten – Stellen in Jacobis Schriften bestätigt. An einer Stelle schreibt Jacobi (1791: 152) zum Beispiel, dass Kant selbst einräumen muss, dass der Begriff des Dings an sich „nur ein problematischer Begriff ist". Und er fährt fort, indem er Folgendes hinzufügt:

> Dennoch spricht er [Kant, MK] häufig von diesem *Dinge an sich* und bezieht sich auch gleich beym Eingang seiner Kritik d. r. Vnft. darauf, als wenn es sich von selbst verstände und seine Lehre darüber erbaut wäre. Und das ist wohl zuverlässig auch sein Ernst gewesen und das *Ding an sich* war nicht mehr da und gar nicht mehr wieder zu haben, ohne daß ers gewahr wurde. (Jacobi 1791: 152)

Ähnliche Überlegungen dürften den Hintergrund für die Bemerkung Jacobis bilden, dass der radikale Idealismus den „wahren *Kern*" des kantischen Systems ausmacht, „den Kant selbst noch nicht gekostet hat" (Jacobi 1785a: 100 Anm.).

Auch bei Pistorius lässt sich etwas Ähnliches feststellen. Pistorius unterscheidet zwar zwischen der „gewöhnlichsten Äußerung" bei Kant (explizite Festlegung auf die Dinge an sich), und einer anderen möglichen Interpretation (Nichtfestlegung), die „bisweilen" naheliegt. Die Gründe jedoch, die Pistorius zufolge die jeweilige Interpretationsmöglichkeit plausibilisieren sollen, scheinen sich auf einer jeweils anderen Ebene zu bewegen. Schauen wir uns eine Stelle genauer an:

> Denn nicht zu gedenken, daß nach derselben [gemeint ist die Theorie Schultz' bzw. Kants, MK][14] das Daseyn der *Dinge an sich selbst* bald als blos problematisch, bald als gewiß angegeben wird, und zwar das erstere, weil wir doch schlechterdings gar nichts von ihnen wissen und erkennen können, und das letztere, weil doch allen Erscheinungen *Dinge an sich selbst* zum Grunde liegen *müssen*, worauf jene Anzeige thun, wir mögen etwas davon wissen, oder nicht. (Pistorius 1786: 107 f.)

Was für die explizite Festlegung spricht, sind *exegetische* Gründe: Pistorius hat Kant-Stellen im Hinterkopf, wonach wir nach Kant annehmen *müssen*, dass es Dinge an sich gibt.[15] Wir haben gesehen, dass auch Schulze, der die explizite

---

14 Zum Umweg der Kantkritik Pistorius' über eine Kritik an Schultz vgl. Einleitung, Fn. 11.
15 Vgl. Pistorius 1786: 98, wo Pistorius explizit eine solche Stelle thematisiert, ohne jedoch Belege anzuführen.

kantische Festlegung auf Dinge an sich deutlich vertritt, auf solche Stellen hinweist. Was hingegen gegen die Festlegung spricht, ist die *systematische* Überlegung, dass eine Festlegung auf Dinge an sich angesichts der Unerkennbarkeitsthese über Dinge an sich unzulässig wäre. Hier sind wir sehr nahe an Feders, Garves und Jacobis Punkt.[16]

Ich denke, dass eine Spannung in Eberhards Kantinterpretation, die sich bei einer näheren Auseinandersetzung mit ihr bemerkbar macht, durch Verweis auf dieselbe Unterscheidung – mindestens zum Teil – aufgelöst werden kann. Wir haben gesehen, dass Eberhard an manchen Stellen so klingt, als würde er Kant keine explizite Festlegung auf Dinge an sich zuschreiben. Kant selbst scheint ihn so zu lesen. In einer Reihe von anderen Stellen klingt jedoch Eberhard anders. Zum Beispiel schreibt er: „Hr. Kant erkennt selbst, daß sich die Erscheinungen auf Dinge an sich beziehen, d. i. in Dingen, die keine Erscheinungen sind, ihren Grund haben" (Eberhard 1789f: 302). In seiner Darstellung der Hauptpositionen der *Kritik* (die den Hauptpositionen Leibniz' gegenübergestellt werden) steht, dass nach Kant „der Erscheinung etwas entsprechen [muß], das nicht Erscheinung ist", aber „[v]on diesem Etwas weiß ich nichts" (Eberhard 1789c: 284 f.).[17] Beide Stellen sind dem ersten Band des *Philosophischen Magazins* entnommen, d. h. dem Band, auf den Kant selbst reagiert, indem er seine bereits zitierte, berühmte und sehr explizite Festlegung auf affizierende Dinge an sich formuliert.[18] Vor diesem Hintergrund ist Kants Reaktion als etwas irreführend und nicht wohlwollend genug einzustufen: Was nach Eberhard zur Debatte steht ist nicht, ob eine Festlegung auf existierende, uns affizierende Dinge an sich im kantischen System explizit vertreten wird, sondern ob diese *zulässig* ist. Eberhards Sorgen drehen sich um Fragen, die uns im zweiten Teil dieses Buchs beschäftigen werden. Die Äußerungen Eberhards, die so klingen, als würde sich Eberhard zur exegetischen Frage nach Kants Festlegung anders positionieren, verstehe ich als Ausdruck von Sorgen letzterer Art: Sorgen darüber, was Kant vertreten *darf*, wenn er zum Beispiel *konsequent* sein will. In späteren Äußerungen, die Eberhards Gegenreaktion auf Kant festhalten, betont Eberhard (1790f: 263) selbst genau diesen Punkt: Dass „die Erscheinungen objektive, unsinnliche Gründe haben" – d. h. dass es Dinge an sich gibt, die den Erscheinungen zugrunde liegen –, ist eine These, welche die

---

16 Vgl. auch Pistorius 1786: 114.
17 Vgl. auch Eberhard 1789j: 306, Eberhard 1792a: 39 ff.
18 Der erste Band des *Philosophischen Magazins* ist im Jahr 1788/89 erschienen und darauf bezieht sich Kants Reaktion. Beim zweiten Band des *Magazins*, erschienen im Jahr 1789/90, lag Kants Reaktion noch nicht vor. Ab dem zweiten Stück des dritten Bandes – erschienen im Jahr 1790/91 – wird Kants inzwischen veröffentlichte Reaktion explizit wahrgenommen, so dass dort Gegenreaktionen seitens Eberhards zu finden sind.

„die Kr[itik], solange sie konsequent blieb, nicht behaupten konnte [...]; sondern sie mußte dieses dahin gestellt seyn lassen".

Vor diesem Hintergrund lässt sich feststellen, dass der eingangs aufgemachte Kontrast zwischen Lesern Kants, die seine explizite Festlegung auf Dinge an sich bejahen, und solchen, die dies nicht tun, stark relativiert werden muss. Alle Leser (bis auf den hier noch nicht behandelten Maimon) sind bereit zu akzeptieren, dass sich Kant auf die Dinge an sich explizit festlegt, so dass hier eine große Gemeinsamkeit festzustellen ist. Das heißt allerdings nicht, dass die Kantinterpretation der Erstleser besonders stabil ist – das ist eine weitere Gemeinsamkeit, die alle Leser vereint, und zu deren Besprechung ich gleich komme.

iii Revision des Klassifikationsversuchs, Teil 2: Die starkidealistische Interpretation *bestimmter* Stellen der *Kritik* durch alle Erstleser

Die Kantinterpretation der Erstleser hat ein gewisses Stabilitätsproblem. Wie wir gesehen haben, sind die Erstleser bereit, die exegetische These, dass Kant sich explizit auf die Dinge an sich festlegt, zu akzeptieren. Sie akzeptieren jedoch diese These als eine These über den *Grundtenor* der *Kritik*. Zugleich vertreten sie die ebenfalls exegetische These, dass bestimmte Stellen dort nicht in das Gesamtbild passen. In manchen Fällen reden die Zeitgenossen Kants sehr explizit über die genauen Stellen, die sie verunsichern. In anderen Fällen drücken sie sich unspezifischer aus. In jedem Fall lässt sich jedoch erraten, welche die gemeinten Stellen sind. Es handelt sich um Stellen aus drei Abschnitten der *Kritik*: dem Abschnitt über Phänomena und Noumena, dem Abschnitt zur Amphibolie der Reflexionsbegriffe sowie dem „Vierten Paralogismus" in der A-Auflage. Diese Abschnitte werden von den Erstlesern vergleichsweise idealistisch – d. h. auf eine Weise, die mit einer *gemäßigten* idealistischen Position schlecht vereinbar wäre – gelesen. Ein Verweis auf diesen Aspekt der Kantdeutung der Erstleser könnte uns helfen, zu verstehen, warum manche Leser zu zögern scheinen, Kant eine explizite Festlegung auf Dinge an sich zuzuschreiben. Er könnte die Überlegungen, die ich im vorigen Unterabschnitt präsentiert habe, ergänzen. Trotzdem greift dieser Aspekt tiefer, denn er gilt selbst für den dezidiertesten Vertreter der expliziten kantischen Festlegung auf Dinge an sich, nämlich für Schulze. Es handelt sich hier um eine weitere wichtige Gemeinsamkeit zwischen den Erstlesern – Maimon bleibt in diesem Unterabschnitt noch außen vor –, die gegen eine Aufspaltung der Erstleser in zwei klar definierte Interpretationslager spricht.

In der Einleitung wurde bereits erwähnt, dass der „Vierte Paralogismus" in der B-Auflage faktisch gestrichen wurde.[19] Jacobi hat den Abschnitt zur Prominenz erhoben und die Kantinterpretation künftiger Leser:innen stark geprägt. In seinem Anhang „Über den transzendentalen Idealismus" zitiert er sehr ausführlich aus genau diesem Abschnitt. Er hebt kantische Formulierungen hervor, die ihm zufolge Kants radikalen Idealismus zum Ausdruck bringen, und er versteht die so ausgelegten Formulierungen als den *Geist* des kantischen Systems (Jacobi 1787: 108).[20] Dass ausgerechnet dieser Abschnitt in der B-Auflage gestrichen wurde, dürfte eine Rolle bei Jacobis (1787: 103 Anm.) Einschätzung gespielt haben, dass der Verlust, der mit der neuen, überabeiteten Auflage einherging, „höchst bedeutend" war.[21] Feder stimmt der jacobischen Betonung des „Vierten Paralogismus" ausdrücklich zu, und meint, dass „[d]er ganze Abschnitt von S. 366–88 gelesen zu werden [verdient], wenn man den Geist der kantischen Philosophie will kennen lernen" (Feder 1787: 64).[22] In Kapitel 4 werden wir anhand der Behandlung der Details ihrer Exegese sehen, dass fast alle Erstleser den „Vierten Paralogismus" als einen sehr idealistischen Abschnitt lesen.

Die anderen Abschnitte bzw. Stellen, die Kants Erstleser stark zu beschäftigen scheinen, stammen aus dem Ende der Transzendentalen Analytik: aus dem für die Interpretation des transzendentalen Idealismus besonders zentralen Abschnitt über Phänomena und Noumena sowie aus dem Amphibolie-Abschnitt, der einen Anhang zur Transzendentalen Analytik darstellt und gegen Leibniz gerichtet ist. Bereits im *Aenesidemus* äußert Schulze (1792: 258/[378]) die These, dass *Kant* selbst die „offenbare Inkonsequenz" zwischen einer Festlegung auf Dinge an sich und den anderen Thesen, die er vertritt, „sehr wohl eingesehen [hat] (zum we-

---

[19] Das Paralogismen-Kapitel wird in der B-Fassung stark gekürzt. Die im „Vierten Paralogismus" zur Diskussion stehende Problematik des Außenweltskeptizismus wird in dem in der B-Auflage hinzugefügten Abschnitt zur Widerlegung des Idealismus (B274 ff.) abgehandelt; vgl. dazu Kap. 4, I, ii.
[20] Die Zitate aus dem „Vierten Paralogismus" machen ungefähr 20 % des jacobischen Textes aus. Wie in Fn. 8 angemerkt, verweist Fichte auf Jacobis Anhang – und auf diese Weise indirekt auf den „Vierten Paralogismus" –, um die Grundzüge seiner Kantexegese bezüglich des Dings an sich zu stützen.
[21] Wie bereits angemerkt, wurde Jacobis Anhang vor Veröffentlichung der B-Auflage der *Kritik* verfasst; die zitierte Anmerkung wurde im Rahmen der Gesamtausgabe von Jacobis Werken im Jahr 1815 hinzugefügt. Explizit betrifft die Anmerkung Jacobis allerdings eine *andere* Abweichung zwischen der A- und B-Fassung der *Kritik*, und zwar die neue Fassung der transzendentalen Deduktion der Kategorien; vgl. dazu Kap. 5, Fn. 34.
[22] Vgl. auch Feder 1788a: 148 f.

nigsten geben einige Stelle in der Vernunftkritik zu dieser Vermutung Anlaß)."²³ In seinem Spätwerk zu Kant äußert sich Schulze explizit darüber, welche Stellen gemeint sein könnten: Der Abschnitt über Phänomena und Noumena soll Kants nachträglicher Einfall sein, um die Lehre der Affektion in der Transzendentalen Ästhetik mit den Resultaten in der Analytik in Einklang zu bringen (Schulze 1801b: 553 ff.).

In welchem Sinne könnte dieser Abschnitt dies leisten? Eine Stelle aus der Originalversion der Göttinger Rezension, vor der Kürzung durch Feder, kann uns Auskunft darüber geben:

> Alles [...] was wir als Gegenstände betrachten und benennen, sind nur Erscheinungen [...]. Ob es außer diesen Objekten [...] noch andre gebe, die man *Dinge für sich* nennen könnte [...]: das ist uns zwar völlig unbekannt; und diese Dinge, wenn es deren giebt, sind für uns ohne alle Prädikate, also nichts. Indeß sind wir durch ein ander Gesetz unsers Verstandes gleichsam gezwungen, sie problematisch anzunehmen. Und dieß ist es eben, was zu dem Unterschiede zwischen Phänomenis und Noumenis, in der alten ächten Bedeutung Anlaß gegeben hat. (Garve 1783: 845)

Diese Stelle erfolgt im Rahmen der Darstellung der Inhalte der *Kritik* und ist offensichtlich als Angabe der zentralen Thesen des Abschnitts über Phänomena und Noumena intendiert: Die Erstleser verstehen Kant, als wollte er dort behaupten, dass wir nicht wissen können, ob es Dinge an sich gibt, da sie bloß „problematisch" anzunehmen sind. Dies entspricht höchstwahrscheinlich auch Jacobis Kantinterpretation: Im Rahmen einer Thematisierung des „problematischen" Status von Subjekten und Objekten bei Kant verweist Jacobi (1802: 276 Anm. 2) unter anderem auf diesen Abschnitt.

Äußerungen Kants im Abschnitt über Phänomena und Noumena werden in Verbindung mit Äußerungen im Amphibolie-Abschnitt, insbesondere mit einer bestimmten Stelle am Ende des Abschnitts (A288/344 f.), die wir uns im Folgenden genauer anschauen werden, in Verbindung gebracht. Im Rahmen seiner Ausführungen zur Rolle des Abschnitts über Phänomena und Noumena als Kants Versuch, die Festlegung auf Dinge an sich wieder zurückzunehmen bzw. abzuschwächen, spielt Schulze (1801b: 557 f.) auf genau diese Stelle an. Die Stelle ist Jacobis (1802: 276 Anm. 2) Aufmerksamkeit ebenfalls nicht entgangen, der sie in

---

23 Vgl. dazu auch Schulze 1792: 190/[272] Anm., wo Schulze seine sonst vertretene Deutung hinsichtlich Kants Festlegung auf Dinge an sich stark relativiert: Es ist nur der „unbefangene Leser" der *Kritik*, der zunächst denkt, dass der affizierende Gegenstand das Ding an sich ist; liest man „das ganze Werk", versteht man, dass es bei Kants Rede von affizierenden Gegenständen nur um eine „*gedachte* (durchaus aber nicht eine reelle und außer unsern Vorstellungen wirkliche) Beziehung auf vermeintliche Dinge an sich" geht.

demselben Kontext mit seiner Thematisierung des Phänomena-Noumena-Abschnitts zitiert und mit eigenen Hervorhebungen versieht, die den radikalidealistischen Charakter der kantischen Äußerung unterstreichen sollen.

Vor diesem Hintergrund ist es plausibel anzunehmen, dass auch Erstleser Kants, die sich unspezifischer ausdrücken, und bloß erwähnen, dass Kant „bisweilen"[24], oder „an mehreren Orten"[25] nicht so entschlossen, was die Festlegung auf Dinge an sich angeht, klingt, die hier angesprochenen Abschnitte und Stellen meinen. Hier zeichnet sich eine Gemeinsamkeit zwischen den Erstlesern ab. Es wird eine sehr einflussreiche Interpretationstradition eingeleitet, wonach bestimmte Stellen der *Kritik* als Belege für Kants besonders starken Idealismus und/oder mangelnde Bereitschaft, sich auf Dinge an sich festzulegen, gelesen werden. Das heißt allerdings nicht, dass der nächste Schritt, nämlich Kant im Lichte genau dieser Stellen zu interpretieren und die dagegen sprechenden Stellen entsprechend zu deuten, schon innerhalb dieser historischen Phase geschieht. Dieser Schritt findet erst bei Fichte und Beck – zumindest im Rahmen der Standardinterpretation der Kantlektüre dieser Denker – statt.[26] Was aber schon in dieser vorfichteschen Phase passiert, ist, dass solche Stellen ihren Einfluss hinterlassen und eine *schwankende* Kantinterpretation begünstigen, sowie zur Einschätzung führen, dass Kant selbst irgendwie schwankend ist und es mit der Festlegung auf

---

24 Vgl. Pistorius 1788b: 430.
25 Vgl. Eberhard 1790f: 263f. Eberhards Interpretation des Phänomena-Noumena-Abschnitts, weicht allerdings, soweit ich sehen kann, von der seiner Zeitgenossen ab; vgl. Fn. 43.
26 Zu Fichtes Umgang mit dem kantischen Ding an sich vgl. Einleitung, I, ii. Laut Beck (1796: 30f.) stellt die realistisch klingende Affektionsstelle zu Beginn der Ästhetik einen Fall dar, wo die „Critik [...] [die] Sprache des Realismus annehme, lediglich der Verständlichkeit willen"; „[d]enn freylich ist diese Denkart die natürliche, indem jedermann, so lange er die Speculation von sich schiebt, eine Verbindung der Vorstellungen mit ihren Gegenständen annimmt, und dafür hält, daß seinen Vorstellungen Objecte entsprechen". Beck fährt fort: „Im Verfolge lehrt sie [die *Kritik*, MK] ganz deutlich, daß der Verstand einen Gegenstand an sich selbst bloß als transcendentales Object denke, wovon völlig unbekannt ist, ob es in uns, oder auch außer uns anzutreffen sey, ob es mit der Sinnlichkeit zugleich aufgehoben werden, oder, wenn wir jene wegnehmen, noch übrig bleiben würde." Vgl. auch Beck 1796: 156ff., 247f. Schulze (1801b: 560 Anm.) spielt höchstwahrscheinlich auf die Position Becks an, wenn er Folgendes schreibt: „Diejenigen Commentatoren der Vernunft-Kritik haben viel Wahres gesagt, welche von derselben behaupten: In der Transcendentalen Aesthetik accomodire sie sich noch nach dem vorgeblichen Vorurtheile des allgemeinen Menschenverstandes, daß es wahrhaft für sich bestehende Dinge gebe, die unser Gemüth afficiren." In demselben Zusammenhang fügt jedoch Schulze hinzu: „Inzwischen hat doch auch der Verfasser der Vernunft-Kritik die Dogmen jener Aesthetik niemals aufgegeben, und daher spricht er bis an das Ende seines Werkes noch immer von Dingen an sich, die zwar völlig unbekannt seyn, aber doch ganz gewiß existiren, und durch Affektion des Gemüths dasselbe mit Vorstellungen versehen sollen" (ebd.).

Dinge an sich nicht so ernst meint. Wie wir mit solchen Stellen umgehen, ist vor diesem Hintergrund folgenreich in Bezug auf unsere Kantinterpretation. Aus diesem Grund werden wir im nächsten Abschnitt die ganze Frage aus der Perspektive der kantischen Texte betrachten. Bevor wir dies tun, möchte ich jedoch einen genaueren Blick auf Maimons Kantexegese werfen und die These verteidigen, dass Maimon näher an der Kantinterpretation seiner Zeitgenossen steht, als es auf den ersten Blick scheint.

iv Sonderfall Maimon? Diskontinuitäten in seiner Kantexegese, Kontinuität zur frühen Kantrezeption

Ich möchte nicht behaupten, dass es *keine* Unterschiede zwischen Maimons exegetischem Umgang mit Kant und dem seiner Zeitgenossen gibt. In diesem Maße dezidierte Äußerungen, welche eine explizite Festlegung Kants auf Dinge an sich verneinen, sind bei den anderen Zeitgenossen nicht zu finden. Die Anerkennung dieses Aspekts der Kantlektüre Maimons passt eigentlich gut zu den Thesen, die ich mit Blick auf Maimons *philosophischen* Umgang mit dem kantischen Ding an sich verteidigt habe. Die *exegetische* Abweichung Maimons von Schulze hilft uns zum Beispiel einen *Teil* des Unbehagens von Maimon mit Schulzes Kantlektüre zu verstehen, ohne ihm die These zuschreiben zu müssen, dass die Dinge an sich entbehrlich sind.[27] Trotzdem möchte ich zeigen, dass das Bild viel differenzierter ist. Zum einen lässt sich die These verteidigen, dass zumindest manche der relevanten Äußerungen Maimons etwas schwächer gelesen werden können. Zum anderen kann man auf einige Äußerungen Maimons hinweisen, die in klarer Spannung zu sonst vertretenen Thesen stehen. In einem weiteren Schritt werde ich eine Erklärung für dieses differenzierte und zum Teil spannungsreiche Bild geben, die erstens die Entstehungsgeschichte der maimonschen Texte betrifft und zweitens die Tatsache betont, dass Maimon, genauso wie seine Zeitgenossen, *bestimmte* Stellen der *Kritik* starkidealistisch liest.

Es lassen sich einige Belege für die These anführen, dass Maimon eine explizite Festlegung Kants auf die Dinge an sich nachdrücklich verneint (Maimon 1790b: 203, Maimon 1794: 404 f./[346 f.], 357 f./[299 f.], 436/[378]). An manchen dieser Stellen spricht Maimon nur von *kritischer Philosophie*, und das ließe die Interpretation zu, dass damit eine geläuterte, nach Maimon konsequente Form

---

[27] Während die Standardinterpretation die exegetische Frage als ein weiteres Argument für die Zäsurerzählung betrachten würde, kann man durch die Unterscheidung der exegetischen und systematischen Fragen die Zäsurerzählung auf systematischer Ebene relativieren und den Akzent auf die exegetische Ebene verschieben.

des Kantianismus, welche die Thesen enthält, die Kant vertreten *sollte* – und nicht die Philosophie des historischen *Kants* in der ersten *Kritik* – gemeint ist. Maimon macht an manchen Stellen deutlich, dass er den Ausdruck „kritische Philosophie" genau so versteht.[28] Ist man allerdings um eine alternative Interpretation der Äußerungen Maimons bemüht, greift die Strategie des Verweisens auf diesen Aspekt der Kantlektüre Maimons zu kurz. An manchen Stellen erhebt Maimon tatsächlich einen klaren exegetischen Anspruch, was Kant selbst angeht. Hinsichtlich der expliziten kantischen Festlegung auf Dinge an sich, von der Schulze ausgeht, schreibt Maimon (1794: 405/[347]), wie wir gesehen haben: „Von allen diesen finde ich in der *Kritik der reinen Vernunft* gar nichts."

Die Position Maimons ist jedoch *spannungsreich* bzw. weist *starke Diskontinuitäten* auf. Während Maimon in seiner Reaktion auf Schulze aus dem Jahr 1794 emphatisch – und bereits 1790, in seinem ersten Werk zu Kant etwas weniger emphatisch – die These bestreitet, dass Kant sich auf die Dinge an sich explizit festlegt, lassen sich Belegstellen anführen, wo er die These sehr wohl unterschreibt. In seinem Wahrheitseintrag in seinem *Philosophischen Wörterbuch* aus 1791 vertritt Maimon eine Kantinterpretation, die sich von der Schulzes und anderer Zeitgenossen kaum unterscheidet. Maimon schreibt:

> Nach Herrn Kant ist Ding an sich dasjenige ausser unserm Erkenntnisvermögen, worauf sich der Begriff oder die Vorstellung in demselben bezieht. (Maimon 1791: 185/[161])

> Ich unterscheide mich von Herrn Kant blos darin: nach Ihm sind die Dinge an sich die Substrata ausser uns von ihren Erscheinungen in uns, und mit denselben ganz heterogen, folglich muß diese Frage unaufgelößt bleiben, indem wir kein Mittel an der Hand haben, die Dinge an sich abstrahirt von unsrer Art von denselben afficirt zu werden, zu erkennen. Nach mir hingegen ist die Erkenntniß der Dinge an sich nichts anders als die *vollständige Erkenntniß der Erscheinungen*. (Maimon 1791: 200 f./[176 f.])

Mindestens der zweite Beleg zeigt auf unmissverständliche Weise, dass nach Kant – im Rahmen von Maimons Kantinterpretation – Dinge an sich Subjekte affizieren und auf diese Weise als der Grund/die Ursache für Erscheinungen fungieren.

---

[28] In einem „Brief" an Schulze schreibt Maimon (1794: 431 f./[373 f.]) zum Beispiel: „Doch, wohl gemerkt! ich sage: die *kritische Philosophie*, worunter ich nicht eben die *kantische Kritik der reinen Vernunft* oder die *Reinholdsche Theorie des Vorstellungsvermögens* verstanden haben will, sondern bloß die *kritische Philosophie*, wie ich sie mir denke, und in diesem Werke aufgestellt habe." Stellen wie diese zeigen, dass Maimon mit Fragen hinsichtlich der genauen Interpretation historischer Autor:innen ungenau umgeht. Vgl. dazu Maimons (1790b: 433/[437]) Umgang mit Leibniz: „Fragt man mich: wer sind diese rationelle Dogmatisten? so weiß ich für jetzt keinen zu nennen, ausser mich selbst. Ich glaube aber, daß dieses das Leibnitzische System (wenn es recht verstanden wird) ist. Aber es sey das Leibnitzische System oder nicht; was thut das zur Sache?".

Zumindest in der Phase zwischen dem *Versuch über die Transzendentalphilosophie* und dem *Versuch einer neuen Logik* (aus dem die Reaktion auf Schulze stammt) konnte also Maimon sehr wohl in der *Kritik* einiges von dem finden, was er später behauptet, nicht finden zu können. Auch Maimons Äußerungen in seinem Spätwerk, den *Kritischen Untersuchungen* aus 1797, sprechen dafür, dass er die exegetischen Thesen, die er im Rahmen seiner Reaktion auf Schulze vertritt, wieder aufgegeben hat. Maimon präsentiert dort zum Beispiel seine alternative Affektionskonzeption, mit der wir uns im vorigen Kapitel beschäftigt haben, wie folgt:

> Auch sollten Sie das Wort *afficiren*, welches ein *Leiden* durch die *Wirkung* einer äußern *Ursache* bedeutet [...], vermeiden, weil hier gar die Rede nicht sein kann von dem, *wodurch* eine Erkenntniß *bewirkt* wird, sondern bloß von dem, was darin *enthalten* ist. (Maimon 1797: 67/ [65])

An dieser Stelle gibt Maimon explizit zu, dass sein Projekt, eine alternative Affektionskonzeption zu verteidigen, die ohne Verweise auf äußere – vorstellungstranszendente, subjektunabhängige – Ursachen auskommt, *nicht* als eine Interpretation der kantischen Position intendiert ist, sondern eine konkurrierende Konzeption darstellt. Es wird zugegeben, dass mit „affizieren" ein kausales Einwirken von subjektunabhängigen Ursachen gemeint ist. Der Vorschlag ist, aus diesem Grund – nämlich angesichts der philosophischen Schwierigkeiten, welche nach Maimon aus einer solchen Affektionskonzeption entstehen – diesen Ausdruck zu *vermeiden*.[29]

Vor diesem Hintergrund lässt sich feststellen, dass Maimons Kantinterpretation starke Diskontinuitäten aufweist. Es sieht so aus, als hätte Maimon zwischen 1790 und 1797 seine Position mindestens dreimal geändert: (i) 1790: Nichtbejahung der expliziten kantischen Festlegung auf Dinge an sich; (ii) 1791: Bejahung der expliziten kantischen Festlegung auf Dinge an sich; (iii) 1794: Nichtbejahung der expliziten kantischen Festlegung auf Dinge an sich; (iv) 1797: Bejahung der expliziten kantischen Festlegung auf Dinge an sich. Zudem lässt sich feststellen, dass selbst in der Phase (i), wo Maimon die kantische Festlegung nicht bejahen sollte, Äußerungen zu finden sind, die zu dieser Nichtbejahung schlecht passen,

---

29 In diesem Werk kritisiert Philalethes, Maimons Sprachrohr, die Thesen Kritons: Es spricht sehr viel dafür, dass „Kriton" für *Kant* selbst – und nicht bloß für die Kantianer, welche die eigentliche Philosophie Kants eventuell missverstehen – steht. Es ist im Zuge seiner Auseinandersetzung mit einer Äußerung Kritons, die wortgetreu eine relevante Kant-Stelle (A30/B45) wiedergibt, dass Philalethes seine alternative Konzeption von Vorstellung, als eine *gegnerische* Konzeption, die sich von einem Verweis auf das Ding an sich loslöst, verteidigt (Maimon 1797: 61f./[59f.]). In demselben Zusammenhang kommt auch die zitierte Stelle zur Affektion vor.

so dass Spannungen innerhalb ein und derselben Phase entstehen.³⁰ Ich gehe davon aus, dass nur wenn bestimmte Stellen in Maimons Korpus *weginterpretiert* werden, das Vorhandensein dieser Schwankungen und Spannungen abgestritten werden kann. Die entscheidende Frage ist nicht, ob Maimons Kantexegese an verschiedenen Stellen anders aussieht, sondern wie wir das erklären könnten. Teil der Erklärung ergibt sich aus einer Beachtung der Entstehungsgeschichte der Texte Maimons: Maimon hat seine Thesen *nicht so oft* geändert wie es auf den ersten Blick erscheint. Um dies zu sehen, müssen wir Folgendes berücksichtigen. Der Wahrheitseintrag Maimons, der manche Belege für Maimons *Bejahung* der kantischen Festlegung auf Dinge an sich enthält und 1791 im *Philosophischen Wörterbuch* veröffentlicht wurde, stammt eigentlich aus einem früheren Text Maimons, der „Antwort des Hrn. Maimon auf voriges Schreiben": eine Antwort an Andreas Riem, die bereits 1790 im *Berlinischen Journal für Aufklärung* veröffentlicht wurde und mit dem Anspruch verbunden wird, die Position des *Versuchs über die Transzendentalphilosophie* und die Abweichungen von Kant, so wie sie sich aus diesem Werk ergeben, kurz und bündig wiederzugeben.³¹ Vor diesem Hintergrund lässt sich behaupten, dass die These, dass sich Kant auf die Dinge an sich explizit festlegt, nicht bloß eine exegetische These ist, mit der Maimon während der kurzen Zeit zwischen dem Verfassen seiner größeren Werke experimentiert hat. Vielmehr handelt es sich um die These, die er in seinem ersten großen Werk zu Kant, dem *Versuch*, vertritt. Die These gibt er bloß in der Phase seiner Schulzekritik auf, und in seinem Spätwerk kehrt er zu seiner ursprünglichen These wieder zurück.

---

30 In der Schlussanmerkung des *Versuchs über die Transzendentalphilosophie* schreibt Maimon (1790b: 430 f./[434 f.]): „Die empirische Dogmatiker und rationelle Skeptiker. Diese behaupten: daß die Objekte unsrer Erkenntniß uns *a posteriori* gegeben, aber die Formen derselben in uns *a priori* sind. Existirten wir sammt diesen Formen nicht, so könnten doch deswegen die Objekte (obschon auf eine andere Art, als wir sie denken) existiren. Existirten diese Objekte nicht, so könnten wir doch (auf eine uns unbekannte Weise) existiren. […] Dieses ist das Kantische System." Nun obwohl hier die Rede nicht explizit von Dingen an sich ist, scheint die These, die ausgedrückt wird, im Widerspruch zur These, dass man sich im Rahmen des kantischen Systems auf die Existenz von Dingen an sich *nicht* festlegt, zu stehen. Hier klingt es so, als würde nach Maimon Kant sehr wohl die These explizit vertreten, dass subjektunabhängige Objekte (d. h. Dinge an sich) existieren.

31 Der Hauptteil dieser Schrift (Maimon 1790a) wird ohne Abweichungen im Wahrheitseintrag in Maimons *Philosophischem Wörterbuch* übernommen. Zur Entstehungsgeschichte dieser Schrift und zu ihrem Verhältnis zum Wahrheitseintrag vgl. Engstler 1990: 39 ff. Dieser besondere entstehungsgeschichtliche Status des Wahrheitseintrags ist von Relevanz für die hier nicht näher zu erörternde Frage, inwiefern die Position Maimons dort als skeptisch oder eher dogmatisch einzustufen ist; vgl. Kap. 1, Fn. 62.

Allerdings habe ich darauf hingewiesen, dass eine Spannung im *Versuch* selbst zu bemerken ist. Einerseits klingt es in mindestens einem Fall so, als würde Maimon Kant eine explizite Festlegung auf Dinge an sich zuschreiben, andererseits findet sich eine Stelle, wo Maimon seine alternative Affektionskonzeption, die ohne Dinge an sich auskommen soll, als die eigentliche These Kants präsentiert. Die Existenz dieser Spannung möchte ich nicht verneinen. Ich denke jedoch, dass sie nachvollziehbarer wird, wenn man den Kontext der Äußerung berücksichtigt. Es geht um eine Stelle, wo Maimon offensichtlich den „Vierten Paralogismus" aus der A-Auflage der *Kritik* kommentiert. Sowohl die Äußerungen vor als auch nach dieser Stelle betreffen diese Thematik. Die genaue Stelle lautet:

> Das Wort: gegeben, welches Hr. K. von der Materie der Anschauung sehr oft gebraucht, bedeutet bei ihm (wie auch bei mir) nicht etwas in uns, das eine Ursache außer uns hat; denn dieses kann nicht unmittelbar wahrgenommen, sondern bloß geschlossen werden. Nun ist aber der Schluß von einer gegebenen Wirkung auf eine bestimmte Ursache stets unsicher, weil die Wirkung aus mehr als einerlei Ursache entspringen kann; dennoch bleibt es in Beziehung der Wahrnehmung auf ihre Ursachen jederzeit zweifelhaft, ob diese innerlich oder äußerlich sey, sondern es bedeutet bloß eine Vorstellung, deren Entstehungsart in uns, uns unbekannt ist. (Maimon 1790b: 203)

Für Kant-Kenner:innen ist es klar, dass Maimon hier auf Äußerungen Kants im „Vierten Paralogismus" anspielt.[32] Maimon scheint in seiner Lektüre des „Vierten Paralogismus" davon auszugehen, dass Kant sich dort auf die Existenz von Dingen an sich *nicht* festlegt. Die These, dass Kant sich agnostisch zur Existenz der Dinge an sich verhält, wird Kant im Zusammenhang mit einem ganz bestimmten Abschnitt in der *Kritik* zugeschrieben. Dies erlaubt uns Maimons Gesamtinterpretation von Kants Werk, genauso wie bei Maimons Zeitgenossen, wie folgt zu verstehen: Kant legt sich generell auf die Dinge an sich fest, aber *bestimmte* Stellen, insbesondere der „Vierte Paralogismus", fallen aus dem Rahmen. Dem Anschein zum Trotz steht Maimons Kantinterpretation in der Phase des *Versuchs* sehr nahe an der Interpretation seiner Zeitgenossen und ist genauso (in)stabil wie diese. Der starke Kontrast zwischen Maimon und dem Rest der Erstleser muss relativiert werden, da er *nur* die Phase, aus der die Reaktion auf Schulze stammt, betrifft.[33]

---

32 Vgl. A368.
33 In der Phase des *Versuchs einer neuen Logik* sieht Maimons Kantinterpretation tatsächlich anders als die seiner Zeitgenossen aus, obwohl Maimon diese andere Interpretation dann wieder revidiert. Diese Phase wirft meines Erachtens Konsistenzprobleme für die gesamte Kantinterpretation Maimons auf, wenn wir zwei verschiedene Aspekte seiner Kantdeutung, die Problematik existierender, uns affizierender Dinge an sich einerseits und die Problematik der objektiven

Vor diesem Hintergrund lässt sich das Zwischenfazit des Kapitels ziehen. An der Oberfläche fallen die Antworten der verschiedenen Kantkritiker zur Frage nach der expliziten Festlegung Kants auf die Dinge an sich sehr unterschiedlich aus. Auf einer tieferen Ebene teilen jedoch die ersten Leser zwei wichtige Annahmen. Einerseits denken die meisten Kritiker, dass die offizielle These Kants die These ist, dass Dinge an sich existieren und menschliche Subjekte affizieren. Andererseits vertreten sie die These, dass es bestimmte Stellen in der *Kritik* gibt, die irgendwie anders klingen und in dieses Bild wenig passen. Vielen Generationen von Kantleser:innen ist es ähnlich ergangen. Die Frage des nächsten Abschnitts ist, wie *plausibel* und *berechtigt* eine solche Kantinterpretation ist.

II Kants dezidierte Festlegung auf die Dinge an sich: Verteidigung einer alternativen Interpretation dagegen sprechender Stellen in der *Kritik*

Es ist Zeit, dass wir uns der ganzen Frage aus der Perspektive von Kant selbst annähern. In diesem Abschnitt verteidige ich die These, dass Kant die Existenz von Dingen an sich und eine Affektion durch diese explizit vertritt. In dieser Hinsicht gebe ich den ersten Lesern Recht, wenn sie Kant „im Großen und Ganzen" eine explizite Festlegung auf die Dinge an sich zuschreiben. Anders als die ersten Leser denke ich jedoch, dass auch die Stellen, die sie als Belege gegen eine solche Festlegung erachten, mit dieser Festlegung durchaus vereinbar sind. Wir können Kant eine Festlegung auf die Dinge an sich ohne Einschränkung zuschreiben.

In diesem Abschnitt gehe ich wie folgt vor. Zunächst präsentiere ich Textbelege, die für Kants explizite Festlegung sprechen ((i)). Anschließend widme ich mich Textstellen, die von den Kantkritikern (und vielen anderen Leser:innen Kants) oft als Belege gegen diese Festlegung gelesen werden, und stelle meine alternative Interpretation dieser Stellen vor ((ii)). Dabei lege ich meinen Fokus auf den Abschnitt über Phänomena und Noumena und argumentiere dafür, dass Kants Äußerungen dort seine Festlegung auf die Dinge an sich unberührt lassen. Unter (iii) gehe ich ausführlicher auf eine Frage ein, deren Antwort in den vor-

---

Gültigkeit der Kategorie von Ursache und Wirkung mit Blick auf besondere Kausalurteile – das sogenannte „quid juris"-Problem Maimons – andererseits, zusammendenken. Zum Zusammenhang dieser zwei Aspekte der Kantinterpretation Maimons als möglichem Erklärungsfaktor für Maimons Schwankungen mit Blick auf die Problematik exisitierender, uns affizierender Dinge an sich vgl. Kap. 5, Fn. 44.

hergehenden Unterabschnitten zum Teil vorausgesetzt wird. Es geht um die Problematik des Begriffs des transzendentalen Gegenstands bei Kant und sein Verhältnis zum Begriff des Dings an sich.

Eine nähere Auseinandersetzung mit der Amphibolie-Stelle findet erst im nächsten Kapitel statt, da meine Alternative um das komplexe Verhältnis zwischen Sinnlichkeit und Verstand kreist und einen theoretischen Apparat erfordert, der erst dort eingeführt wird. Die Behandlung des für die Kantkritik besonders einflussreichen „Vierten Paralogismus" verschiebe ich auf das Kapitel 4 dieses Buchs; der „Vierte Paralogismus" ist eng verschränkt mit der Problematik des Außenweltskeptizismus, die im Mittelpunkt dieses Kapitels steht. Auch was diese Kategorien von Stellen angeht, vertrete ich die These, dass sie der Festlegung Kants auf Dinge an sich nicht widersprechen.[34] Aus diesem Grund greife ich auf Ergebnisse aus diesen Kapiteln schon jetzt vor.

i Belege für Kants (explizite) Festlegung auf existierende, uns affizierende Dinge an sich

Es gibt mehrere Textstellen, in denen sich Kant auf die Existenz von Dingen an sich und eine Affektion durch diese unmissverständlich klar festlegt. Eine sehr explizite Äußerung Kants, die im Rahmen seiner Reaktion auf Eberhard erfolgt (8: 215), habe ich bereits zitiert. Eine weitere, sehr explizite Stelle ist folgende:

> In der That, wenn wir die Gegenstände der Sinne wie billig als bloße Erscheinungen ansehen, so gestehen wir hiedurch doch zugleich, daß ihnen ein Ding an sich selbst zum Grunde liege, ob wir dasselbe gleich nicht, wie es an sich beschaffen sei, sondern nur seine Erscheinung, d.i. die Art, wie unsre Sinnen von diesem unbekannten Etwas afficirt werden, kennen. (4: 314 f.)

Allerdings könnte man hier protestieren, denn beide Textstellen stammen nicht aus der A-Auflage der *Kritik*, sondern aus den *Prolegomena* und aus der Streitschrift gegen Eberhard. Man könnte nämlich meinen, dass angesichts der Kritik, die an der A-Auflage – vor allem durch die Göttinger Rezension – geübt worden ist, eine *dogmatische Wende* Kants nach dieser ersten Auflage ansetzt, und dass Kant ab den *Prolegomena* die Rolle der Dinge an sich aufwertet.[35] Gegen eine

---

34 Wie wir in Kapitel 4 sehen werden, enthält der „Vierte Paralogismus" sogar Belegstellen *für* Kants explizite Festlegung auf die Dinge an sich, so dass meine These, was diesen besonderen Abschnitt angeht, eigentlich stärker ist: Der Abschnitt ist nicht nur kompatibel mit einer Festlegung auf Dinge an sich, sondern er spricht für sie.
35 Vgl. Erdmann 1878: 139 f., 162.

solche Reaktion kann man geltend machen, dass sich schon in der A-Auflage viele Belege finden lassen. Neben einer Stelle, die nahelegt, dass aus der Existenz von Erscheinungen die Existenz von Dingen an sich folgt (A251 f.), findet sich eine Reihe von Stellen, wo Kant vom *transzendentalen Gegenstand* bzw. *transzendentalen Objekt*, als einem Gegenstand, der den Erscheinungen „zum Grunde liegt" und die „intelligibele Ursache" von ihnen darstellt, spricht (A379 f., A393, A494/B522, A613 f./B641 f.). Allerdings lassen solche Formulierungen Spielraum für Einwände. Wir haben in Kapitel 1 gesehen, dass Kants Erstleser die Ausdrücke „Ding an sich" und „transzendentaler Gegenstand" für austauschbar zu halten scheinen. Wenn das richtig ist, dann folgt aus Kants expliziter Festlegung auf transzendentale Objekte eine Festlegung auf Dinge an sich. Es ist jedoch eine kontroverse Frage, *ob* das richtig ist – zu dieser Frage werde ich am Ende dieses Abschnitts zurückkommen und die These vertreten, dass dies der Fall ist.

Unabhängig jedoch davon, wie wir uns zur Frage nach der Interpretation des Ausdrucks „transzendentaler Gegenstand" positionieren, möchte ich darauf hinweisen, dass es sehr wohl Stellen schon in der A-Auflage der *Kritik* gibt, wo Kant explizit vom *Ding an sich* als dem affizierenden Gegenstand spricht:

> [W]ie Dinge an sich selbst (ohne Rücksicht auf Vorstellungen, dadurch sie uns afficiren) sein mögen, ist gänzlich außer unsrer Erkenntnißsphäre. (A190/B235)

Zur These, dass es Dinge an sich gibt, die Subjekte affizieren und auf diese Weise als die Ursache von Materie und Empfindungen fungieren, passt auch folgende Stelle:

> Da die Zeit nur die Form der Anschauung, mithin der Gegenstände als Erscheinungen ist, so ist das, was an diesen der Empfindung entspricht, die transscendentale Materie aller Gegenstände als Dinge an sich (die Sachheit, Realität). (A143/B182)

Der Verfechterin der Festlegung Kants auf die Dinge an sich fällt es nicht schwer, Belege für ihre Kantexegese anzuführen.[36] Die ersten Leser Kants haben damit Recht, dass, wenn man die *Kritik* aufschlägt, sehr schnell die Idee aufkommt, dass sich Kant auf die Dinge an sich explizit festlegt. Die Herausforderung für diese Art von Interpretation besteht eher darin, eine *alternative* Interpretation derjenigen Textstellen zu liefern, die der Festlegung Kants zu *widersprechen* scheinen – genau die Art von Stellen, die Kants Erstleser beschäftigen und ich im vorigen Ab-

---

[36] Für einen weiteren expliziten Beleg vgl. *Grundlegung zur Metaphysik der Sitten* 4: 451. Zu Kants Festlegung auf die Dinge an sich vgl. insbesondere Adickes 1924: 28 ff.

schnitt angesprochen habe. Aus diesem Grund wird der Fokus des Rests des Abschnitts auf diese Herausforderung gelegt.

ii „Ding an sich" vs. „Noumenon" im Abschnitt über Phänomena und Noumena

Im Abschnitt über Phänomena und Noumena geht Kant ausführlich auf Fragen ein, die von unmittelbarer Relevanz für die Interpretation seines Idealismus sind. Dabei formuliert er nachdrücklich eine Warnung für seine Leser:innen: Wir sollten Kants Lehre nicht so verstehen, als sähe sie eine Festlegung auf *Noumena* vor – zumindest im Rahmen einer starken Lesart dieses Ausdrucks. Er schreibt, dass „[d]er Begriff eines Noumenon [...] bloß ein *Grenzbegriff* [ist], um die Anmaßung der Sinnlichkeit einzuschränken" (A255/B311f.). Dieser Begriff ist zwar zulässig, aber zugleich „bloß problematisch" zu nehmen (A256/B311). Kant vertritt also die These, dass Noumena begrifflich möglich sind. Er vertritt jedoch zugleich die weitere These, dass wir nicht davon ausgehen dürfen, dass Noumena existieren: Wir wissen nicht, ob der Begriff des Noumenon instanziiert ist. Vor diesem Hintergrund müssen wir eine *agnostische* Position im Hinblick auf die Existenz solcher Entitäten beziehen.

In (Forschungs-)Diskussionen um Kant ist es nun sehr verbreitet, von einer sehr engen Verbindung zwischen den Ausdrücken „Noumenon" und „Ding an sich" auszugehen. Formulierungen wie „noumenale Affektion", um eine Affektion durch Dinge an sich zu beschreiben, oder „noumenale Freiheit", um sich auf die Freiheit, die Akteur:innen als Dingen an sich zukommt, zu beziehen, gehören zum Standardvokabular. Folgt man dieser Tendenz, ist es leicht nachvollziehbar, warum Kants Erstleser die *Kritik* so lesen, als würde Kant gerade in diesem Abschnitt sehr skeptische/agnostische Thesen im Hinblick auf die Existenz von Dingen an sich zum Ausdruck bringen. Wenn Kant die Ausdrücke „Noumenon" und „Ding an sich" tatsächlich austauschbar verwendet, dann *folgt* aus Kants sehr expliziter, agnostischer Position/Nichtfestlegung im Hinblick auf die Existenz von Noumena eine ebenfalls agnostische Position/Nichtfestlegung im Hinblick auf die Existenz von *Dingen an sich*. Die Reaktion der Erstleser auf diesen Abschnitt bildet bloß die erste Instanz einer langen, einflussreichen und bis heute wirkenden Interpretationstradition.[37]

---

[37] Für weitere Beispiele vgl. Jakob 1786: 33 und 132, Cohen 1918: 658ff., Bird 1962: 73ff., Rescher 1981: 289ff., Senderowicz 2005: 162ff., Emundts 2008: 117ff. und 135f.

Im Gegensatz zu dieser Interpretationstendenz möchte ich hingegen die (explizite) Festlegung Kants auf Dinge an sich verteidigen, indem ich für eine Auseinanderhaltung der Ausdrücke „Ding an sich" und „Noumenon" im Rahmen des Phänomena-Noumena-Abschnitts argumentiere. Die Hauptidee ist, dass Noumena, anders als Dinge an sich, per Definition *erkennbar* sind. Zur Verteidigung dieser These gehe ich wie folgt vor. In einem ersten Schritt gehe ich kurz auf manche Komplikationen und Kontroversen, die im Rahmen einer Interpretation des Phänomena-Noumena-Abschnitts unvermeidlich auftreten, ein, und formuliere manche Ausgangsannahmen, die für die weiteren Schritte erforderlich sind. In einem zweiten Schritt stelle ich meinen Interpretationsvorschlag vor und zeige, warum er eine Alternative zur Kantlektüre der Erstleser darstellt. In einem dritten Schritt gehe ich auf das (neutrale) Verhältnis meines Interpretationsvorschlags zur gegenwärtigen Debatte zwischen Zwei-Welten- und Zwei-Aspekte-Interpretationen des transzendentalen Idealismus und seine Vorteile ein.

Komplikationen und manche Ausgangsannahmen: Die zwei Fassungen des Phänomena-Noumena-Abschnitts

Der Phänomena-Noumema-Abschnitt ist lang und gilt als nicht besonders klar oder übersichtlich strukturiert. Das ist wahrscheinlich der Hauptgrund, warum er im Rahmen der B-Auflage der *Kritik* stark überarbeitet wurde. Diese Überarbeitung führt jedoch zu Komplikationen, was das Verhältnis der zwei Fassungen zueinander angeht. Von dieser Frage kann ich hier nicht absehen. Zum einen entwickeln die Kantkritiker ihre Interpretationen und Thesen auf Grundlage verschiedener Auflagen und Fassungen, so dass ich ungerne eine Fassung von beiden priorisieren würde – eine befriedigende Reaktion auf Kants Erstleser sollte idealerweise in der Lage sein, beiden Fassungen gerecht zu werden. Zum anderen denke ich, dass Stellen aus beiden Fassungen für meinen Interpretationsvorschlag sprechen, so dass ich sehr kurz skizzieren möchte, wie ich das Verhältnis der zwei Fassungen zueinander sehe.

In der A-Auflage spricht Kant von Noumena, ohne den Ausdruck „Noumenon" näher zu qualifizieren. Seine Position klingt an manchen Stellen spannungsreich. So spricht er zum Beispiel einerseits vom „transzendentalen Gegenstand" als dem „Begriff von einem Noumenon, der aber gar nicht positiv" ist (A252), und andererseits schreibt er, dass der transzendentale Gegenstand „nicht das *Noumenon* heißen" kann (A253).[38] Es scheint eine Spannung mit Blick auf Kants Beantwortung der Frage zu geben, ob wir berechtigt sind, den Begriff des Noumenon auf transzendentale Gegenstände anzuwenden oder nicht. Ersterem Beleg zufolge

---

[38] Vgl. Willaschek 1998: 336.

dürfen wir dies, letzterem Beleg zufolge dürfen wir dies nicht. Die kantische Darstellung gewinnt in der B-Auflage an Klarheit, wo Kant eine Unterscheidung zwischen der *negativen* und der *positiven* Bedeutung des „Noumenon" vornimmt.[39] So wie ich Kant verstehe, können wir die Unterscheidung der B-Auflage auf die A-Fassung zurückprojizieren. Vor dem Hintergrund dieser Unterscheidung kann man die auf den ersten Blick widersprüchlichen Äußerungen Kants besser verstehen: Der transzendentale Gegenstand ist zwar kein Noumenon in der positiven Bedeutung des Ausdrucks, aber ist sehr wohl ein Noumenon in der negativen Bedeutung. Der Sache nach operiert Kant mit dieser Unterscheidung schon in der A-Auflage. Er scheint dort zwischen „Noumenon" im wahren, eigentlichen Sinn und einem nicht wahren, eigentlichen Sinn zu unterscheiden (A252). Eine genaue Abbildung mit der Terminologie der B-Auflage scheint möglich zu sein: Der wahre, eigentliche Sinn von „Noumenon" (oder „Noumenon" ohne weitere Qualifizierung) entspricht der positiven Bedeutung; der nicht wahre Sinn entspricht hingegen der negativen Bedeutung. Im Lichte dieser Unterscheidung kann man sich allerdings fragen: Wenn Kant seinen Agnostizismus im Hinblick auf Noumena formuliert, wie ist das zu verstehen?[40] Sind Noumena in positiver oder negativer Bedeutung gemeint? Obwohl die Frage nicht ganz unkontrovers ist, gibt es eine Standardauffassung, der ich aufgrund ihrer Plausibilität folge: Gemeint sind die Noumena in *positiver* Bedeutung. Kant unterschreibt die Existenz von Noumena in negativer Bedeutung, während er hingegen die Existenz von Noumena in positiver Bedeutung nicht bejaht.[41] Aus diesem Grund werde ich im Folgenden nur auf „Noumenon" in positiver Bedeutung und sein

---

39 Mit Kants Worten: „Wenn wir unter Noumenon ein Ding verstehen, *so fern es nicht Object unserer sinnlichen Anschauung ist*, indem wir von unserer Anschauungsart desselben abstrahieren, so ist dieses ein Noumenon im *negativen* Verstande. Verstehen wir aber darunter ein *Object einer nichtsinnlichen Anschauung*, so nehmen wir eine besondere Anschauungsart an, nämlich die intellectuelle, die aber nicht die unsrige ist, von welcher wir auch die Möglichkeit nicht einsehen können, und das wäre das Noumenon in *positiver* Bedeutung" (B307).
40 Die Stellen, die Kants Agnostizismus mit Blick auf Noumena zum Ausdruck bringen und die ich eingangs zitiert haben, stammen aus der A-Auflage und werden in der B-Fassung beibehalten.
41 Vgl. Willaschek 1998: 337f.; vgl. auch Allison 1978: 59 Fn. 22. Als eindeutiger Beleg für die These, dass die agnostischen Warnungen die Noumena in positiver Bedeutung betreffen, kann B311 angeführt werden. Dort schreibt Kant, dass „[d]ie Eintheilung der Gegenstände in Phaenomena und Noumena und der Welt in eine Sinnen- und Verstandeswelt [...] *in positiver Bedeutung* gar nicht zugelassen werden" kann. Der Zusatz „*in positiver Bedeutung*" stammt aus der B-Auflage. In der A-Fassung ist genau derselbe Satz (A255), ohne den Zusatz zu finden: Die philosophisch suspekten Noumena der A-Auflage können keine anderen als die Noumena in positiver Bedeutung der B-Auflage sein.
  Adickes (1924: 135) vertritt die entgegengesetzte These. Auch Schulze (1801a: 396, 1801b: 552) scheint die relevanten Stellen so zu lesen, als ginge es um Noumena in negativer Bedeutung.

Verhältnis zum „Ding an sich" den Fokus legen. Wenn ich im Folgenden von Noumena spreche, verstehe ich darunter immer die Noumena in positiver Bedeutung.

Die A-Fassung des Abschnitts gibt Anlass zu einer weiteren Komplikation. Wie es sich aus manchen bereits zitierten Stellen erschließt, spricht Kant dort über *transzendentale Gegenstände*. Wir werden hier wiederum mit der Frage konfrontiert, wie sich „transzendentaler Gegenstand" zum „Ding an sich" verhält. Im Folgenden werde ich von der Annahme Gebrauch machen, dass die Ausdrücke *koextensiv* sind: „Transzendentaler Gegenstand" referiert auf vorstellungstranszendente, subjektunabhängige Gegenstände, d. h. Dinge an sich. Ich möchte also diesem Aspekt der Kantlektüre der Erstleser nicht widersprechen. Diese Annahme meinerseits ist allerdings umstritten und erfordert eine Plausibilisierung. Um die Darstellung hier nicht unnötig zu verkomplizieren, komme ich erst im letzten Unterabschnitt dieses Kapitels zur Problematik des transzendentalen Gegenstands zurück.

Eine alternative Lesart des „Noumenon": warum Kants Agnostizismus über Noumena mit einer Festlegung auf Dinge an sich vereinbar ist

Die These, dass „Ding an sich" und „Noumenon" irgendwie zusammenfallen, ist nicht ganz unplausibel. An den meisten Stellen, wo Kant erklärt, was er unter „Noumenon" versteht, finden wir auch einen Verweis auf das Ding an sich. Es gibt sogar Stellen, die so gelesen werden könnten, als wollte uns Kant explizit mitteilen, dass er die Sache genau so sieht (insbesondere A254/B310, A256/B312, A259/B315). Trotzdem denke ich, dass, zumindest was den Phänomena-Noumena-Abschnitt und Kants Ausführungen über Noumena in positiver Bedeutung angeht, wir die Ausdrücke auseinanderhalten sollten. Die verbreitete Engführung der zwei Ausdrücke scheint einen interessanten Aspekt der kantischen Diskussion über Noumena zu verkennen: Kants *epistemologisch* aufgeladene Sprache. Wenn Kant uns vor Annahmen über die Existenz von Noumena warnt, redet er nicht bloß über die Existenz von Dingen an sich. Er verweist zugleich auf den *epistemischen* Status, den Dinge an sich als Noumena hätten: Das Noumenon ist nicht bloß ein Ding an sich; es geht vielmehr um ein Ding an sich, das *als Ding an sich erkannt werden kann*.

Schauen wir uns manche Stellen genauer an:

> Hieraus entspringt nun der Begriff von einem Noumenon, der aber gar nicht positiv ist und eine *bestimmte Erkenntniß* von irgend einem Dinge, sondern nur das Denken von Etwas überhaupt bedeutet. (A252, meine Hervorhebung)

Kant sagt uns hier, dass der Begriff eines Noumenon (in positiver Bedeutung) die Möglichkeit *bestimmter Erkenntnis* dieses Gegenstands implizieren würde. Er fährt fort, indem er uns erklärt, warum wir den transzendentalen Gegenstand/das Ding an sich nicht als „Noumenon" bezeichnen dürfen: Der Grund, den er dafür angibt, ist die Tatsache, dass wir das Ding an sich *nicht erkennen können*.

> Das Object, worauf ich die Erscheinung überhaupt beziehe, ist der transscendentale Gegenstand, d.i. der gänzlich unbestimmte Gedanke von Etwas überhaupt. Dieser kann nicht das Noumenon heißen; *denn ich weiß von ihm nicht, was er an sich selbst sei*. (A253, meine Hervorhebung)[42]

Im Kontext der kantischen Diskussion über Noumena findet sich eine Reihe von weiteren Verweisen auf *Erkenntnis* (A249f., A251, B306). Der *anspruchsvolle epistemische Status* von Noumena wird zudem von der Verbindung impliziert, die Kant zwischen *intellektueller Anschauung/anschauendem Verstand* einerseits und Noumena andererseits herstellt. Das Vermögen des anschauenden Verstandes wird bei Kant generell dem Verstand *diskursiver, endlicher* – darunter menschlicher – Wesen gegenübergestellt. Während bei Letzteren die Erkenntnis von Gegenständen *sinnliche* Anschauungen erfordert, ist die Anschauung eines anschauenden Verstandes *intellektuell*. Nun schreibt Kant im Phänomena-Noumena-Abschnitt:

> Wenn ich aber Dinge annehme, die blos Gegenstände des Verstandes sind und gleichwohl als *solche einer Anschauung, obgleich nicht der sinnlichen (also coram intuitu intellectuali) gegeben werden können*, so würden dergleichen Dinge Noumena (intelligibilia) heißen. (A249, meine Hervorhebung)

Noumena sind demnach Gegenstände, welche für Erkenntnissubjekte, die mit dem Vermögen eines anschauenden Verstandes ausgestattet sind und intellektuelle Anschauungen haben können, *zugänglich* wären. Bei Kants Ausführung, wie die epistemischen Leistungen eines anschauenden/nichtdiskursiven Verstandes genau aussehen, finden wir schon wieder einen Verweis auf *Erkenntnis* – der anschauende Verstand *erkennt* die Gegenstände.

---

42 Ich spreche hier von *Erkennen*, weil Kant selbst es an vielen Stellen tut, obwohl in der eben zitierten Stelle von *Wissen* die Rede ist. Für den eventuellen Bedarf nach einer Unterscheidung zwischen Erkennen und Wissen, vgl. Kap. 3, III, ii. Es ist allerdings erwähnenswert, dass es selbst an der zitierten Stelle um Wissen *von* einem Gegenstand – statt um Wissen *dass p* – geht: Im Lichte der uns erst im nächsten Kapitel zu beschäftigenden Unterscheidung zwischen Wissen und Erkennen, werte ich diese Verwendungsweise von „Wissen" als nahe an typischer Verwendungsweise von „Erkennen" stehend.

> Aber alsdann ist das [das Noumenon, MK] nicht ein besonderer intelligibeler Gegenstand für unsern Verstand, sondern ein Verstand, für den es gehörte, ist selbst ein Problema, nämlich nicht discursiv, durch Kategorien, sondern intuitiv, in einer nichtsinnlichen Anschauung, *seinen Gegenstand zu erkennen*, als von welchem wir uns nicht die geringste Vorstellung seiner Möglichkeit machen können. (A256/B311f., meine Hervorhebung)

Vor diesem Hintergrund können wir die Definition des Noumenonbegriffs wie folgt verstehen. Damit ein Gegenstand ein Noumenon sein kann, muss er zwei Bedingungen erfüllen: eine metaphyische und eine epistemische Bedingung.

x ist ein Noumenon (in positiver Bedeutung) genau dann wenn
(Metaphysische Bedingung) *x* ist ein Ding an sich
UND
(Epistemische Bedingung) *x* ist als Ding an sich erkennbar.

Im Rahmen dieser Lesart ist „Ding an sich" tatsächlich eng verbunden mit „Noumenon", da ein Verweis auf das Ding an sich Teil der Definition des Noumenonbegriffs ist. Allerdings ist diese Definition durch den bloßen Verweis auf das Ding an sich alles andere als vollständig. Es gibt eine weitere Komponente, die in den Begriff des Noumenon eingebaut ist: die *Erkennbarkeit* des Dings an sich als ein Ding an sich.[43] „Ding an sich" verhält sich hingegen *neutral* zu Fragen hinsichtlich der Erkennbarkeit des dadurch bezeichneten Gegenstands – das ist der Grund warum es weder widersprüchlich noch trivial ist zu behaupten, dass Dinge an sich unerkennbar sind.

---

43 Allison (1978: 58) scheint mit dieser These zu sympathisieren, obwohl er sie nicht näher ausbuchstabiert bzw. verteidigt. Er spricht vom Noumenonbegriff „in the rich sense [gemeint ist die positive Bedeutung, MK] as the concept of [...] a knowable object". Interessanterweise scheint auch einer der Erstleser Kants, Eberhard, nahe an diese Lesart zu kommen. Anders als für die meisten seiner Zeitgenossen, scheint es für Eberhard klar zu sein, dass Noumena, aufgrund ihrer Erkennbarkeit, mit transzendentalen Gegenständen – und angesichts von Eberhards Interpretation von „transzendentaler Gegenstand" wahrscheinlich auch mit Dingen an sich – *nicht* zu verwechseln sind. Eberhard (1789g: 354) nimmt Abstand von einer Kantlesart, wonach „solche substantielle Dinge, welche bey den Erscheinungen zum Grunde liegen sollen" als „νοούμενα" zu bezeichnen wären. In Bezug auf diese mögliche Kantlesart entgegnet Eberhard, dass Kant ausdrücklich sagt, dass das „Objekt, worauf sich die Erscheinung bezieht, [...] nicht *Noumenon* heißen" kann. Eberhard (ebd.) erläutert seinen Punkt: „Von den Noumenen würde ich etwas wissen, von den transcendentalen Objekten aber weiß ich nichts, und eben darum, setzt Hr. Kant hinzu, können diese keine Noumena seyn". Vgl. auch Eberhard 1789c: 285, 288. Dieser Umstand spielt allerdings bei der gesamten Kantinterpretation Eberhards keine besondere Rolle. Er denkt auch, genauso wie seine Zeitgenossen, dass es andere Stellen in der *Kritik* (vor allem der „Vierte Paralogismus") gibt, die gegen Kants Festlegung auf die Dinge an sich sprechen.

Diese Lesart erlaubt uns zu sehen, warum Kant ein Agnostiker hinsichtlich der Existenz von Noumena sein kann, ohne seiner Festlegung auf die Existenz von Dingen an sich zu widersprechen. Im Phänomena-Noumena-Abschnitt geht es nur um die Erkennbarkeit, nicht um die Existenz von Dingen an sich. Die Aussage „Es gibt Noumena" ist als eine komplexe Aussage folgender Form zu verstehen: „Es gibt ein x, von dem es gilt: x ist ein Ding an sich und x ist als Ding an sich erkennbar." Wenn man diesem Vorschlag folgt, kann man leicht nachvollziehen, warum Kant sich weigert, diese Aussage zu bejahen, ohne dass daraus eine Nichtfestlegung auf die Existenz von Dingen an sich folgt. Kant möchte die *zweite*, epistemische Behauptung bestreiten, die in den Begriff des Noumenon eingebaut ist und aus der Annahme einer Instanziierung dieses Begriffs folgen würde. Aus der Nichtbejahung der komplexen Aussage folgt nichts über Kants Positionierung hinsichtlich der *ersten*, metaphysischen Behauptung, welche die Existenz von Dingen an sich betrifft. So wie ich Kant verstehe, dreht sich das ganze Problem um die Erfüllung der epistemischen – und nicht der metaphysischen – Bedingung. Alle Gründe, die Kant im Phänomena-Noumena-Abschnitt vorbringt und gegen eine Festlegung auf Noumena sprechen sollen, können als nur die epistemische Bedingung betreffend gelesen werden. Im Rahmen dieser epistemischen Bedingung muss x als Ding an sich erkennbar sein. Das ist eine sehr anspruchsvolle Bedingung, die deutlich mehr erfordert als (das Wissen um) die bloße Existenz von Dingen an sich. Zur Erfüllung dieser Bedingung ist es erforderlich, dass man *bestimmte Erkenntnis* vom Dingen an sich haben muss: Man muss in der Lage sein, *alle* (inklusive der subjekt*un*abhängigen) Eigenschaften von Dingen zu repräsentieren.

Unterschiedliche mögliche Szenarien könnten für die Erfüllung der epistemischen Bedingung sorgen. Eine erste Möglichkeit wäre, die starke These zu akzeptieren, dass *menschliche* Erkenntnissubjekte die Dinge an sich erkennen können. Das ist eine These, welche die Gegnerin des transzendentalen Idealismus, die transzendentale Realistin, unterschreiben würde. Akzeptiert man diese These, dann steht der Festlegung auf Noumena nichts im Weg. Wenn menschliche Erkenntnissubjekte die Dinge an sich erkennen können, dann sind die Dinge an sich offensichtlich erkennbar und die epistemische Bedingung ist erfüllt. Kant hat jedoch bereits in der Transzendentalen Ästhetik dafür argumentiert, dass menschliche Erkenntnissubjekte die Dinge an sich nicht erkennen können. Falls die epistemische Bedingung nur in diesem Szenario erfüllt werden könnte, wäre Kant berechtigt, ihre Erfüllung auszuschließen und die Existenz von Noumena zu *bestreiten*. Allerdings bildet dieses Szenario nicht die einzige Möglichkeit, die für eine Erfüllung der epistemischen Bedingung sorgen würde. Selbst wenn man zugibt, dass *menschliche* Subjekte die Dinge an sich nicht erkennen können, könnte die Verfechterin der Existenz von Noumena ihre Annahme verteidigen, indem sie folgende These vertritt: Es gibt nichtmenschliche Erkenntnissubjekte, die *intellektuelle* Anschauungen haben und dank dieser Anschauungen die Dinge an sich erkennen können. Selbst wenn menschliche Subjekte nicht in der Lage sind, Dinge an sich zu erkennen, würde die epistemische Bedingung in diesem Fall trotzdem erfüllt sein. So wie ich die Bedingung formuliert habe, wird offen gelassen, *wer* die Dinge an sich erkennen kann. So wie ich Kant verstehe, will er genau dieses zweite Szenario angreifen, wenn er die Frage des anschauenden Verstandes und der intellektuellen Anschauung ins Spiel bringt: Die schwächere These, dass es solche Erkenntnissubjekte gibt, kann weder verifiziert noch falsifiziert werden; die Existenz eines anschauenden Verstandes „ist selbst ein Problema" (A256/B311). Wir wissen einfach nicht, ob es solche Wesen gibt oder geben kann.[44] Aus diesem Grund müssen wir eine *agnostische* Position hinsichtlich der Erfüllung der epistemischen Bedingung beziehen. Agnostizismus im Hinblick auf die Erfüllung der epistemischen Bedingung hat jedoch zur Folge, dass wir eine agnostische Position im Hinblick auf die Existenz von Noumena beziehen müssen, und zwar unabhängig davon, ob die metaphysische Bedingung, welche um die Existenz von Dingen an sich kreist, erfüllt ist oder nicht. Die alternative Lesart des „Noumenon" erlaubt uns zu sehen, dass Kant sowohl auf die Existenz von Dingen an sich festgelegt sein als auch eine agnostische Position mit Blick auf Noumena beziehen kann.[45]

---

[44] Gemeint ist dabei die reale Möglichkeit von solchen Wesen, die von bloß logischer/begrifflicher Möglichkeit abzugrenzen ist; vgl. B308.

[45] Die Unterscheidung zwischen nur zwei Szenarien ist allerdings nicht erschöpfend. Ein dritter Fall wäre möglich, wonach endliche, nichtmenschliche Wesen mit sinnlicher, nicht raumzeitlicher Anschauung die Dinge an sich erkennen könnten. Es scheint begrifflichen Raum für eine solche Position zu geben, und diese Position ist in jedem Fall relevant, wenn man, um Ameriks' (1990) Formulierung aufzugreifen, Kant keine „short arguments to idealism" zuschreiben möchte. Mit „short arguments" ist ein kurzer Weg zur Begründung des Idealismus gemeint, wonach Kants Idealismus auf Thesen beruht, die um *generische* Merkmale der Rezeptivität/Sinnlichkeit von sinnlichen/endlichen Wesen als solchen kreisen. Einem solchen Ansatz wäre eine Argumentation und Kantinterpretation gegenüberzustellen, die auf spezifischen Überlegungen rund um *Raum* und *Zeit* basiert. Wie wir in den nächsten Kapiteln sehen werden, sympathisiere ich mit Ameriks' These, dass der kantische Idealismus gemäß dem zweiten Ansatz – Idealismus als spezifische These über Raum und Zeit – zu interpretieren ist. Dass Kant im Phänomena-Noumena-Abschnitt es unterlassen hat, dieses dritte Szenario zu thematisieren und ebenfalls auszuschließen, könnte auf verschiedene Weisen erklärt werden. Vor dem Hintergrund der Kantinterpretation, die ich insgesamt favorisiere, sähe eine mögliche Erklärung wie folgt aus. Solange wir nicht wissen, wie der kognitive Apparat von anderen sinnlichen, jedoch nichtmenschlichen, Wesen genau aussieht, können wir nicht wissen, ob es nichtmenschliche, sinnliche Wesen gibt, die in der Lage sind, die Dinge an sich zu erkennen. Der Versuch, die Existenz von Noumena mittels eines Verweises auf

„Noumenon" in der Debatte zwischen Zwei-Welten- und Zwei-Aspekte-Interpretationen

Die Strategie, die ich hier verfolgt habe, um die Vereinbarkeit der Äußerungen Kants im Phänomena-Noumena-Abschnitt mit seiner expliziten Festlegung auf Dinge an sich zu verteidigen, besteht im Grunde darin, gegen die bestehende Tendenz, „Noumenon" und „Ding an sich" als bedeutungsgleiche oder koextensive Ausdrücke zu betrachten, zu argumentieren. Diese Art von Einwand ist an sich kaum eine neue Idee, und wird von manchen Vertreter:innen von *Zwei-Aspekte-Interpretationen* des transzendentalen Idealismus ebenfalls mobilisiert. Interpretiert man den kantischen Idealismus als eine Zwei-Aspekte-Theorie, dann bietet sich folgende Strategie an: Noumena sind Dinge an sich, so wie man sie im Rahmen einer *Zwei-Welten-Interpretation* auffassen würde; als „Noumena" wären Dinge an sich zu bezeichnen, die von Erscheinungen *numerisch verschieden* sind. Im Rahmen einer Zwei-Aspekte-Interpretation hält man jedoch die Dinge an sich für Entitäten, die mit Erscheinungen identisch sind. Dies bedeutet jedoch wiederum, dass Kants Warnungen gegen eine Festlegung auf Noumena als eine Warnung gegen Zwei-Welten-Interpretationen seines Idealismus zu verstehen wären; diese Warnungen wären mit Kants Festlegung auf Dinge an sich, solange diese mit Erscheinungen identisch sind, durchaus vereinbar.[46] Auf diese Weise bieten Zwei-Aspekte-Interpretationen eine Lesart des „Noumenon" an, die ebenfalls eine Alternative zum Umgang der Erstleser mit dem Phänomena-Noumena-Abschnitt darstellt. Die Strategie, die ich vorgestellt und verteidigt habe, verhält sich hingegen neutral zur Debatte zwischen Zwei-Welten- und Zwei-Aspekte-Interpretationen.[47]

---

diesen möglichen Fall zu begründen, wäre aus Kants Perspektive aussichtslos und deshalb keiner eigenen Diskussion wert.

46 Vgl. Allais 2010: 9ff. (Für die These, dass Kants Warnungen gegen eine Festlegung auf Noumena als Warnung gegen Zwei-Welten-Interpretationen des transzendentalen Idealismus ausgelegt werden sollten, vgl. auch Buroker 2006: 204 Fn. 3, Heidemann 2012: 52f. Von weiteren Details der dort vorgelegten Kantexegese und ihrem Verhältnis zu der hier präsentierten Zwei-Aspekte-Strategie sehe ich an dieser Stelle ab.)

47 Im Rahmen ihrer kürzlich erschienenen (Zwei-Welten-)Interpretation des kantischen Idealismus favorisiert Jauernig (2021: 338ff.) eine Lesart des Phänomena-Noumena-Abschnitts, die einige Parallelen mit der von mir vorgestellten Strategie aufweist. Jauernig bestreitet, dass der Abschnitt gegen Kants explizite Festlegung auf die Dinge an sich spricht. Im Rahmen ihrer Interpretation sind „Noumenon" und „Ding an sich" ebenfalls nicht als koextensiv zu betrachten. Der Grund, warum dies laut Jauernig so ist, ist, dass „Noumenon" für einen Gegenstand steht, der *allein durch den reinen Verstand erkannt werden kann* (im Gegensatz zum Begriff des Dings an sich, der einen solchen epistemischen Status nicht impliziert). Der zentrale Punkt hier ist also ebenfalls, dass der entscheidende Unterschied zwischen Dingen an sich und Noumena ihren

Ich möchte kurz beschreiben, warum diese Neutralität eine gute Sache ist. Abgesehen davon, dass die ganze Zwei-Aspekte-Strategie zum Umgang mit den agnostisch klingenden Äußerungen Kants auf der sehr umstrittenen Annahme beruht, *dass* Kants Idealismus *im Allgemeinen* im Sinne einer Zwei-Aspekte-Theorie zu verstehen ist, sehe ich zwei konkrete textliche Schwierigkeiten im Phänomena-Noumena-Abschnitt selbst, die gegen die Zwei-Aspekte-Strategie sprechen. Die erste Schwierigkeit betrifft die Frage, ob es *hinreichende* Belege für die Annahme gibt, dass „Noumenon" auf Entitäten referiert, die numerisch verschieden von Erscheinungen sein *müssen*. Es finden sich tatsächlich Stellen, die so gelesen werden könnten. Kant schreibt zum Beispiel in A252, dass nur der Begriff des Noumenon (im wahren, eigentlichen Sinn/in positiver Bedeutung) – im Gegensatz zum Begriff des transzendentalen Gegenstands – „einen wahren, von allen Phänomenen zu unterscheidenden Gegenstand bedeute". Diese Äußerung erlaubt die Lesart, dass die Noumena, im Gegensatz zu transzendentalen Gegenständen/Dingen an sich, *numerisch verschieden* von Erscheinungen sind.⁴⁸ Diese Lesart ist jedoch nicht zwingend. Folgt man zum Beispiel meinem Interpretationsvorschlag, dann ist die Stelle wie folgt zu verstehen. Noumena müssten von Phänomena (Erscheinungen) unterschieden werden, in dem Sinn, dass sie (zumindest in diesem Kontext) einen *unmittelbaren,* „eigenständigen" epistemischen Zugang (intellektuelle Anschauung) erfordern – im Gegensatz zu einem mittelbaren Zugang, wo es um eine bloße Abstraktion von unserer sinnlichen Anschauung von Phänomena ginge. Aus diesem Grund wären die Noumena, im Gegensatz zu Phänomena, wahre Gegenstände unserer *Erkenntnis*. So ausgelegt, ist die Stelle neutral mit Blick auf die numerische Identität oder Verschiedenheit zwischen Noumena und Phänomena.

Die zweite Schwierigkeit betrifft Stellen, die *gegen* die Zwei-Aspekte-Strategie – oder zumindest manche Varianten dieser Strategie – sprechen. Kant schreibt, dass eine Festlegung auf Noumena der These gleichkäme, dass „Gegenstände vorgestellt werden, *wie sie sind*, da hingegen im empirischen Gebrauche unseres Verstandes Dinge nur erkannt werden, *wie sie erscheinen*" (A249f.). Diese Stelle könnte potentiell als Problem für alle Versionen der Zwei-Aspekte-Strategie angesehen werden. Wenn sie beim Wort genommen wird, legt sie die *Identität* von Noumena und Phänomena/Erscheinungen nahe, so dass die in diesem Unterabschnitt eingangs skizzierte Zwei-Aspekte-Strategie schlecht Anwendung finden

---

jeweiligen *epistemischen* Status betrifft. Mit der Grundthese und -strategie Jauernigs zu diesem Punkt bin ich also einverstanden, und denke, dass man auf diese Weise Schwierigkeiten, die sich für die Zwei-Aspekte-Strategie ergeben und auf die ich gleich eingehe, vermeidet.
48 Das ist Rosefeldts (2013: 253 Fn. 38) Lesart.

könnte.⁴⁹ Diese Stelle sowie eine weitere Äußerung Kants in B306 stehen jedoch in jedem Fall in Spannung zu *bestimmten* Varianten der Zwei-Aspekte-Strategie und einer damit verbundenen relativ einflussreichen Interpretation des Noumenonbegriffs. Man könnte nämlich die These vertreten, dass Noumena *immaterielle, rein übersinnliche* Entitäten darstellen, deren Paradenbeispiele Entitäten wie Gott oder eine körperlose Seele sind, und von Dingen an sich, als „Tischen" und „Stühlen" an sich, abzugrenzen wären.⁵⁰ Die zitierte Stelle zeigt jedoch, dass solche „rein" immateriellen Entitäten keinen *paradigmatischen* Fall von Noumena darstellen können; denn Entitäten wie Gott *erscheinen gar nicht*.⁵¹ So wie ich Kant verstehe, würden „Tische" und „Stühle" an sich, so lange sie als solche *erkennbar* sind, durchaus als Noumena gelten.

Mein Interpretationsvorschlag vermeidet diese textlichen Schwierigkeiten. Für eine Alternative zur Interpretation des Phänomena-Noumena-Abschnitts durch die Erstleser Kants, ist es hinreichend, wenn wir Kants epistemologisch aufgeladene Sprache ernst nehmen und unsere Aufmerksamkeit auf den epistemischen Status von Noumena richten.

iii Transzendentale Gegenstände als Dinge an sich

Wir haben bisher aus verschiedenen Anlässen gesehen, dass der kantische Ausdruck „transzendentaler Gegenstand" zu manchen Komplikationen führt. Ich möchte den Rest dieses Kapitels dieser Thematik widmen, indem ich meine Positionierung mit Blick auf diese Thematik explizit mache und verteidige. Ich vertrete die These, dass die Erstleser Recht haben, wenn sie die Ausdrücke „Ding an sich" und „transzendentaler Gegenstand" eher gleichsetzen. Die These, die ich zu dieser Frage vertrete, und die Überlegungen, die sie stützen, sind nicht neu.

---

49 Vgl. Paton 1936: 441f. Die Stelle würde dann für Zwei-Aspekte-Interpretationen des transzendentalen Idealismus sprechen. Der Preis wäre jedoch, dass man nicht mehr behaupten könnte, dass „Ding an sich" und „Noumenon" auseinanderzuhalten sind. Man müsste die agnostische Position hinsichtlich Noumena auf Dinge an sich übertragen, oder eine *andere* Strategie (zum Beispiel die von mir präsentierte) zur Auseinanderhaltung dieser Ausdrücke verfolgen. Meine These ist also nicht, dass der Phänomena-Noumena-Abschnitt gegen Zwei-Aspekte-Interpretationen des transzendentalen Idealismus als solche spricht, sondern dass Zwei-Aspekte-Strategien nicht so gut abschneiden, was die Lösung des konkreten uns hier beschäftigenden Problems – Kants (Nicht-)Festlegung auf Dinge an sich – angeht.
50 Eine solche These wird von Allais (2010: 10, 2015: 60ff.) explizit vertreten. (In einer Fußnote in ihrer jüngsten Behandlung der Thematik scheint Allais (2015: 61 Fn. 3) allerdings diese These zu relativieren.)
51 Für eine weitere Stelle, die gegen diese Version der Zwei-Aspekte-Strategie spricht, vgl. B306.

Angesichts der Tatsache jedoch, dass diese These sehr oft bestritten wird und dass diese Anfechtung sehr folgenreich ist, halte ich es für lohnend, bereits vorhandene Forschungsergebnisse zusammenzuführen und einen Zusammenhang mit relevanten Kant-Stellen herzustellen. Dabei handelt es sich vor allem um eine Stelle aus *Prolegomena* §19, die meines Erachtens in der bisherigen Kontroverse rund um den Begriff des transzendentalen Gegenstands nicht genug beachtet wird, obwohl sie zentrale Äußerungen Kants zum transzendentalen Gegenstand in der A-Fassung der transzendentalen Deduktion der Kategorien beleuchten kann. Vor diesem Hintergrund werde ich auf diese Stelle, als eine Stelle, die existierende Positionen in der Kantliteratur exegetisch bestärken kann, näher eingehen.

Die Interpretationskontroverse
Im Rahmen meines Interpretationsvorschlags zum Phänomena-Noumena-Abschnitt habe ich bereits die These in Anspruch genommen, dass „transzendentaler Gegenstand" auf subjektunabhängige, vorstellungstranszendente Gegenstände referiert. Eine solche These ist nicht selbstverständlich. Man könnte zwischen mindestens vier möglichen Antworten zur Frage nach dem Verhältnis zwischen „Ding an sich" und „transzendentaler Gegenstand" unterscheiden, die ich gleich präsentieren werde. Obwohl die Forschungsdiskussion – nicht zuletzt aufgrund von entsprechenden Schwierigkeiten und Unklarheiten im kantischen Text selbst – nicht besonders klar in diesem Punkt ist, gehe ich davon aus, dass der wirklich strittige Punkt nicht die *Intension*, sondern die *Extension* betrifft. Wenn ich im Folgenden von Gleichsetzung vs. Auseinanderhaltung der Ausdrücke spreche, geht es immer um die Extension. In Bezug auf die Intension, scheint es relativ klar zu sein, dass die zwei Ausdrücke nicht dasselbe bedeuten können.

Eine erste mögliche Antwort auf die Frage nach dem Verhältnis zwischen „transzendentaler Gegenstand" und „Ding an sich" wäre die starke Lesart (i), mit der ich sympathisiere, dass die Ausdrücke überall in der *Kritik* als koextensiv zu betrachten sind.[52] Eine schwächere Behauptung wäre die These, dass der Ausdruck „transzendentaler Gegenstand" mehrdeutig ist und dass er *in manchen Fällen* auf Dinge an sich referiert, in anderen jedoch nicht. Im Rahmen einer ersten Variante dieser These (Lesart (ii)), würde man behaupten, dass die Ausdrücke generell austauschbar sind, jedoch dass gerade an einer wichtige Stelle, wo dem Begriff des transzendentalen Gegenstands eine zentrale Funktion zum ersten Mal in der *Kritik* zukommt, nämlich in der A-Fassung der transzendentalen Deduktion der Kategorien (im Folgenden: A-Deduktion), die Ausdrücke ausein-

---

52 Vgl. Kemp Smith 1923: 212 ff.

anderzuhalten sind: Während Dinge an sich subjektunabhängige, vorstellungstranszendente Gegenstände sind, scheint der transzendentale Gegenstand zumindest in diesem Kontext ein *vorstellungsimmanenter* Gegenstand zu sein.[53] Folgt man einer weiteren Variante dieser Mehrdeutigkeitsthese (Lesart (iii)), würde man für eine Auseinanderhaltung der Ausdrücke nicht bloß im Rahmen der A-Deduktion, sondern im Rahmen der *Transzendentalen Analytik* im Allgemeinen plädieren. Das würde insbesondere unsere Interpretation der A-Fassung des Phänomena-Noumena-Abschnitts beeinflussen, wo der Begriff des transzendentalen Gegenstands ebenfalls zentral ist.[54] Man könnte schließlich die schwächste – und je nachdem, wie wir das Ganze betrachten, radikalste – Lesart (iv) vertreten, nämlich dass die Ausdrücke *überall* voneinander auseinanderzuhalten sind.[55]

Wie ich geschrieben habe, ist ein Umweg über den Begriff des transzendentalen Gegenstands nicht unbedingt nötig, um Kant eine Festlegung auf Dinge an sich zuzuschreiben, da Kant an manchen Stellen tatsächlich von Dingen an sich spricht. Allerdings bin ich vor dem Hintergrund meiner Phänomena-Noumena-Interpretation mindestens auf die zweitstärkste Lesart (ii) verpflichtet. Und wir werden im dritten Teil dieses Buchs sehen, dass ich eine vergleichsweise realistische Interpretation der transzendentalen Deduktion favorisiere. Dabei werde ich zwar keine expliziten Verbindungen zur Problematik des transzendentalen Gegenstands mehr herstellen, aber ich möchte nicht bestreiten, dass die von mir favorisierte Interpretation zur These passt – und eventuell diese erfordert –, dass „Ding an sich" und „transzendentaler Gegenstand" auch im Rahmen der A-Deduktion zusammenfallen. Vor diesem Hintergrund bin ich der stärksten möglichen Lesart (i) nicht abgeneigt und möchte an dieser Stelle auf die Gründe eingehen, die für sie sprechen.

Transzendentale Gegenstände als Dinge an sich sind, Teil 1: Allgemeine Gründe

Zunächst gehe ich davon aus, dass die schwächste-radikalste Lesart (iv) unplausibel ist, und dass es keine hinreichenden Anhaltspunkte für sie gibt. Ich folge hier der Standardlesart in der Kantforschung, dass mindestens im Kontext

---

[53] Interessanterweise ist das eine These, die *der Sache nach* Jacobi (1787: 108) zu vertreten scheint, obwohl er sich einer anderen, und etwas verwirrenden, Terminologie bedient. Zu dieser Frage vgl. Kap. 5, II, i.
[54] Diese These wird in Allison 1968 entwickelt.
[55] Vgl. Bird 1962: 68 ff.

der Transzendentalen Dialektik die zwei Ausdrücke als austauschbare Ausdrücke verwendet werden.⁵⁶ Für diese Standardauffassung spricht die Art und Weise, wie Kant den Ausdruck dort generell verwendet, sowie die Tatsache, dass Kant an einer Stelle sogar seinen Leser:innen explizit mitzuteilen scheint, dass dies der Fall ist (A366). Meines Erachtens spricht zudem die Art und Weise, wie Kant den Ausdruck zum ersten Mal in der Transzendentalen Ästhetik verwendet, ebenfalls für eine enge Verbindung zwischen den zwei Ausdrücken. Nachdem Kant die These über die Unerkennbarkeit von Dingen an sich bereits eingeführt hat, spricht er im Rahmen einer *Erläuterung* dieser These in A46/B63 plötzlich vom transzendentalen Gegenstand, als wäre es selbstverständlich, was damit gemeint wäre. Und die These, die er dabei formuliert – „das transscendentale Object […] bleibt uns unbekannt" – spricht eindeutig dafür, dass es hier um Dinge an sich geht.

Ein weiterer Grund, der dafür spricht, dass die Verbindung enger ist als man auf den ersten Blick denken könnte, betrifft die schwierige Frage, was Kant unter „transzendental" überhaupt versteht. In einer Reihe von Stellen liefert uns Kant eine Definition dieses Ausdrucks, die sehr schulmäßig kant(ian)isch klingt: „[D]as Wort transscendental […] bedeutet nicht etwas, das über alle Erfahrung hinausgeht, sondern was von ihr (a priori) zwar vorhergeht, aber doch zu nichts mehrerem bestimmt ist, als lediglich Erfahrungserkenntniß möglich zu machen" (4: 373 Anm.). Diese Äußerung ist aus den *Prolegomena* und erfolgt nicht zuletzt als Reaktion auf die Göttinger Rezension. Andere relevante Äußerungen stammen ebenfalls aus den *Prolegomena* oder der B-Auflage der *Kritik* (4: 293, B25). Würde man dieser Definition folgen, dann scheint tatsächlich „transzendentaler Gegenstand" für etwas anderes zu stehen als „Ding an sich". Das Ding an sich ist ein subjektunabhängiger, vorstellungs*transzendenter* Gegenstand. Ferner handelt es sich – angesichts der Kant-spezifischen Thesen über die Dinge an sich – um einen *unerkennbaren* Gegenstand, so dass es in gewissem Sinn sehr wohl um einen Gegenstand geht, der „über alle Erfahrung hinausgeht". Nach der eben präsentierten Definition von „transzendental" sollte dies aber auf den transzendentalen Gegenstand auf keinen Fall zutreffen. Des Weiteren könnten zentrale Stellen, in denen Kant den Begriff des transzendentalen Gegenstands analysiert, und die wir uns teilweise noch anschauen werden, so gelesen werden, als würde Kant dort genau dies zum Ausdruck bringen.

---

56 Ausgehend von Textstellen in der Transzendentalen Dialektik wie A494f./B522f. fasst Bird (1962: 68 ff.) den transzendentalen Gegenstand als „conceptual repository for referring to the past or to distant regions of space" auf. Zur Kritik einer solchen Interpretation vgl. Allison 2004: 69 ff.

Die Berufung auf die offizielle Definition als solche ist allerdings nicht hinreichend, um für die Auseinanderhaltung zu argumentieren. Vielmehr denke ich, dass Überlegungen rund um die Interpretation des Ausdrucks „transzendental" eher für die entgegengesetzte Position sprechen; denn es ist es alles andere als klar, dass die in den *Prolegomena* und in der B-Auflage nachgereichte Definition tatsächlich der Verwendungsweise in der A-Auflage, wo der Begriff des transzendentalen Gegenstands eingeführt wird, entspricht. Ich schließe mich Hans Vaihingers (1892: 350 ff.) Diagnose an, dass Kant in den für die Interpretation des kantischen Idealismus unmittelbar relevanten Stellen der A-Auflage den Ausdruck „transzendental" anders zu verwenden scheint als er ihn nachträglich definiert hat. Vaihinger plausibilisiert anhand einer Reihe von Belegen und Überlegungen die These, dass an hochwichtigen Stellen es viel passender ist, „transzendental" als ein Synonym für „transzendent", d.h. als etwas, das „über alle Erfahrung hinausgeht", zu verstehen. Aus Vaihingers Belegen greife ich seine Überlegungen zu einer entscheidenden Stelle heraus. Kant bezeichnet seine Thesen über die Subjektabhängigkeit von Erfahrungsgegenständen (und insbesondere von Raum und Zeit) als „*transzendentalen* Idealismus" und kontrastiert ihn zur These über die Subjekt*un*abhängigkeit solcher Gegenstände (und insbesondere von Raum und Zeit). Diese zu kontrastierende These wird als „*transzendentaler* Realismus" bezeichnet (A369). Nun stünde es einem offen, den *transzendentalen Idealismus* als eine Lehre zu verstehen, die – auf Grundlage von Kant-spezifischen Thesen über Raum und Zeit als Formen der Sinnlichkeit – die *apriorischen* Aspekte und in diesem Sinn die Bedingungen der Erfahrung irgendwie betrifft; die offizielle Definition würde zu Kants Verwendung von „transzendental" in diesem Kontext passen. Es ist jedoch nicht klar, wie der *Realismus* in genau diesem Sinn transzendental sein kann. Der Begriff des transzendentalen Realismus ist zwar ein Sammelbegriff für unterschiedliche, konkurrierende Raum- und Zeitkonzeptionen, aber aus der Perspektive mindestens einer einflussreichen Version des transzendentalen Realismus – nämlich einer empiristischen Konzeption von Raum und Zeit – gibt es solche *apriorischen* Aspekte, die als Bedingungen der Erfahrung fungieren, gar nicht. Im Rahmen einer solchen Konzeption wären Raum und Zeit *nicht* vorempirisch und in diesem Sinn transzendental – mit welchem Recht charakterisiert man dann diese realistische These als *transzendentalen* Realismus? Das Ganze ergibt mehr Sinn, wenn wir Kant wie folgt verstehen. Die Frage ist, ob Raum und Zeit von nichtempirischen, „über alle Erfahrung hinausgehenden", subjektunabhängigen und in diesem Sinn *transzendenten* Gegenständen gelten. Bejaht man diese Frage, dann vertritt man die These, dass Raum und Zeit im Hinblick auf solche Gegenstände *real*, d.h. gültig sind – man vertritt den transzendent(al)en Realismus. Verneint man diese Frage, dann vertritt man die These, dass Raum und Zeit im Hinblick auf solche

Gegenstände *ideal*, d. h. nicht gültig sind – man vertritt den transzendent(al)en Idealismus.[57]

Solche Überlegungen plausibilisieren die These, dass, wenn Kant in der A-Auflage der *Kritik* vom transzendentalen Gegenstand spricht, es sehr wohl der Fall sein könnte, dass es um erfahrungstranszendente Dinge an sich geht. Und diese Deutung kann eigentlich mit zentralen Stellen im Phänomena-Noumena-Abschnitt besser umgehen als ihre Alternative. Wie wir gesehen haben, spricht Kant an entscheidenden Stellen dort von der *Unerkennbarkeit* des transzendentalen Gegenstands. Das passt sehr gut zu der Lesart, dass es hier um das Ding an sich geht – es ist hingegen nicht unmittelbar ersichtlich, in welchem Sinn und warum ein vorstellungsimmanenter Gegenstand unerkennbar wäre.[58] Vor diesem Hintergrund lässt sich die These verteidigen, dass Lesart (ii) plausibler als Lesart (iii) ist.

Transzendentale Gegenstände als Dinge an sich sind, Teil 2: A-Deduktion und Prolegomena §19

Die Überlegungen rund um „transzendental" eröffnen zugleich die Möglichkeit für die stärkste mögliche Lesart (i), die von einer engen Verbindung zwischen „Ding an sich" und „transzendentaler Gegenstand" selbst in der A-Deduktion ausgeht. Diese Überlegungen müssten jedoch um eine alternative Interpretation zentraler Stellen in der A-Deduktion ergänzt werden; denn manche Stellen dort gelten als schwerwiegende Belege gegen die These, dass transzendentale Gegenstände Dinge an sich sein können. Ich möchte nun auf diese Stellen eingehen, und, aufbauend auf Tobias Rosefeldts Umgang mit solchen Stellen, die These verteidigen, dass die Lesart (i) nicht bloß vereinbar mit diesen ist, sondern, dass,

---

[57] Vgl. auch die Gegenüberstellung von *transzendentaler Idealität* und *absoluter Realität* der Zeit in A35f./B52f., die, wie Vaihinger ausführt, sehr gut zur eben präsentierten Deutung passt.
Für eine (komplexe) Diskussion, die gewisse Parallelen mit den hier diskutierten Fragen aufweist – eingebettet allerdings in eine Auseinandersetzung mit weiteren und schwierigen Fragen, die ich nicht an dieser Stelle diskutiere –, vgl. die These hinsichtlich einer Verschiebung des Begriffs des Transzendentalen bei Kant in Förster 2011: 114ff. In diesem Zusammenhang vgl. auch die kritische Reaktion in Schlösser 2013.

[58] Allison (1968: 182f.) gesteht dies explizit zu. Für ihn lässt sich schon innerhalb ein und derselben Textstelle (A250f.) eine Ambiguität im Ausdruck „transzendentaler Gegenstand" feststellen. Eine Lesart, die Kant nicht unterstellen muss, dass er in ein und derselben Stelle einen zentralen Terminus mehrdeutig verwendet, fände ich wohlwollender.

wenn wir eine aus meiner Perspektive als Parallelstelle fungierende Stelle aus den *Prolegomena* heranziehen, sie als besonders naheliegend erscheint.[59]

Kant beschäftigt sich in den hier zur Debatte stehenden Stellen mit der Frage, was wir unter „Gegenstand der Vorstellung" oder „einem der Erkenntniß correspondirenden, mithin auch davon unterschiedenen Gegenstande" verstehen (A104). Er beantwortet diese Frage folgendermaßen:

> Es ist leicht einzusehen, daß dieser Gegenstand nur als etwas überhaupt = X müsse gedacht werden, weil wir außer unserer Erkenntniß doch nichts haben, welches wir dieser Erkenntniß als correspondirend gegenübersetzen könnten. Wir finden aber, daß unser Gedanke von der Beziehung aller Erkenntniß auf ihren Gegenstand etwas von Nothwendigkeit bei sich führe, da nämlich dieser als dasjenige angesehen wird, was dawider ist, daß unsere Erkenntnisse nicht aufs Gerathewohl oder beliebig, sondern a priori auf gewisse Weise bestimmt sind: weil, indem sie sich auf einen Gegenstand beziehen sollen, sie auch nothwendiger Weise in Beziehung auf diesen unter einander übereinstimmen, d.i. diejenige Einheit haben müssen, welche den Begriff von einem Gegenstande ausmacht. (A104f.)

Solche Äußerungen werden oft so verstanden, als würde Kant hier die Konzeption eines vorstellungstranszendenten, subjektunabhängigen Gegenstands, dem unsere Erkenntnis korrespondieren soll, *uminterpretieren:* Weil wir keinen epistemischen Zugang zu einem solchen Gegenstand haben – das wäre das Ding an sich – ist unter „Gegenstand der Vorstellung" nicht mehr ein solcher Gegenstand zu verstehen; die Korrespondenz der Erkenntnis/Vorstellung mit dem Gegenstand ist auf *Kohärenzrelationen* unserer Erkenntnisse/Vorstellungen untereinander zu reduzieren.[60] Diese uminterpretierte Konzeption vom Gegenstand soll der Ausdruck „transzendentaler Gegenstand" bezeichnen, der in diesem Zusammenhang von Kant ins Spiel gebracht wird:

> Nun sind aber diese Erscheinungen nicht Dinge an sich selbst, sondern selbst nur Vorstellungen, die wiederum ihren Gegenstand haben, der also von uns nicht mehr angeschaut werden kann und daher der nichtempirische, d.i. transscendentale, Gegenstand =X genannt werden mag. (A109)

Solche Überlegungen führen zur Lesart, dass der transzendentale Gegenstand *nicht* das affizierende Ding an sich sein kann; er scheint vielmehr ein vorstellungsimmanenter, bloß intentionaler Gegenstand zu sein, der als die Bedingung

---

[59] Für einen kürzlich erschienenen Beitrag zur Jacobis Kantkritik, der die Bedeutung von Kants Ausführungen zum transzendentalen Gegenstand in der A-Deduktion herausstreicht und gewisse Parallelen zu hier formulierten Thesen aufweist (je nachdem, wie manche dort vorgelegte Thesen genau interpretiert werden), vgl. Haag 2021. In diesem Zusammenhang vgl. auch Kap. 4, Fn. 13.
[60] Vgl. Allison 1968: 178.

der Erfahrung fungiert, indem er die begriffliche Struktur von „Gegenständen überhaupt" oder das für alle Erscheinungen identische „Etwas=x" darstellt. [61]

Eine solche Interpretation der Äußerungen Kants ist jedoch nicht zwingend. Ich schließe mich Rosefeldts (2022, i.E.: 21 ff.) Umgang mit diesen Stellen an: Kants Pointe ist es nicht, dass die Korrespondenz mit einem vorstellungstranszendenten Gegenstand auf eine Kohärenz der Vorstellungen untereinander zu *reduzieren* ist; Kant versucht eine *Verbindung* zwischen den beiden herzustellen; die Kohärenzrelationen unter den Vorstellungen sind das einzige epistemisch brauchbare Mittel für uns, um zu ermitteln, ob eine Vorstellung einen vorstellungstranszendenten, subjektunabhängigen Gegenstand repräsentiert. Mit Rosefeldts (2022, i.E.: 22) Worten: „[T]he object poses *some* constraint on the representations we have of it that is epistemically useful for us: Any representation that represents the object has to be coherent with any other representation that represents the object. So, a meaningful criterion for when an intentional object *o* of a representation *R* is an object distinct from *R* would be that *R* is in the right kind of coherence with all other representations of *o*." Folgt man Rosefeldts Lesart hier, dann steht der Annahme, dass der transzendentale Gegenstand sehr wohl ein subjektunabhängiger Gegenstand ist, nichts im Weg.

Ich möchte sogar dafür plädieren, dass ein solcher Umgang mit den Deduktionsstellen nicht bloß eine *mögliche, nicht auszuschließende Lesart* darstellt, sondern, dass *Prolegomena* §19 für sie spricht. Dort präsentiert Kant seine vieldiskutierte Unterscheidung zwischen Erfahrungs- und Wahrnehmungsurteilen. Teil des §19 lese ich als Parallelstelle zu den uns hier beschäftigenden Stellen. Dass es sich um eine Parallelstelle handelt, ist allerdings auf den ersten Blick kaum erkennbar; Kant spricht dort gar nicht von „transzendentalem Gegenstand" und „etwas überhaupt = X". Dabei formuliert er jedoch Überlegungen, die in inhaltlicher Hinsicht sehr nahe an den Thesen, die an den zitierten Stellen aus der A-Deduktion zum Ausdruck kommen, stehen – allerdings ohne so viel Kant-Jargon. Dies hilft uns, die mysteriösen Äußerungen aus der A-Deduktion besser zu verstehen: So wie ich das Ganze verstehe, sind die (mystifizierten) transzenden-

---

[61] Letztere Formulierungen sind an die Formulierungen Willascheks (1998: 333 ff.) angelehnt. Genau genommen unterscheidet Willaschek hier zwischen der Bedeutung, wonach es um eine begriffliche Struktur von „Gegenständen überhaupt" geht, und der Bedeutung, wonach es um das für alle Erscheinungen identische „Etwas=x" geht, zu dem wir durch Abstraktion von allen Eigenschaften eines Gegenstands, die sich unserer besonderen Art der Sinnlichkeit verdanken, gelangen. Beide Bedeutungen werden dann einer dritten Bedeutung gegenübergestellt, die, in meinem Vokabular, sehr nahe an der Bedeutung von „Ding an sich" liegt. Von diesen weiteren Differenzierungen sehe ich hier ab.

talen Gegenstände der A-Deduktion keine andere als die (ebenfalls mystifizierten) Dinge an sich.

In den *Prolegomena* schreibt Kant:

> Es sind daher objective Gültigkeit und nothwendige Allgemeingültigkeit (für jedermann) Wechselbegriffe, und ob wir gleich das Object an sich nicht kennen, so ist doch, wenn wir ein Urtheil als gemeingültig und mithin nothwendig ansehen, eben darunter die objective Gültigkeit verstanden. Wir erkennen durch dieses Urtheil das Object (wenn es auch sonst, wie es an sich selbst sein möchte, unbekannt bliebe) durch die allgemeingültige und nothwendige Verknüpfung der gegebenen Wahrnehmungen. [...] Das Object bleibt an sich selbst immer unbekannt. (4: 298 f.)

Hier artikuliert Kant einen Gedanken, der der Problematik des transzendentalen Gegenstands in der A-Deduktion entspricht. Wir haben keinen epistemischen Zugang zum Ding an sich als Ding an sich („Object, [...] wie es an sich selbst sein möchte"); um eine Feststellung der Korrespondenz der Erkenntnisse mit einem von der Erkenntnis unterschiedenen Gegenstand („objective Gültigkeit") ist es schlecht bestellt. Zum Glück gibt es ein epistemisch brauchbares Mittel: die Feststellung von Kohärenzrelationen unter den Erkenntnissen/Vorstellungen („allgemeingültige und nothwendige Verknüpfung der gegebenen Wahrnehmungen"). Dies verweist auf eine Korrespondenz unserer Erkenntnisse mit einem von ihnen unterschiedenen Gegenstand („objective Gültigkeit und nothwendige Allgemeingültigkeit" sind „Wechselbegriffe").

In dieser Version sieht man jedoch klarer, dass die Korrespondenz/objektive Gültigkeit nicht auf die Kohärenz/Allgemeingültigkeit reduziert wird, und dass der transzendentale Gegenstand kein anderer als das Ding an sich ist: „[D]urch die allgemeingültige und nothwendige Verknüpfung der gegebenen Wahrnehmungen" (d. h. durch die Feststellung von Kohärenzrelationen) erkennen wir „das Object (wenn es auch sonst, wie es an sich selbst sein möchte, unbekannt bliebe)". Diese Formulierung legt besonders nahe, dass wir auf diese Weise in gewisser Hinsicht das *Ding an sich* erkennen. Der Begriff des transzendentalen Gegenstands kann keine Konzeption von einem Gegenstand darstellen, der *an die Stelle* des Dings an sich treten soll; der Gegenstand, der durch die „Verknüpfung der Wahrnehmungen" erkannt wird, ist *derselbe* Gegenstand, der „sonst" unbekannt bleibt. Allerdings wird dieser Gegenstand nur in *gewisser* Hinsicht erkannt: „Das Object bleibt an sich selbst immer unbekannt." Soweit ich sehen kann, entspricht die kantische Formulierung in der A-Deduktion, dass Vorstellungen einen Gegenstand haben, der „der nichtempirische, d.i. transscendentale, Gegenstand =X genannt werden mag" genau dieser These: Das Ding an sich ist unbekannt und in diesem Sinn ist es als „transzendentaler Gegenstand =X" zu bezeichnen.[62]

Die auf den ersten Blick angreifbare These, dass der transzendentale Gegenstand kein anderer als das Ding an sich ist, und dass dies überall in der *Kritik* der Fall ist, lässt sich vor diesem Hintergrund gut belegen; die Neigung der Erstleser, unter „transzendentaler Gegenstand" Dinge an sich zu verstehen, ist kein Ausdruck eines Missverständnisses. Die These, dass transzendentale Gegenstände Dinge an sich sind, hat weitreichende Folgen für unsere Kantinterpretation. Zum einen dient sie der Begründung einer Ausgangsannahme meines Interpretationsvorschlags zum Phänomena-Noumena-Abschnitt, so dass die Stellen dort nicht als Belege gegen Kants Festlegung auf die Dinge an sich einzustufen sind. Zum anderen erlaubt sie uns zu sehen, dass Kants Bekenntnis zum transzendentalen Gegenstand an vielen Stellen in der *Kritik* sehr wohl als Beleg für Kants explizite Festlegung auf die Dinge an sich brauchbar ist.

Vor diesem Hintergrund lässt sich das weitere Fazit des zweiten Abschnitts dieses Kapitels ziehen: Kant legt sich auf die Existenz von Dingen an sich und eine Affektion durch diese explizit fest; sehr viel spricht dafür, kaum etwas dagegen. Der Kantinterpretation der Erstleser, wonach die kantische Positionierung zu dieser Frage irgendwie schwankend ist, ist nicht zuzustimmen. Allerdings habe ich hier von der Behandlung von zwei (Arten von) Stellen („Amphibolie", „Vierter Paralogismus") abgesehen. Meine alternative Interpretation dieser Stellen bzw.

---

62 Die These, die ich Kant anhand meiner Analyse der *Prolegomena*-Stelle zuschreibe, entspricht ungefähr der These, die Rosefeldt (2022, i.E.: 22 ff.) Kant zuschreibt, indem er auf eine für die Problematik des transzendentalen Gegenstands ebenfalls zentrale Stelle aus dem Phänomena-Noumena-Abschnitt (A250 f.) eingeht. Rosefeldts Interpretation dieser Stelle stimme ich zu, und sie zeigt uns, wie wir mit bestimmten Stellen aus diesem Abschnitt, die oft als Belege gegen die Gleichsetzung von „Ding an sich" und „transzendentaler Gegenstand" gelesen werden, umgehen können. Ich denke allerdings, dass die Phänomena-Noumena-Stelle auch anders gelesen werden könnte und dass sie mehr Spielraum für Einwände lässt, während es mir schwer fällt zu sehen, wie eine alternative Lesart der *Prolegomena*-Stelle aussehen würde. Aus diesem Grund betrachte ich die *Prolegomena*-Stelle als einen sehr geeigneten Beleg, um diese Art von Interpretation zu verstärken. Ich möchte allerdings auf eine Abweichung meiner Interpretation von der Rosefeldts aufmerksam machen. Rosefeldts Auseinandersetzung mit der Problematik des transzendentalen Gegenstands erfolgt im Zuge des Projekts, eine *Zwei-Aspekte*-Interpretation des kantischen Idealismus zu verteidigen. Der transzendentale Gegenstand nach Rosefeldt ist identisch mit dem Ding an sich, und dieses wiederum mit dem Gegenstand als Erscheinung. Auf diese letztere These möchte ich mich nicht verpflichten. Obwohl ich nicht bestreiten möchte, dass die Sprache Kants, insbesondere in den *Prolegomena*, sehr zwei-aspekte-freundlich ist, könnte auch eine Zwei-Welten-Interpretation, die eine Festlegung auf Dinge an sich vorsieht, diesem Aspekt der Position Kants gerecht werden. Für mehr Details, wie das aussehen könnte, vgl. insbesondere einige relevante Bemerkungen in Kap. 3, III, ii.

Abschnitte werde ich in Kapitel 3 und 4 nachreichen. Auf die Ergebnisse dieser Kapitel greife ich schon jetzt vor: Die exegetische Frage, ob *Kant* von existierenden, uns affizierenden Dingen an sich ausgeht, ist zu bejahen.

Meine Argumentation in diesem Kapitel lieferte den zweiten, im ersten Kapitel bereits angekündigten Grund, warum ich den Fokus in diesem Buch auf die Verteidigung der *Zulässigkeit* statt auf die Verteidigung der Entbehrlichkeit der Dinge an sich lege: Im Rahmen meiner Kantinterpretation sieht Kant die Situation genau so, und eine Verteidigung der Position Kants sollte diesem Sachverhalt Rechnung tragen. Bei der Verteidigung meiner Kantinterpretation habe ich zudem in diesem Kapitel eine Strategie zu implementieren begonnen, auf die ich in der Einleitung bereits aufmerksam gemacht habe. Meine Kantinterpretation verhält sich neutral zur Debatte zwischen Zwei-Welten- und Zwei-Aspekte-Interpretationen des transzendentalen Idealismus. Man kann Aspekten der Kantlektüre der ersten Kantkritiker widersprechen, ohne sich einer Zwei-Aspekte-Interpretation anschließen zu müssen. Auf diesen Aspekt bin ich bei meiner Behandlung des Phänomena-Noumena-Abschnitts ausführlich eingegangen. Ich denke jedoch, dass sich auch meine Ausführungen zur Problematik des transzendentalen Gegenstands ebenfalls neutral zu dieser Frage verhalten und von einer solchen Interpretation entkoppelt werden können – ein klareres Bild darüber, wie diese Entkopplung aussehen könnte, werden uns die nächsten zwei Kapitel geben.

Die Behandlung bestimmter Aspekte des kantischen Idealismus, die in diesem Kapitel erfolgte, liefert uns bereits eine erste Reaktion auf die frühe Kantkritik. Obwohl sie sich auf einer rein exegetischen Ebene bewegt – was sagt Kant? Nicht, was er sagen darf –, könnte schon auf dieser Ebene der Vorwurf gegen Kant erhoben werden, dass seine Position spannungsreich ist, da Kant widersprüchliche Äußerungen hinsichtlich seiner Festlegung auf Dinge an sich macht. Die hier behandelten Aspekte ebnen den Weg für eine Kantinterpretation, der zufolge der kantische Idealismus *zumindest in dieser Hinsicht* nicht spannungsreich ist. Andererseits lässt diese Behandlung die Frage noch unbeantwortet, ob sich Kant auf die Dinge an sich festlegen *darf*. Das ist eine brennende Frage für die Erstleser Kants. Manche Ausführungen in diesem Kapitel könnten die Sorge der Erstleser sogar *verschärft* haben. Wir haben zum Beispiel im Rahmen der Auseinandersetzung mit der Problematik des transzendentalen Gegenstands gesehen, dass einiges dafür spricht, Kant die These zuzuschreiben, dass wir das Ding an sich in gewisser Hinsicht *erkennen*. Sollte dies angesichts der berühmten Unerkennbarkeitsthese über Dinge an eigentlich nicht verboten sein? Hier betreten wir das Reich von Fragen, die das zweite Horn des Dilemmas, die *Zulässigkeit* von Dingen an sich, betreffen. Es sind solche Fragen, die im Mittelpunkt des nächsten, zweiten Teils dieses Buchs stehen und denen ich mich jetzt zuwende.

Teil 2: **Die Zulässigkeit einer Festlegung auf existierende, uns affizierende Dinge an sich**

Kapitel 3 Kants Kritiker gegen die Zulässigkeit einer Festlegung auf die Dinge an sich: Widerspruchsprobleme (und ihre Lösung)

Im ersten Teil des Buchs haben wir uns mit der Frage beschäftigt, wie sich Kant sowie seine Erstleser zur Frage nach der Unentbehrlichkeit von Dingen an sich positionieren. Es ist Zeit, unsere Aufmerksamkeit auf die Frage zu richten, inwiefern eine solche Festlegung im Rahmen des kantischen Systems *zulässig* ist. Das ist das zweite Horn des Dilemmas aus der frühen Kantkritik, und dieses zweite Horn wird im Mittelpunkt dieses Teils des Buchs stehen. Folgt man einer Ding-an-sich-freundlichen Kantinterpretation, wie ich es hier bisher getan habe, dann lässt sich Kant nur verteidigen, wenn sich seine Festlegung auf existierende und uns affizierende Dinge an sich als zulässig erweist. Die Verteidigung der Zulässigkeit dieser Festlegung bildet das Hauptziel dieses Teils. Dabei werde ich auf manche Fragen, die schon im ersten Teil angeschnitten und deren Behandlung verschoben wurde, zurückkommen und auf diese Weise die im vorigen Kapitel präsentierte und verteidigte Interpretation hinsichtlich Kants Festlegung auf Dinge an sich vervollständigen.

In Abschnitt I präsentiere ich verschiedene Lesarten des Unzulässigkeitsvorwurfs. Ich treffe eine Unterscheidung zwischen *Widerspruchs-* und *Rechtfertigungsproblemen:* Der ersten Kategorie von Problemen zufolge besteht die Sorge darin, dass die These über existierende, uns affizierende Dinge an sich im Widerspruch zu anderen Thesen, die Kant ebenfalls vertritt, steht; der zweiten Kategorie von Problemen zufolge besteht die Sorge darin, dass diese These nicht hinreichend gerechtfertigt ist. Dieses Kapitel legt den Fokus auf Widerspruchsprobleme; für die Problematik von Rechtfertigungsproblemen ist das nächste Kapitel reserviert. Ferner wird im Rahmen des Widerspruchsvorwurfs zwischen einer starken und schwachen Variante – bloßes „Denken" vs. Wissen über/Erkennen von Dinge(n) an sich – unterschieden. Im Mittelpunkt von Abschnitt II steht die nähere Auseinandersetzung mit der starken Variante. Abschnitt III hat die schwache Variante zum Gegenstand. In beiden Fällen stimme ich der in der Kantforschung verbreiteten These zu, dass sich Kant gegen den so ausgelegten Vorwurf verteidigen lässt, und greife auf bereits vorhandene Verteidigungsstrategien zurück. Diese machen allerdings (kontroverse) Annahmen über die nicht parallele Rolle von Sinnlichkeit und Verstand in Kants Idealismus und verhalten sich – in leicht modifizierter Form – neutral zur Zwei-Welten- vs. Zwei-Aspekte-Kontroverse.

I Verschiedene Lesarten des Unzulässigkeitsvorwurfs

Die Festlegung auf Dinge an sich scheint innerhalb des kantischen Systems problematisch zu sein. Warum eigentlich? In diesem Abschnitt plädiere ich für eine Auseinanderhaltung verschiedener Lesarten des Problems und formuliere die für das Verständnis der frühen Kantkritik meines Erachtens zentralsten relevanten Unterscheidungen. In den nächsten Abschnitten dieses sowie des nächsten Kapitels wende ich mich dann dem Unzulässigkeitsvorwurf, nach jeder dieser Lesarten, zu.

Wie bereits erwähnt, besteht das Hauptproblem darin, dass eine Festlegung auf existierende, uns affizierende Dinge an sich *Wissen* sowie eine *Anwendung der Kategorie* von Ursache und Wirkung über bzw. auf Dinge an sich zu erfordern scheint. Und beides scheint nach Kant nicht zulässig zu sein. Es ist allerdings nicht evident, wie dieses Problem genau zu verstehen ist. Formulierungen in den Schriften der Kantkritiker geben Anlass zu verschiedenen Deutungen. Und wirft man einen Blick auf die relevante Forschungsliteratur, dann scheinen oft verschiedene Deutungen des Problems am Werk zu sein, die sich hinsichtlich ihrer Radikalität unterscheiden.[1] Wir wären gut beraten, eine erste Unterscheidung zu treffen: eine Unterscheidung zwischen einem *Widerspruchsvorwurf* einerseits und einem Vorwurf, der sich um den *Rechtfertigungsstatus* der strittigen Annahme dreht, andererseits. Obwohl die meisten Kritiker nicht explizit zwischen diesen zwei Vorwürfen unterscheiden, werden wir sehen, dass viele von ihnen eigentlich beide erheben. Und es gibt einen Kantkritiker, Schulze, der sich der Unterscheidung durchaus bewusst ist und uns klar sagt, dass Kants Affektionsthese in zweierlei Hinsicht unzulässig ist. Die Festlegung auf affizierende Dinge an sich kommt der These gleich, dass es eine subjektunabhängige Außenwelt gibt, die in einer kausalen Relation zu Subjekten steht und die Ursache für ihre (bzw. einen Teil ihrer) mentalen Zustände ist. Das ist jedoch eine These, die als nicht hinreichend *gerechtfertigt* gelten könnte. Die Außenweltskeptikerin würde zum Beispiel entgegnen, dass eine solche These gleich zu Beginn eines Buchs zu grundlegenden metaphysischen und erkenntnistheoretischen Fragen als selbstverständlich zu präsentieren, einer „petitio principii" gleichkommt. Mit Schulzes Worten:

> Die Skeptiker bezweifeln es nämlich, daß der Begriff der Verursachung etwas anzeige, so den Dingen außer unsren Vorstellungen als Prädikat zukomme, und erklären alles, was der Dogmatismus hierüber zu wissen gemeint hat, für täuschend [...]. Mithin widerlegt die Vernunftkritik [d.h. die *Kritik der reinen Vernunft*, MK] den Skeptizismus durch die Voraus-

---

[1] Vgl. nächste Fußnote.

setzung der Wahrheit und Gewißheit eines Satzes, dessen Ungewißheit die Skeptiker erwiesen zu haben vorgeben. (Schulze 1792: 183f./[262f.])

Es wird also ein Rechtfertigungsproblem angeprangert. In dieser Hinsicht soll der kantische Idealismus mit einer Schwierigkeit konfrontiert sein, die *allen* „dogmatischen" philosophischen Systemen gemein ist: Wenn der Vorwurf berechtigt ist, wäre er, genau wie diese, „auf bittweise angenommene Sätze erbauet" (Schulze 1792: 184/[264]). Das ist jedoch Schulze zufolge nicht das einzige Problem, mit dem Kant zu kämpfen hat. Für die kantische *Kritik* stellt sich das zusätzliche Problem, dass „die Wahrheit der Sätze, welche ihren Spekulationen als Prämissen zum Grunde liegen, demjenigen *widersprechen*, was sie durch die sorgfältigste Prüfung des Erkenntnisvermögens gefunden und ausgemacht haben will" (Schulze 1792: 184/[264], meine Hervorhebung). Schulze fährt dann fort, indem er genauer beschreibt, worin der Widerspruch ihm zufolge bestehen soll.

Vor diesem Hintergrund ist es wichtig, zwischen zwei Hauptlesarten des Unzulässigkeitsvorwurfs zu unterscheiden. Der ersten Lesart zufolge stellt sich ein Inkonsistenzproblem für Kant: Derselbe Autor vertritt These *p* in demselben Buch, in dem er ebenfalls non-*p* vertritt, so dass die beiden Thesen im Widerspruch zueinander stehen. Der zweiten Lesart zufolge geht es um ein Rechtfertigungsproblem: Es geht darum, wie gut die Gründe für die Annahme von *p* sind. Beide Hauptlesarten lassen sich weiter differenzieren.[2] Auf Varianten des Unzulässigkeitsvorwurfs als Rechtfertigungsproblems werde ich erst im nächsten Kapitel eingehen. Was den Widerspruchsvorwurf angeht, ist im Rahmen der Behandlung der frühen Kantkritik eine Unterscheidung zwischen einem *starken* und einem *schwachen* Widerspruchsvorwurf hilfreich. Dem starken Widerspruchsvorwurf zufolge bereitet die Festlegung auf die Dinge an sich Probleme, selbst wenn wir bloß *denken* würden, dass es Dinge an sich gibt und sie Subjekte affizieren; schon

---

[2] Die Formulierungen in der Kantrezeptionsliteratur zum Problem der Dinge an sich sind oft komprimiert und schillernd. Während manchmal das Problem eher als ein Rechtfertigungsproblem dargestellt wird (vgl. zum Beispiel Frank (1997: 43) zu Schulzes Kantkritik), sind die Rede von „Inkonsequenz" oder „Widerspruch" und ähnliche Formulierungen sehr verbreitet. Vgl. Erdmann 1878: 124, Frank 1997: 78 und 89f., Jaeschke/Arndt 2012: 27, Henrich 2003: 67, Metz 2004: 4 für solche Äußerungen mit Bezug auf Jacobis Kantkritik; Bondeli 2014a: 1146 für ähnliche Äußerungen mit Bezug auf Jacobis und Schulzes Kritik; sowie Cassirer 1920: 80 für ähnliche Äußerungen mit Bezug auf Maimons Kritik. Bei manchen Formulierungen aus letzterer Gruppe hat man allerdings den Eindruck, dass auch das Rechtfertigungsproblem mitgedacht wird; vgl. insbesondere Frank 1997: 89, 91 zu Jacobi. In manchen Darstellungen der Kantkritik ist die Tendenz, beide Arten von Problemen eher in einem Atemzug zu erwähnen, noch klarer erkennbar; vgl. zum Beispiel Cassirer 1920: 26ff., Dilthey 1889: 603, Erdmann 1848: 330f., Pinkard 2002: 95 zu Jacobi, oder Zeller 1873: 583ff. zu Schulze und Maimon.

dies wäre hinreichend, damit wir uns in einen Widerspruch zum „Kategorienverbot" hinsichtlich der Dinge an sich geraten. Dem schwachen Widerspruchsvorwurf zufolge stellt sich das Problem erst dann, wenn wir über bloßes „Denken" hinausgehen: zum Beispiel, wenn wir behaupten zu *wissen*, dass dies der Fall ist.

Ferner scheint der ganze Unzulässigkeitsvorwurf zwei Dimensionen zu haben. Die eine Dimension betrifft die kantische *Unerkennbarkeitsthese* über Dinge an sich. Es geht darum, dass es Einschränkungen hinsichtlich unseres Wissens/Erkennens im Rahmen des kantischen Idealismus gibt, gegen die eine Festlegung auf Dinge an sich verstoßen würde. Die zweite Dimension betrifft das *Kategorienverbot* hinsichtlich der Dinge an sich. Es geht dabei um den eventuellen Verstoß gegen die These, dass sich die Kategorien – insbesondere die Kategorie von Ursache und Wirkung – nur innerhalb des Gebiets der Erfahrung legitim anwenden lassen.[3] Vor dem Hintergrund dieser zwei Dimensionen könnte es naheliegend erscheinen, eine Differenzierung von Lesarten vorzuschlagen, die entlang dieser zwei Dimensionen läuft. Man könnte zum Beispiel zwischen einem Problem, das die Unerkennbarkeitsthese betrifft, sowie einem weiteren, das mit dem Kategorienverbot zu tun hat, scharf unterscheiden. Und man könnte anschließend auf weitere Differenzierungen dieser beiden Probleme eingehen und die so ausgelegten verschiedenen Probleme dann getrennt, eventuell in verschiedenen Abschnitten, behandeln.

Das entspricht *nicht* der Art und Weise, wie ich im Folgenden vorgehe, und ich möchte diese von mir nicht zu verfolgende Option kurz kommentieren. Ich glaube, dass in den meisten Fällen, sowohl bei Kant selbst als auch bei den Kritikern, die zwei Dimensionen sehr eng miteinander verwoben sind. So wie ich Kant verstehe, besteht ein Begründungsverhältnis zwischen der Unerkennbarkeitsthese und dem Kategorienverbot, das wie folgt aussieht: Wir können die Dinge an sich nicht anschauen; Anwendung (in einem anspruchsvollen Sinn) der Kategorien auf einen Gegenstand erfordert sinnliche Anschauung des Gegenstands; aus diesem Grund besteht ein Kategorienverbot hinsichtlich der Dinge an sich; Erkenntnis von Gegenständen erfordert Kategorienanwendung (in einem anspruchsvollen Sinn); *aus diesem Grund* gilt die Unerkennbarkeitsthese über Dinge an sich. Wenn man von einem solchen Verhältnis zwischen dem Kategorienverbot und der Unerkennbarkeitsthese bei Kant ausgeht, dann liegt es nahe, dass Strategien zur Verteidigung der Position Kants, die sich um die Kategorienanwendung drehen, ipso facto das Problem der Unerkennbarkeit adressieren werden. Umgekehrt kann eine alternative Interpretation der kantischen Thesen hinsichtlich der Uner-

---

[3] Dass es bei der frühen Kantkritik um beide Dimensionen des Problems geht, macht Schulze (1792: 206 f./[298 f.]) explizit.

kennbarkeit zeigen, dass es mit dem Kategorienverbot ebenfalls eher anders gemeint ist. Meines Erachtens ist es philosophisch ergiebiger und darstellungstechnisch weniger umständlich, eine Unterscheidung im Hinblick auf die *Radikalität* des Vorwurfs der Kantkritiker vorzunehmen, so wie ich es vorgeschlagen habe (Rechtfertigungs- vs. Widerspruchsvorwurf, und anschließend weitere Differenzierung zwischen stärkeren und schwächeren Varianten dieser Vorwürfe). Die zwei Dimensionen – Kategorienverbot und Unerkennbarkeit – erweisen sich dann in der Regel als parallel; eventuelle Abweichungen – vor allem in der Variante des starken Widerspruchsvorwurfs, wo es explizit nicht um Wissen/Erkennen geht – betrachte ich als evident genug, um keiner besonderen Thematisierung zu bedürfen.[4]

---

4 Auf den Bedarf nach einer klaren Unterscheidung zwischen schwächeren und stärkeren Varianten des Unzulässigkeitsvorwurfs und nach einer differenzierten Behandlung der Einwände verschiedener Kritiker weist Sandkaulen (2007) explizit hin. Sandkaulen meint allerdings damit eine Auseinanderhaltung der zwei Dimensionen, die Wissen/Erkennen einerseits und die Kategorienanwendung andererseits betreffen. Sie bestreitet, dass Jacobis Kantkritik die Dimension der Kategorienanwendung betrifft, und sieht diese verbreitete Interpretation der Kritik Jacobis als das Produkt einer historischen Rückblendung der Kantkritik Jacobis und Schulzes. Nach Sandkaulens Interpretation macht sich Schulze Sorgen um genau letztere Dimension und er soll auf diese Weise einen bloß skeptischen Einwand gegen Kant vorbringen, während Jacobis Einwand radikaler ist. Obwohl ich Sandkaulens Betonung des Bedarfs nach Differenzierungen und Unterscheidungen zwischen verschiedenen Varianten des Unzulässigkeitsvorwurfs zustimme, denke ich, dass die von mir vorgeschlagene Unterscheidung von Lesarten die Grundidee Sandkaulens besser einfangen kann: Eine Sorge, die sich um die Kategorienanwendung dreht, muss nicht per se weniger radikal sein als eine Sorge, welche die Problematik von Wissen/Erkennen betrifft; beide Arten von Sorgen könnten auf verschiedene Weisen interpretiert werden, und verschiedene Interpretationen der Einwände aus beiden Gruppen (Wissen/Erkennen vs. Kategorienanwendung) könnten sich dann als parallel im Hinblick auf ihre Radikalität herausstellen. Was die Gegenüberstellung von Jacobi und Schulze konkret angeht, würde ich mindestens zwei Komponenten der Interpretation Sandkaulens, die dieser Gegenüberstellung zugrunde liegt, bestreiten: Schulze, wie wir in diesem Abschnitt gesehen haben, will keinesfalls nur einen skeptischen Einwand – der bloß den Rechtfertigungsstatus der Festlegung auf Dinge an sich angreifen würde – gegen Kant vorbringen, so dass ich die These nicht teile, dass sein Vorwurf weniger radikal ist; was Jacobi angeht, werden wir sehen, dass es Stellen gibt, die dafür sprechen, dass er sich sehr wohl Sorgen um die Kategorienanwendung macht.

(Für Deutungen der Kantkritik Jacobis, die mit Sandkaulens Gegenüberstellung von Jacobi und Schulze explizit sympathisieren, vgl. Arndt 2021: insbesondere 16 und Haag 2021: insbesondere 50. Haag formuliert dort die These, dass Jacobis Überlegungen komplexer sind, als man gemeinhin annimmt. Dieser These stimme ich völlig zu. Die Auseinandersetzung mit verschiedenen Aspekten der jacobischen Überlegungen im Rahmen von verschiedenen Kapiteln und Teilen dieses Buchs erfolgt mit dem Ziel, dieser Komplexität gerecht zu werden – einer Komplexität, durch die sich allerdings meines Erachtens die *gesamte* frühe Kantkritik (inklusive

II Der starke Widerspruchsvorwurf: Denkverbot über Dinge an sich

In diesem Abschnitt gehe ich auf die Kritik der Erstleser an der Zulässigkeit von Dingen an sich ein, interpretiert als ein starker Widerspruchsvorwurf. Zunächst gehe ich der Frage nach, inwiefern die Erstleser tatsächlich einen solchen Einwand gegen Kant vorbringen, und stelle fest, dass der so ausgelegte Einwand in der frühen Kantkritik weniger verbreitet ist, als man annehmen könnte (Unterabschnitt (i)). Anschließend präsentiere und problematisiere ich eine verbreitete Standardreaktion in der Kantforschung auf den so interpretierten Einwand, wonach es sich um einen Einwand handelt, der sich sehr leicht entkräften lässt. Obwohl ich der Diagnose von Kantforscher:innen letztlich zustimme, dass sich Kant gegen diesen Einwand verteidigen lässt, vertrete ich die These, dass dies nicht so leicht ist, da die Entkräftung des Einwands nicht selbstverständliche Thesen hinsichtlich der genauen Rolle von Sinnlichkeit und Verstand in Kants Idealismus erfordert. Diese nicht selbstverständlichen Thesen verdienen eine etwas ausführlichere Präsentation und Plausibilisierung. Das sind die Aufgaben des Unterabschnitts (ii). Unter (iii) kehre ich zu einer in Kapitel 2 angesprochenen Stelle aus dem Amphibolie-Abschnitt der *Kritik* zurück und formuliere eine alternative Lesart – mein Vorschlag macht von den unter (ii) dargelegten Thesen zu Sinnlichkeit und Verstand Gebrauch.

i Die vergleichsweise geringe Verbreitung des starken Widerspruchsvorwurfs in der frühen Kantkritik

Die erste Variante des Widerspruchsvorwurfs, die ich besprechen möchte, dreht sich um Fragen, die das „Denken" betreffen. In dieser Variante ist der Widerspruchsvorwurf als stark einzustufen. Kant soll mit einem beachtlichen Problem konfrontiert werden, selbst wenn er Dinge an sich als existierende, uns affizierende Entitäten bloß *zulässt*, selbst wenn er existierende, uns affizierende Dinge an sich bloß *denkt*, oder wenn er bloß *glaubt*, dass es solche Dinge geben könnte, ohne jegliche Wissens- oder Erkenntnisansprüche zu erheben. Warum annehmen, dass sich ein solches Problem für Kant stellen könnte? Der Kantleserin kann die

---

Schulzes Kantkritik) auszeichnet. Zur Haags bzw. Sandkaulens Deutung vgl. auch Kap. 2, Fn. 59 und Kap. 4, Fn. 13 und 41.

II Der starke Widerspruchsvorwurf: Denkverbot über Dinge an sich — 139

Antwort leichtfallen. Die These über existierende, uns affizierende Dinge an sich könnte als folgende Behauptung verstanden werden:

Affektionsthese: Es gibt Dinge an sich, die auf Wahrnehmungssubjekte kausal einwirken.

Nun ist Kausalität bzw. Ursache und Wirkung eine Kategorie. Kant betont aber, dass es bei Kategorien, die jenseits des Gebiets der Erfahrung, und folglich jenseits des Gebiets der Erscheinungen, ohne ein „correspondirende[s] Object in der Anschauung", verwendet würden, um Begriffe „ohne *Sinn*, d.i. ohne Bedeutung" ginge (A240/B299).⁵ Kant scheint vor diesem Hintergrund auf die These verpflichtet zu sein, dass die Kategorie von Ursache und Wirkung auf Dinge an sich nicht angewandt werden darf, selbst wenn dies nur im Modus des „Denkens" geschieht. Seine Äußerungen scheinen die These zu stützen, dass Aussagen, welche eine Anwendung der Kategorien auf Dinge an sich nach sich ziehen, als *sinnlose* Aussagen – nach Kants eigenen Standards – eingestuft werden müssten.

Eine Reihe von Formulierungen aus den Schriften der Erstleser passt zu einer solchen Deutung ihres Vorwurfs. Jacobi schreibt zum Beispiel über die Annahme, dass es Dinge an sich gäbe, *„die wir auf irgend eine Weise wahrzunehmen im Stande seyn könnten"*, wie folgt: „Sobald er [der Bekenner des transzendentalen Idealismus, MK] es nur wahrscheinlich finden, es nur von ferne *glauben* will, muß er aus dem transscendentalen Idealismus herausgehen, und mit sich selbst in wahrhaft *unaussprechliche* Widersprüche gerathen" (Jacobi 1787: 112).⁶ Maimon spricht vom kantischen (affizierenden) Ding an sich als ein „leeres Wort ohne alle Bedeutung", von dessen Dasein sich man „gar keinen Begriff machen kann" (Maimon 1791: 185/[161]), und bezeichnet es an anderer Stelle als ein *„Unding"* (Maimon 1793b: 70/[48]). In diesem Zusammenhang ist auch folgender Aspekt der Kantkritik Pistorius' relevant. Pistorius, genau wie seine Zeitgenossen, – und sogar als erster – problematisiert explizit die Affektionsthese bei Kant. Seine Sorgen um das Verhältnis zwischen Dingen an sich und Kategorien betreffen allerdings nicht nur die Affektionsproblematik; Pistorius unterwirft die kantische Auflösung der dritten Antinomie einer ähnlichen Kritik. Nach Pistorius erfordert diese Auflösung die Anwendung der Kategorie von Ursache und Wirkung auf Dinge an sich, und dies soll ein Problem sein, selbst wenn keine Wissensansprüche dabei erhoben werden. Pistorius (1786: 110) zufolge zieht eine solche Anwendung eine „Übertretung der ersten critischen Regel, nicht über das Feld der

---

5 Vgl. A242.
6 Rosefeldt (2013: 235 Fn. 16) erwägt eine solche mögliche Lesart der Kantkritik Jacobis und weist auf diese Stelle als Anhaltspunkt hin.

Erfahrung im Gebrauch des Verstandes und der Vernunft auszuschweifen", nach sich, selbst wenn man „dies auch nur hypothetisch" tut. Der Vorwurf Pistorius' scheint (auch) stark gemeint zu sein.[7] Dafür spricht, dass sich Pistorius in seiner Kantkritik nicht nur auf die Anwendung von Kategorien auf Dinge an sich in einem theoretischen Kontext beschränkt, sondern Bedenken auch für Fälle äußert, wo dies im Kontext der *praktischen* Philosophie Kants geschieht (Pistorius 1788b: 463f.), ein Kontext, der bekanntlich mehr mit bloßem Glauben zu tun hat.

Dass diese Interpretation der frühen Kantkritik relativ verbreitet ist, erschließt sich nicht nur aus manchen expliziten Äußerungen zu den Thesen der frühen Kantkritiker,[8] sondern zudem aus der Art und Weise, wie man aus Sicht der Kantforschung auf diese Kritik oft reagiert. Wie wir im nächsten Unterabschnitt sehen werden, gibt es eine Standardreaktion aus kantischer Sicht, die um die Unterscheidung zwischen *Denken* und *Erkennen/Wissen* bei Kant kreist. Eine solche Reaktion auf die Kantkritik macht nur dann Sinn, wenn man davon ausgeht, dass der Vorwurf der Erstleser als ein starker Widerspruchsvorwurf intendiert ist.

Ich denke allerdings, dass dies in der Regel *nicht* der Fall ist. Mit Ausnahme von Pistorius, der tatsächlich einen stärkeren Vorwurf zu erheben scheint – obwohl dies nicht seinen einzigen Einwand gegen die Zulässigkeit von Dingen an sich darstellt, wie wir in der Folge sehen werden –, ist die Kritik der Erstleser schwächer zu interpretieren. Was Jacobi angeht, spricht die Tatsache, dass er das affizierende Ding an sich als einen „problematischen" Gegenstand innerhalb der kantischen Philosophie zulässt, dafür, dass sein Vorwurf nicht so stark gemeint

---

[7] Wie die zitierte Pistorius-Stelle zeigt, ist es für die Verteidigung einer solchen Interpretation der Kantkritik Pistorius' irrelevant, wie wir Kants Thesen rund um transzendentale Freiheit in der A-Auflage der *Kritik* – worauf sich Pistorius hier bezieht – genau verstehen; zur Frage, wie stark diese Thesen gemeint sind, vgl. Ameriks 2003: 160ff., Ludwig 2015. Selbst wenn wir Kant eine ziemlich starke Position hinsichtlich der Möglichkeit eines theoretischen Beweises für transzendentale Freiheit in der A-Auflage zuschreiben, geht es aus Pistorius' Formulierung hervor, dass er auch eine abgeschwächte Version der kantischen Thesen rund um transzendentale Freiheit für problematisch halten würde.

[8] Mit einer starken Lesart des Widerspruchsvorwurfs Jacobis, wonach die Affektionsthese „bedeutungslos" ist und gegen ein „Denkverbot" verstößt, scheinen Vaihinger (1892: 35f.) und Windelband (1892: 494) zu operieren. Auch Henrich (2003: 138) ließe sich – auf indirekte Weise – als Vertreter einer solchen Lesart einstufen. Formulierungen bezüglich des Begriffs des Dings an sich als eines „Unbegriffs" oder „unmöglichen Begriffs", Rede von „Widersinnigkeit" einer Festlegung auf Dinge an sich oder die Betonung der maimonschen Rede von „Unding" werte ich als Ausdruck einer starken Lesart der Kantkritik Maimons; solche Formulierungen im Zuge einer Thematisierung der Thesen Maimons finden sich in Erdmann 1848: 507, Kroner 1921: 336, Windelband 1892: 497f., Zeller 1873: 588.

sein kann.⁹ Seine Äußerungen, die ich hier zitiert habe und die für die starke Lesart zu sprechen scheinen, verstehe ich als die These, dass eine kantische Festlegung auf Dinge an sich in *pragmatischer* Hinsicht sinnlos wäre. Dies wäre sie aufgrund von anderen Aspekten der gesamten Position Kants – aus der Perspektive der Kantinterpretation Jacobis –, die uns in Kapitel 5 näher beschäftigen werden.¹⁰ Was Maimon angeht, denke ich ebenfalls, dass sein Einwand schwächer zu lesen ist, und dass Maimon unter „Denken" etwas versteht, das nahe an Erkennen steht und in jedem Fall stärker ist, als es auf den ersten Blick scheint. An einer bereits angesprochenen Stelle zum Beispiel, wo Maimon vom Ding an sich als einem „Unding" spricht, macht er dies deutlich, und es finden sich weitere Stellen, die diese Lesart stützen.¹¹ Vor diesem Hintergrund lässt sich feststellen, dass der starke Widerspruchsvorwurf, dem Anschein zum Trotz, eine vergleichsweise geringe Rolle in der frühen Kantkritik gespielt hat.

Bevor wir uns der Reaktion aus kantischer Sicht zuwenden, möchte ich auf eine Schwierigkeit sowohl in meiner eigenen Darstellung des starken Widerspruchsvorwurfs als auch in den Äußerungen aus den Schriften der Erstleser, die diese Lesart stützen könnten, aufmerksam machen. Bei der ganzen Rede von „Denken" scheinen mindestens zwei Fragen relevant zu sein, die hier eher in einen Topf geworfen werden. Die eine Frage betrifft die doxastische Einstellung zu Aussagen über Dinge an sich – „Denken" in diesem Sinn scheint bedeutungsgleich mit „Glauben" zu sein. Die andere Frage ist jedoch semantisch und betrifft die kantischen Thesen hinsichtlich des Gegenstandsbezugs von Begriffen – „Denken" in diesem Sinn ist nicht als eine doxastische Einstellung zu verstehen. Obwohl ich es aus einer Kant-immanenten Perspektive für durchaus lohnend halte, an dieser Unterscheidung weiter zu bohren und ihre Folgen für die Kantinterpretation und -verteidigung zu untersuchen, werde ich es hier unterlassen.

---

9 Vgl. die Stelle aus Jacobi 1787: 108, die im vorigen Kapitel thematisiert wurde. Hier stimme ich Gesangs (2007: xviiff.) Gegenüberstellung der Kantkritik Pistorius' zu der Jacobis zu.
10 Zur konkreten Äußerung Jacobis vgl. insbesondere Kap. 5, Fn. 43.
11 Die genaue Äußerung Maimons (1793b: 70/[48]) lautet: „Nun aber ist dieses *Ding an sich* in der Tat ein *Unding*; denn ein Unding ist ein Etwas (objectum logicum) wovon man sonst gar kein Merkmal angeben kann." In demselben Kontext spricht Maimon von der *Bestimmung* der Merkmale (ebd.). So wie ich ihn verstehe, geht es hier um die Möglichkeit, Dinge an sich (bestimmt) zu erkennen. Diese schwächere Lesart wird von folgender Stelle ebenfalls gestützt: „Ich kann mir zwar ein *Ding an sich, außer dem Erkenntnißvermögen* auf eine *unbestimmte Art denken*, kann aber keinesweges dasselbe *bestimmen*. Ein *bestimmtes Objekt des Erkenntnißvermögens außer dem Erkenntnißvermögen* zu denken, enthält also einen offenbaren Widerspruch" (Maimon 1794: 184 f./ [126 f.]). Für einen weiteren Beleg für die These, dass Maimon bloßes Denken in Bezug auf Dinge an sich für zulässig hält und dass sein Problem eher Aussagen über Dinge an sich, die mit *behauptender Kraft* gemacht werden, betrifft, vgl. nächsten Abschnitt (Kap. 3, II, i).

Wie wir gesehen haben, vertrete ich ohnehin die These, dass Kants Kritiker sich wenig Sorgen um solche Fragen machen. Mit meiner Auseinandersetzung mit einer starken Variante des Widerspruchsvorwurfs verfolge ich hier eher das Ziel, sie von der *schwachen* Variante, die in der frühen Kantkritik tatsächlich sehr verbreitet ist, abzugrenzen sowie einige Überlegungen ins Spiel zu bringen, die meines Erachtens in jedem Fall relevant sind, unabhängig davon, wie wir den starken Widerspruchsvorwurf genau verstehen.

ii Die Reaktion aus Sicht der Kantforschung und die nicht parallelen Rollen von Sinnlichkeit und Verstand in Kants Idealismus

Obwohl gewisse Schwierigkeiten hinsichtlich der genauen Deutung des starken Widerspruchsvorwurfs offen bleiben, möchte ich einen Blick auf eine Standardreaktion zu dieser Art von Einwand werfen; zum einen weil mindestens Pistorius einen Einwand formuliert, der in diese Richtung geht, zum anderen weil die Thematisierung dieser Reaktion uns eine gute Gelegenheit bietet, einer Frage nachzugehen, und eine Antwort darauf zu präsentieren, die in der Folge vorausgesetzt wird. Die Standardreaktion aus kantischer Sicht besteht in einem sehr verbreiteten und als unumstritten geltenden Verweis auf einen Unterschied zwischen bloßem Denken einerseits und Erkennen/Wissen andererseits, was die kantischen Verbote hinsichtlich der Dinge an sich angeht. Die Frage, die damit zusammenhängt, ist die nach der Rolle von Sinnlichkeit einerseits und Verstand andererseits in Kants transzendentalem Idealismus. Die Antwort, die ich favorisiere, ist die nicht ganz unkontroverse These, dass diese Rollen *nicht* parallel sind.

Die Standardreaktion: Denken vs. Erkennen/Wissen bei Kant

Auf den starken Widerspruchsvorwurf – unabhängig davon, wie wir ihn genau verstehen – gibt es eine Standardreplik: Glücklicherweise enthält die kantische Philosophie eine „escape clause",[12] die ihr erlaubt, den Vorwurf sehr leicht zu widerlegen. Die kantischen Einschränkungen hinsichtlich der Dinge an sich dürfen nicht so interpretiert würden, als würden sie bloßes Denken mit Blick auf Dinge an sich ausschließen. Obwohl Kant, insbesondere in der A-Auflage der *Kritik*, manche missverständliche Äußerungen diesbezüglich macht, macht er an mehreren Orten – zum Beispiel in der B-Auflage, in seinem eigenen Handexem-

---

[12] Vgl. Van Cleve 1999: 137. Genau genommen bezieht sich Van Cleves Formulierung nicht auf die Unterscheidung zwischen Denken und Erkennen/Wissen, sondern auf die Unterscheidung zwischen reinen und schematisierten Kategorien, die ich gleich ins Spiel bringen werde.

plar der A-Auflage oder in der *Kritik der praktischen Vernunft* – klar, wie er solche Äußerungen verstanden wissen möchte (B148 ff., 23: 35, 23: 48, 5: 136). Wir müssen einen Unterschied zwischen Denken einerseits und Wissen/Erkennen andererseits treffen. Das Kategorienverbot hinsichtlich der Dinge an sich betrifft allenfalls die Wissen/Erkennen-Problematik, nicht aber das bloße Denken. Mit dieser Unterscheidung hängt eine weitere Unterscheidung zusammen, die zum Standardvokabular der Kantforschung gehört, und worauf man im Rahmen der hier skizzierten Standardreaktion in der Regel verweist: die Unterscheidung zwischen *reinen* und *schematisierten* Kategorien. Die reinen Kategorien sind die wirklich reinen Verstandesbegriffe, ohne jegliche Beimischung der Sinnlichkeit. Die Kategorienanwendung (im anspruchsvollen Sinn) erfordert allerdings sinnliche Anschauung. Alle sinnlichen Anschauungen haben die Zeit als ihre Form. Die Anwendung der Kategorien auf das Gebiet der Sinnlichkeit muss über die Zeit vermittelt werden und es geht dabei um ein Verfahren, das Kant als „Schematismus" bezeichnet (A137 ff./B176 ff.). Kategorien, die durch dieses Verfahren die Bedingungen der Zeit erfüllen, lassen sich als schematisiert charakterisieren. Dies erlaubt uns, das Kategorienverbot Kants wie folgt zu verstehen: Das Verbot einer Anwendung der Kategorien auf Dinge an sich betrifft eine Anwendung im *anspruchsvollen* Sinn, eine Anwendung in der Form von *schematisierten* Kategorien; eine Anwendung in einem schwächeren Sinn, in der Form von reinen Kategorien, ist hingegen nicht ausgeschlossen.[13]

Das Kategorienverbot, insbesondere mit Blick auf die hier zur Debatte stehende Kategorie von Ursache und Wirkung, könnten wir vor diesem Hintergrund wie folgt formulieren:

> Kausalitätskategorienverbot: Die Kategorie von Ursache und Wirkung darf nicht auf Dinge an sich angewandt werden, wenn wir dabei über bloßes Denken hinausgehen.

Aus Sicht der Kantforschung ist es zudem klar, dass die Aussage, welche die Affektionsthese zum Ausdruck bringt („Es gibt Dinge an sich, die auf Wahrneh-

---

[13] Zu einer solchen Strategie zur Verteidigung Kants – um mindestens diese Art von Einwand gegen Kants Idealismus zu entkräften – greifen zum Beispiel Adickes (1924: 49 ff.), Allais (2015: 68 ff.), Aquila (1979: 302 ff.), Förster (2011: 118 ff.), Walker (2010: 829 f.), Westphal (2004: 41 ff.), Willaschek (2001: 220). Soweit ich sehen kann, wird dabei von einem engen Zusammenhang zwischen der Unterscheidung von Denken vs. Erkennen/Wissen und der Problematik von reinen und schematisierten Kategorien ausgegangen. Als Bestandteil der hier umrissenen Reaktion wird zudem oft betont, dass nach Kant das affizierende Ding an sich keine *Ursache*, sondern ein bloßer *Grund* wäre; vgl. zum Beispiel Allais 2015: 69, Förster 2011: 118 ff., Walker 2010: 829 f., Westphal 2004: 52 f. Auf letztere Problematik gehe ich im nächsten Abschnitt etwas ausführlicher ein.

mungssubjekte kausal einwirken"), als eine sinnvolle Aussage einzustufen ist. Wenn Kant schreibt, dass Kategorien jenseits des Gebiets der Erscheinungen „ohne *Sinn*, d.i. ohne Bedeutung" wären, ist er nicht beim Wort zu nehmen bzw. seine Rede von Sinn und Bedeutung ist anders zu verstehen. Wie Kant hier selbst schreibt, versteht er an dieser Stelle unter „Sinn" Bedeutung; die kantische Rede von Bedeutung wäre wiederum eher mit Überlegungen rund um den Gegenstandsbezug von Begriffen in Verbindung zu bringen.[14] So ausgelegt, steht das Kategorienverbot in keinem Widerspruch zur Affektionsthese, solange wir zumindest keine Wissens-/Erkenntnisansprüche erheben.

Kant scheint dem starken Widerspruchsvorwurf klarerweise entgehen zu können. Die Unterscheidung zwischen Denken und Erkennen/Wissen wird von vielen Kantforscher:innen explizit als Strategie zur Verteidigung der kantischen Festlegung auf Dinge an sich eingesetzt.[15] Dabei geht es um Vertreter:innen von Kantinterpretationen, die sich sonst in vielerlei Hinsicht stark voneinander unterscheiden. Die These, dass sich der Vorwurf der Kritiker, solange er stark interpretiert wird, leicht entkräften lässt, scheint zudem die Standardauffassung in der Kantforschung zu sein: Eine gute, schnelle und einfache Replik soll verfügbar sein, in dem Sinn, dass sie sich auf Thesen beruft (vor allem die Unterscheidung zwischen Denken vs. Erkennen/Wissen im Hinblick auf Dinge an sich), die aus kantischer Sicht als nicht kontrovers gelten und in die unterschiedlichsten Kantinterpretationen integriert werden können.[16]

Während ich der These zustimme, dass die Standardreplik – zumindest ihrem Geist nach – gut ist und dass wir an ihr festhalten sollten, bestreite ich die These, dass sie ohne kontroverse Annahmen auskommt. Meines Erachtens ist diese Art von Replik auf die These verpflichtet, dass eine *Disanalogie* in den kantischen Thesen mit Blick auf Sinnlichkeit einerseits und Verstand andererseits besteht: Die Rolle der zwei Vermögen im Rahmen des kantischen Idealismus kann nicht parallel sein. Bei Kantinterpretationen, wo letztere These ungern unterschrieben wird, ist es nicht so klar, wie die Berufung auf die Denken vs. Erkennen/Wissen-Unterscheidung genau funktionieren soll. Ich möchte auf diese Problematik etwas näher eingehen.

---

14 Zu dieser Frage vgl. Watkins 2002: 202 ff.
15 Für manche Beispiele vgl. Fn. 13.
16 Soweit ich sehen kann, würde sich diese Strategie – zumindest ihrem Geist nach – der Zustimmung der meisten Kantforscher:innen erfreuen. Davon ausgenommen wären die Vertreter einer „verifikationistischen" Kantinterpretation wie Strawson (1966: 16 f.) oder Bennett (1974: 52 f.).

Die nicht parallelen Rollen von Sinnlichkeit und Verstand in Kants Idealismus

Die Standardreaktion auf den starken Widerspruchsvorwurf lässt den Eindruck entstehen, dass die Erhebung eines starken Widerspruchsvorwurfs ein grobes Missverständnis vonseiten der Erstleser darstellt (bzw. darstellen würde). Man würde zwar zugeben, dass dieses Missverständnis historisch nachvollziehbar ist: Die Stellen, die häufig als Belege für die differenzierte Haltung Kants (Denken vs. Erkennen/Wissen) mit Blick auf die Kategorien und das Ding an sich angeführt werden, stammen aus der B-Auflage der *Kritik* sowie späteren Werken und Reflexionen; als die ersten Leser Kants ihre Kritik formulierten, standen ihnen diese Texte zum Teil oder zur Gänze nicht zur Verfügung. Dieser Umstand würde jedoch wenig daran ändern, dass die Kantinterpretation der ersten Leser als ein Missverständnis einzustufen wäre, das sich aus der fehlenden (oder nicht hinreichenden) Berücksichtigung der B-Auflage und späterer Texte ergibt.

Obwohl ich der These zustimme, dass die Kantinterpretation der ersten Leser – insbesondere Pistorius' in diesem Fall – nicht alternativlos ist, denke ich, dass es selbst für Leser:innen, denen die B-Auflage und spätere Texte zur Verfügung stünden, nicht absurd wäre, auf die Idee zu kommen, dass der starke Widerspruchsvorwurf ein ernsthaftes Problem für Kant darstellt. Es könnte sich dabei um Kantleser:innen handeln, die von der Annahme ausgingen, dass die Rollen der Sinnlichkeit und des Verstandes bei der Begründung des kantischen Idealismus parallel/ähnlich sind. Und das ist eine These, die nicht unerhört ist. Die entgegengesetzte und nicht ganz unkontroverse Annahme – Verneinung der parallelen Rolle von Sinnlichkeit und Verstand – verdient vor diesem Hintergrund eine Plausibilisierung. Bei der Plausibilisierung dieser Annahme werde ich auf anschlussfähige Thesen von Eric Watkins und Lucy Allais zurückgreifen[17] und im Lichte solcher Thesen zwei wichtige Kant-Stellen zum transzendentalen Idealismus ansprechen.

Es wäre nicht abwegig anzunehmen, dass die Rollen der Sinnlichkeit und der Formen der Anschauung einerseits und des Verstandes und der Kategorien andererseits als parallel innerhalb des kantischen Idealismus aufzufassen sind; denn Kant selbst sagt uns an manchen Stellen, dass es sich so verhält. An einer fasslichen, weit rezipierten und einflussreichen Stelle aus der B-Vorrede der *Kritik*, wo Kant seine berühmte Metapher hinsichtlich seines Projekts als einer Art ko-

---

[17] Ameriks' (1990) Kritik an „short arguments to idealism", die im vorigen Kapitel (Kap. 2, Fn. 45) angesprochen wurde, ist, ihrem Geist nach, obwohl sie hier nicht näher besprochen wird, von Relevanz für die hier diskutierte Problematik. Ameriks' Kritik gilt nicht nur einem „kurzen Weg zur Begründung des Idealismus", der sich auf *generische* Merkmale der *Sinnlichkeit* beruft, sondern auch Versuchen, den Idealismus durch Berufung auf den Beitrag des *Verstandes* und seiner *Begriffe* zu establieren; vgl. Ameriks 1992.

pernikanischer Wende formuliert, schreibt er über Anschauungen und Sinnlichkeit:

> Wenn die Anschauung sich nach der Beschaffenheit der Gegenstände richten müßte, so sehe ich nicht ein, wie man a priori von ihr etwas wissen könne; richtet sich aber der Gegenstand (als Object der Sinne) nach der Beschaffenheit unseres Anschauungsvermögens, so kann ich mir diese Möglichkeit ganz wohl vorstellen. (Bxvii)

Kant fährt dann fort, indem er uns sagt, dass er „bei diesen Anschauungen, wenn sie Erkenntnisse werden sollen, nicht stehen bleiben kann" und dass eine ähnliche Überlegung auch auf Begriffe und die Rolle des Verstandes Anwendung findet:

> [So] kann ich entweder annehmen, die *Begriffe* [...] richten sich auch nach dem Gegenstande, und dann bin ich wiederum in derselben Verlegenheit wegen der Art, wie ich a priori hievon etwas wissen könne; oder ich nehme an, die Gegenstände oder, welches einerlei ist, die *Erfahrung*, in welcher sie allein (als gegebene Gegenstände) erkannt werden, richte sich nach diesen Begriffen, so sehe ich sofort eine leichtere Auskunft. (ebd.)[18]

Solche Äußerungen legen die Interpretation nahe, dass die Argumentation in der Transzendentalen Ästhetik und in der Transzendentalen Analytik ähnlich läuft. Man könnte das Ganze wie folgt verstehen. Mithilfe der Raum- und Zeitargumente in der Ästhetik zeigt Kant, dass die Form der Anschauung eine erste „Schicht" von Subjektabhängigkeit in die Gegenstände, als Gegenstände der Anschauung, einführt. In der Analytik zeigt er dann – zum Beispiel anhand des Arguments der transzendentalen Deduktion –, dass die reinen Begriffe des Verstandes, die Kategorien, zu einer *weiteren* „Schicht" von Subjektabhängigkeit für die Gegenstände, als Gegenstände der Erfahrung, führen. Versteht man das Ganze so, dann haben wir *zwei* Argumente für den Idealismus, eines davon in der Ästhetik, das andere in der Analytik. Jedes von diesen Argumenten würde, für sich genommen, zeigen, dass Gegenstände der Erfahrung in gewisser Hinsicht subjektabhängig sind. Die Ästhetik würde dies mit Blick auf rein sinnliche Eigenschaften von Gegenständen – damit meine ich Eigenschaften, die wir durch die Sinne erfassen können, wie die raumzeitlichen Eigenschaften – zeigen. In der Analytik wäre ein

---

18 Für eine weitere Stelle, die in diese Richtung geht, vgl. A196/B241. Dort schreibt Kant hinsichtlich der Kategorie der Ursache und Wirkung: „Es geht aber hiemit so, wie mit andern reinen Vorstellungen a priori (z. B. Raum und Zeit), die wir darum allein aus der Erfahrung als klare Begriffe herausziehen können, weil wir sie in die Erfahrung gelegt hatten und diese daher durch jene allererst zu Stande brachten." Westphal (2007: 745 f.) verweist auf solche Stellen als Belege für die These, dass die Rolle der Sinnlichkeit und des Verstandes in Kants Idealismus parallel ist.

ähnliches Argumentationsziel mit Blick auf Eigenschaften, die ich als „kategorial" bezeichnen möchte, verfolgt – es geht dabei um Eigenschaften von Gegenständen, die man durch die Kategorien (als Begriffe des Verstandes) beschreiben würde (zum Beispiel die Eigenschaft, eine Ursache zu sein). Folgt man dieser Interpretation, ist es wichtig zu sehen, dass schon eines von diesen zwei Argumenten hinreichend wäre, um eine idealistische These zu etablieren. Kant wäre ein Idealist, selbst wenn er kein einziges Wort über Raum und Zeit geschrieben hätte: Seine Thesen mit Blick auf Kategorien würden ihn trotzdem auf eine Spielart des begrifflichen, „konzeptuellen" Idealismus verpflichten.[19] Vor dem Hintergrund einer solchen Interpretation bestünde eine Analogie zwischen den in der *Kritik* entwickelten Thesen über Sinnlichkeit (und Anschauungen) einerseits und über Verstand (und Begriffe) andererseits, in dem Sinn, dass man in beiden Fällen *sowohl* die Apriorität *als auch* die Subjektivität der Formen der Anschauung und der Kategorien (als „Gedankenformen") vertreten würde.

Folgt man allerdings dieser Interpretation, stellt sich ein Problem hinsichtlich der Frage, inwiefern wir mittels der Kategorien die Dinge an sich denken können und inwiefern wir berechtigt sind, es für eine offene Möglichkeit zu halten, dass Dingen an sich kategoriale Eigenschaften zukommen könnten. Im Hinblick auf die Formen der Anschauung, Raum und Zeit, und Dinge an sich formuliert Kant seine Position ziemlich explizit:

> Der Raum stellt gar keine Eigenschaft irgend einiger Dinge an sich, oder sie in ihrem Verhältniß auf einander vor, d. i. keine Bestimmung derselben, die an Gegenständen selbst haftete, und welche bliebe, wenn man auch von allen subjectiven Bedingungen der Anschauung abstrahirte. (A26/B42)

Das Szenario, dass Dingen an sich raumzeitliche Eigenschaften zukommen könnten, wird ausgeschlossen.[20] Würde man nun der in der B-Vorrede angeklungenen Behauptung Kants Glauben schenken, dass die Rolle der Formen der Anschauung und der Kategorien völlig parallel/ähnlich ist, dann würde man erwarten, dass Kant im Fall von kategorialen Eigenschaften genauso wie im Fall von raumzeitlichen Eigenschaften ausschließen würde, dass sie Dingen an sich zu-

---

19 Bei meiner Darstellung folge ich hier stark Allais 2015: 292ff. – die hier skizzierte Position ist *nicht* Allais' eigene Position.

20 Es ist gerade Kants mangelnde Bereitschaft, die Möglichkeit dieses Szenarios offen zu lassen, die für den berühmten Einwand der „vernachlässigten Alternative" oder der „trendelenburgschen Lücke" gesorgt hat. Im Rahmen dieses Einwands wird Kant unterstellt, dass er bei seinem Beweisgang in der Ästhetik versäumt hat, die konkurrierende Konzeption argumentativ auszuschließen, wonach Raum und Zeit sowohl Formen der Anschauung als auch Eigenschaften von Dingen an sich sein könnten.

kommen können. Man würde erwarten, dass es gar nicht möglich ist, mittels Kategorien die Dinge an sich zu denken, denn diese Begriffe sollten zu einer Subjektabhängigkeit des dadurch gedachten Gegenstands führen, so dass der Gegenstand in Frage kein Ding an sich sein könnte. Wenn die Thesen Kants in der Ästhetik und Analytik analog wären, müsste Kant ebenfalls *ausschließen*, dass Dinge an sich kategoriale Eigenschaften haben können, wie die Eigenschaft, eine Ursache zu sein und auf Wahrnehmungssubjekte kausal einzuwirken. Dass Kant trotzdem dieses Szenario zulässt, indem er eine Unterscheidung zwischen Denken und Erkennen/Wissen trifft, zeigt, dass man nur, wenn man Kants Äußerungen über die parallele Rolle der Ästhetik und Analytik schwächer liest, Platz für das *Denken* als Reaktion auf den starken Widerspruchsvorwurf machen kann. Man müsste die Idee aufgeben, dass die Argumentation zur Begründung des kantischen Idealismus in der Ästhetik und in der Analytik wirklich ähnlich läuft – und dies würde bedeuten, dass wir die berühmte Metapher der kopernikanischen Wende nicht zu ernst nehmen würden.

Wie sähe das alternative Bild aus? Watkins (2002) setzt sich mit dem Verhältnis zwischen Idealismus und Kategorien auseinander. Er geht der Frage nach, inwiefern in der *Kritik* Argumente enthalten sind, welche die Subjektabhängigkeit von kategorialen Eigenschaften etablieren könnten. Dabei werden zentrale Überlegungen und Argumente Kants, unter anderem in den Abschnitten zur metaphysischen und transzendentalen Deduktion der Kategorien, im Schematismus-Abschnitt oder in den „Analogien der Erfahrung", in den Blick genommen und es wird das Fazit gezogen, dass sich *kein* Argument findet, das die Subjektabhängigkeit von kategorialen Eigenschaften etabliert. Ausgehend von Watkins' Ergebnis lässt sich die Lage wie folgt beschreiben. In der Analytik formuliert Kant kein *zusätzliches* Argument für den Idealismus. Es wird *nicht* gezeigt, dass der Verstand und die Kategorien eine *weitere* Schicht von Subjektabhängigkeit in die Gegenstände einführen. Für Watkins ist dieses Ergebnis vereinbar mit einer eher *agnostischen* Position Kants hinsichtlich kategorialer Eigenschaften, die es offen lassen würde, ob die kategorialen Eigenschaften doch subjektabhängig sind: „Perhaps they are ultimately subject-dependent, but we simply are not in a position to establish this feature. Of course, it is equally possible that they are subject-independent and that we cannot demonstrate that either" (Watkins 2002: 211). Soweit ich sehen kann, braucht man mindestens diese agnostische Position, um den starken Widerspruchsvorwurf gegen Kants Festlegung auf Dinge an sich entkräften zu können. Vor diesem Hintergrund halte ich die Entkräftung dieser Variante der frühen Kantkritik für zwar möglich, aber trotzdem anspruchsvoll. Selbst der stärkste, radikalste – und in dieser Hinsicht angreifbarste – Vorwurf der Erstleser Kants kann uns zwingen, die These aufzugeben, dass die Rolle der Argumente in der Ästhetik und der Analytik, oder der Sinnlichkeit und des Verstandes in Kants (Begründung des) Idealismus wirklich parallel ist. Der Verzicht auf diese These wäre nicht von geringer Bedeutung und hat zur Folge, dass wir uns von einem verbreiteten Kantbild verabschieden müssten; denn die Idee, dass Kants Kategorienlehre starke Parallelen zur Raumzeitlehre aufweist und dass zentrale Überlegungen Kants in der *Kritik* die Subjektabhängigkeit von kategorialen Eigenschaften etablieren, entspricht oft der Art und Weise, wie die Grundzüge des kantischen Idealismus von vielen Kantleser:innen verstanden werden.[21]

Die hier beschriebene agnostische Position halte ich für vollkommen ausreichend, was die Replik auf den in diesem Abschnitt zur Diskussion stehenden Einwand angeht. Trotzdem ließe sich die These verteidigen, dass die Abweichung Kants von diesem verbreiteten Kantbild – parallele Rolle von Sinnlichkeit und Verstand – noch größer sein könnte. Die meisten Strategien zur Verteidigung Kants, die ich im Rest dieser Arbeit als Reaktion auf Einwände aus der frühen Kantkritik verfolge oder favorisiere, brauchen meines Erachtens explizit stärkere Annahmen über die nicht parallele Rolle von Sinnlichkeit und Verstand. Man könnte einen Schritt weiter gehen und Kant sogar die These *zuschreiben*, dass die kategorialen Eigenschaften keine subjektabhängigen Eigenschaften sind (solange man dabei vom Beitrag der Sinnlichkeit abstrahiert). Aus der Perspektive einer solchen, alternativen, Deutung, wäre die Rolle von Sinnlichkeit und Verstand zwar parallel, was den *nichtempirischen, apriorischen* Ursprung einerseits von Vorstellungen von Raum und Zeit und andererseits von den Kategorien angeht; aber man würde das Vorliegen einer weiteren Analogie, nämlich dass in beiden Fällen diese Apriorität mit *Subjektivität* einhergeht, explizit bestreiten. Aus diesem Grund ist es eine gute Gelegenheit, bei der Problematik der Rolle von Sinnlichkeit und Verstand etwas weiter zu verweilen, und die Idee dieser noch stärkeren Abweichung schon hier einzuführen und zu plausibilisieren.

Soweit ich sehen kann, ist Allais' (2015: 292 ff.) Positionierung zu dieser Problematik, die in der verlängerten Linie der hier umrissenen Thesen Watkins' steht, etwas stärker gemeint. Im Rahmen eines Interpretationsvorschlags rund um Kants transzendentale Deduktion der Kategorien, zu dem ich in Kapitel 6 zurückkommen werde, wird die These vertreten, dass der Verstand und die Kategorien keine weitere Schicht von Subjektabhängigkeit in die Gegenstände einführen. Der Grund, warum die mittels der Kategorien erkannten Gegenstände subjektabhängig sind, liegt nicht am Beitrag der Kategorien (durch die Leistung

---

[21] Ich habe den Eindruck, dass dies die Standardauffassung bei Leser:innen, die keine Kant-Spezialist:innen sind, darstellt. Zu relevanten Aspekten der Interpretation der *Kritik* durch die ersten Leser Kants vgl. Kap. 5.

des Verstandes) per se, sondern an der Kombination von folgenden zwei Thesen Kants: erstens, dass Erkenntnis sowohl Anschauungen als auch Begriffe erfordert; zweitens, dass alles, was uns durch sinnliche Anschauung gegeben wird – aufgrund der kantischen Thesen über Raum und Zeit als Formen der Anschauung – subjektabhängig ist. Wir haben keine sinnliche Anschauung von Dingen an sich, auf die wir die reinen Verstandesbegriffe anwenden können, und *deshalb* sind diese keine Gegenstände der Erkenntnis. Mit Allais' Worten: „The ideality is established through the role of space and time, and the further argument with respect to the categories serves to *limit* them to the ideality of spatio-temporal objects" (Allais 2015: 293). Allais betrachtet kantische Überlegungen hinsichtlich Kategorien, in Abgrenzung zur These, dass sie zur Subjektabhängigkeit des dadurch Gedachten führen, als eine Instanz kantischen *Realismus*. Aus diesem Grund gehe ich davon aus, dass die These über die nicht parallele Rolle von Sinnlichkeit und Verstand in Allais' Variante stärker ist, und über Agnostizismus hinsichtlich der Subjekt(un)abhängigkeit von kategorialen Eigenschaften hinausgeht.[22] Diesem Vorschlag zum Verhältnis von Sinnlichkeit und Verstand, und zwar in seiner starken Variante, möchte ich mich anschließen und sein Potential zur Verteidigung Kants gegen die frühe Kantkritik nutzen.

Zur Verteidigung der These, dass die Rollen von Sinnlichkeit und Verstand in Kants Idealismus nicht parallel sind, verweist Allais unter anderem auf eine Stelle aus der B-Vorrede der *Kritik* (Bxxvf.), eine Stelle aus den *Prolegomena* (4: 282) sowie auf eine Disanalogie zwischen der bereits zitierten Konklusion Kants mit Blick auf Raum und Zeit in der Ästhetik und seiner Konklusion mit Blick auf die Kategorien gegen Ende der Transzendentalen Analytik (A246/B303). Während ich der These zustimme, dass solche Stellen – neben den allgemeinen textlich motivierten sowie philosophischen Überlegungen, die Watkins und Allais formulieren – für das alternative Modell sprechen, wonach die Rollen von Sinnlichkeit und Verstand nicht parallel sind, möchte ich auf Stellen aufmerksam machen, die meines Erachtens als *gravierende* Textbelege für diese Art von Interpretation einzustufen sind. Die Stellen, um die es mir in erster Linie geht, sind die zwei einzigen Stellen in der gesamten *Kritik* – schon in der A-Auflage –, wo Kant seinen transzendentalen Idealismus beim Namen nennt und definiert. Bei unserer Entscheidung hinsichtlich des richtig aufzufassenden Verhältnisses zwischen Kategorien und Idealität sollten solche Stellen besonders ins Gewicht fallen. Beide Stellen sprechen gegen eine parallele Rolle von Sinnlichkeit und Verstand, so

---

22 Zur Stützung meiner Einschätzung, dass Allais' Position hinsichtlich der Subjektunabhängigkeit von kategorialen Eigenschaften ziemlich stark gemeint ist, vgl. insbesondere Allais 2015: 302 sowie meine Ausführungen in Kap. 6, IV.

dass sie eine mindestens agnostische Position mit Blick auf Kategorien und Idealismus stützen. Die erste Stelle sehe ich als Beleg für die noch stärker realistische Interpretation, in deren Rahmen wir Kant sogar die These *zuschreiben* sollten, dass die kategorialen Eigenschaften – solange man vom Beitrag der Sinnlichkeit abstrahiert – keine subjektabhängigen Eigenschaften sind.

Die erste Stelle stammt aus dem „Vierten Paralogismus" in der A-Auflage:

> Ich verstehe aber unter dem *transscendentalen Idealism* aller Erscheinungen den Lehrbegriff, nach welchem wir sie insgesammt als bloße Vorstellungen und nicht als Dinge an sich selbst ansehen, und dem gemäß Zeit und Raum nur sinnliche Formen unserer Anschauung, nicht aber für sich gegebene Bestimmungen oder Bedingungen der Objecte als Dinge an sich selbst sind. (A369)

Die zweite aus der „Antinomie":

> Wir haben in der transscendentalen Ästhetik hinreichend bewiesen: daß alles, was im Raume oder der Zeit angeschauet wird, mithin alle Gegenstände einer uns möglichen Erfahrung nichts als Erscheinungen, d.i. bloße Vorstellungen, sind, die so, wie sie vorgestellt werden, als ausgedehnte Wesen oder Reihen von Veränderungen, außer unseren Gedanken keine an sich gegründete Existenz haben. Diesen Lehrbegriff nenne ich den *transscendentalen Idealism*. (A490f./B518f.)

Interessanterweise wird „transzendentaler Idealismus" an beiden Stellen durch bloßen Verweis auf die Formen der Anschauung, Raum und Zeit, definiert. Beide Stellen sind der Transzendentalen Dialektik entnommen, sie stammen also aus dem Teil der *Kritik*, welcher der Präsentation der kantischen Lehre hinsichtlich *sowohl* Raum und Zeit *als auch* Kategorien folgt. Es wäre nicht verkehrt zu erwarten, dass Kant an diesen wichtigen und raren Stellen seines Buchs die Erwähnung der Kategorien nicht vergessen würde, wenn er tatsächlich die These verträte, dass ihre Rolle analog zu der von Raum und Zeit ist. Die Stellen sprechen – zumindest auf den ersten Blick – für eine Disanalogie zwischen Sinnlichkeit und Verstand. Die Vertreterin der entgegengesetzten These könnte sich allerdings auf die dialektische Situation berufen, um die Abwesenheit eines Verweises auf die Kategorien zu erklären: nämlich, dass sowohl Kants Argumentationsstrategie gegen den Außenweltskeptizismus im „Vierten Paralogismus" als auch seine Auflösung der Antinomien um Überlegungen kreisen, welche nur die Idealität des Raums und/oder der Zeit erfordern, so dass ein Verweis auf die Kategorien in diesem Kontext argumentativ redundant wäre. Gegen diese mögliche Reaktion möchte ich die These geltend machen, dass die Stellen gerade *auf den zweiten Blick* für die nicht parallele Rolle von Sinnlichkeit und Verstand sprechen.

Beim näheren Hinsehen können wir feststellen, dass Kant an den fraglichen Stellen nicht bloß vergisst, die Kategorien im Rahmen seiner Idealismusdefinition zu erwähnen. Er erwähnt sie, und zwar auf eine Weise, die für die von mir favorisierte Interpretation spricht. Im unmittelbaren Anschluss an die zitierte Stelle aus dem „Vierten Paralogismus" schreibt Kant:

> Diesem Idealism ist ein transscendentaler Realism entgegengesetzt, der Zeit und Raum als etwas an sich (unabhängig von unserer Sinnlichkeit) Gegebenes ansieht. Der transscendentale Realist stellt sich also äußere Erscheinungen (wenn man ihre Wirklichkeit einräumt) als Dinge an sich selbst vor, die unabhängig von uns und unserer Sinnlichkeit existiren, *also auch nach reinen Verstandesbegriffen außer uns wären.* (A369, meine Hervorhebung)

Kant spricht doch über die Kategorien: Wenn Raum und Zeit keine bloßen Formen der Anschauung wären, dann hätten wir mit Dingen an sich zu tun; und diese Dinge wären so aufzufassen, wie sie „nach reinen Verstandesbegriffen" wären. Kants Äußerung spricht dafür, dass es nur an der „verzerrenden" Funktion der Sinnlichkeit liegt, dass wir mit Erscheinungen – statt Dingen an sich – zu tun haben. Wenn Raum und Zeit keine subjektiven Formen der Anschauung wären, dann wäre dies *hinreichend* („also"), um die Dinge an sich als Dinge an sich repräsentieren zu können. Besonders interessant an dieser Stelle ist die explizite Gegenüberstellung von Formen der Anschauung und reinen Verstandesbegriffen (Kategorien), was unsere Repräsentation von Gegenständen als Dinge an sich angeht. Die These scheint nicht bloß zu sein, dass die Eigenschaften, die mittels der Kategorien – anders als im Fall der Formen der Anschauung – repräsentiert werden, nicht unbedingt subjektabhängig sind. Kant scheint sogar die stärkere These zu vertreten, dass die Rolle der Kategorien darin besteht, die subjekt*un*abhängigen Eigenschaften zu beschreiben und uns zu einer Repräsentation der Welt zu verhelfen, die der Repräsentation der Welt im Rahmen eines transzendental realistischen Modells entspricht: Es ginge dabei explizit um die Repräsentation einer subjektunabhängigen Welt.

Eine interessante Äußerung in Kants *Anthropologie* passt sehr gut zu dieser Lesart der Paralogismus-Stelle. Seine an vielen Orten vertretene These, dass wir uns selbst nur als Erscheinungen, nicht als Dinge an sich erkennen können, formuliert Kant dort wie folgt: „[A]ls Object der inneren empirischen Anschauung, d. i. so fern ich innerlich von Empfindungen in der Zeit [...] afficirt werde, erkenne ich mich doch nur, wie ich mir selbst erscheine, nicht als Ding an sich selbst" (7: 142). Interessant ist dabei die Begründung, die unmittelbar folgt: „Denn es hängt doch von der Zeitbedingung, welche kein Verstandesbegriff (mithin nicht bloße Spontaneität) ist, folglich von einer Bedingung ab, in Ansehung deren mein Vorstellungsvermögen leidend ist (und gehört zur Receptivität)" (ebd.). Obwohl es nicht besonders einfach ist, die Details der kantischen Position hier genau zu verstehen bzw. wiederzugeben, finde ich es in jedem Fall erwähnenswert, dass auch hier, im Rahmen einer Diskussion um die Subjekt(un)abhängigkeit von

Gegenständen, der Beitrag der Kategorien mit dem Beitrag der Formen der Anschauung explizit kontrastiert wird.

Vor diesem Hintergrund halte ich die hier präsentierten Auffassungen über die Disanalogie zwischen den kantischen Thesen rund um Sinnlichkeit und Verstand für eine insgesamt gut belegte Auffassung, die durch die Stellen, auf die ich hingewiesen habe, weiter gestützt wird.[23] Dies heißt allerdings nicht, dass die großen Schwierigkeiten, mit denen die kantische Lehre über Kategorien und Ding an sich behaftet zu sein scheint, durch einen Verweis auf solche Stellen behoben werden. Wir haben hier nur *einen* Aspekt eines Geflechts von Fragen, welche die Debatte sowohl in der frühen Kantrezeption als auch in der gegenwärtigen Kantforschung prägen, angeschnitten. Weiteren verwandten Fragen werde ich im Rest dieser Untersuchung intensiv nachgehen, so dass der nächste Abschnitt und die nächsten Kapitel uns helfen werden, uns mehr Klarheit über das ganze Bild zu verschaffen.[24] Für unsere Zwecke in diesem Abschnitt kann man Folgendes festhalten. Kant kann dem starken Widerspruchsvorwurf entgehen. Dazu ist es jedoch erforderlich, die verbreitete These aufzugeben, dass die Rollen der Sinnlichkeit

---

23 Die bereits zitierte Antinomie-Stelle spricht in jedem Fall zumindest für die schwächere These, dass Kant sich auf die Subjektabhängigkeit von kategorialen Eigenschaften *nicht festlegen* will. Kant spricht dort von *Gegenständen der Erfahrung.* Es ist plausibel anzunehmen, dass diese Formulierung als Kant-Jargon einzustufen ist, der uns auf die wichtigste Idee und das zentrale Projekt der Analytik zurückverweist. Dort geht es um die Kategorien und ihre Gültigkeit im Hinblick auf Gegenstände der Erfahrung. Dies bedeutet jedoch wiederum, dass Kant an dieser Stelle sehr wohl die Rolle der Kategorien indirekt thematisiert und dabei folgende These zum Ausdruck bringt: *Weil* raumzeitliche Gegenstände Erscheinungen sind, sind *deshalb* („mithin") auch die Gegenstände der Erfahrung (d.h. Gegenstände in einem anspruchsvolleren Sinn, gedacht und erkannt durch die Kategorien) ebenfalls Erscheinungen. Die Subjektabhängigkeit der durch Sinnlichkeit und Verstand erfassten Gegenstände ist eine Leistung der Sinnlichkeit.

24 Aus demselben Grund konnte ich hier nur einen *Teil* der relevanten Probleme und Texte, die man als Einwand gegen die von mir favorisierte Disanalogiethese über Sinnlichkeit und Verstand mobilisieren könnte, ansprechen. Manche Vertreter:innen der entgegengesetzten Auffassung, d.h. der Analogiethese über Sinnlichkeit und Verstand in Kants Idealismus, (vgl. insbesondere Bristow 2002 und Kohl 2015) bringen beispielsweise – als gravierende Überlegungen für die Analogiethese – auch Überlegungen ins Spiel, die über die hier diskutierten Fragen hinausgehen und eine nähere Auseinandersetzung mit Kants Projekt der transzendentalen Deduktion erfordern. Ich denke, dass man vor dem Hintergrund der in diesem Buch vorgelegten *Gesamtinterpretation* auf solche Ansätze indirekt reagieren und weitere relevante Einwände, die der Disanalogiethese im Weg zu stehen scheinen, entkräften kann. Wichtige Ressourcen dazu bieten uns meine Ausführungen zum Begriff des transzendentalen Gegenstands und zum Begriff des Noumenon im vorigen Kapitel – insbesondere was die Interpretation Bristows angeht, der ich in diesen Punkten widerspreche – sowie die Skizze zur Interpretation der Deduktion, die in Kapitel 6 vorgelegt wird. Vgl. auch Kap. 6, Fn. 27 und 45.

und des Verstandes in Kants Idealismus parallel sind. Es spricht einiges dafür, dass dies Kants offizielle Position darstellt.

Bevor ich allerdings zur Besprechung des *schwachen* Widerspruchsvorwurfs übergehe, möchte ich die Gelegenheit nutzen, um eine im vorigen Kapitel bereits angesprochene, im Rahmen der frühen Kantkritik einflussreiche Stelle aus dem Amphibolie-Abschnitt näher zu betrachten. Ich vertrete die These, dass die Überlegungen, die in diesem Abschnitt präsentiert wurden, ein anderes Licht auf die Stelle werfen können und zu einer Lesart führen, die eine Alternative zur Kantlektüre der Erstleser darstellt.

iii Eine rätselhafte Stelle aus dem Amphibolie-Abschnitt der *Kritik* im Lichte des Verhältnisses zwischen Sinnlichkeit und Verstand

Im vorigen Kapitel habe ich dafür argumentiert, dass Stellen aus dem Phänomena-Noumena-Abschnitt, die oft als Belege für Kants Agnostizismus im Hinblick auf die Existenz von Dingen an sich gewertet wurden, anders gelesen werden können. Solche Stellen – abgesehen vom erst im nächsten Kapitel zu besprechenden „Vierten Paralogismus" – sind nicht die einzigen, welche die Erstleser Kants stark verunsicherten. Es gibt eine bestimmte Stelle im Amphibolie-Abschnitt, die den Verdacht der Erstleser erhärten lässt, dass Kant eine sehr radikale Spielart des Idealismus vertritt. Ich möchte diese Textstelle genauer in den Blick nehmen und eine alternative Lesart formulieren, die uns erlaubt zu sehen, dass diese Stelle der Festlegung Kants auf existierende, uns affizierende Dinge an sich ebenfalls nicht widerspricht.

Die Stelle, um die es geht, lautet wie folgt:

> Der Verstand begrenzt demnach die Sinnlichkeit, ohne darum sein eigenes Feld zu erweitern, und indem er jene warnt, daß sie sich nicht anmaße, auf Dinge an sich selbst zu gehen, sondern lediglich auf Erscheinungen, so denkt er sich einen Gegenstand an sich selbst, aber nur als transscendentales Object, das die Ursache der Erscheinung (mithin selbst nicht Erscheinung) ist und weder als Größe, noch als Realität, noch als Substanz etc. gedacht werden kann (weil diese Begriffe immer sinnliche Formen erfordern, in denen sie einen Gegenstand bestimmen); wovon also völlig unbekannt ist, ob es in uns oder auch außer uns anzutreffen sei, ob es mit der Sinnlichkeit zugleich aufgehoben werden oder, wenn wir jene wegnehmen, noch übrig bleiben würde. (A288/B344 f.)

Die kantische Äußerung hier klingt in mehreren Hinsichten rätselhaft. Ich möchte den Fokus auf die letzten drei Zeilen des Zitats, nach dem Semikolon, legen.[25] Es

---

25 Auch der erste Teil des Satzes, vor dem Semikolon, ist nicht unproblematisch. Dort scheint

II Der starke Widerspruchsvorwurf: Denkverbot über Dinge an sich — 155

sieht so aus, als würde Kant uns hier sehr explizit sagen, dass wir nicht wissen können, dass es Dinge an sich gibt; wir können nicht wissen, ob die Gegenstände, die uns sinnlich gegeben werden, d. h. die Erscheinungen, auf einen Gegenstand verweisen, der unabhängig von unserer Sinnlichkeit, als Ding an sich, existiert. Dieser Teil des Zitats bildet meines Erachtens die Basis für das stärkste textliche Argument aus der gesamten *Kritik*, das gegen die These, dass Kant auf Dinge an sich festgelegt ist, vorgebracht werden kann. Es ist kein Zufall, dass Jacobi (1802: 276 Anm. 2) die gesamte Stelle zitiert und gerade diesen letzten Teil kursiviert, um den äußerst idealistischen Charakter der kantischen Philosophie zu unterstreichen.[26]

Die Strategie, die ich bei meinem Umgang mit dem Phänomena-Noumena-Abschnitt verfolgt habe – Agnostizismus betrifft Noumena, nicht die Dinge an sich –, kann hier keine Anwendung finden. Hier, anders als dort, geht es eindeutig um die *Dinge an sich*. Trotzdem denke ich, dass die in diesem Abschnitt behandelten Fragen die Möglichkeit einer alternativen Lesart eröffnen. Die Grundzüge dieser alternativen Lesart sehen wie folgt aus. Wir müssen eine Unterscheidung zwischen der *Existenz* von Dingen an sich und den *genauen Eigenschaften*, die ihnen zukommen, treffen. Die Stelle stammt aus einem Abschnitt, in dem Kant gegen Leibniz argumentiert. Gegen diesen Gegner schreibt nun Kant, dass wir von keiner „prästabilierten Harmonie" zwischen den Eigenschaften, welche die Gegenstände als Erscheinungen haben, und den Eigenschaften, die den Gegenständen als Dingen an sich zukommen, ausgehen dürfen. (Ich formuliere die ganze Überlegung in einer zwei-Aspekte-freundlichen Sprache, denke jedoch zugleich, dass sie sich in eine zwei-Welten-freundliche, etwas umständlichere Sprache übersetzen lässt.)

Zur Debatte stehen Eigenschaften, die durch unseren Verstand und die Anwendung der Kategorien erkannt werden. Da, wie wir gesehen haben, die Kategorienanwendung sinnliche Anschauung erfordert, und alle sinnlichen Anschauungen Zeit als ihre Form haben, geht es hier um keine *reinen*, sondern um

---

sich Kant in einen augenscheinlichen Widerspruch zu verwickeln, indem er einerseits von einem Gegenstand an sich selbst (Ding an sich) als *Ursache* der Erscheinung spricht, andererseits uns gleich sagt, dass wir die Kategorien wie die der Realität oder Substanz auf das Ding an sich nicht anwenden dürfen, obwohl die Tatsache, dass dieses Ding als Ursache charakterisiert wird, sehr wohl eine Kategorienanwendung vorauszusetzen scheint. Die Formulierung klingt sehr paradox. Gerade dieser paradoxe Charakter könnte und allerdings bezüglich der Frage alarmieren, ob wir das kantische Kategorienverbot überhaupt richtig interpretiert haben. Die Frage nach der richtigen Interpretation des kantischen Kategorienverbots wird uns im nächsten Abschnitt beschäftigen.

26 Senderowicz (2005: 10, 160 ff.) beruft sich auf diese Stelle als einen eindeutigen Beleg gegen Kants Festlegung auf die Dinge an sich. Vgl. auch Bird 1962: 25 ff.

schematisierte Kategorien. Dass wir nicht wissen, ob das Ding „in uns oder auch außer uns anzutreffen sei, ob es mit der Sinnlichkeit zugleich aufgehoben werden oder, wenn wir jene wegnehmen, noch übrig bleiben würde", ist vor diesem Hintergrund wie folgt zu verstehen: Wir können nicht wissen, ob die kategorialen Eigenschaften, die *mit Beimischung der Sinnlichkeit und Schematisierung* der Kategorien den Gegenständen als Erscheinungen zugeschrieben werden, mit den *reinen* kategorialen Eigenschaften, die denselben Gegenständen als Dingen an sich zukommen, übereinstimmen; wir können nicht wissen, ob die kategorialen Eigenschaften der Erscheinungen genau dieselben Eigenschaften sind, die wir erkennen würden, wenn wir diese Dinge *ohne* Beimischung der Sinnlichkeit erkennen könnten.

Folgt man dieser Lesart, geht es gar nicht um die Existenz von Dingen an sich, sondern um ihre genauen kategorialen Eigenschaften. Diese Lesart ist naheliegend, wenn wir den Kontext der kantischen Äußerung berücksichtigen und sie in Verbindung mit einer anderen Stelle in der *Kritik* bringen. Die uns hier beschäftigende Stelle stammt aus dem Amphibolie-Abschnitt, der gegen Leibniz gerichtet ist. Sie stammt zudem aus der Transzendentalen Analytik, wo Kant den Beitrag des Verstandes und der Kategorien in unserer Erkenntnis behandelt. In der Transzendentalen Ästhetik findet sich nun auch eine Stelle, wo sich Kant gegen die „Leibniz-Wolffische Philosophie" richtet und seine konkurrierende Konzeption präsentiert: „[S]o bald wir unsre subjective Beschaffenheit wegnehmen, [ist] das vorgestellte Object *mit den Eigenschaften*, die ihm die sinnliche Anschauung beilegte, überall nirgend anzutreffen [...], indem eben diese subjective Beschaffenheit die Form desselben als Erscheinung bestimmt" (A44/B62, meine Hervorhebung). Die Stelle klingt sehr ähnlich. Hier macht Kant allerdings deutlich, dass es nicht um die Existenz als solche, sondern um die *Eigenschaften* des Dings an sich geht: Es geht darum, ob dem Gegenstand die Eigenschaften, die wir durch die Sinne erfassen (zum Beispiel raumzeitliche Eigenschaften), ihm als Ding an sich zukommen oder nicht. Diese Frage verneint Kant. So wie ich ihn verstehe, wendet er sich an der Amphibolie-Stelle gegen *denselben* Gegner und geht *derselben* Frage nach, diesmal mit Berücksichtigung der Rolle der Kategorien und ihrer Schematisierung. Trotz der vielen Parallelen zwischen den beiden Stellen macht sich hier die Disanalogie bemerkbar, von der wir gesprochen haben: Während in der Ästhetik eine Übereinstimmung der rein sinnlichen Eigenschaften von Erscheinungen mit den Eigenschaften von Dingen an sich *ausgeschlossen* wird, ist Kants Position hinsichtlich kategorialer Eigenschaften schwächer; wir dürfen diese Übereinstimmung bloß *nicht bejahen*. Es ist gerade diese Disanalogie, die für Kants agnostisch (im Hinblick auf die Existenz von Dingen an sich) klingende Position an der Amphibolie-Stelle sorgt.

Ich möchte eine erläuternde Bemerkung zu meiner genauen Interpretation dieser Stelle hinzufügen. Der Hinweis auf die Disanalogie beantwortet noch nicht die Frage, wie *stark* die Position hinsichtlich kategorialer Eigenschaften, die Kant hier zum Ausdruck bringt, interpretiert werden muss. Es ist klar, dass Kant, anders als an der Stelle in der Ästhetik, nicht ausschließen möchte, dass Dingen an sich kategoriale Eigenschaften zukommen *könnten*. Diese Position ist relativ schwach, denn sie ist vereinbar damit, dass wir nach Kant nicht davon ausgehen können, *dass* den empirischen Gegenständen als Dingen an sich tatsächlich kategoriale Eigenschaften zukommen. Man könnte zum Beispiel hier Kant so verstehen, als würde er es *offen lassen*, ob der Gegenstand als Ding an sich die Eigenschaft haben kann, eine Ursache zu sein. Wie ich im vorigen Unterabschnitt geschrieben habe, sympathisiere ich mit einer noch *stärker* realistischen und weniger agnostischen These. So wie ich Kant verstehe, *legt er sich darauf fest*, dass Dinge an sich – die als empirische Gegenstände erscheinen können – kategoriale Eigenschaften haben. Sein Agnostizismus im Hinblick auf kategoriale Eigenschaften betrifft nicht die Frage, *ob* der Gegenstand als Ding an sich solche Eigenschaften hat, sondern folgendes Problem. Selbst wenn ich weiß, dass dem Ding an sich, das einer bestimmten Erscheinung zugrunde liegt, kategoriale Eigenschaften zukommen, kann ich mangels Anschauung des Dings an sich nicht wissen, welche diese Eigenschaften genau sind; denn es muss keine 1:1 Korrespondenz zwischen den kategorialen Eigenschaften von Dingen an sich und Erscheinungen geben. Wegen der Vermittlung der Sinnlichkeit und der Zeit kann es sein, dass wenn ich „die Sinnlichkeit aufheben würde", die (reinen) kategorialen Eigenschaften nicht unbedingt den (schematisierten) kategorialen Eigenschaften entsprechen würden, so wie ich sie auf der Erscheinungsebene erkenne. Vielleicht entspricht *eine* (reine) kategoriale Eigenschaft von Dingen an sich *zwei* (schematisierten) kategorialen Eigenschaften von Erscheinungen und umgekehrt. Diese Position ist in gewissem Sinn agnostisch, denn sie erlaubt uns keine Rückschlüsse auf die genauen kategorialen Eigenschaften von Dingen an sich; sie ist jedoch mit einer Festlegung auf das Vorhandensein solcher Erscheinungen auf der Ding-an-sich-Ebene und der Relevanz von solchen Eigenschaften für die Eigenschaften von Erscheinungen vereinbar.[27] Der philosophische Grund, warum ich mit dieser stärkeren Position sympathisiere, wird sich in der Folge erschließen: Ich denke, dass nur eine solche Position eine befriedigende Replik auf manche Varianten des Unzulässigkeitsvorwurfs aus der frühen Kantkritik liefern würde.

---

27 In einer allgemeineren Diskussion zur Frage nach einer „strukturellen Korrespondenz" zwischen Erscheinungen und Dingen an sich in Kants Idealismus formuliert Walker (2010: 840 f.; vgl. auch Walker 1985) einen Vorschlag, der in eine ähnliche Richtung weist. Vgl. Kap. 6, Fn. 45.

Obwohl die Amphibolie-Stelle die frühe Kantrezeption geprägt hat, und auf den ersten Blick ein großes Problem für jede Kantinterpretation darstellt, die Kant eine explizite Festlegung auf die Existenz von Dingen an sich und eine Affektion durch diese zuschreibt, redet man in der Kantforschung vergleichsweise wenig über sie.[28] Folgt man der hier präsentierten Lesart, kann man mit der Stelle gut umgehen – dabei werden zwar strittige Thesen über Sinnlichkeit und Verstand bei Kant in Anspruch genommen, aber weitere kontroverse Thesen, wie die Frage nach der Verschiedenheit oder Identität von Dingen an sich und Erscheinungen, die oft als der Schlüssel zu Debatten um Kants Festlegung auf Dinge an sich betrachtet werden, spielen hier kaum eine Rolle.[29]

III Der schwache Widerspruchsvorwurf: Wissen über Dinge an sich, Unerkennbarkeitsthese und Kategorienverbot

Der Widerspruchsvorwurf der Kantkritiker lässt eine schwächere Deutung zu. Man könnte bereit sein, die These zu akzeptieren, dass wir die Kategorien in einem weniger anspruchsvollen Sinn, im bloßen Modus des Denkens, auf die Dinge an sich anwenden dürfen; man könnte trotzdem weiter an der These festhalten, dass Kant sich in Widersprüche verwickelt. Wenn jemand sich auf die Existenz von Dingen an sich und eine Affektion durch diese *festlegt*, scheint dies über bloßes Denken hinauszugehen: Die (propositionale) Einstellung zur Affektionsthese

---

28 Adickes (1924: 145f.), der die explizite Festlegung Kants auf existierende, uns affizierende Dinge an sich sonst nachdrücklich verteidigt, kapituliert, was diese Stelle angeht. Nach ihm spricht sich Kant hier „so resigniert über das Verhältnis unseres Erkenntnisvermögens zu den Dingen an sich aus [...] wie sonst nirgendwo"; „der Gedanke, daß das Ding an sich nichts als die Kehrseite einer jeden Erscheinung darstelle, die unbedingt vorhanden sein müsse", scheint „verleugnet zu werden".

29 Allais (2010: 15 Fn. 38) kommentiert die Stelle und scheint eine Strategie zu favorisieren, die Ähnlichkeiten mit ihrer Zwei-Aspekte-Strategie zum Umgang mit den Stellen im Phänomena-Noumena-Abschnitt aufweist: „This passage occurs in the middle of a discussion in which Kant is arguing against supersensible objects." Ich sehe eine Reihe von Problemen bei dieser Strategie, die mit der genauen, hier nicht zu diskutierenden Interpretation der kantischen Äußerungen rund um Noumena im Amphibolie-Abschnitt zusammenhängen. Unabhängig jedoch von dieser komplexen Problematik finde ich die These unplausibel, dass „Ding an sich" hier auf *rein* übersinnliche Gegenstände (wie Gott) referiert. Nach Kant geht es hier darum, ob das Ding „mit der Sinnlichkeit zugleich aufgehoben werden oder, wenn wir jene wegnehmen, noch übrig bleiben würde" – diese Äußerung passt viel besser zu einem Gegenstand, der *sinnlich erscheint*, und von dem wir uns anschließend fragen, ob und inwiefern er einem *Ding an sich* korrespondiert. Gerade Allais hat allerdings die Ressourcen, anders mit der Stelle umzugehen und sie so zu lesen, wie ich vorgeschlagen habe, so dass der Vorschlag zu ihrer gesamten Interpretation sehr gut passt.

scheint die des *Wissens* zu sein; im Rahmen einer Festlegung auf Dinge an sich klingt es danach, als würden wir die Dinge an sich *erkennen* können. Ich gehe davon aus, dass Kants Erstleser es genau so sehen und dass die Unentbehrlichkeit einer Festlegung auf Dinge an sich mehr als bloßes Denken über sie erfordert.[30] Das scheint aber im Widerspruch zu berühmten kantischen Thesen zu stehen, der Unerkennbarkeitsthese und dem Kategorienverbot hinsichtlich der Dinge an sich. Das ist die schwache Variante des Widerspruchsvorwurfs, die den Gegenstand der Untersuchung in diesem Abschnitt bildet.

In diesem Abschnitt gehe ich wie folgt vor. Zunächst (Unterabschnitt (i)) präsentiere ich diese Variante des Unzulässigkeitsvorwurfs und stelle ich fest, dass es um einen in der frühen Kantkritik tatsächlich sehr verbreiteten Einwand geht. Anschließend (Unterabschnitt (ii)) gehe ich auf die Frage ein, wie sich Kant gegen diese Variante des Vorwurfs verteidigen lässt, und ziehe das Fazit, dass Kant sich dem schwachen Widerspruchsvorwurf ebenfalls entziehen kann.

i Der schwache Widerspruchsvorwurf als ein in der frühen Kantkritik weit verbreiteter Einwand

Bei manchen Verteidigungen der Position Kants gegen Einwände aus der frühen Kantkritik hat man den Eindruck, dass die Standardreaktion, die den starken Widerspruchsvorwurf entkräften soll, als eine *hinreichende* Verteidigungsstrategie gegen den Unzulässigkeitsvorwurf überhaupt betrachtet wird. Unabhängig jedoch davon, ob eine solche These in der Kantforschung tatsächlich vertreten wird oder nicht, lässt sich in jedem Fall feststellen, dass eine solche Verteidigungsstrategie im Rahmen der von mir vertretenen Kantinterpretation zu kurz greifen würde. Die Strategie, die uns im vorigen Abschnitt beschäftigt hat und auf der Unterscheidung zwischen Denken einerseits und Wissen/Erkennen andererseits beruht, stellt eine überzeugende Reaktion auf die frühe Kantkritik nur unter der Annahme dar, dass die Festlegung Kants auf Dinge an sich sehr deflationär zu verstehen ist. Ich habe nun dafür argumentiert, dass Kant die These sehr wohl explizit vertritt, dass es Dinge an sich gibt und sie Subjekte affizieren – das ist, was

---

30 Die These, dass bloßes Denken nicht ausreichend wäre, spielt eine prominente Rolle in Schulzes Gesamtprojekt im *Aenesidemus*. Schulze erklärt Reinholds Versuch, die Festlegung auf die Dinge an sich durch einen bloßen Verweis auf die Zulässigkeit des Denkens zu verteidigen, für gescheitert. Schulzes Hauptziel besteht darin, zu zeigen, dass die ersten Einwände gegen das Ding an sich, die von Jacobi, Pistorius und Maimon vorgebracht worden sind und Reinholds Reaktion veranlasst haben, nach wie vor als stichhaltig einzustufen sind; vgl. zum Beispiel Schulze 1792: 208 ff./[301 ff.].

ich unter „Festlegung auf die Dinge an sich" verstehe und das klingt nicht besonders deflationär. So wie ich das Ganze verstehe, wären wir berechtigt anzunehmen, dass Kants propositionale Einstellung zu dieser These die des *Wissens* oder zumindest die der gerechtfertigten Überzeugung ist. Wir haben auch gesehen, dass es vertretbar wäre, Kant die These zuzuschreiben, dass wir in gewisser Hinsicht die Dinge an sich *erkennen*.[31] Wissen, Erkennen und Kategorienanwendung mit Wissens- bzw. Erkenntnisansprüchen sollten aber verboten sein, so dass uns die Zulässigkeit des bloßen Denkens hier nicht weiterhilft. Die kantische Festlegung auf die Dinge an sich wäre vor diesem Hintergrund nach wie vor als unzulässig einzustufen.

Es entsteht eine Spannung zwischen folgenden drei Thesen: (i) Affektionsthese („Es gibt Dinge an sich, die auf Wahrnehmungssubjekte kausal einwirken") – mit Wissens-/Erkenntnisansprüchen über Dinge an sich; (ii) Unerkennbarkeitsthese („Dinge an sich sind unerkennbar/Ich kann nichts über sie wissen"); (iii) Kausalitätskategorienverbot („Die Kategorie von Ursache und Wirkung darf nicht auf Dinge an sich angewandt werden, wenn wir dabei über bloßes Denken hinausgehen"). Ich gehe davon aus, dass eine Abschwächung der Einstellung zur Affektionsthese, so dass sie stärker als Denken aber schwächer als Wissen wäre, zum Beispiel die Einstellung der *gerechtfertigten Überzeugung*, keine Vorteile nach sich zieht, und aus diesem Grund werde ich diese Möglichkeit übergehen. Mit Blick auf Rechtfertigungsprobleme stellten sich im Fall der gerechtfertigten Überzeugung dieselben Probleme wie im Wissensfall. (Mit Blick auf Widerspruchsprobleme lässt sich die Spannung zwischen der Festlegung auf Dinge an sich und anderen Thesen Kants ebenfalls nicht vermeiden. So wie ich das ganze Problem verstehe, ist Kant im Rahmen der vorherrschenden Lesart seines Kategorienverbots und seiner Unerkennbarkeitsthese – es geht dabei um die Lesart, der die Erstleser folgen – sehr wohl auf die These verpflichtet, dass es gar keine gerechtfertigten Überzeugungen über Dinge an sich geben kann.) Die Strategie, die zur Kantverteidigung einzusetzen ist, könnte gleich dazu genutzt werden, um schon die stärkere Einstellung (Wissen) als zulässig aufzuweisen.[32]

---

[31] Vgl. meine Ausführungen in Kap. 2, II, iii.
[32] Ein weiterer Kandidat für die Einstellung zur Affektionsthese, den ich hier nicht weiter diskutiere, ist der *theoretische/doktrinale Glaube*. Kant thematisiert diese doxastische Einstellung im „Kanon der reinen Vernunft" in der *Kritik* (A825/B853). Es handelt sich dabei um eine Art des Fürwahrhaltens, wo das Subjekt eine Aussage akzeptiert, ohne dass es objektiv zureichende Gründe dafür gibt. Dies tut es auf Grundlage von theoretischen Überlegungen. Chignell (2007: insbesondere 345 ff.) weist auf diese Möglichkeit hin und bringt sie explizit in Verbindung mit der Problematik der Dinge an sich. Er betont ihr Lösungspotential als neue Strategie zur Verteidigung Kants gegen die frühe Kantkritik, insbesondere Jacobis. Da die Erstleser eine stärkere Einstellung

Der schwache Widerspruchsvorwurf ist in der frühen Kantkritik tatsächlich sehr verbreitet. Der Vorwurf lässt sich anhand einer Reihe von Äußerungen in Jacobis einflussreichem Anhang rekonstruieren, obwohl er dort nicht so geradlinig formuliert wird. Jacobi stellt fest, dass im Begriff der Sinnlichkeit als Rezeptivität die Begriffe von „Causalität und Depedenz, *als realer und objectiver Bestimmungen* schon enthalten seyn sollen" (Jacobi 1787: 109). Das werte ich als Jacobis Bekenntnis zur These, dass die Affektionsrelation als eine kausale Relation, mit Ding an sich und Wahrnehmungssubjekt als ihren Relata, aufzufassen ist und dass eine Kategorienanwendung auf Dinge an sich im Rahmen einer Festlegung auf die Affektionsthese erforderlich wäre.[33] Die Vertreterin des transzendentalen Idealismus verlässt ihr System, wenn sie „von den Gegenständen sagt, daß sie *Eindrücke* auf die Sinne machen, dadurch Empfindungen *erregen*, und auf diese Weise Vorstellungen *zuwege bringen*" (Jacobi 1787: 108), vermutlich weil die Affektionsthese unter anderem gegen das Kategorienverbot verstößt. Und das ganze Problem hat sehr wohl mit Wissen und der Unerkennbarkeitsthese zu tun: Als Hauptproblem, warum das Ding an sich/der transzendentale Gegenstand *nicht* der affizierende Gegenstand sein darf, nennt Jacobi den Umstand, dass wir von ihm „nicht das geringste [...] [wissen]" sollen (Jacobi 1787: 108).

Das Problem wird noch deutlicher in Schulzes *Aenesidemus* zum Ausdruck gebracht: „Der Gegenstand außer unsern Vorstellungen, (das Ding an sich) der nach der Vernunftkritik durch Einfluß auf unsere Sinnlichkeit die Materialien der Anschauung geliefert haben soll", ist ein Gegenstand, auf den „nach den eigenen Resultaten der Vernunftkritik weder der Begriff *Ursache*, noch auch der Begriff *Wirklichkeit* angewendet werden" darf (Schulze 1792: 184/[263 f.]).[34] In seiner Kritik macht Schulze deutlich, dass sein Vorwurf die Problematik des Wissens/Erkennens betrifft. Das Problem mit der Affektionsthese liegt daran, dass man dabei „zum wenigsten dieses wissen muß, daß Dinge an sich realiter existieren, und Ursachen von etwas sein können" (Schulze 1792: 206/[298]). Diese Problematik wird in Zusammenhang mit dem Kategorienverbot gebracht: Durch dieses „fällt [...] wieder die Möglichkeit weg, den Zusammenhang gewisser Teile unserer Erkenntnis mit Dingen, die nicht zu dieser Erkenntnis selbst gehören, dartun zu können, und ist das Prinzip der Kausalität außer unserer Erfahrung ungiltig" (ebd.). Sowohl bei Jacobi als auch bei Schulze ist die kantische Unerkennbar-

---

für befriedigender halten würden und ich die Zulässigkeit selbst der stärkeren Einstellung (Wissen) vertrete – dies scheint auch Chignells neuerer Auffassung zu entsprechen, vgl. folgenden Unterabschnitt –, übergehe ich diese Möglichkeit.
33 So liest auch Förster (2011: 117 f.) die Stelle.
34 Vgl. auch Schulze 1792: 257 f./[376 f.], Schulze 1801b: 507.

keitsthese, die *jegliches*, auch *minimales* Wissen über Dinge an sich ausschließen sollte, die Hauptursache des ganzen Problems.

Auch Maimon, schon vor Schulze, ist um die Spannung zwischen Affektionsthese, Kategorienverbot und Unerkennbarkeitsthese klarerweise besorgt: „[D]as *Ding an sich (noumenon)* [kann man] ausser der Vorstellungskraft nicht als Ursache erkennen [...], indem hier das Schema der Zeit fehlt; man kann es auch nicht einmal assertorisch denken, weil die Vorstellungskraft selbst, so gut als das Objekt ausser derselben, Ursache der Vorstellung seyn kann" (Maimon 1790b: 415/[419]). So wie ich Maimon verstehe, hat er folgendes Problem: Das Problem ist nicht nur, dass man das Ding an sich nicht als Ursache *bestimmt erkennen* kann; ich darf gar keine Aussagen über das Ding an sich als einen existierenden Gegenstand, der die Ursache meiner Vorstellungen ist, machen, solange diese Aussagen mit behauptender Kraft gemacht werden – selbst wenn ich den Gegenstand nicht näher dabei erkenne. Maimons „assertorisches Denken" verstehe ich also als *minimales Wissen* über existierende, uns affizierende Dinge an sich.

Das ganze Problem beschäftigt Eberhard ebenfalls sehr stark. Er meint, dass es eine „unausbleibliche Folge der Einschränkung des Verstandes auf die bloße Erkenntniß der Kategorien, und die Anwendbarkeit der Kategorien auf bloße Erscheinungen" wäre, dass „nichts wirklich [...] als meine Vorstellungen [wäre]; denn ihre Materie wären Erscheinungen ohne objektive Gründe" (Eberhard 1789c: 264f.). Eberhard formuliert hier die Sorge, dass das kantische Kategorienverbot der Affektionsthese widerspricht. Und er betont, dass es hier um Erkenntnis geht. Dass Eberhards Sorgen um die Rolle des Dings an sich innerhalb der kantischen Philosophie die Frage betreffen, inwiefern wir Erkenntnis von ihm bzw. Wissen über es möglich ist, sieht man zudem an den vielen Stellen in seinem *Philosophischen Magazin*, wo er die kantische Unerkennbarkeitsthese präsentiert und/oder problematisiert. Eberhard, genau wie seine hier zitierten Zeitgenossen, schreibt Kant die These zu, dass die Dinge an sich „völlig [...] unerkennbar" sein sollen (Eberhard 1789c: 284), dass wir vom transzendentalen Gegenstand/Ding an sich „gar nichts wissen [...] können" (Eberhard 1789c: 288).[35] Er denkt, dass diese These eine Hauptquelle von philosophischen Schwierigkeiten im kantischen System darstellt.

In ihren meist rezipierten Schriften erheben Feder und Garve zwar keinen expliziten Widerspruchsvorwurf gegen Kant, aber ich gehe davon aus, dass sie der Diagnose ihrer Zeitgenossen sehr wohl zustimmen – in Feders Fall ist dies auch eindeutig belegt. In seiner Rezension zu Jacobis *David Hume* und dem darin enthaltenen Anhang äußert sich Feder (1788a: 148f.) zustimmend über Jacobis

---

[35] Für weitere Äußerungen in dieselbe Richtung vgl. Eberhard 1789i: 258, Eberhard 1789c: 263.

Ausführungen dort: Feder spricht über den kantischen „Widerspruch" und darüber, dass es „nicht möglich" ist, den kantischen Idealismus „mit dem empirischen Realismus, oder mit den Vorstellungen, die der gemeine Menschenverstand von den Gegenständen der äußern Empfindung, als wirklichen Dingen außer uns, hat, zu vereinigen". In diesem Zusammenhang ist es nicht irrelevant zu betonen, dass sowohl Feder als auch Garve, wie es sich aus einer Reihe bereits zitierter Stellen ergibt, Kant die These zuschreiben, dass wir *gar* kein Wissen über Dinge an sich haben können (vgl. Feder/Garve 1782: 40, Parallelstelle in Garve 1783: 840, Feder 1788a: 148f., Feder 1790b: 9). Das entspricht der Interpretation der kantischen Unerkennbarkeitsthese durch die in diesem Unterabschnitt genannten anderen Zeitgenossen Kants. Was Pistorius angeht, der den starken Widerspruchsvorwurf als erster Leser Kants explizit formuliert, gehe ich davon aus, dass er a fortiori auch den schwächeren Vorwurf erhebt.[36] Bei den Erstlesern Kants besteht also Konsens darüber, dass sich Affektionsthese, Kategorienverbot und Unerkennbarkeitsthese sehr schlecht miteinander vertragen.

ii Verteidigung aus kantischer Sicht: Abschwächung des Kategorienverbots und der Unerkennbarkeitsthese über Dinge an sich

Wie lässt sich nun Kant gegen den so ausgelegten Vorwurf verteidigen? Bei der Besprechung dieser Frage gehe ich wie folgt vor. Nach einer Vorbemerkung zu einer Ausgangsannahme der Kantkritiker stelle ich in einem ersten Schritt eine Verteidigungsstrategie aus der Kantforschung vor, die das hier diskutierte Problem in den Blick nimmt und die ich für überzeugend halte. Diese Strategie spielt zwar eine prominente Rolle in metaphysischen Zwei-Aspekte-Interpretationen des kantischen Idealismus, aber ich treffe die Feststellung, dass sie auch in eine Zwei-Welten-Interpretation integrierbar wäre. In einem zweiten Schritt bringe ich eine Gegenreplik aus der frühen Kantkritik ins Spiel, die uns zeigen soll, dass diese Strategie eventuell nicht hinreichend ist. Entgegen dem ursprünglichen Eindruck, dass beim Umgang mit dieser Gegenreplik Zwei-Welten-Interpretationen schlechter abschneiden, vertrete ich die These, dass sowohl Zwei-Aspekte- als auch Zwei-Welten-Interpretationen mit der Gegenreplik gut umgehen können, so dass die Verteidigungsstrategie aus kantischer Sicht nach wie vor als erfolgreich – und mit verschiedenen Positionen hinsichtlich numerischer Verschiedenheit und Identität kombinierbar – einzustufen ist.

---

36 Für weitere relevante, im Hinblick auf die Unterscheidung zwischen starker und schwacher Variante eher neutrale, Stellen vgl. Pistorius 1788b: 431, 444.

Eine Ausgangsannahme: Affektionsrelation als eine kausale Relation

Bevor ich auf die meines Erachtens erfolgreichste Strategie zur Verteidigung Kants eingehe, möchte ich eine Annahme der Erstleser thematisieren, der ich hier nicht widersprechen werde. Es geht um die Annahme, dass die Affektionsrelation tatsächlich eine *kausale* Relation darstellt. Diese Annahme ist nicht alternativlos. Kant spricht oft von Dingen an sich, die den Erscheinungen „zum Grunde liegen" (A379f., A613f./B641f., 4: 451). Er thematisiert eine Relation von Grund und Folge (A73/B98, 20: 292) und an einer Stelle in der *Kritik der Urteilskraft* sagt er uns explizit, dass „das Wort *Ursache*, von dem Übersinnlichen gebraucht, nur den *Grund* bedeutet" (5: 195). Diese Aspekte der kantischen Position könnten die Lesart stützen, dass die Affektionsrelation eher als eine „Grounding"- bzw. Fundierungsrelation und nicht als eine kausale Relation aufzufassen ist. Auf diesen Aspekt der kantischen Position, oft im direkten Zusammenhang mit einer Betonung der Unterscheidung zwischen reinen und schematisierten Kategorien, wird in der Kantliteratur oft verwiesen.[37] Dabei wird in der Regel angenommen, dass im Rahmen dieser Lesart die kantische Festlegung auf Dinge an sich weniger angreifbar wäre.

Obwohl ich nichts gegen die These habe, dass die Dinge an sich den Grund von Erscheinungen darstellen, finde ich es exegetisch vertretbar, von Dingen an sich als Ursachen zu sprechen. Zudem denke ich, dass an der Unterscheidung Ursache vs. Grund mit Bezug auf das Affektionsproblem weniger hängt, als man oft denkt. Die Strategie der Unterscheidung zwischen Grund und Ursache könnte von der Unterscheidung zwischen reinen und schematisierten Kategorien eventuell entkoppelt werden: Aus Kants Ausführungen im Schematismus-Abschnitt geht hervor, dass die Schematisierung von Kategorien *nicht* als eine „Umwandlung" von Gründen in Ursachen zu verstehen ist und dass sich die Kategorie von *Ursache* und *Wirkung* sehr wohl als eine *reine* Kategorie beschreiben lässt, deren Schema dann „in der Succession des Mannigfaltigen, in so fern sie einer Regel unterworfen ist", besteht (A144/B183). Bei der Auseinandersetzung mit dem Problem der Affektion könnte man mindestens zwei (komplexe) Fragen differenziert behandeln. Die eine Frage betrifft unsere *Einstellung* zur Affektionsthese, zum Beispiel ob wir bloß *denken*, dass die Dinge an sich Ursachen sind oder ob wir dies *wissen*. Die andere Frage betrifft hingegen den (propositionalen) *Gehalt* der Affektionsthese – es geht zum Beispiel darum, ob die Dinge an sich *Ursachen* oder nur *Gründe* sind. Sobald man solche Unterscheidungen trifft, steht es einem offen, verschiedene Kombinationen von Positionen zu vertreten, wie die folgenden: (i) Ich *weiß*, dass die Dinge an sich *Ursachen* für die Erscheinungen bzw.

---

37 Vgl. Fn. 13.

unsere(n) Empfindungen/sinnlichen Input sind; (ii) ich *denke*, dass die Dinge an sich solche *Ursachen* sind; (iii) ich *weiß*, dass die Dinge an sich solche *Gründe* sind; (iv) ich *denke*, dass die Dinge an sich solche *Gründe* sind.

Durch eine Berufung auf die These, dass Dinge an sich bloß Gründe für die Erscheinungen bzw. unsere(n) Empfindungen/sinnlichen Input sind, lassen sich die Schwierigkeiten nicht entschärfen. Solange die These im Sinn von (iii) zu verstehen wäre, handelte es sich dabei um eine metaphysisch anspruchsvolle These, worüber wir Wissen beanspruchen würden, so dass die drohenden Probleme nicht behoben würden. Die Schwierigkeit wäre nur dann entschieden entschärft, wenn die These im Sinn von (iv) zu verstehen wäre – wenn wir bloß *denken* würden, dass dies der Fall ist. Das ist jedoch keine weitere Strategie zur Verteidigung Kants als diejenige, die ich bei meinem Umgang mit dem starken Widerspruchsvorwurf im vorigen Abschnitt vorgestellt habe. Die Strategie funktioniert nur solange wir Kant eine sehr deflationäre Festlegung auf Dinge an sich zuschreiben – und ich habe dafür plädiert, Kant nicht so zu lesen. Da es nicht unmittelbar ersichtlich ist, welche philosophischen Vorteile uns die Bestreitung der These, dass das Ding an sich als Ursache fungiert, verschaffen würde, werde ich im Folgenden diesen Bestandteil der Kantlektüre der Erstleser nicht in Frage stellen.[38]

Abschwächung des Kategorienverbots und der Unerkennbarkeitsthese und die (geringe) Relevanz der Debatte zwischen Zwei-Aspekte- und Zwei-Welten-Interpretationen

Die in diesem Abschnitt zur Diskussion stehende Variante des Unzulässigkeitsvorwurfs hat die Kantforschung bereits intensiv beschäftigt. Die meines Erachtens überzeugendste Reaktion aus der bisherigen Forschung besteht in der Verteidigung der These, dass man das kantische Kategorienverbot sowie die Unerkennbarkeitsthese über Dinge an sich *schwächer* verstehen sollte, als die Erstleser es

---

[38] Allais (2015: 253 ff.) formuliert einige interessante und meines Erachtens anschlussfähige Thesen zur Rolle von Ding an sich, Grounding und kausalen Erklärungen. Dabei geht es um die Verteidigung und Erläuterung folgender These: „The idea that intrinsic natures ground powers is not that they causally explain powers" (Allais 2015: 253). Was an dieser These aus der Perspektive des Problems der Affektion ausschlaggebend ist, ist die *spezifische* Konzeption von Grounding als einer *nur bedingt explanatorischen* Relation, die dann kausalen, *völlig transparenten Erklärungen* gegenübergestellt wird. Soweit ich sehen kann, ist die metaphysische These, dass die Relation zwischen intrinsischen Eigenschaften und Vermögen („powers") keine kausale, sondern eine Fundierungsrelation ist, dabei weniger entscheidend, solange sie mit bestimmten Thesen über epistemische Einschränkungen nicht kombiniert wird. Zu diesen epistemischen Einschränkungen komme ich gleich.

tun. Eine explizite und einflussreiche Formulierung und Verteidigung dieser These findet sich bei Forscher:innen, die Zwei-Aspekte-Interpretationen des kantischen Idealismus vertreten, so dass ich in einem ersten Schritt diese Reaktion aus der Kantforschung vorstellen möchte. In einem zweiten Schritt gehe ich auf die Möglichkeit der Übertragung einer solchen Reaktion auf Zwei-Welten-Interpretationen ein und bejahe diese.

Es lässt sich eine Gemeinsamkeit in der Art und Weise erkennen, wie Vertreter:innen von metaphysischen Zwei-Aspekten-Interpretationen auf diesen Vorwurf reagieren, so dass ich die Grundzüge dieser meines Erachtens anschlussfähigen Reaktion präsentieren, und dabei von Unterschieden zwischen den verschiedenen, spezifischeren Varianten abstrahieren, möchte. Die Reaktion, um die es hier geht, wird von Rae Langton (1998: 12 ff.) explizit zur Sprache gebracht und als Hauptvorteil ihrer Kantinterpretation dargestellt. Dieselbe Strategie wird von Allais (2010: 8) und Rosefeldt (2013: 248 ff. und 2022, i.E.: 35 ff.) beherzigt und zum Teil weiter verteidigt. Die Hauptidee ist, dass wir die kantische Festlegung auf Dinge an sich, die Unerkennbarkeitsthese und das Kategorienverbot wie folgt umformulieren könnten:

Affektionsthese*: Es gibt *außergeistige Gegenstände mit subjektunabhängigen Eigenschaften*, die auf Wahrnehmungssubjekte kausal einwirken.

Kausalitätskategorienverbot*: Die Kategorie von Ursache und Wirkung darf nicht angewandt werden, wenn dies unter Bezug auf *bestimmte subjektunabhängige Eigenschaften* außergeistiger Gegenstände geschieht und wir dabei über bloßes Denken hinausgehen.

Unerkennbarkeitsthese*: Die *bestimmten subjektunabhängigen Eigenschaften* außergeistiger Gegenstände können wir nicht erkennen (bzw. über die *bestimmten subjektunabhängigen Eigenschaften* außergeistiger Gegenstände können wir nichts wissen).

Wenn wir das Kategorienverbot und die Unerkennbarkeitsthese wie vorgeschlagen verstehen, dann sehen wir leicht, dass kein Widerspruch zur Affektionsthese entsteht, selbst wenn unsere Einstellung zur Affektionsthese die des Wissens/ Erkennens ist. Die Pointe der Verteidigungsstrategie ist, dass wir zwei Thesen auseinanderhalten sollten: die These, dass die Dinge an sich *irgendwelche* subjektunabhängige Eigenschaften haben (und dass wir dies wissen/erkennen können); und die These, dass wir Wissen über die *bestimmten* Eigenschaften von Dingen an sich haben (bzw. dass wir die bestimmten Eigenschaften erkennen). Eine Festlegung auf existierende, uns affizierende Dinge an sich kommt nur der ersten, schwächeren These gleich. Diese Festlegung widerspricht dem Kategorienverbot und der Unerkennbarkeitsthese nicht, denn diese schließen nur Wissen/

Erkennen im Hinblick auf Eigenschaften im Sinne der zweiten, stärkeren These, d. h. bestimmte Eigenschaften, aus.

Wir haben gesehen, dass die Erstleser Kants mit einer sehr starken Lesart der Unerkennbarkeitsthese und des Kategorienverbots operieren. Aus ihren im vorigen Unterabschnitt zitierten Formulierungen erschließt sich, dass sie Kant so verstehen, als wollte er jegliches, auch minimales Wissen im Sinne der ersten, schwachen These ausschließen. Aus der Perspektive der hier präsentierten Verteidigungsstrategie würde man diesen Aspekt ihrer Kantlektüre als ein Missverständnis einstufen: Die kantischen Einschränkungen im Hinblick auf Dinge an sich sind schwächer zu verstehen und lassen das minimale Wissen, das eine Festlegung auf die Affektionsthese voraussetzt, zu. Obwohl man zugeben könnte, dass die ubiquitären und manchmal sehr stark klingenden Warnungen Kants sehr leicht Anlass zum Missverständnis geben, kann man (der überwältigenden Mehrheit von) Kants Erstlesern trotzdem entgegenhalten, dass sie die Möglichkeit einer schwächeren Auslegung gar nicht erwogen haben.

Diese schwächere Auslegung stellt nicht nur eine wohlwollende Interpretation von Kants Thesen dar, die uns aus einer philosophischen Perspektive erlauben würde, Kant von der sonst drohenden Inkonsequenz zu befreien. Es finden sich zudem einige Stellen, die als Belege für diese Interpretation angeführt werden können. Kant verbietet an manchen Stellen bloß die *bestimmte* Erkenntnis von Dingen an sich (A252, 4: 355). Es wird nicht das Wissen über Dinge an sich *überhaupt* ausgeschlossen: Wir wissen, dass es außergeistige Dinge gibt, „allein von dem, was sie an sich selbst sein mögen, wissen wir nichts, sondern kennen nur ihre Erscheinungen, d. i. die Vorstellungen, die sie in uns wirken, indem sie unsere Sinne afficiren" (4: 289).[39] Im Anschluss an eine sehr ähnliche Äußerung über Dinge an sich schreibt Kant, dass „wir von diesen reinen Verstandeswesen [d. h. Dinge an sich, MK] ganz und gar nichts *Bestimmtes* wissen, noch wissen können" (4:315, meine Hervorhebung). An anderer Stelle schreibt Kant, dass „Erscheinungen [...] jederzeit eine Sache an sich selbst voraussetzen und also darauf Anzeige thun, man mag sie nun *näher erkennen*, oder nicht" (4:355, meine Hervorhebung). Solche Äußerungen – auf die Rosefeldt (2013: 254f.) in seiner Kantverteidigung explizit verweist – stützen die Interpretation, dass Kant das Kategorienverbot und die Unerkennbarkeitsthese schwächer verstanden wissen möchte und deshalb davon ausgeht, dass diese der Affektionsthese nicht wider-

---

[39] Vgl. auch 4: 314f.

sprechen. Die Verteidigungsstrategie, die auf die Abschwächung des Kategorienverbots und der Unerkennbarkeitsthese setzt, ist gut belegt.⁴⁰

Die Abschwächung bzw. Umformulierung des Kategorienverbots, der Unerkennbarkeits- sowie der Affektionsthese wurde in einer Sprache ausgedrückt, die eine Zwei-Aspekte-Interpretation des transzendentalen Idealismus suggeriert: Es geht um außergeistige Gegenstände als Träger von irgendwelchen subjektunabhängigen Eigenschaften, die wir nicht näher erkennen können; es handelt sich um eine Verteidigungsstrategie, die von Kantforscher:innen, die Zwei-Aspekte-Interpretationen vertreten und diese als wichtigen Bestandteil ihrer Verteidigungsstrategie ansehen, verfolgt wird. Es lässt sich allerdings feststellen, dass diese Strategie mit Zwei-Welten-Interpretationen vereinbar ist und dass zumindest manche Zwei-Welten-Interpret:innen es genau so sehen, obwohl man die einflussreichsten ausgearbeiteten Reaktionen auf die hier zur Diskussion stehende Variante des Unzulässigkeitsvorwurfs bisher eher mit Zwei-Aspekte-Interpretationen assoziiert. Im Rahmen ihrer kürzlich erschienenen Interpretation des kantischen Idealismus umreißt Anja Jauernig (2021: 302 ff.) die von ihr favorisierte Strategie zum Umgang mit dem Vorwurf, die im Grunde der hier präsentierten Strategie entspricht. James Van Cleves (1999: 136) knappe Bemerkungen zu dieser Problematik weisen ebenfalls in dieselbe Richtung.⁴¹ Der Knackpunkt der Verteidigungsstrategie besteht in einer bestimmten Interpretation des Kategorienverbots und der Unerkennbarkeitsthese, nicht in einer bestimmten Interpretation der Relation (Verschiedenheit oder Identität) zwischen Dingen an sich und Erscheinungen.

Dies bedeutet nicht, dass es gar keinen Unterschied gibt, wenn die Strategie von Zwei-Welten-Interpret:innen übernommen wird. In den Händen einer Zwei-Aspekte-Interpretin betrifft das mögliche Wissen über Dinge an sich ein unmittelbares Wissen über außergeistige Gegenstände und ihre subjektabhängigen Eigenschaften. Was das bestimmte (und verbotene) Erkennen von diesen außergeistigen Gegenständen angeht, geht es dabei um eine Einschränkung mit Blick

---

40 Aus diesem Grund finde ich die Sorge Hogans (2009a: 49 ff.), dass die hier skizzierte Verteidigungsstrategie unattraktiv sei, weil man dabei gezwungen ist, berühmte kantische Äußerungen nicht beim Wort zu nehmen, nicht so dringend. Abgesehen davon, dass die Entkräftung des Widerspruchsvorwurfs uns Grund genug bietet, eine schwächere, wohlwollende Lesart anzustreben (selbst wenn dies gewisse textliche Kosten hätte), ist diese Interpretation eigentlich gut belegt, so dass die textlichen Kosten gering ausfallen.
41 Vgl. auch die Diskussion in Chiba 2012: 360 ff. (Chibas Kantinterpretation – die ich erst in der letzten Phase der Entstehung dieser Forschungsarbeit zur Kenntnis genommen habe – lässt sich als eine Variante der Zwei-Welten-Interpretationen einstufen).

auf eine *Teilmenge* der Eigenschaften (nämlich subjekt*un*abhängige Eigenschaften) dieser Gegenstände. Wenn wir sagen, dass wir bei den Dingen „von dem, was sie an sich selbst sein mögen", nichts wissen, dann ist dies so zu verstehen, dass wir *dasselbe* Ding in anderer Hinsicht (nämlich als Träger von subjektabhängigen Eigenschaften) doch bestimmt erkennen.[42] In den Händen einer Zwei-Welten-Interpretin ist das Ganze etwas anders zu verstehen. Das mögliche Wissen über Dinge an sich ist kein *unmittelbares* Wissen über außergeistige Gegenstände und ihre Eigenschaften. Das bestimmte (und verbotene) Erkennen von diesen Gegenständen betrifft nicht nur eine Teilmenge seiner Eigenschaften, sondern *alle* Eigenschaften dieser Gegenstände, denn im Rahmen einer Zwei-Welten-Interpretation sind Dinge an sich Träger ausschließlich von subjekt*un*abhängigen Eigenschaften. Die Träger von subjektabhängigen Eigenschaften, die wir bestimmt erkennen können, sind die von diesen Gegenständen numerisch verschiedenen Erscheinungen. Wir dürfen nicht mehr sagen, dass wir *dasselbe* Ding in gewisser Hinsicht *bestimmt* erkennen, in anderer jedoch nicht.

Diese Unterschiede haben jedoch keinen Einfluss auf den Punkt, der die Pointe der ganzen Verteidigungsstrategie ausmacht. Sowohl in der Zwei-Aspekte- als auch in der Zwei-Welten-Variante ist *minimales Wissen*, jedoch kein bestimmtes Erkennen über Dinge an sich möglich. Im ersten Fall ist dies zwar unmittelbar, im zweiten mittelbar (vermittelt durch unsere „Vorstellungen", die Erscheinungen). Die Gegenstände, die ich in der Zwei-Welten-Variante bestimmt erkennen kann, sind zwar ausschließlich Träger von subjektabhängigen Eigenschaften, aber mittels dieser Gegenstände bekomme ich minimales, mittelbares Wissen über Dinge an sich. In beiden Varianten lässt sich behaupten, dass wir das Ding an sich in gewisser – minimaler – Hinsicht doch erkennen. Und Kant selbst bedient sich an einer bereits zitierten Stelle einer Formulierung, die uns zeigt, wie die Zwei-Welten-Interpretin das ganze Modell verstehen würde: Bei Dingen an sich „kennen [wir] nur ihre Erscheinungen, d. i. die Vorstellungen, die sie in uns wirken, indem sie unsere Sinne afficiren"; wir haben minimales, mittelbares Wissen über Dinge an sich als außergeistige Gegenstände, die existieren, auf Subjekte kausal einwirken und Vorstellungen (Erscheinungen) in ihnen hervorrufen.

Dass sich die entscheidende Frage hier um die richtige Interpretation des Kategorienverbots und der Unerkennbarkeitsthese und nicht um das genaue Verhältnis (Identität vs. Verschiedenheit) von Dingen an sich zu Erscheinungen

---

42 Hier gehe ich davon aus, dass die Zwei-Aspekte-Interpretation mit einer direktrealistischen Position über die Gegenstände der Wahrnehmung kombiniert wird. Eine solche Kombination von Thesen ist allerdings nicht zwingend, vgl. zu dieser Frage Kap. 4, Fn. 46.

dreht, sieht man zudem, wenn man eine Frage ins Spiel bringt, deren Thematisierung bisher verschoben wurde: inwiefern „Wissen" und „Erkennen" bei Kant austauschbar sind. Bisher habe ich die zwei Ausdrücke eher so verwendet, als wären sie bedeutungsgleich, und habe unterschiedliche Positionen mit Blick auf die uns hier beschäftigende Frage *mit anderen Mitteln* zum Ausdruck gebracht. Ich habe von *minimalem* Wissen/Erkennen (oder Wissen/Erkennen *überhaupt*) gesprochen, und dieses zu *bestimmtem* Erkennen/Wissen kontrastiert. Der Fokus auf das Begriffspaar *minimal* vs. *bestimmt* hat uns geholfen zu sehen, wie sich die Spannung zwischen Affektionsthese, Kategorienverbot und Unerkennbarkeitsthese auflösen lässt. Nun könnte man ein ähnliches Ergebnis erzielen, indem man den Fokus auf das Begriffspaar *Wissen* vs. *Erkennen* legt. Es gibt eine Reihe von Gründen, die für eine solche Unterscheidung sprechen. Der Begriff des Wissens wird in der *Kritik* als eine Stufe des Fürwahrhaltens, die auf einem objektiv zureichenden – für Gewissheit zulänglichen – Grund beruht, definiert (A822/B850). Kants Wissensbegriff scheint nahe an unserem zeitgenössischen Wissensbegriff, wonach Wahrheit und epistemische Rechtfertigung Bestandteile des Wissensbegriffs sind, zu stehen. In der *Kritik* lässt jedoch Kant *falsche* Erkenntnisse zu (A58/B83, A709/B737), was aus der Perspektive unseres Wissensbegriffs ausgeschlossen wäre. Der Begriff der Erkenntnis scheint wenig mit Fürwahrhalten und objektiver Rechtfertigung zu tun zu haben: Erkenntnis – in einem weiten Sinn – lässt sich als ein mentaler Zustand verstehen, der bloßen Empfindungen gegenüberzustellen ist (A320/B376); im engeren Sinn geht es um eine bewusste *Vorstellung* eines Gegenstands; Erkenntnis in diesem engeren Sinn erfordert Anschauungen und Begriffe (A92f./B125).[43]

Behält man diese Unterscheidung im Hinterkopf, dann lässt sich die These verteidigen, dass nicht alles Wissen Erkenntnis voraussetzt und umgekehrt. Besonders interessant sind die Folgen dieser These für die Frage, die uns hier beschäftigt: die Kompatibilität zwischen Affektionsthese, Kategorienverbot und Unerkennbarkeitsthese. Aus der Perspektive zeitgenössischer Forschung zu Kants Wissens- und Erkenntnisbegriff ist die kantische Un*erkennbar*these über Dinge an sich als genau das zu verstehen: Die Dinge an sich können wir nicht *erkennen*. Dies bedeutet jedoch nicht, dass es kein *Wissen* über sie geben kann. Folgt man zum Beispiel dem Vorschlag Andrew Chignells (2014: 576 f.), wäre diese Idee wie folgt auszubuchstabieren. Wir können Dinge an sich nicht erkennen, weil wir keine Anschauungen *von* ihnen haben können. Erkenntnis von Dingen an sich kommt einem (anspruchsvollen) mentalen Zustand gleich, der einzelne Gegenstände repräsentiert und deshalb ausgeschlossen wird. Das sehr allgemeine

---

43 Vgl. Watkins/Willaschek 2017: insbesondere 85 ff. Vgl. auch Chignell 2014: 574 ff.

Führwahrhalten der Aussage, *dass* es Dinge an sich gibt und sie Erscheinungen zugrunde liegen, könnte jedoch intakt bleiben, da es auf objektiv zulänglichen Rechtfertigungsgründen beruhen kann, die nichts mit einer (anspruchsvollen) Erkenntnis *von* Dingen an sich zu tun hätte. Die kantische Festlegung auf existierende, uns affizierende Dinge an sich erfordert nur Wissen, keine Erkenntnis, während der Unerkennbarkeitsthese zufolge nur Letztere nicht möglich ist.[44]

In dieser Variante der Verteidigung Kants gegen den Widerspruchsvorwurf wird deutlich, dass die Strategie wenig mit der Debatte über Zwei-Welten- vs. Zwei-Aspekte-Interpretationen zu tun hat. Dies bedeutet allerdings nicht, dass Zwei-Aspekte-Interpretationen gar keinen Vorsprung haben. Die Vertreterin einer Zwei-Aspekte-Interpretation könnte zum Beispiel die These geltend machen, dass sie sich in einer besseren Lage befindet, wenn es auf die auf „objektiv zulänglichen Gründen" beruhende Rechtfertigung, die Wissen über Dinge an sich erfordert, ankommt. Solche Fragen kreisen allerdings um *Rechtfertigungs*probleme, welche den Gegenstand des nächsten Kapitels bilden.[45] Was den Gegenstand dieses Kapitels, den *Widerspruchs*vorwurf, angeht, lässt sich zunächst feststellen, dass sowohl Zwei-Aspekte- als auch Zwei-Welten-Interpretationen über die Ressourcen verfügen, um mit dem Problem gut umgehen zu können.

Gegenreplik aus der frühen Kantkritik: Schwächere Unerkennbarkeitsthese und Dogmatismus

Im vorigen Unterabschnitt habe ich anhand von Belegstellen gezeigt, dass Kants Erstleser mit einer sehr starken, aber nicht alternativlosen Lesart der kantischen Unerkennbarkeitsthese operieren. Ich möchte nun diese These relativieren und dieses Kapitel abschließen, indem ich eine Gegenreplik ins Spiel bringe, welche das Lösungspotential der präsentierten Verteidigungsstrategie in Frage stellen könnte. Ich werde die These verteidigen, dass diese Gegenreplik keine unüberwindliche Schwierigkeit für Kant darstellt und dass die Verteidigungsstrategie nach wie vor als erfolgreich – und unabhängig von Debatten hinsichtlich Identität und Verschiedenheit – einzustufen ist.

Soweit ich sehen kann, trifft die Diagnose hinsichtlich der zu starken Lesart der Unerkennbarkeitsthese in der frühen Kantkritik auf alle Erstleser – in allen

---

[44] Vgl. auch die hilfreiche Diskussion in Watkins/Willaschek 2017: 109.
[45] Als objektiv zulängliche Gründe für die Rechtfertigung der Festlegung auf existierende, uns affizierende Dinge an sich nennt Chignell (2014: 577) zum Beispiel den *Schluss* („inference") Kants, dass es solche Gegenstände geben muss. Relevante Kant-Stellen und der Umgang mit diesen aus der Perspektive der Zwei-Welten- vs. Zwei-Aspekte-Kontroverse werden uns im nächsten Kapitel beschäftigen.

Phasen ihrer Kritik – zu, bis auf *einen* Kritiker Kants, der eine alternative Lesart doch erwägt bzw. seine ursprüngliche Lesart modifiziert. Es geht dabei um Eberhard. Wie wir anhand von bereits zitierten Stellen gesehen haben, teilt Eberhard die Interpretation seiner Zeitgenossen im Hinblick auf Kants Unerkennbarkeitsthese. Er schreibt Kant die These zu, dass wir die Dinge an sich gar nicht erkennen bzw. gar nichts von ihnen wissen können, und deshalb denkt er, dass diese These im Widerspruch zu einer Festlegung auf existierende, uns affizierende Dinge an sich steht. Diese Interpretation der kantischen Thesen vertritt Eberhard allerdings nur im *ersten* Band seines *Philosophischen Magazins*. Ab dem zweiten Band dieser Zeitschrift sowie in seinem späteren *Philosophischen Archiv* ist Eberhard bereit, Kant anders zu lesen. Bereits im zweiten Band des *Magazins* scheint Eberhard die Lesart zu erwägen, dass die Unerkennbarkeitsthese über Dinge an sich schwächer interpretiert werden könnte, so dass nur die Erkenntnis von „individuellen Bestimmungen" – im Gegensatz zur Erkenntnis von allgemeinen Eigenschaften – dieser Dinge ausgeschlossen wird (Eberhard 1789h: 69 f.). Eberhard (1790g: 431 ff.) ist bereit anzunehmen, dass wenn Kant behauptet, dass wir *nichts* von Dingen an sich erkennen, er doch meinen könnte, dass wir *etwas* erkennen. Diesem Leser Kants sind manche der bereits zitierten Stellen, welche die schwächere Auslegung der Unerkennbarkeitsthese nahelegen, nicht entgangen, wie seine Thematisierung einer dieser Stellen (4: 315), die wir uns gleich anschauen werden, zeigt.

Obwohl Eberhard diese schwächere Lesart durchaus erwägt, bleibt er trotzdem ein Kantkritiker. Warum? Seine Reaktion auf die Stelle 4: 315 ist aufschlussreich. Als Kommentar zur kantischen Äußerung, dass wir von Dingen an sich „ganz und gar nichts Bestimmtes wissen", schreibt er:

> *Nichts Bestimmtes!* Was heißt das? So stehen die wichtigsten Gründe der kritischen Philosophie, auf die gerade alles ankommt, auf Schrauben. Heißt es: Wir wissen von diesen Dingen *nicht* alle Bestimmungen, die zu ihrer ganzen Individualität gehören? Diese weiß nur der unendliche Verstand; denn der Bestimmungen aller einzelnen Dinge sind unendlich viele. Welche dogmatische Philosophie hat das je behauptet? Heißt es aber: Wir wissen nicht durch den Verstand und die Vernunft, ob sie möglich und wirklich sind: so wissen wir auch nicht, ob unsere Erkenntnis Realität hat. (Eberhard 1794a: 49 f.)

Hier konstruiert Eberhard ein Dilemma für Kantianer:innen. Mit dem zweiten Horn des Dilemmas sind wir schon vertraut: Es geht um den Vorwurf des radikalen Idealismus. Interessant für unsere Zwecke hier ist das erste Horn des Dilemmas: In einem Versuch, den transzendentalen Idealismus gegen den Radikalidealismusvorwurf zu verteidigen, landen wir bei einer Position, die vom *Dogmatismus* ununterscheidbar ist. Der transzendentale Idealismus wird als instabil eingestuft: Kant kann keine Zwischenposition zwischen der radikalen

Philosophie Berkeleys und der dogmatischen Philosophie Leibniz' belegen.[46] Die Thematisierung dieses Problems begleitet alle Äußerungen Eberhards zur schwächeren Lesart der Unerkennbarkeitsthese. Obwohl Eberhard die schwächere Lesart erwägt und sympathisch findet, fügt er hinzu, dass die Abweichungen zwischen Kant und Leibniz sich dann als ein bloßer *Wortstreit* erweisen würden (Eberhard 1790c: 486, 492);[47] es ist eine bloße Stipulationsfrage, ob man den Ausdruck „Erkennen" oder „bestimmtes Erkennen" nur für sehr anspruchsvolle Formen des Wissens reserviert. Eberhard (1790c: 487 ff.) meint, dass Kant bzw. die Kantianer[48] mit einem Begriff von Erkennen oder Wissen über Dinge an sich operieren, der bloß „anschauende" und nicht die „symbolische Erkenntnis" von Dingen an sich ausschließt. Er stellt fest, dass „in dem Ausdrucke *Erkennen* eine Zweydeutigkeit" liegt, denn es gibt „eine *symbolische* und eine *anschauende* Erkenntniß"; „[d]ie kritische Philosophie *nennt nur* die letztere, Erkenntniß" und die dogmatische Philosophie hat nie behauptet, dass wir die Dinge an sich in diesem Sinn erkennen (Eberhard 1794b: 122).

Hier werden viele philosophische Thesen mit Rückgriff auf Leibniz und die leibnizianische Tradition ausgedrückt. Dieser Aspekt der Kritik Eberhards an Kant zieht sich durch seine gesamte Kritik und steht außerhalb des Fokus meiner Untersuchung hier.[49] Auch ohne eine Einlassung auf die Frage nach dem genauen

---

46 Mit Bezug auf Eberhards Kritik im ersten Band des *Philosophischen Magazins* trifft Allison (1973a: 28 f.) folgende Feststellung: „[H]e [Eberhard, MK] attacks Kant from two directions which are rather difficult to reconcile with one another. On the one hand, Kant is accused of idealism. This charge [...] basically amounts to the familiar contention that Kant is a subjective idealist in the manner of Berkeley [...]. On the other hand, he tries at the same time to show that, even on Kant's assumptions concerning the nature of appearance it is possible to gain through these appearances some knowledge of things in themselves." Aus der Perspektive einer „rationalen Rekonstruktion" der Kritik Eberhards sind die zwei auf den ersten Blick unvereinbaren Aspekte seiner Kritik als die zwei Hörner eines Dilemmas aufzufassen. Spätere – unter anderem die eben zitierte – Äußerungen Eberhards bestätigen, dass es eben so gemeint ist.
47 Vgl. Eberhard 1790g: 431 ff.
48 Eberhard formuliert seine Überlegungen hier auf Grundlage der Kantinterpretation Reinholds. Allerdings gehe ich davon aus, dass seine Überlegungen auch als Kommentar über Kant selbst intendiert sind. Zum einen thematisiert Eberhard, wie wir gesehen haben, eine relevante Stelle aus Kants *Prolegomena*. Zum anderen liest er manche an ihn adressierte Äußerungen Kants in Kants Streitschrift als eindeutiges Bekenntnis Kants zur These, dass die Dinge an sich in gewisser Hinsicht erkennbar sind (vgl. Eberhard 1790f: 252; vgl. auch Eberhard 1790b: 214 f.).
49 Eine charakteristische Formulierung Eberhards (1788b: 26), die keine geringe Rolle bei Kants Reaktion in seiner Streitschrift gespielt hat, lautet folgendermaßen: „[D]ie Grenzbestimmung der menschlichen Erkenntniß nach der Leibnitzischen Vernunftkritik [...] [darf] noch nicht aufgegeben werden; alles was die Kantische Kritik gründliches enthält, sey in ihrem Umfange enthalten, und außerdem noch vieles, was diese ohne Grund verwirft." Vgl. auch Eberhard 1789c: 289. Zur

Verhältnis der Philosophien Kants und Leibniz' können wir die Stoßrichtung der Argumentation Eberhards trotzdem einigermaßen verstehen: Die eberhardsche anschauende Erkenntnis steht nahe an dem, was ich vorher als *bestimmte* Erkenntnis beschrieben habe und von Erkenntnis überhaupt/minimalem Wissen abgegrenzt habe; oder, wenn wir den Unterschied zwischen Wissen und Erkennen bei Kant erst nehmen, scheint Kants „Erkenntnis" bloß für anschauende, anspruchsvolle Erkenntnis *von* Dingen an sich reserviert zu werden, während „Wissen" für etwas weniger Anspruchsvolles, das keine Vorstellungen von Dingen an sich voraussetzt, (Eberhards bloß symbolische Erkenntnis) steht. Es scheint tatsächlich gewisse Parallelen zu geben.

Warum wäre es jedoch ein Problem für die kantische Philosophie, wenn sie sich in dieser Hinsicht der leibnizianischen Tradition tatsächlich annähern würde? Eberhard formuliert seine Sorge explizit. Charakteristisch für eine dogmatische, leibnizianische Philosophie ist, dass sie manche starke metaphysische Annahmen macht, die Kant bekanntlich kritisiert: Annahmen, die um die *metaphysica specialis* und Fragen wie Gott oder die Unsterblichkeit der Seele kreisen. Eberhard sieht folgendes Problem für Kant. Wenn man das Kategorienverbot und die Unerkennbarkeitsthese abschwächt, um Platz für die Affektionsthese zu machen, dann macht man nach Eberhard konstitutiven Gebrauch vom Prinzip des zureichenden Grundes. Eberhard (1790d: 471f.) findet es dann unbegreiflich, „warum dieser konstitutive Gebrauch des Satzes vom Grunde nicht noch weiter ausgedehnt werden könne – warum sich nicht eben so wohl von der Wirklichkeit der zufälligen Dinge nach dem Satze des Grundes auf die Wirklichkeit einer notwendigen Ursach außer der Welt schließen lasse. [...] Die Parallele in dem konstitutiven Gebrauche des Satzes vom Grunde bey der Wirklichkeit der Ursachen unserer Empfindungen und der Ursach des Weltalls scheint [...] durch und durch vollständig zu seyn."[50] Kant hat nach Eberhard nur zwei Optionen: Entweder er schließt jegliches Erkennen/Wissen über Dinge an sich aus und begeht

---

Frage nach dem Verhältnis zwischen Kant, Leibniz und Leibnizianismus vgl. Jauernig 2008, Jauernig 2011.

50 Eberhards Rede von konstitutivem Gebrauch bezieht sich vermutlich auf die kantische Unterscheidung von *konstitutiv* und *regulativ* mit Blick auf den Grundsatz der Vernunft, der das „Bedingte" und die „Reihe aller Bedingungen" betrifft. Ein „Grundsatz der absoluten Totalität der Reihe der Bedingungen, als im Objecte (den Erscheinungen) an sich selbst gegeben", wäre „ein constitutives kosmologisches Princip" (A509/B537). Kant vertritt hingegen die These, dass es sich um ein regulatives Prinzip handelt: Als solches ist es „kein Principium der Möglichkeit der Erfahrung und der empirischen Erkenntniß der Gegenstände der Sinne, mithin kein Grundsatz des Verstandes, denn jede Erfahrung ist in ihren Grenzen (der gegebenen Anschauung gemäß) eingeschlossen; auch kein *constitutives Princip* der Vernunft, den Begriff der Sinnenwelt über alle mögliche Erfahrung zu erweitern" (ebd.).

mit seiner Festlegung auf existierende, uns affizierende Dinge an sich einen Widerspruch; oder er vermeidet den Widerspruch, indem er nicht alles Wissen/Erkennen über bzw. von Dinge(n) an sich ausschließt – bejaht Kant letztere Option, dann hat der „Streit ein Ende", aber Eberhard meint, dass dies einer Rettung der „theoretische[n] Vernunft in Ansehung der Erkenntniß Gottes und der Unsterblichkeit der Seele" gleichkäme (Eberhard 1790f: 272f.).

Eberhards Kantlektüre lässt sich als eine Gegenreplik auf die hier präsentierte Strategie zur Verteidigung Kants verstehen. Für Kantianer:innen ist es nicht ausreichend, für ein schwächeres Verständnis des Kategorienverbots und der Unerkennbarkeitsthese zu argumentieren, um Platz für die Affektionsthese zu schaffen. Sie müssen zudem zeigen, warum die abgeschwächten Thesen mit Blick auf Kategorienanwendung und Erkenntnis stark genug sind, um wichtigen Aspekten des „destruktiven" Aspekts des kantischen Projekts, als Kritik an der *metaphysica specialis*, gerecht zu werden. Wenn man zulässt, dass wir die Dinge an sich in gewisser Hinsicht erkennen, dann muss man erklären, wo und aus welchen Gründen man die Grenze zieht, die einem erlauben würde, metaphysische Annahmen über Dinge an sich wie Gott als illegitim auszuweisen.

Diese Gegenreplik führt uns zu sehr komplexen Fragen rund um Kants Projekt in der Transzendentalen Dialektik, denen ich hier nicht nachgehen werde. Ich gehe davon aus, dass eine wirklich zufriedenstellende Reaktion auf diese Herausforderung Eberhards sich mit solchen Fragen ausführlich auseinandersetzen sollte. Ich möchte jedoch eine Überlegung aus der Kantforschung aufgreifen, die sich an die in diesem Abschnitt dargelegten Thesen und Vorschläge unmittelbar anschließt und eine brauchbare – zumindest erste – Reaktion auf Eberhard liefern könnte. Im Rahmen seiner Verteidigung der Abschwächung des Kategorienverbots und der Unerkennbarkeitsthese bei Kant formuliert Rosefeldt (2013: 253ff.) manche Thesen, die als indirekte Gegenreaktion auf Eberhards Gegenreplik verstanden werden könnten. Eine für diese Gegenreaktion relevante Überlegung Rosefeldts ist die These, dass „[d]araus, dass man unter Verwendung der Kategorien ‚unbestimmte' Aussagen darüber macht, wie Dinge an sich selbst beschaffen sind, [...] man nicht folgern [darf], dass die normalerweise mit diesen Kategorien verbundenen Grundsätze für Dinge an sich gültig sind" (Rosefeldt 2013: 255); die Einschränkung des Kategoriengebrauchs wurde von Kant mit Blick auf die Kritik der vorkritischen Metaphysik eingeführt, die sich auf solche Grundsätze stützt, um Argumente für die traditionellen Gegenstände der *metaphysica specialis*, wie Gott und die Seele, vorzubringen. Man könnte diese Überlegung auf Eberhards konkretes Problem anwenden. Im Rahmen der vorkritischen Metaphysik geht man davon aus, dass das Prinzip des zureichenden Grundes von allen Dingen (an sich) gilt, so dass für die Existenz jedes Gegenstands oder Zustands ein hinreichender Grund angegeben werden kann. Aus Eberhards Perspektive scheint ein Implikationsverhältnis zwischen folgenden Thesen angenommen zu werden: (i) die These, dass Erscheinungen/Empfindungen Dinge an sich als ihre Ursachen/Gründe haben; (ii) die Annahme einer uneingeschränkten Anwendung des Prinzips des zureichenden Grundes. Aus Eberhards Sicht wenden wir dieses Prinzip an, um auf affizierende Dinge an sich zu kommen, so dass wir berechtigt sind anzunehmen, dass diese Dinge an sich *wiederum* eine(n) Ursache/ Grund usw. haben, und so kommen wir zum Beispiel auf Gott.

Aus kantischer Sicht könnte man jedoch entgegnen, dass wir (i) ohne (ii) haben können. Wenn wir von affizierenden Dingen an sich ausgehen, liegt keine *uneingeschränkte* Anwendung des Prinzips des zureichenden Grundes vor. Das Prinzip wird nur von Erscheinungen/Empfindungen gebraucht, und bloß von *diesen* behaupten wir, dass sie einen Grund/Ursache außerhalb der Erfahrung, nämlich affizierende Dinge an sich, haben – an dieser Stelle hört der Gebrauch des Prinzips auf. Oder, mit Rosefeldts Worten: „Diese Behauptung impliziert nicht, dass der Grundsatz der Kausalität für diese Gegenstände als Dinge an sich gültig ist, dass es also für jeden ihrer subjektunabhängigen Zustände eine Ursache gibt" (Rosefeldt 2013: 256). Dieser Überlegung Rosefeldts schließe ich mich an.

Es gibt jedoch einen weiteren Aspekt der Thesen Rosefeldts, welche die Einschränkungen unserer Erkenntnis/unseres Wissens und der Kategorienanwendung betreffen, der uns weiter erklären könnte, warum die Parallele zwischen affizierenden Dingen an sich einerseits und übersinnlichen Gegenständen wie Gott andererseits, die Eberhard annimmt, nicht vollständig ist. Rosefeldt (2013: 253) zufolge „darf [man] die Kategorien nicht auf Gegenstände anwenden, die uns nicht erscheinen". Diese These wird verstanden als eine These, welche die legitime Kategorienanwendung nur auf Dinge an sich, die *numerisch identisch* mit Erscheinungen sind, impliziert.[51] In diesem Zusammenhang wird auf Kants Äußerung hingewiesen, dass „sich der Verstand unvermerkt an das Haus der Erfahrung noch ein viel weitläufigeres Nebengebäude an[baut], welches er mit lauter Gedankenwesen anfüllt, ohne es einmal zu merken, daß er sich mit seinen sonst richtigen Begriffen über die Grenzen ihres Gebrauchs verstiegen habe" (4: 315 f.). Was Kant hier ausschließt, ist die Anwendung der Kategorien auf und Wissen über *lauter Gedankenwesen*, d. h. Dinge an sich, die mit keinen Erscheinungen identisch sind. Diese Einschränkung ließe sich auf Eberhards Problem gut übertragen und erlaubt uns zu sehen, wie Kant sich von starken metaphysischen Annahmen über Gott fernhalten kann, während er metaphysische Annahmen

---

[51] Vgl. folgende Formulierung: „Der Gebrauch einer Kategorie wie derjenigen der Ursache ist dann problematisch, wenn wir dabei Gegenstände zu erkennen meinen, die mit keinem der uns sinnlich erscheinenden Gegenstände identisch sind" (Rosefeldt 2013: 253).

über „Tische" und „Stühle" an sich akzeptieren kann. Im Rahmen einer Zwei-Aspekte-Interpretation des kantischen Idealismus sind letztere Gegenstände identisch mit Gegenständen der Erfahrung, Erscheinungen, Tischen und Stühlen. Dass ich von *diesen* Gegenständen sagen kann, dass sie subjekt*un*abhängige Eigenschaften haben und in diesem Sinn Dinge an sich sind, verpflichtet mich keineswegs auf genauso substantielle Annahmen über übersinnliche Gegenstände wie Gott, die mit keinen Erscheinungen identisch sind.

Dieser zweite Aspekt der hier präsentierten möglichen Replik auf Eberhards Kritikpunkt scheint allerdings von einer Zwei-Aspekte-Interpretation des kantischen Idealismus abhängig zu sein und auf diese Weise Schwierigkeiten für Zwei-Welten-Interpretationen aufzuwerfen. Dieser Aspekt der Strategie könnte als unbrauchbar für Zwei-Welten-Interpret:innen angesehen werden, so dass diese verwundbarer zu sein scheinen, was Eberhards Gegenreplik angeht. Ich denke allerdings, dass dieser Eindruck täuscht, und dass die (fiktive) Zwei-Welten-Interpretin diese meines Erachtens anschlussfähigen Überlegungen ebenfalls unterschreiben kann, solange sie sie leicht modifiziert. Aus diesem Grund möchte ich meine Behandlung dieser Gegenreplik abschließen, indem ich im Namen der fiktiven Zwei-Welten-Interpretin diese leichte Modifikation kurz vorstelle.

Im Rahmen der Zwei-Aspekte-Variante der Reaktion auf Eberhards Gegenreplik werden zwei Thesen gleichgesetzt: (i) die These, dass es Dinge an sich gibt, die uns erscheinen; (ii) die These, dass es dabei um Dinge an sich gehen muss, die mit Erscheinungen numerisch identisch sind. Die Zwei-Welten-Interpretin muss das nicht akzeptieren. Sie könnte die These vertreten, dass wir (i) ohne (ii) haben können. Wenn wir zum Beispiel eine Form von Repräsentationalismus vertreten, dann sind wir auf die These verpflichtet, dass die unmittelbaren Gegenstände unserer Wahrnehmung *nicht* identisch mit materiellen Gegenständen wie Tischen und Stühlen sind: Die Gegenstände unserer unmittelbaren Wahrnehmung wären bloß mentale Zustände, keine Tische und Stühle. Trotzdem könnte man an der These festhalten, dass Tische und Stühle uns doch auf *mittelbare* Weise, oder in einem *schwächeren* Sinn, erscheinen. Einen Kontrastfall dazu bietet ein rein übersinnlicher Gegenstand wie Gott: Das ist ein Gegenstand, der – zumindest im Rahmen des hier relevanten Gottesverständnisses – uns *nicht* erscheint. Dieser Gegenstand wird durch sinnliche Anschauung und Erfahrung nicht gegeben, weder auf mittelbare noch unmittelbare Weise, weder im starken noch im schwächeren Sinn. Für das kantische Projekt der Kritik an der *metaphysica specialis* wäre es ausreichend, die Kategorienanwendung und das relevante Wissen/Erkennen auf Gegenstände einzuschränken, die uns im *schwächeren* Sinn/auf *mittelbare* Weise erscheinen. Gegenstände wie Dinge an sich, welche sinnlichen Gegenständen wie Tischen und Stühlen *zugrunde liegen/korrespondieren*, selbst wenn sie mit diesen nicht identisch sind, würden den Test bestehen. Rein übersinnliche Gegenstände wie Gott würden es hingegen nicht tun.

Diese schwächere These ist durchaus vereinbar mit Kants Warnungen vor „lauter Gedankenwesen". Die Warnungen können so verstanden werden, dass sie bloß rein übersinnliche, immaterielle Gegenstände wie Gott betreffen. Dass man sich nichtsdestotrotz auf „Tische" und „Stühle" an sich festlegt, selbst wenn diese numerisch verschiedenen Erscheinungen („Vorstellungen") entsprechen, widerspricht diesen Warnungen nicht. Es lassen sich sogar Textstellen anführen, auf die sich die Zwei-Welten-Interpretin berufen könnte. Im Phänomena-Noumena-Abschnitt schreibt Kant:

> Da nun eine solche, nämlich die intellectuelle Anschauung, schlechterdings außer unserem Erkenntnißvermögen liegt, so kann auch der Gebrauch der Kategorien keinesweges über die Grenze der Gegenstände der Erfahrung hinausreichen; und [i] den Sinnenwesen *correspondiren* zwar freilich Verstandeswesen, auch [ii] *mag* es Verstandeswesen geben, auf welche unser sinnliches Anschauungsvermögen gar keine Beziehung hat, aber unsere Verstandesbegriffe, als bloße Gedankenformen für unsere sinnliche Anschauung, reichen nicht im mindesten auf diese hinaus. (B308 f., meine Hervorhebungen)

Kant legt hier seine differenzierte Haltung gegenüber verschiedenen Kategorien von Dingen an sich offen. Er spricht hier von „Verstandeswesen", in einem Kontext, wo es klar ist, dass die Dinge an sich gemeint sind, und er unterscheidet zwei Fälle: (i) Dinge an sich, die gewissen Sinneswesen (Erscheinungen) korrespondieren, und (ii) Dinge an sich, die keine Beziehung auf unser sinnliches Anschauungsvermögen haben. So wie ich Kant verstehe, wären „Tische" und „Stühle" an sich, die Tischen und Stühlen als Erscheinungen korrespondieren, gute Beispiele für den ersten Fall. Gott wäre hingegen ein gutes Beispiel für den zweiten Fall. Bemerkenswert ist, dass sich Kant auf die zweite Kategorie von Dingen an sich nicht festlegen möchte. Er schreibt, dass *es* solche Dinge an sich *geben mag*. Seine Positionierung im Hinblick auf die erste Kategorie klingt hingegen anders. Kant schreibt nicht, dass es solche Dinge an sich *vielleicht* gibt. Er schreibt dezidierter, dass solche Dinge an sich unseren Erscheinungen *korrespondieren*, ohne sich abschwächender Formulierungen zu bedienen. Interessant ist hier, dass für Kant die erforderliche Relation zwischen zulässigen Dingen an sich der Kategorie (i) und Erscheinungen die *Korrespondenz* ist – das ist schwächer als eine Relation der numerischen Identität und passt gut zu der Unterscheidung, die ich aus der Perspektive der Zwei-Welten-Interpretin formuliert habe. Das Unterscheidungsmerkmal der zwei Kategorien von Dingen an sich, das zu Kants differenzierter Haltung führt, ist nicht die *genaue* Relation (Identität oder Verschiedenheit), die zwischen Dingen an sich und Erscheinungen besteht, sondern die Tatsache, dass eine Relation zu Erscheinungen und unserem sinnlichen Anschauungsvermögen *überhaupt* besteht.

Vor diesem Hintergrund lässt sich feststellen, dass die in diesem Abschnitt präsentierte Strategie zur Verteidigung Kants trotz Eberhards Gegenreplik als erfolgreich einzustufen ist. Und obwohl viele Aspekte dieser Strategie eine prominente Rolle bei Zwei-Aspekten-Interpretationen des kantischen Idealismus spielen, lassen sie sich auch von Zwei-Welten-Interpretationen übernehmen.[52]

Zusammenfassend lässt sich das Fazit ziehen, dass sich Kant gegen den Unzulässigkeitsvorwurf – ausgelegt als ein Widerspruchsvorwurf – seiner Erstleser verteidigen lässt. Wir haben allerdings gesehen, dass diese Verteidigung der Position Kants erfordert, dass wir uns von einem relativ verbreiteten Kantbild in zweierlei Hinsicht verabschieden: Wir müssen die These aufgeben, dass die Rollen der Sinnlichkeit und des Verstandes bei der Begründung des kantischen Idealismus parallel sind; und wir müssen die Annahme fallen lassen, dass das berühmte kantische Kategorienverbot und die damit verbundene Unerkennbarkeitsthese hinsichtlich der Dinge an sich tatsächlich so stark ist, wie es in der Geschichte der Kantinterpretation oft angenommen wurde. Bei der Verteidigung Kants habe ich von Thesen metaphysischer Zwei-Aspekte-Interpretationen star-

---

52 Der Verweis auf die Unterscheidung zwischen Gegenständen der *metaphysica specialis* wie Gott, die gar nicht erscheinen, und Dingen an sich wie „Tischen" und „Stühlen" an sich, die eine Relation zum Anschauungsvermögen haben, kann allerdings nicht alle relevanten Fragen mit Blick auf Eberhards Herausforderung beantworten. Insbesondere der Fall der *Seele* scheint etwas anders als der Fall eines *rein* übersinnlichen Gegenstands zu funktionieren. Kant zufolge *erscheint* die Seele introspektiv als Gegenstand des „inneren Sinns", so dass es eine Analogie zu Gegenständen des „äußeren Sinns", Gegenständen im Raum wie Tische und Stühle, die ich sinnlich wahrnehme, gibt. Wie Kant an einer Stelle, auf die ich im nächsten Kapitel noch einmal verweisen werde, schreibt: „[S]o bin ich mir vermittelst der äußern Erfahrung eben sowohl der Wirklichkeit der Körper als äußerer Erscheinungen im Raume, wie vermittelst der innern Erfahrung des Daseins meiner Seele in der Zeit bewußt" (4: 336). (Hier ist die Positionierung Kants zur Existenz der Seele zu seiner Positionierung zu *Geistern* zu kontrastieren. Von Letzteren, als rein immateriellen Entitäten, soll gelten, dass ihre Existenz weder zu beweisen noch zu widerlegen ist und dass sie in gewisser Hinsicht sogar als „Hirngespinste" abzutun sind; vgl. 5: 467f., 8: 137, 20: 318f.) Trotzdem wird mir die Seele nicht als Ding an sich gegeben und ich kann sie als solches nicht erkennen. Mit Kants Worten: „die [d.h. die Seele, MK] [kann] ich auch nur als einen Gegenstand des innern Sinnes durch Erscheinungen, die einen innern Zustand ausmachen, erkennen [...], und wovon mir das Wesen an sich selbst, das diesen Erscheinungen zum Grunde liegt, unbekannt ist" (4: 336). Weil man im Rahmen der *metaphysica specialis* substantiellere Annahmen rund um die Seele macht, die nicht ihre bloße Existenz, sondern ihre Existenz als körperlose Seele und ihre genauen Eigenschaften wie Einfachheit oder Unsterblichkeit betreffen, ist es für Kant auch in diesem Fall möglich, an der Existenz von zugrunde liegenden Dingen an sich festzuhalten und zugleich Eberhards Dilemma zu entgehen.

ken Gebrauch gemacht und auf diesen aufgebaut. Aber ich habe zugleich zu zeigen gesucht, dass solche Thesen auch in Zwei-Welten-Interpretationen integrierbar sind, so dass sich eine erfolgreiche Verteidigung Kants gegen den Widerspruchsvorwurf neutral zur Debatte über Identität und Verschiedenheit von Dingen an sich und Erscheinungen verhält.

Es bleiben allerdings noch viele Fragen offen und es gibt Potential für Nachfragen und Gegenangriffe, die einige der Thesen, die ich in diesem Kapitel favorisiert oder selbst verteidigt habe, betreffen. Ich werde auf manche solche Punkte, die mir als besonders zentral und naheliegend im Zusammenhang mit meinem Umgang mit dieser Dimension der Kantkritik erscheinen, im nächsten Kapitel eingehen, da sie sich meines Erachtens besser unter der Rubrik „Unzulässigkeitsvorwurf als Rechtfertigungsproblem" besprechen lassen. Manche andere Aspekte meiner gesamten Kantinterpretation, die insbesondere meine hier angedeuteten vergleichsweise starke Thesen zu Kants Festlegung auf kategoriale Eigenschaften von Dingen an sich betreffen, werde ich im dritten Teil dieses Buchs vertiefen, wo eine verschärfte Form der frühen Kantkritik ins Spiel kommt und der Bedarf nach einer starken Festlegung auf Dinge an sich entsprechend motiviert und zugespitzt wird – in diesem Zusammenhang werde ich auf manche bereits angesprochene Aspekte der Kritik der Erstleser zurückkommen.

Die Aufgabe des nächsten Kapitels ist es nun, den Unzulässigkeitsvorwurf als ein Rechtfertigungsproblem in den Blick zu nehmen. Auf diese Weise wird dort die Behandlung des zweitens Horns des Dilemmas für Kant abgeschlossen.

Kapitel 4 Kants Kritiker gegen die Zulässigkeit einer Festlegung auf die Dinge an sich: Rechtfertigungsprobleme (und ihre Lösung)

Die Auseinandersetzung mit dem Unzulässigkeitsvorwurf der Erstleser ist noch nicht abgeschlossen. Im vorigen Kapitel stand der Einwand der Kantkritiker im Vordergrund, dass die Festlegung auf Dinge an sich im Widerspruch zu anderen Thesen Kants steht. Hier wird hingegen der Fokus auf einen anderen Einwand gelegt: Es geht darum, inwiefern die Festlegung auf Dinge an sich (hinreichend) gerechtfertigt ist. Die Annahme existierender, uns affizierender Dinge an sich kommt der Annahme gleich, dass es eine subjektunabhängige Außenwelt gibt, die auf Subjekte einwirkt und sie mit sinnlichem Input versorgt. Sich über den Rechtfertigungsstatus einer solchen Annahme Sorgen zu machen, bringt uns sehr nahe an das traditionelle erkenntnistheoretische Problem des Außenweltskeptizismus. Aus diesem Grund werden die Problematik des Außenweltskeptizismus und ihr Verhältnis zum kantischen Idealismus im Mittelpunkt dieses Kapitels stehen.

Abschnitt I präsentiert und bespricht eine erste, natürliche Lesart des Rechtfertigungsproblems: Es geht um den Unzulässigkeitsvorwurf als den Einwand einer Außenweltskeptikerin und um Stellen aus der *Kritik*, wo Kant ein *Argument* für seine Festlegung auf Dinge an sich zu liefern scheint. In Abschnitt II steht eine weitere Lesart im Mittelpunkt, wonach die radikalidealistischen Prämissen Kants im Zuge seiner antiskeptischen Argumentation – und nicht die Plausibilität der antiskeptischen Argumente Kants als solche – zur Debatte stehen. Hier steht der „Vierte Paralogismus" im Vordergrund. In Abschnitt III wende ich mich einer letzten Lesart zu, in deren Rahmen ein Zusammenhang zwischen transzendentalem Idealismus, direktem Realismus und Außenweltskeptizismus hergestellt wird. In allen Fällen, aus jeweils anderen Gründen, wird Kant Recht gegeben. Im Fall des Einwands, der in Abschnitt II diskutiert wird und den ich als besonders drastisch einstufe, argumentiere ich für eine (vergleichsweise) realistische Interpretation des „Vierten Paralogismus". Im Fall der anderen Einwände mache ich zwar gewisse Zugeständnisse an die Kantkritiker, streite aber die Zentralität der so ausgelegten Einwände ab.

I Kants Festlegung auf die Dinge an sich als nicht hinreichend gerechtfertigt. Der Unzulässigkeitsvorwurf als der Einwand einer Außenweltskeptikerin

In diesem Abschnitt präsentiere und bespreche ich eine erste, natürliche und verbreitete Lesart des Vorwurfs der Kantkritiker, ausgelegt als ein Rechtfertigungsproblem. Im Rahmen dieser Lesart kommt der Vorwurf der Erstleser einem skeptischen Einwand gleich: Was die Kantkritiker von Kant erwarten – und bei ihm vermissen – ist, dass er seine Festlegung auf Dinge an sich rechtfertigt, in dem Sinn, dass er den Außenweltskeptizismus *widerlegt*. Zunächst gehe ich auf den so ausgelegten Vorwurf und seine Verbreitung in der frühen Kantkritik etwas ausführlicher ein (Unterabschnitt (i)). Anschließend nähere ich mir der ganzen Problematik aus kantischer Sicht an (Unterabschnitt (ii)).

i Frühe Kantkritik als die Kritik einer Außenweltskeptikerin

Wir haben im vorigen Kapitel bereits gesehen, dass man zwischen zwei Hauptschwierigkeiten mit Blick auf Kants Festlegung auf Dinge an sich unterscheiden kann: Das Problem ist nicht nur, dass Kants Festlegung in einem eventuellen Widerspruch zu anderen Thesen, die Kant ebenfalls vertritt, steht; es gibt das zusätzliche Problem, dass die Annahme existierender, uns affizierender Dinge an sich eine substantielle Annahme darstellt, deren Rechtfertigungsstatus man angreifen könnte. Woher weiß ich, dass es Dinge an sich, d. h. subjektunabhängige Gegenstände, gibt? Es gibt eine einflussreiche philosophische Position, welche die Rechtfertigung einer solchen Annahme explizit in Frage stellt: Es geht um die Position des Außenweltskeptizismus. Nun könnte man – und hat man bereits getan – die frühe Kantkritik als Ausdruck dieser Art von Sorge verstehen: Mit ihrem Angriff auf das kantische Ding an sich werfen die Erstleser Kant vor, dass er das Problem des Außenweltskeptizismus nicht ernst genug nimmt bzw. dass seine Argumente, welche seine substantiellen Annahmen rechtfertigen sollten, nicht gut genug sind. Selbst wenn man erfolgreich zeigen kann, dass eine Festlegung auf das Ding an sich mit anderen Thesen Kants vereinbar ist, heißt das noch nicht, dass das Ding an sich zulässig ist. In der hier zur Diskussion stehenden Variante des Vorwurfs, gibt es keinen Platz für das Ding an sich, in dem Sinn, dass Kant uns eine überzeugende Widerlegung des Außenweltskeptizismus schuldig geblieben ist.

Dass Schulze diesen Einwand gegen Kant explizit formuliert und vom Widerspruchsvorwurf abgrenzt, haben wir bereits gesehen. Schulze hält Kant vor, dass er die Affektionsthese, die er schon im Beginn der Transzendentalen Ästhetik in Anspruch nimmt, nicht bewiesen hat und dass er dabei eine „petitio principii" gegen die Skeptikerin begeht.[1] Maimon, den wir im ersten Kapitel dieses Buchs als dezidierten Skeptiker kennengelernt haben, sieht sie Sache ähnlich, zumindest was die systematische Komponente der Position Schulzes angeht. Er denkt auch, dass Kant uns keine Argumente für die Affektionsthese, wenn damit eine Existenz von und Affektion durch subjektunabhängige(n) Entitäten gemeint ist, geliefert hat, und dass solche – guten – Argumente überhaupt nicht verfügbar sind.[2] Mindestens zwei einflussreiche Akteure der frühen Kantkritik verstehen also das Problem der kantischen Dinge an sich (auch) im Sinne eines außenweltskeptischen Einwands. Zu diesen Akteuren könnte auch Jacobi hinzugezählt werden. Jacobi als Philosoph – unabhängig von seiner Kantkritik – ist bekannt für sein Bekenntnis zu dem *Glauben* und der Notwendigkeit eines *Glaubenssprungs* im Zusammenhang mit unserer Überzeugung, dass es eine Außenwelt gibt: „Durch den Glauben wissen wir, daß wir einen Körper haben, und daß außer uns andre Körper und andre denkende Wesen vorhanden sind" (Jacobi 1785b: 116).[3] Es lassen sich zudem Stellen anführen, wo Jacobi solche Fragen als Kritikpunkte gegen Kant anspricht. In seinem Buch *David Hume*, aus dem der Anhang „Über den transzendentalen Idealismus" stammt, schreibt er:

> So kann der Philosoph aus der Kantischen Schule, der *blos empirische* Realist wohl sprechen, aber kein *eigentlicher* Realist, wie sie doch seyn wollen. *Die Gültigkeit der sinnlichen Evidenz ist ja gerade das, wovon die Frage ist.* Daß uns Dinge *als* ausser uns erscheinen, bedarf freylich keines Beweises. Daß aber diese Dinge dennoch nicht bloße Erscheinungen *in uns*, nicht bloße Bestimmungen unseres eigenen Selbstes, und, folglich, *als Vorstellungen von etwas ausser uns*, gar nichts sind; sondern daß sie, *als Vorstellungen in uns*, sich auf *würklich äusserliche*, an sich vorhandene Wesen beziehen, und von ihnen genommen sind: dawider lassen sich nicht allein Zweifel erregen, sondern es ist auch häufig dargethan worden, daß diese Zweifel durch Vernunftgründe im strengsten Verstande, nicht gehoben werden können. Ihre unmittelbare Gewißheit der äussern Gegenstände, wäre also, nach der Analogie meines Glaubens, *eine blinde Gewißheit*. (Jacobi 1787: 20 f.)

---

[1] Vgl. Kap. 3, I. Für diesen Aspekt der schulzeschen Kritik siehe Schulze 1792: 183 f./[262 ff.]; vgl. auch Schulze 1792: 205 f./[296 ff.], 256 f/[375 ff]. Schulzes „petitio principii"-Vorwurf ist allerdings etwas komplexer: Für Schulze ist die Problematik des Außenweltskeptizismus mit der Problematik des humeschen *Kausalitätsskeptizismus* eng verschränkt. Auf diesen Aspekt der Kritik Schulzes gehe ich in Kap. 5, I, ii ein.
[2] Vgl. zum Beispiel die in Kapitel 1 bereits diskutierte Stelle in Maimon 1790b: 415/[419], die für die Erhebung sowohl eines schwachen Widerspruchsvorwurfs als auch die Thematisierung eines Rechtfertigungsproblems spricht.
[3] Vgl. Jacobi 1785b: 30.

Solche Äußerungen legen die Interpretation nahe, dass Jacobi ein optimistischer Realist ist, der seinen Optimismus erst durch einen Glaubenssprung, der mit *außerphilosophischen Mitteln* erfolgt, erreicht. Auf einer rein philosophischen Ebene könnte man sagen, dass er den pessimistischen Skeptizismus Schulzes und Maimons teilt und dass seine Kantkritik ähnlich motiviert ist.[4]

Wir werden allerdings in den nächsten Abschnitten dieses Kapitels sehen, dass Jacobis Position anders interpretiert werden kann. Obwohl Jacobi der Problematik des Außenweltskeptizismus im Rahmen seiner Kantkritik besondere Bedeutung beimisst, muss das nicht heißen, dass er einen skeptischen Einwand gegen Kant formuliert. Was den Rest der Erstleser angeht, denke ich ebenfalls, dass ihre Problematisierung des Verhältnisses zwischen Außenweltskeptizismus und kantischem Idealismus *nicht* im Sinne eines skeptischen Einwands zu verstehen ist. Angesichts der Tatsache, dass Schulze und Maimon einen einflussreichen skeptischen Einwand zweifelsohne formulieren, möchte ich mich mit dem skeptischen Einwand und dem Potential einer kant(ian)ischen Replik etwas näher befassen, bevor wir uns den weiteren, vom skeptischen Einwand abzugrenzenden Versionen des Rechtfertigungsproblems zuwenden.

ii Verteidigungspotential des kantischen Idealismus gegen den skeptischen Einwand und seine (geringe) Relevanz für das kantische Projekt

Lässt sich die These verteidigen, dass Kants Festlegung auf Dinge an sich hinreichend gerechtfertigt ist – und dies auf eine Weise, die eine Außenweltskeptikerin zufriedenstellen würde? Bei der Behandlung dieser Frage gehe ich wie folgt vor. Zunächst gehe ich auf naheliegende Kandidaten für kantische Argumentationsstrategien, die uns eine Antwort auf die Sorge der skeptisch gesinnten Erstleser versprechen könnten, ein. Meine erste Bewertung solcher Argumentationsstrategien fällt negativ aus. Anschließend formuliere ich die These, dass ein negatives Ergebnis im Hinblick auf *diese* Frage nicht dramatisch für das kantische Projekt wäre, und reihe ich mich in Stimmen aus der Kantforschung ein, die dies ähnlich sehen.

---

[4] Horstmann (1995: 53 ff.) betont (unter anderem) diesen Aspekt der Kantkritik Jacobis. Franks (2000: 100) hebt ebenfalls die außenweltskeptische Dimension der Kantkritik Jacobis hervor, liest sie jedoch als eine Kritik am *Rationalismus* und nicht als eine Kritik an der *philosophischen Vernunft* als solcher.

Kants Argumente für die Existenz von Dingen an sich und eine Affektion durch diese

Kantkritiker wie Schulze behaupten, dass Kant die Affektionsthese als evident voraussetzt, ohne skeptische Zweifel dabei ernst zu nehmen. Entgegen dieser Behauptung könnte man meinen, dass Kant sehr wohl ein *Argument* für seine These liefert, das uns erlaubt, seine Festlegung auf Dinge an sich als hinreichend gerechtfertigt einzustufen. Die naheliegenden Kandidaten für einen solchen Versuch Kants, vor allem in der *Kritik*, betreffen zwei Kategorien von Stellen: Abschnitte, die Kants explizite Auseinandersetzung mit der Problematik des Außenweltskeptizismus enthalten (der bereits thematisierte „Vierte Paralogismus" der A-Auflage und die „Widerlegung des Idealismus" in der B-Fassung) sowie eine Reihe von Stellen, wo es danach klingt, als wollte Kant ein Argument für die Existenz von Dingen an sich liefern. Schon ein kurzer Blick auf diese Versuche zeigt, dass die Mehrheit dieser Stellen nicht geeignet dazu ist, den skeptischen Einwand zu entkräften. Die Erstleser haben dies auch so gesehen.

Um den skeptischen Einwand zu widerlegen, müsste Kant uns mit einem Argument aufwarten, das folgende Bedingungen erfüllt: (i) Es sollte um ein Argument gehen, das die Annahme, dass es Dinge an sich gibt, die uns affizieren, begründet; (ii) das Argument sollte von Prämissen ausgehen, die eine Außenweltskeptikerin akzeptieren würde; (iii) das Argument sollte plausibel und vereinbar mit Kants Idealismus sein. Es ist nicht einfach, ein Argument bei Kant zu finden, das alle drei Bedingungen erfüllt. Was den „Vierten Paralogismus" angeht, formuliert Kant zwar dort seine antiskeptische Strategie, aber die Pointe dieser Strategie – zumindest einer sehr einflussreichen Interpretationstradition zufolge – soll es sein, dass eine Festlegung auf Dinge an sich in Bezug auf die Widerlegung des Außenweltskeptizismus *irrelevant* ist. Kant wird die These zugeschrieben, dass die Außenwelt auf *Erscheinungen* zu reduzieren ist. Vor diesem Hintergrund wird die erste von mir genannte Bedingung (Bedingung (i)) klarerweise nicht erfüllt. (Obwohl ich im nächsten Abschnitt für eine alternative Interpretation der Strategie Kants im „Vierten Paralogismus" argumentieren werde, die in entscheidenden Punkten von der hier skizzierten abweicht, denke ich ebenfalls, dass Kant uns dort kein *Argument* für die Existenz von Dingen an sich gibt, so dass der Abschnitt für unsere Zwecke hier unbrauchbar ist.)

Der „Vierte Paralogismus" wurde in der B-Auflage faktisch gestrichen und durch die „Widerlegung des Idealismus" (B274 ff.) ersetzt. Dort sucht Kant die Außenweltskeptikerin zu widerlegen, indem er uns einen Beweis für das „Dasein der Gegenstände im Raum außer mir" verspricht. Das Argument läuft über die Prämisse, dass „[i]ch mir meines Daseins als in der Zeit bestimmt bewußt bin" sowie weitere Annahmen, wie zum Beispiel die Annahme, dass „[a]lle Zeitbestimmung [...] etwas *Beharrliches* in der Wahrnehmung" voraussetzt (B275). Nun ist es kontrovers, welche Rolle die Dinge an sich in diesem Argument spielen sollen: Ist ihre Existenz für das Beweisziel irrelevant oder soll ein Argument, das die Existenz von Gegenständen im Raum etabliert, ipso facto die Existenz von Dingen an sich etablieren?[5] Kants Erstleser hat diese Frage beschäftigt. Pistorius meint, dass Kants antiskeptische Strategie nur von Interesse ist, wenn sie die Existenz von subjektunabhängigen Entitäten, also Dingen an sich, betrifft: Wenn die kantische Widerlegung nur ein „Daseyn in der Erscheinung" betrifft, dann ist sie „ein bloßes Wortspiel" (Pistorius 1788a: 350). Schulze meint ebenfalls, dass Kants Argument „auf eine bloße Sophisterei hinausläuft" (Schulze 1792: 187/[268]). Er geht davon aus, dass es einen radikalen Idealisten wie Berkeley nicht widerlegen kann, da es die Existenz von Dingen an sich nicht beweist: „[D]as Bewußtsein eines Verhältnisses unsers empirischen Daseins zu beharrlichen Dingen außer uns im Raume ist noch keineswegs ein objektives Dasein reeller Dinge außer uns" (Schulze 1792: 190/[272]).[6] Für die Erstleser ist es klar, dass die „Widerlegung des Idealismus", solange sie *nicht* die Existenz von Dingen an sich betrifft, zur Lösung des uns hier beschäftigenden Problems nicht beitragen kann: Die so interpretierte „Widerlegung" würde, genauso wie der „Vierte Paralogismus", Bedingung (i) nicht erfüllen.

Selbst wenn man jedoch die „Widerlegung" als ein Argument liest, das die Existenz von Dingen an sich etablieren soll, könnten sich Probleme mit Blick auf die Erfüllung der weiteren von mir genannten Bedingungen ergeben: insbesondere Bedingung (iii), wonach es um ein plausibles, mit dem transzendentalen Idealismus vereinbares Argument gehen sollte. Dieses potentielle Problem hat nicht nur die Kantforschung erkannt,[7] sondern auch Pistorius. In seiner Auseinandersetzung mit Kants „Widerlegung" diskutiert er den Fall, dass Kants Argument als ein Beweis für die Existenz von Dingen an sich intendiert ist, und erhebt einen Inkonsistenzvorwurf. Pistorius (1788a: 349ff.) zufolge würde das so intendierte Argument nicht nur gegen die Unerkennbarkeitsthese verstoßen, sondern zudem eine unkantische, realistische Zeitkonzeption voraussetzen.[8] Wollte man auf die skeptische Sorge aus kantischer Sicht reagieren, müsste man solche Bedenken ausräumen, um sich auf Kants Argument berufen zu können, so dass die Bewertung des Lösungspotentials einer solchen Strategie – auf den ersten Blick zumindest – negativ ausfällt.

---

[5] Emundts (2010: 178ff.) verteidigt die erste Option, während Guyer (1987: 290ff., 1998: 310f.), Bader (2012: insbesondere 63) und Jauernig (2021: 190ff.) die zweite Option ergreifen.
[6] Vgl. auch Schulze 1801b: 542ff. Auch Jacobi (1802: 276 Anm.) geht, in seiner sehr kurzen Bemerkung zur „Widerlegung", davon aus, dass es nicht um die Existenz von Dingen an sich geht.
[7] Vgl. Guyer 1998: 322f.
[8] Zur Pistorius' Kritik an Kants Widerlegung des Idealismus vgl. Sassen 1997: 436ff.

I Der Unzulässigkeitsvorwurf als der Einwand einer Außenweltskeptikerin — 187

Es gibt jedoch eine weitere Kategorie von Stellen bei Kant: Stellen, die nach einem komprimierten Argument klingen, wonach wir gezwungen sind, die Existenz von Dingen an sich anzunehmen, wenn wir die Existenz von Erscheinungen bereits akzeptiert haben. Nach Kant „folgt [es] auch natürlicher Weise aus dem Begriffe einer Erscheinung überhaupt: daß ihr etwas entsprechen müsse, was an sich nicht Erscheinung ist" (A251); „wenn wir die Gegenstände der Sinne wie billig als bloße Erscheinungen ansehen, so gestehen wir hiedurch doch zugleich, daß ihnen ein Ding an sich selbst zum Grunde liege" (4: 314).[9] Je nachdem, was für eine Interpretation des transzendentalen Idealismus man vertritt, würde man mit solchen Stellen auf verschiedene Weisen umgehen. In jedem Fall ist jedoch festzustellen, dass solche Stellen keine befriedigende Replik auf die skeptische Sorge liefern könnten.

Vertritt man zum Beispiel eine Zwei-Welten-Interpretation des kantischen Idealismus, wonach Erscheinungen mentale Zustände/Entitäten sind, und nur die Dinge an sich außergeistige Gegenstände darstellen, dann ist es unplausibel, dass aus der Existenz solcher mentalen Entitäten die Existenz von außergeistigen Gegenständen notwendigerweise *folgen* soll. Wie Zwei-Aspekte-Interpret:innen betont haben, lässt sich der Schluss von der Existenz von mentalen Entitäten (Erscheinungen in einer Zwei-Welten-Lesart) auf die Existenz von außergeistigen Gegenständen viel besser als ein *Schluss auf die beste Erklärung* verstehen.[10] Ein solches induktives Argument würde jedoch die Außenweltskeptikerin kalt lassen. Die Skeptikerin würde skeptische Hypothesen, wie die des bösen Dämons, ins Spiel bringen und die These vertreten, dass von diesen alternativen Hypothesen das Explanandum genauso gut erklärt werden kann, so dass die Existenz von außergeistigen Gegenständen nicht garantiert ist.

Dass sich die Erstleser mit einem solchen Begründungsversuch seitens Kants nicht zufriedengeben würden, muss man nicht bloß erraten; Jacobi und Schulze spielen auf solche Kant-Stellen an und kommentieren sie. Jacobi schreibt:

> Unter der *Voraussetzung*, daß sich die Vorstellungen der äußeren Sinne auf ein unabhängig von ihnen vorhandenes *Etwas*, Ding an sich genannt, nicht nur beziehen *mögen*, sondern unzweifelhaft beziehen, werden diese *Vorstellungen Erscheinungen* genannt, und alsdann aus dieser *Benennung, (einzig und allein aus ihr)* die Nothwendigkeit der Voraussetzung selbst gefolgert, indem es ja offenbar ungereimt seyn würde von Erscheinungen zu reden, ohne anzunehmen, daß etwas sey, was da erscheine. (Jacobi 1815: 390 f.)

Schulze macht einen ähnlichen Punkt:

---

9 Vgl. auch Bxxvif., 4: 451.
10 Vgl. Langton 1998: 21 f., Rosefeldt 2007: 169.

> Allerdings setzen Erscheinungen etwas voraus, das da erscheint, und das eine von unsern Vorstellungen unabhängige Existenz hat; und man kann sich eine Erscheinung ohne etwas, so erscheint, ebenso wenig denken, als eine Wirkung, so keine Ursache hat, und so nicht gewirkt worden ist. [...] Aber darüber wird in der philosophischen Welt gestritten, daß es Vorstellungen in uns gäbe, welche Erscheinungen ausmachen, und sich auf etwas, so durch dieselben erscheint, beziehen. So wenig nun aber bloß durch den Satz: Jede Wirkung setzt eine davon verschiedene Ursache voraus und ist ohne solche nichts; erwiesen wird, daß die Welt oder irgend ein anderer Gegenstand die Wirkung einer von ihnen verschiedenen Ursache sei. (Schulze 1792: 259/[379 f.])[11]

Jacobi und Schulze sind bereit anzunehmen, dass daraus, dass es einen Gegenstand *a* gibt, der unter den Begriff der Erscheinung fällt, folgt, dass es auch einen Gegenstand *b* geben muss, der unter den Begriff des Dings an sich fällt. Das heißt für sie jedoch noch lange nicht, dass daraus, dass etwas eine Vorstellung ist, die Existenz von außergeistigen Gegenständen folgt. So wie ich die Pointe ihres Einwands hier verstehe, drückt die These, dass aus der Existenz von Erscheinungen die Existenz von Dingen an sich folgt, nur eine triviale begriffliche Wahrheit aus, in dem Sinn, dass sie nur unsere sprachlichen Konventionen und die Art und Weise, wie wir den Erscheinungsbegriff definiert haben, zum Ausdruck bringt. Die interessantere metaphysische Frage, ob wir berechtigt sind, den (anspruchsvollen) Begriff der Erscheinung auf mentale Zustände wie Vorstellungen anzuwenden, ist dabei noch nicht beantwortet.

In Kombination mit einer Zwei-Welten-Interpretation wäre diese Kategorie von Stellen als ein erfolgloses antiskeptisches Argument einzustufen. Die Lage sieht jedoch für Vertreter:innen von Zwei-Aspekte-Interpretationen nicht besser aus – selbst wenn Kants Argument als plausibel einzustufen wäre, wäre es als Reaktion auf die skeptische Sorge *irrelevant*. Im Rahmen einer Zwei-Aspekte-Interpretation könnte man versuchen an der These festzuhalten, dass aus der Existenz von Erscheinungen (nach einer Zwei-Aspekte-Lesart) die Existenz von Dingen an sich (ebenfalls nach einer Zwei-Aspekte-Lesart) sehr wohl folgt – zu dieser Frage werde ich im übernächsten Abschnitt zurückkommen. Was unsere Zwecke hier angeht, ist jedoch festzustellen, dass ein solches Argument kaum etwas mit der Problematik des Außenweltskeptizismus zu tun hätte. Erscheinungen nach einer Zwei-Aspekte-Lesart *sind* außergeistige Gegenstände. Es mag sein, dass aus der Existenz von solchen Gegenständen die Existenz von Dingen an sich folgt, aber die Skeptikerin würde vehement bestreiten, dass man die Existenz von Erscheinungen als selbstverständlich voraussetzen darf. Wenn wir einer Zwei-Aspekte-Interpretation folgen, würde diese Kategorie von Stellen bzw. diese Art

---

11 Vgl. Schulze 1801b: 556; vgl. auch Maimon 1797: 16/[14].

kantischer Argumentation die von mir genannte Bedingung (ii), nämlich dass man von Prämissen ausgehen sollte, die eine Außenweltskeptikerin akzeptieren würde, nicht erfüllen. Sowohl im Rahmen einer Zwei-Welten- als auch im Rahmen einer Zwei-Aspekte-Interpretation, können, aus jeweils verschiedenen Gründen, die Äußerungen Kants eine Außenweltskeptikerin nicht beruhigen. Die naheliegenden Kandidaten für einen Versuch Kants, die Festlegung auf Dinge an sich als gerechtfertigt aufzuweisen, sind anhand dieses ersten, schnellen Blicks als unbefriedigend einzustufen.[12]

Eine Beweislast, die Kant nicht tragen muss
Vor dem Hintergrund dieses ersten Bewertungsversuchs der kantischen Argumente, bestünde eine mögliche Reaktion darin, den Kantkritikern restlos Recht zu geben: Kant hätte es versäumt, ein gutes Argument für die Existenz einer subjektunabhängigen Welt zu liefern, und das hätte weitreichende, gravierende Folgen für die Stabilität seines Systems. Eine andere Reaktion bestünde hingegen darin, die vorhandenen Argumente Kants gegen das erste, negative Ergebnis zu verteidigen. Einen aussichtsreichen Kandidaten würde dabei die „Widerlegung des Idealismus" bilden. Man könnte versuchen zu zeigen, dass es um ein Argument geht, das sehr wohl die Existenz von Dingen an sich betrifft, und die Plausibilität und Vereinbarkeit dieses Arguments mit dem transzendentalen

---

12 Das Gleiche lässt sich von einem relativ neuen Versuch, aus weniger evidenten kantischen Ressourcen ein Argument zur Begründung der Affektionsthese zu (re-)konstruieren, behaupten. Hogan (2009b) zufolge ist die Affektionsthese als die Konklusion eines Arguments aufzufassen, das *empirisches Wissen* über die Handlungen von anderen Subjekten als eine seiner Prämissen hat. Ein solches Argument würde Bedingung (ii) ebenfalls nicht erfüllen, da es Prämissen in Anspruch nimmt, die eine Skeptikerin bestreiten würde. Das Argument hat eher einen Gegner Kants im Blick, der sich um metaphysische Fragen hinsichtlich Kausalität Sorgen macht und aus diesem Grund die Affektionsthese bestreitet (zugunsten einer „Okkasionalismus"- oder „prästabilierte Harmonie"-Lehre zum Beispiel). Was die Erstleser Kants hingegen beschäftigt, ist die erkenntnistheoretische Frage des Außenweltskeptizismus. Sie würden die Prämisse, dass wir über Wissen verfügen, bestreiten, solange der Außenweltskeptizismus nicht widerlegt worden ist. Ferner ist der Vorschlag Hogans mit zwei weiteren Schwierigkeiten konfrontiert. Erstens könnte man Zweifel darüber anmelden, inwiefern der Vorschlag mit dem transzendentalen Idealismus vereinbar, und auf diese Weise konform mit Bedingung (iii), wäre; vgl. Stang 2013: 102ff. Zweitens bin ich nicht überzeugt, dass sich der Vorschlag auf affizierende Gegenstände wie „Tische" und „Stühle" an sich übertragen lässt. Ich denke nämlich, dass der Vorschlag nur auf *manche* Aspekte von *manchen* Dingen an sich anwendbar ist, und zwar auf *freie Handlungen*, so dass er nicht geeignet ist, die Affektionsthese als eine *allgemeine* These über subjektunabhängige Gegenstände zu legitimieren.

Idealismus zu verteidigen.[13] Einen weiteren Kandidaten bildet eine Reihe von Reflexionen aus Kants Nachlass, in denen Kant sich – unter dem Einfluss der Kritik durch seine Erstleser – mit der Problematik des Außenweltskeptizismus auseinandersetzt und um ein Argument für die Existenz von Dingen an sich bemüht zu sein scheint.[14]

Obwohl ich mit der zweiten Reaktion sympathisiere und es lohnend und ideal wäre, einen solchen Versuch zu unternehmen, betrachte ich dies als nicht notwendig zur Verteidigung Kants. Auf eine nähere Auseinandersetzung mit den relevanten Texten werde ich hier verzichten; denn selbst wenn die Kantkritiker in gewisser Hinsicht Recht hätten, wäre dies wenig relevant für die Tragfähigkeit des kantischen Idealismus. Es mag sein, dass Kant keine gute Antwort auf die Herausforderung des Außenweltskeptizismus hat, aber dieser Einwand ist nicht interessant oder Kant-spezifisch genug, um das kantische System auf drastische Weise erschüttern zu können. Im Rahmen des skeptischen Einwands wird von Kant erwartet, dass er uns ein gutes Argument für die Existenz einer subjektunabhängigen Welt als Quelle unseres sinnlichen Inputs liefert. Warum müsste Kant

---

13 Bader (2012: 69 ff.) vertritt eine solche These.

Eine weitere Variante dieser Reaktion würde den Fokus nicht auf die „Widerlegung des Idealismus", sondern auf die andere Art von angesprochenen relevanten Stellen (wie die A251-Stelle) in der *Kritik* legen. Man könnte versuchen, solche komprimierten Stellen im Lichte anderer kantischen Überlegungen in der Analytik, und zwar im Lichte von Kants Objektivitätsanalyse in der A-Deduktion, zu deuten und das nur zaghaft angedeutete Argument um dort entwickelte Prämissen zu ergänzen, die seine Überzeugungskraft eventuell steigern würden. In einem kürzlich erschienenen Beitrag zu Jacobis Kantkritik formuliert Haag (2021) eine Reihe von Überlegungen, die für ein solches Interpretationsprojekt fruchtbar gemacht werden könnten. Die Hauptidee wäre, dass Kants These, dass der Erscheinung „etwas entsprechen müsse, was an sich nicht Erscheinung ist", nicht als Schluss von der Ursache auf die Wirkung, sondern als die Konklusion einer Reflexion auf den Begriff des Gegenstands einer Vorstellung und auf die Bedingungen der Möglichkeit von Erfahrung, so wie diese in der A-Deduktion stattfindet, zu verstehen wäre. (Soweit ich sehen kann, wäre allerdings die Konklusion dieser Reflexion nur dann relevant für unsere Zwecke hier – und als überzeugende Reaktion auf die Kantkritik einzustufen –, solange wir dadurch die explizit starke (metaphysische) These, dass es affizierende Dinge an sich gibt, gewinnen könnten, und nicht bloß die schwächere These, dass der *Begriff* von solchen Gegenständen notwendig ist, oder dass wir uns als von solchen Gegenständen affiziert *denken* müssen, gemeint ist. Während manche Formulierungen Haags (2021: insbesondere 66) die starke These nahelegen, sprechen andere Formulierungen – vgl. Haag 2021: insbesondere 64 f. – für die schwächere Lesart.)

14 Für eine Auseinandersetzung mit diesem Aspekt des kantischen Denkens im Lichte der frühen Kantkritik vgl. Sassen 1997: 446 ff. Für eine Analyse der kantischen Reflexionen zum Außenweltskeptizismus, welche die Rolle der frühen Kantkritik bei ihrer Entstehung berücksichtigt vgl. Heidemann 1998: 175 ff. (Heidemann, anders als Sassen, scheint die These *nicht* zu vertreten, dass Kants Beweisziel dort die Existenz von Dingen an sich betrifft.)

eine solche Beweislast tragen? Viele Philosoph:innen, darunter auch durchaus realistisch gesinnte Philosoph:innen, verfolgen wichtige Projekte, welche die Existenz einer Außenwelt *voraussetzen*. Kant darf ähnlich vorgehen. Wir haben schon in der Einleitung gesehen, dass Kants Projekt in der *Kritik* ein sehr spezifisches Projekt zu Quellen, Umfang und Grenzen von Wissen *a priori* ist. Dass man im Rahmen eines solchen Projekts von gewissen Common-Sense-Annahmen, wie die Existenz einer Außenwelt, ausgeht, stellt keine „petitio principii" dar, denn die Widerlegung des Außenweltskeptizismus muss keinen integralen Bestandteil eines solchen Projekts bilden. Mit meiner Positionierung hier schließe ich mich einer Kantinterpretation an, die ihren nachdrücklichsten Vertreter wahrscheinlich in Karl Ameriks gefunden hat.[15]

Wie wir in der Einleitung gesehen haben, besteht der besonders interessante Aspekt der frühen Kantkritik darin, dass sie einen Instabilitäts- oder Spannungsvorwurf gegen den kantischen Idealismus erhebt. Das Problem mit dem kantischen Idealismus soll darin bestehen, dass ihm der „Mittelweg" zwischen Realismus und Idealismus nicht gelingt. Die frühe Kantkritik klingt interessant, da sie den Finger in die für Kant spezifischen Schwachstellen zu legen scheint. Bei der Formulierung des Problems des Außenweltskeptizismus spielen jedoch Kantspezifische Thesen kaum eine Rolle – der so ausgelegte Einwand der Erstleser klingt vergleichsweise langweilig. Und dieser Kant-unspezifische Charakter der so interpretierten Kritik wird von Erstlesern, die solche Einwände formulieren, zugegeben. Schulze schreibt im *Aenesidemus*, dass der unbegründete Charakter der Voraussetzung von existierenden, uns affizierenden Dingen an sich ein Problem darstellt, das „alle Systeme des Dogmatismus" plagt (Schulze 1792: 184/[264]). In seiner späteren Kritik geht er auf die skeptischen Konsequenzen anderer philosophischen Positionen, wie diejenige Lockes, ein (Schulze 1801b: 73 ff.).[16] Jacobi ist in dieser Hinsicht sehr explizit: Das Problem, das ihn beschäftigt, ist ein Problem, das die gesamte philosophische Tradition kontaminiert hat. Jacobis Kantkritik ist eingebettet in die Erzählung einer Verfallsgeschichte der philosophischen Tradition: Diverse Positionen, wie der Spinozismus und der kantische oder fichtesche Idealismus, gelten als Idealtypen einer zu verwerfenden Philosophie, die dem „Fatalismus", „Atheismus", „Nihilismus" und „Egoismus" Vorschub leistet; im Rahmen dieser Verfallsgeschichte werden auch Demokrit und Aristoteles erwähnt (Jacobi 1789: 247 ff., Jacobi 1815: 381 ff.).

---

15 Vgl. Fn. 17 und 18. Vgl. auch Rosefeldts (2013: 257 ff.) explizite Positionierung im Rahmen seiner Auseinandersetzung mit der frühen Kantkritik.
16 Vgl. auch Schulze 1801b: 160 f., wo die Affektionsthese als eine unbegründete Prämisse, von der andere Philosophen ebenfalls ausgehen, diskutiert wird.

Als Replik auf die Außenweltskeptikerin ließe sich entgegnen, dass man keines elaborierten antiskeptischen Arguments bedarf, um sich auf die Existenz einer subjektunabhängigen Welt berufen zu dürfen. Diese Existenz stellt eine Common-Sense-Annahme dar, und wir legen die Latte viel zu hoch, wenn wir die Inanspruchnahme einer solchen Annahme von der Verfügbarkeit eines guten antiskeptischen Arguments abhängig machen. Es lässt sich zudem die These verteidigen, dass Kant dies ähnlich sieht. In seiner Reaktion auf die allerersten Rezensenten (Feder und Garve) schreibt er, dass sein Idealismus „nicht die Existenz der Sachen" betrifft, „denn die zu bezweifeln, ist [...] [ihm] niemals in den Sinn gekommen" (4: 293). Man könnte Kants Äußerung hier ernst nehmen und ihn als wenig interessiert an der Widerlegung des Außenweltskeptizismus lesen, zumindest was die Phase der Verfassung der *Kritik*, und insbesondere die der A-Auflage, angeht. Es ist zum Beispiel nicht selbstverständlich, dass die Kandidaten für Kants Versuch, ein Argument für die Existenz von Dingen an sich bzw. ein Argument gegen die Außenweltskeptikerin vorzubringen, tatsächlich als solche Argumente intendiert sind.

Werfen wir zum Beispiel einen Blick auf die bereits besprochene Kategorie von Stellen zurück, wo es danach klingt, als wollte Kant, ausgehend von der Existenz von Erscheinungen, auf die Existenz von Dingen an sich schließen. Wir haben gesehen, dass Kants Erstleser diesen Schluss kritisieren, und erwidern, dass Kants Argument keine in metaphysischer Hinsicht interessante Konklusion über die Existenz von irgendwelchen Entitäten etablieren kann, sondern nur eine triviale begriffliche Wahrheit, die sich aus der Definition des Erscheinungsbegriffs ergibt, ausdrückt. Nun wäre es denkbar, dass Kants Äußerungen in der Tat genau so intendiert sind: dass er kein *Argument* für seine Festlegung auf Dinge an sich vorbringen möchte, sondern diese Festlegung bloß *artikuliert*, indem er auf die begrifflichen Implikationen seiner Wortwahl hinweist. Er versichert nämlich seinen Leser:innen, dass er von der Existenz von Dingen an sich *ausgeht*, denn sonst hätte er den Ausdruck „Erscheinung" gar nicht verwendet. So ausgelegt, sind solche Stellen nur brauchbar, um die exegetische Frage zu beantworten, ob Kant seine Festlegung auf die Existenz von Dingen an sich explizit gemacht hat. Sie stellen keinen Versuch Kants dar, diese Festlegung zu legitimieren.[17]

---

[17] Vgl. auch Adickes' (1924: 4 ff., insbesondere 9) und Ameriks' (2003: 21 ff., insbesondere 32 f.) Lesart von solchen Stellen. In diesem Zusammenhang vgl. auch Jauernig 2021: 305 ff. (Jauernig liefert eine Reihe von *Argument*rekonstruktionen für Kants Festlegung auf die Dinge an sich. Die Rede von Argument in diesem Kontext ist jedoch eher schwach zu lesen. Die Hauptidee ist, dass die Existenz von Dingen an sich aus dem passiven, endlichen – die „Materie" der Anschauung nicht selbst hervorbringenden – Charakter menschlicher Sinnlichkeit folgt, der seinerseits *nicht* begründet, sondern als selbstverständlich von Kant angenommen wird.)

Auch im Hinblick auf Kants explizite Auseinandersetzung mit dem Außenweltskeptizismus ließe sich die These verteidigen, dass Kant dort gar nicht das ehrgeizige Ziel verfolgt, die Existenz einer (subjektunabhängigen) Außenwelt zu etablieren.[18] Insbesondere was den „Vierten Paralogismus" angeht, werde ich im nächsten Abschnitt selbst einen Interpretationsvorschlag machen, der von dieser Idee Gebrauch macht. Allerdings ist eine solche Interpretation der Absichten und Interessen Kants mit einer *Aufwertung* seines Interesses am Außenweltskeptizismus im Laufe der Zeit durchaus vereinbar. Selbst wenn Kant wenig Interesse an einer solchen Widerlegung in der A-Fassung der *Kritik* hatte, wäre es nicht verkehrt anzunehmen, dass er sich angesichts der Kritik, die sein Idealismus nach sich zog, in der B-Auflage – und darüber hinaus – das Ziel setzte, ein ehrgeiziges Argument zur Widerlegung der Skeptikerin zu formulieren. Ein solches Argument wäre tatsächlich *förderlich* für die gesamte Plausibilität seines philosophischen Projekts. Es wäre trotzdem nicht notwendig.

Vor diesem Hintergrund lässt sich folgendes Zwischenfazit ziehen: Wenn wir den Unzulässigkeitsvorwurf als einen typischen skeptischen Einwand, der die Rechtfertigung der Annahme einer subjektunabhängigen Außenwelt (Dinge an sich) angreift, verstehen, dann könnte man zwar eingestehen, dass Kant diesen Einwand nicht widerlegen kann, aber trotzdem den Kantkritikern vorwerfen, dass sie die Besonderheit des kantischen Projekts verkennen. Reagiert man auf die frühe Kantkritik auf diese Weise, dann ist eine nähere Auseinandersetzung mit Kants ehrgeizigen Argumenten für die Existenz einer subjektunabhängigen Welt – wenn es solche überhaupt gibt – zur Verteidigung Kants nicht unbedingt nötig. Aus diesem Grund werde ich mich hier auf eine solche Auseinandersetzung gar nicht einlassen.

Allerdings könnte man Zweifel darüber hegen, ob der Unzulässigkeitsvorwurf der Erstleser tatsächlich im Sinne eines typischen skeptischen Einwands zu verstehen ist. Obwohl ich die These nicht bestreiten möchte, dass *manche* Erstleser *auch* diesen Einwand erheben, sollten wir die Rolle dieses Einwands in der frühen Kantkritik nicht überschätzen. Dieser Einwand hat eine eher untergeordnete Rolle in der frühen Kritik gespielt. Der eine Vertreter des skeptischen Einwands, Schulze, betont selbst, dass das eigentliche und spezifische Problem des kantischen Idealismus in einem *Widerspruchs*problem, nicht in einem Rechtfertigungsproblem besteht. Der andere Vertreter des skeptischen Einwands, Maimon, investiert den Großteil seiner philosophischen Energie in die Problematisierung eines anderen Aspekts der kantischen Philosophie – das Problem der Anwendung

---

18 Vgl. Ameriks' (2003: 16 ff., 2006: 73 ff.) Ausführungen zu Kants „Widerlegung des Idealismus" mit expliziter Thematisierung der Kritik Jacobis.

der Kategorie von Ursache und Wirkung auf bestimmte Gegenstände –, das uns erst im nächsten Kapitel beschäftigen wird. Und selbst mit Blick auf das *Rechtfertigungsproblem* und die Besessenheit von Kants Zeitgenossen mit der Problematik des Außenweltskeptizismus lässt sich die These verteidigen, dass die Kritik der Erstleser in der Regel nuancierter ist und keinen typischen skeptischen Einwand darstellt. Im Rest dieses Kapitels präsentiere und diskutiere ich Aspekte der Auseinandersetzung von Kants Erstlesern mit der Problematik des Außenweltskeptizismus im Zusammenhang mit ihrer Kantkritik, die genau letztere These plausibilisieren sollen.[19]

II Eine weitere Lesart des Vorwurfs der Kantkritiker: Die starkidealistischen Prämissen der antiskeptischen Argumentation Kants

Selbst bei jemandem, der Kant die Beweislast einer Widerlegung des Außenweltskeptizismus nicht aufbürden möchte, könnten bestimmte Aspekte der kantischen Auseinandersetzung mit dieser Problematik Widerwillen erregen. Unter (i) formuliere ich eine solche mögliche Sorge, die um Kants Berufung auf einen (Radikal-)Idealismus im „Vierten Paralogismus" kreist. Anschließend, unter (ii), argumentiere ich für eine alternative, vergleichsweise realistische Interpretation des „Vierten Paralogismus", die eine Reaktion auf diese Art von Sorge liefern soll. Auf diese Weise wird auch die Diskussion um Kants Festlegung auf Dinge an sich, die in Kapitel 2 dieses Buchs unter Ausklammerung des „Vierten Paralogismus" stattfand, vervollständigt.

i Kants Radikalidealismus im Zuge seiner Skeptizismuswiderlegung als das eigentliche Problem; der berüchtigte „Vierte Paralogismus" in der A-Auflage der *Kritik*

Man muss zwischen zwei Arten von Problemen im Hinblick auf Kants antiskeptische Argumente unterscheiden: (i) Man könnte sich Sorgen darüber machen, ob die *Argumente* Kants für die Existenz einer Außenwelt gut sind, ob sie die angestrebte *Konklusion* tatsächlich etablieren können; (ii) man könnte sich über die in

---

[19] Vor diesem Hintergrund ist der Einschätzung Sassens (1997: insbesondere 429 f.), dass sich die frühen Kantkritiker mit nichts weniger als einem Beweis für die Existenz einer subjektunabhängigen Welt zufriedengeben würden, zu widersprechen.

Anspruch genommenen *Prämissen* und die *philosophischen Verpflichtungen*, die diese zum Ausdruck bringen, Sorgen machen. Es wäre zum Beispiel denkbar, dass eine Philosophin das Problem des Außenweltskeptizismus für ein wenig brisantes Problem hält und die These vertritt, dass ein Argument für die Existenz der Außenwelt gar nicht nötig ist. Diese Philosophin dürfte an der ersten Art von Problemen wenig interessiert sein. Dieselbe Philosophin könnte jedoch sehr besorgt sein, wenn sie herausfinden würde, dass jemand, in seinem Versuch dieses – aus ihrer Perspektive unnötige – Argument für die Existenz der Außenwelt zu liefern, Prämissen in Anspruch genommen hätte, die sie als äußerst unattraktiv empfindet: zum Beispiel eine radikal idealistische Prämisse. Wollte man *diese* Philosophin davon überzeugen, dass ihre Kritik unberechtigt ist, dann wäre es nicht hinreichend, darauf zu hinzuweisen, dass eine Widerlegung des Außenweltskeptizismus nicht nötig ist, denn sie würde dieser These ohnehin zustimmen. Man müsste hingegen anhand einer genauen Analyse des Arguments zeigen, dass sie die philosophischen Verpflichtungen, die dem Argument zugrunde liegen, eventuell falsch interpretiert.

Nun vertrete ich die These, dass dies der Standpunkt mancher Kantkritiker ist, die sich über den „Vierten Paralogismus" in der A-Auflage beschweren. Wie in Kapitel 2 bereits angemerkt, hat dieser Abschnitt der *Kritik* fast alle Kritiker beschäftigt und wird von ihnen in der Regel sehr idealistisch gelesen. Wir werden im nächsten Abschnitt sehen, dass manche Kantkritiker explizit die These vertreten, dass ein Argument für die Existenz der Außenwelt gar nicht nötig ist. Ihre Unzufriedenheit mit Kants Versuch im „Vierten Paralogismus" betrifft nicht das eventuelle Scheitern eines Arguments, sondern die radikalidealistischen Thesen, die sie Kant zuschreiben. Anders als im Fall der „Widerlegung des Idealismus" in der B-Auflage, denke ich aus diesem Grund, dass wir auf eine nähere Auseinandersetzung mit dem „Vierten Paralogismus" nicht verzichten können.

Die Standardinterpretation des „Vierten Paralogismus": Ein radikalidealistisches antiskeptisches Argument

Im „Vierten Paralogismus" argumentiert Kant gegen eine skeptisch gesinnte Gegnerin und nimmt dabei das antiskeptische Potential des transzendentalen Idealismus in Anspruch. Eine kurze – und im nächsten Unterabschnitt zu problematisierende – Darstellung der Argumentationsstrategie Kants könnte wie folgt aussehen. Der Außenweltskeptikerin zufolge haben wir nur zu unseren eigenen mentalen Zuständen einen unmittelbaren Zugang: Unsere Überzeugung über die Existenz einer subjektunabhängigen Außenwelt wird durch einen unsicheren und angreifbaren Schluss von der Wirkung (mentaler Zustand) auf die Ursache (Außenwelt) gerechtfertigt, so dass wir nicht wissen können, dass es eine solche Außenwelt tatsächlich gibt. Gegen diese Skeptikerin versucht nun Kant, das skeptische Problem im Keim zu ersticken, indem er eine Uminterpretation dessen, was mit „Existenz einer Außenwelt" gemeint ist, vorschlägt. Dreh- und Angelpunkt der kantischen antiskeptischen Strategie ist die These, dass die Außenwelt, betrachtet aus der Perspektive des transzendentalen Idealismus, eine „Vorstellung" ist:

> Nun sind aber äußere Gegenstände (die Körper) blos Erscheinungen, mithin auch nichts anders als eine Art meiner Vorstellungen, deren Gegenstände nur durch diese Vorstellungen etwas sind, von ihnen abgesondert aber nichts sind. Also existiren eben sowohl äußere Dinge, als ich selbst existire, und zwar beide auf das unmittelbare Zeugniß meines Selbstbewußtseins, nur mit dem Unterschiede, daß die Vorstellung meiner selbst als des denkenden Subjects blos auf den innern, die Vorstellungen aber, welche ausgedehnte Wesen bezeichnen, auch auf den äußern Sinn bezogen werden. (A370 f.)

Die Strategie Kants ließe sich als eine reduktionistische antiskeptische Strategie beschreiben, die unser Wissen von der Existenz der Außenwelt als gesichert gelten lässt, indem sie die Außenwelt auf etwas Subjektabhängiges und Mentales reduziert, über dessen Existenz keine skeptischen Zweifel aufkommen können. Durch eine solche Strategie kommt Kant in die Nähe von Berkeley. So wie ich das Ganze aus der Perspektive dieser ersten (Standard-)Darstellung verstehe, soll die Strategie Kants *zwei* berkeleyanische Züge haben. Einen ersten berkeleyanischen Zug stellt die phänomenalistische Position hinsichtlich Erscheinungen dar: Die Erscheinungen werden mit Vorstellungen identifiziert und als etwas Mentales aufgefasst; die unmittelbaren Gegenstände unserer Wahrnehmung sind mentale Entitäten, keine außergeistigen Gegenstände. Eine solche Position wäre allerdings nicht hinreichend, um die Strategie Kants als eine berkeleyanische antiskeptische Strategie einzustufen. Auch ein Philosoph wie Locke könnte diese These unterschreiben und trotzdem an der weiteren These festhalten, dass es jenseits dieser mentalen Entitäten eine subjektunabhängige Außenwelt gibt. Allerdings wäre diese lockeanische Kombination von Thesen für den bereits angesprochenen skeptischen Einwand anfällig, nämlich dass der Schluss von mentalen Entitäten auf außergeistige Gegenstände angreifbar ist. Entscheidend für die reduktionistische antiskeptische Strategie Kants ist ihr zweiter berkeleyanischer Zug: nämlich, dass die Außenwelt, die man aus einer Common-Sense-Perspektive für etwas Subjektunabhängiges und Außergeistiges hält, auf etwas Subjektabhängiges und Mentales zu *reduzieren* ist. Die Pointe der Strategie ist nicht bloß, dass Erscheinungen Vorstellungen sind. Entscheidend ist die weitere Überlegung, dass unter „Außenwelt" keine Entitäten gemeint sind, die über diese Vorstellungen hinausgehen, so dass, anders als in Lockes Fall, unsere Überzeugung über die Existenz der Außenwelt gegen Skepsis immunisiert ist.

Eine solche Auslegung der Strategie Kants ist in der Geschichte der Kantinterpretation verbreitet und in der Regel zieht sie eine negative philosophische Bewertung nach sich.[20] Die These, dass wir dem Problem des Außenweltskeptizismus entkommen, indem wir die Außenwelt auf etwas Subjektabhängiges und Mentales reduzieren, verstößt gegen realistische Grundintuitionen und könnte als äußerst unattraktiv erscheinen. Man könnte zum Beispiel meinen, dass es besser ist, zuzugeben, dass unsere Überzeugung über die Existenz einer subjektunabhängigen Außenwelt nicht gegen Skepsis immunisiert ist. Wenn die Alternative (d. h. die Entkräftung skeptischer Einwände gegen die Existenz einer Außenwelt) erfordert, dass wir radikalidealistische Thesen darüber, was mit „Existenz einer Außenwelt" überhaupt gemeint ist, beherzigen, dann könnte man den zu zahlenden Preis als viel zu hoch empfinden.

Kants Erstleser als die ersten Vertreter der Standardinterpretation
In Kapitel 2 wurde bereits erwähnt, dass der „Vierte Paralogismus" die Erstleser Kants stark beschäftigt hat und dass sie darin den (radikalidealistischen) Geist der kantischen Philosophie erblickt haben.[21] Die Erstleser können wir als die Urheber der eben präsentierten Standardinterpretation der Strategie Kants ansehen. Leser wie Jacobi und Feder betonen – und kritisieren – den ersten berkeleyanischen Zug der kantischen Argumentation: die These, dass Erscheinungen Vorstellungen sind. Es wird aus dem „Vierten Paralogismus" zitiert und Kants Vorstellungsrede dort wird hervorgehoben (Jacobi 1787: 105, Feder 1787: 66 f.). Der weitere berkeleyanische Zug der kantischen Strategie, die Reduktionsthese hinsichtlich der Existenz einer Außenwelt, ist noch prominenter und hängt mit einem interessanten Aspekt der Kantinterpretation der Erstleser zusammen: Wie wir gleich sehen werden, gehen die Erstleser davon aus, dass sich Kant im „Vierten Paralogismus" gar nicht darauf festlegen möchte, dass es Dinge an sich gibt. Eine solche Deutung der Position Kants würde gut dazu passen, ihm eine reduktionistische antiskeptische Strategie zuzuschreiben: Gegen eine Skeptikerin, welche die Existenz einer außergeistigen, subjektunabhängigen Außenwelt (Dinge an sich) für nicht hinreichend gerechtfertigt hält, entgegnet Kant, dass im Rahmen des transzendentalen Idealismus eine Festlegung auf eine außergeistige, subjektunabhängige Außenwelt gar nicht vorgesehen ist, vermutlich weil die –

---

20 Vgl. Turbayne 1955: 228 ff., Kemp Smith 1923: 304 f., Vaihinger 1884: 119 ff. Vaihinger sieht allerdings widersprechende Tendenzen Kants im „Vierten Paralogismus", so dass er diese Interpretation nicht uneingeschränkt akzeptiert; wir sind uns letztlich über einiges einig.
21 Vgl. Jacobi 1787: 108, Feder 1787: 64.

richtig, transzendentalidealistisch verstandene – Außenwelt auf vorstellungsimmanente, subjektabhängige Erscheinungen zu reduzieren ist.

Eine Reihe von Äußerungen der Erstleser werte ich als Ausdruck einer Interpretation, wonach Kants Strategie diesen zweiten berkeleyanischen Zug aufweist. Jacobi (1787: 104) nimmt Anstoß an Formulierungen im „Vierten Paralogismus", die eine mangelnde Bereitschaft Kants, die Existenz von Dingen an sich zu unterschreiben, suggerieren. Maimon (1790b: 203 ff.) liest den Abschnitt als Kants klares Bekenntnis zur These, dass wir auf die Existenz von Dingen an sich nicht schließen dürfen. Eberhard (1790 f: 263 f.) verweist ausdrücklich auf diesen Abschnitt als einen Ort, wo Kant es explizit ungewiss lässt, ob es Dinge an sich gibt. Feder ist weniger explizit, aber seine Bemerkungen gehen in dieselbe Richtung.[22] Selbst Schulze, der, soweit ich sehen kann, ausschließlich mit der B-Auflage der *Kritik* arbeitet, schließt sich auf indirekte Weise dieser Interpretation an.[23]

Der „Vierte Paralogismus" hat keine geringe Rolle dabei gespielt, dass die Erstleser Kants zu dezidierten *Kritikern* des transzendentalen Idealismus geworden sind. Die hier präsentierte antiskeptische Strategie Kants ist für Anhänger:innen einer *gemäßigten* Spielart des Idealismus in der Tat unappetitlich.

ii Eine (vergleichsweise) realistische Alternative zur Standardinterpretation des „Vierten Paralogismus"

Angesichts der Tatsache, dass sich Kant selbst durch die Änderungen in der B-Auflage von der Strategie des „Vierten Paralogismus" distanzierte, könnte man auf diesen Sachverhalt verweisen und sich gar nicht um eine alternative Interpretation der Strategie Kants bemühen. Ein solcher Umgang mit dem „Vierten Paralogismus" kann jedoch zu Stabilitätsproblemen führen. Wenn die historisch vorherrschende Interpretation des „Vierten Paralogismus" alternativlos ist, dann wäre dies ein guter Grund anzunehmen, dass die *Gesamt*interpretation im Lichte des „Vierten Paralogismus" zu verstehen und gegebenenfalls zu revidieren ist. Es

---

[22] Schon die komprimierte Darstellung dieses Abschnitts in der Göttinger Rezension verrät, dass die ersten Rezensenten mit einer sehr idealistischen Interpretation des Abschnitts operieren; vgl. Feder/Garve 1782: 45. Vgl. auch die etwas ausführlichere Parallelstelle in Garve 1783: 850. Zur weiteren Stützung der These, dass Feder Kant so liest, vgl. Fn. 29.

[23] Schulze (1792: 188/[270]) schreibt Kant die These zu, dass „das absolute von unsern Vorstellungen unabhängige Dasein der Dinge an sich uns völlig unbekannt sein [soll]". Als Beleg dafür verweist er auf eine Stelle aus §49 in den *Prolegomena*, einem Abschnitt, der dem „Vierten Paralogismus" in der A-Auflage entspricht.

wäre rätselhaft, wenn Kant in dem ersten Abschnitt in der gesamten *Kritik,* wo er den transzendentalen Idealismus beim Namen nennt und sich auf ihn explizit beruft, mit Thesen über Dinge an sich und Erscheinungen operieren würde, die zu den ihm sonst zugeschriebenen Thesen schlecht passen. Das meinen die Erstleser, wenn sie den „Vierten Paralogismus" als den eigentlichen *Geist* der kantischen Philosophie betrachten, und ich gebe ihnen in dieser Hinsicht Recht. Wenn die Standardinterpretation des „Vierten Paralogismus" alternativlos wäre, dann spräche dies für den radikalen Charakter des kantischen Idealismus.

Ich möchte Kant im Folgenden verteidigen, indem ich den alternativlosen Charakter dieser Interpretation bestreite. Im Rahmen meines Interpretationsvorschlags ist die antiskeptische Strategie Kants anders zu verstehen und mit den sonst von mir vertretenen exegetischen Thesen zu Kants Festlegung auf Dinge an sich vereinbar. Ich gehe wie folgt vor. Zunächst motiviere ich meinen Vorschlag, indem ich auf eine textliche Schwierigkeit für die Standardinterpretation, welche die Rolle von Dingen an sich betrifft, hinweise. Anschließend stelle ich meinen alternativen Vorschlag in drei Schritten dar. In einem ersten Schritt führe ich eine Unterscheidung zwischen zwei möglichen Lesarten der skeptischen Zweifel ein: Ich unterscheide zwischen Zweifeln mit Blick auf die *Existenz* und Zweifeln mit Blick auf die *Verfasstheit* einer subjektunabhängigen Welt. In einem zweiten Schritt verteidige ich die These, dass sich Kant im „Vierten Paralogismus" mit skeptischen Zweifeln, welche die räumliche Verfasstheit, und nicht die bloße Existenz, einer subjektunabhängigen Welt betreffen, auseinandersetzen möchte. In einem dritten Schritt gehe ich auf Kants Antwort auf den so ausgelegten Zweifel der Skeptikerin ein. Ich interpretiere Kants Strategie als eine moderate antiskeptische Strategie, die sich um eine radikale Spielart des Skeptizismus wenig kümmert. Kants reduktionistisch klingende Strategie bringt bloß die Standardkonzeption Kants über Raum zum Ausdruck. Abschließend diskutiere ich das (neutrale) Verhältnis meines Interpretationsvorschlags zur gegenwärtigen Debatte zwischen Zwei-Aspekte- und Zwei-Welten-Interpretationen des transzendentalen Idealismus sowie seinen Vorteil gegenüber bereits vorhandenen, einschlägigen alternativen Vorschlägen.

Ein textliches Problem für die Standardinterpretation: Das Ding an sich im Kontext des „Vierten Paralogismus"

Unabhängig vom philosophischen und hermeneutischen Problem, dass wir im Rahmen der Standardinterpretation des „Vierten Paralogismus" Kant eine radikale, unattraktive Position zuschreiben und ihn eventuell nicht wohlwollend genug lesen, ist diese Interpretation zusätzlich mit einer textlichen Schwierigkeit konfrontiert: Die Rolle der kantischen Dinge scheint sich mit der berkeleyanischen antiskeptischen Strategie schlecht zu vertragen und das antiskeptische Potential der Strategie zu untergraben. Dabei meine ich nicht nur die Rolle der Dinge an sich im Allgemeinen, sondern die Rolle im Kontext des „Vierten Paralogismus" *im Besonderen.*

Im Rahmen einer simplen reduktionistischen Strategie ist das antiskeptische Argument relativ klar. Man zeigt, dass wir uns keine Sorgen über die Existenz von außenweltlichen Gegenständen machen sollten, denn diese Gegenstände sind eigentlich etwas Subjektabhängiges und Mentales, zu dem wir einen privilegierten epistemischen Zugang haben; die Existenz von subjektunabhängigen Gegenständen ist nicht vorgesehen. Die Einbettung der berkeleyanischen Strategie in einen kantischen Rahmen wirft jedoch sofort eine Frage auf. Die kantische Rede von „Gegenständen" ist bekanntlich schwierig. Was passiert mit dem Ding an sich hier? Könnte es zum Beispiel der Fall sein, dass die kantische Reduktionsthese über die Außenwelt als eine Art Vorstellung nur Gegenstände als *Erscheinungen* betrifft und dass *darüber hinaus* Kant an der Existenz von Dingen an sich festhält? Das wäre sehr kontraintuitiv und würde die simple berkeleyanische Strategie zerstören. Die Problematik der Rechtfertigung der Überzeugung, dass es eine Außenwelt gibt, würde sich auf die Ebene der Dinge an sich verschieben. Die Skeptikerin würde skeptische Einwände gegen die Existenz solcher Dinge formulieren; es fällt einem schwer zu sehen, wie jemand, der im Rahmen seiner antiskeptischen Strategie diese skeptischen Einwände sonst ernst nimmt und durch seine reduktionistische Strategie *einen Bogen um sie zu machen* versucht, auf solche Einwände erfolgreich reagieren könnte. Die berkeleyanische Strategie in einem kantischen Kontext ergibt viel mehr Sinn, wenn man Kant die These zuschreibt, dass wir von der Existenz von Dingen an sich *nicht* ausgehen dürfen. Das antiskeptische Potential der ganzen Strategie ist viel begreiflicher, wenn wir Kants Haltung zu Dingen an sich im „Vierten Paralogismus" so interpretieren, wie es die Erstleser Kants getan haben: nämlich als wollte sich Kant dort gar nicht auf die Existenz von Dingen an sich festlegen.[24]

Obwohl es ein paar Stellen im „Vierten Paralogismus" gibt, die eine solche Auslegung der kantischen Position hinsichtlich der Dinge an sich stützen könnten,[25] sprechen eine Reihe von Kants Formulierungen *für* eine explizite Festlegung auf die Dinge an sich. Belege dafür finden sich sowohl im „Vierten Paralogismus" in der *Kritik* als auch im §49 in den *Prolegomena*, dem Abschnitt, den ich als die

---

24 Vgl. Turbayne 1955: 238. Turbayne meint, dass die Berufung auf die Dinge an sich in den *Prolegomena*, in einem Versuch Kants, sich von Berkeley abzugrenzen, zu den früheren kantischen Versuchen, den (Radikal-)Idealismus bzw. Skeptizismus zu widerlegen – Versuche, die Turbayne ganz gemäß der berkeleyanischen Standardinterpretation liest – gar nicht passt.
25 Vgl. Fn. 38.

Parallelstelle zum „Vierten Paralogismus" betrachte.²⁶ Im „Vierten Paralogismus" finden sich Äußerungen wie die folgenden:

> Der transscendentale Gegenstand ist sowohl in Ansehung der inneren als äußeren Anschauung gleich unbekannt. (A372)

> Das *transscendentale Object*, welches den äußeren Erscheinungen, imgleichen das, was der innern Anschauung zum Grunde liegt, ist weder Materie, noch ein denkend Wesen an sich selbst, sondern ein uns unbekannter Grund der Erscheinungen, die den empirischen Begriff von der ersten sowohl als zweiten Art an die Hand geben. (A379 f.)

Unter der Annahme, dass „transzendentaler Gegenstand" auf die Dinge an sich referiert, legen diese Äußerungen Kants folgende Interpretation nahe: *Es gibt Dinge an sich, die den Erscheinungen zugrunde liegen; diese Dinge an sich können wir jedoch nicht näher erkennen.* Es wird im Rahmen des „Vierten Paralogismus" davon ausgegangen, dass Dinge an sich existieren. Kant formuliert hier bloß seine Unerkennbarkeitsthese im Hinblick auf diese, die, wie wir gesehen haben, Wissen über die Existenz von Dingen an sich und eine Affektion durch diese nicht ausschließt. Formulierungen aus der Parallelstelle in den *Prolegomena* passen ebenfalls sehr gut zu dieser Interpretation.²⁷ Diese Verweise auf die Dinge an sich mitten im Kontext des „Vierten Paralogismus" sollten als unverständlich eingestuft werden, solange man Kant eine berkeleyanische antiskeptische Strategie zuschreibt. Sie scheinen die ganze Pointe der so ausgelegten kantischen Argumentation zu zerstören.²⁸ Dieser Sachverhalt, in Verbindung mit der Tatsache, dass sehr viel für Kants explizite Festlegung auf Dinge an sich im Allgemeinen spricht, könnte uns hinsichtlich der Frage alarmieren, ob die berkeleya-

---

26 Ich gehe davon aus, dass §49 eine (hilfreiche) Zusammenfassung der Strategie Kants im „Vierten Paralogismus" darstellt. Während in anderen Abschnitten in den *Prolegomena* (Anmerkungen I-III zum ersten Teil der „transzendentalen Hauptfrage" in 4: 287 ff.; Anhang in 4: 371 ff.) Kants *Reaktion* auf die Erstleser der *Kritik* festgehalten wird, so dass es denkbar wäre, dass er dabei seine ursprüngliche Position *ändert*, sehe ich keinen Grund anzunehmen, dass dies auf §49 zutrifft; vgl. Vaihinger 1884: 124, Kemp Smith 1923: 307. Damit widerspreche ich Beiser (2002: 108 f., 616 Fn. 10) und Caranti (2007: 116), die §49 als eine *Reaktion* auf die Göttinger Rezension zu lesen scheinen.

27 An einer Stelle, die im vorigen Kapitel bereits zitiert wurde, spricht Kant über die Seele als ein Ding an sich, das ich „nur als einen Gegenstand des innern Sinnes durch Erscheinungen, die einen innern Zustand ausmachen, erkennen kann, und wovon mir das Wesen an sich selbst, das diesen Erscheinungen zum Grunde liegt, unbekannt ist." (4: 336). Vgl. auch 4: 337.

28 Vgl. Allison 1973b: 48. Allisons Interpretation soll indirekt zur Auflösung dieses Rätsels beitragen. Das Verhältnis meines Interpretationsvorschlags zu Allisons wird weiter unten thematisiert.

nische Standardinterpretation tatsächlich die richtige Interpretation von Kants antiskeptischer Strategie darstellt.

Was steht hier auf dem Spiel? Existenz einer subjektunabhängigen Außenwelt vs. räumliche Verfasstheit dieser Welt

Dass die antiskeptische Strategie Kants anders interpretiert werden kann, können wir sehen, wenn wir den Fokus auf das legen, was in der Debatte zwischen Skeptizismus und Antiskeptizismus auf dem Spiel steht. Die typische Frage, welche die Skeptikerin – zumindest des 18. Jahrhunderts – beschäftigt, ist folgende: Können wir wissen, dass unseren Vorstellungen von Gegenständen eine *Außenwelt* tatsächlich *korrespondiert*? Die These, deren Rechtfertigung und Wahrheit zur Debatte steht, lässt mindestens zwei Deutungen zu. Einer ersten Lesart zufolge bedeutet „Außenwelt" dasselbe wie der Ausdruck „vorstellungstranszendente, subjektunabhängige Welt". Dieser Lesart zufolge würde diese Außenwelt unseren Vorstellungen in dem Sinn korrespondieren, dass sie *existiert* und die *Ursache* für diese Vorstellungen darstellt. Das ist die natürliche Lesart für das Problem, das die Außenweltskeptikerin plagt. Meine eigenen bisherigen Ausführungen zum „Vierten Paralogismus" – aus der Perspektive der Standardinterpretation – entsprechen genau dieser Lesart. Ich habe das Problem der Skeptikerin und die Lösung Kants bisher so beschrieben, als wäre die ganze Debatte zwischen Kant und der Skeptikerin als eine Debatte im Hinblick auf die Existenz einer subjektunabhängigen Welt zu verstehen.

Es ist wichtig zu sehen, dass im Rahmen dieser ersten, natürlichen Lesart, die *Verfasstheit* der subjektunabhängigen Welt nicht auf dem Spiel steht. Wenn ich gegen die Skeptikerin argumentiere, dass es eine subjektunabhängige Welt gibt, die für meinen sinnlichen Input sorgt, bin ich nicht auf die These verpflichtet, dass diese Welt genau so beschaffen ist, wie ich sie repräsentiere. Es wäre denkbar zum Beispiel, dass ich die Welt als *räumlich* repräsentiere, ohne dass die subjektunabhängige Welt tatsächlich räumlich ist. Im Rahmen dieser ersten Lesart geht es nur um die Existenz (und die kausale Wirksamkeit) der subjektunabhängigen Welt, nicht um ihre Verfasstheit. Davon abzugrenzen ist eine zweite Lesart, wonach es um die *Verfasstheit*, nicht um die bloße Existenz dieser Welt geht. Dieser zweiten Lesart zufolge muss man gegen die Skeptikerin zeigen, dass es eine Korrespondenz zwischen Außenwelt und Vorstellungen in einem stärkeren Sinn gibt: Es geht um die Legitimierung der Annahme, dass die Gegenstände genau *so* beschaffen sind, wie ich sie repräsentiere. Wenn ich zum Beispiel Vorstellungen von *räumlichen* Gegenständen habe, dann muss ich zeigen, dass die subjektunabhängigen Gegenstände, welche die Ursache für diese Vorstellungen darstellen, tatsächlich räumlich sind. Im Rahmen dieser zweiten Lesart ist nicht

II Die starkidealistischen Prämissen der antiskeptischen Argumentation Kants — 203

nur die Korrespondenzrede stärker zu verstehen. Darüber hinaus ist „Außenwelt" etwas anders auszulegen: Es geht dabei um eine *räumliche*, vorstellungstranszendente, subjektunabhängige Welt. Zur Debatte steht, ob wir wissen können, dass es eine solche räumliche Welt tatsächlich gibt.

Die Ambiguität, die sich im skeptischen Problem bemerkbar macht und zwei Deutungen des Problems zulässt, habe ich aus einer philosophischen Perspektive eingeführt. Sie lässt sich jedoch anhand des Problems, welches ausgerechnet *Kants Skeptikerin* beschäftigt, sehr gut sehen. Im „Vierten Paralogismus" finden sich Formulierungen, welche das ganze Problem aus der Perspektive der zu kritisierenden Skeptikerin zum Ausdruck bringen:

> Also ist das Dasein eines wirklichen Gegenstandes außer mir (wenn dieses Wort in intellectueller Bedeutung genommen wird) niemals gerade zu in der Wahrnehmung gegeben, sondern kann nur zu dieser, welche eine Modifikation des inneren Sinnes ist, als äußere Ursache derselben hinzu gedacht und mithin geschlossen werden. (A367)

> Ich kann also äußere Dinge eigentlich nicht wahrnehmen, sondern nur aus meiner inneren Wahrnehmung auf ihr Dasein schließen. (A368)

Kants Skeptikerin macht sich Sorgen über die Existenz von *Gegenständen außer mir* bzw. *äußeren Dingen*. Der ersten Lesart zufolge geht es hier bloß um die Existenz von subjektunabhängigen Gegenständen, ohne dass diese zwangsläufig räumlich wären. Kants Erstleser operieren mit einer solchen Lesart. Diese Lesart erlaubt es ihnen, solche Formulierungen als skeptische Äußerungen im Hinblick auf die Existenz *kantischer Dinge an sich* – die bekanntlich nicht räumlich sind – zu werten.[29]

---

29 Vgl. meine Ausführungen im vorigen Unterabschnitt. Auch einige Bemerkungen Feders (1787: 67 ff.) passen sehr gut zu dieser Lesart. Im Rahmen seiner Thematisierung von und Kritik an Kants Umgang mit Skeptizismus stellt Feder das „wirkliche Daseyn der Körper außer unserer Vorstellung" „bloßen Einbildungen und Erinnerungen" gegenüber (Feder 1787: 67). Dies spricht dafür, dass er die ganze Debatte als eine Debatte um die Existenz einer subjektunabhängigen Welt überhaupt versteht. Dass Feder das skeptische Problem im Sinne der ersten Lesart versteht und dass seine antiskeptischen und antikantischen Tendenzen Fragen nach der *Existenz* einer subjektunabhängigen Welt, und keine Fragen nach der *Beschaffenheit* dieser Welt, betreffen, wird in Äußerungen wie der folgenden sehr deutlich: „Will man hierauf antworten, daß, wenn die menschliche Vorstellungsart wegfiele, die Objecte, die dabey zu Grunde liegen, die ὄντως ὄντα allerdings übrig bleiben, nur aber doch die Erscheinungen, die von der menschlichen Vorstellungsart herrühren, wegfallen würden: so ist dieß sehr gut. Aber als dann muß man doch eingestehen, daß man sich zu stark ausdruckte, wenn man sagte, daß die Körper weiter nichts seyn, als *bloße Vorstellungen in uns*" (Feder 1787: 81 Anm.). Feder hat kein Problem mit der These, dass wir die subjektunabhängige Welt nicht genau so repräsentieren, wie sie eigentlich beschaffen ist.

Die erste Lesart stellt eine natürliche Option dar. Abgesehen davon, dass sie unserem normalen Verständnis der ganzen Problematik des Außenweltskeptizismus eher entspricht, kommen im „Vierten Paralogismus" Ausdrücke wie „Existenz", „existieren", „Dasein", „Wirklichkeit" von Gegenständen sehr oft vor (zum Beispiel A366, A367, A369, A371). Das könnte zunächst als Hinweis darauf gewertet werden, dass es hier um das skeptische Problem im Rahmen der ersten Lesart geht: Was zur Debatte steht, ist die *Existenz* einer – nicht unbedingt räumlichen – Außenwelt; die Frage nach der Verfasstheit dieser Außenwelt wäre nebensächlich. Eine solche Favorisierung der ersten Lesart wäre jedoch aus einer Reihe von Gründen übereilt. Erstens bedient sich Kant an manchen Stellen Ausdrücke wie „Korrespondenz" oder „Entsprechung" zwischen Vorstellung und Gegenstand, welche Raum für eine stärkere Lesart, wonach es nicht nur um die bloße Existenz, sondern doch um die Verfasstheit und die Eigenschaften der Außenwelt geht, lässt (A371, A375, A375 f., 4: 336). Zweitens wurde die Diskussion um die Problematik des Außenweltskeptizismus in der deutschen Philosophie zu Kants Zeiten so geführt, dass keine von den beiden Lesarten zu schnell abgefertigt werden sollte.[30] Drittens formuliert Kant selbst im Kontext des „Vierten Paralogismus" die berühmte These, dass der Ausdruck „außer uns" mehrdeutig und interpretationsbedürftig ist, so dass wir nicht zu schnell für die „natürliche" Lesart entscheiden sollten.

Kants Skeptikerin fragt sich nach der räumlichen Verfasstheit, nicht nach der Existenz der Außenwelt

Ich denke, dass der „Vierte Paralogismus" sehr missverständlich ist, weil er viele Formulierungen enthält, welche die erste Lesart nahelegen. Ich möchte hingegen die These verteidigen, dass die richtige, wenn auch auf den ersten Blick kaum evidente Lesart die zweite ist: Die Skeptikerin, deren Zweifel Kant ausräumen möchte, macht sich Sorgen über die *räumliche* Verfasstheit der Außenwelt, nicht über ihre bloße Existenz.

Zwei Gründe sprechen dafür. Den ersten Grund liefert uns die *Prolegomena*-Version der antiskeptischen Strategie Kants. Diese Parallelstelle zum „Vierten Paralogismus" schließt die erste Lesart aus. Kant schreibt dort unmissverständlich:

Wichtig für ihn ist, dass wir ihre Existenz annehmen. Und er denkt, dass Kant mit seiner reduktionistischen antiskeptischen Strategie genau letztere These verletzt hat.
30 Zu Unklarheiten und Mehrdeutigkeiten in Diskussionen um das „idealistische" bzw. skeptische Problem in der deutschen Philosophie vgl. Vaihinger 1884: 107 ff.

> Der *Cartesianische* Idealism unterscheidet also nur äußere Erfahrung vom Traume und die Gesetzmäßigkeit als ein Kriterium der Wahrheit der erstern von der Regellosigkeit und dem falschen Schein des letztern. Er setzt in beiden Raum und Zeit als Bedingungen des Daseins der Gegenstände voraus und frägt nur, ob die Gegenstände äußerer Sinne wirklich im Raum anzutreffen seien, die wir darin im Wachen setzen. (4: 336f.)

In der *Prolegomena*-Version ist es klar, dass für die Vertreterin des kartesianischen Idealismus – d.h. die Skeptikerin –,[31] die Gegenstände, um die es geht, Gegenstände *im Raum* sind. Mit der bloßen Existenz einer vorstellungstranszendenten, subjektunabhängigen, jedoch nicht räumlichen Welt würde sich diese Skeptikerin nicht begnügen. Ich sehe keinen Grund, warum wir die mehrdeutigen Äußerungen Kants im „Vierten Paralogismus" nicht im Lichte seiner eindeutigen Äußerungen in den *Prolegomena* interpretieren sollten.

Der zweite Grund kreist um die Interpretation der vielbeachteten Unterscheidung Kants zwischen zwei Bedeutungen – empirisch und transzendental – des Ausdrucks „außer uns" und der vergleichsweise vernachlässigten Rede Kants von einer „intellektuellen Bedeutung" desselben Ausdrucks. Im „Vierten Paralogismus" unterscheidet Kant die *empirische* Bedeutung von „Gegenstände außer uns", in deren Rahmen es um Gegenstände als Erscheinungen im Raum geht, von einer *transzendentalen* Bedeutung desselben Ausdrucks. Der Ausdruck, genommen im transzendentalen Sinn, „bedeutet, was als *Ding an sich selbst* von uns unterschieden existirt" (A373). Liest man die Äußerungen der Skeptikerin vor dem Hintergrund dieser Unterscheidung, stellt sich die Frage, in welcher Bedeutung die skeptische Rede von „Gegenständen außer mir" zu verstehen ist. Die Standardauffassung ist, dass es hier um Gegenstände außer mir in *transzendentaler* Bedeutung geht. Kant mobilisiert im Rahmen seiner antiskeptischen Strategie die Ressourcen des transzendentalen Idealismus und will zeigen, dass seine Gegnerin von skeptischen Zweifeln geplagt wird, *weil* sie den transzendentalen Idealismus nicht beherzigt hat (A369) und sie nicht in der Lage ist, subtile Unterscheidungen zwischen verschiedenen Bedeutungen von „außer uns" zu treffen. Aus der Perspektive der Skeptikerin können die Gegenstände nichts anderes als Dinge an sich sein. Die empirische Bedeutung muss deshalb als Kandidat ausscheiden.

---

[31] Der „Vierte Paralogismus" ist gegen den *empirischen Idealismus* gerichtet (A369), und zwar gegen eine Variante, die unumgänglich sein soll, wenn man von kartesianischen Annahmen ausgeht. Im Rahmen dieser Variante von empirischem Idealismus ist die Existenz einer (räumlichen) Außenwelt zweifelhaft, so dass es um eine *skeptische* Position geht. Für einen expliziten Verweis auf Descartes im Kontext des „Vierten Paralogismus" vgl. A367 f. In einer der Anmerkungen in den *Prolegomena* wird die Charakterisierung „empirischer Idealismus" ausschließlich für diese Position reserviert, die dann dem „mystischen und schwärmerischen [Idealismus] des Berkeley" gegenübergestellt wird (4: 293).

Die transzendentale Bedeutung, die den naheliegenden Kandidaten dann bietet, scheint sich jedoch *neutral* zur Unterscheidung zu verhalten, um die es mir hier geht und auf die ich aufmerksam gemacht habe: die Unterscheidung zwischen vorstellungstranszendenten, subjektunabhängigen Gegenständen (Dinge an sich), die räumlich sind, und solchen Gegenständen (Dinge an sich), die nicht räumlich sein müssen. Im Rahmen von Kants offizieller Definition des Ausdrucks „Gegenstände außer uns" in transzendentaler Bedeutung, ist es nicht zwingend, dass die Dinge an sich, über deren Existenz debattiert wird, räumlich sein müssen – nur die Subjektunabhängigkeit der Gegenstände wird dort klar formuliert. Kants Formulierungen im „Vierten Paralogismus", anders als in den *Prolegomena*, scheinen auf den ersten Blick zur ersten Lesart gut zu passen. Beim näheren Hinsehen lässt sich jedoch feststellen, dass diese Lesart zu exegetischen Schwierigkeiten führt. Im „Vierten Paralogismus" beschuldigt Kant die Skeptikerin des transzendentalen Realismus, und liefert uns die erste offizielle Definition von „transzendentaler Idealismus" und „transzendentaler Realismus". An einer Stelle, der wir in Kapitel 3 bereits begegnet sind, werden diese als spezifische Lehren über *Raum* und *Zeit*, nicht als irgendwelche Positionen, welche die Subjekt(un)abhängigkeit von Gegenständen betreffen, definiert.

> Ich verstehe aber unter dem *transscendentalen Idealism* aller Erscheinungen den Lehrbegriff, nach welchem wir sie insgesammt als bloße Vorstellungen und nicht als Dinge an sich selbst ansehen, und dem gemäß Zeit und Raum nur sinnliche Formen unserer Anschauung, nicht aber für sich gegebene Bestimmungen oder Bedingungen der Objecte als Dinge an sich selbst sind. Diesem Idealism ist ein *transscendentaler Realism* entgegengesetzt, der Zeit und Raum als etwas an sich (unabhängig von unserer Sinnlichkeit) Gegebenes ansieht. (A369)

Wäre der skeptische Zweifel im Sinne der ersten Lesart zu nehmen, die von Kants Ausführungen zur transzendentalen Bedeutung nahegelegt wird, dann ist der transzendentalrealistische Hintergrund dieses Zweifels, vor dem Hintergrund der hier präsentierten offiziellen Definition von Kants transzendentalem Realismus, kaum erkennbar.[32] Die Klassifikation der Skeptikerin als transzendentale Realistin

---

[32] Natürlich *könnte* man im Rahmen einer Gesamtinterpretation des „Vierten Paralogismus" einräumen, dass spezifische Überlegungen über Raum und Zeit *der Sache nach* für die kantische Argumentation irrelevant sind, obwohl *Kant selbst* das anders zu sehen scheint. Im Rahmen einer Gesamtinterpretation des „Vierten Paralogismus", welche dessen starkidealistische Elemente herauszuarbeiten und hervorzuheben sucht, vertritt zum Beispiel Chiba (2012: 191ff.) eine solche These explizit. Obwohl ein solcher Interpretationsansatz nicht immer vermeidlich ist, halte ich es für eine Stärke einer Interpretation, wenn sie keine Diskrepanz zwischen „Geist" und „Buchstaben" zur Folge hat. Ich denke, dass im Rahmen meines eigenen Interpretationsvorschlags diese Diskrepanz vermieden wird: Kants explizite Äußerungen werden ernst genommen und es wird ein

würde aus kantischer Sicht nur dann Sinn ergeben, wenn die Gegenstände, um deren Existenz sich die Skeptikerin Sorgen macht, *räumliche* Dinge an sich wären.

Vor diesem Hintergrund müssen wir den Schluss ziehen, dass Kants Äußerungen zur transzendentalen Bedeutung von „Gegenstände außer uns" missverständlich sind: Entweder müssen wir die transzendentale Bedeutung so interpretieren, dass sie die räumliche Verfasstheit von Gegenständen als Dingen an sich impliziert; oder wir müssten eine *weitere*, dritte Bedeutung von „Gegenstände außer uns" einführen und zeigen, dass es an den fraglichen Stellen, wo Kant die skeptische Sorge vorstellt, diese weitere Bedeutung am Werk ist. Ich möchte diesen zweiten Weg einschlagen und dafür argumentieren, dass der kantische Text uns Anhaltspunkte für diese dritte Bedeutung gibt und dass diese dritte Bedeutung keine andere als die *intellektuelle* Bedeutung von „Gegenstände außer uns" ist.[33]

An einer bereits zitierten Stelle schreibt Kant:

> Also ist das Dasein eines wirklichen Gegenstandes außer mir (wenn dieses Wort in intellectueller Bedeutung genommen wird) niemals gerade zu in der Wahrnehmung gegeben, sondern kann nur zu dieser, welche eine Modifikation des inneren Sinnes ist, als äußere Ursache derselben hinzu gedacht und mithin geschlossen werden. (A367)

Hier macht Kant unmissverständlich klar, dass die Skeptikerin den Ausdruck in dieser Bedeutung verwendet. Nun hat Kants Rede von dieser intellektuellen Bedeutung wenig Beachtung gefunden, und es wird eher davon ausgegangen, dass die intellektuelle Bedeutung mit der viel beachteten *transzendentalen* Bedeutung zusammenfällt.[34] Ich denke jedoch, dass der Ausdruck „Gegenstände außer uns", verstanden in der intellektuellen Bedeutung, anders als im Fall der transzendentalen Bedeutung, die räumliche Verfasstheit der Gegenstände in Frage klarerweise impliziert. Schauen wir uns die Fortsetzung einer bereits zitierten Stelle an, die uns in Kapitel 3 ebenfalls beschäftigt hat:

> Diesem Idealism ist ein transscendentaler Realism entgegengesetzt, der Zeit und Raum als etwas an sich (unabhängig von unserer Sinnlichkeit) Gegebenes ansieht. Der transscendentale Realist stellt sich also äußere Erscheinungen (wenn man ihre Wirklichkeit einräumt)

Vorschlag dazu gemacht, wie Kants antiskeptische Strategie – unter Beachtung dieser Äußerungen – auf der argumentativen Ebene funktionieren soll.

33 Ich denke, dass beide Optionen ihre Vorteile und textlichen Kosten haben. Ich favorisiere die zweite Option nicht zuletzt deshalb, weil sie eine elegante, zu meiner Gesamtinterpretation gut passende Lesart für eine schwierige Stelle (A372) bietet; vgl. Fn. 38.

34 Vgl. Allison 1973b: 48, Chiba 2012: 165.

als Dinge an sich selbst vor, die unabhängig von uns und unserer Sinnlichkeit existiren, also auch *nach reinen Verstandesbegriffen außer uns* wären. (A369, meine Hervorhebung)

An dieser Stelle spricht Kant explizit von der transzendentalrealistischen Raumkonzeption, wonach der Raum eine Bedingung/Eigenschaft von Dingen an sich ist. Anschließend beschreibt er die so konzipierten Dinge an sich als Gegenstände, die *nach reinen Verstandesbegriffen außer uns* sind. In diesem Kontext ist es unbestreitbar, dass mit „Gegenstände außer uns" nicht nur eine subjektunabhängige Welt (Dinge an sich), sondern eine *räumliche* subjektunabhängige Welt gemeint ist. Nun ist die Annahme sehr plausibel, dass „Gegenstände außer uns" in *intellektueller* Bedeutung und „Gegenstände außer uns" nach reinen *Verstandes*begriffen dasselbe bedeuten, denn beide scheinen den Verstand zu involvieren, und wir müssten sehr gute Gründe haben, um diese Annahme in Frage zu stellen und *noch* eine Bedeutung des Ausdrucks einzuführen.[35] Unter dieser Annahme folgt aber, dass die Gegenstände außer uns, über deren Existenz die Skeptikerin sich Sorgen macht, räumlich beschaffene Dinge an sich sind. Die Frage, die sich die Skeptikerin stellt, ist, wie wir wissen können, dass unseren Vorstellungen von räumlichen Gegenständen eine Außenwelt entspricht, die tatsächlich (als Ding an sich) räumlich ist.[36]

Kants moderate antiskeptische Strategie
Wie ist Kants Antwort auf die so ausgelegte Frage zu interpretieren? So wie ich Kant verstehe, verfolgt er eine moderate antiskeptische Strategie. Wie ich im vorigen Abschnitt beschrieben habe, interessiert ihn nicht, einen Beweis für die Existenz der Außenwelt zu liefern. So wie ich ihn lese, denkt er im „Vierten Paralogismus" nicht, dass es die bloße Existenz einer subjektunabhängigen Welt ist, welche zur Debatte zwischen ihm und der Skeptikerin steht. Die bloße Existenz *setzt* er *voraus*. Die Spielart des Skeptizismus, die er entschärfen möchte, betrifft die räumliche Verfasstheit dieser Welt: Es geht um das skeptische Problem nach der zweiten Lesart, um die Annahme nämlich, dass unseren Vorstellungen von räumlichen Gegenständen eine subjektunabhängige Welt korrespondiert, die

---

[35] Vgl. Kalter 1975: 178. Im Gegensatz zu meinem Interpretationsvorschlag stuft Kalter allerdings den Ausdruck als Relikt aus einer vorkritischen Phase Kants ein und scheint keineswegs die Annahme zu unterschreiben, dass äußere Gegenstände in diesem Sinn räumlich sind; vgl. insbesondere Kalter 1975: 155.

[36] Klotz (1993: insbesondere 51) ist diese Unterscheidung zwischen Existenz und räumlicher Verfasstheit nicht entgangen. Anders als es bei mir der Fall ist, spielt jedoch diese Unterscheidung keine besondere Rolle in seiner Gesamtinterpretation des „Vierten Paralogismus", so dass ich diese Interpretation als einen Ausdruck der Standardinterpretation insgesamt lese.

tatsächlich – als Ding an sich – räumlich ist. Kant reagiert auf dieses Problem, indem er zeigt, dass es von einer transzendentalrealistischen Raumkonzeption abhängig ist, die er bestreitet. Die transzendentale Idealistin, anders als die Realistin, muss sich keine Sorgen über den Rechtfertigungsstatus der These, welche eine Korrespondenz zwischen Vorstellungen von räumlichen Gegenständen und tatsächlich räumlich beschaffenen Dingen an sich behauptet, machen; denn Kant meint gezeigt zu haben, dass diese These nachweisbar *falsch* ist. Der „Vierte Paralogismus" bringt Kants Standardthesen über Raum zum Ausdruck, mit denen er uns bereits in der Transzendentalen Ästhetik vertraut gemacht hat.

Wenn Kant schreibt, dass „äußere Gegenstände (die Körper) blos Erscheinungen, mithin auch nichts anders als eine Art meiner Vorstellungen, deren Gegenstände nur durch diese Vorstellungen etwas sind, von ihnen abgesondert aber nichts sind" (A370) – um zur eingangs zitierten (berüchtigten) Textstelle zurückzukommen –, dann ist diese Stelle im Kontext seiner Auseinandersetzung mit der transzendentalrealistischen Raumkonzeption zu deuten. Was er hier – zugegebenermaßen sehr missverständlich – zum Ausdruck bringen möchte, ist nicht die These, dass die Außenwelt auf etwas Subjektabhängiges und Mentales zu reduzieren ist, sondern die These, dass die räumlichen Gegenstände für ihn nur Erscheinungen, keine Dinge an sich, sein können, so dass sich die Frage nach der Korrespondenz zwischen Vorstellungen von räumlichen Gegenständen und tatsächlich räumlichen Dingen an sich erübrigt.

Dass das die Pointe der kantischen Strategie ist, wird durch die Parallelstelle aus den *Prolegomena* deutlich zum Ausdruck gebracht:

> Da aber das Ich in dem Satze: Ich bin, nicht blos den Gegenstand der innern Anschauung (in der Zeit), sondern das Subject des Bewußtseins, so wie Körper nicht blos die äußere Anschauung (im Raume), sondern auch das Ding an sich selbst bedeutet, was dieser Erscheinung zum Grunde liegt: so kann die Frage, ob die Körper (als Erscheinungen des äußern Sinnes) außer meinen Gedanken *als Körper* existiren, ohne alles Bedenken in der Natur *verneint* werden. (4: 337, meine Hervorhebungen)

Diese Textstelle zeigt klar, dass was zur Debatte steht, die *Räumlichkeit* und nicht die *Existenz* von Dingen an sich ist. Hier belässt es Kant nicht dabei, bloß zu schreiben, dass Körper außer meinen Gedanken nicht existieren. Er qualifiziert seine Aussage durch den Zusatz, dass Gegenstände außer meinen Gedanken nicht *als Körper* existieren. So wie ich ihn verstehe, bejaht Kant die Existenz von subjektunabhängigen Gegenständen (Dinge an sich), die jedoch nicht als *räumliche* Gegenstände existieren. Dass es die Räumlichkeit und nicht die Existenz einer subjektunabhängigen Welt ist, welche zur Debatte steht, wird ferner durch Kants explizite *Verneinung* der Existenz von solchen subjektunabhängigen Körpern bestätigt. Wenn es um die bloße Existenz einer subjektunabhängigen Welt ginge, dann wäre die *Verneinung* äußerst unkantisch – man hätte eine *agnostische* Antwort erwartet. Wenn es aber um die *Räumlichkeit* von Dingen an sich geht, dann ist es ganz nachvollziehbar, warum Kant meint, dies ausschließen zu können; denn er meint, in der Transzendentalen Ästhetik gezeigt zu haben, dass Dinge an sich nicht im Raum sein können. (Und es ist gerade diese Entschlossenheit, die zum Problem der „vernachlässigten Alternative" geführt hat.[37])

Durch diese Interpretation wird nachvollziehbar, warum Kant in einem Atemzug behaupten kann, dass es vorstellungstranszendente, subjektunabhängige Gegenstände (Dinge an sich) gibt, die den Erscheinungen zugrunde liegen, und trotzdem meinen kann, dass sein Theoriegebilde gegen skeptische Einwände gefeit ist. Er hat nur eine bestimmte Spielart des skeptischen Problems vor Augen und er zeigt, dass er gegen diese Form von Skeptizismus immun ist. Dies lässt seine Festlegung auf die Existenz einer subjektunabhängigen Außenwelt intakt, und Stellen im „Vierten Paralogismus", die für diese Festlegung sprechen, müssen nicht weginterpretiert werden. Im Rahmen einer solchen Interpretation des kantischen Umgangs mit der Skeptikerin ist Kant allerdings für denselben Einwand anfällig, mit dem wir uns im vorigen Abschnitt vertraut gemacht haben: Kant nimmt die Zweifel des Außenweltskeptizismus in seiner typischen, radikalen Form nicht besonders ernst. Wie wir jedoch gesehen haben, zwingt uns nichts dazu, Kant eine solche Beweislast gegen die radikale Skeptikerin aufzubürden. Und wie wir ebenfalls gesehen haben, besteht der Hauptvorwurf der Erstleser Kants nicht darin, dass Kant es versäumt hat bzw. dass es ihm nicht gelungen ist, die radikale Skeptikerin zu widerlegen. Ihr Hauptvorwurf betrifft Kants radikalen Idealismus im Zuge dieses Widerlegungsversuchs. Folgt man meinem Interpretationsvorschlag, dann findet die Preisgabe realistischer Grundintuitionen, die Kants Erstleser, als die ersten Vertreter der historisch vorherrschenden Interpretation, Kant vorwerfen, gar nicht statt.

Verhältnis des Interpretationsvorschlags zu Zwei-Aspekte- und Zwei-Welten-Interpretationen des transzendentalen Idealismus

Es lässt sich also feststellen, dass selbst der berüchtigtste Abschnitt der A-Auflage der *Kritik* anders gelesen werden kann, als die Erstleser es tun.[38] Ich möchte die

---

37 Vgl. Kap. 3, Fn. 20.
38 Dass die Erstleser, so wie viele Leser:innen nach ihnen, die kantische Strategie im „Vierten Paralogismus" als Ausdruck einer radikalidealistischen Position interpretiert haben, ist nicht bloß der Tatsache geschuldet, dass sie Kant gegenüber nicht wohlwollend genug waren. Es finden sich viele Formulierungen Kants dort, die tatsächlich sehr verwirrend sind. Obwohl ich dies hier nicht näher ausführen werde, denke ich, dass man im Rahmen meines Interpretationsvorschlags

II Die starkidealistischen Prämissen der antiskeptischen Argumentation Kants — 211

Auseinandersetzung mit der ganzen Thematik zu einem Abschluss bringen, indem ich einen Zusammenhang mit der Debatte zwischen Zwei-Welten- und Zwei-Aspekte-Interpretationen des kantischen Idealismus und bereits vorhandenen alternativen Interpretationen des „Vierten Paralogismus" herstelle. Obwohl die Standardinterpretation des „Vierten Paralogismus" die berkeleyanische Interpretation ist, heißt dies nicht, dass es keine alternativen, wohlwollenden Interpretationen im Angebot stehen. Es gibt bereits eine alternative Interpretationstendenz, die in methodologischen Zwei-Aspekte-Interpretationen des transzendentalen Idealismus ihren Ursprung hat. Dieser alternativen Interpretation zufolge, die von Henry Allison (1968: 168 ff., 1973b: 45 ff., 2004: 21 ff.) angedeutet und von Luigi Caranti (2007: 89 ff.) weiterentwickelt wird, ist die antiskeptische Strategie Kants im „Vierten Paralogismus" als eine Art therapeutisches Verfahren zur Zurückweisung des Außenweltskeptizismus zu verstehen. Die Hauptidee sieht wie folgt aus. Kant wirft der Skeptikerin vor, dass ihre skeptischen Probleme aus ihrem kartesianischen Bild, das innere Erfahrung privilegiert, entstehen: Die Skeptikerin geht davon aus, dass die unmittelbaren Gegenstände unserer Wahrnehmung mentale Zustände (Vorstellungen) sind, und fragt sich dann, wie sich unsere Überzeugung über die Existenz einer außergeistigen Welt rechtfertigen lässt. Die skeptischen Zweifel räumt Kant hingegen aus, indem er die Ausgangsannahme der Skeptikerin in Frage stellt: Kant zufolge sind die unmittelbaren Gegenstände unserer Wahrnehmung öffentliche, vorstellungstranszendente Körper, keine mentalen Zustände. Mit Blick auf solche Gegenstände erweist sich das skeptische Problem als ein Pseudoproblem. Im Rahmen dieser Interpretation bringt man Kants antiskeptische Strategie in die Nähe der Strategie, die eine direkte Realistin gegen eine Vertreterin des Repräsentationalismus verfolgen würde: Der direkten Realistin zufolge sind die un-

---

mit zwei Stellen, die Kants Erstleser besonders beschäftigt haben, gut umgehen kann. An einer viel rezipierten Stelle stimmt Kant der Skeptikerin zu, „dass der Schluß von einer gegebenen Wirkung auf eine bestimmte Ursache jederzeit unsicher" ist und dass es zweifelhaft ist, ob die Ursache „innerlich, oder äußerlich" ist (A368). Im Rahmen der von mir favorisierten Interpretation steht es einem frei, sich auf die Unterscheidung zwischen einer intellektuellen und einer transzendentalen Bedeutung von „Gegenstände außer uns" zu berufen, und nur Schlüsse auf Gegenstände außer uns in *intellektueller* Bedeutung, d. h. räumliche Dinge an sich, als Schlüsse auf eine *bestimmte* Ursache anzusehen. Der Schluss auf die Existenz einer subjektunabhängigen Welt, ohne die Verfasstheit dieser näher zu spezifizieren, gälte hingegen als Schluss auf eine unbestimmte Ursache und wäre von Kants Kritik hier nicht betroffen. Dieselbe Strategie ließe sich auf eine andere verwandte Stelle (A372), die Jacobi (1787: 104) bespricht, anwenden. Kant scheint da zuzugeben, dass es etwas „im transscendentalen Verstande außer uns" geben mag, aber er hat im vorigen Satz behauptet, dass „es immer zweifelhaft bleiben muß", ob die Ursache unserer Vorstellungen „in uns, oder außer uns" ist. Die Spannung können wir jedoch auflösen, wenn wir Kants letztere Äußerung in *intellektueller* Bedeutung verstehen.

mittelbaren Gegenstände unserer Wahrnehmung außergeistige Gegenstände, während die Repräsentationalistin das bestreitet.

Ich sehe eine Hauptschwierigkeit bei dieser Alternative zur historisch vorherrschenden, berkeleyanischen, Interpretation. Kant betont im „Vierten Paralogismus", dass es der *transzendentale Idealismus* ist, der uns die Ressourcen zur Entschärfung des skeptischen Problems liefert. Wie wird die hier präsentierte alternative Interpretation dieser Tatsache gerecht? Im Rahmen dieser Interpretation versucht man einen Zusammenhang zwischen transzendentalem Realismus und Repräsentationalismus einerseits und transzendentalem Idealismus und direktem Realismus andererseits herzustellen. Dieser Zusammenhang würde jedoch nur unter der sehr starken Annahme funktionieren, dass die Skeptikerin eine Vertreterin des Repräsentationalismus ist, *weil* sie eine transzendentale Realistin ist, und Kant ein direkter Realist ist, *weil* er den transzendentalen Idealismus vertritt. Diese Annahme halte ich für in der Tat viel zu stark. Während man bereit sein könnte, die *Vereinbarkeit* von direktem Realismus und transzendentalem Idealismus zu akzeptieren, ist die stärkere These nicht besonders plausibel. Wie wir im nächsten Abschnitt sehen werden, würden manche Erstleser Kants, deren eigene Position als historisches Gegenbeispiel gegen diese These angeführt werden kann, dieser Annahme nicht zustimmen, und sie hätten damit Recht.[39] Im Rahmen meines eigenen Interpretationsvorschlags ist es hingegen unmittelbar ersichtlich, warum Kant meint, das Problem des Skeptizismus mit den Ressourcen des transzendentalen Idealismus lösen zu können. Es ist die Kant-spezifische Raumkonzeption, welche die argumentative Arbeit hier leistet. Das betrachte ich als einen entscheidenden Vorteil dieses Vorschlags und als den Hauptgrund, warum ich denke, dass diese Interpretation gegenüber anderen vorhandenen Interpretationsversuchen, den „Vierten Paralogismus" wohlwollender und anti-berkeleyanisch zu lesen, zu bevorzugen ist.

Trotz meiner Kritik an dieser bestimmten Interpretationstendenz ist mein Interpretationsvorschlag *vereinbar* mit einer Zwei-Aspekte-Interpretation des kantischen Idealismus. Hier, wie im Rest dieser Arbeit, strebe ich Neutralität im Hinblick auf solche Fragen an. Ich denke jedoch zugleich, dass eine elaborierte Zwei-Welten-Interpretation von ihm ebenfalls Gebrauch machen könnte. Ich habe zu Beginn dieses Abschnitts betont, dass die Strategie Kants im Rahmen der Standardinterpretation *zwei* berkeleyanische Züge aufweist: Der eine ist die phänomenalistische Position über Erscheinungen als Vorstellungen, der andere

---

[39] Caranti (2007: 92ff.) versucht, auf diese Art von Einwand zu reagieren. Ich denke jedoch, dass seine einschlägigen Überlegungen letztlich auf der *Ausgangsannahme* beruhen, dass die transzendentale Realistin repräsentationalistische Annahmen macht, ohne diese Annahme begründen zu können.

ist die Reduktionsthese über die Existenz der Außenwelt. Mit meinem Vorschlag habe ich den zweiten berkeleyanischen Zug bestritten: Kant ist sehr wohl auf die Existenz einer subjektunabhängigen Welt (Dinge an sich) festgelegt, und seine antiskeptische Strategie ist nicht im Sinne einer reduktionistischen antiskeptischen Strategie zu verstehen. Was den ersten berkeleyanischen Zug angeht, stünde der Verfechterin einer Zwei-Aspekte-Interpretation frei, mit Kants Vorstellungsrede im „Vierten Paralogismus" so umzugehen, wie sie es in anderen Fällen tut: Man könnte diese Vorstellungsrede nicht beim Wort nehmen. Selbst wenn man jedoch, im Rahmen einer Zwei-Welten-Interpretation, diese Vorstellungsrede ernst nimmt, denke ich, dass der Vorschlag trotzdem eine Alternative zur Standardinterpretation bietet und dass diese Alternative die überwältigende Mehrheit der Erstleser Kants zufriedenstellen würde. Selbst wenn die Erscheinungen Vorstellungen wären, wären sie keine *bloßen* Vorstellungen: Wir hätten das Ding an sich im Gesamtbild.

Dass die Erstleser Kants wenige Probleme mit letzterer Kombination von Thesen (phänomenalistisch verstandene Erscheinungen *plus* Dinge an sich) hätten, werden wir im letzten Abschnitt dieses Kapitels sehen, wo eine weitere Variante der Sorge der Erstleser um das Verhältnis zwischen Außenweltskeptizismus und Idealismus im Mittepunkt steht, und zu deren Besprechung ich jetzt komme.

III Noch eine Lesart des Unzulässigkeitsvorwurfs: Rechtfertigung einer Festlegung auf Dinge an sich und epistemische Anfechtungsgründe; direkter Realismus und kantischer Idealismus

Wir haben im vorigen Abschnitt gesehen, dass die Problematik des Außenweltskeptizismus in Verbindung mit dem Repräsentationalismus und der ihm entgegengesetzten Position, dem direkten Realismus, gebracht werden kann. Die Berücksichtigung dieser Problematik kann für die Interpretation der frühen Kantkritik fruchtbar gemacht werden und uns zu sehen erlauben, dass der Einwand mancher Erstleser vielmehr als ein Kant-spezifischer anstatt als typischer skeptischer Einwand interpretiert werden kann. Es ginge dabei um den Einwand einer direkten Realistin (Kantkritiker) gegen einen Vertreter des Repräsentationalismus (Kant). Unter (i) präsentiere ich diese letzte Variante der Kantkritik. Anschließend, unter (ii), gehe ich auf den so ausgelegten Einwand aus kantischer Sicht ein und vertrete die These, dass Zwei-Aspekte-Interpretationen des transzendentalen Idealismus einen Vorsprung beim Umgang mit dem so ausgelegten Einwand haben, der allerdings relativiert werden muss.

i Direktrealistisch gesinnte Erstleser gegen Kant: Der kantische Idealismus als besonders anfällig für Skeptizismus

Wir haben gesehen, dass man auf eine radikale Außenweltskeptikerin reagieren kann, indem man die These geltend macht, dass die Festlegung auf die Existenz einer Außenwelt eine Common-Sense-Annahme darstellt, die keines ehrgeizigen antiskeptischen Arguments bedarf. Ferner haben wir – aus der Perspektive der Kantinterpretation – gesehen, dass ein möglicher Schachzug in der Debatte rund um Skeptizismus in der Entlarvung des skeptischen Problems als eines Pseudoproblems besteht: Eine direkte Realistin könnte ihrer Gegnerin vorwerfen, dass sie besonders *anfällig* für Skeptizismus ist, weil sie von einem problematischen, nicht alternativlosen Bild über unsere Wahrnehmung von Gegenständen ausgeht. Geht man von der repräsentationalistischen Annahme aus, dass die unmittelbaren Gegenstände unserer Wahrnehmung unsere eigenen mentalen Zustände sind, dann stellen sich schwierige Fragen hinsichtlich der Rechtfertigung der Annahme, dass es eine vorstellungstranszendente Welt gibt, welche die Ursache für unsere mentalen Zustände ist. Man muss auf die Existenz dieser Welt anhand eines Arguments *schließen*, und die Skeptikerin könnte dieses Argument angreifen. Lässt man hingegen die repräsentationalistische Annahme fallen, dann könnte man die These vertreten, dass wir *unmittelbares*, nicht inferentielles Wissen über die Existenz einer vorstellungstranszendenten Welt haben; wir nehmen diese Welt unmittelbar wahr.

Nun lässt sich die These verteidigen, dass dies dem Standpunkt mancher Erstleser Kants entspricht und dass ihre Problematisierung des Verhältnisses vom Außenweltskeptizismus und kantischem Idealismus im Lichte solcher Überlegungen zu verstehen ist: Die Kantkritiker werfen Kant vor, dass er besonders anfällig für skeptische Einwände ist, weil er, anders als sie, sich von einem direktrealistischen Bild über unsere Wahrnehmung verabschiedet hat. Es spräche einiges dafür, Jacobi, Feder sowie den *späten* Schulze als Verfechter einer solchen Position zu verstehen. Wir haben im ersten Abschnitt dieses Kapitels gesehen, dass sich Jacobi zu einem Glaubenssprung im Hinblick auf die Existenz der Außenwelt bekennt und dass er manchmal als jemand gelesen wird, der der Außenweltskeptikerin auf einer rein philosophischen Ebene Recht gibt: Dem Gespenst des Außenweltskeptizismus sollen wir nur durch außerphilosophische Mittel entkommen. Obwohl die Stabilität und Klarheit der jacobischen Position bezweifelt werden könnte,[40] lässt sich in jedem Fall eine Interpretation verteidi-

---

[40] Vgl. Beiser 1987: 89 ff., di Giovanni 1997: 44 ff., di Giovanni 1994: 90 ff., Halbig 2005: 276 f., Zöller 1998: 28 ff.

gen, die in eine andere Richtung geht. Im Rahmen dieser alternativen Interpretation ist Jacobi als Vertreter des direkten Realismus zu verstehen, und sein Bekenntnis zu einem Glaubenssprung kommt der These gleich, dass unser Wissen über die Existenz einer Außenwelt unmittelbar und nicht inferentiell ist.[41] Zur Stützung einer solchen Interpretation Jacobis lassen sich einige Stellen anführen. Jacobi spricht zum Beispiel von „einer unmittelbaren Gewißheit, welche nicht allein keiner Gründe bedarf, sondern schlechterdings alle Gründe ausschließt, und einzig und allein *die mit dem vorgestellten Dinge übereinstimmende Vorstellung selbst ist*" (Jacobi 1785b: 115). Er schreibt, dass „Nichts [...] in der Seele zwischen die Wahrnehmung des Würklichen ausser ihr und des Würklichen in ihr" tritt (Jacobi 1787: 37).[42] Es lassen sich zudem Stellen anführen, die explizit die Kritik an Kant betreffen.[43] Manche Äußerungen Feders können ebenfalls als Deklaration eines direktrealistischen Standpunkts gelesen werden. Er verurteilt die These scharf, wonach „alle *Gegenstände* unserer Erkenntniß für *Modificationen der wahrnehmenden Seele*" erklärt würden (Feder 1788b: 9). Und er betont, dass sein „Anti-idealismus" (d.h. in diesem Kontext sein Antiskeptizismus) nicht von der gewöhnlichen Art ist; Feder hat sich „immer gegen die seyn sollenden *De-*

---

[41] Für Interpretationen, die – der Sache nach zumindest – diesen Aspekt des jacobischen Denkens hervorheben bzw. analysieren vgl. Halbig 2005, Gabriel 2004, Kuehn 1987: 158 ff., Sandkaulen 2019: 135 ff. (In ihrer jüngsten Auseinandersetzung mit Jacobis Kantkritik kontrastiert Sandkaulen (2021: 206) *aus genau diesem Grund* Jacobis Kantkritik mit der von Schulze entwickelten Kritik im *Aenesidemus* und verweist dabei auf ihre frühere Auseinandersetzung mit der Thematik. Soweit die von Sandkaulen (2007) früher vertretene und an anderer Stelle dieses Buchs von mir problematisierte Gegenüberstellung von Jacobi und Schulze so gemeint ist – das war meines Erachtens im früheren Aufsatz nicht explizit –, stimme ich der These zu, dass sich hier tatsächlich ein interessanter Unterschied bemerkbar macht. Aus der Perspektive einer *Gesamtwürdigung* der Kantkritik Jacobis im Gegensatz zu derjenigen Schulzes vertrete ich jedoch letztlich die These – wie weiter unter ersichtlich wird –, dass diesem Unterschied eine eher untergeordnete Bedeutung zukommt.)
[42] Vgl. Jacobi 1785b: 27 f.
[43] Vgl. Jacobi 1815: 390: „Dieses [gemeint ist eine Konvergenz der Lehren Kants und Jacobis, MK] aber ist unmöglich wegen der Unversöhnlichkeit der ersten Voraussetzungen, auf welche die eine und die andre sich gründet: die meinige nämlich auf die Voraussetzung, daß *Wahrnehmung*, im strengsten Wortverstande – *sey*, und daß ihre Wirklichkeit und Wahrhaftigkeit, obgleich ein unbegreifliches Wunder, dennoch schlechthin angenommen werden müsse: die Kantische auf die gerade entgegengesetzte, in den *Schulen* uralte Voraussetzung, daß Wahrnehmung im eigentlichen Verstande – *nicht sey*; daß der Mensch durch seine *Sinne* nur Vorstellungen erhalte, die sich auf von diesen Vorstellungen unabhängig und an sich vorhandene Gegenstände wohl beziehen *mögen*, durchaus aber nichts von dem enthalten, was den von den Vorstellungen unabhängig vorhandenen Gegenständen selbst zukommt." Kuehn (1988: 35 Fn. 31) liest die Kantkritik Jacobis als eine direktrealistisch motivierte Kritik. Vgl. auch Sandkaulen 2019: 147 ff.

monstrationen der Wirklichkeit der Körperwelt erklärt" (Feder 1787: 65).⁴⁴ Ähnliches lässt sich hinsichtlich der Position Schulzes in seinem Spätwerk zu Kant, der *Kritik der theoretischen Philosophie*, feststellen. Während Schulze im *Aenesidemus* selbst repräsentationalistische Annahmen zu beherzigen scheint, unterzieht er in seinem Spätwerk solche Annahmen einer ausführlichen Kritik (Schulze 1801a: 55 ff. und 642 ff., Schulze 1801b: 7 ff.) und macht deutlich, dass er auch Kant als Vertreter repräsentationalistischer Annahmen liest (Schulze 1801b: 20 ff., 61, 144, 197 ff., 260, 264, 504 f.).

Solche Gegner erwarten von Kant keine Widerlegung des Außenweltskeptizismus. Sie sind *keine* Vertreter der These, dass eine Festlegung auf existierende, uns affizierende Dinge an sich *im Allgemeinen* rechtfertigungsbedürftig ist. Sie wären bereit anzunehmen, dass die Tatsache, dass ich die subjektunabhängige Außenwelt unmittelbar wahrnehme, dafür sorgt, dass meine Festlegung auf diese als hinreichend gerechtfertigt gelten kann. Trotzdem könnten diese Gegner meinen, dass ausgerechnet *Kant* mit einem Rechtfertigungsproblem zu kämpfen hat. Thesen Kants, die er im Rahmen seines Idealismus vertritt, könnten als *epistemische Anfechtungsgründe* für die Rechtfertigung einer Annahme, die sonst als hinreichend gerechtfertigt gälte, fungieren.⁴⁵ Es ist vertretbar, dass die transzendentale Idealistin, anders als die direkte Realistin, an der These, dass wir die subjektunabhängige Außenwelt unmittelbar wahrnehmen, nicht festhalten kann. Die transzendentale Idealistin wird vor diesem Hintergrund vor ein Kant-spezifisches Rechtfertigungsproblem gestellt, das die direkte Realistin nicht hat.

ii Reaktion aus kantischer Perspektive: Ein Vorsprung von Zwei-Aspekte-Interpretationen?

Lässt sich Kant gegen den so ausgelegten Einwand verteidigen? Bei der Auseinandersetzung mit dieser Frage gehe ich wie folgt vor. Zunächst stelle ich fest, dass Zwei-Aspekte-Interpretationen im Umgang mit dem so ausgelegten Einwand einen Vorteil haben. Anschließend weise ich auf eine Schwierigkeit von metaphysischen Zwei-Aspekte-Interpretationen hin, die diesen Vorteil relativiert. Im An-

---

44 Beiser (1987: 173) stellt einen Zusammenhang zwischen der Kantkritik in der Göttinger Rezension und der Philosophie Reids her (obwohl er Feder und Garve generell als Lockeaner versteht). Brandts (1989: 257) Federlektüre geht in dieselbe Richtung. Kuehn (1987: 214 ff.) betont die Affinität zwischen Reid und Feder, zumindest mit Bezug auf das Kantbuch Feders *Über Raum und Kausalität*; vgl. jedoch Fn. 59.
45 Auf die Relevanz der Problematik von epistemischen Anfechtungsgründen im Zusammenhang der kantischen Affektionsthese und der Kritik daran weist Hogan (2009b: 509 f.) explizit hin.

schluss daran widme ich mich der Frage, ob methodologische Zwei-Aspekte-Interpretationen hier zu bevorzugen wären. Diese Frage verneine ich. Abschließend formuliere ich die These, dass, obwohl Zwei-Welten- (und in geringerem Grad Zwei-Aspekte-) Interpretationen mit diesem Einwand nicht so gut umgehen können, dies hier nicht so wichtig für das Gesamtprojekt ist, da es sich weder um einen besonders drastischen noch um einen zentralen Einwand aus der frühen Kantkritik handelt.

Ein Vorsprung von Zwei-Aspekten-Interpretationen im Umgang mit dieser Art von Kritik: Relativierung des Vorsprungs von (metaphysischen) Zwei-Aspekte-Interpretationen

Warum sollte man annehmen, dass Kant den Repräsentationalismus beherzigt und deshalb besonders anfällig für skeptische Einwände ist? Wir haben bereits in Kapitel 1 dieses Buchs gesehen, dass die Interpretation des transzendentalen Idealismus durch die Erstleser sich als eine phänomenalistische, Zwei-Welten-Interpretation beschreiben lässt. Erstlesern – inklusive Jacobi, Feder und Schulze – zufolge stellen die kantischen Erscheinungen vorstellungsimmanente Entitäten dar. Geht man von einer solchen Interpretation aus, dann ist es gut nachvollziehbar, warum man Kant repräsentationalistische Annahmen zuschreiben würde: Die unmittelbaren Gegenstände unserer Wahrnehmung wären die phänomenalistisch verstandenen Erscheinungen; mein Wissen über außergeistige Gegenstände (Dinge an sich), die diesen Erscheinungen zugrunde liegen, könnte nicht als unmittelbar und als Produkt eines direkten Kontakts mit diesen vorstellungstranszendenten Gegenständen eingestuft werden. Aus diesem Grund könnte sich Kant, anders als die direkte Realistin, zur Rechtfertigung der Festlegung auf existierende, uns affizierende Dinge an sich nicht auf die These berufen, dass wir die subjektunabhängige Außenwelt unmittelbar wahrnehmen.

Der so ausgelegte Einwand der Kantkritiker scheint durch eine Zwei-Welten-Interpretation des kantischen Idealismus bedingt zu sein. Durch eine alternative, Zwei-Aspekte-Interpretation scheint er hingegen entschieden entkräftet zu werden. Im Rahmen einer Zwei-Aspekte-Interpretation sind Erscheinungen außergeistige Gegenstände. Der transzendentalen Idealistin steht es im Rahmen einer solchen Interpretation frei, genauso wie der direkten Realistin, sich die Idee zu eigen zu machen, dass wir die außergeistige Welt unmittelbar wahrnehmen. Vor diesem Hintergrund stellt der in diesem Abschnitt diskutierte Einwand aus der frühen Kantkritik den ersten Fall dar, wo Zwei-Aspekte-Interpretationen einen Vorsprung gegenüber Zwei-Welten-Interpretationen haben. Ich möchte trotzdem Überlegungen präsentieren, die uns dabei helfen zu sehen, dass dieser Vorsprung relativiert werden muss und dass er uns keinen hinreichenden Grund liefert, die

Debatte rund um Identität und Verschiedenheit von Erscheinungen und Dingen an sich als den Schlüssel für die Interpretation und Bewertung der frühen Kantkritik anzusehen.[46]

Selbst wenn der transzendentale Idealismus als eine Zwei-Aspekte-Lehre interpretiert wird, bleibt ein wichtiger Unterschied zwischen ihm und dem direkten Realismus bestehen. Bei der Besprechung dieses Unterschieds möchte ich mich zunächst auf *metaphysische* Zwei-Aspekte-Interpretationen beschränken. (Eine Berücksichtigung *methodologischer* Interpretationen findet sich weiter unten.) Wir haben gesehen, dass für die direktrealistisch gesinnten Erstleser eine Festlegung auf existierende, uns affizierende Dinge an sich im Allgemeinen keiner besonderen Rechtfertigung bedarf; es reicht die Tatsache aus, dass ich eine subjektunabhängige Außenwelt unmittelbar wahrnehme. Es ist wichtig zu sehen, dass der unmittelbare Gegenstand der Wahrnehmung, von dem hier die Rede ist, *zwei* Bedingungen erfüllen muss: (i) Es geht um einen *außergeistigen*, vorstellungstranszendenten Gegenstand, (ii) der Träger von *subjektunabhängigen* Eigenschaften ist. Nun kann man leicht sehen, dass eine Zwei-Aspekte-Interpretation, kombiniert mit einem expliziten Bekenntnis zu direktem Realismus, mit Bedingung (i) sehr gut umgehen kann. Bedingung (ii) wirft hingegen Schwierigkeiten auf. Die Kantianerin darf *nach jeder Interpretation des transzendentalen Idealismus* nicht behaupten, dass sie die subjektunabhängigen Eigenschaften von Gegenständen unmittelbar wahrnimmt. Allenfalls nimmt sie den Gegenstand, dem diese Eigenschaften zukommen, jedoch nicht die Eigenschaften als solche, unmittelbar wahr. Auf das Vorhandensein solcher Eigenschaften muss die transzendentale Idealistin, anders als die direkte Realistin (ohne transzendentalidealistische Verpflichtungen), *schließen*. Dass man nach wie vor auf einen Schluss angewiesen ist, lässt Spielraum für Anfechtungen aus der Perspektive der direkten Realistin.

Im ersten Abschnitt dieses Kapitels haben wir gesehen, dass es eine Reihe von Stellen gibt, in denen es danach klingt, als wollte Kant von der Existenz von Erscheinungen auf die Existenz von Dingen an sich schließen. Ich habe dabei darauf hingewiesen, dass es im Rahmen einer Zwei-Welten-Interpretation von Erscheinungen unplausibel ist, dass die Existenz von außergeistigen Gegenständen aus

---

[46] Ich gehe hier davon aus, dass die Zwei-Aspekte-Interpretation (als eine nicht phänomenalistische Position mit Blick auf *Erscheinungen*) mit einer direktrealistischen Position über die unmittelbaren Gegenstände der Wahrnehmung (d.h. mit der These, dass diese keine Vorstellungen sind) kombiniert wird. Das ist zwar nicht zwingend – man könnte an einer Kombination von Thesen festhalten, wonach die Erscheinungen *außergeistige* Gegenstände sind und die unmittelbaren Gegenstände der Wahrnehmung trotzdem nur *Vorstellungen* sind –, aber es wäre für Zwei-Aspekte-Interpret:innen naheliegend, die direktrealistische Variante zu bevorzugen.

der Existenz von Erscheinungen folgt. Es ginge dabei nur um einen angreifbaren Schluss auf die beste Erklärung. Im Rahmen einer Zwei-Aspekte-Interpretation könnte jedoch die These plausibler erscheinen, dass aus der Existenz von Erscheinungen die Existenz von Dingen an sich folgt; denn damit ist bloß gemeint, dass Gegenständen, die subjektabhängige Eigenschaften haben, auch subjekt*un*abhängige Eigenschaften zukommen müssen. Wie wir in Kapitel 1 gesehen haben, gibt es verschiedene Weisen, diese Rede von Eigenschaften auszubuchstabieren. In jedem Fall klingt es plausibler, dass eine solche These eine *begriffliche* Wahrheit darstellt. Würden Kants Gegner dies akzeptieren? Aus einer rein philosophischen Perspektive könnte die Gegnerin hier protestieren. Eine relationale Ontologie (wonach es nur relationale, keine intrinsischen Eigenschaften gibt) oder die These, dass es „dispositions all the way down" gibt, werden in der philosophischen Diskussion ernst genommen. Die Inkohärenz der These, dass ein außergeistiger Gegenstand nur über relationale, subjektabhängige oder dispositionale Eigenschaften verfügt, ist nicht selbstverständlich.

Ferner denke ich, dass die kritischen Bemerkungen der Erstleser im Hinblick auf solche Stellen bei Kant, worauf ich im ersten Abschnitt hingewiesen habe, ebenfalls gegen die Zwei-Aspekte-Variante des Umgangs mit diesen Stellen sprechen. Die Erstleser könnten Kant zugestehen, dass die Existenz von Dingen an sich, ausgehend von der Existenz von Erscheinungen, eine begriffliche Wahrheit darstellt. Damit wäre jedoch nicht die These gemeint, dass die (substantielle) metaphysische Position, dass es keine Dinge an sich (d.h. keine subjektunabhängigen Eigenschaften) gibt, inkohärent wäre. Aus der Perspektive der Erstleser drückt das Argument eine vergleichsweise triviale These aus, die nur folgt, weil wir viel zu viele Informationen in die Definition des Erscheinungsbegriffs „hineingeschmuggelt" haben. Soweit ich sehen kann, könnten sie denselben Einwand gegen die Zwei-Aspekte-Version vorbringen: Wenn die subjektabhängigen Eigenschaften von Erscheinungen als Eigenschaften, die in subjekt*un*abhängigen Eigenschaften gegründet sind, *definiert* werden, dann würde aus der Existenz von solchen Eigenschaften die Existenz von solchen subjektunabhängigen Eigenschaften folgen; die substantielle Frage ist jedoch, ob die so definierten Eigenschaften den Erscheinungen *tatsächlich* zukommen. Vor diesem Hintergrund lässt sich feststellen, dass Zwei-Aspekte-Interpretationen – zumindest in einer metaphysischen Variante – nicht ohne Weiteres alle Komponenten der direktrealistischen Position integrieren können, so dass sie für skeptische Einwände, wenn auch in einem geringeren Grad, ebenfalls anfällig sind.[47]

---

[47] Für die hier diskutierte Problematik sind manche Bemerkungen Rosefeldts (2022, i.E.: 40f. Fn. 42) – im Rahmen der jüngsten Ausarbeitung seiner Variante einer metaphysischen Zwei-As-

Methodologische Zwei-Aspekte-Interpretationen als Ausweg?
Man könnte sich hier fragen, ob methodologische Zwei-Aspekte-Interpretationen besser abschneiden, so dass zumindest diese Variante von Zwei-Aspekte-Interpretationen einen entscheidenden Vorteil gegenüber Zwei-Welten-Interpretationen hätte. Aus der Perspektive einer methodologischen Interpretation wie die Allisons würde man es genau so sehen. Metaphysische Zwei-Aspekte-Interpretationen verwickeln sich in Schwierigkeiten, weil sie letztlich zu metaphysisch sind. Sie verstehen die kantische Unterscheidung zwischen Erscheinungen und Dingen an sich als eine Unterscheidung zwischen zwei Mengen von Eigenschaften, über deren Existenz man dann schwierige Rechtfertigungsfragen stellen kann. Vertritt man hingegen eine deflationäre Interpretation, wonach es um keine substantielle metaphysische Unterscheidung, sondern nur um eine Unterscheidung zwischen Betrachtungsweisen geht, vermeidet man solche Schwierigkeiten. Anders als im Fall von Dingen an sich als Trägern von subjektunabhängigen Eigenschaften, könnte man meinen, dass der Schluss auf deflationär, methodologisch verstandene Dinge an sich tatsächlich eine begriffliche Wahrheit zum Ausdruck bringt, die keinerlei Spielraum für Anfechtung lässt.[48]

---

pekte-Interpretation – relevant, die allerdings eine weitere Komplexität in die ganze Diskussion einführen. In seiner neuesten Version betont Rosefeldt nämlich, dass im Rahmen seiner Interpretation – im Gegensatz zu anderen metaphysischen (und einflussreichen) Zwei-Aspekte-Interpretationen – die Eigenschaften der Dinge an sich nicht *schlechthin* intrinsisch sein müssen. Es wird explizit die These vertreten, dass diese Interpretation des kantischen Idealismus mit einer Festlegung auf eine Welt von Dingen an sich, die sich durch „turtles all the way down" auszeichnet, kompatibel ist.

Vor dem Hintergrund einer solchen expliziten Auseinanderhaltung der These, dass einem Gegenstand subjektunabhängige Eigenschaften zukommen, und der These, dass es sich dabei um (schlechthin) intrinsische Eigenschaften handelt, stellen sich allerdings interessante Fragen: und zwar nach der Schlagkraft von skeptischen Einwänden gegen diese spezifische Variante sowie danach, ob sich die Kantkritiker mit einer Festlegung auf Dinge an sich, die keine Festlegung auf das „schlechthin Intrinsische" vorsieht, überhaupt zufriedengeben würden. Obwohl es lohnend wäre, auf die Fragen, die sich im Rahmen dieser spezifischen Variante einer metaphysischen Zwei-Aspekte-Interpretation stellen, eigens einzugehen, werde ich hier darauf verzichten. Ich vertrete ohnehin die These, dass es sich bei dem in diesem Abschnitt diskutierten Einwand aus der frühen Kantkritik weder um einen besonders drastischen noch um einen zentralen handelt. Selbst wenn die Kantianerin (bzw. die Vertreterin einer Zwei-Welten-Interpretation oder einer metaphysischen Zwei-Aspekte-Interpretation) *keine* gute Antwort auf die in diesem Abschnitt diskutierte Art von Kritik hat, wäre dies aus meiner Perspektive kein hinreichender Grund, den kantischen Idealismus oder eine bestimmte Interpretation dessen schon deshalb aufzugeben.
48 Allison (2004: 11, 18, 451 Fn. 30) formuliert ähnliche Punkte in seiner expliziten Reaktion auf die metaphysische Interpretation Langtons.

Ich denke trotzdem, dass dieser – zumindest auf den ersten Blick – festzustellende Vorteil von methodologischen Interpretationen uns keinen hinreichend überzeugenden Grund bietet, um auf solche Interpretationen des transzendentalen Idealismus als Reaktion auf die frühe Kantkritik auszuweichen. Ich schließe mich den vielen, meines Erachtens überzeugenden Einwänden an, welche methodologische Interpretationen des transzendentalen Idealismus bereits nach sich gezogen haben, und unter anderem von Kantinterpreten wie Paul Guyer vorgebracht worden sind. Das genaue Verhältnis von Dingen an sich zu Erscheinungen und die Rede von „Betrachtungsweisen" im Rahmen von methodologischen Interpretationen ist etwas mysteriös – man könnte Bedenken darüber äußern, ob methodologische Interpretationen tatsächlich so methodologisch sind, wie sie es zu sein behaupten, oder ob sie doch nicht ohne substantielle metaphysische Annahmen auskommen. Dies sieht man gut anhand von zwei Fällen. Der eine Fall ist die sehr metaphysisch und substantiell klingende These Kants, dass Dinge an sich nicht in Raum und Zeit *sind:* Im Rahmen einer methodologischen Interpretation würde man erwarten, dass man höchstens zur Konklusion, dass wir die Dinge an sich als nicht in Raum und Zeit zu sein *betrachten*, berechtigt wäre.[49] Der andere Fall ist die Festlegung Kants auf existierende, uns affizierende Dinge an sich im Rahmen einer methodologischen Interpretation: Es fällt einem schwer zu sehen, wie diese Festlegung *ohne* metaphysische Annahmen funktionieren soll.[50]

Und selbst wenn man im Rahmen einer methodologischen Interpretation mit bestimmten Einwänden aus der frühen Kantkritik besser umgehen könnte, würde dies trotzdem nicht bedeuten, dass die Kritik der Erstleser unberechtigt wäre. Denn es wäre denkbar, dass der kantische Idealismus im Rahmen einer methodologischen Interpretation eine philosophisch haltbarere Position darstellt, jedoch dass er der eigentlichen Position Kants nicht entspricht.[51] Ich teile die Einschätzung der Vertreter:innen von metaphysischen Zwei-Aspekte-Interpretationen, dass eine metaphysische Interpretation des kantischen Idea-

---

49 Vgl. Guyer 1987: 336 ff.; vgl. auch Van Cleve 1999: 6 ff. Für eine kritische Diskussion der in der Interpretation Allisons prominenten Idee von „epistemischen Bedingungen" vgl. Allais 2015: 77 ff. Für eine weitere Kritik an methodologischen Interpretationen vgl. Chiba 2012: 72 ff.
50 Dieser Punkt wird ausführlich von Westphal (2001: 609 ff.) in Bezug auf Allisons Interpretation dargelegt.
51 Dafür, dass der kantische Idealismus tatsächlich als eine metaphysische Lehre intendiert ist, spricht die Tatsache, dass in der *Inauguraldissertation* Kants, d. h. dem ersten Werk, wo Kant eine Unterscheidung zwischen Dingen an sich und Erscheinungen einführt, diese Unterscheidung in explizit metaphysischer Hinsicht vorgenommen wird. Vgl. 2: 392, wonach die sinnlichen Erkenntnisse nur Vorstellungen der Dinge, *wie sie erscheinen* („*uti apparent*"), sind, während die Verstandeserkenntnisse Vorstellungen der Dinge, *wie sie sind* („*sicuti sunt*"), sind.

lismus exegetisch adäquater ist und dass eine solche Interpretation uns besser erklärt, warum Kant seinen Idealismus als eine substantielle, alles andere als triviale Position dargestellt hat, die einen gravierenden Erkenntnisverlust mit sich bringt.[52] Die Unterscheidung zwischen methodologischen und metaphysischen Varianten von Interpretationen des transzendentalen Idealismus stellt meines Erachtens eine wichtige Unterscheidung dar, zu der ich mich nicht neutral verhalten möchte. Aus diesem Grund habe ich schon im vorigen Kapitel den Schwerpunkt auf Strategien zur Verteidigung der Position Kants gelegt, die im Rahmen von metaphysischen Interpretationen entwickelt worden sind.[53]

Ferner gibt es einen weiteren Grund, warum ich die These vertrete, dass sowohl methodologische als auch metaphysische Zwei-Aspekte-Interpretationen mit dem in diesem Abschnitt zur Diskussion stehenden Einwand aus der frühen Kantkritik weniger gut umgehen können, als es auf den ersten Blick erscheint. Ein genauer Blick auf die Schriften der Erstleser zeigt, dass es einen *zusätzlichen* Grund gibt, warum sie Kant einen Repräsentationalismus zuschreiben, der unabhängig von der Debatte rund um Erscheinungen ist. Sowohl Jacobi als auch Feder nehmen Anstoß an Kants Rede von *Empfindungen*. Beide problematisieren die Rolle von Empfindungen und sehen sie als einen weiteren Grund, der zum kantischen Repräsentationalismus und Subjektivismus führt – selbst wenn Kant kein einziges Wort über Raum, Zeit und Erscheinungen geschrieben hätte, gälte er für sie trotzdem als Repräsentationalist.[54] Die Beachtung dieses Aspekts der frühen Kantkritik zeigt, dass es nicht hinreichend als Reaktion auf diese wäre, die

---

52 Vgl. Langton 1998: 10.
53 Ich sympathisiere mit der These, dass die *übergeordnete* Unterscheidung, die von kritischer Bedeutung ist, die Unterscheidung zwischen metaphysischen und methodologischen Interpretationen ist, und dass die weitere Aufspaltung von metaphysischen Interpretationen in Zwei-Welten- und Zwei-Aspekte-Varianten weniger zentral ist. Eine solche These formuliert Stang (2014: 108).
54 Das Hauptproblem für Jacobi besteht darin, dass Empfindung nach Kant eine „*Perception* [ist], die sich lediglich auf das Subjekt, als die Modification seines Zustandes bezieht" (A320/B376). In seinen Schriften spielt er auf diese kantische Definition als Ausdruck von Kants Idealismus an (Jacobi 1791: 128; vgl. auch Jacobi 1787: 20) und betrachtet diese These als hinreichend dafür, um eine Position als idealistisch einzustufen (Jacobi 1815: 425; vgl. auch Jacobi 1815: 410). In der Göttinger Rezension ist zu lesen, dass „der eine Grundpfeiler des Kantschen Systems" auf folgenden kantischen Lehren („Begriffen") beruht: auf der Lehre „von den Empfindungen als blossen Modificationen unserer selbst, (worauf auch *Berkeley* seinen Idealismus hautsächlich baut)" sowie auf der transzendentalidealistischen Lehre „vom Raum und von der Zeit" (Feder/Garve 1782: 41). Es ist bemerkenswert, dass die Position Kants in die Nähe von die Berkeleys gerückt wird, nicht auf Grundlage von Überlegungen mit Blick auf die Kants Thesen über Raum, Zeit und Erscheinungen, sondern schon allein wegen der kantischen Thesen über *Empfindungen*. Zu diesem Punkt vgl. Sassen 2000: 7.

phänomenalistische Position über Erscheinungen zugunsten einer (methodologischen oder metaphysischen) Zwei-Aspekte-Lesart aufzugeben. Man müsste zudem über die Rolle von Empfindungen im kantischen System eine Geschichte erzählen, welche die Bedenken der Erstleser ausräumen würde. Ich möchte nicht behaupten, dass eine solche Geschichte nicht verfügbar oder möglich ist. Solange man jedoch dies nicht explizit geleistet hat, kann diese Variante des Vorwurfs der Kantkritiker noch nicht als widerlegt gelten.

Ein Einwand, der letztlich nicht so drastisch und zentral ist
Meine bisherigen Ausführungen haben der Plausibilisierung der These gedient, dass Zwei-Aspekte-Interpretationen weniger gut mit dieser Variante des Vorwurfs der Erstleser umgehen können als es auf den ersten Blick erscheint, und dass dies sowohl von metaphysischen als auch von methodologischen Interpretationen – aus zum Teil jeweils anderen Gründen – gilt. Ich möchte meine Behandlung dieser Variante des Vorwurfs sowie die Auseinandersetzung mit der Fragestellung dieses Kapitels abschließen, indem ich auf zwei weitere Gründe hinweise, warum der auf den ersten Blick entscheidende Vorteil von Zwei-Aspekte-Interpretationen für die Gesamtwürdigung der Rolle der Debatte zwischen Zwei-Aspekte- vs. Zwei-Welten-Interpretationen aus der Perspektive der frühen Kantkritik nicht ins Gewicht fällt.

Der erste Grund besteht darin, dass diese Variante des Unzulässigkeitsvorwurfs nicht Kant-spezifisch genug ist. Sie ist zwar spezifischer als der typische skeptische Einwand, den ich im ersten Abschnitt diskutiert habe, aber sie stellt trotzdem einen Einwand dar, der gegen viele Positionen, die von repräsentanionalistischen Annahmen ausgehen (zum Beispiel die Position Lockes) gerichtet werden könnte. Dies wird von den Erstlesern, die diesen Einwand gegen Kant mobilisieren, zugegeben.[55] Dieser Einwand greift den Anspruch Kants, eine gemäßigte Spielart des Idealismus etabliert zu haben, kaum an. Anfälligkeit für skeptische Einwände ist zwar nicht ideal; trotzdem bildet ein Hinweis auf diese Anfälligkeit kein Totschlagargument, das eine transzendentale Idealistin überzeugen würde, ihre (eventuelle) These über den nicht unmittelbaren Charakter unserer Wahrnehmung von Gegenständen aufzugeben – denn sie hätte vermutlich unabhängige philosophische Gründe, die sie zu dieser These geführt haben, und sie könnte bereit sein, diese zusätzliche Anfälligkeit für Skeptizismus vor dem

---

55 Die Aspekte der Kritik Jacobis und Schulzes, die ich in Abschnitt I als Ausdruck einer außenweltskeptischen, unspezifischen Kritik an den verschiedensten philosophischen Positionen gewertet habe, wären aus der Perspektive dieses Abschnitts als Ausdruck einer direktrealistischen, letztlich ebenfalls unspezifischen Kritik an sehr vielen philosophischen Positionen einzustufen.

Hintergrund dieser unabhängigen Gründe in Kauf zu nehmen. Anders verhält es sich mit Blick auf den Widerspruchsvorwurf, oder den Vorwurf, dass Kant Radikalidealismus in Anspruch genommen hat, um den Außenweltskeptizismus zu widerlegen. Solche Einwände sind tatsächlich sehr Kant-spezifisch und drastisch und greifen den moderaten Charakter des kantischen Idealismus direkt an. Wenn es sich gezeigt hätte, dass Zwei-Welten-Interpretationen sich in einer nachteiligen Position im Hinblick auf *diese* Einwände befinden, dann wäre dies ein guter Grund, eine Zwei-Aspekte-Interpretation des kantischen Idealismus zu favorisieren. Es hat sich jedoch gezeigt, dass dies nicht der Fall ist.

Es gibt einen zweiten Grund. Diese Variante des Vorwurfs ist im Rahmen der frühen Kantkritik nicht zentral. Zum einen geht es um einen Einwand, der von der Mehrheit der Erstleser *nicht* vorgebracht wird; denn Erstleser Kants wie Pistorius, Eberhard, Schulze – in seiner einflussreichen *Aenesidemus*-Phase – sowie Maimon sind, soweit ich sehen kann, *selbst* Repräsentationalisten.[56] Zum anderen lässt sich die These verteidigen, dass nicht alle Leser, die hier als Vertreter dieser Variante des Vorwurfs präsentiert wurden, unbedingt so gelesen werden müssen. Jacobi ist der einzige unter den Erstlesern, bei dem die These gut belegt ist, dass er Vertreter eines direkten, in ein antiskeptisches Programm eingebetteten Realismus ist. Was den späten Schulze und Feder angeht, kann man Zweifel anmelden. Da der Anti-Repräsentationalismus des späten Schulze ohnehin eine geringe historische Wirkung entfaltet hat, scheint es mir lohnender, diesen Punkt mit

---

56 Hoyos (2008: 167 f.) scheint mit der These zu sympathisieren, dass der anti-repräsentationalistische Standpunkt Schulzes sich schon in der *Aenesidemus*-Phase abzeichnet. Dieser These widerspreche ich, und, soweit ich sehen kann, entspricht sie Hoyos' (offizieller) Interpretation letztlich nicht; vgl. insbesondere Hoyos 2008: 123 Fn. 49. Für manche Belege für Schulzes Repräsentationalismus vgl. Schulze 1792: 26/[24], 78 f./[100 ff.], 160 f./[225 ff.]. Für charakteristische Äußerungen bei Eberhard und Pistorius, die zu einer repräsentationalistischen Position gut passen vgl. insbesondere Eberhard 1789i: 243 ff., Pistorius 1789: 114. So wie ich die gesamte Position Maimons verstehe, ist diese ebenfalls auf einen repräsentationalistischen Standpunkt verpflichtet; vgl. dazu Katzoff 1981: 186 f. Hoyos (2008: 287 f.) assoziiert allerdings Maimons Position mit direktem Realismus und verweist dabei auf die Unterscheidung zwischen *Vorstellung* und *Darstellung*, die Maimon an einer Reihe von Stellen trifft. Ich sehe keine hinreichenden Anhaltspunkte für eine solche Interpretation des Denkens Maimons. Die maimonsche Unterscheidung zwischen Vorstellung und Darstellung ist nicht einfach zu verstehen. Sie erinnert uns an die kantische Unterscheidung zwischen *sinnlicher* und *intellektueller Anschauung* und an kantische Thesen in der Deduktion über sinnliche Anschauung, Synthesis, Einbildungskraft, so dass ein eventueller Zusammenhang mit der hier zur Diskussion stehenden Problematik nicht auf der Hand liegt. In jedem Fall sehe ich keine Indizien für die These, dass Maimon die Annahme, dass die Gegenstände *menschlicher empirischer Wahrnehmung* Vorstellungen sind, *kritisieren* will. Für Beispiele von Stellen, die für meine Deutung sprechen, vgl. Maimon 1794: 377/[319], Maimon 1793b: 42/[20].

Blick auf Feder, der in einflussreichen Schriften wie ein dezidierter Anti-Repräsentationalist klingt, kurz zu verdeutlichen. [57] Wir haben aus verschiedenen Anlässen bereits gesehen, dass Feder die kantische Rede von Gegenständen/Erscheinungen als Vorstellungen nicht mag. Das Unbehagen mit dieser Vorstellungsrede muss jedoch nicht bedeuten, dass ein phänomenalistisches Verständnis von Erscheinungen das größte Problem Feders wäre, oder dass er es überhaupt als Problem ansieht. Es lässt sich die These verteidigen, dass er Phänomenalismus mit Blick auf Erscheinungen nur dann als Problem ansieht, wenn er mit der weiteren These kombiniert wird, dass es keine außergeistigen Gegenstände, die über diese Vorstellungen hinausgehen, gibt (d.h. mit der These, dass es keine Dinge an sich gibt, die diesen phänomenalistisch verstandenen Erscheinungen zugrunde liegen). Erstere These, ohne Verbindung mit der zweiten, ist mit einer Spielart des repräsentationalen Realismus vereinbar. Die kombinierten Thesen stellen hingegen eine radikalidealistische Position dar.

Dass Feder mit ersterer These, wenn sie mit einer Festlegung auf außergeistige Dinge an sich kombiniert wird, kein besonderes Problem hat, sagt er uns selbst. In einer Besprechung der kantischen Lehre, wonach „daß, was erkannt werden soll, *in eine Vorstellung* [...] *verwandelt* werden" muss, schreibt er hinzu: „Und wenn dies nun nicht Idealismus ist, und seyn soll, weil daneben gelehrt wird, daß wohl den Erscheinungen oder den Vorstellungen in uns etwas zu Grunde liegen könne [...]; wenn jene auseinander entstehenden Sätze nicht Idealismus seyn sollen: so veranlassen sie doch nur Mißverständniß" (Feder 1789a: 181). So wie ich Feder verstehe, hat er der Position, dass die unmittelbaren Gegenstände unserer Wahrnehmung Vorstellungen sind, die von außergeistigen Gegenständen hervorgerufen werden, der Sache nach wenig auszusetzen. Er findet es bloß missverständlich, wenn wir diesen Punkt durch Formulierungen, wonach „der Gegenstand in eine bloße Vorstellung verwandelt wird" zum Ausdruck bringen; denn solche Formulierungen legen die falsche Auslegung nahe, dass es keine außergeistigen Gegenstände, die über diese Vorstellungen hinausgehen, gibt.[58] Es

---

[57] Schulzes späte Repräsentationalismuskritik ist *nicht* in ein antiskeptisches Programm eingebettet. Schulze scheint bloß die These zu vertreten, dass alle wichtigen metaphysischen Systeme, weil sie repräsentationalistisch sind, für sie unerwünschte skeptische Konsequenzen haben, ohne dadurch zeigen zu wollen, dass Skeptizismus eine falsche Position ist. Schulze unterschreibt die These *nicht*, dass direkter Realismus die Realität der Außenwelt verbürgt; vgl. insbesondere Schulze 1801b: 65ff.

[58] Feders Rede von „auseinandener entstehenden Sätzen" hängt mit dem ausgelassenen Teil des Zitats und einem Aspekt der Kritik Feders zusammen, der uns erst im nächsten Kapitel beschäftigen wird. Es geht dabei um das Unbehagen der Erstleser mit einer *bloßen* Festlegung auf existierende, uns affizierende Dinge an sich und ihre Kontrastierung zu einer *stärkeren* Festlegung, die über Existenz und Affektion hinausgeht.

ließe sich sogar die These verteidigen, dass Feder selbst eine repräsentationalistische Position vertritt. Er schreibt zum Beispiel in demselben Kontext, dass er kein Problem mit der These hat, „daß eine Vorstellung vom Gegenstand in uns entstehen muß, wenn wir etwas erkennen sollen" (Feder 1789a: 183). Obwohl es nicht einfach ist, Feders philosophische Position mit Blick auf die Debatte über Repräsentationalismus vs. direkten Realismus genau einzuordnen, zeigen in jedem Fall solche Stellen, dass Feder weniger Interesse an der Frage des Repräsentationalismus als solcher hat als es auf den ersten Blick aussieht.[59] Sein Interesse gilt eher anderen Fragen. Wir haben gesehen, dass eine Verteidigung Kants mit Blick auf diese anderen Fragen möglich ist, ohne dass man ihm eine Zwei-Aspekte-Version des transzendentalen Idealismus unbedingt zuschreiben muss.

Die Betrachtung der frühen Kantkritik rund um Außenweltskeptizismus aus einer direktrealistischen Perspektive stellt eine Ergänzung der Diskussion um die frühe Kantkritik dar, die oft unterlassen wird. Aus diesem Grund habe ich diese mögliche Interpretation der Kantkritik betont und bin auf die ganze Thematik eingegangen. Allerdings denke ich, dass die Fokussierung auf diese Thematik als Schlüssel zur Interpretation der frühen Kantkritik an die Grenzen stößt, worauf ich hingewiesen habe. Selbst wenn es Kant – oder bestimmten Interpretationen des kantischen Idealismus – nicht gelingt, sich gegen den in diesem Abschnitt diskutierten Einwand zu verteidigen, wäre dies keine folgenreiche Niederlage.

Wir sind nun in der Lage, das Fazit des Kapitels zu ziehen. Kants Erstleser haben ein reges Interesse an Fragen, die um das Verhältnis zwischen kantischem Idealismus und Außenweltskeptizismus kreisen. Dieses Interesse muss nicht zwangsläufig so gedeutet werden, als ginge es um das Verlangen der Außenweltskeptikerin nach einer Widerlegung, und wir haben verschiedene Lesarten des Vorwurfs kennengelernt. Mit Blick auf diese Fragen, die ich unter der Rubrik „Rechtfertigungsprobleme rund um das Ding an sich" behandelt habe, lässt sich Kant verteidigen. Dabei kamen allerdings unterschiedliche Verteidigungsstrategien in verschiedenen Fällen zum Einsatz. Im Fall des meines Erachtens zentralsten und bedrohlichsten Einwands, den Einwand, dass Kants Argumentation gegen Außenweltskeptizismus auf radikalidealistischen Verpflichtungen beruht, habe ich Kant verteidigt, indem ich für die These argumentiert habe, dass dies

---

[59] Für eine Herausarbeitung der repäresentationalistischen und idealistischen Züge der Positions Feders anhand von weiteren Feder-Schriften vgl. Kuehn 1987: 76 ff.; Kuehn verteidigt die These, dass Feder – trotz des Einflusses der Philosophie Reids auf ihn – Kernaspekte dieser antirepräsentationalistischen Philosophie nicht versteht bzw. nicht akzeptiert. Für eine Einschätzung zur Position Feders, die den repräsentationistischen Charakter dieser unterstreicht und sie der Position Jacobis gegenüberstellt, vgl. Pietsch 2010: 131. Relevant in diesem Zusammenhang sind auch manche Überlegungen zu Parallelen zwischen Kant und Feder in Motta 2018.

nicht der Fall ist. Im Fall von anderen Einwänden, wie der Einwand, dass Kant den Außenweltskeptizismus nicht widerlegt hat, oder dass der kantische Idealismus anfällig für skeptische Einwände ist, habe ich mich bereit gezeigt, Zugeständnisse an die frühen Kritiker zu machen. Ich habe jedoch zugleich die These vertreten, dass solche Einwände einen Nerv der kantischen Philosophie nicht wirklich treffen. Im Hinblick auf die Frage, wie sich diese Verteidigungsstrategien zu gegenwärtigen Debatten zum transzendentalen Idealismus verhalten, habe ich auch hier im Großen und Ganzen Neutralität angestrebt.

Mit der Behandlung dieser ganzen Thematik wurde die Auseinandersetzung mit dem zweiten Horn des Dilemmas für Kant, wonach eine Festlegung auf existierende, uns affizierende Dinge an sich unzulässig sein soll, abgeschlossen. Es lässt sich das Fazit ziehen, dass Kant dem Dilemma, vor das seine ersten Leser und Kritiker ihn gestellt haben, entgehen kann. Der zweite Teil dieses Buchs ist zu einem Abschluss gekommen. Zugleich hat die nähere Auseinandersetzung mit dem „Vierten Paralogismus", die in diesem Kapitel erfolgte, die Diskussion um die exegetische Frage, inwiefern sich Kant auf die Dinge an sich explizit festlegt, vervollständigt. Auf diese Weise wurde die Behandlung einer Frage, die im Mittelpunkt des ersten Teils des Buchs stand, ebenfalls abgeschlossen.

Vor diesem Hintergrund könnte die Untersuchung als solche für abgeschlossen gehalten werden: Alle relevanten Aspekte der frühen Kantkritik scheinen abgehandelt worden zu sein. Es folgt trotzdem ein dritter Teil dieses Buchs, dessen Ziel unter anderem es ist, zu zeigen, dass dies *nicht* der Fall ist. Es gibt interessante und einflussreiche Aspekte der Kantkritik, die oft verkannt werden und hier noch nicht thematisiert worden sind. Im nächsten und letzten Teil werde ich die These verteidigen, dass das Dilemma für Kant eine verschärfte Form annehmen kann, die sich um eine Festlegung auf die Dinge an sich in einem noch stärkeren Sinn, als es bisher der Fall war, dreht. Dieses verschärfte Dilemma werde ich genauer in den Blick nehmen und der Frage nachgehen, inwiefern sich Kant gegen die verschärfte Form des Dilemmas ebenfalls verteidigen lässt.

Teil 3: **Über die bloße Existenz und Affektion hinaus: Die leitende Rolle von Dingen an sich**

Kapitel 5 Kants erste Leser zur Unentbehrlichkeit und Unzulässigkeit einer noch stärkeren Festlegung auf die Dinge an sich: Die Eigenschaften von Dingen an sich und ihre leitende Rolle innerhalb der Erfahrung

Der Idealismusvorwurf der Erstleser wird in der Regel als ein Problem verstanden, das sich um die *Existenz* von Dingen an sich und eine *Affektion* durch diese dreht: Die (Un-)Entbehrlichkeit und (Un-)Zulässigkeit von Dingen an sich, über welche debattiert wird, betrifft genau diese Fragen. In den ersten zwei Teilen dieses Buchs habe ich selbst den Fokus auf diese, zweifelsohne zentrale, Komponente des Idealismusvorwurfs gelegt. Ich werde jedoch im Folgenden dafür argumentieren, dass ein Fokus auf die Problematik der Existenz und Affektion eine Verengung in der Interpretation und Würdigung der frühen Kritik an Kants Idealismus darstellt. Mit der Problematisierung der Rolle des Dings an sich durch die Erstleser ist ein weiteres Problem eng verschränkt, das für sie von kritischer Bedeutung ist: Welche Rolle spielen die Dinge an sich innerhalb unserer Erfahrung? Angenommen, dass sie existieren und uns affizieren, wie viel tragen sie zu dieser Erfahrung bei? Dürfen wir ihnen eine *leitende* Rolle dabei zuschreiben, oder könnte die transzendentale Idealistin ihre Festlegung auf die Existenz von Dingen an sich und eine Affektion durch diese mit der weiteren These kombinieren, dass die Eigenschaften von diesen Dingen im Wesentlichen *redundant* sind, was unsere Erfahrung und Erkenntnis angeht? Die Fälle, die hier im Vordergrund stehen, betreffen zum Beispiel die Frage, ob das Ding an sich eine Rolle dabei spielt, dass ein Gegenstand eckig, und nicht rund, ist oder dass ein *bestimmtes* Ereignis die Ursache eines anderen bestimmten Ereignisses ist.

Die Frage nach den Eigenschaften von Dingen an sich und ihrer leitenden Rolle als eine Frage, die über bloße Existenz und Affektion hinausgeht, beschäftigt die Erstleser in hohem Maße und nimmt auch in diesem Fall – mit gewisser Rekonstruktionsarbeit – die Form eines schwierigen Dilemmas für Kant an. Dessen erstes Horn besteht in der These, dass die Zuschreibung einer leitenden Rolle an die Eigenschaften von Dingen an sich bei unserer Erfahrung *unentbehrlich* ist: Jede vernünftige philosophische Position müsste diese These unterschreiben. Das andere Horn ist die These, dass diese stärkere Festlegung auf Dinge an sich – die über ihre bloße Existenz und Affektion hinausgeht – im Rahmen des kantischen Systems leider *unzulässig* ist: entweder weil Kant selbst sie explizit verneint oder weil er sie aus systematischen Gründen verneinen müsste.

Ziel dieses letzten Teils des Buchs ist es nun, dieses verschärfte Dilemma in den Blick zu nehmen und es aus kantischer Sicht zu behandeln. Die Aufgabe dieses Kapitels besteht darin, zu zeigen, dass die Erstleser Kant mit einem solchen Dilemma tatsächlich konfrontieren, dass dies auf alle Leser zutrifft, und dass eine Kantverteidigung, die dieser Dimension ihrer Kritik nicht angemessen Rechnung trägt – wie es in der Regel geschieht –, sie nicht völlig zufriedenstellen kann. Abschnitt I hat die *Unentbehrlichkeit* der zur Debatte stehenden stärkeren Annahmen zum Gegenstand. In Abschnitt II nähere ich mich der ganzen Problematik aus der Perspektive der *Unzulässigkeit* der strittigen Annahmen an.

I Die Unentbehrlichkeit einer noch stärkeren Festlegung auf die Dinge an sich

Die ersten Leser würden sich mit einer bloßen Festlegung Kants auf die Existenz von Dingen an sich und eine Affektion durch diese nicht zufriedengeben. Sie halten eine *stärkere* Festlegung für unabdingbar. Ziel dieses Abschnitts ist es, auf Grundlage von Überlegungen der Erstleser nachzuzeichnen, was damit gemeint ist, und die These zu verteidigen, dass dies eine wichtige Dimension ihrer Kritik am transzendentalen Idealismus darstellt, die (zu Unrecht) oft verkannt wird. Ausgehend von manchen intuitiven Überlegungen, die sich in Pistorius' Schriften finden, präsentiere ich zunächst die Grundzüge dieses Bedarfs nach einer stärkeren Festlegung (Unterabschnitt (i)). Anschließend gehe ich auf viele Aspekte der Kantkritik der Erstleser ein, um die These zu plausibilisieren, dass das Problem, das Pistorius formuliert, sie ebenfalls sehr beschäftigt. Dabei geht es um alle Kantkritiker bis auf Maimon (Unterabschnitt (ii)). Schließlich gehe ich auf Maimon gesondert ein und verteidige die These, dass ein wichtiger – und an sich viel beachteter – Aspekt seiner Kantkritik, der als von der Problematik des transzendentalen Idealismus unabhängig betrachtet werden könnte, mit dem Problem hinsichtlich der Rolle des Dings an sich, das den Rest der Kritiker plagt, sehr wohl zusammenhängt (Unterabschnitt (iii)).

i Eine stärkere Lesart der Festlegung auf die Dinge an sich: Über die bloße Existenz und Affektion hinaus

Bisher war unter „Festlegung auf Dinge an sich" die Festlegung auf Dinge an sich im Rahmen der Affektionsthese gemeint. Es ging um die Annahme, dass es Dinge an sich gibt und sie uns mit sinnlichem Input versorgen. In Forschungsdiskussionen zu Kant ist das die verbreitetste Art, die Festlegung auf Dinge an sich zu verstehen. Und bei der Auseinandersetzung mit der (frühen) Kritik an Kants Festlegung auf die Dinge an sich legt man in der Regel den Fokus auf genau diese Annahme, deren Entbehrlichkeit oder Zulässigkeit dann aufzuweisen ist. Diese Annahme scheint allerdings im Hinblick auf die Rolle, welche die Eigenschaften der Dinge an sich innerhalb der Erfahrung spielen sollen, *neutral* zu sein. Es scheint viel Spielraum hinsichtlich der Frage zu geben, inwiefern diese Rolle eher leitend oder eher redundant ist. Pistorius liefert uns eine Reihe von Überlegungen und Beispielen, die das Problem, worum es hier geht, thematisieren und veranschaulichen.[1]

Wir haben gesehen, dass nach Kant die Dinge an sich die „Materie-Lieferanten" sind. Die *Form* der Gegenstände unserer sinnlichen Wahrnehmung und Erkenntnis ist hingegen dem Subjekt zu verdanken. Nun könnte man sich fragen, ob und inwiefern diese „Erzeugung" der Form seitens des Subjekts unter Sachzwängen operiert, die auf die Materie, und auf indirekte Weise auf die Eigenschaften und Relationen von Dingen an sich, zurückzuführen sind. Was mit dieser Rede von Sachzwängen gemeint ist, kann man auf der Grundlage von intuitiven Fällen, die Pistorius bespricht, verstehen: Steht es in unserer Gewalt, „ob wir einen tiefern oder einen höhern Ton, einen stärkern oder schwächern Schall hören" (Pistorius 1788a: 348)? Für solche sinnlichen Eigenschaften von Gegenständen scheint es naheliegend, dass die Beschaffenheit des Gegenstands als *Dings an sich* eine wichtige Rolle spielen muss. Pistorius' Frage kann jedoch auch in Bezug auf weitere Eigenschaften von empirischen Gegenständen gestellt werden, und zwar insbesondere Eigenschaften, die im Rahmen des kantischen Systems einen besonderen Status haben: *raumzeitliche* und *kategoriale* Eigenschaften, Eigenschaften also, die von Kants Idealismus besonders betroffen zu sein scheinen. Mit Blick auf räumliche Eigenschaften könnte man die Stoßrichtung des ganzen Problems wie folgt verstehen: Steht es in unserer Gewalt, dass wir einen Gegenstand als eckig und einen anderen als rund wahrnehmen? Ist mit der kantischen These über Raum und Zeit als Formen der Sinnlichkeit gemeint, dass solche Eigenschaften den Gegenständen *aufgezwungen* werden, ohne dass die Beschaffenheit der Gegenstände als Dinge an sich dabei eine Rolle spielt? Mit Blick auf

---

[1] Sassen (2001; vgl. auch Sassen 2000: 7 ff., 14 ff., 25 f.) weist auf diesen Aspekt der Kantkritik Pistorius' hin und bringt ihn in Verbindung mit Aspekten der Kantkritik Feders und Garves in der Göttinger Rezension. Ich stimme hier Sassen zu und finde die Betonung dieses Aspekts ihrerseits sehr hilfreich. Allerdings vertrete ich die These, dass dieser Aspekt sich durch die Schriften aller Kantkritiker zieht und eine wichtigere Rolle in der *gesamten* frühen Kantkritik gespielt hat, als Sassen selbst anzunehmen scheint.

kategoriale Eigenschaften könnte man das Beispiel zweier *bestimmten* Ereignisse, die in einer Ursache-Wirkungs-Relation stehen (zum Beispiel Erwärmen durch Feuer und Wachsschmelzen), anführen und fragen, welche Rolle die Dinge an sich, die in diesen Ereignissen involviert sind, dabei spielen, dass die Ursache des Wachsschmelzens das Erwärmen durch das Feuer, und kein drittes Ereignis, ist: Heißt die Tatsache, dass Ursache und Wirkung eine Kategorie bilden und dass Kategorien als Regel bei der Synthesis des „Mannigfaltigen" unserer Sinnlichkeit durch unseren Verstand fungieren sollen, dass die Beschaffenheit der subjektunabhängigen Welt keine Rolle dabei spielt, *welche* kategorialen Eigenschaften den empirischen Gegenständen zukommen?

Letztere Beispiele stammen zwar nicht von Pistorius, aber wir werden gleich sehen, dass Pistorius' Kantkritik gerade den Fällen gilt, die sich um raumzeitliche und kategoriale Eigenschaften drehen. Mit Blick auf solche Fälle denkt Pistorius, dass die offensichtliche und einzig vernünftige Position ist, die Frage nach den Sachzwängen, unter denen das Subjekt operieren muss, zu *bejahen:* Offenbar muss die Beschaffenheit der Dinge an sich eine leitende Rolle spielen, sonst würde man bei einer absurd idealistischen Position landen. Pistorius skizziert diese absurde Position so: Verneint man die Rolle der Dinge an sich in solchen Fällen, dann muss man „die Kunst verstehen, aus allem Alles zu machen, gerade wie, nach der jüdischen Fabel, der Israelit in der Wüsten aus seinem Manna bald Brod, bald Fische, bald Fleisch, je nachdem er Brod oder Fische oder Fleisch essen wollte, nach seinen Appetit machen konnte" (Pistorius 1789: 109). Die These, dass die Beschaffenheit der Dinge an sich keine Rolle spielt, käme der These gleich, dass die Gegenstände als Dinge an sich „eine ganz rohe ungebildete Masse ausmachen, die sich in jede Form schmiegte, welche man ihr geben wollte, oder wir würden auch sehr oft wider sie verstoßen und nicht mit ihnen auskommen, wenn wir sie nach den Regeln unsers vernünftigen Denkens behandelten" (Pistorius 1788a: 348f.).

Für Pistorius ist es ebenfalls klar, dass die Bejahung dieser Frage uns auf bestimmte Thesen mit Blick auf sowohl Raum und Zeit als auch die Kategorien verpflichtet. Ihm zufolge müssten wir in diesem Fall die These unterschreiben, dass raumzeitliche und kategoriale Eigenschaften von empirischen Gegenständen auf *analoge* Eigenschaften und Relationen im Bereich der Dinge an sich verweisen. Mit Blick auf Raum und Zeit formuliert Pistorius als erster eine These, die Kant ihm zufolge vertreten sollte, und die derjenigen These nahe steht, die in der Kantforschung als die „vernachlässigte Alternative" über Raum und Zeit diskutiert wird. Es geht um die These, dass Raum und Zeit eine „Mittelnatur" haben (Pistorius 1786: 100): Räumliche und zeitliche Eigenschaften von Gegenständen sind *zu einem Teil* in der kognitiven Verfasstheit von Subjekten und *zu einem anderen* in der Beschaffenheit von Dingen an sich gegründet. Dies hat zur Folge, dass den Dingen an sich zwar *keine* räumlichen und zeitlichen Eigenschaften zukommen – denn solche Eigenschaften können Gegenstände nur in Relation zu Subjekten haben –, aber es kommen ihnen *proto-* oder *quasi*-räumliche und -zeitliche Eigenschaften zu, die eine leitende Rolle dabei spielen, welche räumlichen und zeitlichen Eigenschaften den Gegenständen als Erscheinungen zukommen.[2]

Pistorius zufolge bräuchte man eine ähnliche These im Hinblick auf die Kategorien, den Beitrag des Verstandes und die in der Einleitung bereits thematisierte kantische These, dass der Verstand Gesetze vorschreibt und die Ordnung und Regelmäßigkeit in die Gegenstände *hineinbringt*: Zwischen den Gegenständen „in der intelligibeln Welt" (d. h. den Dingen an sich) müssten „analogische Relationen, und zwar der Inhärenz, der Causalität, und des Wechseleinflusses angenommen werden, Relationen, von denen es nun höchst wahrscheinlich wird, daß sie den Relationen in der Sinnenwelt zum Grunde liegen und entsprechen" (Pistorius 1786: 117). Die kantische Rede von einer kopernikanischen Wende, wonach sich die Gegenstände nach ihrer Erkenntnis richten (und nicht andersherum), findet Pistorius „sehr übertrieben":

> Wird nämlich dieses reelle Daseyn wirklicher Objecte außer uns zugestanden, und will man die Aussenwelt noch für etwas anders als eine bloße Ideenwelt halten, so folgt auch daraus nothwendig, daß diese äußern Dinge auf eine bestimmte Art, das heißt nach gewissen Regeln und nach einer Ordnung existiren müssen, die wesentlich in den Dingen selbst und in ihren Verhältnissen unter einander gegründet ist, und die also unser Verstand nicht erst vorgeschrieben haben kann. (Pistorius 1788a: 347)

Das genaue Verhältnis zwischen (i) einer Festlegung auf die bloße Existenz von Dingen an sich und eine Affektion durch diese und (ii) einer Festlegung auf die leitende Rolle von Eigenschaften von Dingen an sich, insbesondere was raumzeitliche und kategoriale Eigenschaften von Erscheinungen angeht, lässt sich

---

2 Pistorius formuliert seine Raum- und Zeitkonzeption in einer Reihe von Rezensionen zu kantischen Werken; vgl. Pistorius 1786: 100ff., Pistorius 1788b: 432ff. In diesem Zusammenhang plädiert er für die philosophische Plausibilität dieser Konzeption und vertritt die These, dass Kants Argumentation in der Transzendentalen Ästhetik eine Lücke aufweist. Einen ähnlichen Vorwurf hat auch Trendelenburg (1870: 156ff.) später erhoben. Allerdings ist die Konzeption, die Pistorius zufolge Kant zu widerlegen versäumt hat, schwächer als diejenige Trendelenburgs. Anders als in der trendelenburgschen (Standard-)Variante der „vernachlässigten Alternative" sind die Dinge an sich bei Pistorius nicht in *Raum* und *Zeit*, sondern es geht um bloß analoge Strukturen. Für eine Schilderung und Analyse der historischen Debatte um die vernachlässigte Alternative mit Berücksichtigung der Rolle Pistorius' – sowie Eberhards – vgl. Vaihinger 1892: 134ff.

nicht so einfach bestimmen – auch bei Pistorius selbst ist es nicht so klar.³ Während für manche Kantleser:innen Behauptung (ii) über die leitende Rolle von Eigenschaften eventuell schon in der Affektionsthese (i) mitschwingt,⁴ gehe ich davon aus, dass es viele Kantleser:innen gibt, die bereit wären, eine Existenz von Dingen an sich und eine Affektion durch diese im Rahmen des kantischen Systems zu unterschreiben (Behauptung (i)), während sie nicht bereit wären, die hier umrissenen Thesen über Raum, Zeit und Kategorien (Behauptung (ii)) zu akzeptieren.⁵ Wir werden im nächsten Abschnitt sehen, dass sich für diese weiteren Thesen und ihre potentielle Rolle innerhalb der kantischen Philosophie *zusätzliche* Schwierigkeiten stellen, die in meiner bisherigen Verteidigung des Dings an sich noch nicht thematisiert und entschärft wurden. Es wäre nicht verkehrt, diese Variante der kantischen Festlegung auf Dinge an sich für besonders stark und als solche besonders angreifbar zu halten. Vor diesem Hintergrund möchte ich die Rede von einer *starken* Festlegung auf die Dinge an sich einführen, die explizit über die bloße Existenz und Affektion hinausgeht und, anders als die bloße Festlegung auf Existenz und Affektion, keinen Spielraum für die Verneinung der leitenden Rolle von Eigenschaften von Dingen an sich zulässt:

---

3 Einerseits scheint Pistorius davon auszugehen, dass eine Festlegung auf existierende, uns affizierende Dinge an sich uns auf seine eigene Raum- und Zeitkonzeption verpflichtet. An einer wichtigen Stelle (Pistorius 1786: 100 ff.), wo er letztere Konzeption präsentiert, erfolgt dies im Rahmen einer Diskussion der Affektionsproblematik. Pistorius erwähnt in einem Atemzug diese Problematik und die der Raum- und Zeitkonzeption und geht von ersterer Problematik direkt zur letzteren über. Andererseits unterscheidet er an anderer Stelle (Pistorius 1788b: 430 ff.) *zwei* Szenarien mit Blick auf die Festlegung auf Dinge an sich. Im ersten Szenario gibt es Dinge an sich und sie liegen den Erscheinungen zugrunde, im zweiten Szenario geht man darüber hinaus und es werden Annahmen über die Eigenschaften von Dingen an sich gemacht. Die Unterscheidung der zwei Szenarien spricht dafür, dass wir Pistorius zufolge Behauptung (i) ohne Behauptung (ii) haben können. Allerdings vermute ich, dass die eventuelle Spannung wie folgt aufzulösen ist. Als Philosoph denkt Pistorius, dass Behauptung (i) ohne Behauptung (ii) absolut uninteressant wäre und die vermeintlichen Vorteile der Behauptung (i) vernichten würde. Aus einer *exegetischen* Perspektive denkt er jedoch, dass Kant bzw. die Kantianer diesen Zusammenhang nicht sehen und leider (i) akzeptieren, während sie (ii) leugnen. (Zur Stützung dieser Interpretation vgl. Pistorius 1789: 108 f.)
4 Manche intuitive Beispiele über Häuser, Bäume und Papier, die von Schulze und Eberhard angeführt werden und uns in Kap. 1, I, i beschäftigt haben, gehen schon in diese Richtung: Mit der geforderten Festlegung auf affizierende Dinge an sich wäre sehr wohl die These gemeint, dass die Eigenschaften von Dingen an sich mitverantwortlich dafür sind, dass die Erscheinungen *bestimmte* Eigenschaften (statt andere beliebige Eigenschaften an ihrer Stelle) haben.
5 In Chiba 2012: 373 ff. wird beispielsweise die Existenz von Dingen an sich und die Affektion durch diese bejaht, während die – in meiner Terminologie – starke Festlegung explizit bestritten wird.

Die Unentbehrlichkeit einer noch stärkeren Festlegung auf die Dinge an sich — 237

> Starke Festlegung auf Dinge an sich: Es gibt Dinge an sich; sie wirken auf die Subjekte kausal ein und sorgen für sinnlichen Input (Affektion); die räumlichen, zeitlichen, kategorialen Eigenschaften von Erscheinungen sind in entsprechenden Eigenschaften der Dinge an sich gegründet, die eine Rolle dabei spielen, *welche* räumlichen, zeitlichen, kategorialen Eigenschaften den Erscheinungen zukommen; selbst wenn die Eigenschaften der Dinge an sich nicht *hinreichend* sind, damit den Erscheinungen räumliche, zeitliche, kategoriale Eigenschaften zukommen können, sind solche Eigenschaften *notwendig*.

Wenn ich im Folgenden von starker bzw. stärkerer Festlegung auf die Dinge an sich spreche, dann ist immer diese Kombination von Thesen gemeint.[6] Auf diese Weise soll explizit gemacht werden, dass im Rahmen der frühen Kritik am kantischen Idealismus solche Fragen, die sich um diese stärkere Festlegung auf die Dinge an sich drehen, eine prominente Rolle spielen, welche die bloße Fokussierung auf Existenz und Affektion oft unbeachtet lässt.

Die starke Festlegung auf die Dinge an sich braucht man, wenn man eine radikale, besonders unattraktive Idealismusspielart vermeiden möchte. Die Idee Pistorius' ist, dass die bloße Annahme von existierenden, uns affizierenden Dingen an sich eine Instanz von „Feigenblatt-Realismus" darstellt.[7] Mit Pistorius' Worten: Es ginge um den wesentlichen Fehler, dass „eine objective intelligible Welt ganz umsonst, und *Dinge an sich*, wie wir in unserm Provinzialdialect sagen, für nichts und wieder nichts angenommen werden" (Pistorius 1786: 114); „die intelligible objective Welt [wäre] so gut wie vernichtet für uns, denn wenn ja *Dinge an sich* existiren, so existiren sie doch ganz abgetrennt von der Sinnenwelt, in der alles bleibt, wie es ist, alles seinen richtigen regelmäßigen Gang fortgeht, es mag noch eine objective Welt geben oder nicht" (Pistorius 1786: 116). Sieht man die ganze Situation so, dann reicht es für die Verteidigung des gemäßigten Charakters

---

[6] Allerdings werde ich im nächsten Kapitel die ganze Problematik der starken Festlegung näher eingrenzen, so dass der Fokus *nur* auf *kategoriale* Eigenschaften, und zwar nicht *alle* kategorialen Eigenschaften gelegt wird. Die Pointe einer Rede von starker Festlegung wird jedoch auch in diesem Fall darin bestehen, dass wir über bloße Existenz und Affektion hinausgehen.

[7] Die Formulierung ist an Devitts (1984: 15) Charakterisierung von einer *zu schwachen* realistischen Position angelehnt. Im Rahmen dieser Position behauptet man nur, dass ein subjektunabhängiges *Etwas* existiert, ohne weitere Annahmen hinsichtlich seiner Beschaffenheit oder explanatorischen Rolle zu unterschreiben. Über eine so konzipierte subjektunabhängige Welt schreibt Devitt: „It is an idle addition to idealism: anti-realism with a fig-leaf." In diesem Zusammenhang wird explizit auf Kants Idealismus verwiesen: „This [die eben präsentierte Konzeption, MK] commits realism only to an undifferentiated, uncategorized, external world, a Kantian 'thing-in-itself'."

des transzendentalen Idealismus nicht aus, die – aus der Perspektive dieses Teils des Buchs – schwache Festlegung auf die Dinge an sich zu verteidigen.

Die starke Festlegung, die gefordert wird, macht allerdings Gebrauch von starken und kontroversen Thesen über Kants Theorie von Raum, Zeit, Kategorien. Vor diesem Hintergrund steht bei der Behandlung dieser Dimension der frühen Kantkritik der Umgang mit besonders zentralen und schwierigen Aspekten der theoretischen Philosophie Kants auf dem Spiel, so dass ich diese Dimension der frühen Kritik als hochinteressant und vergleichsweise vernachlässigt einstufe. Pistorius bringt mit seinen Überlegungen realistische Grundintuitionen zum Ausdruck. Diese werden jedoch, wie wir im nächsten Abschnitt sehen werden, zugleich mit der Einschätzung verbunden, dass Kant-spezifische Thesen über Raum, Zeit, Kategorien der transzendentalen Idealistin eigentlich verbieten, diese Grundintuitionen zu respektieren. Diese Einschätzung ist nicht ganz von der Hand zu weisen. Trotz der Zentralität der kantischen Thesen über Raum, Zeit, Kategorien und der unübersichtlichen Forschungsliteratur zu diesen spricht man selten explizit über die Fragen und Sorgen, die sich für die allerersten Leser Kants unmittelbar stellten. Soweit ich sehen kann, ist die richtige Antwort auf solche Fragen aus einer kantischen Perspektive nicht evident.

Die Beachtung dieser Dimension der Kantkritik ist allerdings zwiespältig, da man mit ihr die Büchse der Pandora öffnet. Die relevanten Fragen zur Kantinterpretation, die sich stellen, sind viel zu viele und viel zu komplex, als dass sie im Rahmen eines Projekts zur frühen Kantrezeption behandelt werden könnten. Im nächsten Kapitel werde ich solche Komplikationen und Schwierigkeiten thematisieren und eine Eingrenzung der Frage vornehmen, welche die ganze Problematik beherrschbarer machen soll. Bevor jedoch diese Thematisierung von Komplikationen und die Eingrenzung der Frage stattfindet, möchte ich für den Rest dieses Abschnitts und dieses Kapitels auf Aspekte der Kantkritik der Erstleser eingehen, die uns erlauben, die allgemeine *Stoßrichtung* dieser Dimension ihrer Kritik zu verstehen, und zu sehen, dass Fragen und Sorgen, die dieselbe Stoßrichtung wie Pistorius' Fragen und Sorgen aufweisen, einen (in manchen Fällen besonders) wichtigen Aspekt der Kantkritik der Erstleser im Allgemeinen ausmachen.

Dass es mir um eine *Stoßrichtung* geht, ist für die Behandlung hier wichtig. Bei der Formulierung der These der starken Festlegung benutze ich bewusst eine Metapher: die Metapher einer „leitenden" Rolle von Dingen an sich und ihren Eigenschaften, die dafür sorgt, dass die Leistungen des Subjekts unter „Sachzwängen" operieren. Bei der Ausbuchstabierung dieser Idee spreche ich zudem von *notwendigen* vs. *hinreichenden* Bedingungen dafür, dass den Erscheinungen bestimmte Eigenschaften zukommen. Und es kommt auch eine „Grounding"-Terminologie zum Einsatz, indem ich von Eigenschaften von Erscheinungen spreche, die in entsprechenden Eigenschaften von Dingen an sich (zum Teil) *gegründet* sind. Damit ist *nicht* gemeint, dass es keine bedeutsamen Unterschiede zwischen all diesen verschiedenen Weisen, die Hauptidee der starken Festlegung auszudrücken, gibt.[8] Die Fülle an Ausdrücken, die auch in den Schriften der Erstleser vorkommt,[9] hat mit einer Hauptleistung des dritten Teils dieses Buchs zu tun: Mir geht es darum, eine Intuition einzufangen, welche die Erstleser hatten und die in der neueren Kantforschung in Vergessenheit geraten ist. Zu zeigen, dass es so etwas wie die Problematik der starken Festlegung auf die Dinge an sich – in Abgrenzung von der Problematik der bloßen Existenz und Affektion – überhaupt gibt und dass sich diese Problematik durch die ganze frühe Kantkritik zieht und bisher wenig beachtet worden ist, kann erfordern, dass man von vielen kleinen und feinen Unterschieden, deren Beachtung bei einer Auseinandersetzung mit der Problematik in einem anderen Kontext förderlich und nötig wäre, abstrahiert und stattdessen das Augenmerk auf die Gemeinsamkeiten legt. (Sonst laufen wir Gefahr, diese wichtige Problematik in der frühen Kantkritik zu übersehen – genauso wie es in der Regel der Fall ist.) Aus diesem Grund werde ich es hier grundsätzlich unterlassen, über diese zum Teil metaphorische und bewusst

---

8 Mit dieser Redeweise ist zum Beispiel keineswegs gemeint, dass „*a* ist in *b* gegründet" mit „*b* ist die notwendige Bedingung von *a*" zusammenfällt. Der Sache nach denke ich, dass die Rede von Grounding das Eigentümliche der Relation zwischen Erscheinungen und Dingen an sich besser einfängt. Trotzdem favorisiere ich an manchen Stellen die Rede von Bedingungen, da der etablierte Kontrast zwischen *notwendigen* und *hinreichenden* Bedingungen hilfreich ist, um eine intuitive Unterscheidung auszudrücken: nämlich zwischen der Position einerseits, dass etwas – in unserem Fall das Subjekt – *mit*verantwortlich für etwas Anderes – in unserem Fall die Eigenschaften von Erscheinungen – ist, und der Position andererseits, dass es dafür *allein* verantwortlich ist. Eine ähnliche Idee könnte man der Sache nach ausdrücken, wenn man die etwas umständlichere Rede von *partiellen* Gründen einführen würde. Die Hauptidee der starken Festlegung wäre, dass das Subjekt und seine Leistungen bloß einen *partiellen*, „formalen" Grund für die relevanten Eigenschaften von Erscheinungen darstellen – vgl. die Rede von notwendigen, keinen hinreichenden Bedingungen –, und dass es darüber hinaus weitere, „materielle" Gründe gibt, nämlich die Dinge an sich und ihre Eigenschaften.
9 Insbesondere die Rede von der leitenden Rolle ist an eine Formulierung in der Göttinger Rezension angelehnt, wonach der Verstand „seinen ersten Gesetzen gemäß [handelt], wenn er in allem, was Wirklichkeit betrifft, sich mehr von den Empfindungen leiten lässt, als sie leitet" (Feder/Garve 1782: 48). Meine Rede von der leitenden Rolle – die eventuell als Anspielung auf die Rolle der Vernunftbegriffe (Ideen) und auf Kants einschlägige Ausführungen in der Transzendentalen Dialektik missverstanden werden könnte – hat aber mit dem Kontext der Dialektik kaum etwas zu tun.

vage gehaltene Charakterisierung der Problematik der starken Festlegung auf die Dinge an sich hinauszugehen.[10]

Für unsere Zwecke scheint es mir ausreichend, die Beschreibung der Grundidee der starken Festlegung (anhand der Schriften Pistorius') abzuschließen, indem ich bloß eine letzte erläuternde Bemerkung mache. So wie ich die Grundidee der starken Festlegung verstehe, ist mit der Rede von Sachzwängen und leitender Rolle von Eigenschaften von Dingen an sich sowohl eine *ontologische* als auch eine *epistemologische* Rolle gemeint. Die Rolle ist in jedem Fall ontologisch: Im Rahmen der starken Festlegung legt man sich auf bestimmte Annahmen über die Beschaffenheit der Dinge an sich und über Eigenschaften, die ihnen zukommen, fest. Charakteristisch für die starke Festlegung, so wie ich – und die Erstleser – sie verstehen, ist jedoch auch eine weitere, epistemologisch relevante Rolle: Im Rahmen der starken Festlegung ist man nicht nur auf bestimmte Annahmen über die Eigenschaften, die Dingen an sich zukommen, verpflichtet, sondern man behauptet, darüber hinaus, dass die Eigenschaften von Dingen an sich unsere *Erfahrung und Erkenntnis leiten*, indem sie letztlich in unser Wissen um die Welt einfließen und eine Rolle dabei spielen, welche Eigenschaften wir Gegenständen *zuschreiben*.[11]

---

[10] Für diese Vorgehensweise spricht auch ein weiterer Grund: Die Antwort auf die Frage, wie die grobe Idee der starken Festlegung genau zu verstehen ist, kann mit Blick auf unterschiedliche Eigenschaftsklassen – räumliche, zeitliche oder kategoriale Eigenschafen sowie Untergruppen innerhalb der kategorialen Eigenschaften – anders ausfallen; vgl. Kap. 6, I, ii. Dies ist auch ein Teil des Grundes, warum ich mich bei der Einführung der Idee der starken Festlegung eines Ausdrucks bediene, der unterschiedlich starke und schwache Lesarten zulässt. Ich spreche von räumlichen, zeitlichen und kategorialen Eigenschaften von Erscheinungen, die in den *entsprechenden* Eigenschaften der Dinge an sich gegründet sind, die eine Rolle dabei spielen, welche räumlichen, zeitlichen, kategorialen Eigenschaften den Erscheinungen zukommen. Die Rede von *Entsprechung* könnte sowohl als bloße *Mit*verantwortlichkeit als auch als eine stärkere *Isomorphie*-These ausgelegt werden. Eine nähere Positionierung zu dieser Frage ist nicht einfach: Vgl. Kants Rede von „vollkommen gemäß" in Abgrenzung von „vollkommen ähnlich" in den *Prolegomena* (4: 290), eine Abgrenzung, die schwierige Fragen danach stellt, wie solche Kontraste genau zu verstehen sind.

[11] Die hier abgezeichnete epistemologische Rolle von Dingen an sich und ihren Eigenschaften, die über eine bloß ontologische Rolle hinausgeht, ist gerade einer der Hauptgründe, warum ich denke, dass die starke Festlegung bei manchen Kantleser:innen, welche die schwache Festlegung akzeptieren, auf Widerwillen treffen dürfte. Während man der These zustimmen könnte, dass es Dinge an sich gibt, die uns mit sinnlichem Input versorgen – und eventuell bereit sein könnte, auch weitere Annahmen über die *Beschaffenheit* von Dingen an sich zu unterschreiben –, könnte man zugleich meinen, dass gravierende Überlegungen und Argumente Kants – beispielsweise seine Objektivitätsanalyse in der A-Deduktion – zu dem Ergebnis führen, dass die Rolle der Dinge an sich und ihrer Eigenschaften *nicht epistemologisch* verstanden werden darf. Die Berücksichtigung der Unterscheidung zwischen einer rein ontologischen und einer eher epistemologischen

ii Kants erste Leser zum Bedarf nach einer starken Festlegung auf die Dinge an sich

Die stärkere Lesart hinsichtlich des Bedarfs nach einer Festlegung auf die Dinge an sich habe ich zwar anhand von Stellen aus Pistorius eingeführt, aber es spricht viel dafür, dem Rest der Erstleser ähnliche Überlegungen und Sorgen zuzuschreiben. Aus diesem Grund möchte ich die textliche Basis für eine solche Interpretation der gesamten frühen Kantkritik präsentieren. In diesem und im nächsten Unterabschnitt beschränke ich mich auf Überlegungen, die sich um die Problematik der *Unentbehrlichkeit* drehen. Anschließend wird uns im nächsten Abschnitt dieses Kapitels die Betrachtung der ganzen Thematik aus der Perspektive der *Unzulässigkeit* der stärkeren Festlegung erlauben zu sehen, dass die textliche Basis für eine solche Interpretation noch dichter ist. Wie angekündigt, lasse ich hier Maimon zunächst außen vor und bringe ihn erst im nächsten Unterabschnitt wieder ins Spiel.

Dafür, dass die Unentbehrlichkeitsthese der Erstleser hinsichtlich der Dinge an sich im Sinne der starken, erst hier eingeführten Lesart zu verstehen ist, spricht zunächst ein Aspekt ihres Umgangs mit Kant, der auf den ersten Blick irritierend ist: Die Erstleser neigen dazu, die Wichtigkeit des Bekenntnisses Kants zur Existenz von Dingen an sich herunterzuspielen und dieses Bekenntnis als eine unzureichende Abgrenzung von einer radikalen Spielart des Idealismus leicht abzufertigen. Wie wir in Kapitel 2 bereits gesehen haben, ist zum Beispiel schon in der Göttinger Rezension zu lesen: „Wenn es ein wirkliches Ding giebt, dem die Vorstellungen inhäriren; wirkliche Dinge unabhängig von uns, die dieselben hervorbringen: so wissen wir doch von dem einen so wenig, als von dem andern, das mindeste Prädicat." Aus *diesem* Grund denken die allerersten Kritiker, dass man Kant so gut wie *keine* Festlegung auf die Dinge an sich zuschreiben kann. Unmittelbar davor heißt es: „Worin [...] [Empfindungen] befindlich sind, woher sie rühren, das ist uns im Grunde völlig unbekannt" (Feder/Garve 1782: 40). Obwohl dieser Umgang mit der kantischen Festlegung auf Dinge an sich auch anders

---

Rolle wirft allerdings sehr komplexe Fragen auf, die letztlich den Kern der neueren Debatte rund um den „Mythos des Gegebenen" bilden. In dieser Debatte geht es um eine Frage, die interessante Parallelen mit Problemen, die hier im Vordergrund stehen, aufweist: ob und in welchem Sinn das sinnlich Gegebene eine epistemologisch relevante Rolle – die über eine bloß kausale Rolle hinausgeht – spielen kann. Für eine Verteidigung (unter Rückgriff auf kantische Ressourcen) einer gemäßigten jedoch bejahenden Antwort auf diese Frage – mit Sellars, kontra McDowell – vgl. Watkins 2008.

gelesen werden kann,[12] passt er gut zu Pistorius' Überlegung, wonach es ohne starke Festlegung das Ding an sich zwar gäbe, diese Existenz aber „umsonst" wäre. Zu dieser Interpretation passt auch die Art und Weise, wie auf Kants expliziten, nachträglichen Versuch, den gemäßigten Charakter seines Idealismus in den *Prolegomena* zu unterstreichen, reagiert wird. Im Rahmen seiner Reaktion auf die Vorwürfe in der Göttinger Rezension, und als Abgrenzungsversuch von *echten* Verfechtern des (Radikal-)idealismus, schreibt Kant, wie wir (zum Teil) gesehen haben:

> Ich dagegen sage: es sind uns Dinge als außer uns befindliche Gegenstände unserer Sinne gegeben, allein von dem, was sie an sich selbst sein mögen, wissen wir nichts, sondern kennen nur ihre Erscheinungen, d.i. die Vorstellungen, die sie in uns wirken, indem sie unsere Sinne afficiren. (4: 289)

Der Abgrenzungsversuch hat die ersten Kritiker nicht besonders beruhigt. In seinen späteren Äußerungen zu Kant entgegnet Feder, dass Kant „Idealist [ist], wenn es je einer war; wie oft er auch sagen mag, daß diesen unsern Vorstellungen Etwas, wovon wir aber *nichts* wissen, äußerlich entspreche" (Feder 1788a: 148f.). Noch expliziter ist Garve (1798: 189ff.), der in seiner späten Abrechnung mit dem kantischen Idealismus zugibt, dass Dinge an sich, die auf Subjekte einwirken und einen Beitrag zur Erkenntnis liefern, der ihr „Stoff" heißt, in Kants Philosophie vorgesehen sind. Garve fügt jedoch mit Blick auf diesen Stoff gleich hinzu:

> Der *Stoff*, den die Dinge an sich zu unsrer Erkenntniß liefern sollen, – entblößt von dem Begriffe von Raum und Zeit, (als welche erst unsre Sinnlichkeit hinzuthut,) eben dieser Stoff entblößt von den Begriffen des Daseyns, der Größe, der Beschaffenheit und des Zusammenhanges, (als welche erst von dem Verstande hinzugethan werden,) scheint mir ein so verwirrtes Chaos, oder ein so völlig leeres Nichts zu seyn, daß ich *von der einen* Seite nicht begreifen kann, wie Kant doch diesen Stoff, d. h. *das Empirische* in unsern Vorstellungen zur Grundlage unsrer ganzen Erkenntniß machen konnte; und daß ich *von der andern* Seite sehr wohl begreifen kann, wie scharfsinnige Männer unter seinen Schülern diese Dinge an sich und ihren Beytrag zu unsrer Erkenntniß, nur als ein ad interim errichtetes Gerüste, angesehen haben, welches auch nach vollendetem Baue der große Mann, um der Schwachen willen hat stehen lassen, welches aber nun endlich in Zeiten, die fähiger sind *starke* Wahrheiten zu ertragen, weggenommen werden muß. (Garve 1798: 194f. Anm.)

---

12 Man könnte nämlich betonen, dass Feder und Garve von einer sehr starken Lesart der *Unerkennbarkeitsthese* ausgehen, wonach jegliches Wissen über Dinge an sich ausgeschlossen ist, wie die konkrete Stelle hier verrät und wir in Kapitel 3 generell gesehen haben. Es wäre denkbar, dass es eine *Zwischenposition* gibt, die weder mit der starken Lesart der Unerkennbarkeitsthese noch mit der sehr starken, entgegengesetzten These Pistorius' gleichzusetzen ist.

I Die Unentbehrlichkeit einer noch stärkeren Festlegung auf die Dinge an sich — 243

So wie ich Garves Punkt verstehe, ist diese Anspielung auf Becks und eventuell Fichtes Umgang mit dem kantischen Ding an sich[13] nicht als Zustimmung zur philosophischen Plausibilität der These, dass wir ohne Dinge an sich gut leben könnten, zu werten. Garve formuliert denselben Punkt wie Pistorius: Eine starke Festlegung auf die Dinge an sich ist philosophisch unentbehrlich, und solange Kant dies nicht leisten kann, nützt uns die schwache Festlegung wenig, so dass man, *unter diesen Umständen*, auf sie verzichten kann.

Die Nähe zu Pistorius' Sorgen sieht man zudem anhand der These zur richtigen Rolle von *Empfindungen*, die Feder und Garve vertreten. In der Göttinger Rezension betonen sie zum Beispiel, dass sie „nicht einsehen, wie die […] Unterscheidung des Wirklichen vom Eingebildeten, bloß Möglichen, ohne ein Merkmal des Erstern in der Empfindung selbst anzunehmen, durch *blosse* Anwendung der Verstandesbegriffe zureichend gegründet werden könne" (Feder/Garve 1782: 42). Nach ihnen handelt der Verstand „seinen ersten Gesetzen gemäß, wenn er in allem, was Wirklichkeit betrifft, sich mehr von den Empfindungen leiten lässt, als sie leitet" (Feder/Garve 1782: 48). Da die Empfindungen auf die Einwirkung durch die Dinge an sich zurückzuführen sind, entspricht die These, dass die Empfindungen eine leitende Rolle übernehmen sollten, der These, dass das Ding an sich, mittels der „Materie", mit der es Subjekte versorgt, eine leitende Rolle in unserer Erfahrung spielt.

Die These, dass die Materie eine wichtige, leitende Rolle übernehmen sollte, bringt Feder explizit zum Ausdruck, wenn er seinen Unmut über die These ausdrückt, dass „die *Form der Erkenntniß*, oder die Art und Weise, wie etwas erkannt wird, *ganz und gar* eine Handlung des erkennenden Subjects ist" (Feder 1789a: 175). Feder findet die These plausibler, dass die Erkenntnis „durch den Grund der Materie, oder dessen, was erkannt wird, *zum Theil* schon bestimmt" ist (ebd.). Einen ähnlichen Punkt formuliert Feder im Hinblick auf die Frage, inwiefern „die Einheit bey der Manchfaltigkeit [sic] bloß von der Spontaneität des Vorstellungsvermögens" abzuleiten ist und als „etwas von der Spontaneität *hervorgebrachtes*" anzusehen ist (Feder 1790c: 157).[14] Hier gibt Feder (indirekt) eine zen-

---

13 Zu Becks bzw. Fichtes Umgang mit dem Ding an sich vgl. Einleitung, I, ii; Einleitung, Fn. 29; Kap. 2, Fn. 26.

14 Feder thematisiert hier die Einheit des *Mannigfaltigen*. Im deutschen Wörterbuch von Jacob und Wilhelm Grimm (12. Band, Sp. 1589) wird „mannigfaltig" als *das individuell verschiedene innerhalb einer verbundenheit oder zusammengehörigen vielheit* definiert. Kant spricht sowohl vom Mannigfaltigen der *empirischen* Anschauung – das hätte mit der Materie von Erkenntnis zu tun – als auch vom Mannigfaltigen der *reinen* Anschauung a priori, das mit den Formen der Anschauung, Raum und Zeit, eng zusammenhängt; vgl. A20/B34, A76 ff./B102 ff.

trale These aus Kants transzendentaler Deduktion der Kategorien wieder, wonach „die *Verbindung* [...] eines Mannigfaltigen überhaupt [...] niemals durch die Sinne in uns kommen" kann; „denn sie ist ein Actus der Spontaneität der Vorstellungskraft [...], die wir mit der allgemeinen Benennung *Synthesis* belegen würden, um dadurch zugleich bemerklich zu machen, daß wir uns nichts, als im Object verbunden, vorstellen können, ohne es vorher selbst verbunden zu haben" (B129 f.).[15] Feder betont in diesem Zusammenhang:

> Aber so gewiß es ist, daß zur Wahrnehmung eines *Manchfaltigen* [sic], *Verbindung* dieses Manchfaltigen zu einem Bewußtseyn gehöre: so gewiß ist es doch auch, daß wir eine von dieser Einheit der subjectiven Vorstellung verschiedene *objective Einheit und Verbindung* im Manchfaltigen annehmen müssen. [...] Die Einheit der moralischen Wesen oder Personen, einer Gesellschaft, und eben so die eines Baumes, eines Thieres und jedes regelmäßig zusammengesetzten Objectes, ist doch nicht eine *so bloß* von meinem selbstthätigen Zusammenfassen hervorgebrachte Einheit, wie wenn ich mir drey neben einander liegende Steine, oder einen Menschen und seinen Hund, zusammen vorstelle. (Feder 1790c: 157 f.)

Solche Überlegungen erinnern uns an Pistorius' (1788a: 347) These, dass die „äußern Dinge auf eine bestimmte Art, das heißt nach gewissen Regeln und nach einer Ordnung existiren müssen, die wesentlich in den Dingen selbst und in ihren Verhältnissen unter einander gegründet ist".[16]

---

15 Vgl. A97. Allerdings reagiert Feder hier explizit auf manche Äußerungen Reinholds, nicht Kants. Seine Reaktion lässt sich aber sehr gut auf Äußerungen von Kant selbst übertragen, wie die zitierten Stellen aus der *Kritik* zeigen.

16 In Beiser (1987: 183 f.) findet sich folgende Einschätzung zur Kantkritik Feders: „Feder does not pay sufficient attention to Kant's point that his idealism, unlike Berkeley's, affirms the existence of the thing-in-itself"; „had Feder been more careful in examining Kant's position, he would never have picked a quarrel with him in the first place". Vor dem Hintergrund der hier angeführten Belegstellen und Überlegungen stimme ich dieser Einschätzung nicht zu. Allerdings teile ich die in demselben Zusammenhang formulierte Ansicht Beisers, dass es gewisse Ähnlichkeiten zwischen dem kantischen Idealismus und Feders eigener Position gibt. Beiser weist auf eine Feder-Stelle hin (höchstwahrscheinlich ist die im vorigen Kapitel bereits besprochene Stelle in Feder 1787: 81 Anm. gemeint – in Beisers Seitenangabe scheint sich ein Fehler eingeschlichen zu haben), die diese Ansicht stützt. Ich sehe auch die Bereitschaft Feders, idealistische und phänomenalistische Thesen bis zu einem gewissen Grad zu akzeptieren. Wie wir im vorigen Kapitel gesehen haben, ist diese Tendenz Feders für die Problematik des Verhältnisses zwischen kantischem Idealismus und Außenweltskeptizismus besonders relevant. Diese Problematik stellt jedoch nur einen *Teil* der Gründe dar, die für Feders Unbehagen mit dem kantischen Idealismus sorgen. Der andere Teil betrifft die Fragen, die uns hier beschäftigen. Auch im Hinblick auf die hier zur Diskussion stehenden Fragen ist Feder bereit, Zugeständnisse an die idealistische Position zu machen. Sowohl mit Blick auf Raum und Zeit als auch mit Blick auf kantische Thesen über die „Gesetzgebung" für die Natur betrachtet Feder, ähnlich wie Pistorius, den subjektiven Beitrag als *notwendig,* jedoch nicht *hinreichend;* vgl. Feder 1790a: 131 f., Feder 1790c: 184 f. Feder denkt je-

Ähnliche Gedanken scheinen einem bemerkenswerten Aspekt der Kantkritik Schulzes zugrunde zu liegen. Ein wichtiger Vorwurf des Skeptikers Schulze im *Aenesidemus* besteht darin, dass Kant eine „petitio principii" gegen den Skeptizismus begeht. Dabei geht es nicht nur um den Außenweltskeptizismus, sondern auch um Humes Kausalitätsskeptizismus.[17] Während man nun, wie wir in Kapitel 4 gesehen haben, über die Zentralität einer Widerlegung des Außenweltskeptizismus im Rahmen des kantischen Projekts streiten könnte, fällt es schwer zu verneinen, dass Kant den Kausalitätsskeptizismus Humes ernst nimmt. Vielbeachtete Argumente Kants in der Transzendentalen Analytik, insbesondere Kants Argumentation im Rahmen der transzendentalen Deduktion der Kategorien und in der „Zweiten Analogie", verfolgen das Argumentationsziel – zumindest einer einflussreichen Interpretationstradition zufolge –[18], gegen die Kausalitätsskeptikerin zu zeigen, dass alle empirischen Gegenstände so beschaffen sind, dass sie in kausalen Zusammenhängen zueinander stehen. Vor diesem Hintergrund klingt der Vorwurf Schulzes nicht besonders berechtigt und nachvollziehbar.

Man kann Schulzes Sorge allerdings schon verstehen, wenn man ihm die These zuschreibt, dass nur eine solche Hume-Widerlegung, welche das Vorhandensein von kausalen Zusammenhängen unter Gegenständen, wie sie *unabhängig von Subjekten* existieren, d.h. als *Dinge an sich*, zum Ziel hätte, ihren Namen verdient hätte. Der Skeptiker Schulze formuliert seinen Kausalitätsskeptizismus in folgender charakteristischer Weise: „Die notwendige Verknüpfung, die zum Wesen der Ursache und Wirkung gehört, existiert [...] durchaus nicht in den *objektiven Gegenständen*, die wir als Ursachen und Wirkungen voneinander ansehen; [...] wer diesen Objekten Kräfte und Vermögen beilegt, oder sie durch Kausalität verknüpft glaubt, der trägt das Eigentümliche, das unsere Vorstellungen durch die gleichartige Verbindung gewisser Erfahrungen erhalten haben, auf die von den Vorstellungen ganz verschiedenen Objekte über" (Schulze 1792: 88f./[115f.], meine Hervorhebung). Schulzes Rede von objektiven Gegenständen verweist auf das Ding an sich: Die Gegenstände, um deren Kausalzusammenhänge die Skeptikerin sich Sorgen macht, sind solche Gegenstände. Gegen diese Skeptikerin muss man zeigen, dass wir die Gegenstände nicht bloß als kausal verknüpft *ansehen* oder uns *einbilden*, sondern dass diese Gegenstände als *Dinge an sich* tatsächlich so beschaffen *sind*. Diesen Punkt macht Schulze explizit:

---

doch, dass diese Position mit der kantischen Position *nicht* übereinstimmt: Nach Kant (in Feders Interpretation) wäre dieser Beitrag *hinreichend*.
17 Für Schulze sind die zwei Probleme miteinander verschränkt; vgl. Schulze 1792: 74ff./[94ff.].
18 Man könnte allerdings die Richtigkeit dieser Interpretationstradition in Frage stellen. Für meine Positionierung zu dieser Frage vgl. Kap. 6, Fn. 37.

> Wieviel also gegen *Humen* erwiesen werde, wenn man die Begriffe und Grundsätze der Kausalität aus einer andern Quelle, als aus den Empfindungen und aus der Erfahrung ableitet, leuchtet von selbst ein. Denn ließe sich auch dartun, daß diese Begriffe und Grundsätze a priori in unserem Verstand vorhanden wären; so würde hiermit doch noch nicht alles dasjenige erwiesen sein, was *Hume* eigentlich bewiesen haben wollte, nämlich die Gültigkeit dieser Begriffe und Grundsätze außer der menschlichen Denkart und von Dingen an sich, welche Gültigkeit aber erwiesen sein muß. [...] Man muß also, wenn man den Humischen Forderungen Genüge tun will, entweder unbestreitbar erweisen, daß das Prinzip der Kausalität ein Gesetz der gesamten Dinge an sich sei; oder man muß ein anderes unleugbares Prinzip aufstellen, das uns üben den Zusammenhang unserer Vorstellungen mit Dingen außer denselben belehret. (Schulze 1792: 92/[117 ff.] Anm.)[19]

Ausgehend von solchen Thesen kritisiert Schulze Kants Argumentation in der „Zweiten Analogie". Er liest das Argument als ein Argument, das Kausalverbindungen unter Vorstellungen – d.h., im Rahmen seines Kantverständnisses, Erscheinungen – etabliert, und er schreibt diesbezüglich:

> [A]us dergleichen Beziehung bloßer Vorstellungen aufeinander kommt nimmermehr eine Beziehung eben derselben auf ein von ihnen verschiedenes Object heraus, [...] und es würde nichts als Einbildung seyn [...]. So kann man z.B. in der Phantasie eine Reihe von Begebenheiten sich erdichten, und jeden Theil der Reihe als nothwendig durch die Verursachung des vorhergegangenen Theils bestimmt denken, gleichwohl erhält dadurch diese fingirte Reihe von Begebenheiten in unserm Bewußtseyn derselben noch nicht die Dignität und das Ansehen einer (auf reale Objecte Beziehung habenden) Erfahrung. (Schulze 1801b: 432).

Jacobi sieht es genau so und äußert sich zu derselben Frage wie folgt:

> Um nun zugleich das Irrige in den Humischen Behauptungen zu widerlegen, und das Wahre in denselben zu bestätigen, wählt Kant einen ganz eigenen Weg. Er räumt dem Gegner ein, der Verstand könne einer *wirklichen* Erfahrung, (einer Erfahrung von Gegenständen, die wirklich außer *unserm* Subject vorhanden, nicht *bloße Erscheinungen* wären,) allerdings nicht vorgreifen; einer Erfahrung *blos in der Einbildung* hingegen (einer durchaus subjectiven) *müsse* er nothwendig vorgreifen, indem das Einbilden allein durch ein solches Vorgreifen nach Gesetzen blos des Einbildens (*Kategorien*) möglich werde. (Jacobi 1802: 265 f.)

Auch hier ist die Idee, dass ein Aufweisen der seit Humes Kritik hochumstrittenen objektiven Gültigkeit der Kategorie von Ursache und Wirkung nur dann interes-

---

19 Vgl. Schulze 1801b: 389: „Wären die in der Vernunft-Kritik aufgestellten synthetischen Grundsätze des reinen Verstandes, um der von ihr angeführten Gründe willen, die allgemeinen Gesetze der Natur, so würde die Erkenntniß der Objecte in der Natur theils gar nicht möglich seyn, theils ganz andere Beschaffenheiten, als an derselben vorkommen, haben müssen." Vgl. auch Schulze 1801b: 477 f.

sant ist, wenn unter „objektive Gültigkeit" nichts weniger als die Gültigkeit mit Blick auf die Dinge an sich gemeint ist. Eine Rede von objektiver Gültigkeit, die nicht so zu verstehen wäre, empfindet Jacobi, genauso wie Schulze, als eine Mystifikation und Verdrehung des Objektbegriffs. Aus diesem Grund bedient er sich sowohl in seiner oben zitierten Spätschrift als auch in seinem Anhang „Über den transzendentalen Idealismus" solcher Ausdrücke, die dieses Problem mit der kantischen Terminologie anprangern sollen: Was Jacobi vermisst, ist „das *reale* Reale" und „das *wahrhafte* Wahre" (Jacobi 1802: 277) und deren leitende Rolle; wohingegen Kant zufolge – in Jacobis Kantinterpretation – „unsere ganze Erkenntniß [...], nichts, platterdings nichts, was irgend eine *wahrhaft* objective Bedeutung hätte", enthält (Jacobi 1787: 111). Solche Formulierungen passen sehr gut zur These, dass Jacobi sich ebenfalls der Unentbehrlichkeit einer starken Festlegung auf Dinge an sich verschreibt.

Äußerungen Eberhards zur Problematik der *Kategorien* passen zur These, dass auch er ein Verfechter der starken Festlegung auf Dinge an sich ist. Im nächsten Abschnitt wird dieser Aspekt seiner Kantkritik kurz besprochen. Noch expliziter ist Eberhards Bekenntnis zur Unentbehrlichkeit einer leitenden Rolle des Dings an sich mit Blick auf *Raum* und *Zeit*, wie verschiedene Stellen aus dem *Philosophischen Magazin* zeigen. Eberhard (1789e: 399 f.) gesteht zu, dass Dinge an sich *nicht* in Raum und Zeit sind und dass Raum und Zeit „subjektive Gründe" haben; sie haben jedoch zugleich „objektive Gründe". Er verweist zustimmend auf bereits zitierte Stellen aus einer der anonym erschienenen Rezensionen Pistorius', wo Letzterer seine These über die „Mittelnatur" von Raum und Zeit entwickelt (Eberhard 1789i: 262). Eberhard (1792b: 498) stuft das „*Wahre* in der Raumvorstellung" als das ein, was „in dem transcendentalen Object [d. h. das Ding an sich, MK] gegründet ist". Der Beitrag der Sinnlichkeit und des Subjekts wird als notwendig, aber nicht hinreichend angesehen:

> [D]enn diese [die Sinnlichkeit, die bloße Rezeptivität der Vorstellungskraft, MK] ist nur der *formale* Grund der sinnlichen Vorstellung [...]. Die sinnliche Vorstellung muß auch *materiale* Gründe haben. [...] Die bloße *Receptivität* kann also schlechterdings nicht der hinreichende Grund der Möglichkeit des Raums und der Zeit seyn. *Diese Materie* oder Stoff der Vorstellung muß ferner, wenn die Vorstellung *wirklich* ist, seinen Grund in dem transcendentalem Object haben. (Eberhard 1792b: 498 f.).[20]

---

20 Vaihinger (1892: 146 ff.) weist allerdings auf Schwankungen und Unklarheiten bei relevanten Äußerungen im Eberhard-Korpus hin. Es ließe sich die These verteidigen, dass Eberhard *weniger* Zugeständnisse an Kant zu machen bereit ist und dass er eine noch realistischere Raum- und Zeitkonzeption vertritt.

Vor diesem Hintergrund lässt sich feststellen, dass Eberhard die realistischen Grundintuitionen seiner Zeitgenossen teilt.

Diese realistischen Intuitionen sollen durch die Rede von der Unentbehrlichkeit einer starken Festlegung auf Dinge an sich eingefangen werden. Im nächsten Abschnitt werde ich der Frage nachgehen, warum die Erstleser denken, dass Kant diesen Intuitionen nicht gerecht werden kann. Bevor wir dies tun, möchte ich jedoch im Lichte der hier diskutierten Problematik einen Blick auf einen relativ einflussreichen Aspekt der Kantkritik Maimons werfen.

iii Das Problem besonderer Kausalurteile vor dem Hintergrund der Ding-an-sich-Problematik: Plädoyer für eine Verbindung

Ziel des Kapitels insgesamt ist es, die These zu verteidigen, dass Fragen, die über die bloße Existenz von Dingen an sich und eine Affektion durch diese hinausgehen, eine wichtige Rolle in der frühen Kritik am kantischen Ding an sich gespielt haben. Bisher habe ich diese These anhand einer Vorstellung und Besprechung von Textstellen verteidigt, die solche Fragen explizit zum Ausdruck bringen. Dabei war meine These, dass solche Textstellen aus der frühen Kantkritik mehr *Beachtung* verdienen. Die stärkere Berücksichtigung solcher Stellen zeigt, dass die frühe Kritik an Kants Idealismus eine historische Verengung erfahren hat. In diesem Unterabschnitt möchte ich für die Zentralität solcher Fragen in der frühen Kantkritik ein weiteres Argument anbringen, in dem ich etwas anders vorgehe. Ich lege den Fokus hier auf ein Problem aus der frühen Kantkritik, das bereits viel Beachtung erhalten hat: das sogenannte „quid juris"-Problem Maimons. Es handelt sich um ein Problem, dessen Wichtigkeit für Entwicklungen in der klassischen deutschen Philosophie, in der Phase, die uns hier beschäftigt, allgemein anerkannt wird.

Das „quid juris"-Problem betrifft die Anwendung der Kategorie von Ursache und Wirkung auf *bestimmte* empirische Gegenstände. Maimon fragt sich, was uns in einem kantischen Rahmen berechtigt, *besondere* Kausalurteile zu fällen. Auf Grundlage seiner Auseinandersetzung mit diesem Problem kommt Maimon zur Diagnose, dass der Anspruch Kants, Hume widerlegt zu haben, nicht einlösbar ist. Die Beschäftigung mit diesem Problem zieht sich durch alle Kantschriften Maimons und kann als das zentrale Problem seiner Kantlektüre und -kritik eingestuft werden, das über hunderte Seiten lang formuliert und behandelt wird. Es sind die Ausführungen Maimons rund um das „quid juris"-Problem, die Maimon die Anerkennung von Kant selbst sicherten: Als Reaktion auf diesen Aspekt der Kritik Maimons hat Kant die Erklärung gemacht, dass „niemand von [s]einen Gegnern [...] [ihn] und die Hauptfrage so wohl verstanden [hat]" und dass „nur wenige zu dergleichen tiefen Untersuchungen soviel Scharfsinn besitzen möchten, als Hr. Maymon" (11: 49).[21]

In der bisherigen Maimonforschung finden sich nun zwei Auffassungen hinsichtlich des Verhältnisses zwischen *diesem* Problem und der Problematik des transzendentalen Idealismus bei Maimon, d.h. dem Ding-an-sich-Problem. Innerhalb von einer älteren Interpretationstendenz wird von einem sehr engen Zusammenhang zwischen den beiden ausgegangen, wobei Maimon so gelesen wird, als würde er in beiden Fällen von einem *idealistischen* Standpunkt aus Kant rezipieren und kritisieren. Diese Art der Interpretation verbindet das „quid juris"-Problem, und insbesondere den Versuch Maimons, mit seiner sogenannten Differentialtheorie einen konstruktiven Lösungsvorschlag dazu zu machen, mit den – aus meiner Perspektive nur vermeintlichen – maimonschen Thesen über die *Entbehrlichkeit* von Dingen an sich. Diese erste Auffassung ist charakteristisch für Interpret:innen, welche die *Standardinterpretation* zur Problematik des Dings an sich bei Maimon, die ich in Kapitel 1 vorgestellt und kritisiert habe, vertreten. Dort haben wir schon gesehen, dass es bereits eine Alternative zur älteren Maimonforschung gibt, insbesondere was die Phase des *Versuchs über die Transzendentalphilosophie* und Fragen, die sich um die Differentialtheorie Maimons drehen, angeht. Es handelt sich um die Interpretation Engstlers, von der ich an geeigneter Stelle selbst Gebrauch gemacht habe. Im Gegensatz zur ersten Auffassung vertritt Engstler (1990: 27 ff.) die These, dass der Zusammenhang zwischen den zwei Problemen in der älteren Forschung überschätzt worden ist: Das „quid-juris"-Problem Maimons ist von Fragen, die sich um den transzendentalen Idealismus Kants drehen, zu entkoppeln. Dies bildet die zweite Auffassung zum Verhältnis der zwei Probleme zueinander.

Ich möchte für eine dritte Auffassung plädieren. Ich stimme Engstler zu, dass die Standardinterpretation Maimons, in Bezug auf sowohl die Ding-an-sich- als auch die „quid juris"-Problematik, aufgegeben werden muss. Aus diesem Grund möchte ich mich von ersterer Auffassung distanzieren. Im Gegensatz jedoch zur

---

[21] Ein anderer Gegner Kants, über den sich positive Äußerungen Kants finden, ist Pistorius: allerdings eher im Zusammenhang von Pistorius' Kritik an der *praktischen* Philosophie Kants; vgl. 21: 416, 5: 8, 5: 6. Die positive Einschätzung der Kritik Maimons hat Kant zu einem späteren Zeitpunkt relativiert und sein neues Urteil mit einer antisemitischen Äußerung begleitet. In Kants Brief an Reinhold vom 28.03.1794 ist zu lesen, dass die durch das Alter bedingte Schwierigkeit Kants, sich „in die Verkettung der Gedanken *eines Anderen* hineinzudenken", die Ursache für folgenden Umstand ist: Kant hat „nie recht [...] fassen können" was „z.B. ein *Maimon* mit seiner *Nachbesserung* der critischen Philosophie (dergleichen die Iuden gerne versuchen, um sich auf fremde Kosten ein Ansehen von Wichtigkeit zu geben) eigentlich wolle" und muss deshalb Maimons „Zurechtweisung [...] Anderen überlassen" (11: 494f.).

zweiten Auffassung verorte ich das Problematische an ersterer Auffassung nicht in der Behauptung, dass *überhaupt* ein Zusammenhang zwischen den zwei Problemen vorliegt, sondern an den *inhaltlichen* Thesen, die mit der Behauptung dieses Zusammenhangs traditionell assoziiert werden. Man kann die in der älteren Forschung gängige These, dass bestimmte Dimensionen des „quid-juris"-Problems mit dem Problem des Dings an sich zusammenhängen, akzeptieren, und dabei die These *bestreiten*, dass diese in Verbindung miteinander stehenden Überlegungen Maimons von einer *idealistischen* Position motiviert sind oder dass sie eine solche Position begründen wollen. So wie ich Maimon verstehe, entspringt sein „quid juris"-Problem einer *realistischen* Grundintuition, die große Ähnlichkeiten mit der Positionierung seiner Zeitgenossen im Hinblick auf die Unentbehrlichkeit einer starken Festlegung auf die Dinge an sich aufweist. Dieser alternative exegetische Zugriff auf das „quid juris"-Problem, den ich in der Folge plausibilisieren möchte, liefert uns einen weiteren Grund, warum wir Fragen, die sich um die starke Festlegung auf die Dinge an sich drehen, besondere Aufmerksamkeit schenken sollten.

Zur Plausibilisierung dieses Zugriffs gehe ich wie folgt vor. Zunächst skizziere ich das „quid juris"-Problem nach Maimon. Anschließend präsentiere ich meine Auffassung: Ein Zusammenhang mit der Problematik des Dings an sich wäre die natürliche Interpretation des Denkens Maimons. Zum Schluss formuliere und kommentiere ich einen möglichen Einwand, wonach sich das „quid juris"-Problem neutral zu Idealismus-/Realismusfragen verhält. Bei meinem Umgang mit diesem möglichen Einwand halte ich an der These fest, dass die von mir vertretene Interpretation eine natürliche Interpretation darstellt, die textlich untermauert ist.

Das Problem besonderer Kausalurteile bei Kant: Maimons Trilemma

Kant zufolge sind die Kategorien Begriffe nichtempirischen Ursprungs, die jedoch für empirische Gegenstände gelten und im Hinblick auf diese objektive Gültigkeit haben. Das Hauptprojekt der Transzendentalen Analytik, und insbesondere der transzendentalen Deduktion der Kategorien, besteht darin, zu zeigen, dass wir *berechtigt* sind, solche Begriffe auf Gegenstände anzuwenden. Aufbauend auf seine Thesen über die Kategorien, formuliert und verteidigt Kant die Grundsätze des reinen Verstandes. Dazu zählen *allgemeine* Aussagen wie „Alle Veränderungen geschehen nach dem Gesetze der Verknüpfung der Ursache und Wirkung" (B231). Im Rahmen seines „quid juris"-Problems fragt sich Maimon nun, wie die Anwendung der Kategorie von Ursache und Wirkung im Hinblick auf *bestimmte* Gegenstände aussieht, und zwar insofern sie in *besonderen* Kausalurteilen – im Gegensatz zu bloß allgemeinen Aussagen – zum Ausdruck kommt. Er fragt sich,

I Die Unentbehrlichkeit einer noch stärkeren Festlegung auf die Dinge an sich — 251

was uns berechtigt, Urteile zu fällen, welche einen kausalen Zusammenhang zwischen bestimmten Ereignissen ausdrücken, etwa am Beispiel des Urteils „Feuer schmilzt das Wachs".²² Maimon denkt, dass es von kritischer Bedeutung für das kantische Projekt ist, eine spezifisch kantische Antwort auf diese Frage zu liefern; solange wir dies nicht getan haben, haben wir die objektive Gültigkeit der Kategorien nicht gezeigt.

> Aber wie kann ich aus dem *Grundsatze:* alles was geschieht, geschieht nach den Gesetzen der *Kausalität,* diesen *durch gegebenen Objekten bestimmten Satz* herleiten, daß die Sonnenstrahlen das Eis nothwendig schmelzen? Aus diesem Grundsatze folgt nur, daß *Objekte der Erfahrung überhaupt in Kausalverbindung* mit einander gedacht werden müssen, keinesweges aber, daß eben *diese Objekte* es seyn müssen, die in diesem Verhältnisse stehen. (Maimon 1794: 489 f./[431 f.])²³

Die Frage, die ihn beschäftigt, bezeichnet Maimon in Anlehnung an Kants Formulierung in der transzendentalen Deduktion (A84/B116) als das „quid juris"-Problem (Maimon 1790b: 51 f., Maimon 1794: 250/[192]). Anders als bei Kant betrifft dieses Problem nur eine Kategorie, nämlich die der Ursache und Wirkung, und betrifft nicht deren objektive Gültigkeit im Allgemeinen, sondern ihre Gültigkeit mit Blick auf bestimmte Gegenstände bzw. Ereignisse.²⁴ So wie ich Maimon verstehe, (i) fragt er sich nach der epistemischen Rechtfertigung von Überzeugungen, welche einen kausalen Zusammenhang zwischen bestimmten Ereignissen betreffen, und (ii) geht dabei davon aus, dass die Behauptung eines kausalen Zusammenhangs die Behauptung einer notwendigen Verbindung zwischen den Ereignissen impliziert. Maimon stellt diese Frage, um anschließend zu zeigen, dass sie – zumindest im einem kantischen Rahmen – nicht beantwortbar ist. Kants Hume-Widerlegung wird somit als erfolglos eingestuft.

---

22 Das Beispiel wurde unter (i) als ein „intuitives" Beispiel zur Veranschaulichung der Überlegungen rund um die *starke* Festlegung auf die Dinge an sich angeführt; vgl. Maimon 1790b: 356. Für ein ähnliches Beispiel vgl. Maimon 1794: 249/[191].
23 Vgl. auch Maimon 1790b: 40 f.
24 Mit meiner Rede von *Ereignissen* möchte ich mich nicht auf die These verpflichten, dass Kant eine solche Kausalitätskonzeption vertritt. Zur Kritik an der These, dass Kants Kausalitätsmodell im Sinne eines Ereigniskausalitätsmodells zu interpretieren ist, vgl. insbesondere Watkins 2005; diesem alternativen Modell zufolge sind die Ursachen keine Ereignisse, sondern Substanzen, die ihre kausalen Vermögen ausüben. Da sich viele Fragen, die ich im Folgenden bespreche, soweit ich sehen kann, neutral zur Frage verhalten, inwiefern Kant eine Ereignis- oder Substanzkausalität vertritt, favorisiere ich an manchen Stellen *der Einfachheit halber* die Rede von Ereignissen (weil unser zeitgenössisches Kausalitätsverständnis eher einer Ereigniskausalität entspricht) oder Gegenständen (weil Maimon seine Thesen oft so ausdrückt).

Wie in Kapitel 1 bereits angemerkt wurde, ist die Struktur der Texte Maimons notorisch unübersichtlich, so dass eine Rekonstruktion seiner Kantkritik alles andere als einfach ist. Obwohl es nicht evident ist, ist es meines Erachtens am hilfreichsten, die oft verstreuten Bemerkungen Maimons als ein *Trilemma* für Kantianer:innen zu rekonstruieren. Maimon unterscheidet drei mögliche Antworten auf seine Frage und argumentiert dafür, dass alle drei Antworten unbefriedigend wären. Die erste Option, die Maimon erwägt (Option (i)), wäre die Behauptung, dass die Quelle unserer Rechtfertigung apriorisch ist, und zwar so, dass sie sich unserem *Verstand* verdankt. Die Idee ist, dass wir a priori Wissen um Kausalzusammenhänge haben könnten, wenn unser *Verstand* diese Kausalzusammenhänge selbst hergestellt hätte. Maimon denkt, dass diese Option systematisch unhaltbar wäre und dass Kant selbst eine solche Option eindeutig *nicht* vertritt. Die zweite Option (Option (ii)) für die Kantianerin wäre zu antworten, dass die Quelle unserer Rechtfertigung aposteriorisch ist (zum Beispiel sinnliche Wahrnehmung des kausalen Zusammenhangs, empirische Untersuchung der in den Ereignissen involvierten Gegenstände). Genauso wie im Fall der ersten Option denkt Maimon, dass diese zweite Option klarerweise unbefriedigend wäre. Er schließt aus, dass diese Option Kants eigene Antwort sein könnte. Maimon denkt, dass es eine dritte Option gibt (Option (iii)) und dass Kant, angesichts der Unhaltbarkeit der ersten zwei Optionen, sich klarerweise für diese dritte Option entscheidet. Innerhalb dieser dritten Option ist zwar die Quelle der Rechtfertigung apriorisch – so wie im Fall der Option (i) –, sie verdankt sich jedoch nicht unserem Verstand, sondern der Zeit als unserer Form der Sinnlichkeit. Die Idee scheint zu sein, dass die Anwendung der Kausalitätskategorie und die Behauptung eines Kausalzusammenhangs zwischen zwei bestimmten Ereignissen über einen Verweis auf ihre zeitlichen Relationen läuft, über die ich Wissen a priori haben kann. Mit dieser Option setzt sich Maimon ausführlicher auseinander und argumentiert in verschiedenen Anläufen, dass sie genauso wie die zwei ersten Optionen letztlich keine befriedigende Antwort auf sein Problem liefert und ebenfalls scheitern muss.

Warum bestreitet Maimon das Lösungspotential aller drei Optionen? Was die Optionen (ii) und (iii) angeht, verstehe ich die Kritik Maimons als die Kritik eines *Humeaners*. Im nächsten Abschnitt sowie im nächsten Kapitel werden wir uns mit diesen zwei Optionen etwas ausführlicher auseinandersetzen. Für unsere Zwecke in diesem Abschnitt möchte ich hier hingegen den Fokus auf Maimons Umgang mit Option (i) legen.

Eine realistische Grundintuition: Die natürliche Interpretation des Denkens Maimons

Option (i) zufolge stellt unser Verstand die Kausalzusammenhänge zwischen bestimmten Ereignissen/Gegenständen selbst her. Warum muss diese Option ausscheiden? Stünde sie zur Verfügung, dann ließe sich das Trilemma eventuell problemlos vermeiden. Darüber hinaus könnte man leicht auf die Idee kommen, dass für einen transzendentalen Idealisten wie Kant eine solche Option sogar besonders naheliegend wäre. So wie ich Maimon verstehe, schließt er diese Option sowohl in systematischer als auch in exegetischer Hinsicht aus, weil sie gegen realistische Grundintuitionen verstoßen würde. Kausalzusammenhänge zwischen bestimmten empirischen Gegenständen kann der Verstand nicht herstellen oder a priori vorschreiben, denn es handelt sich dabei um Gegenstände wie Feuer und Wachs, Gegenstände der Erfahrung, die vom Verstand *unabhängig* sind. Mit Blick auf das, was vom Verstand unabhängig ist, kann der Verstand nichts vorschreiben und dementsprechend nichts a priori wissen.

> Diese Bestimmung [Kausalzusammenhang zwischen bestimmten Gegenständen, MK] kann aber nicht durch den Verstand selbst bewerkstelliget werden, weil er bloß das Vermögen *der Regeln*, nicht aber *ihres Gebrauchs* ist. (Maimon 1791: 37/[13])

> [I]st aber die Anschauung *a posteriori*, und will ich der Materie eine Form geben und daraus ein Objekt des Denkens machen, so ist mein Verfahren offenbar unrechtmäßig; denn da die Anschauung *a posteriori* von irgend etwas außer mir, nicht aber *a priori* von mir selbst entsprungen ist, so kann ich ihr keine Entstehungsregel mehr vorschreiben. (Maimon 1790b: 49)

Das passt sehr gut zu den Thesen von Maimons Zeitgenossen, gemäß denen eine starke Festlegung auf Dinge an sich unentbehrlich ist: Die kategorialen Eigenschaften von Gegenständen, darunter Eigenschaften, die wir durch die Kategorie von Ursache und Wirkung beschreiben, sollten in entsprechenden Eigenschaften der Dinge an sich gegründet sein, die eine Rolle dabei spielen, *welche* kategorialen Eigenschaften den Gegenständen zukommen. Bei empirischen Gegenständen bleibt immer ein „subjektunabhängiger Rest", auf welchen der Verstand *keine* gesetzgebende Funktion ausüben kann. Es liegt nahe, Maimons Thesen hier als Ausdruck derselben Sorgen zu lesen, welche die anderen Erstleser treiben.

Es ist wichtig zu sehen, dass selbst für die transzendentale Idealistin Option (i) zu vermeiden wäre, solange sie dabei den Anspruch auf eine *gemäßigte* Position erhebt. Die Strategie, mittels der Verteidigung einer solchen Option der Kritik Maimons zu entgehen, würde nur unter der sehr starken Annahme funktionieren, dass der Beitrag des Verstandes nicht nur *notwendig* dafür ist, dass kausale Relationen zwischen empirischen Gegenständen bestehen, sondern dass dieser Beitrag *hinreichend* ist. Das Problem Maimons kann eine idealistische Strategie, die sich auf die gesetzgebende Funktion des Verstandes mit Blick auf die Erscheinungen beruft, nicht dadurch lösen, dass sie den Verstand als *mit*verantwortlich für solche Relationen aufweist, indem man zum Beispiel zeigt, dass es am Beitrag unseres Verstandes liegt, dass *alle* Ereignisse in der empirischen Welt eine Ursache haben. Wollte man mittels einer Berufung auf die Rolle des Verstandes das Problem Maimons (ansatzweise) lösen, müsste man den Verstand als *allein* verantwortlich für die Kausalzusammenhänge betrachten. Wäre der Verstand bloß mitverantwortlich, und wollte man Raum für den Beitrag der Dinge an sich lassen, dann würde ein Erklärungsrest mit Blick auf genau die Frage bleiben, die Maimon beschäftigt: Woher weiß ich, dass ein *bestimmtes* Ereignis ein anderes *bestimmtes* Ereignis verursacht hat? *Dass* alle Erscheinungen dem Kausalprinzip unterliegen, so dass alle Ereignisse auf der Erscheinungsebene eine Ursache haben, mag auf den Beitrag des Subjekts zurückzuführen sein. Fragt man sich jedoch, *welche* die Ursache eines *bestimmten* Ereignisses ist, dann fällt es schwer zu sehen, wie eine Kantianerin den Beitrag der Gegenstände als Dinge an sich bestreiten könnte, ohne bei einer radikalen, keineswegs gemäßigten Spielart des Idealismus zu landen. Indem Maimon den Fokus auf besondere Kausalurteile und die Anwendung der Kausalitätskategorie auf bestimmte Gegenstände/Ereignisse legt, nämlich solche wie Feuer und Wachs, macht er auf diese Schwierigkeit aufmerksam: Eine Berufung auf Idealismus hilft uns wenig, wenn es um die Kausalzusammenhänge von bestimmten Gegenständen geht; zu behaupten, dass das Subjekt selbst solche Kausalzusammenhänge herstellt, ohne dass die Relationen der Gegenstände als Dinge an sich eine leitende Rolle dabei spielen, kommt einer starkidealistischen These gleich, welche mit dem bloß formalen Idealismus Kants unvereinbar wäre. Aus diesem Grund werte ich das ganze Problem als abhängig von Maimons stillschweigender Zustimmung zur Unentbehrlichkeit einer starken Festlegung auf Dinge an sich.

Zu einer solchen realismusfreundlichen Auslegung der Kritik Maimons passt die Art und Weise, wie Kant selbst diese Kritik verstanden zu haben scheint. In einem bereits erwähnten Brief an Marcus Herz vom 26.05.1789 nimmt Kant Stellung zu Maimons Kritik. Es ist bemerkenswert, dass der erste Punkt, den er im Rahmen seiner Stellungnahme betont, gerade die Unterscheidung zwischen Erscheinungen und Dingen an sich betrifft. Als Antwort auf Maimons „quid juris"-Frage schreibt er: „Hierauf antworte ich: dies alles geschieht in Beziehung auf ein uns unter diesen Bedingungen allein mögliches Erfahrungs-Erkentnis, also in subiectiver Rücksicht, die aber doch zugleich obiectiv gültig ist, weil die Gegenstände nicht Dinge an sich selbst, sondern bloße Erscheinungen sind" (11: 50 f.). Kant scheint hier eine *idealistische* Strategie als Reaktion auf Maimons Kritik zu verfolgen. Er scheint zu behaupten, dass der Verstand Kausalzusammenhänge sehr wohl herstellen kann, weil diese Gegenstände *subjektabhängige* Entitäten,

Erscheinungen sind. Diese Reaktion Kants werden wir uns im nächsten Kapitel genauer anschauen, und dort werde ich die These vertreten, dass sie nicht *so* idealistisch zu deuten ist und es sich deshalb um eine *moderatere* Strategie handeln könnte. Für unsere jetzigen Zwecke ist jedoch festzuhalten, dass unabhängig davon, wie radikal oder moderat die Reaktion Kants ist, sie sich in jedem Fall als eine Reaktion versteht, die idealistisch (ohne nähere Qualifizierung) motiviert zu sein scheint. Nun ergibt eine solche Reaktion nur dann Sinn, wenn dem Gegner unterstellt wird, dass er mit – angreifbaren – realistischen Grundannahmen operiert. Die Interpretation des Problems Maimons als eines Problems, das realistisch motiviert ist, war für einen der ersten, und besonders wichtigen, Leser Maimons die *natürliche* Interpretation seines Denkens.

Ein möglicher Einwand: Irrelevanz des Dings an sich?

Nun könnte man entgegnen, dass sich das, was auf den ersten Blick eine natürliche Interpretation zu sein scheint, als eine sehr unnatürliche, falsche Interpretation entpuppen könnte, wenn man den Fokus auf die Details des „quid juris"-Problems legt. Man könnte zum Beispiel die These geltend machen, dass das Problematische an Option (i), die Maimon als möglichen Ausweg aus dem Trilemma verwirft, sich neutral zu Fragen nach der richtigen Rolle des Dings an sich verhält; denn es handelt sich um ein Problem, das sich bereits auf *Erscheinungsebene* stellen könnte. Selbst wenn die empirischen Gegenstände nach Maimon Erscheinungen und – im Rahmen seines phänomenalistischen Verständnisses davon – mentale Entitäten sind, die auf keine Dinge an sich verweisen, könnte die gesetzgebende Funktion des Verstandes mit Blick auf solche Gegenstände trotzdem mit einer großen Schwierigkeit konfrontiert sein: Diese mentalen Entitäten wären Gegenstände der *Sinnlichkeit*, nicht des Verstandes, so dass es nicht unmittelbar ersichtlich ist, dass und warum der *Verstand* Gegenständen der *Sinnlichkeit* etwas vorschreiben kann. So ausgelegt, wäre das Problematische an Option (i) durch einen *Dualismus* zwischen Sinnlichkeit und Verstand bedingt, der sich im kantischen System unabhängig von der Ding-an-sich-Problematik bemerkbar macht. Es gibt begrifflichen Raum für eine alternative Interpretation der ganzen Schwierigkeit, die das ganze Problem als eine skeptische Bedrohung liest, die innerhalb der Sphäre des Vorstellungsimmanenten entsteht.[25]

Zur exegetischen Stützung dieser alternativen Interpretation könnte man sogar auf die (wenigen) Stellen verweisen, an denen Maimon explizit sein „quid

---

25 Vgl. Bransen 1991: 148 ff., Beiser 1987: 291 ff. und 370 f. Fn. 15. Vgl. auch Bondeli 2006: 319 f.

juris"-Problem als ein Problem formuliert, das *Erscheinungen* genauso wie Dinge an sich treffen soll. Maimon schreibt zum Beispiel:

> Die *Kathegorien* können also nicht von *Dingen an sich* gebraucht werden, weil diese, da sie durch keine *innere* Merkmale, sondern bloß durch die *Kathegorien* gedacht werden, nicht im Verhältnisse der *Bestimmbarkeit* erkannt werden können. Von *Erscheinungen*, da diese in gedachtem Verhältniß *erkennbar* sind, können zwar die *Kathegorien* gebraucht werden; ob sie aber *wirklich* gebraucht werden, bleibt noch immer zweifelhaft. Dieses ist der *Grund* meines *Skeptizismus*. (Maimon 1794: 248/[190])

> Ich läugne (oder wenigstens bezweifele) sowohl den *transzendentalen* als den *empyrischen* Gebrauch der *Kathegorien*. Jenen, weil *Dinge an sich* in keinem zu diesem Gebrauche erforderlichen *erkennbaren* Verhältniß der *Bestimmbarkeit* stehen. Diesen, weil das an *empyrischen Objekten* wahrgenommene *Zeitverhältniß* nicht dieses Verhältniß der *Bestimmbarkeit* ist. (Maimon 1794: 250/[192])

Dieser Aspekt der Position Maimons könnte als Indiz dafür gelesen werden, dass sein ganzes Problem kaum etwas mit der Problematik einer starken Festlegung auf die Dinge an sich zu tun hat. Vor dem Hintergrund dieses möglichen Einwands möchte ich die „natürliche" Interpretation verteidigen. Natürlich *kann* man eine umständliche alternative Interpretation liefern, wonach Maimon auf ein skeptisches Problem hinweist, das sich unabhängig von der Ding-an-sich-Problematik stellt. Die entscheidende Frage ist jedoch: *Warum* wäre die Entwicklung einer solchen alternativen Interpretation überhaupt erstrebenswert? Warum könnten wir ihm nicht stattdessen die intuitive These zuschreiben, die seine ebenfalls von Hume inspirierten Zeitgenossen, Schulze und Jacobi, vertreten? Dabei ginge es um die These, dass das ganze Problem des Kausalitätsskeptizismus das Verhältnis zwischen *unseren* Kategorien und den Gegenständen, *insofern sie unabhängig von uns sind*, betrifft. Das wäre eine sehr natürliche Weise, die skeptische Sorge zu formulieren. Derselbe Punkt wird jedoch höchst kontrovers, sobald man das Schreckwort „Ding an sich" äußert. Meines Erachtens liegt es vor allem an der Mystifikation des Begriffs des Dings an sich in der Kantinterpretation, dass man sich dann darum bemüht, das ganze Problem als eines zu formulieren, das ohne Verweis auf das Schreckwort auskommt. Und soweit ich sehen kann, ist der Versuch, einen Verweis auf das Ding an sich unbedingt zu vermeiden, die eigentliche Motivation für die umständliche Alternative.

Aus der Perspektive der Standardinterpretation der Haltung Maimons zum kantischen Ding an sich, die wir im ersten Teil dieser Arbeit gesehen haben, wäre es tatsächlich durchaus sinnvoll, um eine Vermeidung eines Verweises auf das Ding an sich bemüht zu sein. Würde man meiner „natürlichen" Interpretation des realistischen Hintergrunds des „quid juris"-Problems Maimons folgen, und zugleich die Standardthesen zu Maimons Rezeption des kantischen Dings an sich

I Die Unentbehrlichkeit einer noch stärkeren Festlegung auf die Dinge an sich — 257

vertreten – wonach Maimon sogar die *schwache* Festlegung auf Dinge an sich für entbehrlich hält und sie Kant (als eine Position, die Kant selbst explizit vertritt) gar nicht zuschreiben möchte –, dann würde innerhalb von Maimons Gesamtinterpretation von und -kritik an Kants Werk eine eklatante Spannung entstehen. Ich *bestreite* jedoch die Standardthesen zu Maimons Rezeption des kantischen Dings an sich. Wir haben in den Kapiteln 1 und 2 gesehen, dass sowohl die systematische als auch die exegetische Komponente der Standardinterpretation von Maimons Rezeption des kantischen Dings an sich aufzugeben bzw. stark zu relativieren sind. Aus meiner Perspektive ist die Beweislast zu verschieben: Nicht die Vertreterin der „natürlichen" Interpretation muss ihren Umgang mit dem „quid juris"-Problem verteidigen, sondern die Verfechterin der Alternative.

Man könnte jedoch noch weiter gehen und anhand einer detaillierten Analyse von relevanten Maimon-Stellen versuchen, die von mir favorisierte Interpretation exegetisch zu verteidigen. Aufgrund der Dunkelheit der relevanten textlichen Basis und der beachtlichen exegetischen Schwierigkeiten, die sie aufwirft, wäre dies allerdings eine schwierige und umfangreiche Aufgabe. Ich begnüge mich mit zwei relevanten Bemerkungen. Erstens denke ich, dass die eben zitierten Stellen, welche die Alternative stützen könnten, eigentlich gut zu meiner eigenen Interpretation passen: Dass Maimon auf die Unterscheidung zwischen Dingen an sich und Erscheinungen mit Blick auf sein „quid juris"-Problem überhaupt eingeht, werte ich als Maimons indirekte Gegenreplik auf Kants Reaktion. An den meisten Orten, insbesondere in seinem ersten Werk zu Kant, das Kant selbst zum Teil gelesen hat und worauf sich seine bereits zitierte Reaktion bezieht, formuliert Maimon das „quid juris"-Problem als ein Problem, das die Anwendung der Kategorie von Ursache und Wirkung auf *empirische Gegenstände* betrifft. Der Ausdruck „empirischer Gegenstand" ist vereinbar mit realistischen Annahmen. Empirische Gegenstände könnten auch Dinge an sich sein, und dieser Umstand dürfte der Grund sein, warum Kant auf die Unterscheidung zwischen Erscheinungen und Dingen an sich explizit hinweist. Die angeführten Stellen stammen aus dem späteren Werk, dem *Versuch einer neuen Logik,* und man kann sie als einen Versuch Maimons ansehen, mit explizitem Rückgriff auf die Unterscheidung zwischen Dingen an sich und Erscheinungen zu zeigen, warum Kants Idealismus nach wie vor dem Problem nicht entgehen kann.

So wie ich Maimons Replik verstehe, dreht sie sich um die Rolle der *Zeit* in der Unterscheidung zwischen Dingen an sich und Erscheinungen. Wie bereits angemerkt, interpretiert Maimon Kant so, als würde er die These vertreten, dass die Anwendung der Kausalitätskategorie und die Behauptung eines Kausalzusammenhangs zwischen zwei bestimmten Ereignissen über einen Verweis auf ihre zeitlichen Relationen, über die ich apriorisches Wissen haben kann, läuft. Vor dem Hintergrund der Unterscheidung zwischen Dingen an sich und Erscheinungen nimmt Maimons Kritik nun zwei verschiedene Formen an. Mit Blick auf die Dinge an sich scheint Maimons Sorge darin zu bestehen, dass Dinge an sich gar nicht in der Zeit sind und deshalb in keiner erkennbaren zeitlichen Relation stehen, so dass wir gar keine Anhaltspunkte für die Kategorienanwendung haben. Erscheinungen hingegen stehen in einer erkennbaren zeitlichen Relation, an der wir uns (gemäß Maimons Kantinterpretation) bei der Anwendung der Kategorie auf bestimmte Gegenstände orientieren, so dass man einen Vorteil gegenüber Dingen an sich hätte, die gar nicht in der Zeit sind. Trotzdem denkt Maimon, dass diese erkennbare zeitliche Relation nicht hinreichend für eine legitime Anwendung der Kategorie von Ursache und Wirkung ist: Aus der Existenz einer zeitlichen Relation zwischen zwei Ereignissen folgt keinesfalls die Existenz einer kausalen Relation. Wie schon erwähnt, verstehe ich den Einwand Maimons hier als den skeptischen Einwand eines Humeaners. Und die natürliche Lesart dieses Einwands ist es, ihn als Ausdruck einer realistischen Intuition zu lesen.[26]

Zweitens findet sich bei Maimon eine Reihe von Stellen, die zwar interpretationsbedürftig sind, aber sehr realistisch klingen, so dass sie zumindest als Anhaltspunkte für die von mir favorisierte Interpretation angeführt werden können. An einer Stelle heißt es: „Ich behaupte erstlich mit Herrn Kant, daß Zeit und Raum Formen der Sinnlichkeit a priori sind, und daß sie nichts, was in *den sinnlichen Gegenständen selbst*, sondern bloß unsre Art von den sinnlichen Gegenständen afficirt zu werden, enthalten" (Maimon 1791: 197/[173], meine Hervorhebung). In diesem Kontext, wo auf die transzendentalidealistische Raum- und Zeitkonzeption Bezug genommen wird, ist es eindeutig, dass mit „sinnlichen Gegenständen selbst" keine anderen Gegenstände als die Dinge an sich gemeint sein können.[27] In den „Briefen des Philaletes an Aenesidemus" findet sich zudem folgende interessante Äußerung:

> Da aber Kant seinem System nicht wirkliche Erfahrung, sondern blos die Möglichkeit der Erfahrung zum Grunde legt, so sehe ich nicht ein, wie man den Begriff von Erfahrung, deren

---

[26] Dazu passt, dass Maimon an relevanten Stellen den *Satz der Bestimmbarkeit*, der uns in Kapitel 1 beschäftigt hat, ins Spiel bringt. Dieser Satz betrifft die Bedingungen für *reelles*, im Gegensatz zu willkürlichem und bloß formellem, Denken. Die Problematik ist insgesamt schwierig, aber sie passt gut zur Idee, dass Maimon mit einem (gemäßigten) Realismus hinsichtlich kantischer Erscheinungen operiert: Diese kantischen Erscheinungen verweisen auf eine subjektunabhängige Welt, mit Blick auf welche skeptische Fragen gestellt werden können; Fragen, ob unser Denken über sie *reell* ist oder nicht, und ob wir berechtigt sind anzunehmen, dass diese Welt *tatsächlich* so beschaffen ist, wie wir *denken*.

[27] Vgl. Maimon 1791: 36/[12]. Für einen Verweis auf weitere relevante Stellen – in einem etwas anderen Kontext –, die eine solche Interpretation stützen könnten, vgl. Engstler 1990: 73 Fn. 8, 210 Fn. 63.

> Möglichkeit er zum Grunde legt, leugnen kann? Der Dogmatiker sowohl als der Skeptiker müssen allerdings den Begriff der Erfahrung, wie Kant ihn bestimmt, zugeben, nur daß jener den Grund von dem wirklichen Gebrauch dieses Begriffs (welchen Gebrauch er als Faktum des Bewußtseyns annimmt) in den *Dingen an sich*, dieser aber den vermeinten Gebrauch für eine *Täuschung* erklärt. Den Begriff an sich aber geben alle zu. (Maimon 1794: 455f./[397f.], meine Hervorhebungen)

Die Überlegung Maimons ist hier mit einem weiteren Aspekt seiner Kritik an Kants Hume-Widerlegung verschränkt, nämlich mit dem sogenannten „quid facti"-Problem, das im Rahmen dieser Arbeit nur am Rande behandelt wird.[28] Für unsere Fragestellung hier ist jedoch Maimons These wichtig, dass Dogmatismus und (sein eigener) Kausalitätsskeptizismus sich nicht darin unterscheiden, dass sie die zu beantwortende Frage anders verstehen; sie unterscheiden sich bloß darin, dass sie dieselbe Frage anders beantworten. Die zitierte Textstelle legt folgende Interpretation nahe. Der Dogmatismus und der Skeptizismus teilen dieselben realistischen Intuitionen: Ersterer ist eine optimistische Position, wonach der Begriff der Ursache und Wirkung gültig von Dingen an sich ist; Letzterer ist eine pessimistische Position, wonach unsere Überzeugung über die Gültigkeit des Begriffs von *denselben* Gegenständen als eine Täuschung eingestuft wird.

Ich möchte mein Plädoyer für den Zusammenhang zwischen dem „quid juris"-Problem Maimons und der Ding-an-sich-Problematik abschließen, indem ich eine letzte Bemerkung zur Alternative mache und sie mit Fichtes Reaktion auf Maimon in Verbindung bringe. Das Hauptargument für die Entkopplung des „quid juris"-Problems von der Ding-an-sich-Problematik besteht darin, dass sich *ähnliche* Probleme schon auf der Erscheinungsebene stellen, so dass es nicht nötig ist, die Dinge an sich ins Spiel zu bringen, um die Kantkritik Maimons verständlich zu machen. Aus dem Umstand, dass sich auf der Erscheinungsebene ähnliche Probleme ergeben, könnte man jedoch eine entgegengesetzte Diagnose stellen: Derselbe Umstand könnte als Hinweis darauf gewertet werden, dass ähnliche Probleme auf der Erscheinungsebene *wiederkehren*, weil sie bloß *umformuliert* und auf diese Ebene *verschoben* worden sind. Man könnte daraus die Schlussfolgerung ziehen, dass der Grund, weswegen Kant aus der Perspektive der umständlichen Alternative letztlich mit einem ähnlichen Problem (keine gesetzgebende Funktion des Verstandes mit Blick auf Gegenstände der Sinne) kämpfen muss, in der Tatsache besteht, dass man auch innerhalb dieser Alternative einer

---

28 Maimon zufolge betrifft das „quid facti"-Problem die Frage, *ob* Erfahrung und Anwendung der Kategorien auf empirische Gegenstände in unserer aktualen Welt überhaupt stattfinden. Es geht darum, ob Kant im Rahmen seines Projekts der transzendentalen Deduktion der Kategorien die Annahme der Aktualität von Erfahrung als Prämisse in Anspruch nehmen darf. Zu diesem Problem Maimons vgl. Kap. 6, Fn. 19 und 38.

realistischen Grundintuition gerecht werden möchte: nämlich, dass der Verstand nicht allmächtig ist und dass er unter Sachzwängen operiert, die gewährleisten sollen, dass dem Beitrag der Sinne eine angemessene, leitende Rolle zugewiesen wird.

Dass die gleichen Probleme auf der Erscheinungsebene wiederkehren, wird in der Maimonforschung manchmal anerkannt.[29] In diesem Zusammenhang ist jedoch Fichtes Reaktion auf Maimon besonders interessant. Im „Grundriss des Eigentümlichen der Wissenschaftslehre" schreibt Fichte:

> Lediglich durch die Einbildungskraft wendet ihr das Gesetz der Wirksamkeit [gemeint ist die Kategorie von Ursache und Wirkung, MK] auf Objekte an, erweißt *Maimon*, mithin hat eure Erkenntniß keine objektive Gültigkeit, und die Anwendung eurer Denkgesetze auf Objekte ist eine bloße Täuschung. Die Wissenschaftslehre gesteht ihm den Vordersatz [...] zu, zeigt aber durch eine nähere Bestimmung des Objekts, welche schon in der Kantischen Bestimmung liegt, dass unsre Erkenntniß gerade darum objektive Gültigkeit habe, und nur unter dieser Bedingung sie haben könne. – So geht der Skepticismus, und der Kriticismus jeder seinen einförmigen Weg fort, und beide bleiben sich selbst immer getreu. Man kann nun sehr uneigentlich sagen, dass der Kritiker den Skeptiker widerlege. Er giebt vielmehr ihm zu, was er fordert, und meistens noch mehr, als er fordert; und beschränkt lediglich die Ansprüche, die derselbe meistentheils gerade wie der Dogmatiker auf eine Erkenntnis des Dinges an sich macht, indem er zeigt, dass diese Ansprüche ungegründet sind. (Fichte 1795b: 191)

Aus der Perspektive der verbreiteten Interpretation des Denkens Maimons würde man diesen Vorwurf Fichtes wie folgt lesen: Maimons Position stellt eine *besondere* Spielart des Dogmatismus dar, die, obwohl sie sich vom Ding an sich losgelöst hat, die Probleme des Dogmatismus in einer *modifizierten* Form erbt. Mit Frederick Beisers Worten: „The thrust of his [d. h. Fichtes] reply is that Maimon too is guilty of his own form of dogmatism. Like Schulze, Maimon assumes that the categories must apply to some object independent of them, though in his case the object is something given in experience rather than a thing-in-itself beyond it" (Beiser 2003: 239).[30] Aus der Perspektive der von mir vertretenen „natürlichen" Interpretation ist die ganze Lage jedoch einfacher. Maimon ist kein Halb-Fichteaner, der auf der Strecke geblieben ist und leider in eine *modifizierte* Variante von Dogmatismus zurückfällt. Maimon wollte nie ein Fichteaner sein, und mit seiner Rede von „empirischen Gegenständen" oder „Gegenständen der Sinne" war nie die These gemeint, dass Sorgen um solche Gegenstände von Sorgen um die Dinge an sich zu entkoppeln sind. Dass eine solche Positionierung – genauso wie im Fall

---

29 Vgl. Cassirer 1920: 86 ff.
30 Hier bezieht sich Beiser auf die zitierte Äußerung Fichtes sowie auf weitere Stellen aus der „Grundlage der gesamten Wissenschaftslehre" (Fichte 1794/95: 261 f., 264, 280, 368 f.).

der Position Schulzes – skeptische Folgen haben mag, würde er in Kauf nehmen. Was für ihn hingegen nicht zur Debatte stünde, wäre die Preisgabe von realistischen Grundintuitionen bei dem Versuch, solchen skeptischen Folgen zu entgehen.

Zusammenfassend lässt sich feststellen, dass einiges für eine Verbindung zwischen dem „quid juris"-Problem und der Ding-an-sich-Problematik spricht. Ich ordne Maimon genauso wie die anderen Erstleser Kants als einen Verfechter der Unentbehrlichkeit einer starken Festlegung auf die Dinge an sich ein. Das ist für eine kritische Würdigung der frühen Rezeption und Kritik von Kants transzendentalem Idealismus folgenreich: Ein vergleichsweise prominenter Aspekt der frühen Kantkritik und -rezeption, der das zentrale Projekt der Transzendentalen Analytik in den Blick nimmt, stellt eine realistisch motivierte Kritik am Status des kantischen Dings an sich dar, die über die Frage nach der Existenz von Dingen an sich und einer Affektion durch diese hinausgeht.[31]

Vor diesem Hintergrund lässt sich das Zwischenfazit dieses Kapitels ziehen. Die Erstleser machen sich viele Gedanken über das kantische Ding an sich und warum wir es brauchen. Diese Gedanken betreffen die Eigenschaften von Dingen an sich und ihre leitende Rolle innerhalb der Erfahrung, und führen zu einer Verschärfung von Kants Dilemma, wonach eine Festlegung auf Dinge an sich zugleich unentbehrlich und unzulässig sein soll. In diesem Abschnitt haben wir gesehen, dass alle Erstleser der Meinung sind, dass eine starke Festlegung auf die Dinge an sich den Kernbestandteil eines gesunden Realismus ausmacht, den auch die moderate Idealistin respektieren sollte. Dieselben Leser denken jedoch zugleich, dass es in der kantischen Philosophie um diese starke Festlegung schlecht bestellt ist, so dass es keinen Raum für sie gibt. Das ist die zweite Dimension der für dieses Kapitel relevanten Überlegungen der Erstleser, zu deren Besprechung ich jetzt komme.

---

31 Das bedeutet nicht, dass es zwischen Maimon und seinen Zeitgenossen keine Unterschiede gibt, was den Umgang mit zentralen Aspekten der kantischen Lehre angeht, vor allem den Umgang mit der transzendentalen Deduktion der Kategorien. Wir werden im nächsten Abschnitt sehen, dass sich tatsächlich eine interessante Abweichung abzeichnet. Diesen Unterschied sehe ich jedoch als operativ auf der Ebene des *zweiten* Horns des Dilemmas für Kant (Unzulässigkeitsvorwurf) und nicht als relevant für die Unentbehrlichkeitsfrage, die in diesem Abschnitt im Mittelpunkt steht.

II Die Unzulässigkeit einer noch stärkeren Festlegung auf die Dinge an sich

Warum würde man denken, dass es keinen Platz für eine starke Festlegung auf die Dinge an sich im Rahmen der kantischen Philosophie gibt? Ein erster, allgemeiner, Grund lässt sich in der Kantinterpretation der ersten Leser, so wie wir sie in den vorigen Teilen dieses Buchs kennengelernt haben, festmachen: Wir haben gesehen, dass sie denken, dass selbst eine *schwache* Festlegung auf die Dinge an sich unzulässig ist. Für jemanden, der Kant so liest, folgt daraus, dass die stärkere Festlegung *a fortiori* unzulässig wäre. Schon aufgrund dieses allgemeinen Grundes wäre die Sorge, dass die stärkere Festlegung auf Dinge an sich ein Problem für Kant darstellt, nachvollziehbar. Wenn dieser allgemeine Grund der einzige Grund wäre, dann würde die Verteidigung der kantischen Position gegen die Unzulässigkeit der schwächeren Festlegung ausreichen, um ebenfalls Platz für die stärkere Festlegung zu schaffen. Durch das Ausräumen der Bedenken, die gegen die schwächere Festlegung sprechen, hätte man zugleich die Bedenken eliminiert, die einer stärkeren Festlegung im Weg stehen.

Es lassen sich allerdings weitere, *spezifische*, Gründe für die Bedenken der ersten Kantleser nennen, die noch nicht thematisierte Fragen betreffen. Will man Kants Position vor dem Hintergrund dieser spezifischen Gründe verteidigen, dann reichen die bisher unternommenen Verteidigungsversuche nicht aus. Wir können zwei Hauptgründe spezifizieren: einen *exegetischen* und einen *philosophischen*. Beide werden in der frühen Kantkritik auf gewisse Weise thematisiert, und sie bleiben auch für Kantleser:innen unserer Zeit die größten Hindernisse, die eine (stärker) realistische Kantinterpretation überwinden muss. Der exegetische Grund besteht in der Annahme, dass Kant *selbst* eine starke Festlegung auf die Dinge an sich verwirft. Dieser Annahme liegt eine stark idealistische Interpretation zentraler Aspekte der kantischen Lehre zugrunde, nämlich in erster Linie der transzendentalen Deduktion der Kategorien und in zweiter Linie der Thesen Kants über Raum und Zeit. Wir werden im Unterabschnitt (i) sehen, dass die Mehrheit der Erstleser Kants von einer solchen Interpretation ausgeht. Der philosophische Grund für ihre Bedenken besteht in der Diagnose, dass unabhängig davon, welche Thesen Kant hinsichtlich der Unentbehrlichkeit einer starken Festlegung auf Dinge an sich tatsächlich vertritt, es ihm nicht gelingen kann, *sowohl* an dieser starken Festlegung festzuhalten, *als auch* ein zentrales Ziel zu erreichen, das mit dieser Lehre verfolgt werden sollte, nämlich die Widerlegung Humes. Maimons „quid juris"-Problem kann für die Formulierung und Rekonstruktion dieses zweiten Grundes, der in Unterabschnitt (ii) vorgestellt wird, fruchtbar gemacht werden. Der Hinweis auf Aspekte der Kantlektüre der Erstleser, der im vorliegenden Abschnitt unter dem Gesichtspunkt eines Unzulässigkeitsvorwurfs erfolgt, ergänzt zudem den schon im ersten Abschnitt dieses Kapitels unternommenen Versuch, einen Nachweis darüber zu erbringen, dass eine Sorge um das Ding an sich, die über die schwache Festlegung hinausgeht, in der frühen Kantkritik von zentraler Bedeutung war.

i Der exegetische Grund gegen eine starke Festlegung auf die Dinge an sich: Eine starkidealistische Interpretation zentraler Aspekte der kantischen Lehre, insbesondere der transzendentalen Deduktion der Kategorien

Die Erstleser Kants finden die Idee, dass Dinge an sich eine leitende Rolle in unserer Erfahrung spielen sollten, sehr vernünftig. Die meisten von ihnen denken jedoch, dass Kant diese vernünftige Idee explizit bestreitet und dass dies die Pointe seiner Kategorien-, Raum- und Zeitlehre ausmacht.

Dies kommt beim Umgang von Kants Erstlesern mit der transzendentalen Deduktion der Kategorien besonders zum Ausdruck. Bereits in der Göttinger Rezension ist zu lesen: „Aus den *sinnlichen Erscheinungen*, die sich von andern Vorstellungen nur durch die subjective Bedingung, daß Zeit und Raum damit verbunden sind, unterscheiden, macht der *Verstand* Objecte. Er *macht* sie. [...] [A]uf diese Weise, indem er in die Anschauungen der Sinne Ordnung, Regelmässigkeit der Folge und wechselseitigem Einfluß hineinbringt, die Natur im eigentlichen Verstande schafft, ihre Gesetze nach den seinigen bestimmt" (Feder/Garve 1782: 41). Solche Formulierungen, und insbesondere die bewusste Betonung des Ausdrucks „machen", welcher starke idealistische Konnotationen hervorruft, werte ich als die exegetische Einschätzung Feders und Garves, dass die kantische Kategorienlehre die Bestreitung einer starken Festlegung auf Dinge an sich impliziert.[32] Feder versteht Kants Thesen zum Zusammenhang zwischen Kategorien, Ordnung, Regelmäßigkeit und Natur als eine zutiefst idealistische Position, wie eine spätere Äußerung zeigt: Feder zufolge kommt Kant „auf die Schlußfolge [...], daß der Mensch dadurch, daß sein Verstand Verbindungen und Regelmäßigkeit in seine Wahrnehmungen bringt, *die Natur selbst hervorbringe*, mit der es in seiner Erkenntniß zu thun hat" (Feder 1787: 95f.).

Ähnliche Überlegungen sind in Jacobis Anhang „Über den transzendentalen Idealismus" prominent. Wie wir gesehen haben, wird dort ausgiebig aus dem „Vierten Paralogismus" zitiert, mit dem Ziel, den äußerst idealistischen Charakter der kantischen Philosophie und den prekären Status des Dings an sich zu un-

---

32 Die Formulierung ist schon in Garve (1783: 842) ursprünglicher Fassung der Rezension zu finden. Feder kursiviert allerdings das Wort „machen". Vgl. auch Garve 1783: 857.

terstreichen. Das ist jedoch nicht der einzige Abschnitt aus der *Kritik*, auf den sich Jacobi bei seiner Diagnose beruft. Der am zweitstärksten repräsentierte Abschnitt ist die A-Deduktion. Jacobi (1787: 107) zitiert folgende Stelle aus der A-Fassung der transzendentalen Deduktion der Kategorien:

> Die Ordnung und Regelmäßigkeit also an den Erscheinungen, die wir *Natur* nennen, bringen wir selbst hinein und würden sie auch nicht darin finden können, hätten wir sie nicht oder die Natur unseres Gemüths ursprünglich hineingelegt. [...] Ob wir gleich durch Erfahrung viel Gesetze lernen, so sind diese doch nur besondere Bestimmungen noch höherer Gesetze, unter denen die höchsten (unter welchen alle andere stehen) a priori aus dem Verstande selbst herkommen und nicht von der Erfahrung entlehnt sind, sondern vielmehr den Erscheinungen ihre Gesetzmäßigkeit verschaffen und eben dadurch Erfahrung möglich machen müssen. Es ist also der Verstand nicht blos ein Vermögen, durch Vergleichung der Erscheinungen sich Regeln zu machen: er ist selbst die Gesetzgebung für die Natur, d.i. ohne Verstand würde es überall nicht Natur, d.i. synthetische Einheit des Mannigfaltigen der Erscheinungen nach Regeln, geben; denn Erscheinungen können als solche nicht außer uns statt finden, sondern existiren nur in unsrer Sinnlichkeit. (A125 ff.)

In diesem Zusammenhang spielt er auf die kantische Analyse des Gegenstandsbegriffs in der A-Deduktion an. Jacobi schreibt:

> Der Verstand ist es, welcher das Object zu der Erscheinung hinzuthut, indem er ihr Mannigfaltiges in Einem Bewusstseyn verknüpft. Alsdenn sagen wir, wir erkennen den Gegenstand, wenn wir in dem Mannigfaltigen der Anschauung synthetische Einheit *bewürkt* haben; und der Begriff dieser Einheit ist die Vorstellung vom Gegenstande = X. Dieses = X ist aber nicht der transcendentale Gegenstand. (Jacobi 1787: 108)

Die Äußerung Jacobis verweist uns auf die in Kapitel 2 besprochene kantische Rede vom transzendentalen Gegenstand (A104 ff.). Jacobi kontrastiert den dort analysierten Gegenstandsbegriff mit dem Begriff eines subjektunabhängigen Gegenstands, d.h. dem Gegenstandsbegriff, dem Realist:innen anhängen würden. Die Formulierung Jacobis ist allerdings auf den ersten Blick verwirrend, denn, wie wir gesehen haben, er versteht unter „transzendentaler Gegenstand" das Ding an sich. Der Sache nach vertritt also Jacobi folgende These: Die Gegenstände, um die es in der Deduktion gehen soll, haben – bedauerlicherweise – nichts mit den Dingen an sich zu tun. [33]

In demselben Zusammenhang betont Jacobi, dass Kants Behauptungen in der Deduktion *nicht* mit einer anderen Position verwechselt werden sollten: Im Rahmen dieser anderen Position, die von der kantischen abzugrenzen ist, wären zwar

---

[33] Zu Jacobis Umgang mit dem Gegenstandsbegriff in der A-Deduktion vgl. Sandkaulen 2007: 190 f.

II Die Unzulässigkeit einer noch stärkeren Festlegung auf die Dinge an sich — 265

„Ordnung, Harmonie, jede Zusammenstimmung eines Mannigfaltigen, *als solche*, [...] allein im denkenden Wesen, welches das Mannigfaltige zusammen nimmt, und in Eine Vorstellung vereinigt" anzutreffen, *aber* „die *Bedingungen derselben* [Ordnung, Zusammenstimmung, MK] liegen ausser mir im Gegenstande, und ich werde durch die Beschaffenheit des Gegenstandes genöthigt, seine Theile so und nicht anders zu verknüpfen". Im Rahmen dieser anderen Position ist „der Gegenstand *auch* Gesetzgeber für den Verstand" (Jacobi 1787: 107 f. Anm., letzte Hervorhebung stammt von mir). Dass Kant im Rahmen der Kantinterpretation Jacobis die starke Festlegung auf Dinge an sich verneint, wird von letzterem Zitat belegt; denn die starke Festlegung besagt genau das, was Jacobi als eine *moderatere* Position präsentiert und derjenigen Kants gegenüberstellt. Was die Bestimmung der kategorialen Eigenschaften der Gegenstände, ihrer Ordnung und Gesetzmäßigkeit angeht, wäre im Rahmen der starken Festlegung der Beitrag des Verstandes zwar notwendig, aber nicht hinreichend.[34]

Pistorius sieht die Sache ähnlich. Wie wir festgestellt haben, ist Pistorius bereit, Zugeständnisse an die subjektive Komponente des transzendentalen Idealismus zu machen und die These zu unterschreiben, dass der Beitrag des Verstandes für das Vorliegen von kategorialen Eigenschaften notwendig ist. Als Philosoph widerspricht er bloß der These, dass dieser Beitrag hinreichend wäre. Nun ist es interessant, dass er offenbar davon ausgeht, dass Kant die Sache anders sieht. In einer Rezension über ein Werk des Kantianers Carl Christian Erhard Schmid formuliert Pistorius seine Thesen über die philosophische Unentbehrlichkeit einer starken Festlegung, mit denen wir uns bereits vertraut gemacht haben: Die „Verknüpfungen und Gesetze" von Erscheinungen und den ihnen zugrunde liegenden Dingen an sich „harmoniren [...] mit einander, und können daher nicht wesentlich verschieden, sondern müssen in der *Hauptsache* eben dieselbigen seyn" (Pistorius 1789: 115 f.). Nun lässt Pistorius seine Positionierung als Kantexeget durchblicken, indem er wie folgt weiterfährt:

> Wenn der Verf. [d. h. Schmid] hinzusetzt: „die Form und die Gesetze der Gegenstände, die wir uns vorstellen, hängen [...] *hauptsächlich* von dem Vorstellungsvermögen ab;" so ist dies

---

[34] Für weitere Belege aus Jacobis einflussreichem Anhang für die Zentralität der A-Deduktion vgl. Jacobis Ausführungen zur subjektiven Bearbeitung der Materie der Erkenntnis durch den Verstand in Jacobi 1787: 110 f. sowie den (nachträglichen) Vorschlag (Jacobi 1787: 103 Anm.) an seine Leser:innen, dem Deduktionsabschnitt ab A103 ff. – in der in Jacobis Zeit fast vergriffenen A-Auflage – besondere Aufmerksamkeit zu schenken. (Wie bereits erwähnt, war die B-Auflage noch nicht erschienen, als Jacobi den Anhang geschrieben hatte. Erst im Jahr 1815 wurde die Anmerkung der Gesamtausgabe der Schriften Jacobis hinzugefügt. Dort thematisiert Jacobi den Verlust, der mit einem Fokus auf die B-Auflage zulasten der A-Auflage einhergeht.) Für eine weitere Stelle im *David Hume* vgl. Jacobi 1787: 61.

hauptsächlich merkwürdig. Nach den sonstigen fast durchgängigen Aeusserungen der Kantischen Schule, hängt hier alles von dem Verstande ab, er schreibt den Dingen oder der Natur seine Gesetze vor, behandelt sie, als ob sie selbst gar keine Form, keinen eignen modum existendi hätten, sondern ihn erst von ihm selbst erhielten, und eine so unthätige phlegmatische Masse wären, aus der sich gerade alles machen lasse. Hier aber durch dies *hauptsächlich* zugegeben, daß die Objekte doch auch etwas thun, folglich nähert sich hier der Kant[ische] Purismus dem Empirismus. (Pistorius 1789: 116)

Hier wird die vergleichsweise realistische Position des Kantianers Schmid, die ich als eine starke Festlegung auf die Dinge an sich verstehe,[35] den *sonstigen* Äußerungen der kantischen Schule, und wahrscheinlich den Äußerungen von Kant selbst, gegenübergestellt. Pistorius scheint davon auszugehen, dass Kants Äußerungen im Rahmen der transzendentalen Deduktion eine starke Festlegung auf die Dinge an sich ausschließen.

Auch Schulze operiert mit einer stark idealistischen Interpretation der Deduktion und der Transzendentalen Analytik im Allgemeinen. Wir haben schon im vorigen Abschnitt gesehen, dass Schulze im *Aenesidemus* die exegetische These artikuliert, dass Kants Hume-Widerlegung offensichtlich nicht als Aufweis der Gültigkeit der Kategorie von Ursache und Wirkung mit Blick auf Dinge an sich intendiert ist. Expliziter wird Schulze in seinem Spätwerk zu Kant. Bei diesem Aspekt der Kantlektüre Schulzes möchte ich mich zwar angesichts der geringen geschichtlichen Wirkung des Spätwerks Schulzes nicht lange aufhalten, aber es ist bemerkenswert, dass Kants Objektivitätsanalyse in der Transzendentalen Analytik den späten Schulze derart stark beschäftigt. Dort verortet er den Kern der Sache in Kants Idealismus. Schulze (1801b: 258 ff.) zufolge wären die Thesen der Transzendentalen Ästhetik über die Idealität von Raum und Zeit mit dem „Cardinal-Satz" des Realismus, „nach welchem der Grund der Objectivität der Erfahrungserkenntnisse außer dem erkennenden Subjecte befindlich seyn soll" noch vereinbar. Dieser Satz wird in der Analytik jedoch aufgegeben. Dort erfährt die Kantleserin – nach Schulzes Kantinterpretation –, dass der „Grund der Beziehung" von Vorstellungen auf Objekte „schlechterdings nicht *außer uns*, sondern einzig und allein *in unserm Gemüthe selbst* [liegt], oder darin, daß der Verstand die sinnlichen Vorstellungen (Wahrnehmungen) gewissen a priori in ihm liegenden Begriffen gemäß geordnet [...] hat". Schulze (1801a: 96 ff.) *definiert* sogar den Begriff des Idealismus als die vorgenannte These zum Grund der Be-

---

35 Zu Schmids Positionierung vgl. Sassen 2000: 39 ff.

ziehung der Vorstellungen auf Objekte und schreibt, dass dieser Definition zufolge Berkeley, anders als Kant und Fichte, *kein* Idealist ist.[36]

Vor diesem Hintergrund lässt sich feststellen, dass fast alle Erstleser Kants bei ihrem Umgang mit seinem Projekt in der transzendentalen Deduktion davon ausgehen, dass Kant eine starke Festlegung auf die Dinge an sich nicht akzeptiert. Mit Bezug auf Kants Raum- und Zeitkonzeption vertreten mindestens zwei Leser eine ähnliche exegetische These. Im ersten Band des *Philosophischen Magazins* Eberhards wird Kant die These zugeschrieben, dass Raum und Zeit „bloß subjektive Gründe" haben (Eberhard 1789i: 258). Dies werte ich als die exegetische Einschätzung Eberhards, dass Kant, zumindest in der *Kritik*, die „Mittelhypothese" Pistorius' ausschließt und die These nicht akzeptieren würde, dass Dinge an sich proto- oder quasi-räumliche/-zeitliche Eigenschaften haben. Schulze sieht es ähnlich, und aus diesem Grund ist er von Kants Reaktion auf Eberhard (in der Streitschrift des Ersteren gegen den Letzteren) überrascht. Kant schreibt dort unter anderem:

> Die Folgerung aus obigen Beweisen, vornehmlich dem letzteren, die Herr Eberhard zieht, ist S. 262 diese: „So wäre also die Wahrheit, da Raum und Zeit zugleich subjective und objective Gründe haben, – völlig apodiktisch erwiesen. Es wäre bewiesen, daß ihre *letzten objectiven Gründe* Dinge an sich sind." Nun wird ein jeder Leser der Kritik gestehen, daß dieses gerade meine eigene Behauptungen sind. [...] S. 258, No. 3 und 4 sagt Herr Eberhard: „Raum und Zeit haben außer den subjectiven auch *objective* Gründe, und diese objective Gründe sind keine Erscheinungen, sondern wahre, erkennbare Dinge"; S. 259: „Ihre *letzten Gründe* sind Dinge an sich", welches alles die Kritik buchstäblich und wiederholentlich gleichfalls behauptet. (8: 207)

Schulze findet diese Äußerung Kants merkwürdig und meint, dass sie den eigentlichen Thesen Kants in der *Kritik* nicht entspricht. So wie ich Schulze verstehe, liest er die Äußerung Kants als Zugeständnis an Pistorius' „Mittelhypothese". Er ist der Ansicht, dass ein solches Zugeständnis „mit den deutlichen Erklärungen [streitet], welche die Kritik der reinen Vernunft von dem Ursprunge der Vorstellungen von Raum und Zeit giebt" (Schulze 1794: 447f.).[37] Schulze denkt

---

36 Für Schulzes späte Auseinandersetzung mit der kantischen Objektivitätskonzeption vgl. Hoyos 2008: 176ff. Hoyos legt allerdings den Schwerpunkt auf den anti-repräsentationalistischen Standpunkt des späten Schulze, der mit seiner Kritik an Kants Projekt in der Transzendentaler Analytik verschränkt ist. Ich möchte nicht bestreiten, dass Schulzes Anti-Repräsentationalismus bei dieser Kritik eine Rolle spielt. Aus meiner Perspektive wird dieser Aspekt in Hoyos' Interpretation jedoch überbetont. Dies führt zu einer Verkennung von wichtigen Aspekten der Kritik Schulzes, die im Mittelpunkt dieses Kapitels stehen.

37 Vgl. auch Schulze 1801b: 225f. Anm. In seinen Schriften spricht Schulze von S. 41 der Erstausgabe der Streitschrift Kants. Diese Seite der Erstausgabe entspricht 8: 207 der Akademieaus-

also, genauso wie Eberhard, dass Kants offizielle Raum- und Zeitkonzeption eine starke Festlegung auf Dinge an sich ausschließt.

Ich möchte auf einen letzten Aspekt der Kantlektüre durch die Erstleser aufmerksam machen, der mit der starkidealistischen Interpretation von Kants Thesen rund um Kategorien, Raum und Zeit verschränkt ist: Es geht um das Verhältnis zwischen Kant, Leibniz und der Lehre einer „prästabilierten Harmonie". Mehrere Erstleser scheinen zu denken, dass eine (vergleichsweise) realistische Kantinterpretation, welche die starke Festlegung auf Dinge an sich intakt lässt, unter anderem aus einem Grund ausgeschlossen werden muss, der in folgendem Umstand liegt: Kants Position wäre dann kaum unterscheidbar von einer, die eine prästabilierte Harmonie zwischen Erscheinungen und Dingen an sich lehrt und mit Leibniz assoziiert wird. Pistorius macht sehr klar, dass die von ihm propagierten Thesen hinsichtlich der Unentbehrlichkeit einer starken Festlegung auf die Dinge an sich die Annahme nach sich ziehen würden, „daß zwischen der Sinnenwelt und der intelligibeln eine vorher bestimmte Harmonie statt finde" (Pistorius 1786: 116) und dass das von ihm befürwortete Modell auf die Philosophie Leibniz' verweist (Pistorius 1786: 115). Jacobi sieht es ähnlich. Wir haben oben gesehen, dass Jacobi eine (vergleichsweise) realistische Position mit Blick auf die Kategorien erwägt, die zwar Zugeständnisse an den subjektiven Beitrag unseres Verstandes macht, aber trotzdem von der kantischen Position abzugrenzen ist. Jacobi (1787: 107f. Anm.) schreibt, dass diese Position keine andere als diejenige von Leibniz ist. Für Eberhards Kantlektüre ist dieser Aspekt besonders charakteristisch und zieht sich durch seine gesamte Kantkritik. Er denkt, dass, sofern

---

gabe. Die Annahme, dass Kants Äußerung dort einem Zugeständnis an die „Mittelhypothese" Pistorius' gleichkommt, ist gar nicht verkehrt. Kant verweist an der zitierten Stelle auf eine Seite aus Eberhards Aufsatz (S. 58), die keine andere ist als die Stelle, wo Eberhard auf die Rezension Pistorius' und die ausführlich entwickelte Raum- und Zeitkonzeption verweist, die ich im vorigen Abschnitt angesprochen habe. Unter der (kontroversen) Annahme, dass Kant den Text seines Gegners genau gelesen hat und dass seine Antwort an ihn ernst zu nehmen ist, könnte diese Äußerung Kants als Beleg für die These angeführt werden, dass er Pistorius' „Mittelhypothese" unterschreibt. Mit der These, dass Kant in seiner Streitschrift seine ursprüngliche Position modifiziert bzw. Zugeständnisse an Eberhard macht, scheint Vaihinger (1892: 539f.) zu sympathisieren. Aus Gründen, die ich nicht ganz durchschaue, wird eine solche These in der Eberhard-Monographie Gawlinas (1996: 170 ff.) bestritten. Für eine interessante Besprechung der kantischen Reaktion hier, die einen Zusammenhang mit einer Unterscheidung zwischen reinem Raum und reiner Zeit einerseits und empirischem Raum und empirischer Zeit andererseits sowie mit Debatten über substantivalistische und relationalistische Raum- und Zeitkonzeptionen herstellt, vgl. Jauernig 2021: 141 ff., 241 Fn. 102.

Kant eine überzeugende Position bezieht, diese keine andere als die von Leibniz sein kann.[38]

Vor diesem Hintergrund ließe sich die exegetische These, dass Kant eine starke Festlegung auf Dinge an sich nicht unterschreibt, auch mit Überlegungen rund um das Verhältnis zwischen Kants Idealismus und „prästabilierte Harmonie"-Lehren in Verbindung bringen. Eine explizite Äußerung Kants, dass er mit solchen Lehren nichts am Hut haben möchte, könnte als Beleg dafür gewertet werden, dass Kants Position *stark*idealistisch zu interpretieren ist. Eberhard (1792a: 84 ff.) verweist auf eine solche Äußerung Kants, die der B-Fassung der transzendentalen Deduktion (im Folgenden B-Deduktion) zu entnehmen ist (B166ff.). Dort unterscheidet Kant zwischen zwei möglichen Positionen hinsichtlich des Zusammenhangs zwischen Kategorien und Erfahrung: „entweder die Erfahrung macht diese Begriffe, oder diese Begriffe machen die Erfahrung möglich" (B166). Anschließend bespricht er einen *dritten* Fall, einen „Mittelweg", wonach die Kategorien „*weder selbstgedachte* erste Principien a priori unserer Erkenntniß, noch auch aus der Erfahrung geschöpft, sondern subjective, uns mit unserer Existenz zugleich eingepflanzte Anlagen zum Denken wären, die von unserm Urheber so eingerichtet worden, daß ihr Gebrauch mit den Gesetzen der Natur, an welchen die Erfahrung fortläuft, genau stimmte (eine Art von *Präformationssystem* der reinen Vernunft)" (B167). Eberhard akzeptiert weder die erste noch die zweite Position. Er meint stattdessen, dass die richtige Position folgendermaßen aussieht: „[U]nsere Erkenntniß und die Dinge außer ihr [müssen] nothwendig übereinstimmen, wenn sie dem Satz des Widerspruchs und des zureichenden Grundes gemäß sind" (Eberhard 1792a: 86). Diese Position können wir, wie es an anderer Stelle heißt, so verstehen, dass „die allgemeinsten Gründe der Erkenntniß [...] mit den allgemeinsten Gründen der Dinge, die erkannt werden, einerley" sind, so dass „der Satz des zureichenden Grundes [...] objektive Gültigkeit" hat (Eberhard 1789i: 245). Eberhard denkt, dass diese dritte Position dem von Kant angesprochenen dritten Fall, nämlich dem Mittelweg, entspricht. Und er denkt zugleich, dass „[d]ie Critik der reinen Vernunft [...] diesen Fall [verwirft], der dann [...] den ganzen kritischen Idealismus zerstören würde" (Eberhard 1792a: 87).

Der dritte Fall scheint derjenigen Position, die ich als die starke Festlegung auf die Dinge an sich beschrieben habe, sehr nahe zu stehen. Obwohl ich im nächsten Kapitel die These verteidigen werde, dass es wichtige Unterschiede zwischen den beiden gibt, sieht es auf den ersten Blick tatsächlich so aus, als

---

[38] Für eine relevante Belegstelle mit Blick auf die vergleichsweise realistische Raum- und Zeitkonzeption, die Eberhard favorisiert und bei Kant vermisst, vgl. Eberhard 1789e: 399 f.

fielen die zwei Positionen zusammen: Sowohl im Rahmen einer starken Festlegung auf die Dinge an sich als auch im Rahmen einer „prästabilierte Harmonie"- oder „Präformationssystem"-Lehre à la Eberhard würde man den empirischen Gegenständen als Dingen an sich (proto- oder quasi-)kategoriale Eigenschaften zuschreiben, die eine leitende Rolle dabei spielen, auf welche Weise ich meine apriorischen Begriffe auf diese Gegenstände anwende. Eberhards Berücksichtigung der Kant-Stelle aus der B-Deduktion ist interessant, weil sie uns zeigt, dass sich die starkidealistische Kantinterpretation der Erstleser hinsichtlich der uns in diesem Kapitel beschäftigenden Fragen aus zwei Sorten von Überlegungen speist. Die eine betrifft Äußerungen Kants, insbesondere solche zum Verstand als „Gesetzgebung für die Natur", die sehr idealistisch klingen und, beim Wort genommen, eine starke Festlegung auf Dinge an sich auszuschließen scheinen. Die andere Sorte betrifft Kants Versuch, sich von „prästabilierte Harmonie"-Lehren und dergleichen abzugrenzen. Man könnte leicht auf die Idee kommen, dass wir Kant eine starkidealistische Position zuschreiben müssen, wenn wir diesem Versuch seinerseits gerecht werden wollen. Es sind also solche Überlegungen, welche die überwältigende Mehrheit der Erstleser zur exegetischen These führen, dass Kant offensichtlicherweise eine starke Festlegung auf die Dinge an sich ausschließen möchte.

Diese Überlegungen der Erstleser dürften für viele Kantleser:innen wenig überraschend sein. Bei der Lektüre der *Kritik* ist es wahrscheinlich vielen ähnlich ergangen. Selbst wenn man die starke Festlegung auf Dinge an sich für eine sehr vernünftige Position hält, scheint es auf den ersten Blick keine echte exegetische Option darzustellen, Kant eine solche Position zuzuschreiben, so dass man auf Grundlage von solchen Überlegungen zu einer ähnlichen Diagnose wie die der Erstleser kommen könnte.

ii Der systematische Grund gegen eine starke Festlegung auf die Dinge an sich: Das antiskeptische Potential des kantischen Projekts, insbesondere des Projekts der transzendentalen Deduktion

Unabhängig davon, welche Thesen Kant aus einer exegetischen Perspektive zugeschrieben werden – ob man zum Beispiel denkt, dass Kant in der transzendentalen Deduktion eine starkidealistische Position explizit vertritt oder nicht – könnte man meinen, dass Kant bestimmte Thesen vertreten *sollte*, wenn er seine Ziele erreichen möchte. Man könnte zum Beispiel meinen, dass eine Idealismusvariante, die sich von einer stärkeren Festlegung auf Dinge an sich verabschiedet, für Kant unverzichtbar ist, wenn er ein *überzeugendes* Argument für die objektive Gültigkeit der Kategorien liefern möchte. Eines der wichtigsten Ziele der

Kritik besteht darin, die objektive Gültigkeit der Kategorien aufzuweisen und gegen vorgebrachte skeptische Einwände – insbesondere die Kritik Humes – zu verteidigen. Kant meint, im Gegensatz zu seinen Vorgänger:innen einen Erfolg für sich verbuchen zu können. Im Rahmen einer verbreiteten Interpretation des kantischen Projekts soll dieser Erfolg an Kants Loslösung von Dingen an sich liegen: Anders als seine Vorgänger:innen scheint er auf eine starke Festlegung auf Dinge an sich verzichten zu wollen, und man könnte meinen, dass ihm der Nachweis für diese objektive Gültigkeit *deshalb* gelingen kann.

Die Idee, dass wir im Rahmen einer wohlwollenden Interpretation des kantischen Projekts eine starke Festlegung auf die Dinge an sich vermeiden sollten, weil Kants Ziel sonst unerreichbar wäre, dürfte eine Idee sein, der viele gegenwärtige Leser:innen Kants zustimmen würden, die nicht die Absicht haben, Kant zu kritisieren. Wenn diese Idee jedoch mit der These kombiniert wird, dass eine starke Festlegung auf die Dinge an sich im Rahmen einer überzeugenden philosophischen Position unentbehrlich ist, dann landet man bei einem Dilemma: Entweder Kant akzeptiert eine starke Festlegung auf die Dinge an sich, und sein Versuch, die objektive Gültigkeit der Kategorien aufzuweisen und Hume zu widerlegen, scheitert; oder Kant bestreitet die starke Festlegung und erreicht dank der Ausnutzung von idealistischen Prämissen seine Argumentationsziele; der Erfolg ist dann jedoch zu teuer erkauft, denn eine Widerlegung des Skeptizismus, die nur um den Preis eines starken Idealismus erkauft wird, verdient ihren Namen nicht.

Ich denke, dass Maimons Kantkritik rund um das „quid juris"-Problem eine ähnliche Struktur aufweist: Es ist für Kant nicht möglich, *sowohl* die realistische Grundintuition zu respektieren, die einer starken Festlegung auf Dinge an sich zugrunde liegt, *als auch* Hume zu widerlegen. Die wichtigsten Überlegungen Maimons lassen sich aus einer philosophischen Perspektive so rekonstruieren, dass sie das heikle Verhältnis zwischen Realismus und Skeptizismus betreffen. Erinnern wir uns an Maimons Trilemma. Maimon fragt sich nach der epistemischen Rechtfertigung von Überzeugungen, welche den kausalen Zusammenhang zwischen bestimmten Ereignissen betreffen. Er unterscheidet zwischen drei möglichen Antworten auf seine Frage und argumentiert dafür, dass alle drei unbefriedigend wären. Option (i), wonach wir apriorisches Wissen um Kausalzusammenhänge haben könnten, wenn unser *Verstand* diese Kausalzusammenhänge selbst hergestellt hätte, wurde bereits abgehandelt. Wichtig für unsere Diskussion an dieser Stelle sind die weiteren Optionen, die Maimon erwägt. Option (ii) – die hier noch nicht abschließend behandelt worden ist – bedeutet für die Kantianerin, zu antworten, dass die Quelle unserer Rechtfertigung eine aposteriorische ist (zum Beispiel sinnliche Wahrnehmung des kausalen Zusammenhangs, empirische Untersuchung der in den Ereignissen involvierten Gegenstände). Diese Option formuliert Maimon oft, indem er von „materiellen Bestimmungen" von Gegenständen spricht. Die Idee scheint zu sein, dass wir uns bei der Anwendung der Kategorien von der Materie der Gegenstände leiten lassen, d. h. dem Aspekt von Gegenständen, der in einem kantischen Rahmen als aposteriorisch – im Gegensatz zu apriorischen Aspekten, die sich der kognitiven Verfasstheit des Subjekts statt der Erfahrung verdanken – sich charakterisieren lässt. Maimon denkt, dass diese zweite Option aussichtslos wäre, und schreibt sie Kant gar nicht zu. Aus diesem Grund beschäftigt er sich nicht intensiv mit ihr. So wie ich ihn verstehe, besteht sein Problem mit dieser Option darin, dass sie an Humes Einsichten vorbeigehen würde. Nach Maimons Lektüre hat Hume bereits gezeigt, dass wir durch die Sinne *keine* notwendige Verbindung wahrnehmen können (und dementsprechend, im Rahmen von Maimons Kausalitätsverständnis, auch keinen kausalen Zusammenhang).[39] Wir können hiernach in individuellen Fällen nur eine zeitliche Abfolge von Ereignissen, keinen kausalen Zusammenhang, empirisch wahrnehmen (Maimon 1791: 190/[166]). Wenn wir eine zeitliche Abfolge zwischen zwei Ereignistypen wiederholt beobachtet haben, so dass die zeitliche Konjunktion der zwei Ereignistypen konstant ist, dann erwarten wir, dass ein Ereignis des Typs *a* auf ein Ereignis des Typs *b* folgen wird. Diese Abfolge ist jedoch nicht notwendig und basiert bloß auf beobachteten Regularitäten, so dass die Erfahrung uns keine hinreichende Rechtfertigung für die Zuschreibung von kausalen Zusammenhängen zu bestimmten Gegenständen/Ereignissen bietet (Maimon 1791: 190/[166], 197 f./[173 f.]).

Weil Maimon denkt, dass diese zweite Option augenscheinlich anfällig für skeptische Einwände über unser Wissen um Kausalzusammenhänge wäre, schließt er aus, dass sie Kants eigene Antwort sein könnte. Es muss allerdings betont werden, dass diese zweite Option oft nicht als eine eigenständige Option präsentiert wird und in Maimons Kantkritik zusammen mit Option (i), die im vorigen Abschnitt besprochen wurde, auf sehr komprimierte Weise diskutiert wird, so dass sich meine Interpretation hier an eine „rationale Rekonstruktion" angrenzt. Vor diesem Hintergrund ist es nicht einfach, Textbelege anzuführen, welche genau diese Thesen im direkten Kontext des maimonschen „quid juris"-Problems zum Ausdruck bringen, ohne dass die erste Option mitschwingt.[40] Ich denke jedoch, dass Maimon der Sache nach diese Option erwägt, dass er alle ihm

---

39 Maimon (1797: 58 f./[56 f.]) unterscheidet zwischen *Begriff* und *Gebrauch* von Kausalität. Er stimmt der These zu, dass eine notwendige Verbindung Bestandteil unseres Kausalitätsbegriffs ist. Er formuliert dann skeptische Zweifel mit Blick auf unsere Berechtigung, diesen Begriff auf Gegenstände anwenden, d. h. zu gebrauchen. Diese These schreibt er auch Hume zu.
40 Relevant sind Stellen, wo Maimon von Materie und materiellen Bestimmungen spricht; vgl. Maimon 1790b: 41, 51 f., 128.

II Die Unzulässigkeit einer noch stärkeren Festlegung auf die Dinge an sich — 273

zugeschriebenen Thesen hinsichtlich Hume und Kausalität nachweisbar vertritt und dass er die hier vorgelegte Begründung hinsichtlich Option (ii) unterschreiben würde. Die Behandlung der Option (ii) als einer eigenständigen Option hilft uns, Maimons Kritik besser verstehen und würdigen zu können. Dies wird im nächsten Kapitel ersichtlich werden, wo ich die Kritik Maimons aus *kantischer* Sicht bespreche.

Diesen Überlegungen gemäß sieht Maimons Kantexegese wie folgt aus. Die offizielle kantische Antwort auf Maimons „quid juris"-Frage würde die *Form* unserer Sinnlichkeit ins Spiel bringen. Es geht dabei um Option (iii), wonach, wie bereits erwähnt, die Quelle der Rechtfertigung *apriorisch* ist und sich der *Zeit* als unserer Form der Sinnlichkeit verdankt. Hier beschreibt Maimon, wie er denkt, dass Kant seine Frage beantwortet:

> Wie können wir also denselben [d. h. den objektiven Gebrauch der Kategorie der Ursache und Wirkung, MK] rechtmäßig machen? Die Antwort hierauf oder die Deduktion ist diese: wir wenden diese Begriffe nicht auf die Materie der Anschauung unmittelbar, sondern bloß auf ihre Form *a priori* (die Zeit) und vermittelst derselben auf die Anschauung selbst an. Wenn ich also sage, *a* ist die Ursache von *b*, oder wenn *a* gesetzt wird, muß nothwendig auch *b* gesetzt werden; so ist nicht *a* und *b* ihrer Materie oder Inhalt nach, sondern nach besondern Bestimmungen ihrer Form (das Vorhergehen und das Folgen in der Zeit) bestimmt: d. h. *a* ist nicht darum *a* und nicht *b*, weil jenes eine materielle Bestimmung hat, die dieses nicht hat, (denn dieses, in so fern es etwas *a posteriori* ist, kann der Regel *a priori* nicht subsumirt werden); sondern weil es eine formelle Bestimmung (das Vorhergehen) hat, die *b* nicht hat. Und so ist es auch mit *b*; es wird nicht durch eine materielle sondern formelle Bestimmung (das Folgen) ihrer beiden gemeinschaftlichen Form (der Zeit) zu einem bestimmten von *a* verschiedenen Gegenstand. (Maimon 1790b: 51 f.)[41]

Die Behauptung eines Kausalzusammenhangs zwischen zwei bestimmten Ereignissen läuft über einen Verweis auf ihre zeitlichen Relationen, über die ich Wissen a priori haben kann: Was mich berechtigt, von einem Kausalzusammenhang zwischen Erwärmen durch Feuer und Wachsschmelzen auszugehen, ist die Tatsache, dass diese Ereignisse in einer zeitlichen Relation des Vorhergehens und Folgens stehen. Maimons Kantinterpretation hier scheint zum einen das – eventuell verkehrte – Ergebnis der Befolgung des Prinzips der wohlwollenden Interpretation zu sein: Maimon meint, gezeigt zu haben, dass alle Alternativen offenbar unbefriedigend wären, so dass, wenn es eine Option gibt, welche zumindest auf den ersten Blick aussichtsreich ist, es dann diese sein muss. Zum anderen ist seine Kantauslegung durch seine Interpretation des Schematismus-Abschnitts in der *Kritik* bedingt. Er geht davon aus, dass Kant sich dort mit Mai-

---

[41] Vgl. auch Maimon 1790b: 40 ff. und 64, Maimon 1791: 37 f./[13 f.], Maimon 1797: 130/[128].

mons eigenem „quid juris"-Problem beschäftigt. Er versteht die kantische Lösung wie folgt. Wir brauchen eine „vermittelnde" Vorstellung zwischen apriorischen Begriffen (Kausalität) und a posteriori gegebenen Gegenständen (wie Feuer und Wachs). Diese vermittelnde Vorstellung ist die Zeit, welche zwar eine *Anschauung*, aber gemäß Kants System dennoch *a priori* vorhanden ist. Aus den *zeitlichen* Relationen zwischen bestimmten Gegenständen darf ich in einem kantischen Rahmen auf *kausale* Relationen zwischen ihnen schließen. Entscheidend dabei ist die Kant-spezifische These, dass die Zeit *apriorisch* ist, so dass diese Antwort einen Vorteil gegenüber Option (ii), welche auf *aposteriorische* Aspekte der Erfahrung verweist, haben soll.

Mit Option (iii) setzt sich Maimon ausführlicher auseinander und argumentiert in verschiedenen Anläufen, dass sie ebenfalls scheitern muss. Der Grund, den er angibt, ist eine Berufung auf humeanische Thesen und Einsichten, mit denen wir bei der Vorstellung von Option (ii) vertraut wurden: Die Beobachtung einer (konstanten) zeitlichen Abfolge berechtigt mich nicht, auf das Vorhandensein einer notwendigen Verbindung zu schließen; Kants These, dass die Zeit irgendwie Form der Sinnlichkeit ist und deshalb als Quelle apriorischen Wissens fungieren kann, ändert daran nichts.

> [W]ie kann eine *allgemeine* sich auf *Objekte überhaupt* beziehende bloß *mögliche* Form von *bestimmten Objekten* wirklich gebraucht werden? Ich weiß, daß *Objekte überhaupt* in diesem Verhältnisse *stehen können*, woher weiß ich aber, daß das Feuer und die Wärme des Steines unter diese *Objekte* gehören? Durch das *Schema*, weil das Feuer *immer* (so weit unsere Erfahrung reicht) *vorhergehet* und die Wärme darauf *folgt*. Aber wie kann die in Beziehung auf die Existenz dieser Objekte *wahrgenommene* Regel in der *Zeitfolge* den *Grund* einer, in Beziehung auf ihre *Denkbarkeit*, *nothwendigen* Regel abgeben? Stünden diese *Objekte* in diesem *logischen* Verhältnisse, müßten sie freilich auch wirklich nach dieser Regel in der *Zeitfolge* existiren. Es folgt aber daraus nicht, daß es auch umgekehrt wahr ist. Wir müssen also voraussetzen, daß die *Existenz* nach dieser Regel in der *Zeitfolge*, in dem *logischen* Verhältniß worinn die *Objekte* mit einander stehen, gegründet ist. Aber hier kehrt wieder die Frage zurück: woher wissen wir, daß diese *Objekte* in diesem *logischen* Verhältniß mit einander stehen? (Maimon 1794: 249 f./[191 f.])[42]

Nach Maimon führt uns der Umweg über Option (iii) und die Kant-spezifische Theorie über die Apriorität der Zeit zurück zum Problem, mit dem schon Option (ii) konfrontiert wird: Ich kann nicht wissen, dass ein kausaler Zusammenhang zwischen bestimmten Gegenständen/Ereignissen *tatsächlich* besteht, so dass die Anwendung der Kategorien auf bestimmte Gegenstände/Ereignisse nach wie vor als unberechtigt einzustufen ist.

---

42 Vgl. Maimon 1790b: 63 ff., Maimon 1797: 150 ff./[148 ff.].

II Die Unzulässigkeit einer noch stärkeren Festlegung auf die Dinge an sich — 275

Vor dem Hintergrund einer solchen Rekonstruktion des „quid juris"-Problems Maimons kann man gut sehen, in welchem Sinn eine starke Festlegung auf Dinge an sich sowohl unentbehrlich als auch unzulässig ist. Weil sie unentbehrlich ist, muss Option (i), die im vorigen Abschnitt abgehandelt wurde, ausscheiden. Die übrig bleibenden Optionen (ii) und (iii) können zwar der realistischen Grundintuition gerecht werden, aber es ist gerade dieser (implizit angenommene) Realismus, der sie für ein anderes Problem anfällig macht, nämlich für Skeptizismus. Der Versuch, den Maimon zufolge bestehenden Zusammenhang zwischen Realismus und Skeptizismus zu präzisieren, sieht sich allerdings mit großen exegetischen Schwierigkeiten konfrontiert, die mit der kontroversen Interpretation von Maimons Differentialtheorie zusammenhängen. Die Differentialtheorie stellt einen konstruktiven Vorschlag zur Lösung des „quid-juris"-Problems dar, den Maimon in einer bestimmten Phase seines Denkens erwogen hat. Zu dieser Interpretationskontroverse möchte ich mich so wenig wie möglich äußern.[43] Aber

---

[43] Es gibt für ein genaueres Verständnis des konstruktiven Vorschlags Maimons grundsätzlich zwei Möglichkeiten. Die erste wäre, dass Realismus und Widerlegung des Skeptizismus prinzipiell vereinbar sind, solange man den *kantischen Idealismus*, und insbesondere die These, dass wir Dinge an sich *nicht bestimmt erkennen* können, fallen lässt: Wenn wir uneingeschränkten epistemischen Zugang zu den Dingen an sich hätten, wären wir in der Lage, all ihre Eigenschaften und Relationen (inklusive kausaler Relationen) zu erkennen. Das ist die Interpretation Engstlers. Die zweite Möglichkeit hängt mit der starkidealistischen Interpretation der Differentialtheorie Maimons zusammen. Demnach besteht sein konstruktiver Vorschlag im Grunde in der Idee, dass das „quid juris"-Problem nur dann lösbar wäre, wenn der Verstand die Gegenstände nach seinen eigenen Regeln hervorbringen könnte, ohne dass die Sinne affiziert würden – ähnlich wie sich der anschauende Verstand bei Kant (B145), oder der menschliche, endliche Verstand im Fall von mathematischen Gegenständen, verhält. Dieser zweiten Interpretation gemäß würde Maimon durchaus eine radikalidealistische Position als Ausweg aus dem Skeptizismus erwägen. Obwohl ich denke, dass diese zweite Interpretation Maimon *nicht* zugeschrieben werden sollte, gibt es einen *anderen* Kantkritiker, der tatsächlich eine ähnliche Option anspricht. In seinem späten Aufsatz „Über das Unternehmen des Kritizismus" formuliert Jacobi die These, dass sich Kants Aufgabe, die Möglichkeit apriorischer Erkenntnis nachzuweisen, nur unter radikalidealistischen Annahmen lösen lässt. Der ganze – schwierige und mitunter sehr metaphorische – Text ist der Ausarbeitung dieser These gewidmet; für manche charakteristische Formulierungen vgl. insbesondere Jacobi 1802: 267, 271, 319. Dieser Aspekt der Kantlektüre Jacobis könnte uns eventuell helfen, zu verstehen, warum Jacobi (1787: 112) an einer bereits angesprochenen Stelle in seinem Anhang schreibt, dass die transzendentale Idealistin nicht mal *glauben* sollte, dass es affizierende Dinge an sich gibt. Diese Stelle wurde in Kapitel 3 als ein möglicher Sinnlosigkeitsvorwurf Jacobis diskutiert, der selbst das bloße Denken über Dinge an sich problematisiert. Vor dem Hintergrund der Diskussion hier könnten wir die Stelle als Vorwurf einer Sinnlosigkeit in *pragmatischer* Hinsicht verstehen. In demselben Zusammenhang schreibt Jacobi, dass der transzendentale Idealismus im Fall einer Festlegung auf Dinge an sich „alle Anwendung und Absicht verlöre" (Jacobi 1787: 112). Dies könnte als ein Hinweis auf die hier diskutierte Problematik gewertet

unabhängig davon, wie wir diesen konstruktiven Vorschlag genau verstehen, macht Maimon mit seiner Kantlektüre und -kritik in jedem Fall auf einen *philosophischen* Grund aufmerksam, der – auf indirekte Weise – gegen Kants starke Festlegung auf Dinge an sich spricht: Innerhalb einer vergleichsweise realistischen Interpretation des kantischen Projekts ist es schwer zu sehen, wie Kants ehrgeiziges Ziel, die objektive Gültigkeit der Kategorien zu zeigen, erreicht werden kann.

Ich sehe hier bei Maimon eine Abweichung vom Rest der Erstleser. Anders als bei seinen Zeitgenossen finde ich bei ihm keine hinreichenden Belege für eine starkidealistische Interpretation Kants rund um die Fragen, die hier relevant wären. Sein Einwand gegen Kants Projekt in der Deduktion und in der Transzendentalen Analytik beruht auf einer vergleichsweise realistischen Interpretation dieser. Im Rahmen meines Maimonverständnisses ist die These über die Unentbehrlichkeit einer starken Festlegung auf Dinge an sich nicht bloß eine These, die Maimon *als Philosoph* plausibel findet, sondern zudem eine These, die er *als Exeget* Kant selbst zuschreibt, d. h., seiner Ansicht nach ist es eine These, die Kant tatsächlich vertritt. Diese Zuschreibung findet zwar, soweit ich sehen kann, nirgendwo explizit statt, aber sie hilft uns, die Pointe von Maimons Kantkritik zu verstehen.[44] Während die meisten Erstleser auf Grundlage von rein exegetischen Überlegungen Kant eine radikalidealistische Position zuschreiben, geht Maimon philosophische(re)n Fragen nach, die zur Stützung einer (stark)idealistisch motivierten Kantinterpretation genutzt werden könnten.

---

werden: Die Skeptizismusabwehr, die der kantische Idealismus sich zum Ziel erklärt, würde ohne Radikalidealismus und völlige Loslösung vom Ding an sich wohl kaum funktionieren.

44 In Kapitel 2 haben wir gesehen, dass es Belege für die These gibt, dass Maimon, als Exeget, die (explizite) Festlegung Kants auf existierende, uns affizierende Dinge an sich verneint. Vor dem Hintergrund eines solchen Umgangs mit der schwachen Festlegung würde man von Maimon erwarten, Kant *a fortiori* keine starke Festlegung zuzuschreiben. Wir haben jedoch auch gesehen, dass diese Belege nur eine bestimmte Phase von Maimons Denken betreffen (seine Reaktion auf Schulze im Jahr 1794), in der er Kants schwache Festlegung tatsächlich abstreitet; weder davor noch danach entspricht die Verneinung der (schwachen) Festlegung Kants auf die Dinge an sich der Kantexegese Maimons. Die Auseinandersetzung mit dem „quid juris"-Problem vervollständigt die Diskussion in diesem Kapitel und erlaubt uns nicht nur zu sehen, dass Maimon die in seiner Reaktion auf Schulze formulierte Kantinterpretation nicht uneingeschränkt vertritt, sondern zudem, dass er sie nicht vertreten *sollte*. Aus meiner Perspektive handelt es sich hierbei um einen Ausrutscher, der nicht zu seiner sonstigen Kantinterpretation passt. Dieser Sachverhalt könnte für eine Erklärung für Maimons Schwankungen zur Frage nach Kants Festlegung auf Dinge an sich herangezogen werden. Möglicherweise hat er selbst erkannt, dass er Kant nicht so lesen sollte, wenn er eine konsistente Interpretation anstrebt, und revidiert *deshalb* seine nur zeitweilig gehaltene Interpretation aus 1794.

Zusammengenommen bilden die Sorgen der ersten Kantkritiker eine interessante Palette von Gründen, die gegen eine starke Festlegung Kants auf Dinge an sich sprechen und die meines Erachtens wichtigsten Schwierigkeiten, mit denen sich eine realistisch motivierte Kantverteidigung auseinandersetzen sollte, gut einfangen. Das zweite Fazit dieses Kapitels lautet also, dass Kants Erstleser das Dilemma für Kant zuspitzen, indem sie, nachdem sie sich für die Unentbehrlichkeit einer starken Festlegung ausgesprochen haben, auf ihre Unzulässigkeit für das kantische System hinweisen: eine Unzulässigkeit, die sich sowohl aus exegetischen als auch philosophischen Überlegungen speist.

Wie könnte man aus *kantischer* Sicht auf das zugespitzte Dilemma rund um die Dinge an sich reagieren? Es ist nicht leicht, diese Frage zu beantworten, denn es handelt sich letztlich um *mehrere* Fragen. Das zugespitzte Dilemma aus der frühen Kantkritik dreht sich um viele verschiedene und schon für sich genommen schwierige Fragen, die hier in Zusammenhang miteinander gebracht wurden; denn es war hier zu zeigen, dass es innerhalb der Kantkritik am transzendentalen Idealismus interessante Aspekte gibt, die von der gängigen Formel über Existenz von Dingen an sich und Affektion durch diese schlecht erfasst werden können und eine gemeinsame Stoßrichtung aufweisen. Für die Verteidigung Kants erscheint es mir jedoch sinnvoller, sich *eine* – und möglichst die wichtigste – Frage aus diesem Problemkomplex auszusuchen und sich mit dieser vertieft zu befassen. Deshalb ist das nächste und letzte Kapitel dieses Buchs einer solchen Teilfrage, die das Projekt der transzendentalen Deduktion der Kategorien betrifft, gewidmet: Es ist zu untersuchen, wie gut Kant mit der besprochenen Kritik umgehen kann.

Kapitel 6 Die leitende Rolle von Dingen an sich innerhalb der Erfahrung: Auf dem Weg zu einer (vergleichsweise) realistischen Kantinterpretation

Wie lässt sich Kant gegen das zugespitzte Dilemma rund um die Dinge an sich verteidigen? Eine erste Möglichkeit bestünde darin, das erste Horn des Dilemmas in Frage zu stellen und dafür zu argumentieren, dass eine starke Festlegung auf Dinge an sich entbehrlich ist. Man könnte zum Beispiel versuchen zu zeigen, dass realistische Grundintuitionen respektiert werden können, selbst wenn man die stärkere Festlegung auf Dinge an sich nicht akzeptiert. Diese mögliche Reaktion werde ich hier nicht verfolgen. Stattdessen werde ich im Fall der stärkeren Festlegung die Verteidigungsstrategie zuspitzen, die ich im Fall der schwächeren Festlegung (bloße Existenz und Affektion) verfolgt habe.[1] Ich möchte die Intuitionen der Erstleser über die Unentbehrlichkeit der Dinge an sich akzeptieren und mich anschließend fragen, wie Kant sich aus einer dezidiert *realistischen*, Ding-an-sich-freundlichen Perspektive verteidigen lässt. Aus diesem Grund werde ich mich nur mit dem zweiten Horn des verschärften Dilemmas näher befassen: Zur Debatte steht die *Zulässigkeit* der stärkeren Festlegung auf die Dinge an sich.

Der Problemkomplex, den das zugespitzte Dilemma aus der frühen Kantkritik anschneidet, ist allerdings sehr breit. Ich lege den Fokus nur auf ein Problem aus diesem Komplex, das sowohl in der frühen Kantkritik als auch aus Kant-immanenter Perspektive von besonderer Wichtigkeit ist: die Verflechtung des transzendentalen Idealismus mit dem Projekt der transzendentalen Deduktion der Kategorien und insbesondere die Rolle des Dings an sich und seiner Eigenschaften im Rahmen der kantischen These über den Verstand als „Gesetzgebung für die Natur". Ich möchte untersuchen, wie man die Schwierigkeiten, die einer starken Festlegung auf Dinge an sich im Weg stehen, überwinden kann, und die Möglichkeit einer alternativen, vergleichsweise realistischen Interpretation Kants plausibilisieren. Meine Zielsetzung ist dabei in zweierlei Hinsicht *schwächer* als es

---

[1] Analog zu meiner Haltung zur Problematik des Außenweltskeptizismus und zur Festlegung auf die Existenz von Dingen an sich und eine Affektion durch diese, denke ich nicht, dass wir (oder Kant) besonders gute *positive* Gründe haben müssten, um realistische Annahmen über Eigenschaften der subjektunabhängigen Welt und ihre leitende Rolle innerhalb der Erfahrung und Erkenntnis vertreten zu dürfen. Die entscheidenden Schwierigkeiten sind meines Erachtens eher in dem Umstand zu verorten, dass in einem kantischen Rahmen einiges *gegen* die starke Festlegung zu sprechen scheint.

in den vorigen Kapiteln der Fall war. Vor dem Hintergrund von näher zu thematisierenden Schwierigkeiten und Komplikationen, die trotz Eingrenzung der ganzen Frage unvermeidlich sind, erhebe ich nicht den Anspruch, hier etwas mehr als eine Interpretations*skizze* zu liefern, die man im Rahmen eines rein Kant-immanenten Projekts ausarbeiten könnte bzw. sollte. Ferner soll diese Skizze nur als eine exegetische *Option*, die wir ernst nehmen und nicht zu schnell abfertigen sollten – wie es oft geschieht –, plausibilisiert werden. Es geht mir nicht darum, alternative Interpretationen auszuschließen. Trotz dieser Einschränkungen in meiner Zielsetzung gehe ich davon aus, dass die Annäherung an die transzendentale Deduktion unter dem Gesichtspunkt der Fragen und Sorgen der Erstleser Kants ein lohnendes Projekt darstellt, mit dem ich diese Untersuchung zu einem Abschluss bringen möchte.

Der vorbereitende Abschnitt I dient der Eingrenzung der hier zu verfolgenden Fragestellung sowie der Thematisierung von Komplikationen und dem Gewinn von mehr Klarheit vor dem Hintergrund solcher Komplikationen. Im Rest des Kapitels entwickle ich meinen Vorschlag zur Interpretation des Verhältnisses zwischen transzendentaler Deduktion und der Rolle des Dings an sich. In Abschnitt II stelle ich eine Interpretationsskizze zur Deduktion vor, die dem Bedarf nach einer starken Festlegung auf Dinge an sich Rechnung trägt. Dabei ist meine Perspektive eher Kant-immanent, ohne Verbindungen zur frühen Kantkritik herzustellen. In Abschnitt III bringe ich die Erstleser wieder ins Spiel und beschreibe, wie man im Rahmen des skizzierten Interpretationsvorschlags konkret auf die Einwände aus der Kantkritik reagieren kann. In Abschnitt IV gehe ich auf das – in diesem einzigen Fall nicht neutrale – Verhältnis meines Vorschlags zur Zwei-Welten- vs. Zwei-Aspekte-Interpretationskontroverse ein.

I Transzendentale Deduktion der Kategorien und starke Festlegung auf die Dinge an sich: Vorbemerkungen

Bevor ich mich der Frage der Kantverteidigung zuwende, möchte ich eine Reihe von Bemerkungen voranstellen, mit der ich zwei Zwecke verfolge. Zum einen möchte ich die ganze Thematik, die im vorigen Kapitel angeschnitten wurde, näher eingrenzen und auf meine genaue Zielsetzung für den Rest dieses Kapitels eingehen (Unterabschnitt (i)). Zum anderen möchte ich anhand einer Thematisierung von Komplikationen, die den Themenbereich Raum-Zeit-Kategorien-Kausalität betreffen, die Thesen, um deren Verteidigung es mir geht, präzisieren und besonders naheliegenden Missverständnissen vorbeugen (Unterabschnitt (ii)).

i Das Projekt der transzendentalen Deduktion und der Verstand als „Gesetzgebung für die Natur"

Der Problemkomplex, der als Problematik einer starken Festlegung auf Dinge an sich im vorigen Kapitel eingeführt wurde, kreist um sehr viele Fragen: hochkomplexe Fragen im Hinblick auf Kants Kategorienlehre im Allgemeinen, Fragen im Hinblick auf spezifische Kategorien, parallele Fragen im Hinblick auf Kants Lehre über Raum und Zeit im Besonderen. Wir haben gesehen, dass manche der Erstleser den Schwerpunkt auf *bestimmte* Fragen aus dieser Gruppe legen, während andere Leser ähnlich motivierte Thesen mit Blick auf *alle* diese Fragen explizit vertreten. Im Rahmen dieser Untersuchung werde ich es gar nicht versuchen, auf all diese hochkomplexen Fragen einzugehen. Stattdessen möchte ich mich intensiver mit *einer* Frage beschäftigen, die ich als die zentralste aus dieser Gruppe von Fragen ansehe: das Verhältnis des Projekts der transzendentalen Deduktion der Kategorien zur Problematik einer starken Festlegung auf Dinge an sich, mit einem besonderen Fokus auf der These Kants, dass der Verstand die „Gesetzgebung für die Natur" darstellt und „Ordnung und Regelmäßigkeit" in die Erfahrung „hineinbringt". Diese These hängt mit der Rolle der Kategorie von Ursache und Wirkung eng zusammen; denn durch das Aufweisen der hochumstrittenen objektiven Gültigkeit dieser Kategorie soll es Kant irgendwie gelingen, skeptische humeanische Szenarien, wonach es keine Ordnung, Regel- oder Gesetzmäßigkeit in der Natur gäbe, auszuschalten.

Die Fokussierung auf diese Frage erfolgt aus zwei Gründen. Den ersten Grund bildet die Bedeutsamkeit, die dem Projekt der transzendentalen Deduktion zweifellos zukommt. Es handelt sich um ein Projekt, das in der Regel als das Herzstück der *Kritik* betrachtet wird, so dass Einwände, die ausgerechnet dieses Projekt betreffen, eine Priorisierung verdienen, insbesondere dann, wenn sie sich um die besonders strittige und philosophisch interessante Kategorie der Ursache und Wirkung drehen. Der zweite Grund für diese Eingrenzung besteht darin, dass die Erstleser selbst diesem Projekt besondere Aufmerksamkeit schenken. Wie wir gesehen haben, sind Sorgen und Einwände, die um das Verhältnis zwischen Deduktion und Idealismus und insbesondere die Rolle des Verstandes als „Gesetzgebung für die Natur" kreisen, in den Schriften *aller* Leser zu finden. In der überwältigenden Mehrheit der Fälle handelt es sich dabei um Sorgen und Einwände, die in den *einflussreichsten* Schriften formuliert werden, oder sogar den Kern der Kantkritik der jeweiligen Leser ausmachen.

Die transzendentale Deduktion hat Kant „die meiste, aber, wie [...] [er] hoff[t]e, nicht unvergoltene Mühe gekostet" (Axvi). Während es sich jedoch um den Teil der *Kritik* handelt, „welcher gerade der hellste sein müßte", ist er zugleich der „am meisten dunkel" (4: 474 Anm.).² Diese Tatsache wurde durch die B-Fassung der Deduktion nur wenig geändert. Es besteht ein Unterschied zwischen der Textbasis, die für die Beantwortung von Fragen rund um Existenz von Dingen an sich und eine Affektion durch diese relevant war, und der Textbasis, die hier im Mittelpunkt stehen soll. Im Fall der Problematik von Existenz und Affektion habe ich dafür argumentiert, dass Kant die Existenz von Dingen an sich und eine Affektion durch diese *explizit vertritt*. Hier bewegen wir uns hingegen auf exegetisch dünnerem Eis. Es ist alles andere als einfach, selbstbewusst die These zu vertreten, dass Kant die stärkere Festlegung auf die Dinge an sich im Rahmen des Projekts der transzendentalen Deduktion tatsächlich akzeptiert. Meine Zielsetzung hier als Interpretin ist schwächer. Ich gehe davon aus, dass die These der Erstleser über die Unzulässigkeit einer starken Festlegung im Rahmen des kantischen Systems die *Standardinterpretation* zum Verhältnis zwischen Kants Projekt der transzendentalen Deduktion und dem transzendentalen Idealismus darstellt. Die meisten Kantinterpret:innen scheinen davon auszugehen, dass es im Rahmen dieses Projekts *keinen* Platz für eine starke Festlegung auf Dinge an sich gibt. Obwohl es anzunehmen ist, dass einige Kantinterpret:innen ein gewisses Unbehagen mit einer solchen Interpretation des kantischen Projekts haben, ist eine *explizite* Bestreitung dieser Interpretationsrichtung sehr rar. Mit wenigen Ausnahmen³ scheint die Hypothese, dass Kant vielleicht doch die stärkere Festlegung akzeptiert, nicht ernsthaft erwogen zu werden. Die Einschätzung, dass man im Rahmen einer solchen Hypothese mit den exegetischen und philosophischen Schwierigkeiten, die

---

2 Die zweite zitierte Stelle stammt aus einer Anmerkung Kants in den *Metaphysischen Anfangsgründen*, wo Kant Einwände gegen die (A-Fassung der) Deduktion referiert und anschließend darauf reagiert. Es handelt sich dabei um Einwände von Johann Schultz; vgl. Fn. 19. Die Undurchsichtigkeit der Deduktion – zumindest in der A-Fassung – wird von Kant in der B-Auflage der *Kritik* (Bxxxviiff.) explizit eingestanden.
3 Die explizitesten Äußerungen gegen eine solche Interpretation des kantischen Projekts finden sich, soweit ich die Literatur überblicken kann, in Findlay 1981: 130 ff. und Walker 1985. Vgl. auch Walker 2010: 837 ff. (Walkers ausgeprägt realistische Kantinterpretation bezieht sich allerdings explizit auf die A-Deduktion. Was die B-Deduktion angeht, wird eine Änderung der kantischen Position vertreten bzw. erwogen. Ich denke allerdings, dass selbst einige Überlegungen Walkers, welche die – in Walkers Interpretation etwas weniger realistische – B-Fassung betreffen, für die Verteidigung einer starken Festlegung Kants auf die Dinge an sich fruchtbar gemacht werden können; vgl. Fn. 45.) Ich gehe davon aus, dass auch Allais (2015) die starke Festlegung auf die Dinge an sich im Rahmen ihrer Interpretation der Deduktion implizit akzeptiert; vgl. Abschnitt IV. Die Thesen von Watkins (2002) zur Rolle der Kategorien in Kants Idealismus bereiten zwar den Boden für eine Ding-an-sich-freundliche Interpretation der Deduktion, aber ich verstehe sie, wie wir in Kapitel 3 gesehen haben, als weniger radikal als die hier zur Diskussion und Verteidigung stehende Position.

wir bei der Besprechung der frühen Kantkritik gesehen haben, schlecht umgehen kann, dürfte dabei keine geringe Rolle gespielt haben.

Im Gegensatz zu dieser Interpretationstendenz möchte ich diese Hypothese ernst nehmen und zeigen, dass sie aussichtsreicher sein kann als man oft denkt. Um dies zu leisten, möchte ich umreißen, wie eine Verfechterin der starken Festlegung mit den größten Hürden, welche dieser Hypothese im Weg zu stehen scheinen, umgehen könnte. Auf diese Weise möchte ich die These verteidigen, dass eine alternative Interpretation zum Verhältnis zwischen transzendentaler Deduktion und transzendentalem Idealismus *vertretbar* ist, welche die starke Festlegung auf die Dinge an sich intakt lässt. Angesichts der – auf den ersten Blick scheinbaren – Heterodoxie und Radikalität dieser Alternative, ist es ehrgeizig genug, bloß zeigen zu wollen, dass wir diese Alternative ernst nehmen sollten und dass wir den Erstlesern Kants einiges entgegnen können.

Mein Vorschlag wird jedoch nicht mehr als eine *Skizze* sein, und dies hängt mit einem Aspekt der Forschungsdiskussion *um* die transzendentale Deduktion und das Projekt der Transzendentalen Analytik zusammen. In der nur bedingt überschaubaren Forschungsliteratur werden Fragen und Sorgen, wie diejenigen, die Kants Erstleser beschäftigen, selten explizit diskutiert. Mittlerweile gibt es elaborierte, konkurrierende und intensiv debattierte Interpretationen von sehr vielen Aspekten der kantischen Argumentation (zum Beispiel über ihren Beweisanspruch, ihre Plausibilität, ihre Beweisstruktur, oder das Verhältnis zwischen Sinnlichkeit und Verstand im Rahmen der in der jüngeren Forschung sehr lebhaften Debatte um Kants (Nicht-)Konzeptualismus). Dabei begnügt man sich oft mit einem Hinweis darauf, dass der transzendentale Idealismus eine Rolle bei dieser Argumentation spielen soll, ohne auf diese Rolle näher einzugehen. Ähnliches gilt für die intensive Diskussion um Kants transzendentalen Idealismus: Die Frage, wie die verschiedenen, subtilen Interpretationen des Idealismus Kants vor dem Hintergrund eines so zentralen Abschnitts zu verstehen und zu beurteilen sind, ist bisher noch wenig diskutiert worden. Vor diesem Hintergrund stellt mein Interpretationsvorschlag hier bloß die *Grundzüge* einer Interpretation dar, die ausführlicher entwickelt werden sollte. Ich sehe diesen Vorschlag als einen der eher wenigen (expliziten) Versuche, etwas Konkreteres zu der Art von Fragen und Sorgen, die Kants Erstleser beschäftigen, zu sagen. Die ganze Thematik ist allerdings äußerst komplex: nicht zuletzt weil es klar ist, dass es Verbindungen zwischen den Fragen, die Kants Erstleser beschäftigen, und vielen Fragen, die in der Kantforschung bereits intensiv diskutiert worden sind, gibt. Das ist einerseits gut für meine Zwecke, da es doch sehr wichtige Vorschläge und Ergebnisse gibt, auf die man *indirekt* aufbauen kann. Wie wir sehen werden, fließen einige Ergebnisse aus bisherigen Diskussionen in meinen eigenen Umgang mit dieser Dimension der Kantkritik und des kantischen Denkens ein. Andererseits müsste man im

Rahmen einer ausführlich entwickelten Interpretation diesen Verbindungen intensiver nachgehen: Zum einen bieten sie sehr viel Potential für Nachfragen und mögliche Einwände rund um meinen Vorschlag, zum anderen sollte ihre Behandlung in jedem Fall eine wichtige Rolle in einer elaborierten Rekonstruktion der kantischen Deduktion spielen.

Auf eine intensive Beschäftigung mit vielen solchen Verbindungen wird hier verzichtet. Ich möchte so viel wie nötig und zugleich so wenig wie möglich sagen, um Kant gegen die frühe Kantkritik zu verteidigen.

ii Komplikationen und Disanalogien: Raum, Zeit, Kategorien, Kausalität

Die starke Festlegung auf Dinge an sich wurde als eine Position über Kategorien, Raum, Zeit im vorigen Kapitel wie folgt charakterisiert:

> Starke Festlegung auf Dinge an sich: Es gibt Dinge an sich; sie wirken auf die Subjekte kausal ein und sorgen für sinnlichen Input (Affektion); die räumlichen, zeitlichen, kategorialen Eigenschaften von Erscheinungen sind in entsprechenden Eigenschaften der Dinge an sich gegründet, die eine Rolle dabei spielen, *welche* räumlichen, zeitlichen, kategorialen Eigenschaften den Erscheinungen zukommen; selbst wenn die Eigenschaften der Dinge an sich nicht *hinreichend* sind, damit den Erscheinungen räumliche, zeitliche, kategoriale Eigenschaften zukommen können, sind solche Eigenschaften *notwendig*.

Dabei wurde betont, dass es mir bei dieser Charakterisierung vor allem darum ging, die allgemeine Stoßrichtung der ganzen Problematik, als eine Problematik, die sich nicht in der Existenz von Dingen an sich und einer Affektion durch diese erschöpft, verständlich zu machen. Von manchen Komplikationen, die auftreten, wenn wir die verschiedenen involvierten Fragen näher betrachten, wurde abgesehen. Vor dem Hintergrund der in diesem Kapitel vorgenommenen Eingrenzung der uns beschäftigenden Frage, möchte ich manche Komplikationen thematisieren und etwas ausführlicher darauf eingehen, wie ich die starke Festlegung als eine spezifischere Position über Kategorien, und zwar der Kategorie von Ursache und Wirkung, genau verstehe.

Kategorie von Ursache und Wirkung

Eine erste Komplikation ergibt sich aus dem Umstand, dass die zwölf Kategorien bei Kant keine homogene Gruppe bilden – es gibt Unterschiede zwischen ihnen. Bei den zwölf Grundsätzen des reinen Verstandes, die mit den zwölf Kategorien jeweils eng verbunden sind, unterscheidet Kant zwischen *mathematischen* und *dynamischen* Grundsätzen: Erstere sollen konstitutiv in Ansehung der Anschauung sein, letztere zwar regulativ in Ansehung der Anschauung, aber konstitutiv in Ansehung der Erfahrung sein. Die Kategorie von Ursache und Wirkung, als eine Relationskategorie, und die damit verbundene zweite Analogie der Erfahrung gehören der zweiten Untergruppe an (A160 ff./B199 ff., A664/B692). Es wäre denkbar, dass man vor dem Hintergrund dieser Unterscheidung keine einheitliche Position über alle Kategorien mit Blick auf die uns hier beschäftigende Frage haben kann oder muss. Selbst jedoch innerhalb der Untergruppe der dynamischen Grundsätze und der diesen Grundsätzen entsprechenden Kategorien lassen sich weitere Differenzierungen vornehmen, und ein besonders wichtiger Unterschied kreist um Kants explizite Haltung zu Kategorien der *Modalität*. Im §76 in der *Kritik der Urteilskraft* schreibt Kant nämlich, dass es nur „dem menschlichen Verstande unumgänglich nothwendig [ist], Möglichkeit und Wirklichkeit der Dinge zu unterscheiden", während es für einen *anschauenden* Verstand „keine Gegenstände als das Wirkliche" gäbe (5: 401 f.). Unter der Annahme, dass die Gegenstände, die ein anschauender Verstand denkt, keine anderen als die Dinge an sich sind, liegt es nahe, Kant die These zuzuschreiben, dass die Kategorien der Modalität in *keiner* Hinsicht von Dingen an sich gelten können.

Im Folgenden möchte ich Kant gegen die frühe Kantkritik verteidigen, indem ich für eine Interpretation des Projekts der Deduktion, die Raum für eine starke Festlegung auf die Dinge an sich macht, plädiere. Dabei werde ich zwar oft der Einfachheit halber von *Kategorien* und *kategorialen Eigenschaften* pauschal sprechen, aber mein Interesse gilt eigentlich der These über den Verstand als „Gesetzgebung für die Natur" und der Rolle der Kategorie von Ursache und Wirkung. Den thematisierten Komplikationen möchte ich durchaus Rechnung tragen. Durch meinen Vorschlag erhebe ich nicht den Anspruch, die Rolle der Dinge an sich bei der Anwendung *aller* Kategorien beschreiben zu wollen. Ich möchte es explizit offen lassen, dass die kantische Position, wenn es um andere Kategorien als diejenige, die hier relevant ist, geht, anders aussehen könnte.

Was würde die starke Festlegung auf Dinge an sich im Rahmen des kantischen Projekts, die objektive Gültigkeit der Kategorien aufzuweisen und die These zu etablieren, dass sich die empirische Welt durch Ordnung, Regelmäßigkeit und Gesetzmäßigkeit auszeichnet, besagen? Diese Frage hängt mit intensiv und kontrovers diskutierten Fragen im Hinblick auf Kants Kausalitätsmodell, den Status des Kausalprinzips sowie den Status von Kausalgesetzten zusammen, zu denen ich mich nur sehr bedingt äußern möchte. Da ich viele dieser Fragen als sich neutral verhaltend zu meiner Fragestellung hier betrachte, werde ich generell versuchen mich am „simplen", intuitiven Verständnis der Erstleser zu orientieren. Die Erstleser fragen sich in der Regel nicht, was unter „kategoriale Eigenschaften", „Kausalität", „Ordnung", „Regelmäßigkeit" oder „Gesetzmäßigkeit" genau zu verstehen ist. Sie meinen, das alles gut verstehen zu können. Was sie hingegen nicht verstehen bzw. problematisieren, ist die Rolle, welche die subjektunabhängige Welt dabei spielen soll. Nur zwei Anmerkungen im Zusammenhang solcher Fragen möchte ich machen, die ich als nötig für das Verständnis folgender Ausführungen ansehe. Die erste Anmerkung betrifft die Ausdrücke „Kausalzusammenhang", „Kausalverbindung", „kausale Relation", „kategoriale Eigenschaft", die in meinen Formulierungen oft vorkommen. Die ersten drei werden als austauschbare Ausdrücke verwendet. Dabei gehe ich davon aus, dass der Begriff eines Kausalzusammenhangs bzw. einer Kausalverbindung/kausalen Relation unter den Begriff einer kategorialen Eigenschaft fällt. Obwohl es viel Spielraum hinsichtlich der Frage, wie wir diese Begriffe genau verstehen sollten, gibt, steht aus meiner Perspektive mindestens Folgendes fest: Einem Gegenstand kausale Zusammenhänge bzw. kategoriale Eigenschaften im Rahmen des Projekts der Deduktion zuzusprechen, ist *stärker* als die Annahme einer bloßen *Affektions*relation. Wie wir gesehen haben, habe ich nichts gegen die These, die Affektionsrelation als eine Art kausale Relation aufzufassen. Wenn ich jedoch in diesem, dritten, Teil des Buchs von Kausalzusammenhängen, -verbindungen sowie solchen Relationen und den entsprechenden kategorialen Eigenschaften spreche, verweist dies in jedem Fall auf eine *anspruchsvollere* Konzeption. So wie ich das Ganze verstehe, wäre es aufgrund der kantischen Thesen rund um Affektion durchaus möglich, dass ein Gegenstand mich affiziert, ohne dass ihm kategoriale Eigenschaften im Sinne des Deduktionsprojekts zugesprochen werden müssen. Es wäre zum Beispiel denkbar, dass die Welt *keine* Ordnung, Regelmäßigkeit, Gesetzmäßigkeit aufweist und mich trotzdem mit sinnlichem Input im Sinne der Affektion versorgt.

Dies führt uns zur zweiten Anmerkung: Wie anspruchsvoll soll diese anspruchsvollere Konzeption sein, um deren Legitimierung es in der Deduktion geht? Eine naheliegende Antwort wäre, Überlegungen, die sich um *Notwendigkeit* drehen, ins Spiel zu bringen und auf den Zusammenhang zwischen *Regel-* und *Gesetzmäßigkeit* bei Kant hinzuweisen: Die Verbindung zwischen Ursache und Wirkung muss *notwendig* sein, die Welt nach Kant weist keine bloßen Regularitäten auf, sondern steht unter *Gesetzen* mit robuster Modalität. Ich werde mich im Folgenden dieser naheliegenden Antwort anschließen. Es spricht viel dafür, dass Überlegungen rund um Notwendigkeit und Gesetzmäßigkeit eine wesentliche Rolle in Kants Kategorienlehre spielen (B5, A91f./B123f., B234).[4]

---

4 Allerdings ließe sich die These verteidigen, dass selbst eine *schwächere* These, wonach die empirische Welt hinreichende *Regelmäßigkeit* aufweist, selbst wenn es sich dabei um keine Ge-

Reine und schematisierte Kategorien

Neben den eventuellen Unterschieden zwischen verschiedenen Kategorien, gibt es die zusätzliche Komplikation, inwiefern die kantische Antwort mit Blick auf die Fragen der Erstleser rund um Kategorien einerseits und Raum und Zeit andererseits ähnlich lauten muss. Es wäre denkbar, dass die uns hier beschäftigende Frage nach der starken Festlegung auf Dinge an sich differenziert zu beantworten ist, je nachdem, ob wir über räumliche, zeitliche oder kategoriale Eigenschaften von Gegenständen sprechen.

Im vorigen Teil dieser Arbeit habe ich selbst die These vertreten, dass es eine Disanalogie zwischen den Thesen Kants über Raum und Zeit auf der einen Seite und seinen Thesen über Kategorien auf der anderen Seite gibt, so dass ich mich auf die These verpflichten möchte, dass es solche Unterschiede tatsächlich geben muss. Im Fall von räumlichen und zeitlichen Eigenschaften von Gegenständen hatten wir anhand von Pistorius' intuitiven Überlegungen gesehen, dass es zwei Optionen, eine *(stark)idealistische* und eine *realistische*, gibt. Die (stark)idealistische Option wäre zu behaupten, dass die Eigenschaften von Dingen an sich *keine* Rolle dabei spielen, welche räumlichen oder zeitlichen Eigenschaften den (entsprechenden) Erscheinungen zukommen. Im Rahmen der starken Festlegung auf Dinge an sich verneint man diese Option und unterschreibt die realistische These, dass die Eigenschaften von Dingen an sich sehr wohl eine Rolle spielen. Allerdings hätte man auch im Rahmen des realistischen Szenarios einen *idealistischen* Zug. Die These wäre nicht, dass die räumlichen und zeitlichen Eigenschaften von Erscheinungen in entsprechenden *räumlichen* und *zeitlichen* Eigenschaften von *Dingen an sich* gegründet sind. Um die sehr explizite These Kants über die Idealität von Raum und Zeit zu respektieren, müsste man die These über das Vorliegen und die leitende Rolle von Eigenschaften von Dingen an sich, dahingehend verstehen,

---

setzmäßigkeit handelt, anspruchsvoller als die Annahme einer bloßen Affektion wäre. Innerhalb einer solchen schwächeren Interpretation wäre Kants *Argumentation* für die objektive Gültigkeit der Kategorien eventuell als überzeugender einzustufen. (Für eine intensive Auseinandersetzung mi der Problematik der Gesetzmäßigkeit im Rahmen der Deduktion und der „Zweiten Analogie", die zu einem pessimistischen Ergebnis mit Blick auf das philosophische Potential der kantischen Argumentation kommt, vgl. Thöle 1991.) Vor diesem Hintergrund könnte die Entwicklung einer Kant*interpretation*, die ohne eine zu anspruchsvolle Konzeption auskommt, und Kants ubiquitäre Notwendigkeitsrede (auch im Rahmen des Deduktionsprojekts) deflationär lesen würde, ein interessantes Projekt sein. Da es mir jedoch hier *nicht* um die philosophische Plausibilität der kantischen Argumente als solcher geht, sondern um die *konkreten* Einwände der Erstleser und um ihren Vorwurf, dass der kantische Idealismus *instabil, inkohärent, zu radikal* ist, gehe ich davon aus, dass die angenommene anspruchsvollere Konzeption im Rahmen des hier verfolgten Projekts unproblematisch ist.

dass es um *quasi-* oder *proto-*räumliche bzw. -zeitliche Eigenschaften ginge: Es ginge um die „Mittelnatur" von Raum und Zeit.

Im Fall von Ordnung, Regel- bzw. Gesetzmäßigkeit und kausalen Eigenschaften bzw. Relationen von Gegenständen, sehen die zwei Optionen ungefähr wie folgt aus. Die (stark)idealistische Möglichkeit, die man im Rahmen der starken Festlegung verneinen möchte, wäre die These, dass der Verstand das Mannigfaltige der Sinne „synthetisiert" und seine Form diesem Mannigfaltigen aufzwingt, ohne dass die entsprechenden Dinge an sich und ihre Eigenschaften eine Rolle dabei spielen würden. Die realistische Option, die man im Rahmen der starken Festlegung akzeptiert, besagt hingegen, dass die Synthesisleistung des Verstandes unter Sachzwängen operiert: Die Eigenschaften von Dingen an sich wären *nicht* irrelevant, wenn es darum geht, *ob* bzw. *welche* kausale(n) Relationen den empirischen Gegenständen zukommen.

So wie ich jedoch die zwei Optionen verstehe, sind sie in den zwei Fällen (Raum und Zeit einerseits, Ordnung, Regel- oder Gesetzmäßigkeit andererseits) *nicht* völlig parallel. Der Unterschied liegt am bereits besprochenen Unterschied zwischen *schematisierten* und *reinen* Kategorien und an der Disanalogie zwischen der Rolle der Sinnlichkeit und der Rolle des Verstandes bei der Begründung des kantischen Idealismus. Die (stark)idealistische Option mit Blick auf Kategorien verstehe ich als eine These über die Eigenschaften von Gegenständen, die man durch die *reinen* Kategorien beschreiben würde: Aus der Perspektive der Vertreterin dieser Option wären nicht nur die Eigenschaften von Gegenständen, welche *schematisierten* Kategorien korrespondieren würden, subjektabhängig, sondern klarerweise auch die Eigenschaften, welche *reinen* Kategorien korrespondieren. Die These, dass Eigenschaften von Gegenständen, auf die man die *schematisierten* Kategorien anwenden würde, subjektabhängig sind, ist mit der realistischen Option und einer starken Festlegung auf Dinge an sich im Hinblick auf die Kategorien durchaus vereinbar: Aus der von Kant vertretenen Idealität der Zeit und der Tatsache, dass schematisierte Kategorien die Bedingungen der Zeit erfüllen müssen, folgt, dass die Eigenschaften von Gegenständen, die ich durch schematisierte Kategorien beschreibe, subjektabhängig sind. Wenn wir zum Beispiel mit einer starken Lesart von Regel- oder Gesetzmäßigkeit operieren, wonach sie in einer *zeitlichen* (objektiven) Abfolge besteht, dann könnte die Vertreterin der starken realistischen Option gerne zugeben, dass es *an uns* liegt, dass es eine solche Regel- bzw. Gesetzmäßigkeit besteht. Schon auf Grundlage der kantischen Thesen über Sinnlichkeit und Zeit würden wir zu diesem Ergebnis kommen. Ein solches Ergebnis wäre jedoch kompatibel mit der These, dass Eigenschaften von Dingen an sich, nämlich *kategoriale* Eigenschaften, welche den *reinen* Kategorien entsprechen, eine leitende Rolle dabei spielen, ob und welche Eigenschaften, die ich durch *schematisierte* Kategorien beschreiben würde, den empirischen Gegenständen zukommen.[5]

Vor diesem Hintergrund sieht man jedoch deutlich, dass es im Fall von Kategorien, anders als im Fall von Raum und Zeit, *zwei* Varianten für die realistische Option in einem kantischen Rahmen gibt. Die erste Variante wäre die These, die ich eben vorgestellt habe: Den Gegenständen als Dingen an sich kommen kategoriale Eigenschaften zu, die eine leitende Rolle in unserer Erfahrung spielen; mit „kategoriale Eigenschaften" sind dann ausdrücklich nur Eigenschaften gemeint, die man durch die reinen Kategorien beschreiben würde. Auf diese Weise würde man eine realistische Option ergreifen und zugleich der kantischen These über die Idealität der Zeit Rechnung tragen. Das wäre die – in einem kantischen Rahmen – *starke* realistische Option. Die zweite Variante wäre die These, die völlig parallel zur These über Raum und Zeit läuft und von Pistorius vertreten wird: Es wird *nicht* behauptet, dass den Gegenständen als Dingen an sich *kategoriale* Eigenschaften zukommen, die eine leitende Rolle in unserer Erfahrung spielen; unter „kategoriale Eigenschaften" sind hier sowohl Eigenschaften zu verstehen, auf die ich die schematisierten Kategorien anwenden würde, als auch Eigenschaften, die ich durch reine Kategorien beschreiben würde; den Gegenständen als Dingen an sich würden nur *proto-* oder *quasi-*kategoriale Eigenschaften zukommen. Das wäre die *schwache* realistische Option.

Bei meiner Verteidigung der Zulässigkeit einer starken Festlegung auf Dinge an sich wird es um eine Verteidigung der *starken* realistischen Option gehen. Es geht darum, zu zeigen, dass das Projekt der transzendentalen Deduktion mit der These vereinbar ist, dass bei unserer Erfahrung von Erscheinungen die Eigenschaften von zugrunde liegenden Dingen an sich, die man durch reine Kategorien beschreiben würde, eine leitende Rolle spielen. Ich favorisiere die starke Variante der realistischen Option gegenüber der schwächeren Version, da ich keine philosophischen oder exegetischen Vorteile für die schwächere Version sehe. Die schwache Variante hat zugleich einen Nachteil: Wenn die in Kapitel 3 befürwortete These, dass der Grund, warum wir die Dinge an sich nicht erkennen können, an der „verzerrenden" Rolle der *Sinnlichkeit* und nicht des Verstandes liegt, und dass *allein deshalb* wir die Dinge an sich nur als Erscheinungen erkennen können, richtig ist, dann muss die schwache Variante der realistischen Option, genauso wie die (stark-)idealistische Option, ebenfalls ausscheiden. Aus diesem Grund

---

[5] Mit anderen Worten kann man im Rahmen eines solchen Modells die These akzeptieren, dass Kausalität, solange sie die Zeit involviert, nicht ausschließlich „noumenal" ist und dass eine „phänomenale" Komponente unverzichtbar ist.

werde ich diese schwächere Variante im Folgenden ignorieren. Meine Bemühungen werden gleich der Plausibilisierung der stärkeren Variante dienen.

Dass die starke realistische Option als „stark" bezeichnet wird, bedeutet jedoch nicht, dass sie einem robusten Realismus gleichkommt. Wir sprechen hier aus der Perspektive der Kantinterpretation, und es geht darum, eine Interpretation der kantischen Thesen zu entwickeln, die im Einklang mit der Tatsache steht, dass ihr Vertreter ein *transzendentaler Idealist* ist, der gerne „übertrieben", „widersinnisch" lautende Thesen vorträgt (A127). Die von mir favorisierte Option soll nur *vergleichsweise* realistisch sein. Sie soll bloß die These bestreiten, dass der Verstand Ordnung und Regel- bzw. Gesetzmäßigkeit in die empirischen Gegenstände arbiträr, ohne Rücksicht auf ihre Beschaffenheit als Dinge an sich, hineinlegt, und sie soll dies leisten, indem sie sich nicht vor der These scheut, empirischen Gegenständen als Dingen an sich kategoriale Eigenschaften – Eigenschaften, die reinen, jedoch keinen schematisierten, Kategorien entsprechen – zuzuschreiben. Im Rahmen der Gesamtinterpretation hat diese Option zugleich einige idealistische Aspekte, wie wir in der Folge sehen werden, die sich *nicht* in meiner bereits erwähnten Idealität der Zeit erschöpfen. Dank dieser idealistischen Aspekte kann diese Interpretation den Anspruch erheben, eine vertretbare Interpretation der Thesen *Kants* zu sein. Es geht bloß darum, gegen die frühe Kantkritik die These zu verteidigen, dass Kant ein *gemäßigter* Idealist sein kann und dass wir verstehen können, warum er ohne radikalidealistische Verpflichtungen trotzdem meinen kann, dass er bei der Etablierung seines Ziels besser als seine Vorgänger:innen abschneidet.[6]

---

6 Aus diesem Grund halte ich an der ursprünglichen, intuitiven Charakterisierung der starken Festlegung auf Dinge an sich, als einer Position, wonach der Beitrag des Subjekts bei kategorialen Eigenschaften von Gegenständen *notwendig* aber nicht *hinreichend* ist, fest. Wir werden im nächsten Abschnitt sehen, dass man, trotz der von mir favorisierten Ergreifung der – in einem kantischen Rahmen – starken realistischen Option, im Rahmen des Gesamtmodells trotzdem auf die These verpflichtet ist, dass der Beitrag des Verstandes *notwendig* ist, damit empirische Gegenstände kategoriale Eigenschaften haben können.

II Der Verstand als „Gesetzgebung für die Natur" und die Rolle der Dinge an sich: Skizze einer realistischen Interpretation der transzendentalen Deduktion der Kategorien

Der Rest dieses Kapitels ist der Aufgabe gewidmet, eine Skizze der Strategie Kants in der transzendentalen Deduktion zu präsentieren, die aus exegetischer Sicht vertretbar ist und mit wichtigen Einwänden, die in der frühen Kantkritik ihren Ursprung haben, gut umgehen kann. Aufgrund der Komplexität dieser Aufgabe und der Herausforderungen, die jede nähere Auseinandersetzung mit diesem Teil des kantischen Projekts nach sich zieht, lasse ich in diesem Abschnitt die Erstleser Kants beiseite und umreiße die Grundzüge meines Vorschlags.

Kant eine starke Festlegung auf Dinge an sich im Rahmen des Projekts der transzendentalen Deduktion zuschreiben zu wollen, gilt als radikal, denn es spricht auf den ersten Blick sehr viel dagegen. Die Hauptschwierigkeiten haben wir anhand von Überlegungen aus dem Rezeptionskontext im vorigen Kapitel bereits kennengelernt. Die Bedenken, die es auszuräumen gilt, sind grundsätzlich folgende. Man muss erklären, wie Kants sehr idealistisch klingende Äußerungen im Rahmen des Projekts der transzendentalen Deduktion zu verstehen sind, ohne dass die starke Festlegung auf die Dinge an sich dadurch verletzt wird. Ferner muss man einen Rekonstruktionsvorschlag zu Kants Argument in der Deduktion machen, der Kants eigentlichen Argumentationsgang einigermaßen respektiert und uns zu sehen erlauben würde, wie das Argument laufen soll, ohne dabei radikalidealistische Prämissen in Anspruch zu nehmen. In diesem Abschnitt möchte ich einen Vorschlag zum Umgang mit diesen Schwierigkeiten machen.

Mit den hier genannten Schwierigkeiten sind allerdings zwei weitere Probleme verbunden, mit denen ich mich nicht mehr befassen werde, da sie im Rahmen dieser Arbeit bereits abgehandelt wurden. Das erste Problem besteht in Kants Objektivitätsanalyse in der A-Deduktion und der Rolle des transzendentalen Gegenstands dort. Das zweite Problem dreht sich um Kants „kopernikanische Wende" und das verbreitete Bild über die parallelen Rollen von Sinnlichkeit und Verstand bei der Begründung des kantischen Idealismus. Beide Fragen könnten von Vertreter:innen einer stärker idealistischen Interpretation Kants als Argumente gegen die realistische Option, die ich verteidigen möchte, vorgebracht werden. Aus der Perspektive einer Kantinterpretation, welche die Begriffe des transzendentalen Gegenstands und des Dings an sich unbedingt auseinanderhalten möchte, scheinen die kantischen Ausführungen über den transzendentalen Gegenstand zu einer starken Festlegung auf die Dinge an sich im Rahmen des Projekts der Deduktion sehr schlecht zu passen. Aus der Perspektive einer Kantinterpretation, die von den parallelen Rollen von Sinnlichkeit und Verstand ausgeht, muss die These, dass den Dingen an sich kategoriale Eigenschaften zukommen, als eindeutig falsch eingestuft werden.[7] Wir haben allerdings in den Kapiteln 2 und 3 gesehen, dass ich beide Thesen rund um diese Probleme, die als Argumente gegen einen realistisch motivierten Umgang mit der Deduktion vorgebracht werden könnten, bestreite, so dass ich auf diese Probleme nicht mehr zurückkommen werde. Mein Augenmerk gilt stattdessen den Schwierigkeiten, die erst in diesem Teil des Buchs genannt und bisher noch nicht entschärft wurden.

Bei der Darstellung und Plausibilisierung meines Vorschlags als einer vertretbaren exegetischen Option gehe ich wie folgt vor. Zunächst gehe ich auf das Argumentationsziel der Deduktion ein (Unterabschnitt (i)). Ich plädiere dafür, das Argument in der Deduktion als weniger ambitioniert zu interpretieren, als man es oft tut: Wir könnten die Annahme fallen lassen, dass Kant tatsächlich zeigen möchte, dass *alles* Sinnesmaterial den Kategorien unterliegt. Auf diese These greife ich im nächsten Unterabschnitt ((ii)) zurück, wo ich mich der Frage widme, wie wir die starkidealistische Sprache Kants im Rahmen seines Arguments verstehen könnten, ohne dabei die starke Festlegung auf Dinge an sich zu verletzen. Ich sehe zwei mögliche Funktionen der starkidealistisch klingenden Äußerungen Kants. Die erste Funktion kreist um eine Unterscheidung zwischen *allen* Dingen an sich einerseits und einer *Untermenge* dieser Dinge andererseits, nämlich Dinge an sich, die Gegenstände der *Erfahrung* sind und in gewissem Sinn *erscheinen* können. Die zweite Funktion dreht sich um den Kontrast zwischen einem Gegenstand, der *auf einmal*, auf eine *nicht-serielle, nicht-sukzessive* Weise in der Anschauung gegeben werden kann (Gegenstand einer intellektuellen Anschauung) und einem Gegenstand, von dem so etwas nicht gelten kann (Gegenstand einer sinnlichen Anschauung) und damit verbundene konstruktivistische Annahmen hinsichtlich sinnlich gegebener Gegenstände. Ich schließe die Präsentation meiner Interpretationsskizze mit wenigen Bemerkungen zum Verhältnis zwischen den zwei Fassungen der Deduktion, A- und B-, ab (Unterabschnitt (iii)). Ich gehe davon aus, dass es keine gravierenden Unterschiede zwischen den zwei Fassungen mit Blick auf die hier im Mittelpunkt stehende Problematik gibt, und aus diesem Grund thematisiere ich in den ersten zwei Unterabschnitten keinerlei eventuelle Abweichungen zwischen der A- und B-Deduktion. Ich denke allerdings, dass es eine bemerkenswerte darstellungstechnische Änderung in der B-Fassung erfolgt, die zu meinem Vorschlag gut passt: Die starkidealistisch kon-

---

[7] Vgl. Westphals (2007: 745 f.) Berufung auf die parallelen Rollen der zwei Vermögen als Beleg für die These, dass die Annahmen, die in meiner eigenen Terminologie als *starke Festlegung auf die Dinge an sich* beschrieben werden, Kants eigenen Thesen *nicht* entsprechen.

notierte ubiquitäre Rede von *Erscheinungen* wird durch eine Rede von *sinnlichen Anschauungen* verdrängt.

i Das Argumentationsziel der Deduktion: Mehrdeutigkeit von „Erscheinung"

Die Idee einer „kopernikanischen Wende" und die damit assoziierte Loslösung von einer starken Festlegung auf die Dinge an sich klingt nach einem relativ simplen Argument zur Etablierung der objektiven Gültigkeit der Kategorien: Wir dürfen diese Begriffe berechtigterweise auf Gegenstände anwenden, da diese Gegenstände subjektabhängig sind, und die kategorialen Eigenschaften, die ihnen zukommen, Eigenschaften darstellen, die wir in diese Gegenstände „hineingelegt" haben, ohne dass die Eigenschaften der subjektunabhängigen Welt eine Rolle dabei spielen müssten. Bei dem Versuch, dieses simple Argument zu vermeiden, steht die Verfechterin einer starken Festlegung auf die Dinge an sich vor der großen Herausforderung zu erklären, wie das Argumentationsziel der Deduktion, das Aufweisen der objektiven Gültigkeit der Kategorien, erreicht werden kann. Als Reaktion auf diese Herausforderung besteht meines Erachtens die aussichtsreichste Strategie darin, das Argumentationsziel in der Deduktion als ein *moderates, schwaches* Ziel zu interpretieren: Kant muss nicht unbedingt zeigen (wollen), dass *alles* Sinnesmaterial oder *alle* Erscheinungen – im Rahmen einer bestimmten Lesart des Erscheinungsbegriffs zumindest – den Kategorien unterliegen. Dank dieser Abschwächung des Ziels gewinnt die Idee an Plausibilität, dass Kant trotz mancher realistischen, Ding-an-sich-freundlichen Verpflichtungen sein Ziel erreichen könnte. Im Folgenden beschreibe ich ausführlicher diese Hauptidee, die in Verbindung mit einer Interpretationsrichtung, die oft als *regressive* Interpretation der Deduktion charakterisiert wird, steht. Ich lege den Fokus auf den Ausdruck „Erscheinung" in der Deduktion und mache einen Vorschlag, in dessen Rahmen das Verhältnis zwischen Deduktion und Idealismus auf eine Weise verstanden wird, die zu dieser Interpretationsrichtung gut passt und von Einsichten dieser Gebrauch macht.

Der Kontrast zwischen ehrgeizigen und moderateren Zielen in der Deduktion kann auf vielfältige Weise aufgefasst werden. Wir haben zum Beispiel im vorigen Kapitel gesehen, dass es ein Problem hinsichtlich der Anwendung der Kategorien auf *bestimmte* Gegenstände gibt, mit Blick auf welches realistischen Interpretationen ein geringeres Lösungspotential zugesprochen werden könnte – das wäre Maimons „quid juris"-Problem. Im nächsten Abschnitt werde ich zu diesem Problem zurückkommen. Hier möchte ich jedoch einen Schritt zurück gehen und die potentielle Schwierigkeit hinsichtlich der Erreichung der Argumentationsziele Kants anhand eines Problems besprechen, das basaler ist – wir werden allerdings im nächsten Abschnitt sehen, dass die Art und Weise, wie wir auf dieses Problem reagieren, wichtig für unsere Reaktion auf das konkrete Problem Maimons sein kann. Das Problem, worum es mir hier geht, besteht darin, dass, allem Schein nach, in der Deduktion gezeigt werden soll, dass sich die Kategorien auf *alle* Erscheinungen anwenden lassen. Dass es um dieses ehrgeizige Ziel gehen soll, wird durch eine Reihe von Formulierungen, insbesondere in der A-Deduktion, zum Ausdruck gebracht:

> Also ist das ursprüngliche und nothwendige Bewußtsein der Identität seiner selbst zugleich ein Bewußtsein einer eben so nothwendigen Einheit der Synthesis *aller Erscheinungen* nach Begriffen. (A108, meine Hervorhebung)

> Also stehen *alle Erscheinungen* in einer durchgängigen Verknüpfung nach nothwendigen Gesetzen. (A113f., meine Hervorhebung)[8]

Schon auf dieser Ebene macht sich eine Schwierigkeit für die Verfechterin einer realistischen Interpretation bemerkbar. Im Rahmen der starken Festlegung auf die Dinge an sich muss die subjektunabhängige Welt mitspielen, damit den Gegenständen als Erscheinungen kategoriale Eigenschaften zukommen können. Wir sind auf die Eigenschaften von Dingen an sich angewiesen, so dass es nicht ersichtlich ist, wie wir garantieren könnten, dass *alle* Erscheinungen oder alles, was wir durch unsere Sinne erfassen, tatsächlich kategorienkonform sein wird. Dieses bedrohliche Szenario ist gerade das Szenario, dass Kants Deduktionsprojekt motiviert. Zu Beginn der (A- und B-)Deduktion schreibt Kant:

> Die Kategorien des Verstandes dagegen stellen uns gar nicht die Bedingungen vor, unter denen Gegenstände in der Anschauung gegeben werden; mithin können uns allerdings Gegenstände erscheinen, ohne daß sie sich nothwendig auf Functionen des Verstandes beziehen müssen. (A89/B122)

> [O]hne Functionen des Verstandes können allerdings Erscheinungen in der Anschauung gegeben werden. (A90/B122)[9]

Es ist nicht einfach zu sehen, wie jemand, der an der leitenden Rolle von Dingen an sich und von ihren Eigenschaften festhalten möchte, dieses Szenario ausschließen kann.

Nun denke ich, dass die Kantianerin dieses Szenario nicht unbedingt ausschließen muss und dass Kant-Stellen angeführt werden können, die eine solche Kantinterpretation stützen. Schon die eben zitierten Stellen könnten als solche

---

8 Vgl. auch A119, A111, A113.
9 Vgl. auch A90/B123, A91f./B123.

Belege angeführt werden. Unter der Annahme, dass Kants eigene Position hier präsentiert wird, wird uns hier explizit gesagt, dass es durchaus Erscheinungen geben kann, auf die sich die Kategorien nicht anwenden lassen, so dass es sich nicht von *allen* Erscheinungen behaupten lässt, dass sie kategorienkonform sind. Allerdings ist es kontrovers, dass hier Kants eigene Position, statt vielmehr die Position der skeptischen Gegnerin, die es zu widerlegen gilt, vorgestellt wird.[10] Aus diesem Grund möchte ich stattdessen auf eine andere Reihe von Stellen aufmerksam machen: Stellen, welche die Interpretation plausibilisieren könnten, dass der kantische Ausdruck „Erscheinung" in der Deduktion mehrdeutig ist. Die Unterscheidung von Bedeutungen, um die es mir hier geht, ist folgende: (i) Erscheinungen als sinnliche Anschauungen im Gegensatz zu (ii) Erscheinungen als sinnliche Anschauungen, welche *die Bedingungen der Erfahrung bzw. empirischer Erkenntnis bzw. der Einheit der Apperzeption erfüllen*. Meines Erachtens ist es vertretbar, dass Kants Argumentation für die objektive Gültigkeit der Kategorien nur mit Blick auf Erscheinungen in der Bedeutung (ii) intendiert ist. Letztere bilden nur eine *Untermenge* von Erscheinungen in der Bedeutung (i). Kants ehrgeizig klingendes Ziel von einer Konklusion, welche *alle* Erscheinungen betreffen soll, beträfe dann bloß diese Untermenge.

Bevor ich auf den Kontrast zwischen (i) und (ii) näher eingehe, ist etwas mehr Klarheit sowohl über (i) als auch (ii) geboten. In (i) spreche ich von Erscheinungen als sinnliche Anschauungen. Man könnte protestieren, dass Erscheinungen keine Anschauungen, sondern *Gegenstände* von Anschauungen sind. Nun halte ich auch diese Unterscheidung für wichtig und ich denke, dass, wenn wir sie berücksichtigen, wir zur These gelangen könnten, dass es sogar eine *dritte* Bedeutung von „Erscheinung" in der Deduktion am Werk ist, wonach Erscheinungen *Gegenstände* einer sinnlichen Anschauung sind. Aus Gründen, die bei der folgenden Diskussion rund um die Rolle des Idealismus in Kants Argument und um das Verhältnis der zwei Fassungen der Deduktion zueinander ersichtlich werden sollen, denke ich jedoch, dass einiges dafür spricht, „Erscheinung" an manchen Stellen mit „sinnliche Anschauung" gleichzusetzen. Diese Unterscheidung ist allerdings für meine Fragestellung in diesem Unterabschnitt nicht so wichtig – der Kontrast, um den es mir hier geht, betrifft den Zusatz im Rahmen der Bedeutung

---

10 Der Umgang mit solchen Stellen hängt mit der Debatte um Kants (Nicht-)Konzeptualismus, d. h. der Frage, inwiefern Begriffe bzw. Leistungen des Verstandes für sinnliche Anschauungen notwendig sind, eng zusammen. Sehr grob gesagt, bejahen Konzeptualist:innen den notwendigen Beitrag des Verstandes auf dem Gebiet der Sinnlichkeit, während Nichtkonzeptualist:innen ihn verneinen. Aus der Perspektive von nichtkonzeptualistischen Interpretationen wäre man geneigt, die eben angeführten Stellen als die offizielle Position von Kant selbst zu lesen (vgl. zum Beispiel Allais 2015: 162 f.), während Konzeptualist:innen dies bestreiten würden.

(ii), wonach die Erscheinungen nicht bloße sinnliche Anschauungen sind, sondern solche, welche *die Bedingungen der Erfahrung bzw. empirischer Erkenntnis bzw. der Einheit der Apperzeption erfüllen.*

Im Rahmen der Bedeutung (ii) werden die Bedingungen der Erfahrung mit den Bedingungen empirischer Erkenntnis sowie den Bedingungen der Einheit der *Apperzeption* gleichgesetzt. Dass „Erfahrung" bei Kant eine Instanz von Kant-Jargon darstellt, die austauschbar mit „empirische Erkenntnis" verwendet wird, wurde bereits in der Einleitung angemerkt. Kants Thesen zur Einheit der Apperzeption haben uns bisher noch nicht beschäftigt und werden es in der Folge auch sehr begrenzt tun, obwohl ich immer wieder von der Apperzeption und ihrer Einheit sprechen werde.[11] Kants Rede von Apperzeption wird in der Regel als Rede von Bewusstsein oder Selbstbewusstsein verstanden: Kants Deduktion stellt ein Argument dar, das über die Bedingungen der Einheit dieses (Selbst-)Bewusstseins laufen soll. Hinsichtlich des genauen Verhältnisses zwischen Apperzeption und ihrer Einheit einerseits und Erfahrung/empirischer Erkenntnis andererseits ist vieles kontrovers und unklar – zu dieser schwierigen Frage werde ich mich weiter unten äußern. Wichtig für unsere unmittelbaren Zwecke ist jedoch festzuhalten, dass Kant, in seinem Versuch die objektive Gültigkeit der Kategorien zu zeigen, eine Verbindung zwischen den Kategorien einerseits und den Bedingungen der Erfahrung bzw. empirischer Erkenntnis bzw. der Einheit der Apperzeption andererseits herstellt. Kant vertritt die These, dass etwas nur dann ein Gegenstand der Erfahrung bzw. empirischer Erkenntnis bzw. der Einheit der Apperzeption sein kann, wenn es kategorienkonform ist.

Kehren wir nun zum Kontrast zwischen zwei Bedeutungen von „Erscheinung" zurück, indem wir uns manche relevante Stellen anschauen:

> Eben diese transscendentale Einheit der Apperception macht aber aus *allen möglichen Erscheinungen, die immer in einer Erfahrung beisammen sein können,* einen Zusammenhang aller dieser Vorstellungen nach Gesetzen. (A108, meine Hervorhebung)

> Da nun diese Einheit als a priori nothwendig angesehen werden muß (weil die Erkenntniß sonst ohne Gegenstand sein würde), so wird die Beziehung auf einen transscendentalen Gegenstand, d.i. die objective Realität unserer empirischen Erkenntniß, auf dem transscendentalen Gesetze beruhen, daß *alle Erscheinungen, so fern uns dadurch Gegenstände gegeben werden sollen,* unter Regeln a priori der synthetischen Einheit derselben stehen müssen (A109 f., meine Hervorhebung)

> Da nun diese Identität nothwendig in der Synthesis *alles Mannigfaltigen der Erscheinungen, so fern sie empirische Erkenntniß werden soll,* hinein kommen muß, so sind die Erschei-

---

11 Für eine Auseinandersetzung mit Aspekten der Problematik der Apperzeption bei Kant unter starker Berücksichtigung der frühen Kantrezeption und -kritik vgl. Bondeli 2006.

nungen Bedingungen a priori unterworfen, welchen ihre Synthesis (der Apprehension) durchgängig gemäß sein muß. (A113, meine Hervorhebung)

Diese Stellen illustrieren die Unterscheidung von Bedeutungen (i) und (ii) und passen sehr gut zu einer Interpretation, wonach das Ziel Kants weniger ehrgeizig ist, als es oft angenommen wird. Wir könnten zwischen Erscheinungen$_1$ und Erscheinungen$_2$ im Rahmen der Deduktion unterscheiden. An manchen Stellen ließe sich der Ausdruck „Erscheinung" mit „sinnliche Anschauung" – ohne weitere Qualifizierung – gleichsetzen. Im Folgenden verwende ich den Ausdruck „Erscheinungen$_1$" für solche sinnlichen Anschauungen. An den Stellen, die ich gerade zitiert habe, scheint Kant hingegen seine These über Erscheinungen, deren Kategorienkonformität gezeigt wird, näher zu qualifizieren, und die Gültigkeit der Kategorien auf eine *Untermenge* von sinnlichen Anschauungen einzuschränken, nämlich sinnliche Anschauungen, *welche die Bedingungen der Erfahrung bzw. empirischer Erkenntnis bzw. der Einheit der Apperzeption* erfüllen. Nun denke ich, dass wir diese nähere Qualifizierung auf die Stellen projizieren können, in denen Kant sein ehrgeizig klingendes Argumentationsziel über *alle* Erscheinungen formuliert. Wir könnten unter „Erscheinung" an solchen Stellen nicht *alle* sinnlichen Anschauungen verstehen, sondern nur solche, welche die zuvor genannten Bedingungen erfüllen. Für solche Anschauungen möchte ich den Ausdruck „Erscheinung$_2$" reservieren.[12]

So wie ich das Ganze verstehe, sind Erscheinungen$_2$ eine Untermenge von Erscheinungen$_1$. Mit Blick auf Erscheinungen$_1$ könnten wir Kant die These zuschreiben, dass er ihre Kategorienkonformität *nicht* behauptet oder zeigen will. Seine Bemühungen gelten Erscheinungen$_2$, d.h. solchen sinnlichen Anschauungen, welche die Bedingungen empirischer Erkenntnis, Erfahrung und der Einheit der Apperzeption erfüllen. Die Erfüllung solcher Bedingungen gälte für Erscheinungen$_2$ *per Stipulation:* Erscheinungen$_2$ unterliegen diesen Bedingungen, weil sie so definiert werden. Für Erscheinungen$_1$ müsste es hingegen offen gelassen

---

[12] Ich bin mir dessen bewusst, dass die meines Erachtens abschwächenden Formulierungen hinsichtlich des Argumentationsziels der Deduktion, auf die ich hingewiesen habe, anders gelesen werden könnten. Man könnte nämlich eine Aspekt-Lesart favorisieren, wonach die *sofern*-Formulierungen Kants keine Einschränkung auf eine Untermenge von Erscheinungen zum Ausdruck bringen, sondern den *Aspekt*, aus dessen Grund etwas von *allen* Erscheinungen gilt, nennen. Wie in Abschnitt I angekündigt, geht es mir hier bloß darum, eine *mögliche* Interpretation der Deduktion zu skizzieren, die mit den Einwänden aus der frühen Kantkritik gut umgehen kann. Vgl. allerdings folgende Reflexion Kants zur A-Auflage der *Kritik*, die gegen die Aspekt-Lesart spricht: „Alle Erscheinungen gehen mich nicht in so fern an als sie in den Sinnen sind sondern als sie *wenigstens* in der apperception können angetroffen werden" (23: 19, meine Hervorhebung).

werden, ob sie solche Bedingungen erfüllen. Aus der Perspektive dieser Interpretation würde man sagen, dass, wenn Kant schreibt, dass „ohne Functionen des Verstandes [...] Erscheinungen in der Anschauung gegeben werden" können (A90/B122), er seine *eigene* Position zum Ausdruck bringt, aber dabei nur Erscheinungen$_1$ im Sinn hat: Sinnliche Anschauungen als solche müssen die Bedingungen der Erfahrung, der empirischen Erkenntnis und der Einheit der Apperzeption nicht erfüllen; aus diesem Grund kann ihre Konformität mit dem Verstand, seinen Funktionen und seinen reinen Begriffen nicht gezeigt oder behauptet werden. Im Rahmen der Deduktion, dank origineller Überlegungen Kants zum Verhältnis zwischen Bedingungen der Erfahrung, der empirischen Erkenntnis und der Einheit der Apperzeption einerseits und dem Verstand, seinen Funktionen und seinen reinen Begriffen andererseits, wird die Gültigkeit der Kategorien nur mit Blick auf Erscheinungen$_2$ gezeigt.

Wie ließe sich jedoch die Tatsache erklären, dass „Erscheinung" im Kontext der Deduktion mehrdeutig verwendet wird und dass Kant zwischen der Rede über Erscheinungen$_1$ und Erscheinungen$_2$ hin- und herspringt, ohne seine Leser:innen davor zu warnen und ihnen explizit mitzuteilen, dass er nicht in der Lage ist, die objektive Gültigkeit mit Blick auf *wirklich* alle Erscheinungen (d. h. Erscheinungen$_1$) zu etablieren? Meines Erachtens geschieht dies aus folgendem Grund: Erscheinungen$_1$, welche die Bedingungen der Erfahrung bzw. empirischer Erkenntnis bzw. der Einheit der Apperzeption nicht erfüllen würden, wären Kant zufolge *epistemisch irrelevant*; selbst wenn manche Erscheinungen$_1$ den Kategorien nicht unterlägen, würden sie keinen Einfluss auf unser kognitives Leben haben, so dass wir sie getrost ignorieren könnten. Wichtiger ist es, unseren Fokus auf die Erscheinungen zu legen, welche diese Bedingungen tatsächlich erfüllen und deren fehlende Kategorienkonformität ein bedrohliches Szenario für uns als „erkennende Wesen"[13] darstellen würde. Was unter „epistemische Relevanz" genau zu verstehen ist und ob Kants These der Sache nach plausibel ist, ist keine einfache oder harmlose Frage, und ich werde zu ihr zurückkommen. Wichtig für die vorgeschlagene Interpretation an der Stelle ist, *dass* Kant eine solche These tatsächlich zu vertreten scheint und dass dieser Umstand eine gute Erklärung für die Fokussierung Kants auf nur eine Untermenge von Erscheinungen liefern würde.

Dass Kant diese These unterschreibt, zeigen eine Reihe von Äußerungen in der A- und B-Deduktion: Bei einem „Gewühl von Erscheinungen" ohne „Verknüpfung nach allgemeinen und nothwendigen Gesetzen", „würde sie [d. h. die Erscheinung, MK] zwar gedankenlose Anschauung, aber niemals Erkenntniß, *also*

---

[13] Das ist eine Anspielung auf Kants Reaktion auf Maimon (11: 52), auf die ich im nächsten Abschnitt etwas näher eingehe.

für uns so viel als gar nichts sein" (A111, meine Hervorhebung). Von Erscheinungen, durch welche wir keine Erkenntnis bekommen würden, ließe sich behaupten, dass „sie uns [...] gar nichts angingen" (A119). Bei den zitierten Stellen handelt es sich um Äußerungen über Erscheinungen. Eine ähnliche These formuliert Kant mit Blick auf *Anschauungen* und *Vorstellungen:*

> Alle Anschauungen sind für uns nichts und gehen uns nicht im mindesten etwas an, wenn sie nicht ins Bewußtsein aufgenommen werden können. (A116)

> Das: Ich denke, muß alle meine Vorstellungen begleiten können; denn sonst würde etwas in mir vorgestellt werden, was gar nicht gedacht werden könnte, welches eben so viel heißt als: die Vorstellung würde entweder unmöglich, oder *wenigstens für mich nichts sein.* (B131f., meine Hervorhebung)[14]

Es gibt also Textbelege, worauf sich die Verfechterin der Unterscheidung von zwei Erscheinungsbegriffen berufen könnte, um Kants terminologische Nachlässigkeit zu erklären.

Ich vertrete die These, dass sich das abgeschwächte Argumentationsziel in der Deduktion, das ich Kant zuschreibe, mit einer *regressiven* Interpretation des kantischen Deduktionsprojekts sehr gut verbinden lässt. Das ist eventuell nicht unmittelbar ersichtlich, denn die Klassifikation von Interpretationen als regressiv hängt oft von der Positionierung zur Frage nach dem genauen Verhältnis zwischen (Einheit der) Apperzeption einerseits und Erfahrung/empirischer Erkenntnis andererseits ab, die ich oben übergangen habe. Ich möchte deshalb sehr kurz auf diese Frage nun eingehen, um anschließend zu erläutern, warum mein Vorschlag hinsichtlich der Mehrdeutigkeit des Erscheinungsbegriffs – und der sich daraus ergebenden Konsequenzen für das Argumentationsziel der Deduktion – zum Geist von regressiven Interpretationen gut passt.

Wir haben oben gesehen, dass die Deduktion ein Argument für die objektive Gültigkeit der Kategorien darstellt, das über die Bedingungen der Erfahrung bzw. empirischer Erkenntnis bzw. der Einheit der Apperzeption laufen soll. Ich habe zwar oben alle drei Ausdrücke („Erfahrung", „empirische Erkenntnis", „Einheit der Apperzeption") in einem Atemzug verwendet – und werde es in der Folge weiter tun –, aber man könnte sich fragen, ob ein solches Vorgehen berechtigt ist. Die Einheit des (Selbst-)*Bewusstseins* (d.h. der Apperzeption) scheint, zumindest

---

14 Dass Kant ähnliche These mit Blick auf Erscheinungen einerseits und Anschauungen oder Vorstellungen andererseits formuliert, werte ich als Beleg für die These, dass unter „Erscheinung" in der (A-)Deduktion sehr oft nichts anderes als sinnliche Anschauungen gemeint sind, die dann in Erscheinungen$_1$ und Erscheinungen$_2$, je nachdem, ob sie die Bedingungen der Erkenntnis erfüllen, weiter zu differenzieren wären; vgl. Unterabschnitt (iii).

auf den ersten Blick, etwas anderes – und weniger Anspruchsvolles – als Erfahrung im Sinne von empirischer *Erkenntnis* zu sein, so dass es unklar ist, ob wir die beiden gleichsetzen dürfen. Die kantische Deduktion hat nicht zuletzt aus diesem Grund zu unterschiedlichen Hauptinterpretationsrichtungen Anlass gegeben. Einer ersten Interpretationsrichtung zufolge stellt Kants Deduktion ein sehr ambitioniertes Argument dar, das von minimalen Annahmen ausgeht und die Möglichkeit oder Aktualität empirischer Erkenntnis gegen die Skeptikerin erst *zeigen* soll, anstatt sie vorauszusetzen.[15] Zu einer solchen Interpretationsrichtung passt es nun optimal, den Kontrast zwischen Apperzeption und empirischer Erkenntnis zu betonen. Man könnte zum Beispiel die These vertreten, dass Kants Ausgangsannahmen nur die Möglichkeit oder Aktualität der Apperzeption (und gegebenenfalls ihrer Einheit) betreffen und dass weitere Thesen über die Möglichkeit oder Aktualität von empirischer Erkenntnis (und anschließend über die objektive Gültigkeit der Kategorien) erst im Laufe des kantischen Arguments überhaupt etabliert werden. Im Gegensatz zu einer solchen Interpretationsrichtung könnte man jedoch die These vertreten, dass das kantische Argument *weniger* ambitioniert ist, und dass die kantischen Ausgangsannahmen nicht ganz minimal sind: Einer zweiten Interpretationsrichtung zufolge geht Kant von der Möglichkeit bzw. Aktualität empirischer Erkenntnis aus und setzt sie als Prämisse in seiner Deduktion voraus. Eine solche These ist charakteristisch für *regressive Interpretationen* der Deduktion, die bei Ameriks (1978) eine erste explizite Verteidigung gefunden haben.

Es wäre mit einer regressiven Interpretation vereinbar, am Kontrast zwischen empirischer Erkenntnis einerseits und (Einheit der) Apperzeption andererseits festzuhalten und eine Rekonstruktion des kantischen Arguments zu favorisieren, welche die kantischen Gedanken rund um Apperzeption eher ausklammert und stattdessen den Fokus auf Gedanken rund um die empirische Erkenntnis legt. Aus der Perspektive einer solchen Interpretation spricht jedoch meines Erachtens einiges dafür, dem starken Kontrast als solchem zu widerstehen und Kants Rede von Apperzeption im Lichte von Kants Rede von empirischer Erkenntnis zu interpretieren. Die These wäre dann, dass wir berechtigt sind, von Einheit der Apperzeption bzw. empirischer Erkenntnis bzw. Erfahrung in einem Atemzug zu sprechen, da diese tatsächlich einander nahe stehen, und zwar in dem Sinne, dass die kantischen Thesen über Apperzeption und ihre Einheit nicht minimal gemeint, und eher als Thesen über empirische Erkenntnis zu verstehen sind. Ein solcher Umgang mit der (Einheit der) Apperzeption hat meines Erachtens exegetische Vorteile. Erstens gilt es als Stärke einer Interpretation im Allgemeinen,

---

15 Vgl. Strawson 1966: 72ff.

wenn man in deren Rahmen Stellen, die gegen die Interpretation zu sprechen scheinen – in konkretem Fall Kants Rede von Apperzeption, im Gegensatz zur Rede von empirischer Erkenntnis – so deutet, dass sie zur Interpretation passen, statt sie bloß für irrelevant zu erklären, um sie im Gesamtvorschlag dann zu ignorieren. Zweitens scheint Kant selbst im Laufe seiner Argumentation von einem engen Zusammenhang zwischen Einheit der Apperzeption und empirischer Erkenntnis auszugehen. Diesen engen Zusammenhang kann man besser nachvollziehen (und argumentativ verteidigen), wenn man Textstellen ernst nimmt, die dafür sprechen, das „Einheit der Apperzeption" ziemlich stark gemeint ist.[16] Der Hintergrund meiner eigenen Engführung der Begriffe der Einheit der Apperzeption einerseits und der Begriffe der Erfahrung und der empirischen Erkenntnis andererseits ist also die grundsätzliche Sympathie für das Projekt einer regressiven Interpretation der Deduktion. Im Rahmen einer solchen starken Lesart der „Einheit der Apperzeption" ist ein Fokus auf den Apperzeptionsstrang der kantischen Argumentation mit einer regressiven Interpretation durchaus vereinbar.[17]

Dass mein Vorschlag hinsichtlich der Mehrdeutigkeit des Erscheinungsbegriffs, mit dem ich meine Ausführungen in diesem Unterabschnitt begonnen habe, zum Geist von regressiven Interpretationen gut passt – und eventuelle Lücken in Kants Argumentationsstrategie, die im Rahmen einer solchen Interpretation sonst drohen, gegebenenfalls schließt –, wird im nächsten Unterabschnitt ersichtlich. Wir werden dort sehen, dass wir – wenn wir von der *Prämisse* ausgehen, dass empirische Erkenntnis (bzw. Erfahrung im kantischen Sinn bzw. Einheit der Apperzeption) möglich oder aktual ist – sehr schnell (per Stipulation) zur These gelangen, dass Erscheinungen$_2$, d.h. sinnliche Anschauungen, welche die Bedingungen empirischer Erkenntnis erfüllen, ebenfalls möglich oder aktual sind. Anschließend, um die Kategorienkonformität der Erscheinungen$_2$ aufzuweisen, müsste man zeigen, dass Wissen *a priori* oder Erkenntnis dank der *Kategorien* eine Bedingung der Möglichkeit oder Aktualität empirischer Erkenntnis,

---

16 Im §16 der B-Deduktion betont Kant, dass es in seiner Argumentation um die *reine* Apperzeption geht, die mit der *empirischen* Apperzeption zu kontrastieren ist (B132); die Einheit der Apperzeption soll *transzendental* sein, und dies soll im Zusammenhang mit der These stehen, dass Vorstellungen „allein in einem *allgemeinen* Selbstbewußtsein zusammenstehen können" (ebd., meine Hervorhebung). Im §18 schreibt Kant, dass diese transzendentale Einheit *objektiv*, nicht *subjektiv* ist; eine bloß „empirische Einheit des Bewußtseins" wäre „ganz zufällig" und hätte „nur subjective Gültigkeit" (B139f.) Solche Kontraste erinnern an die anspruchsvolle Konzeption eines *Erfahrungs*urteils in den *Prolegomena*, das intersubjektive und objektive Gültigkeit beansprucht und mit der schwächeren Konzeption eines bloßen Wahrnehmungsurteils zu kontrastieren ist (4: 297 ff.).
17 Soweit ich sehen kann, entspricht dies der Lesart von „Einheit der Apperzeption", die auch Ameriks (1978: 283 f.) selbst vertritt.

II Der Verstand als „Gesetzgebung für die Natur" und die Rolle der Dinge an sich — 301

die schon als Prämisse in Anspruch genommen wurde, darstellt. Das kantische Argument als weniger ambitioniert und im Sinne einer regressiven Interpretation zu rekonstruieren, hat meines Erachtens entscheidende Vorteile. Zum einen ließe sich die These verteidigen, dass Kants aussichtsreichste Argumentation für die objektive Gültigkeit der Kategorien aus Überlegungen rund um empirische Erkenntnis (als ein relativ anspruchsvolles Phänomen) und nicht aus Überlegungen rund um Apperzeption (als ein eher minimales Phänomen) sich gewinnen lässt.[18] Zum anderen denke ich, dass eine solche Interpretation uns Ressourcen für eine Deutung der Deduktion, die ohne starkidealistische Annahmen auskommt, bietet, was ich – als Forschungsdesiderat dieses Kapitels und als sachlich überzeugende philosophische Position – für erstrebenswert halte.

Regressive Interpretationen scheinen allerdings auch mit Problemen behaftet zu sein. Das größte, viel diskutierte Problem betrifft eben die Tatsache, dass sie von anspruchsvollen Annahmen ausgehen. Dies bietet der skeptischen Gegnerin eine Angriffsfläche. Sie könnte Kant nämlich vorwerfen, dass er gerade das voraussetzt, was die Skeptikerin bestreitet, so dass sein Argument trivial oder sogar zirkulär ist.[19] Ich schließe mich hier Ameriks' Verteidigung der philosophischen Plausibilität von regressiven Interpretationen und seiner These an, dass das Argument im Rahmen einer solchen Interpretation zwar voraussetzungsreich, aber

---

18 Die Überlegungen rund um Apperzeption, wenn sie als ein wenig anspruchsvolles Phänomen interpretiert werden, mögen zwar den Vorteil haben, dass sie als Ausgangsannahme minimal wirken, aber gerade deshalb ist es noch schwieriger als im Fall der empirischen Erkenntnis zu sehen, wie man, ausgehend von einer solchen Ausgangsprämisse, die besonders anspruchsvolle Konklusion der Deduktion über die objektive Gültigkeit der Kategorien *erfolgreich* etablieren könnte.

19 Die Erstleser Kants haben ähnliche Vorwürfe erhoben. Relevant sind zum Beispiel Feders Beschwerden rund um den kantischen Erfahrungsbegriff in Feder 1790c: 185 ff.; vgl. auch Feder 1791: 155 ff. Schulze (1801b: 162) schreibt Kant die These zu, dass er einfach voraussetzt, dass „der menschliche Verstand nothwendige synthetische Urteile enthalte"; vgl. auch Schulze 1792: 95/ [125] Anm. Eberhard (1791b: 181 ff.) wirft Kant in einem ähnlichen Kontext eine „petitio principii" vor; vgl. auch Eberhard 1792a: 57. Eine ähnliche Kritik findet sich zudem in Schultz 1785: 298 f. Schultz war ein Anhänger und Interpret, kein Kritiker, Kants; die in Fn. 2 thematisierte Anmerkung Kants in den *Metaphysischen Anfangsgründen* bezieht sich auf Aspekte dieser Kritik Schultz'. Am prominentesten findet sich dieser Kritikpunkt bei Maimon: Es geht um das sogenannte „quid facti"-Problem Maimons; vgl. Kap. 5, Fn. 28. Maimon denkt, dass Kant von einem evidenten *Faktum der Erfahrung* ausgeht, das die Skeptikerin definitiv bestreiten würde, was zum Scheitern des Projekts der Deduktion unweigerlich führen soll. Das „quid facti"-Problem spielt eine wichtige Rolle in der Kantkritik Maimons insbesondere in seinen späteren Werken. Für manche relevante Stellen vgl. Maimon 1790b: 186 ff. und 363 f., Maimon 1794: 248 ff./[190 ff.], 425/[367]), 477/[419]). Für meinen Umgang mit diesem Aspekt der Kantkritik vgl. Abschnitt III, i, insbesondere Fn. 38.

keinesfalls zirkulär oder trivial ist. Was zwischen Kant und seiner Gegnerin zur Debatte steht, ist die objektive Gültigkeit von vorempirischen, apriorischen Begriffen, wie der Begriff der Ursache und Wirkung. Das ist viel stärker als bloß empirische Erkenntnis. Die Argumentationsstrategie der Kantianerin bestünde vor diesem Hintergrund darin, zu zeigen, dass die Welt ohne kategoriale Eigenschaften nicht die Welt, wie wir sie kennen, bloß ohne Kausalverbindungen oder Gesetzmäßigkeit, wäre: Die Welt, die uns umgibt, wäre ohne Anwendbarkeit der Kategorien radikal anders, so dass nicht einmal bloß empirische Erkenntnis und Phänomene wie Erfahrung oder Einheit der Apperzeption möglich wären. So etwas zeigen zu können, wäre eine beachtliche philosophische Leistung, selbst wenn man dabei die Möglichkeit oder Aktualität dieser Phänomene als Prämissen in Anspruch genommen hätte.

Im Folgenden möchte ich nun zeigen, wie wir, vor dem Hintergrund der in diesem Unterabschnitt skizzierten Auffassung zum Argumentationsziel der Deduktion, den Argumentationsgang in der Deduktion auf eine Weise verstehen können, welche die starke Festlegung auf die Dinge an sich nicht verletzt.

ii Die Argumentationsstrategie der Deduktion: Unerlässlichkeit einer Unterscheidung zwischen Erscheinungen und Dingen an sich trotz einer starken Festlegung auf Letztere

Im vorigen Unterabschnitt war zwar viel von Erscheinungen die Rede, allerdings ist völlig unklar geblieben, ob und inwiefern der transzendentale Idealismus Kants irgendeine Rolle in der Deduktion spielen soll; denn Erscheinungen, so wie ich sie charakterisiert habe, sind bloß sinnliche Anschauungen, so dass keine Kant-spezifische These zum besonderen Status solcher Entitäten mitbehauptet worden ist.

In beiden Fassungen seiner Deduktion macht Kant jedoch unmissverständlich deutlich, dass bei seinem Unterfangen sehr viel daran hängt, dass die Entitäten, um die es geht, *Erscheinungen* sind. Neben seiner Äußerung über den Verstand als „Gesetzgebung für die Natur", die im vorigen Kapitel bereits zitiert wurde, lässt sich die These sehr leicht belegen, dass die Tatsache, dass es hier um Erscheinungen geht, den Dreh- und Angelpunkt der kantischen Deduktion bilden soll.

> Bedenkt man aber, daß diese Natur an sich nichts als ein Inbegriff von Erscheinungen, mithin kein Ding an sich, sondern blos eine Menge von Vorstellungen des Gemüths sei, so wird man sich nicht wundern, sie blos in dem Radicalvermögen aller unsrer Erkenntniß, nämlich der transscendentalen Apperception, in derjenigen Einheit zu sehen, um deren

willen allein sie Object aller möglichen Erfahrung, d.i. Natur, heißen kann; und daß wir auch eben darum diese Einheit a priori, mithin auch als nothwendig erkennen können, welches wir wohl müßten unterwegens lassen, wäre sie unabhängig von den ersten Quellen unseres Denkens *an sich* gegeben. (A114)

Reine Verstandesbegriffe sind also nur darum a priori möglich, ja gar in Beziehung auf Erfahrung nothwendig, weil unser Erkenntniß mit nichts als Erscheinungen zu thun hat, deren Möglichkeit in uns selbst liegt, deren Verknüpfung und Einheit (in der Vorstellung eines Gegenstandes) blos in uns angetroffen wird, mithin vor aller Erfahrung vorhergehen und diese der Form nach auch allererst möglich machen muß. Und aus diesem Grunde, dem einzigmöglichen unter allen, ist denn auch unsere Deduction der Kategorien geführt worden. (A130)

Es ist um nichts befremdlicher, wie die Gesetze der Erscheinungen in der Natur mit dem Verstande und seiner Form a priori, d.i. seinem Vermögen das Mannigfaltige überhaupt zu verbinden, als wie die Erscheinungen selbst mit der Form der sinnlichen Anschauung a priori übereinstimmen müssen. Denn Gesetze existiren eben so wenig in den Erscheinungen, sondern nur relativ auf das Subject, dem die Erscheinungen inhäriren, so fern es Verstand hat, als Erscheinungen nicht an sich existiren, sondern nur relativ auf dasselbe Wesen, so fern es Sinne hat. Dingen an sich selbst würde ihre Gesetzmäßigkeit nothwendig auch außer einem Verstande, der sie erkennt, zukommen. Allein Erscheinungen sind nur Vorstellungen von Dingen, die nach dem, was sie an sich sein mögen, unerkannt da sind. Als bloße Vorstellungen aber stehen sie unter gar keinem Gesetze der Verknüpfung, als demjenigen, welches das verknüpfende Vermögen vorschreibt. (B164)[20]

Wie wir in der Folge sehen werden, ist der Erscheinungscharakter der Entitäten, um die es hier geht, in *zweierlei* Hinsicht von kritischer Bedeutung für die kantische Deduktion. Die erste Hinsicht betrifft die kantische *Konklusion* über die objektive Gültigkeit der Kategorien: Es ist klar, dass die objektive Gültigkeit nur mit Blick auf Erscheinungen – Erscheinungen$_2$ im Rahmen meines Vorschlags –[21] und nicht mit Blick auf Dinge an sich etabliert wird. Die eben angeführten Stellen betonen allerdings den Erscheinungscharakter der fraglichen Entitäten auch in einer zweiten Hinsicht: Dass es hier um Erscheinungen geht, fungiert als *Prämisse* in dem Argument, das die objektive Gültigkeit der Kategorien etablieren soll. Die Deduktion scheint also in zweierlei Hinsicht starkidealistische Elemente zu haben. Vor diesem Hintergrund ist die starkidealistische Interpretation der Deduktion durch die Erstleser naheliegend und stellt eine natürliche Interpretation dieser dar. Im Rahmen dieser natürlichen Interpretation hätten Erscheinungen *nur* aufgrund ihrer Relation zu Erkenntnissubjekten kategoriale Eigenschaften: Es

---

[20] Vgl. auch A101, A104, A108f., A129.
[21] Die Sache ist etwas komplexer, denn wir werden bald sehen, dass es auch Erscheinungen$_3$ im Rahmen des Gesamtmodells geben muss, von denen ebenfalls die Gültigkeit der Kategorien gezeigt werden soll. Von dieser Komplikation sehe ich hier ab.

ginge um einen Sachverhalt, der unabhängig davon gälte, dass die Dinge an sich, die diesen Erscheinungen zugrunde lägen, ebenfalls kategoriale Eigenschaften hätten (falls diese Dinge überhaupt existierten und über solche Eigenschaften verfügten). Will man das Potential einer vergleichsweise realistischen Interpretation verteidigen, muss man eine alternative Geschichte erzählen, welche der Zentralität des Erscheinungscharakters der Entitäten, um die es hier geht, und den starkidealistisch klingenden Elementen der Deduktion in beiderlei Hinsicht gerecht werden könnte.

Mein Ziel in diesem Unterabschnitt ist eine solche Alternative zu umreißen. Ich sehe zwei mögliche Funktionen der Betonung der Tatsache, dass es im Rahmen der Deduktion um *Erscheinungen* geht. Die erste Funktion erlaubt uns, die starkidealistisch klingende Konklusion anders zu verstehen, während die zweite Funktion die Rolle der starkidealistisch klingenden Äußerungen als Prämisse betrifft.

Erste Funktion der starkidealistisch klingenden Äußerungen Kants: Konklusion über eine Untermenge von Dingen an sich

Selbst wenn man eine ausgeprägt realistische Position über die kategorialen Eigenschaften von Gegenständen verträte, welche das Resultat eines transzendentalen Arguments im weiten Sinne – nicht unbedingt des kantischen Deduktionsarguments – wäre, könnte die Unterscheidung zwischen Erscheinungen und Dingen an sich eine gewisse Funktion übernehmen. Das können wir gut sehen, wenn wir eine einflussreiche Kritik an Kant, die in Peter Strawson (1966: 15 ff., 114 ff.) ihren Ursprung hat und von Paul Guyer (1987: 53 ff., 132 ff.) und Kenneth Westphal (2004: 68 ff.) weiterentwickelt wird, ins Spiel bringen. Kant wird vorgeworfen, dass er daraus, dass ein Gegenstand die Bedingungen unserer Erkenntnis erfüllt, die Konklusion zieht, dass dieser Gegenstand subjektabhängig ist. Dieser These wird eine realistische Alternative entgegengesetzt: Die Gegenstände erfüllen die Bedingungen *unserer* Erkenntnis aufgrund ihrer *eigenen*, *subjektunabhängigen* Eigenschaften, die ihnen als *Dingen an sich* zukommen; die Eigenschaften werden diesen Gegenständen nicht vorgeschrieben oder aufgezwungen; Gegenstände, welche die erforderlichen subjektunabhängigen Eigenschaften nicht hätten, die es ihnen erlauben würden, die Bedingungen *unserer* Erkenntnis zu erfüllen, würden diese Bedingungen eben nicht erfüllen, und aus diesem Grund wären sie keine Gegenstände unserer Erkenntnis; die Gegenstände, die wir als Träger der erforderlichen Eigenschaften erkennen würden, wären subjektunabhängige Gegenstände, d. h. *Dinge an sich*. Die Vertreterin dieser realistischen Position würde der transzendentalen Idealistin in einer Sache trotzdem zustimmen: Sowohl die Realistin als auch die transzendentale Idealistin würden die These vertreten, dass es Bedingungen der Erkenntnis bzw. der Erfahrung bzw. der Einheit der Apperzeption gibt und dass diese Bedingungen nur dann erfüllt werden, wenn die Gegenstände über kategoriale Eigenschaften verfügen.

Die hier skizzierte Position wird von ihren Vertretern als eine Alternative *zu* Kant präsentiert, aber ich denke, dass es nicht auf der Hand liegt, dass sie nicht stattdessen eine alternative Interpretation *Kants* darstellen könnte.[22] Es handelt sich um eine Position, die in gewissem Sinn ebenfalls von einer Unterscheidung zwischen Erscheinungen und Dingen an sich Gebrauch macht und gewisse idealistische Züge hat, so dass sie als Inspirationsquelle für eine *vergleichsweise* realistische Interpretation Kants fungieren könnte. Dass die Unterscheidung zwischen Erscheinungen und Dingen an sich brauchbar ist, sieht man anhand folgender Überlegung. Im Rahmen dieses realistisch gewendeten transzendentalen Arguments würde man, genauso wie im Fall eines starkidealistischen Arguments, nicht die Konklusion etablieren können, dass *alle* Dinge an sich kategoriale Eigenschaften haben oder dass sich die Kategorien legitimerweise auf *alle* diese Gegenstände anwenden lassen. Die Konklusion dürfte nur eine *Untermenge* von Dingen an sich betreffen, nämlich solche, welche die Bedingungen empirischer Erkenntnis bzw. der Erfahrung bzw. der Einheit der Apperzeption erfüllen. Wollte man nun seine These hinsichtlich kategorialer Eigenschaften von Gegenständen in *Allaussagen* zum Ausdruck bringen, dann könnten diese keine Allaussagen über Dinge an sich sein, denn man hätte bloß gezeigt, dass *einige* Dinge an sich den Kategorien unterliegen.

Nun sind die kantischen Grundsätze des reinen Verstandes, als Aussagen, in denen die Kategorien als Begriffe vorkommen, Allaussagen.[23] Selbst wenn Kant ein Realist im obigen Sinn wäre, könnte es sinnvoll für ihn sein, seine Allaussagen als Aussagen über *Erscheinungen* zu formulieren. Empirische Erkenntnis nach Kant setzt sinnliche Anschauungen und Begriffe voraus. Dinge an sich können nur dann die Bedingungen empirischer Erkenntnis erfüllen, wenn sie sinnlich gegeben werden; d.h. sie müssten in gewissem Sinn *erscheinen* können. Es wäre nicht verkehrt, den Ausdruck „Erscheinung" zu verwenden, um auf diese Untermenge von Dingen an sich zu referieren. (Allerdings müssten wir in diesem Fall, anders als im vorigen Unterabschnitt vorgeschlagen, unter „Erscheinung" *Ge-*

---

[22] Vgl. George 2007: 726 f., wo dieser Punkt mit Blick auf Westphals Modell explizit formuliert wird.

[23] Vgl. zum Beispiel: „Alle Erscheinungen sind ihrer Anschauung nach extensive Größen" (A162); „[i]n allen Erscheinungen hat das Reale, was ein Gegenstand der Empfindung ist, intensive Größe, d.i. einen Grad" (B207); „[a]lle Erscheinungen stehen, ihrem Dasein nach, a priori unter Regeln der Bestimmung ihres Verhältnisses unter einander in der Zeit" (A176 f.); „[a]lle Veränderungen geschehen nach dem Gesetze der Verknüpfung der Ursache und Wirkung" (B232).

genstände einer sinnlichen Anschauung, keine sinnlichen Anschauungen als solche verstehen. Dass diese *weitere* Bedeutung bei Kant am Werk ist, möchte ich nicht bestreiten, und ich denke, dass diese Fülle von Bedeutungen nicht zuletzt dabei eine Rolle spielt, dass die *Kritik*, und insbesondere die Deduktion, so große Interpretationsschwierigkeiten aufwirft.)

Es ist zudem wichtig, zu sehen, dass diese realistische Alternative weniger realistisch ist als sie auf den ersten Blick klingt. Sie mündet in eine Art Filtermodell, wonach alles, was zu unserer Verfasstheit als Erkenntnissubjekte nicht passt, herausgefiltert wird. Weil *wir* so verfasst sind, ist es auch im Rahmen dieses Modells zutreffend zu sagen, dass der Verstand „die Gesetzgebung für die Natur" darstellt: Instanzen, welche die (durchgängige) Gesetzmäßigkeit der Natur falsifizieren könnten oder ihre Ordnung beeinflussen würden, werden gar nicht erfasst. Die Natur als „der Inbegriff aller Erscheinungen" (B163) sähe ganz anders aus als die Natur als Inbegriff aller Dinge an sich. Auf diese idealistischen Implikationen der angeblich realistischen Alternative ist in der Kantforschung bereits hingewiesen worden. Die Herausarbeitung dieser idealistischen Implikationen diente allerdings der Verteidigung der These, dass diese Alternative in *philosophischer* Hinsicht angreifbar ist, denn sie ist *auch* idealistisch, so dass sie keine bedeutsame Verbesserung gegenüber Kants *eigentlicher* Position – die mit einer stärker idealistischen Position identifiziert wird – darstellt.[24] Meines Erachtens sind jedoch diese idealistischen Implikationen in *exegetischer* Hinsicht von Vorteil: Wenn die skizzierte Position ebenfalls idealistisch ist, warum sind wir dann so fest davon überzeugt, dass sie nicht die *eigentliche* Position von Kant selbst sein könnte? Diese Alternative als *exegetische* Option für die Kantinterpretation ernst zu nehmen, hätte trotzdem einen philosophischen Vorteil: Obwohl die Position keinem starken Realismus gleichkommen würde, ginge es um eine moderatere Spielart des Idealismus, in deren Rahmen man an der leitenden Rolle der Dinge an sich und ihrer Eigenschaften innerhalb der Erfahrung durchaus festhalten könnte.

Zweite Funktion der starkidealistisch klingenden Äußerungen Kants: Anschauung bei epistemisch limitierten Wesen und Repräsentation von Gegenständen

Die Betonung dieser ersten Funktion der Unterscheidung zwischen Dingen an sich und Erscheinungen kann allerdings nur die eine Seite des Versuchs, eine exegetisch befriedigende Alternative zur starkidealistischen Interpretation zu entwerfen, bilden. Zu Beginn des Unterabschnitts wurde angemerkt, dass die Deduktion

---

24 Vgl. Dicker 2008: 741.

starkidealistische Elemente in *zweierlei* Hinsicht zu haben scheint. Diese Elemente betreffen nicht nur die *Konklusion* des Arguments (die nur eine Konklusion über Erscheinungen, keine Dinge an sich, darstellt), sondern auch die Prämissen: Kant beruft sich auf den Erscheinungscharakter der Entitäten, um die es in der Deduktion geht, als eine *Prämisse* im Rahmen dieses Arguments.

An manchen zitierten, starkidealistisch klingenden Stellen macht Kant deutlich, dass wir dank des Erscheinungscharakters der Entitäten, um die es hier geht, zeigen können, dass Gegenstände der Erfahrung den Kategorien unterliegen: *Weil* die Gegenstände der Erfahrung Erscheinungen sind, können wir zeigen, dass die legitime Anwendbarkeit der Kategorien zu den notwendigen Bedingungen empirischer Erkenntnis bzw. Erfahrung bzw. Einheit der Apperzeption zählt. Die Erscheinungen „stehen unter gar keinem Gesetze der Verknüpfung, als demjenigen, welches das verknüpfende Vermögen vorschreibt" (B164) und „aus diesem Grunde, dem einzigmöglichen unter allen, ist [...] [die] Deduction der Kategorien geführt worden" (A130). Das stellt einen Kontrast zu realistischerem Modell à la Strawson, Guyer oder Westphal, das oben skizziert wurde, dar. (Das Argument im Rahmen des realistischeren Modells nimmt keine idealistisch klingenden Prämissen in Anspruch. Man kann allenfalls behaupten/zeigen – wie es oben getan wurde –, dass das Argument idealistische Konsequenzen hat und nur etwas über Erscheinungen etabliert. Die Prämissen selbst aber, welche die These über die Anwendbarkeit der Kategorien als eine notwendige Bedingung empirischer Erkenntnis etablieren sollen, scheinen für eine Realistin unbedenklich zu sein.) Kant hingegen scheint anders vorzugehen, und Strawson kommentiert diesen Aspekt des kantischen Unterfangens wie folgt: „If, therefore, our experience is to have for us the character of objectivity required for empirical knowledge, our 'sensible representations' must contain some substitute or surrogate for awareness of the real, unknown object. This surrogate is precisely that rule-governed connectedness of our representations which is reflected in our employment of concepts of *empirical* objects conceived of as together forming a unified natural world" (Strawson 1966: 91). Obwohl ich im Folgenden die These verteidigen möchte, dass die Interpretation Strawsons hier nicht zwingend ist, finde ich einen Teil der Behauptung plausibel, nämlich dass sich Kant tatsächlich auf ein bestimmtes Merkmal von *Erscheinungen* beruft, um die legitime Anwendbarkeit der Kategorien als notwendige Bedingung der Erfahrung bzw. der empirischen Erkenntnis bzw. der Einheit der Apperzeption aufweisen zu können. Thesen über Erscheinungen und ein damit einhergehender Idealismus sind in dieser Version also nicht bloß *Konklusion* und eventuelle *Konsequenz* der Strategie, sondern scheinen bereits als *Prämissen* am Werk zu sein, die uns überhaupt ermöglichen, die Anwendbarkeit der Kategorien als eine notwendige Bedingung empirischer Erkenntnis von Gegenständen aufzuweisen.

Die oben skizzierte Strategie à la Strawson würde uns also nur helfen, die Konklusion Kants über die Einschränkung der Gültigkeit der Kategorien auf das Gebiet der Erscheinungen anders zu verstehen. Sie hilft uns jedoch nicht mit der *zweiten* Rolle, nämlich die der Berufung auf den Erscheinungscharakter der Entitäten (um die es in der Deduktion geht) als eine *Prämisse* im Rahmen dieses Arguments. Ich denke, dass eine Interpretation, die den Anspruch erhebt, eine mögliche *Kantinterpretation* zu sein, auch etwas zu dieser zweiten Rolle sagen muss. Und dies stellt eine besondere Herausforderung für eine Ding-an-sich-freundliche Interpretation dar, denn eine Verbannung der leitenden Rolle der Dinge an sich scheint eine natürliche Interpretation der starkidealistisch klingenden Elemente der Deduktion gerade in dieser zweiten Hinsicht zu sein. Vor diesem Hintergrund ist die Idee des Filtermodells, so wie sie oben skizziert wurde, unzureichend als Alternative zur starkidealistischen Interpretation der Deduktion. Das Filtermodell ist unzureichend *nicht* in dem Sinne, dass es letztlich als falsch eingestuft werden muss, sondern in dem Sinne, dass es *um weitere Überlegungen*, welche die starkidealistisch klingenden Elemente der Deduktion in der hier besprochenen *zweiten* Hinsicht in den Blick nehmen, ergänzt werden muss, um als alternative *Kantinterpretation* ernstgenommen werden zu dürfen.

Versucht man diesem zweiten Aspekt der kantischen Position im Rahmen einer alternativen Interpretation gerecht zu werden, muss man weitere Überlegungen ins Spiel bringen. Im Folgenden möchte ich zu diesem Zweck einen Vorschlag machen, der einen Bogen zu den im vorigen Unterabschnitt ausgeführten Thesen zum Argumentationsziel der Deduktion schlägt und die Rolle des Erscheinungscharakters von Entitäten im Zuge der Begründung der objektiven Gültigkeit der Kategorien in den Blick nimmt. Die Hauptidee besteht darin, den Fokus auf den Unterschied zwischen *sinnlicher* und *intellektueller* Anschauung zu legen und Kant eine mit Blick auf sinnlich gegebene Gegenstände *konstruktivistische* These zuzuschreiben. Diese Idee soll ein anderes Licht auf Kants Rede von Erscheinungen in der Deduktion werfen und uns erlauben zu sehen, dass auch die zweite Funktion der Unterscheidung zwischen Erscheinungen und Dingen an sich – als Prämisse, nicht bloß als Konklusion – mit einer starken Festlegung auf Dinge an sich vereinbar wäre. Meine folgenden Ausführungen zu dieser zweiten Funktion sind mit dem *Geist* meines Vorschlags rund um die erste Funktion und das Filtermodell prinzipiell kompatibel und sollen diesen ergänzen, wenngleich sie die Einzelheiten dieses ersten Vorschlags etwas verkomplizieren.

Aus meinen Ausführungen zum Argumentationsziel der Deduktion im vorigen Unterabschnitt können wir folgende Lektionen mitnehmen. Die Deduktion könnten wir als ein regressives Argument verstehen, das von der Prämisse ausgeht, dass empirische Erkenntnis bzw. Erfahrung bzw. Einheit der Apperzeption möglich oder aktual sind. Die Erscheinungen, um die es hier geht, Erscheinungen₂, sind sinnliche Anschauungen, die als Entitäten definiert werden, welche die Bedingungen dieser empirischen Erkenntnis erfüllen. (In diesem und den nächsten Absätzen werde ich der Einfachheit halber nur von Bedingungen der empirischen Erkenntnis sprechen und auf eine Rede von Erfahrung und Einheit der Apperzeption verzichten.) Auf Grundlage solcher Thesen gelangen wir zu einer Zwischenkonklusion, nämlich dass Erscheinungen bzw. sinnliche Anschauungen, welche die Bedingungen empirischer Erkenntnis erfüllen, möglich sind bzw. dass es sie in der aktualen Welt gibt. Der nächste Argumentationsschritt wäre dann zu zeigen, dass diese Erscheinungen bzw. sinnlichen Anschauungen so beschaffen sind, dass sie den Kategorien unterliegen. Hier ist der Schritt, wo der Erscheinungscharakter der Entitäten, um die es hier geht, relevant wird.

Ich gehe von der Annahme aus, dass die empirische Erkenntnis eine Vorstellung von einem Gegenstand in einem *robusten* Sinn sein muss. Die Idee ist nicht einfach auszubuchstabieren, aber es scheint relativ klar, dass Überlegungen um solche Gegenstände im Mittelpunkt des Unterfangens der Deduktion stehen. Mit der Rede von Gegenständen in einem robusten Sinn sind Gegenstände gemeint, die einerseits keine Gegenstände in einem zu minimalen, anspruchslosen Sinn sind – wir sprechen hier aus der Perspektive einer regressiven Lesart des Arguments als eines voraussetzungsreichen Arguments –, andererseits sollten die Gegenstände in diesem Sinn nicht *zu* robust sein, damit es der Gegnerin nicht zu leicht fällt, die Voraussetzung anzugreifen. Es sollte zum Beispiel *kein* Teil der Definition von solchen Gegenständen sein, dass es um Substanzen in kausalen Relationen zueinander geht. Obwohl ich es hier unterlassen werde, auf die Ausbuchstabierung dieser Idee näher einzugehen, finde ich die Unterscheidung zwischen Gegenständen im Rahmen von *Erfahrungsurteilen* und Gegenständen im Rahmen von *Wahrnehmungsurteilen*, so wie sie in Kants *Prolegomena* präsentiert wird (4: 297 ff.), hilfreich, um den relevanten Sinn von „Gegenstand", der hier auf dem Spiel steht, zu verstehen.[25] Die Aufgabe im Rahmen der regressiven Interpretation der Deduktion wäre nun zu zeigen, dass für eine Vorstellung von einem Gegenstand in einem *robusten* Sinn, so wie die empirische Erkenntnis es erfordert, Begriffe a priori und kategoriale Eigenschaften irgendwie erforderlich sind.

---

25 Vgl. die Unterscheidung Kants in der B-Deduktion zwischen folgenden Aussagen: „[W]enn ich einen Körper trage, so fühle ich einen Druck der Schwere" vs. „[E]r, der Körper, ist schwer" (B142). So wie ich das Ganze verstehe, entspricht erstere Aussage einem Wahrnehmungsurteil, während letztere als Erfahrungsurteil einzustufen ist. Im letzteren Fall, im Gegensatz zum ersteren, geht es um einen Gegenstand in einem robusten Sinn: „[D]iese beide Vorstellungen [Vorstellung des Körpers und der Schwere, MK] sind im Object, d. i. ohne Unterschied des Zustandes des Subjects, verbunden und nicht bloß in der Wahrnehmung (so oft sie auch wiederholt sein mag) beisammen" (ebd.).

Nun denke ich, dass wir diesen nächsten Argumentationsschritt nachvollziehen könnten, wenn wir Kant folgende Thesen zuschreiben: (i) Sinnliche Anschauungen oder Erscheinungen als solche können *keine* Vorstellungen von einem Gegenstand in einem robusten Sinn sein; (ii) aufgrund von (i) können sinnliche Anschauungen bzw. Erscheinungen die Bedingungen empirischer Erkenntnis *nur* dann erfüllen, wenn sie mit anderen sinnlichen Anschauungen verbunden werden könnten, so dass eine komplexe Vorstellung eines Gegenstands im robusten Sinn (als eine Konstruktion aus sinnlichen Anschauungen) möglich wäre; (iii) die unter (ii) erforderliche Verbindbarkeit von sinnlichen Anschauungen ist nur dann möglich, wenn die sinnlichen Anschauungen so beschaffen sind, dass sie nach den Kategorien synthetisierbar sind. Vor dem Hintergrund dieser drei Thesen könnte Kant dann, auf Grundlage der bereits etablierten Zwischenkonklusion über die Möglichkeit oder Aktualität von sinnlichen Anschauungen (Erscheinungen$_2$), welche die Bedingungen empirischer Erkenntnis erfüllen, zur angestrebten Konklusion gelangen, dass sinnliche Anschauungen (Erscheinungen$_2$) so beschaffen sind, dass sie nach den Kategorien synthetisierbar sind.

Diese Thesen scheinen tatsächlich starkidealistische Verpflichtungen mit sich zu bringen und können leicht den Eindruck erwecken, dass Kant die Kategorien als *Surrogate* ins Spiel bringt, um unseren *aufgrund des transzendentalen Idealismus* defizitären Zugang zu Gegenständen in einem robusten Sinn auszugleichen. Ich denke jedoch, dass das Modell weniger idealistisch sein kann, als es auf den ersten Blick scheint, und dass die hier skizzierten Thesen *weder* den transzendentalen Idealismus als eine spezifisch kantische Position voraussetzen *noch* die starke Festlegung auf die Dinge an sich und die leitende Rolle ihrer kategorialen Eigenschaften innerhalb der Erfahrung verletzen müssen.

Dass mittels sinnlicher Anschauungen/Erscheinungen als solcher keine Vorstellung von einem Gegenstand in einem robusten Sinn möglich ist, muss nicht zwangsläufig als eine These angesehen werden, die den transzendentalen Idealismus Kants, verstanden als eine spezifische These über Raum, Zeit und die Subjektabhängigkeit von Erscheinungen, voraussetzt. Man könnte hingegen die These mit einem Kontrast zwischen *sinnlicher Anschauung* und *intellektueller Anschauung* von einem Gegenstand in Verbindung bringen, der wiederum mit einem Kontrast zwischen einem Gegenstand, der auf einmal, auf eine *nicht-serielle, nicht-sukzessive* Weise in der Anschauung gegeben werden kann (Gegenstand einer intellektuellen Anschauung), und einem Gegenstand, von dem so etwas nicht gelten kann (Gegenstand einer sinnlichen Anschauung), zusammenhängt. Ich möchte – auf eine zugegebenermaßen sehr abstrakte Weise – kurz skizzieren, in welche Richtung uns solche Überlegungen führen könnten.

II Der Verstand als „Gesetzgebung für die Natur" und die Rolle der Dinge an sich —— 311

Wir könnten uns Erkenntnissubjekte vorstellen, welche die Gegenstände intellektuell anschauen können. Für solche Erkenntnissubjekte wäre es ausgeschlossen, dass es eine Diskrepanz zwischen einem Gegenstand, wie er an sich ist, und dem Gegenstand, wie er angeschaut wird, gäbe. Wenn sie einen Gegenstand intellektuell anschauen würden, würden sie ihn auf einmal anschauen, und durch diese Anschauung würden sie ihn vollständig erkennen. Für solche Erkenntnissubjekte wäre es ausgeschlossen, dass es ihnen durch Anschauung nicht gelingen würde, die Welt, so wie sie an sich beschaffen ist, zu erkennen: „Falsche Erkenntnis", als fehlende Übereinstimmung zwischen Vorstellung und Gegenstand, wäre ausgeschlossen, und dies gälte unabhängig davon, wie diese subjektunabhängige Welt beschaffen wäre und ob es Gegenstände in einem sehr starken Sinn – zum Beispiel substantielle Gegenstände in Kausalrelationen zueinander – gäbe. Selbst wenn die Welt so beschaffen wäre, dass „der Zinnober bald roth, bald schwarz, bald leicht, bald schwer sein [würde], ein Mensch bald in diese, bald in jene thierische Gestalt verändert werden" (A100) würde es diesen epistemisch privilegierten Subjekten gelingen, Gegenstände (in einem robusten Sinn) zu repräsentieren, wenn es solche gäbe. Aus dem Umstand, dass für solche Subjekte die Repräsentation von Gegenständen (in einem robusten Sinn) möglich wäre, konnte man nicht auf die These schließen, dass in dieser Welt die Kategorien instanziiert sein müssen.

Nun sieht die epistemische Lage von Erkenntnissubjekten, die nur sinnlich anschauen können, anders aus. Solche Erkenntnissubjekte sind nicht in der Lage, die Gegenstände auf einmal anzuschauen und alle ihre Eigenschaften auf nicht-serielle, nicht-sukzessive Weise zu erfassen. Durch Affektion werden sie mit Vorstellungen von den Gegenständen nach und nach versorgt. Ein berühmtes Beispiel Kants aus der „Zweiten Analogie" kann den Punkt gut veranschaulichen:

> Die Apprehension des Mannigfaltigen der Erscheinung ist jederzeit successiv. Die Vorstellungen der Theile folgen auf einander. Ob sie sich auch im Gegenstande folgen, ist ein zweiter Punkt der Reflexion, der in dem ersteren nicht enthalten ist. [...] So ist z.E. die Apprehension des Mannigfaltigen in der Erscheinung eines Hauses, das vor mir steht, successiv. Nun ist die Frage, ob das Mannigfaltige dieses Hauses selbst auch in sich successiv sei, welches freilich niemand zugeben wird. (A189 f./B234 f.)

Die Idee scheint zu sein, dass wenn ich ein Haus sinnlich anschaue, ich es nicht auf einmal als Haus anschauen kann. Ich habe nur eine Reihe von Vorstellungen (zunächst die Vorstellung einer Tür, dann die eines Fensters – aber nicht mehr die der Tür – und anschließend die eines Dachs – aber nicht mehr die des Rests). Trotzdem gibt es einen Gegenstand in einem robusten Sinn, ein Haus, die ganze Zeit da, und die epistemisch *eingeschränkten* Wesen, die nur sinnlich anschauen können, wissen das und würden das sofort zugeben. Wie gelingt ihnen das? Hier kommen die Kategorien ins Spiel. Wenn diese endlichen Erkenntnissubjekte nur über sinnliche Anschauungen verfügten, wären sie nicht in der Lage, Gegenstände in einem robusten Sinn als Gegenstände in einem robusten Sinn zu repräsentieren. Die Repräsentation von Gegenständen in einem robusten Sinn, d. h. empirische Erkenntnis, ist für solche Wesen nur möglich, weil diese Wesen zusätzlich auf die Ressourcen des Verstandes und auf seine apriorischen Begriffe zurückgreifen können. Dieser Rückgriff ist seinerseits nur möglich, weil die sinnlichen Anschauungen, mit denen wir zu tun haben, so beschaffen sind, dass sie nach den Kategorien synthetisierbar sind. Und das ist, aus der Perspektive der hier vorgeschlagenen Ding-an-sich-freundlichen Interpretation, wiederum nur möglich, weil es tatsächlich Gegenstände gibt (Dinge an sich!), welche kategoriale Eigenschaften haben. Anders als im Fall von epistemisch privilegierten Wesen mit intellektueller Anschauung, *kann* ich aus dem Umstand, dass für solche endlichen Subjekte die Repräsentation von Gegenständen in einem robusten Sinn möglich ist, auf die These schließen, dass in dieser Welt die Kategorien instanziiert sein müssen. Kurzum: Die Deduktion würde auf der Idee beruhen, dass, weil Erkenntnissubjekte mit sinnlicher Anschauung *epistemisch* limitiert sind, die Welt auf einer *metaphysischen* Ebene höhere Standards erfüllen muss, damit empirische Erkenntnis für solche Wesen trotzdem möglich ist.

Eine solche Idee beruht auf dem Kontrast zwischen intellektueller Anschauung und sinnlicher Anschauung *überhaupt*, nicht unbedingt raumzeitlicher Anschauung. Obwohl das Analogie-Beispiel eine Instanz zeitlicher Anschauung betrifft, und ich den Gegenstand einer solchen Anschauung mit einem Gegenstand, der *auf einmal*, auf eine *nicht-serielle, nicht-sukzessive* Weise in der Anschauung gegeben werden kann (Gegenstand einer intellektuellen Anschauung), kontrastiert habe, fände ich die These plausibel, dass die zeitlich konnotierten Ausdrücke „nicht auf einmal", „seriell", „sukzessiv" auch auf andere Arten sinnlicher, nichtmenschlicher Anschauung anwendbar sein könnten. So wie ich die ganze Idee verstehe, ist sie zudem unabhängig von der These, dass wir die Dinge an sich *nicht* erkennen können.[26] Im Rahmen meines Vorschlags sind die kantischen Thesen über Erscheinungen bloß als Thesen über *sinnliche Anschauungen* zu verstehen. Die kantische Rede über Erscheinungen an sehr vielen Stellen der (A-)Deduktion wäre vor dem Hintergrund einer solchen Interpretation als etwas irreführend einzustufen, denn sie könnte als impliziter Verweis auf die Unerkennbarkeitsthese hinsichtlich der Dinge an sich gelesen werden. Die

---

26 Was das Analogie-Beispiel angeht, wäre es nicht zwingend, es im Lichte einer Kant-spezifischen idealistischen Zeitkonzeption zu deuten. Die These über den seriellen Charakter zeitlicher Anschauung ist eine These, die Kant durch intuitive Beispiele illustriert. Soweit ich sehen kann, könnte die Verfechterin einer realistischen Zeitkonzeption diese ebenfalls unterschreiben.

Überlegungen hinsichtlich sinnlicher und intellektueller Anschauungen, die ich ins Feld geführt habe, sehe ich jedoch als prinzipiell vereinbar mit der These, dass epistemisch eingeschränkte Wesen mit nur sinnlicher Anschauung die Dinge an sich erkennen könnten. Die Kombination aus sinnlicher Anschauung *und* Kategorienanwendung könnte diese Wesen prinzipiell in die Lage versetzen, durch ein epistemisch aufwändiges Synthesisverfahren das zu erkennen, was die epistemisch privilegierteren Wesen durch intellektuelle Anschauung auf einmal erkennen.

Folgt man dieser Interpretationsrichtung, wird die starke Festlegung auf Dinge an sich nicht verletzt. Aus dem Argument, das ich vorgeschlagen habe, Kant zuzuschreiben, folgt nicht, dass die Dinge an sich und ihre kategorialen Eigenschaften irrelevant sind. Ich spreche von Synthetisier*bar*keit nach und Anwend*bar*keit von Kategorien um gerade zu signalisieren, dass die Konklusion nicht bloß etwas über *uns* und unseren Kategoriengebrauch etabliert, sondern dass etwas über die *sinnlichen Anschauungen* etabliert wird: Diese Anschauungen sind so beschaffen, dass sie es uns *erlauben*, sie nach Kategorien zu verbinden, zur Repräsentation von Gegenständen in einem robusten Sinn zu gelangen und auf diese die Kategorien *legitimerweise* anzuwenden. Es ist diese Stelle, in der die Dinge an sich, ihre Eigenschaften und ihre leitende Rolle ins Spiel kommen würden.

Dies bedeutet allerdings nicht, dass die kantische Deduktion ganz ohne die Annahme, dass die kategorialen Eigenschaften von Gegenständen der Erfahrung in gewisser Hinsicht *subjektabhängig* sind, auskommen kann. Soweit ich sehen kann, würde die These über sinnliche Anschauungen, die erst durch Synthesis nach den Kategorien Gegenstände in einem robusten Sinn repräsentieren können, Kant auf eine Spielart des *Phänomenalismus* und *Konstruktivismus* mit Blick auf die Gegenstände der Erfahrung verpflichten: Gegenstände in einem robusten Sinn, mit denen wir in der Erfahrung zu tun haben, wären Konstruktionen aus sinnlichen Anschauungen (d. h. mentalen Zuständen), nach Kategorien als „Regel der Synthesis" verbunden. Diese Gegenstände könnten wir als „Erscheinungen" in einer dritten, bereits angedeuteten und versprochenen Bedeutung des Ausdrucks bezeichnen: Es ginge um Erscheinungen$_3$, *Gegenstände* von sinnlichen Anschauungen, die eine Konstruktion aus Erscheinungen$_2$ wären. Die kategorialen Eigenschaften von diesen Erscheinungen$_3$ wären Eigenschaften, die sie *nicht* hätten, wenn es keine Erkenntnissubjekte und ihre Synthesisleistungen gäbe.

Die Subjektabhängigkeit der kategorialen Eigenschaften von *Erscheinungen$_3$* ist jedoch prinzipiell vereinbar mit einer Spielart repräsentationalen Realismus, und sie verletzt die leitende Rolle von *Dingen an sich* nicht. Man könnte durchaus an der These festhalten, dass ich in die Erscheinungen$_3$ kategoriale Eigenschaften „hineingelegt" habe, *weil* die zugrunde liegenden Dinge an sich entsprechende

Eigenschaften haben. Die Idee wäre, dass der Verstand das Material der Sinne irgendwie verarbeitet, ohne dadurch subjektabhängige Eigenschaften vorzuschreiben. Um auf eine hilfreiche Unterscheidung Westphals (2004: 87 ff.) – im Rahmen seiner realistisch gewendeten Alternative *zu* Kant – zurückzugreifen: Wir sollten zwischen *Verbindung* und *Verbindbarkeit* unterscheiden; indem wir uns durch Synthesis/Verbindungsakte die Welt „konstruierten", würden wir sie eigentlich *rekonstruieren*. Bei diesem Rekonstruktionsverfahren würde uns die *Materie* von Erscheinungen leiten, d. h. der Aspekt unserer Erfahrung, der auf die Dinge an sich zurückzuführen ist.[27]

Obwohl die Erkennbarkeit von Dingen an sich mit einem solchen Modell *prinzipiell* vereinbar wäre, würde man im Rahmen der vorgeschlagenen Interpretation Kant eine solche These *nicht* zuschreiben. Selbstverständlich würde man auch aus der Perspektive dieser Interpretation die These *bestreiten*, dass wir die Dinge an sich (bestimmt) erkennen können. Der Grund für diese Unerkennbarkeitsthese wäre jedoch in den Kant-spezifischen Thesen über *Raum* und *Zeit* und in der damit verbundenen Problematik des Schematismus zu finden. Der kantische Idealismus wäre weder die Folge von den kantischen Thesen über den Verstand und die (reinen) Kategorien als solche noch die Folge von Thesen über

---

27 Folgt man den hier skizzierten Ideen kann man zudem besser sehen, wie die Vertreterin der in Kapitel 3 formulierten These über eine Disanalogie zwischen Sinnlichkeit und Verstand im kantischen Idealismus mit manchen spezifischen Überlegungen, die als Argument gegen die Disanalogiethese vorgebracht worden sind, umgehen kann. In seiner bereits angesprochenen, expliziten Verteidigung der These, dass die kantische Konzeption über Kategorien – genauso wie die kantische Konzeption über Formen der Anschauung – den subjektiven Charakter dieser Vorstellungen nach sich zieht, verweist Bristow (2002: 567 ff.) unter anderem auf die kantische These, dass *Denken* (im Gegensatz zur intellektuellen Anschauung) „jederzeit Schranken beweiset" (B71). Er verbindet diese These mit Kants explizitem Hinweis auf die Wichtigkeit des Kontrastes zwischen sinnlicher und intellektueller Anschauung für das Argument in der Deduktion (B145). Bristow zufolge soll die kantische Konzeption über Schranken und Denken die Implikation haben, dass Wesen ohne intellektuelle Anschauung nur nach Bedingungen, die ihren Sitz im Subjekt haben, denken können. Nach Bristow würde dies bedeuten, dass die kategorialen Eigenschaften von Gegenständen der Erfahrung schon deshalb subjektabhängig sind. Wie wir jedoch gesehen haben, verstehe ich die kantischen Thesen über intellektuelle und sinnliche Anschauung und damit einhergehende Limitationen ganz anders: Dieser Aspekt der kantischen Position würde bloß implizieren, dass nur mit Blick auf Wesen *ohne* intellektuelle Anschauung gezeigt werden kann, dass die Gegenstände der Erfahrung kategoriale Eigenschaften haben müssen; für Wesen *mit* intellektueller Anschauung wäre Erfahrung selbst ohne solche Eigenschaften möglich. Der Kontrast betrifft die Frage, ob die Instanziierung von kategorialen Eigenschaften als eine notwendige Bedingung der Erfahrung für *alle* Klassen von Wesen etabliert werden kann, und *nicht* die Frage, ob die kategorialen Eigenschaften von Gegenständen subjektabhängig sind oder nicht.

einen *generischen* Aspekt sinnlicher Anschauung (nämlich, dass ihr Gegenstand, im Gegensatz zum Gegenstand einer intellektuellen Anschauung, uns durch Affektion gegeben wird).[28]

Die Skizze der alternativen Interpretation ist nun der Sache nach abgeschlossen. Ich möchte nur noch wenige Bemerkungen zum Verhältnis der zwei Fassungen der Deduktion zueinander hinzufügen, bevor wir uns den Erstlesern Kants wieder zuwenden.

iii Verhältnis zwischen A- und B-Deduktion: Erscheinungen und sinnliche Anschauungen

Wir haben gesehen, dass für Jacobi einer der bedeutsamen Verluste, der mit der B-Auflage der *Kritik* einherging, gerade die Deduktion betrifft. Jacobi meint, dass wir in der A-Deduktion einiges über den kantischen Idealismus erfahren, was wir nur auf Grundlage der zweiten Fassung nicht in Erfahrung bringen könnten. Die jacobische Einschätzung dürfte auf die Zustimmung vieler Kantleser:innen treffen, welche von den großen inhaltlichen Unterschieden zwischen der A- und B-Fassung der Deduktion überzeugt sind. Betrachtet man das Ganze aus einer solchen Perspektive, wäre es eine naheliegende Strategie gewesen, bei dem Versuch, Kant anders zu interpretieren und gegen die frühe Kantkritik zu verteidigen, auf die Unterschiede zwischen den beiden Auflagen zu setzen. Man könnte zum Beispiel die These formulieren, dass die A-Deduktion tatsächlich starkidealistische Verpflichtungen verrät, während die B-Deduktion anders aussieht.

Ein solches Vorgehen entspricht nicht der Interpretationsstrategie, die ich hier verfolgt habe. Wie wir in den vorigen Kapiteln gesehen haben, war mein bisheriges Verfahren, für eine weniger idealistische Interpretation selbst der A-Auflage der *Kritik* zu argumentieren. Dieses Verfahren halte ich generell für möglich, es entspricht Kants eigenem Selbstverständnis – wonach die Änderungen zwischen den zwei Auflagen bloß darstellungstechnische, keine substantiellen Fragen betreffen (Bxxxviiff.) – und ich finde es philosophisch überzeugender als Reaktion auf die Kritik am kantischen Idealismus. Im Fall der Deduktion sehe ich ebenfalls keinen hinreichenden Grund dafür, das Vorliegen von gravierenden Unterschieden mit Blick auf die Problematik des Idealismus anzunehmen. Es ist zwar charakteristisch für die B-Deduktion, dass die in der A-Deduktion zu findenden Ausführungen zum transzendentalen Gegenstand dort

---

[28] Der Vorschlag steht also im Einklang mit der These, dass wir Kant keine „short arguments to idealism" zuschreiben sollten; zu dieser Problematik vgl. Kap. 2, Fn. 45.

nicht mehr anzutreffen sind, und dass die Rede von Erscheinungen in quantitativer Hinsicht weniger ausgeprägt ist, aber dieser Sachverhalt zeigt uns aus meiner Perspektive nicht, dass eine Verschiebung der kantischen Thesen stattgefunden hat. Mit Blick auf die kantischen Ausführungen zum transzendentalen Gegenstand haben wir bereits gesehen, dass ich sie ohnehin vergleichsweise realistisch lese, so dass aus der Auslassung dieser Ausführungen in der B-Fassung nicht folgt, dass letztere weniger idealistisch intendiert ist. Mit Blick auf die in *quantitativer* Hinsicht weniger starkidealistisch klingende Äußerungen Kants, lässt sich feststellen, dass alle Aspekte der starkidealistisch klingenden Position Kants sehr wohl in der B-Fassung wiederzufinden sind, wie wir bereits anhand von zitierten Stellen gesehen haben.[29]

Ich sehe jedoch tatsächlich einen interessanten Unterschied zwischen der A- und B-Fassung, der für die uns hier beschäftigende Problematik unmittelbar relevant ist und sehr gut zum Vorschlag passt, dass die Deduktion Kants, selbst in der A-Fassung, deutlich weniger idealistisch gemeint sein könnte als man oft denkt. In der A-Deduktion ist die Rede von *Erscheinungen* ubiquitär. Der Ausdruck „Erscheinung" kommt fünfundachtzig mal vor, und dies passiert sehr häufig an all den zentralen Stellen, für die es als unkontrovers gilt, dass sie die wichtigsten Argumentationsschritte der Deduktion zum Ausdruck bringen: Stellen über den Zusammenhang zwischen Objektivität, Synthesis, Apperzeption. Aus diesem Grund ist die Mehrheit von Stellen, die relevant für die Problematik des Idealismus zu sein scheinen und hier zitiert wurden, der A-Deduktion entnommen.[30] In der B-Deduktion sieht die Lage anders aus. An den Stellen, für die es als *unkontrovers* gilt, dass sie das Herzstück der kantischen Argumentation bilden – das wären §§15–21 (B129 – B146) und eventuell Abschnitte von §24 (B150 – B152) und §26 (B159 – B161) – kommt der Ausdruck genau viermal vor. Was in der B-Deduktion passiert, ist, dass alle zentralen Argumentationsschritte, die ich Kant im vorigen Unterabschnitt zugeschrieben habe, als Thesen über *sinnliche Anschauungen* formuliert werden, während es sich in der A-Deduktion um ähnliche Überlegungen über *Erscheinungen* handelte. Dabei geht es um die These, dass „die *Verbindung* [...] eines Mannigfaltigen überhaupt [...] niemals durch Sinne in uns kommen" kann (B129); es geht um die Herstellung eines Zusammenhangs zwischen Objektivität und Verbindungsakten, die dem Verstand zu verdanken sind (B136ff.); es geht um Kants explizite Formulierung seiner Konklusion am Ende von §20 als einer Konklusion über sinnliche Anschauungen (B143); auf die

---

[29] Vgl. B164.
[30] Ich habe die Stellen, an denen der Ausdruck „erscheinen" vorkommt, dazu gezählt sowie die entsprechenden Stellen in A84 bis A95, die in der B-Fassung als §§13, 14 beibehalten worden sind.

Zentralität des Kontrastes zwischen sinnlicher und intellektueller Anschauung für die kantische Argumentation weist Kant in der B-Fassung besonders hin (B138 f., B145).

Diese Aspekte der B-Fassung passen sehr gut zu den Thesen, die ich hier vertreten habe. Durch die kantische Erscheinungsrede in der Deduktion kann man sehr leicht den Eindruck bekommen, dass es hier sehr viel am *transzendentalen Idealismus* als eine Kant-spezifische These über den Erscheinungscharakter von Gegenständen im Kontrast zu unerkennbaren Dingen an sich hängt. Aus der Perspektive der hier skizzierten Interpretation würde man hingegen behaupten, dass an sehr vielen Stellen in der (A)-Deduktion unter „Erscheinung" bloß sinnliche Anschauung zu verstehen ist und dass wir keine Kant-spezifischen, transzendentalidealistischen Thesen in diese Formulierungen hineinzulesen brauchen. Die Tatsache, dass Kant in der B-Auflage die Rede über sinnliche Anschauungen, anstelle von Erscheinungen, favorisiert, könnte als Beleg oder zumindest als Indiz für die These angesehen werden, dass die Erscheinungsrede missverständlich ist und dass Kant selbst das erkannt und die *Darstellung* in der B-Fassung entsprechend verbessert hat.[31]

Die Thesen zum Verhältnis zwischen Deduktion und Idealismus wurden hier in groben Zügen präsentiert. Aus der Perspektive einer Kant-immanenten Untersuchung müsste man sehr viel zur weiteren Ausführung, Verdeutlichung und Verteidigung der hier skizzierten Thesen sagen. Es könnten zudem viele interessante Fragen zum Verhältnis des hier umrissenen Vorschlags zu den unzähligen Interpretationskontroversen rund um die Deduktion gestellt werden und entsprechende naheliegende Einwände aus der Perspektive dieser Kontroversen

---

31 Die hier angerissene Thematik hängt allerdings mit vieldiskutierten Fragen zur Beweisstruktur der B-Deduktion eng zusammen. Prominent ist dabei die Frage, worin die Funktion der Abschnitte ab §24 genau besteht; zu dieser Frage vgl. Henrich 1969. Die Antwort, die ich aus der Perspektive des hier skizzierten Vorschlags bevorzuge, obwohl ich sie nicht ausführen kann, besteht im Grunde in dem *Bestreiten* der Annahme, dass diesen späteren Abschnitten eine wichtige argumentative Funktion zukommt. Man könnte die kantische Äußerung, dass die Abschnitte bis §21 *die* transzendentale Deduktion darstellen (B159), ernst nehmen. Es wäre denkbar, dass in den Abschnitten §§24, 26 ein *möglicher Einwand* gegen das bereits vorgebrachte Argument behandelt wird: ein Einwand, der die raumzeitliche Anschauung als ein bedrohliches potentielles Gegenbeispiel gegen die kantischen Thesen über sinnliche Anschauung überhaupt betrifft; für eine relevante Überlegung – eingebettet in einen Gesamtvorschlag, dem ich eher *nicht* folge – vgl. Pogge 1991: 499 ff., insbesondere 503. Was den letzten Teil von §26 (ab B163) angeht, wo eine ausgeprägte Rede von *Erscheinungen* – nicht mehr von sinnlichen Anschauungen – stattfindet, neige ich zur These, dass „Erscheinung" in der B-Deduktion, anders als in der A-Deduktion, eher für Erscheinung$_3$, d.h. *Gegenstände* einer sinnlichen Anschauung, reserviert wird. Aus meiner Perspektive wäre jedoch der ganze Teil eher als ein Anhängsel zu betrachten, das keine wirklich neuen Thesen einführt.

gegen meinen Vorschlag formuliert werden. Wollte man über eine bloße Interpretations*skizze* hinausgehen, müsste man sich solchen Fragen und möglichen Einwänden intensiv widmen. Das werde ich hier unterlassen. Ich gehe davon aus, dass die hier präsentierte Skizze das Potential hätte, auch aus rein Kant-immanenter Perspektive einen Beitrag zu solchen Interpretationskontroversen zu leisten. Für die Zwecke der Untersuchung hier, die nicht rein Kant-immanent ist, möchte ich hingegen diese Forschungsarbeit zu einem Abschluss bringen, indem ich auf zwei letzte Fragen eingehe, die zentral für die Zwecke dieses Projekts sind: Wie ließe sich Kant aus der Perspektive des hier präsentierten Vorschlags gegen die Einwände seiner Kantkritiker konkret verteidigen? Und was ist das genaue Verhältnis dieses Vorschlags zu gegenwärtigen Debatten zum transzendentalen Idealismus, und zwar der Debatte über Zwei-Welten- vs. Zwei-Aspekte-Interpretationen?

III Die realistische Interpretation der transzendentalen Deduktion als Reaktion auf die frühe Kantkritik

Es ist Zeit, dass wir für ein letztes Mal im Rahmen dieser Untersuchung zurück zu den Erstlesern der *Kritik* gehen. In diesem Abschnitt gehe ich der Frage nach, wie man aus der Perspektive der im vorigen Abschnitt präsentierten Kantinterpretation auf die Einwände der Erstleser gegen Kant, die in Kapitel 5 vorgestellt wurden, reagieren kann. Vor dem Hintergrund meiner bisherigen Ausführungen liegt die von mir favorisierte Reaktion auf manche dieser Einwände besonders nahe, so dass ich sie sehr knapp vorstellen werde. Für manche andere Einwände denke ich jedoch, dass die Berücksichtigung des Rezeptionskontextes uns hilft, bestimmte Aspekte der von mir vertretenen Kantinterpretation besser zu verstehen sowie zu sehen, dass Überlegungen, die sich aus dem Rezeptionskontext und insbesondere *Kants* eigener Reaktion auf seine Erstleser speisen, gut zu ihr passen. Aus diesem Grund werde ich, nach einer kurzen Bemerkung über die Einwände ersteren Typs, auf zwei Probleme etwas ausführlicher eingehen: das Problem besonderer Kausalurteile – das „quid juris"-Problem Maimons – (Unterabschnitt (i)) und das Verhältnis der starken Festlegung auf die Dinge an sich zu „prästabilierte Harmonie"-Szenarien (Unterabschnitt (ii)).

Charakteristisch für die Kantlektüre der Erstleser ist, wie wir gesehen haben, dass die starkidealistisch klingenden Äußerungen Kants in der Deduktion beim Wort genommen werden. Kant wird eine starkidealistische Position zugeschrieben: Im Rahmen dieser Position „macht" der Verstand die Gegenstände der Erfahrung, und die Materie übernimmt keine leitende Rolle dabei – das ist Feders und Garves Sorge; der Verstand ist die „Gesetzgebung für die Natur", ohne auf die

Eigenschaften der subjektunabhängigen Welt Rücksicht zu nehmen – diese Sorge ist bei Jacobi und Pistorius prominent; die viel propagierte Hume-Widerlegung Kants besteht in einem Aufweisen des Vorliegens von kausalen Relationen auf dem Gebiet der Erscheinungen, und nicht auf dem Gebiet der Dinge an sich – das ist Schulzes Problem. Aus der Perspektive der hier vorgeschlagenen Interpretation liegt der Umgang mit diesen Sorgen auf der Hand: Das skizzierte Modell kann den Erstlesern leicht entgegenkommen. Der Verstand „macht" zwar die Gegenstände, aber dieses Konstruieren stellt eine Instanz von Rekonstruieren dar, wobei wir uns von der Materie leiten lassen. Die kategorialen Eigenschaften von Gegenständen als Dingen an sich, die uns mit der Materie unserer Erkenntnis versorgen, sind notwendig dafür, damit die entsprechenden Erscheinungen solche Eigenschaften haben können. Dies bedeutet, dass Kant mit seiner Hume-Widerlegung sehr wohl etwas über die kausalen Relationen von Dingen an sich, nicht bloß von Erscheinungen, zeigen kann. Im Rahmen dieses Modells hätte man gezeigt, dass einige – wenn auch nicht alle – Gegenstände als Dinge an sich in kausalen Relationen stehen. Es handelte sich dabei um die Untermenge von Dingen an sich, die Gegenstände der *Erfahrung* sind (oder, genauer gesagt, um alle Dinge an sich, welche Gegenständen der Erfahrung zugrunde liegen, selbst wenn sie von Letzteren numerisch verschieden sind).

i Eine empiristische-realistische Strategie als Reaktion auf das Problem besonderer Kausalurteile

Eine andere Sorge aus der frühen Kantkritik, nämlich Maimons „quis juris"-Problem bedarf hingegen einer etwas ausführlicheren Behandlung. Die von mir bevorzugte Reaktion auf das Problem besonderer Urteile, das „quid juris"-Problem Maimons, besteht in einer empiristischen und zugleich realistischen Strategie. Im Rahmen dieser Reaktion macht man zwar bestimmte Zugeständnisse an Maimon mit Blick auf das antiskeptische Potential der kantischen Antwort, aber es wird zugleich ein Missverständnis Maimons hinsichtlich eines wichtigen Aspekts der Argumentation Kants in der transzendentalen Deduktion diagnostiziert.

Vergegenwärtigen wir uns, worin das „quid juris"-Problem besteht. Es geht um die Frage, was mich berechtigt, kausale Urteile über *bestimmte* empirische Gegenstände zu fällen, zum Beispiel, dass Feuer das Wachs schmilzt. Maimon formuliert ein Trilemma: (i) Entweder die Quelle unserer Rechtfertigung ist apriorisch, und zwar so, dass sie sich unserem *Verstand* verdankt, weil unser Verstand selbst diese Kausalzusammenhänge hergestellt hätte; (ii) oder die Quelle unserer Rechtfertigung ist aposteriorisch (zum Beispiel sinnliche Wahrnehmung des kausalen Zusammenhangs, empirische Untersuchung der in den Ereignissen involvierten Gegenstände); (iii) oder die Quelle der Rechtfertigung ist zwar apriorisch, sie verdankt sich jedoch nicht unserem Verstand, sondern der Zeit als unserer Form der Sinnlichkeit. Wir haben gesehen, dass Maimon die ersten zwei Optionen für aussichtslos hält und dass er sie Kant deshalb gar nicht zuschreibt. Als Kantexeget und ausgehend von einer bestimmten Interpretation des Schematismus-Abschnitts in der *Kritik*, liest er Kant als Vertreter der Option (iii). Er argumentiert dann ausführlich dafür, dass diese Option ebenfalls unbefriedigend ist, und mobilisiert einen letztlich humeanischen Einwand gegen sie: Aus dem Vorliegen einer bloß zeitlichen Relation des Vorhergehens und Folgens folgt nicht das Vorliegen einer kausalen Relation.

Im vorigen Kapitel habe ich die These verteidigt, dass Option (i) nach Maimon ausscheiden muss, da sie gegen realistische Grundintuitionen verstößt. Wollte man an einer starken Festlegung auf Dinge an sich festhalten – und darin besteht das Forschungsdesiderat dieses Kapitels gerade –, wäre diese Option keine Option für Kant, und ich stimme Maimon hier zu. (Es ist wichtig zu sehen, dass sich die in diesem Kapitel skizzierten Thesen zur Interpretation der kantischen Deduktion trotz ihrer Zugeständnisse an einen Konstruktivismus mit Blick auf Erscheinungen mit dieser Option schlecht vertragen. Wie im Rahmen der ausführlicheren Besprechung dieser Option bereits betont, würde diese Option als Lösung zu Maimons Problem nur unter der Annahme – wenn überhaupt – funktionieren, dass der Verstand nicht bloß *mit*verantwortlich und notwendig für die kausalen Relationen von Erscheinungen wäre, sondern dass er *allein* verantwortlich und hinreichend wäre. Im Rahmen der hier entwickelten Ding-an-sich-freundlichen Interpretation wird eben letztere These emphatisch bestritten.) Was die Option (iii) angeht, die Maimon Kant zuschreibt und anschließend kritisiert, denke ich, dass sich Maimon hier als Kantexeget irrt und dass Kant die Option (iii) gar nicht vertreten würde. Auf die komplexen Details dieser von Maimon erwogenen Option und auf die Frage, warum sie eine besonders angreifbare Interpretation der Position Kants und seiner Gedanken zum Schematismus darstellt, werde ich hier gar nicht eingehen.[32] Für unsere Zwecke reicht es festzuhalten, dass diese Option tatsächlich nicht befriedigend wäre, aber dass sie zugleich nicht die Option, die Kant ergreifen würde, darstellt.

Nun denke ich, dass wir Kant stattdessen Option (ii) zuschreiben sollten: nämlich, dass die Quelle unserer Rechtfertigung für besondere Kausalurteile *a posteriori* ist. Bei der Anwendung der Kategorien auf bestimmte Gegenstände lassen wir uns von der Materie, dem aposteriorischen Aspekt, der Gegenstände leiten. Aus der Perspektive meiner Gesamtinterpretation wäre dies die vernünf-

---

32 Zu dieser Frage vgl. die hilfreichen Ausführungen in Engstler 1990: 84 ff.

tigste Option für Kant. Dafür, dass Kant eine solche These tatsächlich vertritt, sprechen Äußerungen wie folgende:

> Auf mehrere Gesetze aber als die, auf denen eine *Natur überhaupt* als Gesetzmäßigkeit der Erscheinungen in Raum und Zeit beruht, reicht auch das reine Verstandesvermögen nicht zu, durch bloße Kategorien den Erscheinungen a priori Gesetze vorzuschreiben. Besondere Gesetze, weil sie empirisch bestimmte Erscheinungen betreffen, können davon nicht *vollständig abgeleitet* werden, ob sie gleich alle insgesammt unter jenen stehen. Es muß Erfahrung dazu kommen, um die letztere *überhaupt* kennen zu lernen. (B165)

> Synthetische Sätze, die auf *Dinge* überhaupt, deren Anschauung sich a priori gar nicht geben läßt, gehen, sind transscendental. Demnach lassen sich transscendentale Sätze niemals durch Construction der Begriffe, sondern nur nach Begriffen a priori geben. Sie enthalten bloß die Regel, nach der eine gewisse synthetische Einheit desjenigen, was nicht a priori anschaulich vorgestellt werden kann (der Wahrnehmungen), empirisch gesucht werden soll. Sie können aber keinen einzigen ihrer Begriffe a priori in irgend einem Falle darstellen, sondern thun dieses nur a posteriori, vermittelst der Erfahrung, die nach jenen synthetischen Grundsätzen allererst möglich wird. (A720 f./B748 f.)

> Daß das Sonnenlicht, welches das Wachs beleuchtet, es zugleich schmelze, indessen es den Thon härtet, könne kein Verstand aus Begriffen, die wir vorher von diesen Dingen hatten, errathen, viel weniger gesetzmäßig schließen, und nur Erfahrung könne uns ein solches Gesetz lehren. Dagegen haben wir in der transscendentalen Logik gesehen: daß, ob wir zwar niemals *unmittelbar* über den Inhalt des Begriffs, der uns gegeben ist, hinausgehen können, wir doch völlig a priori, aber in Beziehung auf ein drittes, nämlich *mögliche* Erfahrung, also doch a priori, das Gesetz der Verknüpfung mit andern Dingen erkennen können. Wenn also vorher festgewesenes Wachs schmilzt, so kann ich a priori erkennen, daß etwas vorausgegangen sein müsse (z. B. Sonnenwärme), worauf dieses nach einem beständigen Gesetze gefolgt ist, ob ich zwar ohne Erfahrung aus der Wirkung weder die Ursache, noch aus der Ursache die Wirkung a priori und ohne Belehrung der Erfahrung *bestimmt* erkennen könnte. (A765 f./B793 f.)

Solche Äußerungen belegen die These, dass Kants Antwort auf die Frage Maimons danach, was mich berechtigt, die Kategorie von Ursache und Wirkung auf die Gegenstände Feuer und Wachs anzuwenden, auf Erfahrung verweisen würde. Um herausfinden, *welche* Kausalzusammenhänge zwischen bestimmten Gegenständen bestehen, suche ich empirisch. Kants Antwort hier würde sich von einem empiristischen Ansatz kaum unterscheiden. Dieser Ansatz wäre zudem in gewisser Hinsicht als *realistisch* einzustufen. Die Kausalzusammenhänge, über die ich empirisches Wissen erlange, wären letztlich auf die Beschaffenheit der Gegenstände als Dinge an sich zurückzuführen und kein Produkt des Verstandes, der die kausale Relation/notwendige Verbindung irgendwie in die Dinge „hineinlegt", ohne dass diese in der Natur der Dinge *selbst* (*an sich*) fundiert wäre. Obwohl ich nicht bestreiten möchte, dass man den empiristischen Aspekt dieser Strategie von ihrem realistischen, Ding-an-sich-freundlichen Aspekt theoretisch entkoppeln könnte, denke ich, dass die Kombination dieser zwei Aspekte die natürliche – zumindest für Vorfichteaner:innen – Kombination wäre. Und im Rahmen der Zielsetzung dieses Kapitels geht es gerade um die Kombination, die wir *brauchen*, denn es geht hier darum, die Zulässigkeit einer starken Festlegung auf Dinge an sich zu verteidigen.

Im vorigen Kapitel hatte ich angemerkt, dass diese Option, obwohl sie eine eigenständige Option darstellt, auf sehr komprimierte Weise von Maimon behandelt wird, und dass es einer gewissen Rekonstruktionsarbeit bedarf, damit wir das Trilemma Maimons überhaupt als *Trilemma* verstehen können.[33] Ich denke jedoch, dass Maimon diese Option als Philosoph durchaus *erwogen* hat, und der Grund, warum er sich nicht so intensiv mit ihr beschäftigt, darin besteht, dass für ihn die Anfälligkeit dieser Option für humeanische Einwände offensichtlich ist: Kausale Relationen – so wie sie im Rahmen von singulären Kausalurteilen zum Ausdruck kommen – sind an den Gegenständen der Sinne nicht ablesbar; konstante zeitliche Konjunktion zwischen zwei Ereignistypen impliziert keine notwendige Verbindung (und im Rahmen von Maimons Humeinterpretation und eigenem Kausalitätsverständnis keinen Kausalzusammenhang). Maimon denkt, dass man Kant, im Rahmen einer wohlwollenden Kantinterpretation, diese Option nicht zuschreiben sollte, da es dann schwerverständlich wäre, worin das antiskeptische Potential des kantischen Ansatzes überhaupt bestehen sollte. Obwohl Maimon die skeptischen Implikationen selbst der Option (iii), die er Kant doch zuschreibt, auf mühsame Weise herausarbeitet, denkt er, dass die skeptischen Implikationen im Fall der Option (ii), anders als im Fall der Option (iii), so evident sind, dass es unmöglich gewesen wäre, dass dies Kant entgangen wäre.

Um Maimon zufriedenzustellen, müsste man glaubhaft machen, dass die empiristische-realistische Option (ii), eingebettet in einen kantischen Rahmen, den für Maimon evidenten skeptischen Konsequenzen entgehen kann und/oder dass es eine interessante Hinsicht gibt, in der man im Rahmen des Gesamtmodells den Anspruch erheben könnte, Hume in irgendwelcher Hinsicht widerlegt zu haben.[34] Nun möchte ich auf die Ressourcen der im vorigen Abschnitt von mir vertretenen Kantinterpretation zurückgreifen und einen solchen Versuch unternehmen. Dies muss nicht bedeuten, dass sich die Ressourcen, die bei einer Auseinandersetzung mit diesem Aspekt der Kantkritik Maimons mobilisiert wer-

---

33 Für eine der sehr wenigen Stellen, wo das Problem die Form eines Trilemmas ausdrücklich nimmt, vgl. Maimon 1791: 37 f./[13 f.].
34 Engstler, der Kant ebenfalls eine empiristische Strategie zuschreibt (vgl. Fn. 32), beschränkt sich eher darin, die aus kantischer Sicht exegetische Unhaltbarkeit der Zuschreibung der Option (ii) zu zeigen, ohne die hier präsentierte naheliegende Gegenreplik aus Maimons Sicht zu erwägen.

den könnten, in der ersten *Kritik* und der Problematik der Deduktion erschöpfen. Eine mögliche Reaktion, die ich hier nicht verfolge, bestünde zum Beispiel darin, andere Werke Kants, wie die *Metaphysischen Anfangsgründe der Naturwissenschaft* oder die *Kritik der Urteilkraft* – insbesondere ihre Einleitung – als Werke ins Spiel zu bringen, die eine Antwort auf Maimons Problem liefern könnten.[35] Dass ich diese mögliche Reaktion hier ausklammere, hat zwei Gründe. Erstens besteht mein Ziel hier darin, genau wie im Rest des ganzen Projekts, mich möglichst auf den historischen Text zu beschränken, mit dem sich die Erstleser selbst intensiv auseinandergesetzt haben und auf dessen Grundlage sie ihre Kritik entwickelt haben. Zweitens ist es in diesem Zusammenhang nicht irrelevant zu erwähnen, dass Kant selbst, in seiner Reaktion auf Maimon in seinem bereits erwähnten Brief an Herz, die Problematik anderer Werke als die erste *Kritik* nicht ins Spiel bringt. Zum Zeitpunkt der Entstehung dieses Briefs wäre dies möglich gewesen, sollte Kant die Problematik dieser Werke als relevant für seine Antwort an Maimon erachten. Dass er dies unterlassen hat, könnte als Beleg dafür gewertet werden, dass Kant die Ressourcen der ersten *Kritik* als hinreichend für eine Antwort auf das Problem Maimons angesehen hat.[36]

Wie lässt sich nun Kant aus der Perspektive der hier präsentierten Kantinterpretation verteidigen? Es gibt mindestens zwei Möglichkeiten. Die eine Möglichkeit wäre, dafür zu argumentieren, dass das resultierende kantische Modell erhebliche Unterschiede zum typisch empiristischen und für Humes Einwände besonders anfälligen Modell aufweist, so dass die Kant-spezifische Antwort zu Maimons Problem anders als die einer Empiristin-Humeanerin ausfällt und gegenüber letzterer Vorteile hat. Die andere Möglichkeit wäre, für eine schwächere These zu argumentieren. Man könnte nämlich zwar zugeben, dass sich die empiristische-humeanische Antwort und die kantische Antwort im Hinblick auf die Problematik *besonderer* Kausalurteile nicht unterscheiden, aber Maimon zugleich entgegnen, dass er Kant eine Beweislast aufbürdet, die er gar nicht zu tragen hat. Die Verteidigungsstrategie im Rahmen der zweiten Möglichkeit besteht darin, bei Maimon ein Missverständnis hinsichtlich der *genauen Frage rund um Kausalität*, die bei Kants angestrebter Abgrenzung oder sogar Widerlegung von Hume auf dem Spiel steht, zu konstatieren und zugleich eine Diagnose für die Ursache für

---

35 Vgl. Franks 2003: 228 ff., Cassirer 1920: 90 f.
36 Der Herz-Brief wurde am 26.05.1789 verfasst. Die *Metaphysichen Anfangsgründe* sind schon 1786 veröffentlicht worden. Die *Kritik der Urteilskraft* erschien zwar erst 1790, allerdings dürfte ihre Konzeptionierung zum Zeitpunkt der Verfassung des Herz-Briefs fortgeschritten genug sein, um einen Verweis durch Kant auf sein kommendes Werk zu ermöglichen. Schon am 12.05.1789 hatte Kant an Reinhold geschrieben, dass ein Werk mit dem Titel „Kritik der Urteilskraft" für die nächste Michaelismesse in Aussicht gestellt wird (11: 39).

dieses Missverständnis zu liefern. Ich werde hier den Fokus auf die zweite, schwächere Verteidigungsstrategie legen, da sie mir zur Verteidigung Kants ausreichend erscheint. Diese ist allerdings mit der ersten, ambitionierten Verteidigungsvariante vereinbar.[37]

Man könnte das große Zugeständnis an Maimon machen, dass hinsichtlich des ihn beschäftigenden Problems, d. h. des maimonschen „quid juris,"-Problems als eines Problems hinsichtlich *besonderer* Kausalurteile, der Kantianismus tatsächlich nahe an einen „kritischen Skeptizismus" kommt. Im Hinblick auf die Problematik von Kausalzusammenhängen zwischen *bestimmten* Ereignissen kann Kant Hume vielleicht nichts entgegnen. Warum jedoch annehmen, dass die Hume-Widerlegung Kants ausgerechnet diese Problematik betreffen soll? Soweit ich das sehe, könnte dies geschehen, wenn man übersieht, dass Kants Abgrenzung und Widerlegung von Hume auf einer anderen Ebene verortet werden kann: Anders als in einem humeanischen Modell, kann ich im Rahmen des kantischen Modells a priori wissen, *dass* alle Gegenstände, welche die Bedingungen der Erfahrung bzw. empirischer Erkenntnis bzw. der Einheit der Apperzeption erfüllen, in Kausalzusammenhängen/notwendigen Verbindungen mit anderen Gegenständen stehen. Wenn es hingegen darum geht, *welche* diese Kausalzusammenhänge sind, hilft mir der kantische Ansatz nicht weiter. Im Rahmen dieses Ansatzes kann ich nicht ausschließen, dass das Feuer das Wachs nicht mehr schmelzen wird, oder dass das Brot aufhören wird, nahrhaft zu sein, denn ich kann nicht ausschließen, dass ich mich bei der Erschließung von bestimmten Kausalzusammenhängen *geirrt* habe. Man hätte trotzdem einen Vorteil gegenüber einem humeanischen Modell: Ich könnte ausschließen, dass ich einen für mich epistemisch relevanten Gegenstand antreffe, der keinen Gesetzen unterliegt/sich

---

[37] Eine noch schwächere Strategie zur Verteidigung Kants wäre denkbar. Man könnte nämlich Maimon nicht einmal zugestehen, dass Kant eine Widerlegung Humes in Sachen Kausalität (in *irgendwelchem* Sinn) anstrebt. Ausgehend von Überlegungen rund um die Humelektüre Kants und/oder die Humerezeption in der deutschen Philosophie könnte man die These verteidigen, dass die Rolle des humeschen Kausalitätsskeptizismus als einer in der *Kritik* zu widerlegenden Position *überbewertet* worden ist. Für eine Verteidigung solcher Thesen vgl. Watkins 2005: 363 ff.; vgl. auch Thöle 1991: 24 ff. Solche Thesen sind mit der von mir favorisierten Verteidigungsstrategie vereinbar. Ich muss mich nicht auf die These verpflichten, dass Kant selbst oder wichtige vorkantische Akteure der deutschen Philosophie Humes Kausalitätsskeptizismus besonders ernst genommen haben. Andererseits sind die Erstleser selbst wichtige Akteure in der Humerezeption. Spätestens mit Jacobi, Schulze und Maimon wird Humes Kausalitätsskeptizismus in der deutschen philosophischen Diskussion ernst genommen, so dass es berechtigt ist, sich zu fragen, wie Kant vor dem Hintergrund einer solchen Humerezeption und konkreter Kritik an seiner eigenen Position abschneidet. Und da ich die These vertrete, dass es sich aus kantischer Sicht manches entgegnen lässt, möchte ich dies näher ausführen.

durch keine notwendigen Verbindungen auszeichnet; selbst wenn ein solcher Gegenstand metaphysisch möglich wäre, wäre er *epistemisch*, mit Bezug auf die Bedingungen der Erfahrung bzw. empirischer Erkenntnis bzw. der Einheit der Apperzeption, nicht relevant.

Im Rahmen eines humeanischen Ansatzes könnte man dies nicht ausschließen, denn, anders als es bei Kant der Fall wäre, hätte man nicht gezeigt, dass die objektive Gültigkeit der Kategorie von Ursache und Wirkung eine notwendige Bedingung für einen weiteren, anscheinend weniger anspruchsvollen Aspekt unserer Erfahrung, den die Skeptikerin eventuell zugestehen würde, ist. Meine Betonung dieses Aspekts der kantischen Argumentation mag selbstverständlich klingen. Man könnte einwenden, dass Maimon diese Dimension der kantischen Hume-Widerlegung kaum übersieht; dass er diese Dimension der kantischen Hume-Widerlegung sehr wohl zu schätzen weiß und dass er bloß, *darüber hinaus*, fragt, wie es um das Problem *besonderer* Kausalurteile steht.

Ich bezweifle jedoch, dass Maimon diese Dimension der kantischen Hume-Widerlegung tatsächlich zu schätzen weiß. Man sieht dies, wenn man sich einen interessanten Aspekt seiner Auseinandersetzung mit dem Projekt der Deduktion anschaut. Maimon liest den kantischen *Erfahrungs*begriff viel zu stark. Er problematisiert sehr ausdrücklich die Möglichkeit oder Aktualität von *Erfahrung* als Prämisse in Kants Argumentation, versteht jedoch darunter eine sehr angreifbare Annahme, die über die Annahme empirischer Erkenntnis hinausgeht: Maimon versteht unter „Erfahrung" Erkenntnis von *kausalen Relationen bzw. Notwendigkeit*. Dass Maimon mit einer zu starken Lesart des kantischen Erfahrungsbegriffs operiert, zeigen Äußerungen wie die folgenden: „Hr. K. setzt das Faktum als unbezweifelt voraus, daß wir nämlich Erfahrungssätze (die Nothwendigkeit *ausdrücken*) haben" (Maimon 1790b: 186, meine Hervorhebung); „Kant setzt Erfahrung (den Gebrauch synthetischer Sätze die Nothwendigkeit und Allgemeingültigkeit *ausdrücken*) von Gegenständen der Wahrnehmung voraus" (Maimon 1793b: 225/[203], meine Hervorhebung).[38] Maimon geht davon aus, dass ich, indem ich voraussetze, dass es Erfahrung gibt, ipso facto vorausgesetzt habe, dass es notwendige kausale Verbindungen gibt. Weil Maimon Kant so liest, wirft er ihm vor, dass sein Deduktionsargument zirkulär ist. Maimon trifft eine bestimmte Unterscheidung nicht, die im Rahmen einer regressiven Interpretation der Deduktion von kritischer Bedeutung ist: die Unterscheidung zwischen dem, was erst durch eine aufwändige Ar-

---

38 Vgl. auch Maimon 1794: 248f./[190f.], 252/[194]. Diesen Aspekt der Kantkritik Maimons habe ich in Fn. 19 angeschnitten, wo die „quid facti"-Dimension seiner Kantkritik sowie ähnliche Einwände anderer Kritiker angesprochen wurden. Diesen Aspekt seiner Kantlektüre teilt Maimon mit seinen Zeitgenossen wie Schulze und eventuell auch Feder; vgl. Feder 1790c: 185ff., Schulze 1792: 95/[126] Anm., Schulze 1801b: 162.

gumentation als Bedingung von *x* aufzuweisen ist – Vorliegen von kausalen Relationen bzw. Notwendigkeit – und dem, was „*x*" bedeutet – eine bloße empirische, d.h. keine apriorische, Erkenntnis.

Diese *zu* starke Lesart des Erfahrungsbegriffs hängt mit einem weiteren Aspekt von Maimons Kantlektüre zusammen. Auf den hunderten Seiten, auf denen sich Maimon mit Kants Thesen und Argumenten rund um die Kategorien auseinandersetzt, verliert er kein Wort über die *Einheit der Apperzeption*.[39] Die mangelnde Berücksichtigung der Rolle der Einheit der Apperzeption in Kants Argumentation hängt mit der zu starken Lesart des Erfahrungsbegriffs zusammen; denn der Begriff der Einheit der Apperzeption und ihr Zusammenhang mit oft als *minimal* geltenden Annahmen über das (Selbst-)Bewusstsein, kann noch weniger als der kantische Erfahrungsbegriff zur Interpretation verleiten, dass Kant das zu zeigende bereits vorausgesetzt hat. (Wie wir gesehen haben, bestreite ich, dass die Annahmen rund um die Einheit der Apperzeption tatsächlich so minimal sind. Selbst nach meiner Lesart, wonach Einheit der Apperzeption und Erfahrung/ empirische Erkenntnis einander sehr nahe stehen, sind diese Annahmen jedoch *minimaler* und *philosophisch interessanter* als Maimon Kant unterstellt.) Weil Maimon diesen Aspekt der kantischen Argumentation nicht ausreichend berücksichtigt, und er Kant zugleich den Anspruch zuschreibt, Hume in Sachen Kausalität widerlegt zu haben, liest er die kantische Widerlegung – so meine Einschätzung – als eine Antwort mit Bezug auf seine eigene „quid juris„-Frage (d.h. die Frage rund um besondere Kausalurteile) und hält dann den kantischen Anspruch für nicht einlösbar.[40]

---

39 Vgl. Franks 2003: 225. Soweit ich sehen kann, geht Maimon nur in seinem Spätwerk zu Kant etwas ausführlicher auf die Einheit der Apperzeption/des Bewusstseins ein, ohne dabei klare Bezüge zu seinem „quid juris"- (oder „quid facti"-)Problem herzustellen; vgl. zum Beispiel die (nicht besonders erhellende) Diskussion in Maimon 1797: 115 ff./[113 ff.].
40 Ausgehend von den hier ausgeführten Überlegungen, könnte man sogar die ambitioniertere Strategie zur Verteidigung Kants, die ich angedeutet habe, verfolgen. Man könnte zum Beispiel Maimon entgegnen, dass in Bezug auf die Frage, die *Maimon* beschäftigt, nämlich inwiefern ich im Rahmen einer empiristischen Strategie auf das Vorliegen von Kausalzusammenhängen zwischen *bestimmten* Gegenständen induktiv schließen kann, die Kantianerin besser als die Humeanerin abschneidet: Zwar könnten meine induktiven Schlüsse die Wahrheit der Konklusion über das Vorliegen einer kausalen Relation zwischen zwei bestimmten Gegenständen/Ereignissen nur *wahrscheinlich* machen, aber das Induktionsprinzip wäre bei Kant, anders als bei Hume, *rational*; denn ich hätte bereits etabliert, dass *alle* empirischen Gegenstände unter kausalen Relationen stehen, und ich müsste mittels Induktion nur erschließen, *welche* diese sind. Diese Verteidigungsstrategie finde ich zwar vertretbar, aber es muss betont werden, dass sie Maimon eventuell nicht zufriedenstellen würde. Obwohl vieles über seine genaue Humeinterpretation unklar ist, sprechen manche Stellen dafür, dass Maimon selbst zugeben würde, dass induktive Schlüsse, welche die Konklusion bloß wahrscheinlich machen, rational sind. Was ihn jedoch

Fragen der epistemischen Relevanz als Reaktion auf Maimons Kritik ins Spiel zu bringen, ist nicht nur eine mögliche *kantianische* Reaktion. Sie ist die Reaktion von *Kant selbst*. Der Herz-Brief, in dem Kants explizite Reaktion auf das „quidjuris"-Problem Maimons festgehalten wird, enthält einen auch aus Kant-immanenten Gründen interessanten und oft zitierten Beleg, wo Kant ausführlicher auf ein Szenario eingeht: das Szenario, dass wir mit sinnlichem Input versorgt werden, für den die Kategorien nicht gelten würden. Kant schreibt, dass (sinnliche) Vorstellungen dann einen Einfluss auf das „Gefühl" und das „Begehrungsvermögen" hätten, während sie jedoch irrelevant für mich als *erkennendes Wesen* wären. In diesem Zusammenhang betont er die Rolle der Kategorien für die Einheit der Apperzeption/des Bewusstseins:

> Denn wenn wir darthun können, daß unser Erkentnis von Dingen selbst das der Erfahrung nur unter jenen Bedingungen allein möglich sey, so sind nicht allein alle andere Begriffe von Dingen (die nicht auf solche Weise bedingt sind) für uns leer und können zu gar keinem Erkentnisse dienen, sondern auch alle data der Sinne zu einer möglichen Erkentnis würden ohne sie niemals Obiecte vorstellen, ja nicht einmal zu derjenigen Einheit des Bewustseyns gelangen, die zum Erkentnis meiner selbst (als obiect des inneren Sinnes) erforderlich ist. Ich würde gar nicht einmal wissen können, daß ich sie habe, folglich würden sie für mich, als erkennendes Wesen, schlechterdings nichts seyn, wobey sie (wenn ich mich in Gedanken zum Thier mache) als Vorstellungen, die nach einem empirischen Gesetze der Association verbunden wären und so auch auf Gefühl und Begehrungsvermögen Einflus haben würden, in mir, meines Daseyns unbewust, (gesetzt daß ich auch jeder einzelnen Vorstellung bewust wäre, aber nicht der Beziehung derselben auf die Einheit der Vorstellung ihres Obiects, vermittelst der synthetischen Einheit ihrer Apperception,) immer hin ihr Spiel regelmäßig treiben können, ohne daß ich dadurch in mindesten etwas, auch nicht einmal diesen meinen Zustand, erkennete. (11: 51 f.)

---

beschäftigt, ist dass die Wahrheit der Konklusion *nur* wahrscheinlich ist, statt dass sie garantiert wird; vgl. Maimon 1791: 197 f./[173 f.], Maimon 1793b: 38 f/[16 f.].

Eine weitere Spielart der ambitionierten Strategie könnte auf einen anderen potentiellen Unterschied zwischen Hume und Kant setzen, der sich schon auf der *metaphysischen* Ebene (was gibt es?) und nicht nur auf der *erkenntnistheoretischen* Ebene (was ist für mich epistemisch relevant?) bemerkbar macht. Man könnte nämlich Kantinterpretationen fruchtbar machen, wonach kausale Relationen eine robuste Modalität (Notwendigkeit) aufweisen, die kein Produkt des Verstandes, sondern in der Natur/realen Essenz der Dinge fundiert ist; vgl. die Interpretation in Watkins 2005. Vor dem Hintergrund einer solchen Kantinterpretation wären empirische Gesetze bei Kant, anders als es eventuell bei Hume der Fall wäre, keine bloßen Regularitäten. Obwohl eine solche Interpretation zu meinen Zielen generell gut passt, kann sie die *erkenntnistheoretische* Fragestellung über unser *Wissen* um diese Relationen, wie man im Rahmen einer solchen Interpretation explizit betont (vgl. Watkins 2005: 286 ff., insbesondere 290), nicht beantworten. Letztere steht jedoch im Vordergrund der Kantkritik Maimons, so dass dieser Aspekt der kantischen Position weniger relevant für eine Reaktion auf das konkrete Problem Maimons ist.

Dass Kant selbst auf diesen Punkt ausführlich eingeht, passt sehr gut zum Geist der vorgeschlagenen Interpretation der kantischen Deduktion im Allgemeinen, sowie zum hier vertretenen empiristischen-realistisch motivierten Umgang mit Maimons Einwand im Besonderen. Die kantischen Äußerungen sind durchaus vereinbar mit der These, dass Kausalzusammenhänge letztlich in der Natur der Gegenstände als Dinge an sich fundiert und empirisch zu erschließen sind: Gegenstände, die als Dinge an sich nicht kategorienkonform wären, zum Beispiel weil sie in konkretem Fall in keinen kausalen Relationen/notwendigen Verbindungen zueinander stünden, wären *epistemisch* irrelevant, so dass sie mich wenig „angehen" würden.

Ich kann und möchte nicht behaupten, dass der Brief an Herz eine stärker idealistische Strategie seitens Kants ausschließt. Ich vertrete nur die schwächere These, dass die starkidealistische Lesart nicht zwingend ist. Obwohl ich jedoch die starkidealistische Lesart nicht ausschließen möchte, denke ich, dass die kantische Betonung der Frage der epistemischen Relevanz im Rahmen der hier vorgeschlagenen empiristischen-realistischen Strategie besonders gut motiviert ist. Sie gibt Kant die Möglichkeit, sich auf einer erkenntnistheoretischen Ebene von der Skeptikerin abzugrenzen. Im Rahmen einer starkidealistischen Strategie wäre Kants Einlassung auf solche Fragen weniger motiviert und in gewissem Sinn redundant. Aus der Perspektive einer starkidealistischen Interpretation könnte man leicht auf die Idee kommen, dass es eine ausreichende Antwort an die Gegnerin wäre, sich auf die *metaphysische* Position des Idealismus zu berufen. Wenn die Kausalzusammenhänge vom Verstand selbst hergestellt werden, ohne dass die Natur der Gegenstände als Dinge an sich eine Rolle dabei spielt, dann ist es nicht unmittelbar ersichtlich, warum das Szenario, dass wir mit sinnlichem Input, der nicht kategorienkonform wäre, konfrontiert werden, überhaupt eintreten würde: Was würde uns daran hindern, die Kategorien in diesen sinnlichen Input „hineinzulegen"? Im Rahmen der hier vertretenen Interpretation gibt es eine relativ leichte Antwort auf diese Frage: Das Szenario tritt ein, wenn die subjektunabhängige Welt *nicht* mitspielt, wenn sie so beschaffen ist, dass sie uns mit sinnlichem Input versorgt, der uns nicht *erlaubt*, ihn gemäß den Kategorien zu synthetisieren.

Im vorigen Kapitel hatte ich allerdings die These vertreten, dass Kants Reaktion auf Maimon *idealistisch* motiviert zu sein scheint. Vor seinen Ausführungen zur Einheit der Apperzeption und als allererster Punkt in Kants Antwort auf Maimons „quid juris"-Frage, steht, wie wir gesehen haben, die These, dass die Anwendung der Kategorie „in subiectiver Rücksicht [geschieht], die aber doch zugleich obiectiv gültig ist, weil die Gegenstände nicht Dinge an sich selbst, sondern bloße Erscheinungen sind" (11: 50f.). Vor dem Hintergrund der hier präsentierten Kantinterpretation können wir jedoch gut sehen, dass die Tatsache, dass die Reaktion Kants idealistisch motiviert ist, uns nicht zwingt, ihm eine *stark*idealistische Position zuzuschreiben. Wie wir im vorigen Abschnitt gesehen haben, hat die hier vertretene Kantinterpretation ebenfalls idealistische Aspekte. Sie stellt jedoch eine *moderatere* Spielart des Idealismus dar, welche die starke Festlegung auf Dinge an sich intakt lässt.

Die Berufung auf die epistemische Irrelevanz sinnlichen Inputs, der nicht kategorienkonform wäre, – als Reaktion auf die Kritik – wirft allerdings schwierige Fragen hinsichtlich der genauen Bedeutung dieser Rede von epistemischer Irrelevanz im Rahmen der Gesamtinterpretation, die ich Kant zuschreibe, auf. Damit hängt die weitere schwierige Frage zusammen, ob Kant diese epistemische Irrelevanz *berechtigterweise* behaupten kann. Interpretiert man Kants Rede von Einheit der Apperzeption als ein eher minimales Phänomen, dann erscheint die These über die epistemische Irrelevanz relativ nachvollziehbar: Sinnliche Vorstellungen, die nicht kategorienkonform wären, würden sich eventuell nicht einmal als bewusste Vorstellungen qualifizieren; nach dieser Lesart ist es unmittelbar ersichtlich, warum solches Sinnesmaterial epistemisch irrelevant wäre. Versteht man hingegen das Phänomen der Einheit der Apperzeption als ein anspruchsvolleres Phänomen – in expliziter Abgrenzung von minimalen Überlegungen rund um (Selbst-)Bewusstsein – und als nahe zur empirischen Erkenntnis stehend (so wie es gerade im Rahmen der hier vorgeschlagenen Gesamtinterpretation getan wurde), dann ist es weniger einfach zu sehen, warum etwas, dass die Bedingungen des anspruchsvolleren Phänomens der empirischen Erkenntnis nicht erfüllt, ipso facto epistemisch irrelevant wäre und mich „nicht angehen" würde. Im Rahmen der hier vorgeschlagenen Interpretation muss man einräumen, dass „epistemische Relevanz" ziemlich stark zu verstehen ist, nämlich als Relevanz mit Blick auf *empirische Erkenntnis*. Vor diesem Hintergrund ließe sich aber behaupten, dass Sinnesmaterial, das nicht kategorienkonform wäre, in einem *anderen, schwächeren* Sinn doch epistemisch relevant wäre und „mich angehen" würde: Es ginge beispielsweise um bewusste sinnliche Vorstellungen, die jedoch nicht in die empirische Erkenntnis integrierbar wären.

Wir betreten hier das Reich sehr schwieriger Fragen rund um das Projekt der kantischen Deduktion und seine Erfolgsaussichten, die sich teilweise auch unabhängig von der Fragestellung und Zielsetzung des hier verfolgten Projekts stellen. Obwohl die Beantwortung dieser schwierigen Fragen und die Ausräumung der damit einhergehenden Bedenken im Rahmen dieser Untersuchung nicht zu bewerkstelligen ist, möchte ich diesen Unterabschnitt abschließen, indem ich andeute, warum ich trotz dieser sich abzeichnenden Schwierigkeiten denke, dass wir an den Grundzügen der hier vorgeschlagenen Skizze als Reaktion auf die frühe Kantkritik festhalten sollten. Abgesehen von exegetischen Gründen, die dafür sprechen, dass bei Kant der in diesem Kontext relevante Sinn von

„epistemische Relevanz" ziemlich stark gemeint ist,[41] sollte man die philosophischen Kosten, die mit der konkurrierenden Lesart („epistemische Relevanz" in einem schwachen Sinn, der nahe an Überlegungen rund um Bewusstsein steht) einhergehen, nicht aus dem Blick verlieren. Aus systematischen Gründen spricht einiges dafür, dass wir im Rahmen des kantischen Systems doch Platz für etwas brauchen, dass epistemisch relevant in einem schwachen Sinn ist, *ohne* die Kategorien zu involvieren. Das könnten zum Beispiel Wahrnehmungsurteile in Abgrenzung von Erfahrungsurteilen – die in den *Prolegomena* ins Spiel gebracht werden (4: 297 ff.) –, oder subjektive zeitliche Abfolgen in Abgrenzung von objektiven zeitlichen Abfolgen – die in der „Zweiten Analogie" eine besondere Rolle spielen (A189 ff./B232 ff.) – sein. Durch eine Engführung von der durch die Anwendung der Kategorien gesicherten epistemischen Relevanz einerseits und minimaleren Phänomenen wie Bewusstsein andererseits, werden wir der Gefahr ausgesetzt, dass solche Kontraste dann schwer begreiflich wären.[42]

Die Berufung auf die Schwierigkeiten der Alternative könnte allerdings als Verteidigung der hier skizzierten Position zu kurz greifen. Eventuell zeigt sie bloß, dass wir im Rahmen des kantischen Systems *keine* befriedigende Lösung finden können, unabhängig davon, wie wir Kant genau interpretieren – das wäre aber Wasser auf die Mühle der (frühen) Kantkritik. Aus der Perspektive der Kantkritik könnte man protestieren: Wenn wir sowohl die *metaphysische* idealistische Reaktion vermeiden wollen – wonach ich die Kategorien in alles Sinnesmaterial hineinlege – als auch einräumen müssen, dass die *erkenntnistheoretische* Reaktion mit einer anspruchsvollen, starken Konzeption von epistemischer Relevanz operiert, dann scheinen wir doch mit einem humeanischen Szenario, in dessen

---

41 Vgl. meine Bemerkung hinsichtlich mancher Formulierungen Kants zur Einheit der Apperzeption in der B-Deduktion – die Auswirkungen auf die genaue Bedeutung der Rede von epistemischer Relevanz hätte – in Fn. 16. Selbst in Bezug auf kantische Äußerungen aus dem zitierten Herz-Brief, der generell eine schwache Lesart (epistemische Relevanz als nahe an Überlegungen rund um Bewusstsein stehend) zu suggerieren scheint, ist es auffällig, dass von „Erkenntnis meiner selbst" und davon, dass Vorstellungen, die nicht kategorienkonform wären, „für mich, als erkennendes Wesen, schlechterdings nichts" wären, die Rede ist (11: 51 f.).

42 Der Kontrast zwischen Urteilen über Wahrnehmung und Urteilen über Erfahrung, oder der Kontrast zwischen einer subjektiven und einer objektiven zeitlichen Abfolge sollen als gravierende kantische Überlegungen für die These fungieren, dass wir im Fall der Erfahrung und einer objektiven Abfolge – im Gegensatz zum Fall der bloßen Wahrnehmung und einer bloß subjektiven Abfolge – eine Anwendung der Kategorien brauchen. Wenn aber jedes Phänomen, das keine Kategorienanwendung involviert, als epistemisch *ir*relevant in einem *starken* Sinn – indem es zum Beispiel unbewusst wäre – zu verstehen ist, dann ist es nicht klar, wie die bloße Wahrnehmung oder die bloß subjektive Abfolge „mich angehen", und als ein Pol in einem Kontrast, der für viele Kantleser:innen als intuitiv begreiflich und interessant klingen dürfte, überhaupt fungieren könnte.

Rahmen Sinnesmaterial nicht kategorienkonform ist und mich doch *etwas* angeht, konfrontiert zu sein. Ist dieses Szenario nicht zu bedrohlich?

Um einschätzen zu können, wie bedrohlich das gerade beschriebene Szenario ist, müssten wir die Rede von epistemischer (Ir-)Relevanz, die hier auf dem Spiel steht und über die ich nur sehr grob gesprochen habe, präzisieren. Das setzt eine sehr subtile Auseinandersetzung mit dem Projekt der Deduktion und der Analytik als Ganzes voraus. Und das ist gerade das, was ich hier nicht geleistet habe und nicht leisten werde. Obwohl ich die rein systematische Frage offenlassen möchte, möchte ich meine Bemerkungen zu dieser Problematik zu einem Abschluss bringen, indem ich auf folgenden Umstand hinweise: Es spricht einiges dafür, dass zumindest *Kants frühe Kritiker* mit diesem Szenario leben können. Kritiker wie Maimon haben schließlich, aufgrund der zu starken Lesart des kantischen Erfahrungsbegriffs, gar nicht berücksichtigt, dass Sinnesmaterial, das nicht kategorienkonform ist, in einer kantianischen Welt ohne Kategorieninstanziierung *nur in einem schwachen Sinn* epistemisch relevant wäre (bzw. es wäre *in gewissem Sinn ir*relevant, da es mich „als erkennendes Wesen" nicht angehen würde). In der entsprechenden humeanischen Welt wäre dieses Sinnesmaterial nicht nur in einem schwachen, *sondern auch in einem starken Sinn* epistemisch relevant: Die Gegenstände der *empirischen Erkenntnis* könnten trotzdem so beschaffen sein, dass sie nicht in kausalen Relationen stünden – das ist ein viel bedrohlicheres Szenario. Und zumindest dieses Szenario wird von Kant ausgeschlossen. Kritiker, welche einen Vorwurf der Zirkularität gegen Kants Vorgehen in der Deduktion erheben – und das tun einige Erstleser –[43], sehen letztlich gar nicht, dass die kantische Position die Ausschaltung dieses Szenarios zur Folge hat. Dass sich ausgerechnet solche Kritiker Sorgen um eine abgeschwächte Version des Szenarios machen, die für subtilere Einwände anfällig ist, wäre unwahrscheinlich.[44]

---

43 Für den Zirkularitätsvorwurf und die starke Lesart des kantischen Erfahrungsbegriffs in der frühen Kantkritik vgl. Fn. 19 und 38. Die Erhebung dieses Vorwurfs ist letztlich auf die fehlende Berücksichtigung des entscheidenden *Zwischen*status von Erfahrung/empirischer Erkenntnis bei Kant, als Phänomen, das weder ganz minimal noch aber ganz maximal (so dass es die objektive Gültigkeit der Kategorien per Definition implizieren würde) ist. Vgl. die relevante Diskussion in II, i.

44 Für einen Kantkritiker, nämlich Pistorius, finden sich *Belege* für die These, dass er das Szenario von Sinnesmaterial, das nicht kategorienkonform wäre, für wenig bedrohlich hält. Im Rahmen einer Auseinandersetzung mit Thesen des Kantianers Schmid, welche die Problematik der objektiven Gültigkeit der Kategorien betreffen, umreißt Pistorius (1789: 106 ff.) den von ihm favorisierten Ansatz, der gewisse Parallelen zur „empiristischen-realistischen Strategie" – die ich als den eigentlichen kantischen Ansatz verteidigt habe – aufweist. In diesem Rahmen spricht er das Szenario von Sinnesmaterial, das nicht kategorienkonform wäre, an, und geht damit entspannt um: „Sollten künftig dergleichen [Gegenstände, die nicht kategorienkonform wären, MK]

ii „Prästabilierte Harmonie", „Präformationssystem der reinen Vernunft" und starke Festlegung auf die Dinge an sich

Die Herausarbeitung der idealistischen Aspekte der hier vorgeschlagenen Interpretation ist besonders relevant, wenn es um den letzten Aspekt der Kantlektüre der Erstleser, den ich im Rahmen dieser Untersrsuchung kurz besprechen möchte, geht: das Verhältnis zwischen der hier verteidigten vergleichsweise realistischen Interpretation der Deduktion einerseits und Kants Abgrenzung von „prästabilierte Harmonie"-Lehren und seiner expliziten Verwerfung des „Mittelwegs", dem ein „Präformationssystem der reinen Vernunft" gleichkommen würde, andererseits. Wir haben im vorigen Kapitel gesehen, dass Leser wie Pistorius, Eberhard und Jacobi davon ausgehen, dass es *keinen* Platz für eine starke Festlegung auf die Dinge an sich im Rahmen des kantischen Systems gibt, solange man sich von solchen Lehren abgrenzen möchte. Die Vertreterin der hier präsentierten realistischen Kantinterpretation müsste vor diesem Hintergrund erklären, wie sie der Tatsache, dass sich Kant von solchen Lehren doch abgrenzt, gerecht werden kann. Ich möchte auf diese Frage, unter Berücksichtigung von manchen relevanten Äußerungen Kants aus dem Rezeptionskontext, etwas näher eingehen.

Wir haben gesehen, dass Kant an einer Stelle in der B-Deduktion, die Eberhard bespricht, eine Position hinsichtlich des Zusammenhangs zwischen Kategorien und Erfahrung thematisiert und verwirft, wonach die Kategorien „weder *selbstgedachte* erste Principien a priori unserer Erkenntniß, noch auch aus der Erfahrung geschöpft, sondern subjective, uns mit unserer Existenz zugleich eingepflanzte Anlagen zum Denken wären, die von unserm Urheber so eingerichtet

---

vorkommen, so wird sie der Verstand gar nicht bearbeiten, weil sie sich zu seiner Grundbestimmung gar nicht passen, und wir würden alsdann wirklich solche Gegenstände haben, wofür der orthodoxe Theolog seine Religionsgeheimnisse hält, Gegenstände über den Verstand, oder sogar wider die Vernunft: aber für den empiristischen Philosophen sind solche Gegenstände nicht zu vermuthen oder zu fürchten, denn sie müßten ihm in irgend einer sinnlichen Erfahrung gegeben werden: und von ganz heterogenen Dingen, oder die gar wider unsern Verstand sind, ist es nothwendig, dass sie auch über oder gar wider unsre Sinnlichkeit seyn werden" (Pistorius 1789: 110f.). Angesichts der Tatsache, dass Pistorius, anders als Kant, kein elaboriertes Argument für die unabdingbare Rolle des Verstandes und seiner Kategorien für die Erfahrung hat, könnte man sich aus einer rein philosophischen Perspektive zurecht fragen, ob Pistorius berechtigt ist, so entspannt zu sein. (Pistorius scheint nicht über die argumentativen Ressourcen zu verfügen, um das humeanische Szenario, wonach Sinnesmaterial, das nicht kategorienkonform ist sogar *in einem starken Sinn* epistemisch relevant wäre, berechtigterweise ausschließen zu können.) Mit Blick auf die historische dialektische Situation bleibt jedoch festzuhalten: Für diese Kantkritiker sind die Komplikationen im Zusammenhang mit der schwachen vs. starken epistemischen (Ir-) Relevanz ein untergeordnetes Problem, das die Richtigkeit des empiristischen und realistischen Grundansatzes kaum angreift.

worden, daß ihr Gebrauch mit den Gesetzen der Natur, an welchen die Erfahrung fortläuft, genau stimmte (eine Art von *Präformationssystem* der reinen Vernunft)" (B167). In den *Prolegomena* wird eine ähnliche Position angesprochen und kritisiert:

> Crusius allein wußte einen Mittelweg: daß nämlich ein Geist, der nicht irren noch betrügen kann, uns diese Naturgesetze ursprünglich eingepflanzt habe. Allein da sich doch oft auch trügliche Grundsätze einmischen, wovon das System dieses Mannes selbst nicht wenig Beispiele giebt, so sieht es bei dem Mangel sicherer Kriterien, den ächten Ursprung von dem unächten zu unterscheiden, mit dem Gebrauche eines solchen Grundsatzes sehr mißlich aus, indem man niemals sicher wissen kann, was der Geist der Wahrheit oder der Vater der Lügen uns eingeflößt haben möge. (4: 319 Anm.)

Ich gehe davon aus, dass die in der B-Deduktion und in den *Prolegomena* von Kant angesprochene Position folgende zwei Teilbehauptungen beinhaltet: (i) Kategorien sind *vor*empirische, apriorische Begriffe, (ii) die von Dingen an sich gelten. Diese Behauptungen scheint die realistische Interpretation der Deduktion ebenfalls zu unterschreiben. Worin besteht der Unterschied zwischen den zwei Positionen?

Es lassen sich mindestens drei Unterschiede angeben. Erstens wird im Rahmen der realistischen Kantinterpretation nur die Gültigkeit der Kategorien mit Blick auf eine *Untermenge* von Dingen an sich, die Gegenständen der Erfahrung entsprechen, etabliert. Typische, eher rationalistische Positionen, die hier kritisiert werden, gehen hingegen von der Wahrheit von *All*aussagen über Dinge an sich aus, die zum Beispiel in der Verteidigung des Prinzips des zureichenden Grundes als Prinzips über *alle* Gegenstände überhaupt zum Ausdruck kommen. Zweitens wird das kantische Modell von der Vermittlung durch die Zeit und die Rolle des Schematismus deutlich verkompliziert, und die (bestimmte) Erkenntnis von Dingen an sich wird nicht zugelassen: Die Anwendung der Kategorien erfolgt immer auf *Erscheinungen*, nicht auf Dinge an sich, in dem Sinn, dass die Materie von empirischen Gegenständen (Erscheinungen) zwar auf die Dinge an sich sowie auf Eigenschaften und Zusammenhänge dieser subjektunabhängigen Welt verweist, aber dass sie immer in der Form der Anwendung von *schematisierten* Kategorien stattfindet und wegen der Idealität der Zeit subjektiv vermittelt ist. Das bringt eine interessante Konsequenz mit sich, die in Kapitel 3, bei einer Besprechung einer rätselhaften Äußerung Kants aus dem Amphibolie-Abschnitt, bereits skizziert wurde. Obwohl die epistemisch relevanten Dinge an sich kategoriale Eigenschaften haben müssen, und diese Eigenschaften eine leitende Rolle in der Erfahrung spielen, sind Rückschlüsse auf die genauen kategorialen Eigenschaften von Dingen an sich nicht möglich: Was auf der Ebene der schematisierten kategorialen Eigenschaften als *zwei* Eigenschaften erscheint, könnte eigentlich auf der Ebene der reinen kategorialen Eigenschaften *eine* Eigenschaft sein.[45] Verfechter:innen von angeborenen Begriffen im Rahmen von Positionen, wie die von Kant hier kritisierten, denken hingegen in der Regel, dass wir durch diese Begriffe die Dinge an sich *bestimmt erkennen* und auf ihre *genauen* Eigenschaften schließen können. Drittens gibt es einen großen Unterschied mit Blick auf die Frage, wie die zwei Positionen jeweils *begründet* werden: Die Verfechterin von angeborenen Begriffen beruft sich bloß auf einen wohlwollenden Geist, der die Einpflanzungsarbeit leistet und die Konformität zwischen Begriffen und Dingen garantiert – das ist eine faule Hypothese. Im Rahmen der kantischen Position findet sich keine solche Erklärung statt. Man formuliert hingegen ein langes, elaboriertes, äußerst komplexes Argument, das um die Bedingungen der Erfahrung bzw. empirischer Erkenntnis bzw. der Einheit der Apperzeption kreist und auf dessen Grundlage die Konklusion erst etabliert werden kann. Es ist gerade wegen der Abhängigkeit der Konklusion von diesem komplexen Argument, dass der erste genannte Unterschied entsteht: Im Rahmen der kantischen Position kann man nur eine Konklusion über *einige* Dinge an sich etablieren, weil die objektive Gültigkeit der Kategorien als Bedingung der empirischen Erkenntnis, Erfahrung, Einheit der Apperzeption aufgewiesen wird.[46]

---

45 Walker (2010: 840f.) formuliert manche relevante Überlegungen: „[I]f a is some feature at the in-itself level, it could be mapped directly into the empirical feature A, but it could equally be mapped into A at s_1 and t_1, B at s_1 and t_2, F at s_2 and t_1, R at s_2 and t_2, etc., where A, B, F and R are very dissimilar empirically. The alternative possibilities are endless. Likewise, what appears to us as the same feature on different occasions could be mapped into very different elements at the level of things in themselves [...]. [S]o long as there is one single function employed, however complex it may be, that function will sustain a determinate relationship between appearances and things in themselves; and that determinate relationship will ensure that what is given to us empirically is fixed by the in-itself, and is not under the arbitrary control of the subject." Folgt man einem solchen Vorschlag, würde dies der These, dass die kategorialen Eigenschaften der Dinge an sich eine Rolle spielen, nicht widersprechen.

Die hier formulierten Abweichungen zwischen Kant und rein rationalistischen Positionen helfen uns zudem zu sehen, wie man die in Kapitel 3 vorgenommene Verteidigung einer Disanalogiethese über Sinnlichkeit und Verstand im kantischen Idealismus um einen weiteren Punkt ergänzen könnte. Als entscheidenden Textbeleg gegen eine solche Disanalogiethese verweist Kohl (2015: insbesondere 97f.) auf kantische Äußerungen in B149, wonach auf einen Gegenstand nicht-sinnlicher Anschauung „nicht einmal eine einzige Kategorie angewandt werden könnte". Die entscheidende Frage ist meines Erachtens, wie Kants Rede von Anwendung genau zu verstehen ist und ob diese stark gemeint ist: Wenn nur eine Anwendung im *starken* Sinn ausgeschlossen wird – und der Kontext der Äußerung Kants spricht gerade für eine solche Lesart –, dann wird die von mir umrissene Position davon nicht betroffen; auch im Rahmen der von mir favorisierten Position schließt man eine Anwendung im starken Sinn aus.

46 Der dritte Unterschied, den ich hier genannt habe, könnte uns eventuell helfen, einen schwierigen Aspekt der kantischen Kritik am „Präformationssystem", der manche Erstleser irritiert hat, anders zu verstehen. Kant zufolge hat man im Rahmen des Präformationssystems folgendes

Vor diesem Hintergrund lässt sich behaupten, dass sich Kants Abgrenzung von solchen Lehren *neutral* zur realistischen Interpretation der Deduktion verhält und kein Problem für sie darstellt. Man könnte jedoch die dialektische Situation sogar umkehren. Im Zusammenhang mit der hier diskutierten Problematik rund um „prästabilierte Harmonie"-Szenarien finden sich manche Äußerungen Kants, und zwar im Rahmen des Rezeptionskontextes, welche die stärker idealistischen Interpretationen vor Herausforderungen stellen, während sie hingegen zu der hier vertretenen Interpretation sehr gut passen. Die Auseinandersetzung mit den Erstlesern Kants möchte ich mit einer Thematisierung von zwei *positiven* Äußerungen Kants zu „prästabilierte Harmonie"-Lehren abschließen.

In seiner Streitschrift gegen den Leibnizianer Eberhard trifft Kant einen Unterschied zwischen Leibniz selbst und seinen Anhängern, wie Eberhard, und formuliert die provokante These, dass „die Kritik der reinen Vernunft die eigentliche Apologie für Leibniz selbst wider seine ihn mit nicht ehrenden Lobsprüchen erhebende Anhänger" sein könnte (8: 250). Kant wirft Eberhard vor, dass er Leibniz und seine Position zur „vorherbestimmten Harmonie" missverstanden hat; die wohlverstandene Version der Position Leibniz' findet man hingegen in der *Kritik*:

> Von dieser Harmonie zwischen dem Verstande und der Sinnlichkeit, so fern sie Erkenntnisse von allgemeinen Naturgesetzen a priori möglich macht, hat die Kritik zum Grunde angegeben, daß ohne diese keine Erfahrung möglich ist, mithin die Gegenstände (weil sie theils ihrer Anschauung nach den formalen Bedingungen unserer Sinnlichkeit, theils der Verknüpfung des Mannigfaltigen nach den Principien der Zusammenordnung in ein Bewußtsein, als Bedingung der Möglichkeit einer Erkenntniß derselben, gemäß sind) von uns in die Einheit des Bewußtseins gar nicht aufgenommen werden und in die Erfahrung hineinkommen, mithin für uns nichts sein würden. (8: 249)

Problem: „Ich würde nicht sagen können: die Wirkung ist mit der Ursache im Objecte (d.i. nothwendig) verbunden, sondern ich bin nur so eingerichtet, daß ich diese Vorstellung nicht anders als so verknüpft denken kann" (B168). Die Stelle finde ich selbst etwas rätselhaft und auch Eberhard beschwert sich darüber. Er entgegnet, dass „gerade nach diesem Fall [...] die Nothwendigkeit aller Vernunfterkenntniß am wenigsten beliebig" ist (Eberhard 1792a: 89); vgl. auch Schulzes (1801b: 367 f. Anm.) Bemerkung, dass Kants Einwand hier schwer begreiflich ist. Die Reaktion der Erstleser finde ich nicht verkehrt: Die ganze Pointe der Position, die als „Präformationssystem" bezeichnet wird, besteht darin, dass es eine (notwendige) Übereinstimmung zwischen meinen Begriffen, Vorstellungen und der Art und Weise wie ich denke einerseits und den Gegenständen als Dingen an sich andererseits gibt. Der Einwand Kants wäre jedoch eventuell nachvollziehbarer, wenn wir ihn als einen Einwand verstehen, der nicht die *inhaltlichen Thesen*, die diese Position beinhaltet, betrifft, sondern ihre *Begründungsweise:* Weil das Präformationssystem, anders als die kantische Position, so schlecht begründet wird, gelingt es den Vertreter:innen dieser Position nicht, die inhaltlichen Thesen, die sie etablieren wollten, als begründet aufzuweisen. Alles, was wir uns dann übrig bleibt, ist ein unwiderlegter Skeptizismus mit Blick auf die objektive Gültigkeit der Kategorien.

Hier werden das zentrale Problem der Deduktion und die kantische Lösung dazu vorgetragen und in einen Zusammenhang mit Annahmen hinsichtlich einer Harmonie zwischen Verstand und Sinnlichkeit gebracht. Dieser Zusammenhang ist merkwürdig, denn die ganze Pointe der kantischen Strategie, zumindest im Rahmen der verbreiteten, starkidealistischen Interpretation der Deduktion, sollte es eben sein, dass man eine *Erklärung* für die objektive Gültigkeit der Kategorien bietet, die *ohne* dubiöse Annahmen über eine Harmonie zwischen Sinnlichkeit und Verstand auskommt.

Nun könnte man eventuell entgegnen, dass die Äußerung einem polemischen Kontext entnommen ist und dass in Kants Reaktion auf Eberhard einiges ironisch gemeint ist und nicht beim Wort zu nehmen wäre.[47] Unabhängig jedoch davon, wie ernst wir die Replik Kants auf Eberhard nehmen, ist es interessant, dass Kant etwas sehr Ähnliches in seiner Reaktion auf einen Gegner schreibt, den er zweifelsohne mit Respekt behandelt. In seiner Reaktion auf Maimon, im unmittelbaren Anschluss an die Stelle zur Einheit der Apperzeption, die ich zitiert und besprochen habe, schreibt Kant:

> Es ist mislich, den Gedanken, der einem tiefdenkenden Manne obgeschwebt haben mag und den er sich selbst nicht recht klar machen konnte, zu errathen; gleichwohl überrede ich mich sehr, daß Leibnitz mit seiner Vorherbestimmten Harmonie [...] nicht die Harmonie zweyer Verschiedenen Wesen, nämlich Sinnen und Verstandeswesen, sondern zweyer Vermögen eben desselben Wesens, in welchem Sinnlichkeit und Verstand zu einem Erfahrungserkenntnisse zusammenstimmen, vor Augen gehabt habe, von deren Ursprung, wenn wir ja darüber urtheilen wollten, obzwar eine solche Nachforschung gänzlich über die Grenze der menschlichen Vernunft hinaus liegt, wir weiter keinen Grund, als den Gottlichen Urheber von uns selbst angeben können, wenn wir gleich die Befugnis, vermittelst derselben a priori zu urtheilen, (d.i. das qvid iuris) da sie einmal gegeben sind, vollkommen erklären können. (11: 52)

Kant beruft sich hier auf eine Art „vorherbestimmte Harmonie" und auf den Göttlichen Urheber, um das „Zusammenstimmen" von Sinnlichkeit und Verstand im Rahmen der kantischen Beantwortung der „quid juris"-Frage „vollkommen zu erklären". Kants Äußerung hier wäre als eher rätselhaft einzustufen, wenn wir von einer starkidealistischen Interpretation des Projekts der Deduktion ausgehen würden. Wenn der (starke) Idealismus eine gute Erklärung für das Zusammenstimmen liefert, dann scheint die Hypothese der vorherbestimmten Harmonie redundant zu sein. Es ist nicht so einfach zu verstehen, warum Kant im Kontext

---

47 Vgl. Allison 1973a: 101. Für die entgegengesetzte Einschätzung vgl. Jauernig 2011: 299f., Jauernig 2008: 49f.

seiner Reaktion auf Maimons Kritik ein solches Zugeständnis überhaupt machen würde.

Aus der Perspektive der hier präsentierten, vergleichsweise realistischen Kantinterpretation ist dieses Zugeständnis relativ leicht zu erklären. Im Rahmen dieser Interpretation, wonach die Eigenschaften und Relationen der Dinge an sich eine entscheidende Rolle dabei spielen, *ob* die Bedingungen der Einheit der Apperzeption, der Erfahrung bzw. empirischer Erkenntnis erfüllt sind, ist es nicht ausgemacht, *dass* wir mittels unserer Sinnlichkeit mit *Materie/Empfindungen* versorgt werden, welche so beschaffen sind, dass sie diese Bedingungen erfüllen. *Dass* wir in der aktualen Welt Einheit der Apperzeption und Erfahrung bzw. empirische Erkenntnis haben, könnte der kantische Ansatz nicht garantieren. Dazu brauche ich die Annahme eines glücklichen Zufalls: dass die subjektunabhängige Welt mitspielt. Dies bedeutet *nicht*, dass die Annahme dieses glücklichen Zufalls eine *besondere* Argumentationslast trägt. Sie wird bloß von der Ausgangsprämisse impliziert, die man im Rahmen einer regressiven Interpretation akzeptiert, nämlich, dass Erfahrung bzw. empirische Erkenntnis bzw. Einheit der Apperzeption möglich bzw. aktual sind. Diese Annahme hilft uns, wie Kant selbst schreibt, die objektive Gültigkeit der Kategorien „*vollkommen* [zu] erklären" (meine Hervorhebung). Den beträchtlichen Rest der Argumentations- und Erklärungsarbeit leistet hingegen das komplexe Argument, das die Kategorien und ihre legitime Anwendbarkeit als Bedingungen für die Aktualität (oder Möglichkeit) von empirischer Erkenntnis bzw. Erfahrung bzw. Einheit der Apperzeption etabliert.

Die Auseinandersetzung mit den Zeitgenossen Kants ist nun abgeschlossen. Die hier skizzierte Interpretation zur Deduktion kann mit ihren Sorgen und Einwänden gut umgehen. Ferner passen Aspekte der expliziten Reaktion Kants auf seine Zeitgenossen zu dieser sehr gut, und eine Berücksichtigung dieser Aspekte könnte unser Verständnis von Kants Deduktionsprojekt bereichern.

Ich möchte diese Untersuchung zu einem Abschluss bringen, indem ich einen Zusammenhang mit einer Problematik herstelle, die uns seit langem nicht mehr explizit beschäftigt hat: das Verhältnis der hier vorgetragenen Überlegungen rund um die Deduktion zu der gegenwärtigen Debatte über Zwei-Aspekte- vs. Zwei-Welten-Interpretationen des transzendentalen Idealismus.

IV Verhältnis der Interpretationsskizze zur Kontroverse über Zwei-Aspekte- vs. Zwei-Welten-Interpretationen

Seit dem Ende des zweitens Teils dieses Buchs war von Fragen rund um Verschiedenheit und Identität zwischen Erscheinungen und Dingen an sich – zu mindest explizit – fast nie die Rede. Im Rahmen der Auseinandersetzung mit der Problematik der starken Festlegung auf die Dinge an sich und ihrer leitenden Rolle innerhalb der Erfahrung scheinen solche Fragen in den Hintergrund zu treten. Wie bereits angemerkt, wird in der Kantliteratur zur Deduktion in der Regel kein Zusammenhang mit solchen Fragen hergestellt. Die überwältigende Mehrheit der Beiträge zur Zwei-Welten- vs. Zwei-Aspekte-Kontroverse ist ebenfalls durch die Tendenz gekennzeichnet, die Frage nach dem Verhältnis zwischen Idealismus und Deduktion nicht besonders zu berücksichtigen. Diese Feststellung ist für die Fragestellung dieser Arbeit nicht ohne Bedeutung. Sie spräche, zumindest auf den ersten Blick, gegen die These, dass Debatten rund um Verschiedenheit und Identität den Schlüssel zur Rekonstruktion und Bewertung der frühen Kantkritik bilden. Die Beachtung des Aspekts der frühen Kantkritik, der über die bloße Existenz von Dingen an sich und eine Affektion durch diese hinausgeht und im Mittelpunkt dieses Teils des Buchs stand, würde uns zu sehen helfen, dass bei der frühen Kritik am transzendentalen Idealismus Fragen auf dem Spiel stehen, die von Debatten rund um Verschiedenheit und Identität zwischen Erscheinungen und Dingen an sich zu entkoppeln sind.

Ich denke allerdings, dass die ganze Situation etwas komplexer ist und dass dieser Aspekt der frühen Kantkritik fruchtbar für Überlegungen rund um genau diese Debatte gemacht werden kann, die sogar in die entgegengesetzte Richtung der Überlegungen, welche die These zur Zentralität dieser Debatte in der Regel motivieren und in den Schriften von Zwei-Aspekte-Interpret:innen ihren Ausdruck finden, gehen würden: Anhand von solchen Überlegungen ließe sich die These verteidigen, dass es sogar die Vertreter:innen von *Zwei-Welten*-Interpretationen sind, die sich hier in einer vorteilhaften Position befinden. Ich möchte diese Untersuchung mit der kurzen Betrachtung eines – zum Teil schon besprochenen – Vorschlags von Lucy Allais zum genauen Verhältnis zwischen Deduktion und Idealismus abschließen. Dabei möchte ich anhand und am Beispiel dieses Vorschlags die These plausibilisieren, dass Zwei-Aspekte-Interpretationen des transzendentalen Idealismus mit einer Schwierigkeit konfrontiert sind, womit Zwei-Welten-Interpretationen leichter umgehen können. Daraus möchte ich zwar nicht das Fazit ziehen, dass diese Schwierigkeit für Zwei-Aspekte-Interpretationen prinzipiell unüberwindlich ist. Die Schwierigkeit zeigt jedoch meines Erachtens, dass man im Rahmen der Debatten um die Verschiedenheit und Identität von Dingen an sich und Erscheinungen intensiver über die Fragen, die Kants Erstleser geplagt haben, *reden* sollte.

Erscheinungen, empirische Erkenntnis, Transzendentale Ästhetik: Ein alternativer Vorschlag zum Verhältnis zwischen Idealismus und Deduktion?
Die Tatsache, dass viele Fragen, die in diesem Teil des Buchs diskutiert wurden, von der Kontroverse zwischen Zwei-Welten- und Zwei-Aspekte-Interpretationen entkopplungsfähig zu sein scheinen, bedeutet nicht, dass keine wichtigen, anschlussfähigen Ansätzen von Vertreter:innen von Zwei-Aspekte-Interpretationen verfügbar sind, auf die man zurückgreifen könnte und auf die ich selbst zum Teil zurückgegriffen habe. Einer der neuesten und explizitesten Vorschläge zum genauen Verhältnis zwischen Deduktion und Idealismus stammt von einer prominenten Zwei-Aspekte-Interpretin: Allais. Diesen Ansatz betrachte ich in mancher Hinsicht als *nahestehend* zu meiner eigenen Zielsetzung hier. Auf Aspekte dieses Ansatzes, auf die ich aufbaue, bin ich in Kapitel 3 bereits eingegangen, wo die Rolle der Sinnlichkeit und des Verstandes bei der Begründung des kantischen Idealismus zur Diskussion stand.[48] Hier möchte ich auf den konkreten Vorschlag zur Interpretation des Deduktionsarguments und der Rolle des Idealismus darin kurz eingehen.

Der Gesamtvorschlag von Allais (2015: 259 ff.) enthält viele interessante Thesen, die ich bei meiner Besprechung außen vor lassen möchte. Wichtig für die Fragestellung hier ist, dass Allais eine eher realistische Interpretation des Deduktionsprojekts anstrebt. Die Deduktion soll ein *epistemologisches* Argument sein, das mit einem Argument, das Idealismus zum Ausdruck bringen soll, kontrastiert wird. Im Gegensatz zur Frage „what it takes for something to be an object (to exist)", soll es um die Frage gehen, „what it takes for us to be in a position to think of anything as an object" (Allais 2015: 285). Der Idealismus ist jedoch im Gesamtbild zu finden, aufgrund der Spielart des Idealismus, die Allais zufolge in der Transzendentalen Ästhetik etabliert wird. Ich denke, dass sich ein solcher Interpretationsansatz als eine Ding-an-sich-freundliche Interpretation der Deduktion einstufen lässt, obwohl Allais selbst eine Rede von Eigenschaften, die ein Gegenstand unabhängig von einer Relation zum erkennenden Subjekt *hat* oder *nicht hat*, gegenüber einer Rede von Dingen an sich und Erscheinungen favorisiert. Ich gehe davon aus, dass man im Rahmen ihrer Position auf die These verpflichtet ist, dass kategoriale Eigenschaften Eigenschaften sind, welche die

---

[48] Für einen weiteren im Rahmen einer Zwei-Aspekte-Interpretation des kantischen Idealismus entwickelten Vorschlag, auf den ich in meiner Interpretationsskizze zur Deduktion implizit zurückgreife, vgl. Rosefeldts Umgang mit der Problematik des transzendentalen Gegenstands, der in Kap. 2, II, iii besprochen wurde.

Gegenstände als *Dinge an sich* hätten, während *wir* uns der Kategorien bedienen würden, damit wir diese Gegenstände *als* Gegenstände denken können.[49]

Nun wird die Verfechterin einer solchen Interpretation mit den Schwierigkeiten konfrontiert, die uns in Abschnitt II dieses Kapitels beschäftigt haben: Eine starkidealistische Interpretation der Deduktion stellt eine natürliche Interpretation dar; will man sie vermeiden, muss man einen Vorschlag zur Interpretation des kantischen Arguments machen, der die starkidealistisch klingende Sprache Kants irgendwie erklärt. Wie in Abschnitt II betont, reicht es dabei nicht, es bei einer weniger idealistischen Deutung der *Konklusion* über Erscheinungen und Dinge an sich – wie es im Rahmen eines reinen Filtermodells à la Strawson der Fall wäre – zu belassen. Die Deduktion scheint starkidealistische Elemente in *zweierlei* Hinsicht zu haben, die nicht nur die *Konklusion* des Arguments sondern auch die Berufung auf den Erscheinungscharakter der Entitäten, um die es in der Deduktion geht, als eine *Prämisse* im Rahmen dieses Arguments betreffen. Für eine adäquate alternative Kantinterpretation ist es sehr wichtig (und besonders schwierig), den starkidealistisch klingenden Elementen in *beiderlei* Hinsicht gerecht zu werden. Allais (2015: 290 ff.) stellt sich diesen Schwierigkeiten explizit. Ihr Vorschlag zum Umgang mit ihnen besteht grundsätzlich aus folgenden exegetischen Thesen: Aufgrund von Überlegungen, die den Idealismus *nicht* voraussetzen, gelangt Kant zur Zwischenkonklusion, dass *x* dann den Kategorien unterliegt, *wenn x* empirisch erkennbar ist. Das Unzureichende dieser Zwischenkonklusion besteht darin, dass es nur um eine konditionale Behauptung geht: Es wird noch gar nicht gezeigt, dass die Gegenstände, die wir sinnlich anschauen, *tatsächlich* empirisch erkennbar sind und als solche den Kategorien unterliegen. Im Rahmen von Allais' Vorschlag kommt der Idealismus erst nach diesem Argumentationsschritt ins Spiel. Es geht dabei um die Spielart des Idealismus als die Position über Raum und Zeit, die in der Ästhetik etabliert wurde. Weil Kant in der Ästhetik gezeigt haben soll, dass alle raumzeitlichen Gegenstände *Erscheinungen* sind, kann er von dieser Zwischenkonklusion, dank der Ausnutzung der idealistischen Prämisse, dass Gegenstände *Erscheinungen* sind, zur Konklusion gelangen, dass alle raumzeitlichen Gegenstände den Kategorien unterliegen. Wie soll aus der Tatsache, dass raumzeitliche Gegenstände Erscheinungen sind, diese Konklusion folgen? Allais geht davon aus, dass sie folgt, weil die raumzeitlichen Gegenstände als kantische Erscheinungen Gegenstände sind, zu deren Wesen es gehört, *dass* sie empirisch erkennbar sind. Mit Allais' Worten:

---

[49] Vgl. folgende Formulierung: „Recognising that perceiving a round red tomato is an achievement that requires active work by the mind by no means undermines the idea that the tomato is round and red, independently of us" (Allais 2015: 292). Vgl. auch Allais 2015: 302.

„Once we have established that spatio-temporal objects do not exist apart from the possibility of our experience (cognition), it will follow that principles which are conditions of the possibility of experience (cognition) hold of spatio-temporal objects" (Allais 2015: 299).

Diese Spielart des Idealismus wird mit phänomenalistischen Varianten explizit kontrastiert: „In particular, the form of idealism that will do the work Kant needs here is not phenomenalism, but rather an idealism that limits spatio-temporal objects to our possible experience (or cognition) of them—exactly the form of idealism I have attributed to him" (Allais 2015: 299). Wenn man diesem geradlinigen Vorschlag folgen würde, hätte man Platz für die starke Festlegung auf die Dinge an sich im Rahmen der Deduktion, die zudem zu einer Zwei-Aspekte-Interpretation sehr gut passen würde und mit dieser in jedem Fall vereinbar wäre. Obwohl ich auf wichtige Aspekte des Ansatzes, den Allais mit Bezug auf Kategorien und Idealismus favorisiert, in der Gesamtinterpretation, die hier vertreten wird, zurückgegriffen habe, habe ich diesen Vorschlag nicht übernommen, und mich stattdessen in die Erzählung einer komplizierten Geschichte über Erscheinungen$_1$, Erscheinungen$_2$ und Erscheinungen$_3$ verstrickt, die Kant phänomenalistische und konstruktivistische – und für einige Leser:innen unappetitliche – Annahmen über die Gegenstände unserer Erfahrung zuschreibt. Der Grund, warum ich diesen Weg eingeschlagen habe, liegt an einer grundsätzlichen Schwierigkeit, die ich sehe, wenn wir die kantische Betonung des Erscheinungscharakters von Gegenständen ausschließlich mit Rückgriff auf die Transzendentale Ästhetik und die Thesen über Raum und Zeit, die Kant dort entwickelt, verstehen.

In der Ästhetik beschäftigt sich Kant mit dem Vermögen der Sinnlichkeit und ihren Vorstellungen, den sinnlichen Anschauungen, und argumentiert dafür, dass alle raumzeitlichen Gegenstände Erscheinungen sind. Ich finde es plausibel, dass aus den kantischen Thesen dort folgt, dass alle Erscheinungen die Bedingungen der *Sinnlichkeit* erfüllen. Letztere These, als Prämisse in der Deduktion, würde jedoch zur Etablierung der angestrebten Konklusion nicht ausreichen: Wir bräuchten die stärkere These, dass alle Erscheinungen die Bedingungen *empirischer Erkenntnis* oder *Erfahrung* erfüllen. „Empirische Erkenntnis" oder „Erfahrung" sind technische Ausdrücke und bedeuten etwas Anspruchsvolleres als „sinnliche Anschauung": Sie setzten das Zusammenspiel von Anschauungen und *Begriffen*, von Sinnlichkeit und *Verstand*, voraus. Der Verstand und seine Begriffe sind jedoch kein Gegenstand der Ästhetik, sondern erst der Analytik, zu der die Deduktion gehört. Dies bedeutet jedoch wiederum, dass es begrifflichen Raum für folgende Position gibt: Die raumzeitlichen Gegenstände sind Erscheinungen und als solche erfüllen sie die Bedingungen der Sinnlichkeit; es wäre jedoch denkbar, dass sie die Bedingungen des *Verstandes* nicht erfüllen und *deshalb* nicht empirisch erkennbar sind.

Aus der Spielart des Idealismus, die Kant als eine spezifische Position über Raum und Zeit in der Ästhetik etabliert haben soll, folgt nicht, dass alle Erscheinungen empirisch erkennbar sind. Und das ist, wie wir bereits gesehen haben, nicht bloß ein möglicher philosophischer Einwand gegen Kantianer:innen, sondern ein Szenario, das Kant selbst intensiv beschäftigt und sein ganzes Deduktionsprojekt motiviert. Erinnern wir uns an eine der vielen relevanten Äußerungen Kants zu Beginn seiner (A- und B-)Deduktion, die ich bei der Präsentation meines eigenen Vorschlags zitiert hatte: „[O]hne Functionen des Verstandes können [...] Erscheinungen in der Anschauung gegeben werden" (A90/B122). Es wurde zwar beim Umgang mit solchen Stellen angemerkt, dass es kontrovers ist, inwiefern Kant hier eine These formuliert, die er tatsächlich akzeptiert, oder ob es vielmehr um eine These geht, die durch die erfolgreiche Deduktion widerlegt werden soll. Selbst wenn man jedoch die These vertritt, dass diese These von Kant widerlegt wird, erfolgt dies *auf Grundlage* des Deduktionsarguments und nicht davor, in der Ästhetik. Man darf die Widerlegung der These nicht als Prämisse im Rahmen *dieses* Arguments in Anspruch nehmen.

Der – zumindest prima facie – Vorteil von konstruktivistischen Zwei-Welten-Interpretationen

So wie ich das Ganze verstehe, darf die Ding-an-sich-freundliche Interpretation der Deduktion, welche den transzendentalen Idealismus als eine spezifische Position über Raum und Zeit – nicht über die Kategorien – versteht, *nicht* von der Annahme Gebrauch machen, dass Erscheinungen *als solche* die Bedingungen empirischer Erkenntnis erfüllen. Die kantische Deduktions*prämisse* über den Erscheinungscharakter der fraglichen Entitäten darf nicht als ein bloßer Rückgriff auf die Ästhetik gedeutet werden. Weil ich dieser vergleichsweise einfachen Annahme, die zu einer regressiven Interpretation der Deduktion optimal passen würde, widerstehen möchte, habe ich eine vergleichsweise komplizierte alternative Geschichte erzählt, welche die starkidealistisch klingende Sprache Kants in der Deduktion und seine Berufungen auf den Erscheinungscharakter von Entitäten trotzdem ernst nimmt. Unter diesen Zwängen operierend, sehe ich die Einführung von phänomenalistischen und konstruktivistischen Annahmen über die Gegenstände der Erfahrung als einen relativ leichten und naheliegenden Ausweg aus den Schwierigkeiten, die sich im Rahmen dieses Interpretationsprojekts stellen. Indem man die Erscheinungen als numerisch verschieden von Dingen an sich ansieht, kann man an einer Kombination von Thesen, die auf den ersten Blick spannungsreich klingt, festhalten. Auf der einen Seite kann man die kantische These eingestehen, dass Erscheinungen „unter gar keinem Gesetze der Verknüpfung [stehen], als demjenigen, welches das verknüpfende Vermögen vorschreibt" (B164). Man würde Kant die idealistische These zuschreiben, dass wir die Welt der empirischen Gegenstände aus sinnlichen Anschauungen, nach Kategorien synthetisiert, konstruieren. Auf diese Weise würde man der starkidealistisch klingenden Sprache Kants in der Deduktion gerecht werden. Auf der anderen Seite würde man jedoch betonen, dass es Dinge an sich mit entsprechenden kategorialen Eigenschaften gibt, die diesen konstruierten Gegenständen zugrunde liegen. Diese Eigenschaften spielen eine leitende Rolle beim Synthesisverfahren innerhalb der Erfahrung, so dass man im Rahmen dieses Gesamtbildes realistische Grundintuitionen ernst nehmen könnte. Die numerische Verschiedenheit zwischen Gegenständen der Erfahrung und Dingen an sich, kombiniert mit phänomenalistischen und konstruktivistischen Annahmen über Erstere einerseits und realistischen Annahmen über die Existenz, die Eigenschaften und die Rolle Letzterer andererseits, bietet uns einen Ausweg hier.

Es ist nicht evident, wie der Ausweg aus der Perspektive einer Kantinterpretation, die phänomenalistische und konstruktivistische Annahmen über Erscheinungen bzw. Gegenstände der Erfahrung um jeden Preis vermeiden möchte, aussehen wird. Eine solche Interpretation könnte problemlos einen *Teil* der Ideen, die in diesem Kapitel als Alternative zur starkidealistischen Interpretation umrissen wurden, übernehmen. Im Rahmen einer Zwei-Aspekte-Interpretation könnte man insbesondere die Idee eines Filtermodells beherzigen, wonach nur Gegenstände, welche *als Dinge an sich* die Bedingungen der Erfahrung bzw. empirischer Erkenntnis bzw. der Einheit der Apperzeption erfüllen, den Filter passieren und auf diese Weise als Gegenstände der Erfahrung fungieren. Diese Gegenstände wären numerisch identisch mit Erscheinungen. Aber wir haben gesehen, dass die Idee des Filtermodells nur *Teil* der alternativen Interpretation sein kann und unzureichend als Kantinterpretation ist, solange man sie nicht um weitere Überlegungen ergänzt. Man braucht darüber hinaus eine alternative Deutung der Rolle der kantischen Berufung auf den Erscheinungscharakter der Entitäten – um die es in der Deduktion geht – als eine *Prämisse* im Rahmen dieses Arguments. Innerhalb des Projekts einer vergleichsweise realistischen Interpretation muss man sich der Schwierigkeit stellen, dies zu leisten, ohne die starke Festlegung auf die Dinge an sich zu verletzen (und ohne zu angreifbaren Annahmen – wie dem bloßen Verweis auf die Ästhetik – zu greifen). Die vorgetragenen phänomenalistischen und konstruktivistischen Annahmen über die Gegenstände der Erfahrung sind als Beitrag zum Umgang mit dieser (wichtigen) Dimension des alternativen Interpretationsprojekts gedacht. Und sie wären nicht in eine Zwei-Aspekte-Interpretation integrierbar, denn die Pointe der Strategie besteht gerade darin, dass die kantischen Erscheinungen, entgegen der Kernthese der Zwei-Aspekte-Interpretation, (Konstruktionen aus) mentale(n) Zustände(n) darstellen. Obwohl also mein Interpretationsvorschlag zum Teil auch für Zwei-Aspekte-Interpretationen anschlussfähig sein könnte, entstünde bei seiner Übertragung in ein Zwei-Aspekte-Modell eine Schwierigkeit und eine Lücke im Hinblick auf eine entscheidende Dimension des Interpretationsprojekts.

Ich behaupte allerdings nicht, dass die Schwierigkeit, auf die ich aufmerksam gemacht habe, für Zwei-Aspekte-Interpretationen unüberwindbar ist. Es wäre durchaus denkbar, dass man einen Vorschlag zum Verhältnis von Idealismus und Deduktion machen könnte, der alle drei Ziele erreichen würde: nämlich (i) eine Antwort auf die Einwände und Sorgen der Erstleser Kants zu liefern, die (ii) allen starkidealistisch klingenden Elementen der Deduktion gerecht werden würde, und zwar (iii) auf eine Weise, die mit Zwei-Aspekte-Interpretationen vereinbar wäre. Vor dem Hintergrund der Schwierigkeit und Dunkelheit der kantischen Deduktion halte ich dies sogar für sehr wahrscheinlich. Die Fülle der in beiden Fassungen der kantischen Deduktion beheimateten Überlegungen, Thesen und Einsichten Kants ist so groß, und der mangelnde Konsens hinsichtlich der Zentralität der jeweiligen Überlegungen, Thesen und Einsichten sowie des Verhältnisses zueinander so beträchtlich, dass es Spielraum für die verschiedensten Interpretationen und Rekonstruktionen des kantischen Arguments zu geben scheint. Aus der Perspektive einer Kantinterpretation, welche den im Rahmen meines eigenen Vorschlags zu zahlenden Preis unbedingt vermeiden möchte, könnte man Ressourcen aus dem kantischen Text ins Spiel bringen, die in meinem eigenen Vorschlag eine geringe Rolle gespielt haben und uns eventuell erlauben würden, eine ganz andere Geschichte über Deduktion und Idealismus zu erzählen, welche das Desiderat dieses Kapitels ebenfalls erfüllen würde.

Es liegt jedoch nicht auf der Hand, wie diese alternative Geschichte aussehen würde. Sie muss eben erzählt und ausführlich entwickelt werden. Und ich vermute, dass sie nicht ganz unkompliziert wäre. Vor diesem Hintergrund können wir das Fazit dieses Kapitels, das zugleich das letzte noch zu ziehende Fazit des ganzen Buchs darstellt, wie folgt beschreiben. Es lässt sich eine Interpretation des Verhältnisses zwischen Idealismus und Deduktion bei Kant skizzieren und exegetisch plausibilisieren, die mit den Einwänden aus der frühen Kantkritik gut umgehen und als echte exegetische Option ernst genommen werden kann. Dabei handelt es sich um nicht mehr als eine Interpretationsskizze, in deren Rahmen nicht der Anspruch erhoben wird, alle relevanten Fragen – in manchen Fällen nicht einmal ansatzweise – abgedeckt zu haben. Obwohl die Problematik des Verhältnisses zwischen Idealismus und Deduktion die Sorgen und Einwände der Erstleser Kants, die um die Problematik der starken Festlegung auf die Dinge an sich kreisen, nicht erschöpft, geht es immerhin um eine besonders wichtige Teilfrage. Zumindest was die diese besonders wichtige Teilfrage betreffenden

Einwände aus der frühen Kantkritik angeht, lässt sich einiges zur Verteidigung Kants entgegnen. Wir können zuversichtlich sein, dass sich das Verteidigungspotential der Position Kants, und zwar aus einer Ding-an-sich-freundlichen Perspektive, welche die Unentbehrlichkeit der subjektunabhängigen Welt unterschreibt, nicht nur auf das Dilemma für Kant in seiner vielbeachteten Standardform (Existenz von Dingen an sich und Affektion durch diese) beschränkt; es gibt Potential für einen erfolgreichen Umgang sogar mit der verschärften, vergleichsweise unbeachteten Variante (starke Festlegung, die über Existenz und Affektion hinausgeht) des Dilemmas aus der frühen Kantkritik.

Die von mir vertretene Strategie zum Umgang mit dieser verschärften Variante des Dilemmas hat von Annahmen Gebrauch gemacht, die sich *nicht* neutral zur gegenwärtigen Kontroverse zwischen Zwei-Aspekte- und Zwei-Welten-Interpretationen verhalten. Sie widerspricht sogar der These, dass man aus einer Zwei-Aspekte-Perspektive mit den hier diskutierten Einwänden mindestens genauso gut umgehen könnte. Ich möchte jedoch nicht ausschließen, dass in Zukunft auch im Fall dieser Einwände gegen Kant, genauso wie es in den vorigen Kapiteln dieses Buchs der Fall war, Verteidigungsstrategien formuliert werden könnten, die sich neutral zu dieser Kontroverse verhalten. Zu diesem Zweck brauchen wir jedoch eine intensivere Diskussion über die Art von Sorgen und Fragen, welche die Erstleser Kants stark beschäftigt haben und in (relative) Vergessenheit geraten sind. Hier verorte ich den Nutzen der Fragen, die uns in diesem Kapitel und Teil des Buchs beschäftigt haben und mit deren Behandlung diese Untersuchung abgeschlossen ist. Durch ihre intuitiven Reaktionen bringen die allerersten Leser Kants grundsätzliche und äußerst zentrale Fragen rund um den kantischen Idealismus zum Vorschein, die eine intensivere Diskussion im Rahmen der Kantinterpretation unserer Zeit verdienen.

Schlusswort

In diesem Buch wurde der Streit um das Ding an sich – so wie dieser in der frühen, vorfichteschen Rezeption des kantischen Idealismus ausgetragen wurde – historisch und systematisch analysiert. Im Mittelpunkt stand der Vorwurf der ersten Kantkritiker, dass die Dinge an sich innerhalb des kantischen Systems zwar unentbehrlich, aber doch unzulässig sein sollen. Es handelt sich dabei um einen Vorwurf, der eng verschränkt mit der Diagnose der Erstleser der *Kritik* ist, dass der kantische Anspruch, eine gemäßigte Spielart des Idealismus begründet zu haben, nicht einlösbar ist. Die Kritik der Erstleser nimmt die Form eines Dilemmas an (Unentbehrlichkeit vs. Unzulässigkeit einer Festlegung auf die Dinge an sich), das wir genauer in den Blick genommen haben. Wir haben gesehen, dass es für Kant möglich ist, die Annahmen der Kantkritiker rund um das erste Horn des Dilemmas zu akzeptieren und sich trotzdem den zentralsten Einwänden der frühen Kantkritik zu entziehen. Es wurde – entgegen dem zweiten Horn des Dilemmas – die These verteidigt, dass eine kantische Festlegung auf Dinge an sich *zulässig* ist. Dies gilt sogar für eine verschärfte Form des Dilemmas. Es geht dabei um eine in der bisherigen Diskussion wenig beachtete, starke Variante der Problematik der Festlegung auf Dinge an sich, welche die Latte für die Verteidigung der kantischen Position aus der Perspektive einer Ding-an-sich-freundlichen Interpretation höher legt. Vor diesem Hintergrund lautet ein Hauptfazit dieser Arbeit: Entgegen der einflussreichen Diagnose der frühen Kantkritiker, *kann* der kantische Anspruch, durch den transzendentalen Idealismus eine gemäßigte und kohärente Spielart des Idealismus begründet zu haben, eingelöst werden.

Wir haben jedoch zugleich gesehen, dass die Erstleser schwierige Fragen und Einwände formulieren, die unser *heutiges* Kantverständnis des transzendentalen Idealismus bereichern können, und zwar auf eine Weise, die folgenreich für die Debatten über den kantischen Idealismus – so wie diese in der Kantforschung der letzten Jahrzehnte geführt worden sind – sein kann. Zentrale Folgen solcher Art betreffen die Frage, ob eine Zwei-Aspekte-Interpretation des transzendentalen Idealismus (im Gegensatz zu einer Zwei-Welten-Interpretation dessen) das Verteidigungspotential der kantischen Position gegen drastische Einwände steigert, und die damit verwandte Frage, ob Fragen rund um numerische Identität und Verschiedenheit zwischen Erscheinungen und Dingen an sich unsere heutige Interpretation des kantischen Idealismus weiter dominieren sollten. Die Auffassung, dass beide Fragen in gewissem Sinne zu verneinen sind, bildet ein weiteres wichtiges Fazit dieser Arbeit. (Ein Fazit, das wie folgt zu qualifizieren ist: Es gibt Fälle, wie wir gesehen haben, in welchen die Frage rund um numerische Identität und Verschiedenheit tatsächlich sehr relevant sein kann; um dies zu sehen, ist es jedoch gewinnbringend, diese Frage mit *anderen,* in der frühen Kantkritik prominenten und in der heutigen Zeit vernachlässigten Fragen zu verbinden, und diese relevante Forschungsdiskussion vor dem Hintergrund jener weiteren Fragen weiterzuführen.)

Die „methodologische Prämisse" dieser Arbeit, nämlich die These, dass die Interpretationen und Einwände der verschiedenen Akteure der frühen Kantrezeption miteinander in Verbindung zu bringen und entlang einer systematischen Rekonstruktion zu analysieren sind, wurde durch die Ergebnisse dieser Arbeit bestätigt, was auch als ihr letztes großes Fazit hervorgehoben werden kann. Wir haben gesehen, dass es starke Kontinuitäten und Ähnlichkeiten in der Kantrezeption und -kritik der ersten Leser gibt und dass sich ihre Interpretationen und Einwände oftmals gegenseitig beleuchten. Dieses Ergebnis zeigt, dass weit verbreitete Klassifikationsschemata in der traditionellen Geschichtsschreibung zur klassischen deutschen Philosophie, die von starken Gegenüberstellungen einzelner Kantleser ausgehen – zum Beispiel Empiristen gegen Rationalisten, oder „fortschrittliche" gegen „rückschrittliche" Kantkritiker – revisionsbedürftig sind. Ich denke, dass die Loslösung von solchen revisionsbedürftigen Schemata maßgeblich dazu beigetragen hat, dass im Rahmen dieser Untersuchung die philosophische Relevanz und die nicht nur rein historische Bedeutung der frühen Kantkritik sichtbarer gemacht werden konnte, als es meines Erachtens bisher geschehen ist.

All diese Ergebnisse wurden im Rahmen eines stark eingegrenzten Projekts erzielt – ein Umstand, der auch ihre Gültigkeit gegebenenfalls begrenzt, und diese nur mit Blick auf die Aspekte des kantischen Idealismus und der Kritik daran, die tatsächlich im Mittelpunkt dieser Untersuchung standen, beansprucht. In diesem Buch wurden nur Fragen diskutiert, welche den kantischen Idealismus aus der Perspektive der *theoretischen* Philosophie Kants, und zwar ausschließlich auf Grundlage der *Kritik der reinen Vernunft,* betreffen. Ferner erfolgte selbst diese gezielte Auseinandersetzung unter der weiteren Einschränkung, dass der transzendentale Idealismus letztlich nur unter dem Gesichtspunkt der *Transzendentalen Ästhetik* und *Analytik* untersucht wurde: Die Einwände aus der frühen Kantkritik, die im Vordergrund dieser Untersuchung standen, betrafen diese Teile des kantischen Projekts; eine Auseinandersetzung mit dem kantischen Idealismus vor dem Hintergrund zentraler Fragen der – für eine Gesamtinterpretation des kantischen Idealismus unverzichtbaren – *Transzendentalen Dialektik,* erfolgte hier letztlich nicht.[1] Selbst der Auseinandersetzung mit Fragen aus der Ästhetik

---

1 Uns hat zwar der „Vierte Paralogismus" (A366 ff.) in der Transzendentalen Dialektik der A-Auflage der *Kritik* intensiv beschäftigt, aber dieser Abschnitt hat einen besonderen Status. Die

und Analytik wurden, wie wir gesehen haben, starke Grenzen gesetzt. Bei der Auseinandersetzung mit der Problematik der starken Festlegung auf die Dinge an sich wurden etwa nur Fragen, welche die transzendentale Deduktion und die kategorialen Eigenschaften von Erscheinungen betreffen, behandelt, während hochinteressante, parallele Fragen über raumzeitliche Eigenschaften und ihr genaues Verhältnis zur subjektunabhängigen Welt völlig ausgeklammert wurden. Und selbst im Zusammenhang mit den Fragen rund um die transzendentale Deduktion, die tatsächlich diskutiert wurden, wurde emphatisch betont, dass nicht mehr als eine Interpretations*skizze* diesbezüglich vorgelegt wurde.

Das hier verfolgte Projekt war stark eingegrenzt auch in einem zweiten Sinn: nicht nur im Hinblick auf die Aspekte des kantischen Idealismus, die hier thematisch wurden, sondern auch im Hinblick auf die Auswahl an historischen Akteuren, deren Kantrezeption und -kritik diskutiert wurde. Besonders charakteristisch für dieses Projekt war es, dass über die großen und für die Gesamtrezeption des kantischen Idealismus sehr wichtigen Gestalten des Deutschen Idealismus, wie Fichte und Hegel, (fast) völlig geschwiegen wurde.[2] Die Hauptidee des Projekts war es, die frühen, vorfichteschen Perspektiven und Einwände zur Geltung zu bringen und diese ins Zentrum der Untersuchung zu stellen und vertieft zu analysieren, anstatt sie mit einer Analyse von späteren Ansätzen zu verbinden (und damit die Analyse der früheren Ansätze eventuell durch die der späteren zu überschatten). Dieses Vorgehen war meines Erachtens notwendig, um zu der vertieften Analyse der vorfichteschen Kantkritik gelangen zu können, die in diesem Buch geleistet wurde.

Künftige Forschungsprojekte könnten, aufbauend auf den Ergebnissen dieser Untersuchung und/oder auf den darin enthaltenen Impulsen, all diesen angedeuteten, spannenden Fragen, deren (ausführliche) Diskussion ausgeblieben ist, intensiv nachgehen. Eine besonders naheliegende Weiterführung der vorliegenden Untersuchung bestünde in einer Ausarbeitung der hier vorgelegten, nur ansatzweise formulierten und verteidigten Thesen über die transzendentale Deduktion. Eine weitere, zum Teil damit verbundene Aufgabe bestünde in einer intensiven Auseinandersetzung mit der kantischen Konzeption von Raum und Zeit – dem Kern des kantischen Idealismus – aus der Perspektive der Fragen und

---

darin abgehandelte Problematik lässt sich meines Erachtens vom Kontext der Dialektik loslösen. Die Tatsache, dass in der B-Auflage die Auseinandersetzung mit derselben Problematik innerhalb der *Analytik* erfolgt – die „Widerlegung des Idealismus" (B274ff.) tritt an die Stelle des „Vierten Paralogismus" – bezeugt dies.

2 An wenigen Stellen habe ich zwar von Fichte gesprochen, diese waren aber (fast beiläufige) Bemerkungen, die nicht dem Zweck dienten, Fichtes eigene Position und Kantlektüre zu analysieren.

Herausforderungen, die bei meiner Untersuchung eine zentrale Rolle gespielt haben. Anschließend an Fragen und Ergebnisse dieser Untersuchung könnte man die Aspekte des kantischen Idealismus, die hier kaum diskutiert wurden, in den Blick nehmen. Man könnte beispielsweise untersuchen, wie die ganze Lage hinsichtlich der Tragfähigkeit des kantischen Idealismus und dessen konkurrierende Interpretationen aussieht, wenn man den Blick um die Berücksichtigung der Transzendentalen Dialektik oder der praktischen Philosophie Kants erweitert. Und es wäre schließlich naheliegend für künftige Forschung, die Frage zu stellen, wie sich die die hier entwickelten Thesen über den Streit um das Ding an sich *zwischen* 1781 und 1794 unser bisheriges Verständnis der Entwicklungen *ab 1794* bereichern, erhellen, und/oder infrage stellen könnten.

Im Hinblick auf die zwei letzten angesprochenen Perspektiven für künftige Forschung (kantischer Idealismus jenseits der Ästhetik und der Analytik, Folgen meiner Interpretation für die Forschung zum Deutschen Idealismus) möchte ich mich hier kurz äußern und auf diese Weise sowohl dieses Schlusswort als auch dieses Buch tatsächlich zu einem Abschluss bringen.

In diesem Buch standen nur Fragen aus der Ästhetik und Analytik in der *Kritik* im Vordergrund, so dass ich mit den hier formulierten und verteidigten Thesen rund um die Tragfähigkeit des kantischen Idealismus und dessen konkurrierenden Interpretationen *nicht* den Anspruch erheben kann oder muss, dass diese Thesen auch dann gälten, wenn man den Blick um die Berücksichtigung weiterer Aspekte erweitern würde. Selbst wenn es sich herausstellen würde, dass wir unsere Interpretation und Bewertung des transzendentalen Idealismus unter Berücksichtigung dieser weiteren Aspekte völlig revidieren müssten, denke ich, dass es durchaus lohnend ist, untersucht zu haben, wie sich die Lage aus der Perspektive der hier tatsächlich diskutierten Fragen genau darstellt. Es ist also vorstellbar, dass Thesen, die ich im Rahmen der Auseinandersetzung mit solchen Fragen entwickelt habe, sich vor dem Hintergrund eines erweiterten Blicks als unhaltbar erweisen würden. Obwohl dies theoretisch möglich ist, bin ich jedoch zuversichtlich, dass dies *nicht* der Fall ist. Manche Thesen, die ich im Rahmen dieses „verengten" Blicks entwickelt habe, scheinen mir gerade aus der Perspektive eines erweiterten Blicks auf den kantischen Idealismus an Plausibilität zu gewinnen.

Das eine Beispiel, worauf ich hinweisen möchte, betrifft unsere Interpretation der kantischen Antinomie und ihrer Auflösung, d. h. einen Aspekt des transzendentalen Idealismus, der bei der Gesamtinterpretation und Würdigung des kantischen Idealismus besonders ins Gewicht fallen könnte, da Kants Auflösung der

Antinomie als ein indirektes Argument für seinen Idealismus fungieren soll.[3] Die kantische Auflösung der Antinomie – in ihrem Zusammenhang mit dem Idealismus – wirft schwierige Fragen auf. Zum einen könnte man den Verdacht hegen, dass sie Kant auf eine unappetitliche, besonders starke Variante von Idealismus verpflichtet.[4] Zum anderen wird durch Kants Ausführungen im Antinomie-Abschnitt oft der Eindruck erweckt, dass beim antinomischen Widerstreit, der dank bestimmter Kant-spezifischen Thesen aufgelöst werden soll (die auf diese Weise als *Konklusion* etabliert werden), *dieselben* Thesen bereits als *Prämissen* in Anspruch genommen werden (nämlich als Prämissen in den Argumenten für die entgegengesetzten Thesen, durch deren Widerstreit die Antinomie überhaupt erst entstehen soll); aus einer argumentationsstrategischen Perspektive erscheint dies als äußerst ungünstig.[5] Nun denke ich, dass manche Thesen, die ich im Rahmen meiner Skizze zur Interpretation der transzendentalen Deduktion formuliert habe, auch für eine alternative Interpretation der Antinomie und die Lösung solcher gravierenden Interpretationsprobleme fruchtbar gemacht werden könnten: Es geht dabei um die Thesen über Erscheinung und (epistemisch relevante) sinnliche Anschauung, und wie das alles vom Idealismus abzugrenzen ist. Die Thesen und Unterscheidungen, die im Rahmen der Auseinandersetzung mit der Deduktion vorgeschlagen wurden, könnten uns auch Ressourcen für eine alternative Deutung der Antinomie bieten, wonach es zum Beispiel ersichtlich würde, inwiefern idealistisch klingende Sprache nicht gleich Idealismus bedeutet, so dass argumentationsstrategische Probleme und radikalidealistische Deutungen des kantischen Idealismus vermieden würden.

Das andere Beispiel betrifft Kants Konzeption von *Ideen* (Vernunftbegriffen): eine Thematik, die nicht nur von unmittelbarer Relevanz für die Dialektik als

---

3 Vgl. Einleitung, I, i. Vor dem Hintergrund dieser besonderen Rolle der „Antinomie" für die Begründung des kantischen Idealismus kommt der Frage, wie stichhaltig die kantische Argumentation dort ist, als auch der Frage, wie die Idealismuskonzeption Kants gerade auf Grundlage des für den Idealismus zentralen Antinomie-Abschnitts zu interpretieren ist, besondere Bedeutung zu.
4 Vgl. die Äußerung, die (fast) auf Kants offizielle Definition des transzendentalen Idealismus in der „Antinomie" folgt: „Es sind demnach die Gegenstände der Erfahrung *niemals an sich selbst*, sondern nur in der Erfahrung gegeben und existiren außer derselben gar nicht. Daß es Einwohner im Monde geben könne, ob sie gleich kein Mensch jemals wahrgenommen hat, muß allerdings eingeräumt werden, aber es bedeutet nur so viel: daß wir in dem möglichen Fortschritt der Erfahrung auf sie treffen könnten; denn alles ist wirklich, was mit einer Wahrnehmung nach Gesetzen des empirischen Fortgangs in einem Context steht. Sie sind also alsdann wirklich, wenn sie mit meinem wirklichen Bewußtsein in einem empirischen Zusammenhange stehen, ob sie gleich darum nicht an sich, d.i. außer diesem Fortschritt der Erfahrung, wirklich sind" (A492f./B521).
5 Vgl. die Kritikpunkte in Kreimendahl 1998: 424 ff.

Ganzes ist, sondern auch von besonderer Bedeutung für die praktische Philosophie Kants ist. Charakteristisch für die kantische Ideenkonzeption sind zwei Thesen, die sich meines Erachtens schlecht miteinander vertragen, solange man die sich hier durch die gesamte Untersuchung ziehende Auffassung über eine *Disanalogie* in der Rolle der Sinnlichkeit und des Verstandes innerhalb des kantischen Idealismus *nicht* akzeptiert. Zum einen vertritt Kant die These, dass es einen engen Zusammenhang zwischen Verstand und Kategorien einerseits und Vernunft und Ideen andererseits gibt, so dass Ideen (Vernunftbegriffe) als eine Form von „Steigerung" von Kategorien (Verstandesbegriffe) aufgefasst werden können.[6] Zum anderen ist es unkontrovers, dass die Gegenstände von *manchen* zumindest (transzendentalen) Ideen – d. h. (reinen) Vernunftbegriffen – wie die Gegenstände der psychologischen und der theologischen Idee, *Seele* (bzw. ihre Unsterblichkeit) und *Gott*, laut Kant klarerweise *Dinge an sich* sind. (Ob diese Gegenstände tatsächlich existieren bzw. welche Eigenschaften diesen Gegenständen genau zukommen, ist eine andere Frage; wichtig ist, dass der Gegenstand des jeweiligen Vernunftbegriffs, wenn der Begriff instanziiert ist, ein Ding an sich wäre.) Nun scheint es mir, dass Kantinterpretationen, die von einer *parallelen* Rolle von Sinnlichkeit und Verstand im Rahmen des kantischen Idealismus ausgehen, und emphatisch behaupten, dass die Kategorien (als „Gedankenformen" – nicht erst in ihrem Zusammenspiel mit Formen der Anschauung) eine „Schicht" von Subjektabhängigkeit in die Gegenstände einführten, eine schwerwiegende Spannung droht. Es wäre im Rahmen einer solchen Interpretation nicht leicht zu sehen, wie Ideen *sowohl* eine „gesteigerte" Version von Kategorien sein können *als auch* klarerweise von der subjektunabhängigen Welt handeln könnten: Wenn die Kategorien, als Kategorien, zur Subjektabhängigkeit des dadurch Gedachten führten, dann wäre es naheliegend, dass dies auch für die gesteigerte Version, die Ideen, gelten würde. Vertritt man hingegen die hier favorisierte Interpretation, wonach der Verstand und seine Kategorien uns zu Repräsentationen der *subjektunabhängigen* Welt verhelfen – in einem Sinn, der im Rahmen dieser Untersuchung näher qualifiziert und abgeschwächt wurde –, dann kann man die These, dass eine gesteigerte Version der Kategorien, die Ideen, von Dingen an sich (klarerweise) handeln (können), gut nachvollziehen: Das „platonische" Moment, wonach wir durch die Vernunft und die Ideen in gewissem Sinn die subjektunabhängige, „eigentliche" Welt erfassen, wäre im Rahmen der von mir favorisierten Interpretation bereits auf der Ebene des Verstandes und der Kategorien operativ, und dies könnte den fließenden Übergang zwischen Verstand und Vernunft, Kategorien und Ideen, gut erklären.

---

6 Vgl. A320/B377, 5: 136.

Gegenstand dieser Untersuchung war der Streit um das Ding an sich in der frühen, vorfichteschen Kantrezeption und -kritik. Es liegt nahe, dass sich wichtige Fragen stellen und sich interessante Einsichten gewinnen lassen, wenn wir uns den späteren, nachkantischen Entwicklungen in der klassischen deutschen Philosophie unter dem Gesichtspunkt der hier vorgelegten Analyse dieses früheren Ausschnitts ihrer Geschichte annähern. Die hier vorgelegte Interpretation hat die Kontinuität in der frühen Kantrezeption betont und – entgegen einer sehr verbreiteten und historisch vorherrschenden Interpretation – die These bestritten, dass Maimons Kantrezeption in besonderer Nähe zu Thesen, die man mit Fichte assoziiert, steht. Vor diesem Hintergrund stellen sich manche Fragen hinsichtlich des genauen Verhältnisses zwischen Fichte und Kant, oder Fichte und Maimon, die als Impulse für künftige Fichteforschung fungieren könnten: Hat die nachträgliche Geschichtsschreibung die fichtesche Kantrezeption, ähnlich wie im Fall der Kantrezeption Maimons, vielleicht missverstanden?[7] Oder haben wir Fichtes – aus der Perspektive dieser Untersuchung dann als besonders originell zu bewertenden – Umgang mit dem kantischen Ding an sich bisher richtig verstanden, so dass dieser nach wie vor als eine klare Zäsur in der Geschichte der Kantrezeption einzustufen wäre? Und wenn Letzteres gilt, wie ist dann Fichtes Maimon*interpretation* zu bewerten? Hat Fichte Maimon produktiv missverstanden? Oder war er sich der Unterschiede zwischen den Thesen Maimons (so wie sie in *diesem* Buch herausgearbeitet wurden) und den eigenen bewusst? (In einem solchen Fall ließen sich vielleicht Anknüpfungspunkte zwischen der Maimoninterpretation einerseits, die hier entwickelt wurde, und der (älteren) Interpretation Maimons durch Fichte andererseits aufdecken. Beide wären dann mit der *Standardinterpretation* Maimons zu kontrastieren.)

Obwohl es keine Aufgabe der vorliegenden Untersuchung war, solche Fragen zu beantworten, oder eine bestimmte Antwort darauf überhaupt anzudeuten, scheinen sie mir Fragen für die Forschung zum Deutschen Idealismus zu sein, über die es lohnend wäre nachzudenken. Ich möchte diesen Ausflug jenseits der Grenzen dieses Projekts beenden (und dabei, trotz Grenzüberschreitung, hoffentlich (noch) etwas, das sich als „Denken", wenn auch nicht als „Erkennen",

---

7 Es wäre denkbar, dass manche Interpretationsstrategien, die ich im Fall meiner alternativen Interpretation Maimons eingesetzt habe, als Inspirationsquelle für ähnliche Strategien im Rahmen einer alternativen Fichteinterpretation fungieren könnten. (Mit dieser Bemerkung möchte ich mich keinesfalls auf die These verpflichten, dass ein solches Interpretationsprojekt aussichtsreich wäre, oder dass es gute Gründe gibt, es überhaupt zu verfolgen. Die Bewertung des Potentials einer solchen Arbeitshypothese wäre eine Aufgabe für die Fichteforschung. Ich selbst habe keine Gründe, die Standardinterpretation der Thesen Fichtes zu diesem Punkt anzuzweifeln, obwohl ich die Erwägung dieser theoretischen Möglichkeit interessant finde.)

qualifiziert, artikulieren), indem ich eine allerletzte Frage anspreche, die nach dem Verhältnis zwischen Kant und Hegel aus der Perspektive der hier vorgelegten Interpretation.

Hinsichtlich des Verhältnisses zwischen Kant und Hegel, ist es noch schwieriger, die Lage zu bestimmen – denn in der Geschichte der Hegelinterpretation ist Hegels Philosophie auf zwei diametral entgegengesetzte Weisen aufgefasst worden: als eine *Radikalisierung* des kantischen Idealismus in eine starkidealistische, antirealistische Richtung, oder, im Gegensatz dazu, als eine *Reaktion auf den allzu subjektiven Idealismus* Kants, die uns in gewissem Sinn zurück zu einer stärker *realistischen* Position bringt.[8] Im Rahmen dieser Untersuchung möchte ich mich zwar zu kontroversen Fragen der Hegelinterpretation ungerne äußern, aber ich denke zugleich, dass die Ergebnisse der hier vorgenommenen Untersuchung, in ihrer Kombination mit *letzterer* Interpretationsrichtung, weitreichende Folgen für unsere Bewertung eines prominenten Teils der hegelschen Kantkritik haben könnten, so dass es mir sinnvoll erscheint, die Richtigkeit letzterer Interpretationsrichtung voraussetzend, auf diese Folgen eigens hinzuweisen.

Ich denke nämlich, dass der ganze letzte Teil dieses Buchs – die Herausarbeitung einer *weiteren*, bisher unbeachteten Problematik bei den Erstlesern (nämlich die Problematik der *starken* Festlegung auf die Dinge an sich), die dort vorgenommenen Problemrekonstruktionen und die vorgeschlagenen Lösungen – sehr relevant für die Rekonstruktion und Bewertung zelebrierter Aspekte der hegelschen Kantkritik ist: nämlich Hegels Formalismus- und Subjektivismusvorwurf in Bezug auf *Denken* und *Kategorien* bei Kant. Hegel beschwert sich über die absolute Entgegensetzung von Form und Materie im kantischen System: Auf der einer Seite steht das Subjekt, das für die Form (allein) sorgen soll, und auf der anderen Seite haben wir „eine Unendlichkeit der Empfindungen und, wenn man will, der Dinge an sich"; dieses Reich von Dingen an sich ist „von den Kategorien verlassen" und als solches „nichts anderes als ein formloser Klumpen", wie Hegel (1802: 312) in „Glauben und Wissen" schreibt. Der Formalismusvorwurf hängt mit einem Subjektivismusvorwurf zusammen. Laut Hegels (1832: 37) Kritik in der *Wissenschaft der Logik* kommt das Denken „in seinem Empfangen und Formieren des Stoffs nicht über sich hinaus, sein Empfangen und sich nach ihm Bequemen bleibt eine Modifikation seiner selbst, es wird dadurch nicht zu seinem Anderen; [...] es kommt also auch in seiner Beziehung auf den Gegenstand nicht aus sich heraus zu dem Gegenstande: dieser bleibt als ein Ding an sich schlechthin ein

---

8 Für eine Übersicht von und kritische Auseinandersetzung mit verschiedenen, konkurrierenden Interpretationen zur Frage, in welchem Sinn Hegel den Idealismus vertritt, vgl. Stern 2008.

Jenseits des Denkens". Dass man für die Kategorien intersubjektive Gültigkeit beanspruchen kann – beispielsweise weil sich *alle* endlichen Wesen dieser bedienen – ändert laut Hegel (1830: 116) wenig an der Sache, dass sie unter kantischen Bedingungen die Bezeichnung „objektiv" nicht verdienen: Die kantische Objektivität ist keine „wahre Objektivität des Denkens", sondern „insofern selbst nur wieder subjektiv, als nach Kant die Gedanken, obschon allgemeine und notwendige Bestimmungen, doch *nur unsere* Gedanken und von dem, was das Ding *an sich* ist, durch eine unübersteigbare Kluft unterschieden sind".[9]

Es gibt tiefe Verbindungen zwischen diesen gefeierten Aspekten der hegelschen Kantkritik einerseits und der in diesem Buch hervorgehobenen und (teilweise) abgehandelten Problematik der starken Festlegung auf die Dinge an sich andererseits. Das Aufzeigen und Untersuchen solcher Verbindungen scheint mir nicht nur aus einer historiographischen Perspektive, welche die Rolle der Erstleser bei Hegels Kantkritik beispielsweise unterstreichen oder genauer prüfen würde, interessant zu sein. Solche Verbindungen sind zudem wichtig aus einer eher systematischen Perspektive, die eine Frage zu beantworten sucht, die viele Arbeiten in der klassischen deutschen Philosophie oft (stillschweigend) motiviert: Wer hat letztlich Recht? Kant oder Hegel?

Aus der Perspektive der Thesen, die ich im Zusammenhang mit der Problematik der starken Festlegung auf die Dinge an sich vertreten habe, wäre die Antwort auf diese Frage (auf den ersten Blick) zwiespältig. Auf der einen Seite würde man sich vom gängigen kant(ian)ischen Manöver, Objektivität im Sinne von bloßer Intersubjektivität – völlig entkoppelt von Fragen rund um die subjektunabhängige Welt – als eine vollwertige Objektivitätskonzeption präsentieren und verteidigen zu wollen, distanzieren. Von einem in kantianischen Rettungsversuchen verbreiteten Verweis auf den „Subjektivismus" und „Formalismus" der Kategorien als den notwendigen Preis, den jede Position mit antiskeptischem Potential zahlen muss, würde man ebenfalls Abstand nehmen. Stattdessen würde man mit der Diagnose Hegels sympathisieren, dass ein bloßer Verweis auf den intersubjektiven Status der Kategorien zu kurz greift: Will man Kant verteidigen und den Subjektivitätsvorwurf tatsächlich entkräften, müsste man die Problematik der „wahren Objektivität" – oder des „realen Realen" und des „wahrhaften

---

[9] Es handelt sich hier um einen mündlichen Zusatz zum „Vorbegriff" der *Enzyklopädie* (§41 Zusatz 2). Diese Überlegungen stehen in Zusammenhang mit der hegelschen Diagnose in der *Wissenschaft der Logik*, dass es „ungereimt" ist, von *Erkennen* im Rahmen des kantischen Systems zu sprechen (nämlich Erkennen „innerhalb der Sphäre der Erscheinung"), denn „ungereimt" wäre „eine wahre Erkenntnis, die den Gegenstand nicht erkennte, wie er an sich ist" (Hegel 1832: 39).

Wahren", um eine Formulierung Jacobis aufzugreifen – [10] mit der Problematik der subjektunabhängigen Welt (Verhältnis des Denkens und der Kategorien zu den Dingen an sich) verbinden, und zeigen, dass die Kategorien laut Kant in *diesem* (oder in einem zwar abgeschwächten, jedoch verwandten) Sinn objektiv sein könnten. Im ersten Teil der Antwort würde man also der hegelschen Kantkritik beipflichten: *Wenn* die transzendentale Deduktion beispielsweise keinen Platz für die starke Festlegung auf die Dinge an sich hat, dann hat Hegel mit seiner Kantkritik Recht. Aus der Perspektive der hier vorgelegten Kantinterpretation würde man auf der anderen Seite jedoch bestreiten, *dass* die Objektivität der kantischen Kategorien im Sinne von bloßer Intersubjektivität zu verstehen ist und dass die transzendentale Deduktion beispielsweise keinen Platz für die starke Festlegung auf die Dinge an sich hat.[11] Geht das Projekt einer vergleichsweise realistischen Interpretation der transzendentalen Deduktion und der kantischen Konzeption des Verstandes im Allgemeinen auf, dann ließe sich zeigen, dass Kants *eigentliche* Position hinsichtlich Denken und Kategorien näher an der Position, die Hegel als Philosoph favorisiert, steht, und dass sie von den Einwänden Hegels viel weniger getroffen wird, als man oft denkt. Entgegen folgenreichen nachkantischen Diagnosen, kommt dann das kantische Ding an sich *keinem* „Totenkopf eines abstrakten leeren Wesens"[12] gleich, der – zwangsläufig, und kontra Kant selbst – entweder einer Wiederbelebung bedürfte, oder als nutzlos wegzuwerfen wäre.

---

[10] Jacobi 1802: 277; vgl. Kap. 5, I, ii.
[11] Dieser Teil meiner Diagnose widerspricht Bristows (2002) Diskussion von Hegels Kantkritik, die genau dieser Frage gewidmet ist. Der Diagnose Bristows liegt eine Interpretation der kantischen Thesen zugrunde, die ich im Zuge dieser Untersuchung implizit und – an manchen Stellen auch explizit – in Frage gestellt habe. (In diesem Zusammenhang diskutiert Bristow einen Teil von Ameriks' (1985) und Guyers (1993) Positionierung zur Kantkritik Hegels, der das Verhältnis zwischen Idealismus und Kategorien bei Kant betrifft. Wie im Hauptteil dieses Buchs ersichtlich wurde, verstehe ich die von mir favorisierten Thesen über Verstand, Kategorien und Idealismus bei Kant teilweise als „Radikalisierung" bzw. explizite Aus- und Weiterführung und Verteidigung von Thesen, die eine maßgebliche Rolle in Ameriks' Gesamtkantinterpretation – sowie in Guyers Kant*kritik* – spielen.)
[12] Vgl. Hegels (1817: 431) Äußerung: „Was übrigblieb, war der *Totenkopf* eines abstrakten leeren Wesens, *das nicht erkannt werden könne*, d. h. in welchem das Denken sich selbst nicht habe; *das an und für sich Seiende* war damit eigentlich auf *nichts* reduziert." (Das Zitat stammt aus einer Rezension zur Gesamtausgabe der Werke Jacobis. Für eine vergleichbare Äußerung im „Vorbegriff" der *Enzyklopädie* (§44) vgl. Hegels (1830: 121) Charakterisierung des kantischen Dings an sich als „caput mortuum".)

Literatur

Kants Schriften

Kant, Immanuel (1900 ff.): *Gesammelte Schriften*. Preußische Akademie der Wissenschaften (Hrsg.). Berlin: Georg Reimer.

Alle anderen Schriften

Adickes, Erich (1896) [verwendete Ausgabe: 1963]: *German Kantian Bibliography*. Würzburg: Liebing.
Adickes, Erich (1924): *Kant und das Ding an sich*. Berlin: Rolf Heise.
Adickes, Erich (1929): *Kants Lehre von der doppelten Affektion unseres Ich als Schlüssel zu seiner Erkenntnistheorie*. Tübingen: J.C.B. Mohr.
Albrecht, Michael (2014): „Johann Georg Heinrich Feder". In: *Grundriss der Geschichte der Philosophie*. Begründet von Friedrich Überweg, völlig neu bearbeitete Ausgabe. Helmut Holzhey (Hrsg.). *Die Philosophie des 18. Jahrhunderts*. Bd. 5. Helmut Holzhey/Vilem Mudroch (Hrsg.). Basel: Schwabe, S. 249–255.
Allais, Lucy (2004): „Kant's One World: Interpreting 'transcendental idealism'". In: *British Journal for the History of Philosophy* 12 Nr. 4, S. 665–684.
Allais, Lucy (2007): „Kant's Idealism and the Secondary Quality Analogy". In: *Journal of the History of Philosophy* 45 Nr. 3, S. 459–484.
Allais, Lucy (2010): „Transcendental idealism and metaphysics: Kant's commitment to things as they are in themselves". In: *Kant Yearbook* 2 Nr. 1, S. 1–32.
Allais, Lucy (2015): *Manifest Reality: Kant's Idealism and His Realism*. Oxford/New York: Oxford University Press.
Allison, Henry E. (1968): „Kant's Concept of the Transcendental Object". In: *Kant-Studien* 59 Nr. 2, S. 165–186.
Allison, Henry E. (1973a): „A Historical-Critical Introduction". In: Henry E. Allison (Hrsg.): *The Kant-Eberhard controversy: An English translation of Immanuel Kant's On a Discovery According to which Any New Critique of Pure Reason Has Been Made Superfluous by an Earlier One*. Baltimore/London: Johns Hopkins University Press, S. 1–104.
Allison, Henry E. (1973b): „Kant's Critique of Berkeley". In: *Journal of the History of Philosophy* 11 Nr. 1, S. 43–63.
Allison, Henry E. (1978): „Things in Themselves, Noumena, and the Transcendental Object". In: *Dialectica* 32 Nr. 1, S. 41–76.
Allison, Henry E. (1983): *Kant's Transcendental Idealism: An Interpretation and Defense*. New Haven/London: Yale University Press.
Allison, Henry E. (2004): *Kant's Transcendental Idealism: An Interpretation and Defense*. Überarbeitete, vermehrte Auflage. New Haven/London: Yale University Press.
Ameriks, Karl (1978): „Kant's Transcendental Deduction as a Regressive Argument". In: *Kant-Studien* 69 Nr. 3, S. 273–287.
Ameriks, Karl (1982): „Recent Work on Kant's Theoretical Philosophy". In: *American Philosophical Quarterly* 19 Nr. 1, S. 1–24.

Ameriks, Karl (1985): „Hegel's Critique of Kant's Theoretical Philosophy". In: *Philosophy and Phenomenological Research* 46 Nr. 1, S. 1–35.
Ameriks, Karl (1990): „Kant, Fichte, and Short Arguments to Idealism". In: *Archiv für Geschichte der Philosophie* 72 Nr. 1, S. 63–85.
Ameriks, Karl (1992): „Kantian Idealism Today". In: *History of Philosophy Quarterly* 9 Nr. 3, S. 329–342.
Ameriks, Karl (2003): *Interpreting Kant's Critiques*. Oxford/New York: Oxford University Press.
Ameriks, Karl (2006): *Kant and the Historical Turn: Philosophy as Critical Interpretation*. Oxford/New York: Oxford University Press.
Aquila, Richard E. (1979): „Things in Themselves and Appearances: Intentionality and Reality in Kant". In: *Archiv für Geschichte der Philosophie* 61 Nr. 3, S. 293–307.
Arndt, Andreas (2021): „Grenzen der Vernunft". In: Birgit Sandkaulen/Walter Jaeschke (Hrsg.): *Jacobi und Kant*. Hamburg: Meiner, S. 13–25.
Atlas, Samuel (1964): *From Critical to Speculative Idealism: The philosophy of Solomon Maimon*. The Hague: Martinus Nijhoff.
Bader, Ralf (2012): „The Role of Kant's Refutation of Idealism". In: *Archiv für Geschichte der Philosophie* 94 Nr. 1, S. 53–73.
Beck, Jacob Sigismund (1796): *Einzig-möglicher Standpunct, aus welchem die critische Philosophie beurtheilt werden muß*. Riga: Hartknoch.
Beiser, Frederick C. (1987): *The Fate of Reason: German Philosophy from Kant to Fichte*. Cambridge, MA/London: Harvard University Press.
Beiser, Frederick C. (2002): *German Idealism: The Struggle against Subjectivism, 1781–1801*. Cambridge, MA/London: Harvard University Press.
Beiser, Frederick C. (2003): „Maimon and Fichte". In: Gideon Freudenthal (Hrsg.): *Salomon Maimon: Rational Dogmatist, Empirical Skeptic*. Dordrecht: Springer, S. 233–248.
Bennett, Jonathan (1974): *Kant's Dialectic*. London/New York: Cambridge University Press.
Bennett, Jonathan (2001): *Learning from Six Philosophers: Descartes, Spinoza, Leibniz, Locke, Berkeley, Hume*. Bd. 1. Oxford: Clarendon Press.
Bergman, Samuel Hugo (1967) [erste Ausgabe: 1932, im Hebräischen]: *The Philosophy of Solomon Maimon*. Übersetzt von Noah J. Jacobs. Jerusalem: Magnes Press.
Bird, Graham (1962): *Kant's Theory of Knowledge: An Outline of One Central Argument in the Critique of Pure Reason*. London: Routledge & Kegan Paul.
Bondeli, Martin (2006): *Apperzeption und Erfahrung. Kants transzendentale Deduktion im Spannungsfeld der frühen Rezeption und Kritik*. Basel: Schwabe.
Bondeli, Martin (2014a): „Gottlob Ernst Schulze". In: *Grundriss der Geschichte der Philosophie*. Begründet von Friedrich Überweg, völlig neu bearbeitete Ausgabe. Helmut Holzhey (Hrsg.). *Die Philosophie des 18. Jahrhunderts*. Bd. 5. Helmut Holzhey/Vilem Mudroch (Hrsg.). Basel: Schwabe, S. 1145–1151.
Bondeli, Martin (2014b): „Salomon Maimon". In: *Grundriss der Geschichte der Philosophie*. Begründet von Friedrich Überweg, völlig neu bearbeitete Ausgabe. Helmut Holzhey (Hrsg.). *Die Philosophie des 18. Jahrhunderts*. Bd. 5. Helmut Holzhey/Vilem Mudroch (Hrsg.). Basel: Schwabe, S. 1174–1183.
Brandt, Reinhard (1989): „Feder und Kant". In: *Kant-Studien* 80, S. 249–264.
Bransen, Jan (1991): *The Antinomy of Thought: Maimonian Skepticism and the Relation between Thoughts and Objects*. Dordrecht: Kluwer Academic Publishers.

Breitenbach, Angela (2004): „Langton on things in themselves: a critique of Kantian Humility".
   In: *Studies in History and Philosophy of Science* 35 Nr. 1, S. 137–148.
Bristow, William F. (2002): „Are Kant's Categories Subjective?". In: *Review of Metaphysics* 55
   Nr. 3, S. 551–580.
Buroker, Jill Vance (2006): *Kant's Critique of Pure Reason: An Introduction*. Cambridge:
   Cambridge University Press.
Caranti, Luigi (2007): *Kant and the Scandal of Philosophy: The Kantian Critique of Cartesian
   Scepticism*. Toronto: University of Toronto Press.
Cassirer, Ernst (1920) [verwendete Ausgabe: 2000]: „Das Erkenntnisproblem in der Philosophie
   und Wissenschaft der neueren Zeit. Dritter Band. Die nachkantischen Systeme". Text und
   Anmerkungen bearbeitet von Marcel Simon. In: Ernst Cassirer, *Gesammelte Werke*
   Hamburger Ausgabe. Bd. 4. Birgit Recki (Hrsg.). Hamburg: Meiner.
Chiba, Kiyoshi (2012): *Kants Ontologie der raumzeitlichen Wirklichkeit: Versuch einer anti-
   realistischen Interpretation*. Berlin/Boston: De Gruyter.
Chignell, Andrew (2007): „Belief in Kant". In: *Philosophical Review* 116 Nr. 3, S. 323–360.
Chignell, Andrew (2014): „Modal Motivations for Noumenal Ignorance: Knowledge, Cognition,
   and Coherence". In: *Kant-Studien* 105 Nr. 4, S. 573–597.
Cohen, Hermann (1918): *Kants Theorie der Erfahrung*. Dritte Auflage. Berlin: B. Cassirer.
de Boer, Karin (2014): „Kant's Multi-Layered Conception of Things in Themselves,
   Transcendental Objects, and Monads". In: *Kant-Studien* 105 Nr. 2, S. 221–260.
Devitt, Michael (1984): *Realism and Truth*. Oxford: Blackwell.
Dicker, Georges (2008): „Kant's Transcendental Proof of Realism (Book Review)". In:
   Philosophy and Phenomenological Research 76 Nr. 3, S. 740–745.
di Giovanni, George (1994): „Introduction: The Unfinished Philosophy of Friedrich Heinrich
   Jacobi". In: George di Giovanni (Hrsg.): *F. H. Jacobi: The Main Philosophical Writings and
   the Novel Allwill*. Montreal/Kingston: McGill-Queen's University Press, S. 2–167.
di Giovanni, George (1997): „Hume, Jacobi, and Common Sense: An Episode in the Reception
   of Hume in Germany at the Time of Kant". In: *Kant-Studien* 88 Nr. 1, S. 44–58.
Dilthey, Wilhelm (1889): „Die Rostocker Kanthandschriften". In: *Archiv für Geschichte der Phi-
   losophie* 2, S. 592–650.
Dyck, Corey W. (Hrsg.) (2021): *Women and Philosophy in Eighteenth-Century Germany*. Oxford:
   Oxford University Press.
Eberhard, Johann August (1788a): „Ueber die logische Wahrheit oder die transscendentale
   Gültigkeit der menschlichen Erkenntniß". In: *Philosophisches Magazin* Bd. 1 Stück 2,
   S. 150–174.
Eberhard, Johann August (1788b): „Ueber die Schranken der menschlichen Erkenntniß". In:
   Philosophisches Magazin Bd. 1 Stück 1, S. 9–29.
Eberhard, Johann August (1789a): „Beantwortung der Recension des dritten und vierten Stücks
   dieses Magazins in der Allg. Litt. Zeit. N. 174. 175. 176". In: *Philosophisches Magazin*
   Bd. 2 Stück 3, S. 257–284.
Eberhard, Johann August (1789b): „Recapitulation der Hauptsätze, die bisher in diesem phil.
   Mag. sind bewiesen worden". In: *Philosophisches Magazin* Bd. 2 Stück 3, S. 380–383.
Eberhard, Johann August (1789c): „Ueber das Gebiet des reinen Verstandes". In:
   Philosophisches Magazin Bd. 1 Stück 3, S. 263–289.

Eberhard, Johann August (1789d): "Ueber den Unterschied der Philosophie und der Mathematik, in Rücksicht auf ihre Gewißheit". In: *Philosophisches Magazin* Bd. 2 Stück 3, S. 316–341.
Eberhard, Johann August (1789e): "Ueber den Ursprung der menschlichen Erkenntniß". In: *Philosophisches Magazin* Bd. 1 Stück 4, S. 369–405.
Eberhard, Johann August (1789f): "Ueber den wesentlichen Unterschied der Erkenntniß durch die Sinne und den Verstand". In: *Philosophisches Magazin* Bd. 1 Stück 3, S. 290–306.
Eberhard, Johann August (1789g): "Ueber die Gründe der Gewißheit der menschlichen Erkenntniß. Zur Prüfung der Kantischen Kritik der reinen Vernunft. Von Adam Weishaupt, Herzoglich Sachsen-Gothaischen Hofrath. Nürnberg, bey Grattenauer. 1788". In: *Philosophisches Magazin* Bd. 1 Stück 3, S. 347–355.
Eberhard, Johann August (1789h): "Von den Begriffen des Raums und der Zeit in Beziehung auf die Gewißheit der menschlichen Erkenntniß". In: *Philosophisches Magazin* Bd. 2 Stück 1, S. 53–92.
Eberhard, Johann August (1789i): "Weitere Anwendung der Theorie von der logischen Wahrheit oder der transcendentalen Gültigkeit der menschlichen Erkenntnis". In: *Philosophisches Magazin* Bd. 1 Stück 3, S. 243–262.
Eberhard, Johann August (1789j): "Weitere Ausführung der Untersuchung über die Unterscheidung der Urtheile in analytische und synthetische. Insonderheit in Beziehung auf die Recension des 3ten und 4ten Stücks dieses Magazins in der Allg. Litt. Zit. 1789. No. 174. 175. 176". In: *Philosophisches Magazin* Bd. 2 Stück 3, S. 285–315.
Eberhard, Johann August (1790a): "Antwort des Herausgebers auf das Schreiben in des 2ten B. 4ten St. Nr. IX". In: *Philosophisches Magazin* Bd. 3 Stück 1, S. 55–69.
Eberhard, Johann August (1790b): "Eigentlicher Streitpunkt zwischen dem Leibnitzischen Dogmatismus und dem kritischen Idealismus". In: *Philosophisches Magazin* Bd. 3 Stück 2, S. 212–216.
Eberhard, Johann August (1790c): "Fernere Vereinigungspunkte der Leibnitzischen und Kantischen Vernunftkritik". In: *Philosophisches Magazin* Bd. 2 Stück 4, S. 486–492.
Eberhard, Johann August (1790d): "Ist die Form der Anschauung zu der apodiktischen Gewißheit nothwendig? und Beweiset die Mathematik aus Begriffen?". In: *Philosophisches Magazin* Bd. 2 Stück 4, S. 460–485.
Eberhard, Johann August (1790e): "Ist die Mathematik durch ihre synthetischen Urtheile in Ansehung ihres Wahrheitsgrundes von der Metaphysik verschieden?". In: *Philosophisches Magazin* Bd. 3 Stück 1, S. 89–110.
Eberhard, Johann August (1790f): "Ueber den Unterschied der Sinnenerkenntniß und der Verstandeserkenntniß". In: *Philosophisches Magazin* Bd. 3 Stück 3, S. 251–279.
Eberhard, Johann August (1790g): "Wie weit stimmt die Leibnitzische und Kantische Vernunftkritik überein?". In: *Philosophisches Magazin* Bd. 2 Stück 4, S. 431–435.
Eberhard, Johann August (1791a): "Beantwortung der Recension des zweyten Bandes dieses Magazins in der Allgem. Litt. Zeit. 1790. Nr. 281. 282". In: *Philosophisches Magazin* Bd. 3 Stück 4, S. 408–479.
Eberhard, Johann August (1791b): "Ueber die Categorien, insonderheit über die Categorie der Causalität". In: *Philosophisches Magazin* Bd. 4 Stück 2, S. 171–187.
Eberhard, Johann August (1792a): "Dogmatische Briefe". In: *Philosophisches Archiv* Bd. 1 Stück 2, S. 37–91.

Eberhard, Johann August (1792b): „Einige Erklärungen der Kantischen Vernunftkritik, nach dem Sinne des Leibnitzschen Systems der dogmatischen Philosophie". In: *Philosophisches Magazin* Bd. 4 Stück 4, S. 490–503.
Eberhard, Johann August (1793a): „Dogmatische Briefe". In: *Philosophisches Archiv* Bd. 1 Stück 4, S. 46–90.
Eberhard, Johann August (1793b): „Dogmatische Briefe". In: *Philosophisches Archiv* Bd. 2 Stück 1, S. 38–69.
Eberhard, Johann August (1794a): „Dogmatische Briefe". In: *Philosophisches Archiv* Bd. 2 Stück 3, S. 44–73.
Eberhard, Johann August (1794b): „Entscheidender Gesichtspunct zur Beylegung der Streitigkeiten zwischen der kritischen und dogmatischen Philosophie". In: *Philosophisches Archiv* Bd. 2 Stück 3, S. 121–124.
Elon, Daniel (2021): *Die Philosophie Salomon Maimons zwischen Spinoza und Kant: Akosmismus und Intellektkonzeption*. Hamburg: Meiner.
Emundts, Dina (2008): „Kant's Critique of Berkeley's Concept of Objectivity". In: Béatrice Longuenesse/Daniel Garber (Hrsg.): *Kant and the Early Moderns*. Princeton: Princeton University Press, S. 117–141.
Emundts, Dina (2010): „The Refutation of Idealism and the Distinction between Phenomena and Noumena". In: Paul Guyer (Hrsg.): *The Cambridge Companion to Kant's Critique of Pure Reason*. Cambridge: Cambridge University Press, S. 168–189.
Engstler, Achim (1990): *Untersuchungen zum Idealismus Salomon Maimons*. Stuttgart-Bad Cannstatt: Frommann-Holzboog.
Engstler, Achim (1998): „Commentary: Reading Schulze's Aenesidemus". In: Johan van der Zande/Richard H. Popkin (Hrsg.): *The Skeptical Tradition around 1800: Skepticism in Philosophy, Science, Society*. Dordrecht: Kluwer Academic Publishers, S. 159–172.
Erdmann, Benno (1878): *Kant's Kriticismus in der ersten und in der zweiten Auflage der Kritik der reinen Vernunft*. Leipzig: Leopold Voss.
Erdmann, Benno (1904): *Historische Untersuchungen über Kants Prolegomena*. Halle: Max Niemeyer.
Erdmann, Johann Eduard (1848) [verwendete Ausgabe: 1977]: *Die Entwicklung der deutschen Spekulation seit Kant I*. Stuttgart-Bad Cannstatt: Frommann-Holzboog.
Falkenstein, Lorne (1995): *Kant's Intuitionism: A Commentary on the Transcendental Aesthetic*. Toronto: University of Toronto Press.
[Feder, Johann Georg Heinrich und Garve, Christian] (1782): „Critic der reinen Vernunft. Von Imman. Kant". In: *Zugabe zu den Göttingischen Anzeigen von gelehrten Sachen* 3, S. 40–48.
Feder, Johann Georg Heinrich (1787): *Ueber Raum und Caussalität zur Prüfung der Kantischen Philosophie*. Göttingen: J.C. Dieterich.
Feder, Johann Georg Heinrich (1788a): „David Hume Ueber den Glauben. Oder Idealismus und Realismus. Ein Gespräch von Fr. Heinr. Jacobi. Breßlau bey Gottl. Löwe. 1787". In: *Philosophische Bibliothek* Bd. 1, S. 127–149.
Feder, Johann Georg Heinrich (1788b): „Ueber subjective und objective Wahrheit, und die Übereinstimmung aller Wahrheiten unter einander". In: *Philosophische Bibliothek* Bd. 1, S. 1–42.
Feder, Johann Georg Heinrich (1789a): „Grundriß der allgemeinen Logik und kritische Anfangsgründe zu einer allgemeinen Metaphysik. Von L. H. Jacob Doctor und Prof. der

Philosophie in Halle. In Commission bey Franke und Bispink. 1788". In: *Philosophische Bibliothek* Bd. 2, S. 172 – 217.

Feder, Johann Georg Heinrich (1789b): „(Kurze Anzeigen:) Philosophisches Magazin. Herausgeg. von J. A. Eberhard. 1788. (I. II. III. IV. St.) (Erst. Band)". In: *Philosophische Bibliothek* Bd. 2, S. 233.

Feder, Johann Georg Heinrich (1790a): „Ueber die transcendentale Aesthetik. Ein kritischer Versuch von J. C. G. Schaumann, ordentlichem Lehrer am königlichen Pädagog zu Halle. Nebst einem Schreiben an Herrn Hofr. Feder, über den transcendentalen Idealismus. Leipzig in der Weidemannischen Buchhandlung". In: *Philosophische Bibliothek* Bd. 3, S. 121 – 142.

Feder, Johann Georg Heinrich (1790b): „Versuch einer möglichst kurzen Darstellung des Kantischen Systems". In: *Philosophische Bibliothek* Bd. 3, S. 1 – 13.

Feder, Johann Georg Heinrich (1790c): „Versuch einer neuen Theorie des menschlichen Vorstellungsvermögens. Von Karl Leonh. Reinhold. Prag und Jena, bey C. Widtmann und J. M. Maucke. 1789". In: *Philosophische Bibliothek* Bd. 3, S. 142 – 194.

Feder, Johann Georg Heinrich (1791): „David Hume über die menschliche Natur aus dem Englischen, nebst kritischen Versuchen zur Beurtheilung dieses Werkes, von Ludwig Heinrich Jacob Prof. der Philosophie in Halle. Erster Band über den menschlichen Verstand. Halle bey Hemmerde und Schwetschke. 1790". In: *Philosophische Bibliothek* Bd. 4, S. 155 – 169.

Fichte, Johann Gottlieb (undatiert) [verwendete Ausgabe: 1971]: „Eigne Meditationen über ElementarPhilosophie". In: Johann Gottlieb Fichte, *Gesamtausgabe der Bayerischen Akademie der Wissenschaften*. Reinhard Lauth/Hans Jacob (Hrsg.). Band II, 3. Reinhard Lauth/Hans Jacob (Hrsg.) unter Mitwirkung von Hans Gliwitzky und Peter Schneider. Stuttgart-Bad Cannstatt: Frommann-Holzboog, S. 3 – 177.

Fichte, Johann Gottlieb (1794/95) [verwendete Ausgabe: 1965]: „Grundlage der gesammten Wissenschaftslehre". In: Johann Gottlieb Fichte, *Gesamtausgabe der Bayerischen Akademie der Wissenschaften*. Reinhard Lauth/Hans Jacob (Hrsg.). Band I, 2. Reinhard Lauth/Hans Jacob (Hrsg.) unter Mitwirkung von Manfred Zahn. Stuttgart-Bad Cannstatt: Frommann-Holzboog, S. 175 – 451.

Fichte, Johann Gottlieb (1795a) [verwendete Ausgabe: 1970]: Brief an Reinhold. In: Johann Gottlieb Fichte, *Gesamtausgabe der Bayerischen Akademie der Wissenschaften*. Reinhard Lauth/Hans Jacob (Hrsg.). Band III, 2. Reinhard Lauth/Hans Jacob (Hrsg.) unter Mitwirkung von Hans Gliwitzky/Manfred Zahn. Stuttgart-Bad Cannstatt: Frommann-Holzboog, S. 267 – 276.

Fichte, Johann Gottlieb (1795b) [verwendete Ausgabe: 1966]: „Grundriß des Eigenthümlichen der Wissenschaftslehre". In: Johann Gottlieb Fichte, *Gesamtausgabe der Bayerischen Akademie der Wissenschaften*. Reinhard Lauth/Hans Jacob (Hrsg.). Band I, 3. Reinhard Lauth/Hans Jacob (Hrsg.) unter Mitwirkung von Richard Schottky. Stuttgart-Bad Cannstatt: Frommann-Holzboog, S. 143 – 208.

Fichte, Johann Gottlieb (1797/98) [verwendete Ausgabe: 1970]: „Versuch einer neuen Darstellung der Wissenschaftslehre". In: Johann Gottlieb Fichte, *Gesamtausgabe der Bayerischen Akademie der Wissenschaften*. Reinhard Lauth/Hans Gliwitzky (Hrsg.). Band I, 4. Reinhard Lauth/Hans Gliwitzky (Hrsg.) unter Mitwirkung von Richard Schottky. Stuttgart-Bad Cannstatt: Frommann-Holzboog, S. 183 – 281.

Findlay, John Niemeyer (1981): *Kant and the Transcendental Object: A Hermeneutic Study.* Oxford: Clarendon Press.
Förster, Eckart (2011): *Die 25 Jahre der Philosophie: Eine systematische Rekonstruktion.* Frankfurt a. M.: Klostermann.
Frank, Manfred (1997): *Unendliche Annäherung: Die Anfänge der philosophischen Frühromantik.* Frankfurt a. M.: Suhrkamp.
Franks, Paul (2000): „All or nothing: systematicity and nihilism in Jacobi, Reinhold, and Maimon". In: Karl Ameriks (Hrsg.): *The Cambridge Companion to German Idealism.* Cambridge: Cambridge University Press, S. 95–116.
Franks, Paul (2003): „What should Kantians learn from Maimon's Skepticism?". In: Gideon Freudenthal (Hrsg.): *Salomon Maimon: Rational Dogmatist, Empirical Skeptic.* Dordrecht: Springer, S. 200–232.
Freudenthal, Gideon (2003a): „A Philosopher between Two Cultures". In: Gideon Freudenthal (Hrsg.): *Salomon Maimon: Rational Dogmatist, Empirical Skeptic.* Dordrecht: Springer, S. 1–17.
Freudenthal, Gideon (2003b): „Maimon's Subversion of Kant's Critique of Pure Reason: There Are No Synthetic a priori Judgments in Physics". In: Gideon Freudenthal (Hrsg.): *Salomon Maimon: Rational Dogmatist, Empirical Skeptic.* Dordrecht: Springer, S. 144–175.
Gabriel, Gottfried (2004): „Von der Vorstellung zur Darstellung. Realismus in Jacobis ‚David Hume'". In: Walter Jaeschke/Birgit Sandkaulen (Hrsg.): *Friedrich Heinrich Jacobi: Ein Wendepunkt der geistigen Bildung der Zeit.* Hamburg: Meiner, S. 145–158.
Garve, Christian (1783): „Kritik der reinen Vernunft, von Immanuel Kant". In: *Allgemeine deutsche Bibliothek.* Anhang zum 37. bis 52. Band, 2. Abteilung, S. 838–862.
Garve, Christian (1798): *Uebersicht der vornehmsten Principien der Sittenlehre, von dem Zeitalter des Aristoteles an bis auf unsre Zeiten.* Breslau: Wilhelm Gottlieb Korn.
Gawlina, Manfred (1996): *Das Medusenhaupt der Kritik: Die Kontroverse zwischen Immanuel Kant und Johann August Eberhard.* Berlin/New York: De Gruyter.
George, Rolf (2007): „Kantian Constructions: On Westphal's Kant's Transcendental Proof of Realism". In: *Dialogue* 46 Nr. 4, S. 717–728.
Gesang, Bernward (2007): „Einleitung". In: Bernward Gesang (Hrsg.): *Kants vergessener Rezensent: Die Kritik der theoretischen und praktischen Philosophie Kants in fünf Rezensionen von Hermann Andreas Pistorius.* Hamburg: Meiner, S. vii–xlv.
Grundmann, Thomas (1998): „Polemic and Dogmatism: The Two Faces of Skepticism in Aenesidemus-Schulze". In: Johan van der Zande/Richard H. Popkin (Hrsg.): *The Skeptical Tradition around 1800: Skepticism in Philosophy, Science, Society.* Dordrecht: Kluwer Academic Publishers, S. 133–141.
Guyer, Paul (1987): *Kant and the Claims of Knowledge.* Cambridge/New York: Cambridge University Press.
Guyer, Paul (1993): „Thought and being: Hegel's critique of Kant's theoretical philosophy". In: Frederick C. Beiser (Hrsg.): *The Cambridge Companion to Hegel.* Cambridge: Cambridge University Press, S. 171–210.
Guyer, Paul (1998): „The Postulates of Empirical Thinking in General and the Refutation of Idealism". In: Georg Mohr/Marcus Willaschek (Hrsg.): *Immanuel Kant, Kritik der reinen Vernunft.* Berlin: Akademie Verlag, S. 297–324.

Haag, Johannes (2021): „Die Wirklichkeit der Dinge: Objektive Bezugnahme bei Jacobi, Kant und Fichte". In: Birgit Sandkaulen/Walter Jaeschke (Hrsg.): *Jacobi und Kant*. Hamburg: Meiner, S. 47–66.

Halbig, Christoph (2005): „The Philosopher As Polyphemus? Philosophy and Common Sense in Jacobi and Hegel". In: *Internationales Jahrbuch des Deutschen Idealismus/International Yearbook of German Idealism* 3, S. 261–282.

Hegel, Georg Wilhelm Friedrich (1802) [verwendete Ausgabe: 1986]: „Glauben und Wissen oder Reflexionsphilosophie der Subjektivität in der Vollständigkeit ihrer Formen als Kantische, Jacobische und Fichtesche Philosophie". In: Georg Wilhelm Friedrich Hegel, *Werke in zwänzig Bänden*. Auf Grundlage der *Werke* von 1832–1845. Bd. 2. Eva Moldenhauer/Karl Markus Michel (Hrsg.). Frankfurt a. M.: Suhrkamp, S. 287–433.

Hegel, Georg Wilhelm Friedrich (1817) [verwendete Ausgabe: 1986]: „[Über] Friedrich Heinrich Jacobis Werke. Dritter Band". In: Georg Wilhelm Friedrich Hegel, *Werke in zwänzig Bänden*. Auf Grundlage der *Werke* von 1832–1845. Bd. 4. Eva Moldenhauer/Karl Markus Michel (Hrsg.). Frankfurt a. M.: Suhrkamp, S. 429–461.

Hegel, Georg Wilhelm Friedrich (1830) [verwendete Ausgabe: 1986]: „Enzyklopädie der philosophischen Wissenschaften im Grundrisse". In: Georg Wilhelm Friedrich Hegel, *Werke in zwänzig Bänden*. Auf Grundlage der *Werke* von 1832–1845. Bd. 8. Eva Moldenhauer/Karl Markus Michel (Hrsg.). Frankfurt a. M.: Suhrkamp.

Hegel, Georg Wilhelm Friedrich (1832) [verwendete Ausgabe: 1986]: „Wissenschaft der Logik" (Erster Teil. Die objektive Logik. Erstes Buch). In: Georg Wilhelm Friedrich Hegel, *Werke in zwänzig Bänden*. Auf Grundlage der *Werke* von 1832–1845. Bd. 5. Eva Moldenhauer/Karl Markus Michel (Hrsg.). Frankfurt a. M.: Suhrkamp.

Heidemann, Dietmar H. (1998): *Kant und das Problem des metaphysischen Idealismus*. Berlin/New York: De Gruyter.

Heidemann, Dietmar H. (2012): „Über Kants These: ‚Denn, sind Erscheinungen Dinge an sich selbst, so ist Freiheit nicht zu retten'". In: Mario Brandhorst/Andree Hahmann/Bernd Ludwig (Hrsg.): *Sind wir Bürger zweier Welten? Freiheit und moralische Verantwortung im transzendentalen Idealismus*. Hamburg: Meiner, S. 35–57.

Henrich, Dieter (1969): „The Proof-Structure of Kant's Transcendental Deduction". In: *The Review of Metaphysics* 22 Nr. 4, S. 640–659.

Henrich, Dieter (2003): *Between Kant and Hegel: Lectures on German Idealism*. Cambridge, MA/London: Harvard University Press.

Hogan, Desmond (2009a): „How to Know Unknowable Things in Themselves". In: *Noûs* 43 Nr. 1, S. 49–63.

Hogan, Desmond (2009b): „Noumenal Affection". In: *The Philosophical Review* 118 Nr. 4, S. 501–532.

Horstmann, Rolf-Peter (1995): *Die Grenzen der Vernunft: eine Untersuchung zu Zielen und Motiven des Deutschen Idealismus*. Zweite Auflage. Weinheim: Beltz Athenäum.

Hoyos, Luis Eduardo (2008): *Der Skeptizismus und die Transzendentalphilosophie. Deutsche Philosophie am Ende des 18. Jahrhunderts*. Freiburg/München: Karl Alber.

Jacobi, Friedrich Heinrich (1782) [verwendete Ausgabe: 2004]: „Meine Vorstellungen". In: Friedrich Heinrich Jacobi, *Werke – Gesamtausgabe*. Klaus Hammacher/Walter Jaeschke (Hrsg.). Bd. 2,1. Walter Jaeschke/Irmgard-Maria Piske (Hrsg.) unter Mitarbeit von Catia Goretzki. Hamburg: Meiner/Frommann-Holzboog, S. 3–4.

Jacobi, Friedrich Heinrich (1785a) [verwendete Ausgabe: 1846]: Brief an Goethe. In: Max Jacobi (Hrsg.): *Briefwechsel zwischen Goethe und F.H. Jacobi*. Leipzig: Weidmannsche Buchhandlung, S. 96 – 101.

Jacobi, Friedrich Heinrich (1785b) [verwendete Ausgabe: 1998]: „Über die Lehre des Spinoza in Briefen an den Herrn Moses Mendelssohn". In: Friedrich Heinrich Jacobi, *Werke – Gesamtausgabe*. Klaus Hammacher/Walter Jaeschke (Hrsg.). Bd. 1,1. Klaus Hammacher/ Irmgard-Maria Piske (Hrsg.). Hamburg: Meiner/Frommann-Holzboog, S. 1 – 146.

Jacobi, Friedrich Heinrich (1787) [verwendete Ausgabe: 2004]: „David Hume über den Glauben oder Idealismus und Realismus. Ein Gespräch". In: Friedrich Heinrich Jacobi, *Werke – Gesamtausgabe*. Klaus Hammacher/Walter Jaeschke (Hrsg.). Bd. 2,1. Walter Jaeschke/ Irmgard-Maria Piske (Hrsg.) unter Mitarbeit von Catia Goretzki. Hamburg: Meiner/ Frommann-Holzboog, S. 9 – 112.

Jacobi, Friedrich Heinrich (1789) [verwendete Ausgabe: 1998]: „Über die Lehre des Spinoza in Briefen an den Herrn Moses Mendelssohn. Erweiterungen der zweiten Auflage". In: Friedrich Heinrich Jacobi, *Werke – Gesamtausgabe*. Klaus Hammacher/Walter Jaeschke (Hrsg.). Bd. 1,1. Klaus Hammacher/Irmgard-Maria Piske (Hrsg.). Hamburg: Meiner/ Frommann-Holzboog, S. 149 – 268.

Jacobi, Friedrich Heinrich (1791) [verwendete Ausgabe: 2004]: „Epistel über die Kantische Philosophie". In: Friedrich Heinrich Jacobi, *Werke – Gesamtausgabe*. Klaus Hammacher/ Walter Jaeschke (Hrsg.). Bd. 2,1. Walter Jaeschke/Irmgard-Maria Piske (Hrsg.) unter Mitarbeit von Catia Goretzki. Hamburg: Meiner/Frommann-Holzboog, S. 123 – 161.

Jacobi, Friedrich Heinrich (1802) [verwendete Ausgabe: 2004]: „Ueber das Unternehmen des Kriticismus, die Vernunft zu Verstande zu bringen, und der Philosophie überhaupt eine neue Absicht zu geben". In: Friedrich Heinrich Jacobi, *Werke – Gesamtausgabe*. Klaus Hammacher/Walter Jaeschke (Hrsg.). Bd. 2,1. Walter Jaeschke/Irmgard-Maria Piske (Hrsg.) unter Mitarbeit von Catia Goretzki. Hamburg: Meiner/Frommann-Holzboog, S. 261 – 330.

Jacobi, Friedrich Heinrich (1815) [verwendete Ausgabe: 2004]: „Einleitung in des Verfassers sämmtliche philosophische Schriften". In: Friedrich Heinrich Jacobi, *Werke – Gesamtausgabe*. Klaus Hammacher/Walter Jaeschke (Hrsg.). Bd. 2,1. Walter Jaeschke/ Irmgard-Maria Piske (Hrsg.) unter Mitarbeit von Catia Goretzki. Hamburg: Meiner/ Frommann-Holzboog, S. 375 – 433.

Jaeschke, Walter und Arndt, Andreas (2012): *Die Klassische Deutsche Philosophie nach Kant: Systeme der reinen Vernunft und ihre Kritik 1785 – 1845*. München: C.H. Beck.

Jakob, Ludwig Heinrich (1786): *Prüfung der Mendelssohnschen Morgenstunden oder aller spekulativen Beweise für das Daseyn Gottes in Vorlesungen von Ludwig Heinrich Jakob Doktor der Philosophie in Halle. Nebst einer Abhandlung von Herrn Professor Kant*. Leipzig: J.S. Heinsius.

Jauernig, Anja (2008): „Kant's Critique of the Leibnizian Philosophy: Contra the Leibnizians, but Pro Leibniz". In: Béatrice Longuenesse/Daniel Garber (Hrsg.): *Kant and the Early Moderns*. Princeton: Princeton University Press, S. 41 – 63.

Jauernig, Anja (2011): „Kant, the Leibnizians, and Leibniz". In: Brandon Look (Hrsg.): *The Continuum Companion to Leibniz*. London/New York: Thoemmes Continuum Press, S. 289 – 309.

Jauernig, Anja (2021): *The World According to Kant. Appearances and Things in Themselves in Critical Idealism*. Oxford/New York: Oxford University Press.

Kalter, Alfons (1975): *Kants vierter Paralogismus: Eine entwicklungsgeschichtliche Untersuchung zum Paralogismenkapitel der ersten Ausgabe der Kritik der reinen Vernunft.* Meisenheim am Glan: Hain.

Katzoff, Charlotte (1981): „Salomon Maimon's Critique of Kant's Theory of Consciousness". In: *Zeitschrift für Philosophische Forschung* 35 Nr. 2, S. 185–195.

Kemp Smith, Norman (1923): *A Commentary to Kant's 'Critique of Pure Reason'.* Überarbeitete, vermehrte Auflage. London/Basingstoke: Macmillan.

Klotz, Christian (1993): *Kants Widerlegung des problematischen Idealismus.* Göttingen: Vandenhoeck & Ruprecht.

Kohl, Marcus (2015): „Kant on the Inapplicability of the Categories to Things in Themselves". In: *British Journal for the History of Philosophy* 23 Nr. 1, S. 90–114.

Kreimendahl, Lothar (1998): „Die Antinomie der reinen Vernunft, 1. und 2. Abschnitt". In: Georg Mohr/Marcus Willaschek (Hrsg.): *Immanuel Kant: Kritik der reinen Vernunft.* Berlin: Akademie Verlag, S. 413–446.

Kroner, Richard (1921) [verwendete Ausgabe: 1977]: *Von Kant bis Hegel.* Bd. 1. Tübingen: J.C.B. Mohr.

Kuehn, Manfred (1987): *Scottish Common Sense in Germany, 1768–1800: A Contribution to the History of Critical Philosophy.* Kingston/Montreal: McGill/Queen's University Press.

Kuehn, Manfred (1988): „Kant and the Refutation of Idealism in the Eighteenth Century". In: Donald C. Mell/ Theodore E. D. Braun/Lucia M. Palmer (Hrsg.): *Man, God, and Nature in the Enlightenment.* East Lansing, MI: Colleagues Press, S. 25–35.

Kuehn, Manfred (2006): „Kant's critical philosophy and its reception, the first five years (1781–1786)". In: Paul Guyer (Hrsg.): *The Cambridge companion to Kant and modern philosophy.* Cambridge: Cambridge University Press, S. 630–66.

Kuntze, Friedrich (1912): *Die Philosophie Salomon Maimons.* Heidelberg: C. Winter.

Langton, Rae (1998): *Kantian Humility: Our Ignorance of Things in Themselves.* Oxford/New York: Oxford University Press.

Lazzari, Alessandro (2014): „Johann August Eberhard". In: *Grundriss der Geschichte der Philosophie.* Begründet von Friedrich Überweg, völlig neu bearbeitete Ausgabe. Helmut Holzhey (Hrsg.). *Die Philosophie des 18. Jahrhunderts.* Bd. 5. Helmut Holzhey/Vilem Mudroch (Hrsg.). Basel: Schwabe, S. 1124–1130.

Ludwig, Bernd (2015): „,Die Kritik der reinen Vernunft hat die Wirklichkeit der Freiheit nicht bewiesen, ja nicht einmal deren Möglichkeit.' Über die folgenreiche Fehlinterpretation eines Absatzes in der Kritik der reinen Vernunft". In: *Kant-Studien* 106 Nr. 3, S. 398–417.

Maimon, Salomon (1790a): „Antwort des Hrn. Maimon auf voriges Schreiben". In: *Berlinisches Journal für Aufklärung* Bd. IX/1, S. 52–80. Abgedruckt als „Beilage" in: Salomon Maimon (2004): *Versuch über die Transzendentalphilosophie.* Florian Ehrensperger (Hrsg.). Hamburg: Meiner, S. 239–251.

Maimon, Salomon (1790b) [verwendete Ausgabe: 1965]: „Versuch über die Transscendentalphilosophie. Mit einem Anhang über die symbolische Erkenntniß und Anmerkungen". In: Salomon Maimon, *Gesammelte Werke.* Bd. 2. Valerio Verra (Hrsg.). Hildesheim: Georg Olms, S. 1 (bzw. vii)–442.

Maimon, Salomon (1791) [verwendete Ausgabe: 1970]: „Philosophisches Wörterbuch oder Beleuchtung der wichtigsten Gegenstände der Philosophie in alphabetischer Ordnung". In: Salomon Maimon, *Gesammelte Werke.* Bd. 3. Valerio Verra (Hrsg.). Hildesheim: Georg Olms, S. 5–246.

Maimon, Salomon (1792) [verwendete Ausgabe: 1970]: „Einleitung zur neuen Revision des Magazins zur Erfahrungsseelenkunde". In: Salomon Maimon, *Gesammelte Werke*. Bd. 3. Valerio Verra (Hrsg.). Hildesheim: Georg Olms, S. 462–490.

Maimon, Salomon (1793a) [verwendete Ausgabe: 1970]: „Anfangsgründe der Newtonischen Philosophie von Dr. Pemberton. Aus dem Englischen mit Anmerkungen und einer Vorrede von S. Maimon". In: Salomon Maimon, *Gesammelte Werke*. Bd. 4. Valerio Verra (Hrsg.). Hildesheim: Georg Olms, S. 533–580.

Maimon, Salomon (1793b) [verwendete Ausgabe: 1970]: „Streifereien im Gebiete der Philosophie". In: Salomon Maimon, *Gesammelte Werke*. Bd. 4. Valerio Verra (Hrsg.). Hildesheim: Georg Olms, S. 3–294.

Maimon, Salomon (1794) [verwendete Ausgabe: 1970]: „Versuch einer neuen Logik oder Theorie des Denkens. Nebst angehängten Briefen des Philaletes an Aenesidemus". In: Salomon Maimon, *Gesammelte Werke*. Bd. 5. Valerio Verra (Hrsg.). Hildesheim: Georg Olms.

Maimon, Salomon (1797) [verwendete Ausgabe: 1976]: „Kritische Untersuchungen über den menschlichen Geist". In: Salomon Maimon, *Gesammelte Werke*. Bd. 7. Valerio Verra (Hrsg.). Hildesheim: Georg Olms, S. 1 (bzw. i)–372.

Maimon, Salomon (1800a): Briefe an Bendavid. Abgedruckt in: Jacob Guttmann (und Salomon Maimon) (1917): „Lazarus Bendavid. Seine Stellung zum Judentum und seine literarische Wirksamkeit". In: *Monatsschrift für Geschichte und Wissenschaft des Judentums* Jahrg. 61, S. 176–211.

Maimon, Salomon (1800b) [verwendete Ausgabe: 1976]: Brief an Peina. In: Salomon Maimon, *Gesammelte Werke*. Bd. 7. Valerio Verra (Hrsg.). Hildesheim: Georg Olms, S. 567–571.

Mensch, Jennifer (2006): „Kant and the Problem of Idealism: On the Significance of the Göttingen Review". In: *Southern Journal of Philosophy* 44 Nr. 2, S. 297–317.

Metz, Wilhelm (2004): „Die Objektivität des Wissens. Jacobis Kritik an Kants theoretischer Philosophie". In: Walter Jaeschke/Birgit Sandkaulen (Hrsg.): *Friedrich Heinrich Jacobi: Ein Wendepunkt der geistigen Bildung der Zeit*. Hamburg: Meiner, S. 3–18.

Motta, Giuseppe (2018): „Elemente des Kritizismus in Feders Logik und Metaphysik". In: Hans-Peter Nowitzki/Udo Roth/Gideon Stiening (Hrsg.): *Johann Georg Heinrich Feder (1740–1821). Empirismus und Popularphilosophie zwischen Wolff und Kant*. Berlin/Boston: De Gruyter, S. 105–121.

Paton, Herbert James (1936): *Kant's Metaphysic of Experience: A Commentary on the First Half of the Kritik der reinen Vernunft*. Bd. 2. London: George Allen & Unwin.

Pietsch, Lutz-Henning (2010): *Topik der Kritik: Die Auseinandersetzung um die Kantische Philosophie (1781–1788) und ihre Metaphern*. Berlin/New York: De Gruyter.

Pinkard, Terry (2002): *German Philosophy 1760–1860: The Legacy of Idealism*. Cambridge: Cambridge University Press.

[Pistorius, Hermann Andreas] (1786): „Erläuterungen über des Herrn Professor Kant Critic der reinen Vernunft von Joh. Schultze, Königl. Preußischem Hofprediger. Königsberg 1984". In: *Allgemeine deutsche Bibliothek* 66 Nr. 1, S. 92–123.

[Pistorius, Hermann Andreas] (1788a): „Critic der reinen Vernunft von Immanuel Kant, Prof. in Königsberg, der Königl. Akademie der Wissenschaften in Berlin Mitglied. Zweyte hin und wieder verbesserte Auflage, Riga 1787". In: *Allgemeine deutsche Bibliothek* 81 Nr. 2, S. 343–354.

[Pistorius, Hermann Andreas] (1788b): „Prüfung der Mendelssohnschen Morgenstunden, oder aller spekulativen Beweise für das Daseyn Gottes in Vorlesungen von Ludwig Heinrich Jakob, Doctor der Philosophie in Halle. Nebst einer Abhandlung vom Herrn Professor Kant. Leipzig 1786". In: *Allgemeine deutsche Bibliothek* 82 Nr. 2, S. 427–470.

[Pistorius, Hermann Andreas] (1789): „Critic der reinen Vernunft im Grundrisse von M. Carl Christian Erhard Schmid. Zweyte verbesserte Auflage. Jena 1788 (und) Wörterbuch zum leichtern Gebrauch der Kantischen Schriften, nebst einer Abhandlung von M. Carl Christian Erhard Schmid. Zweyte vermehrte Ausgabe. Jena 1788". In: *Allgemeine deutsche Bibliothek* 88 Nr. 1, S. 103–122.

[Pistorius, Hermann Andreas] (1791): „Prüfung der kantischen Critik der reinen Vernunft, von Johann Schulz, königl. Hofprediger und ordentlicher Professor der Mathematik. Erster Theil. Königsberg 1789". In: *Allgemeine deutsche Bibliothek* 105 Nr. 1, S. 20–78.

Pogge, Thomas (1991): „Erscheinungen und Dinge an sich". In: *Zeitschrift für philosophische Forschung* 45 Nr. 4, S. 489–510.

Prauss, Gerold (1974): *Kant und das Problem der Dinge an sich*. Bonn: Bouvier.

Reinhold, Karl Leonhard (1789) [verwendete Ausgabe: 2013]: „Versuch einer neuen Theorie des menschlichen Vorstellungsvermögens". In: Karl Leonhard Reinhold, *Gesammelte Schriften*. Martin Bondeli (Hrsg.). Bd. 1. Martin Bondeli/Silvan Imhof (Hrsg.). Basel: Schwabe.

Rescher, Nicholas (1981): „On the Status of 'Things in Themselves' in Kant". In: *Synthese* 47 Nr. 2, S. 289–299.

Robinson, Hoke (1994): „Two perspectives on Kant's appearances and things in themselves". In: *Journal of The History of Philosophy* 32 Nr. 3, S. 411–441.

Robinson, Hoke (1996): „Kantian appearances and intentional objects". In: *Kant-Studien* 87 Nr. 4, S. 448–54.

Rosefeldt, Tobias (2007): „Dinge an sich und sekundäre Qualitäten". In: Jürgen Stolzenberg (Hrsg.): *Kant in der Gegenwart*. Berlin/New York: De Gruyter, S. 167–209.

Rosefeldt, Tobias (2013): „Dinge an sich und der Außenweltskeptizismus: Über ein Missverständnis der frühen Kant-Rezeption". In: Dina Emundts (Hrsg.): *Self, World, and Art. Metaphysical Topics in Kant and Hegel*. Berlin/Boston: De Gruyter, S. 221–260.

Rosefeldt, Tobias (2022, i.E.) „Being Realistic about Kant's Idealism". In: Karl Schafer/Nicholas F. Stang (Hrsg.): *The Sensible and Intelligible Worlds*. Oxford: Oxford University Press, S. 16–44.

Sandkaulen, Birgit (2007): „Das ‚leidige Ding an sich'. Kant – Jacobi – Fichte". In: Jürgen Stolzenberg (Hrsg.): *Kant und der Frühidealismus*. Hamburg: Meiner, S. 175–201.

Sandkaulen, Birgit (2019): *Jacobis Philosophie. Über den Widerspruch zwischen System und Freiheit*. Hamburg: Meiner.

Sandkaulen, Birgit (2021): „Philosophie und Common Sense: Eine Frage der Freiheit". In: Birgit Sandkaulen/ Walter Jaeschke (Hrsg.): *Jacobi und Kant*. Hamburg: Meiner, S. 193–210.

Sassen, Brigitte (1997): „Critical Idealism in the Eyes of Kant's Contemporaries". In: *Journal of the History of Philosophy* 35 Nr. 3, S. 421–455.

Sassen, Brigitte (2000): „Introduction". In: Brigitte Sassen (Hrsg.): *Kant's Early Critics: The Empiricist Critique of the Theoretical Philosophy*. Cambridge: Cambridge University Press, S. 1–49.

Sassen, Brigitte (2001): „Kant's Early Critics and the Question of Empirical Guidedness". In: Volker Gerhard/Rolf-Peter Horstmann/Ralph Schumacher (Hrsg.): *Kant und die Berliner Aufklärung: Akten des IX. Internationalen Kant-Kongresses*. Bd. 2, Sektionen I-V. Berlin/New York: De Gruyter, S. 663–669.

Schechter, Oded (2003): „The Logic of Speculative Philosophy and Skepticism in Maimon's Philosophy: Satz der Bestimmbarkeit and the Role of Synthesis". In: Gideon Freudenthal (Hrsg.): *Salomon Maimon: Rational Dogmatist, Empirical Skeptic*. Dordrecht: Springer, S. 18–53.

Schlösser, Ulrich (2013): „Kants Begriff des Transzendentalen und die Grenzen der intelligiblen und der sinnlichen Welt". In: Johannes Haag/Markus Wild (Hrsg.): *Übergänge – diskursiv oder intuitiv? Essays zu Eckart Försters Die 25 Jahre der Philosophie*. Frankfurt a. M.: Klostermann, S. 117–139.

Schultz, Johann (1785): „Institutiones Logicae et Metaphysicae von Jo. Aug. Henr. Ulrich". In: *Allgemeine Literatur-Zeitung*. 13. Dezember 1785, Numero 295, S. 297–299.

[Schulze, Gottlob Ernst] (1792) [verwendete Ausgabe: 1996]: *Aenesidemus oder über die Fundamente der von dem Herrn Professor Reinhold in Jena gelieferten Elementar-Philosophie. Nebst einer Verteidigung des Skeptizismus gegen die Anmaßungen der Vernuftkritik*. Manfred Frank (Hrsg.). Hamburg: Meiner.

[Schulze, Gottlob Ernst] (1794): „Ueber eine Entdeckung, nach der alle neue Kritik der reinen Vernunft durch eine ältere entbehrlich gemacht werden soll, von Immanuel Kant. Königsberg, bey Nicolovius". In: *Allgemeine deutsche Bibliothek* 116 Nr. 2, S. 445–448.

Schulze, Gottlob Ernst (1801a): *Kritik der theoretischen Philosophie*. Bd. 1. Hamburg: Carl Ernst Bohn.

Schulze, Gottlob Ernst (1801b): *Kritik der theoretischen Philosophie*. Bd. 2. Hamburg: Carl Ernst Bohn.

Sellars, Wilfrid (1968): *Science and Metaphysics. Variations on Kantian Themes*. London: Routledge & Kegan Paul.

Senderowicz, Yaron M. (2005): *The coherence of Kant's transcendental idealism*. Dordrecht: Springer.

Stang, Nicholas F. (2013): „Freedom, Knowledge and Affection: Reply to Hogan". In: *Kantian Review* 18 Nr. 1, S. 99–106.

Stang, Nicholas F. (2014): „The Non-Identity of Appearances and Things in Themselves". In: *Noûs* 48 Nr. 1, S. 106–136.

Stang, Nicholas F. (2016): „Kant's Transcendental Idealism". In: Edward N. Zalta (Hrsg.): *The Stanford Encyclopedia of Philosophy* (Spring 2022 Edition), URL = https://plato.stanford.edu/archives/spr2022/entries/kant-transcendental-idealism/, abgerufen am 13.07.2022.

Stern, Robert (2008): „Hegel's Idealism". In Frederick C. Beiser (Hrsg.): *The Cambridge Companion to Hegel and Nineteenth-Century Philosophy*. Cambridge: Cambridge University Press, S. 135–173.

Strawson, Peter F. (1966): *The Bounds of Sense: An Essay on Kant's Critique of Pure Reason*. London: Methuen.

Thielke, Peter (2001): „Getting Maimon's Goad: Discursivity, Skepticism, and Fichte's Idealism". In: *Journal of the History of Philosophy* 39 Nr. 1, S. 101–136.

Thielke, Peter (2008): „Apostate Rationalism and Maimon's Hume". In: *Journal of the History of Philosophy* 46 Nr. 4, S. 591–618.

Thöle, Bernhard (1991): *Kant und das Problem der Gesetzmäßigkeit der Natur.* Berlin/New York: De Gruyter.
Trendelenburg, Adolf (1870): *Logische Untersuchungen.* Dritte vermehrte Auflage. Bd. 1. Leipzig: S. Hirzel.
Turbayne, Colin M. (1955): „Kant's Refutation of Dogmatic Idealism". In: *The Philosophical Quarterly* 5 Nr. 20, S. 225–244.
Vaihinger, Hans (1884): „Zu Kants Widerlegung des Idealismus". In: *Straßburger Abhandlungen zur Philosophie.* Freiburg i.B./Tübingen: J.C.B. Mohr, S. 85–164.
Vaihinger, Hans (1892): *Commentar zu Kants Kritik der reinen Vernunft.* Bd. 2. Stuttgart: Union Deutsche Verlagsgesellschaft.
Van Cleve, James (1999): *Problems from Kant.* Oxford/New York: Oxford University Press.
Vanzo, Alberto (2013): „Kant on Empiricism and Rationalism". In: *History of Philosophy Quarterly* 30 Nr. 1, S. 53–74.
Vanzo, Alberto (2016): „Empiricism and Rationalism in Nineteenth-Century Histories of Philosophy". In: *Journal of the History of Ideas* 77 Nr. 2, S. 253–282.
Walker, Ralph C. S. (1985): „Synthesis and Transcendental Idealism". In: *Kant-Studien* 76 Nr. 1, S. 14–27.
Walker, Ralph C. S. (2010): „Kant on the Number of Worlds". In: *British Journal for the History of Philosophy* 18 Nr. 5, S. 821–843.
Watkins, Eric (2002): „Kant's Transcendental Idealism and the Categories". In: *History of Philosophy Quarterly* 19 Nr. 2, S. 191–215.
Watkins, Eric (2005): *Kant and the Metaphysics of Causality.* Cambridge: Cambridge University Press.
Watkins, Eric (2008): „Kant and the Myth of the Given". In: *Inquiry* 51 Nr. 5, S. 512–531.
Watkins, Eric und Willaschek, Marcus (2017): „Kant's Account of Cognition". In: *Journal of the History of Philosophy* 55 Nr. 1, S. 83–112.
Westphal, Kenneth R. (2001): „Freedom and the Distinction Between Phenomena and Noumena: Is Allison's View Methodological, Metaphysical, or Equivocal?". In: *Journal of Philosophical Research* 26, S. 593–622.
Westphal, Kenneth R. (2004): *Kant's Transcendental Proof of Realism.* Cambridge: Cambridge University Press.
Westphal, Kenneth R. (2007): „Proving Realism Transcendentally: Replies to Rolf George and William Harper". In: *Dialogue* 46 Nr. 4, S. 737–750.
Willaschek, Marcus (1998): „Phaenomena/Noumena und die Amphibolie der Reflexionsbegriffe". In: Georg Mohr/Marcus Willaschek (Hrsg.): *Immanuel Kant: Kritik der reinen Vernunft.* Berlin: Akademie Verlag, S. 325–351.
Willaschek, Marcus (2001): „Affektion und Kontingenz in Kants transzendentalem Idealismus". In: Ralph Schumacher (Hrsg.) (in Verbindung mit Oliver Scholz): *Idealismus als Theorie der Repräsentation?* Paderborn: Mentis, S. 211–231.
Windelband, Wilhelm (1892) [verwendete Ausgabe: 1957]: *Lehrbuch der Geschichte der Philosophie.* Fünfzehnte, durchgesehene und ergänzte Auflage. Tübingen: J.C.B. Mohr.
Zeller, Eduard (1873): *Geschichte der deutschen Philosophie seit Leibniz.* München: Oldenbourg.

Register

Adickes, Erich 112n41, 158n28
Ästhetik, Transzendentale, *siehe* Sinnlichkeit
Affektion, *siehe* Ding an sich: Kants Festlegung auf; Unentbehrlichkeit von (Existenz und Affektion); Unzulässigkeit von (Existenz und Affektion)
Allais, Lucy 18n22, 118n46, 120n50, 149f., 158n29, 165n, 166f., 339–342
Allison, Henry E. 115n, 125n58, 173n46, 211f., 220–222
Ameriks, Karl 117n45, 145n, 191, 299, 301f., 355n10
Amphibolie 100, 154–158
Analogien der Erfahrung/Zweite Analogie 148, 245f., 284, 311f., 330
Analytik, Transzendentale, *siehe* Verstand
Anschauung, *siehe* Sinnlichkeit
Antinomie 6, 26n, 150–153, 349f.
– des Denkens: 68–73
Antirealismus, *siehe* Maimon: Rezeption des Dings an sich (Existenz und Affektion)
Apperzeption, Einheit der 295, 298–302, 325–331
– *siehe auch* Deduktion, transzendentale; *siehe auch* Erfahrung

Beck, Jacob Sigismund 23, 24n30, 101, 243
Begriff, *siehe* Verstand
Beiser, Frederick C. 86n81, 201n26, 244n16, 260
Bendavid, Lazarus 86
Bennett, Jonathan 76n, 144n16
Berkeley, George bzw. berkeleyanisch 12, 45, 48n, 173, 186, 196–213 passim, 222n54, 244n16, 267
Bristow, William F. 153n24, 314n, 355n11

Caranti, Luigi 201n26, 211f.
Chiba, Kiyoshi 168n41, 206n
Chignell, Andrew 160n32, 170f.

Deduktion, transzendentale 4–6, 243–247, 263–271, 280–319, 332–345
– in Maimons Kritik (quid juris bzw. quid facti), *siehe unter* Maimon
– *siehe auch* Apperzeption, Einheit der; *siehe auch* Erfahrung; *siehe auch* Gegenstand, transzendentaler; *siehe auch* Kategorien
Descartes, René bzw. kartesianisch 205, 211
– *siehe auch* Paralogismus, Vierter; *siehe auch* Repräsentationalismus
Devitt, Michael 237n7
Dialektik, Transzendentale, *siehe* Vernunft
Ding an sich
– Argument für Existenz von 185–193, 218–223
– Kants Festlegung auf 108–130, 154–158, 177–179, 200f., 208–210, 210n38
– in der Kantexegese der frühen Kritiker 89–107
– *siehe auch* Paralogismus, Vierter
– Kategorienverbot hinsichtlich 134–180
– Unentbehrlichkeit von (Existenz und Affektion) 38–49
– bei Maimon 55–87
– Unentbehrlichkeit von (über Existenz und Affektion hinaus) 232–261
– Unerkennbarkeitsthese über 134–137, 158–180
– Unzulässigkeit von (Existenz und Affektion) 134–154, 158–180, 182–193, 214–227
– Unzulässigkeit von (über Existenz und Affektion hinaus) 261–277
  – *siehe auch* Harmonie, prästabilierte; *siehe auch* Idealismus, transzendentaler: in der transzendentalen Deduktion; *siehe auch* Maimon: quid juris bzw. quid facti
– *siehe auch* Erscheinung; *siehe auch* Gegenstand, transzendentaler; *siehe auch* Idealismus, transzendentaler; *siehe auch* Noumenon

Eberhard, Johann August   12f., 20–28 passim, 40–45 passim, 47, 49n, 50n17, 51n24, 54, 91–101 passim, 115n, 162, 198, 224, 236n4, 247f., 267–270, 301n19, 335n, 335f.
– Dogmatismusvorwurf   171–179
Empirismus   20f., 22n27, 124, 319–331 passim
Engstler, Achim   71f., 73n61, 74n63, 85, 249f., 275n, 322n34
Erfahrung   5, 153n23, 295, 298–302, 308–313, 325–331
– -surteil vs. Wahrnehmungsurteil   127–129, 300n16, 309, 330
– siehe auch Apperzeption, Einheit der; siehe auch Deduktion, transzendentale
Erscheinung   51–54
– in der transzendentalen Deduktion   292–302, 315–317
– siehe auch Ding an sich; siehe auch Idealismus, transzendentaler

Feder, Johann Georg Heinrich   12, 20–28 passim, 45f., 47, 48n, 50n20, 53, 92–99 passim, 162f., 197f., 203n, 214–216, 222, 224–226, 233n, 239n9, 241–244, 263, 301n19, 318f., 325n
Fichte, Johann Gottlieb   13f., 24n29, 28, 58n41, 65n48, 86, 93, 99n20, 101, 243, 260, 267, 352

Garve, Christian   12, 20–28 passim, 45, 47, 50n19/20/23, 54, 92–100 passim, 162f., 198n22, 222n54, 233n, 239n9, 241–243, 263, 318f.
Gawlina, Manfred   50n17, 268n
Gegenstand, transzendentaler   50f., 109, 120–129, 264, 290f.
– siehe auch Ding an sich; siehe auch Noumenon
Gesang, Bernward   91n
Guyer, Paul   221, 304f., 307, 355n11

Haag, Johannes   137n, 190n13
Harmonie, prästabilierte   154–158, 199n, 265f., 268–270, 332–337
– siehe auch Leibniz

Hegel, Georg Wilhelm Friedrich   353–355
Henrich, Dieter   317n
Herz, Marcus   66n50, 254f., 323, 327–329, 330n41
Hogan, Desmond   168n40, 189n, 216n45
Hoyos, Luis Eduardo   224n, 267n36
Hume, David   5, 20, 21n25, 79
– (Humes) Kausalitätsskeptizismus, siehe unter Skeptizismus

Idealismus, transzendentaler   3–7, 124f., 150–153
– in der transzendentalen Deduktion   302–317, 337–345
– siehe auch Harmonie, prästabilierte; siehe auch Maimon: quid juris bzw. quid facti
– Zwei-Welten- vs. Zwei-Aspekte-Interpretationen des   16–19, 49–55, 118–120, 158n29, 165–171, 175–179, 187–189, 210–213, 216–223, 337–345
– siehe auch Ding an sich; siehe auch Paralogismus, Vierter

Jacobi, Friedrich Heinrich   9f., 20–28 passim, 43f., 47, 50n22, 51n25, 53, 92–100 passim, 122n53, 135n, 137n, 139–141, 155, 161f., 183f., 186n6, 187f., 191, 197f., 214–216, 222, 223n, 246f., 263–265, 268, 275n, 318f.
Jauernig, Anja   18n21/22, 54n32, 118n47, 168

Kategorien, kategorial   4–6, 207f.
– Eigenschaften von Dingen an sich (über Affektion hinaus)   232–277
– -verbot hinsichtlich der Dinge an sich   134–180
– vs. Formen der Anschauung   145–158
– transzendentale Deduktion der, siehe Deduktion, transzendentale

Klotz, Christian   208n36
Kohl, Marcus   153n24, 334n45
Konzeptualismus   294n
– siehe auch Erscheinung: in der transzendentalen Deduktion; siehe auch Idealis-

mus, transzendentaler: in der transzendentalen Deduktion
- kopernikanische Wende   145–148, 235, 290f.

Langton, Rae   166f., 187n10, 222n52
Leibniz, Gottfried Wilhelm bzw. Leibnizianer, leibniz(ian)isch   20f., 26n, 47, 72f., 78, 97, 103n
- in Eberhards Dogmatismusvorwurf   171–179
- in Kants Kritik in der Amphibolie   154–158
- prästabilierte Harmonie, These über, *siehe* Harmonie, prästabilierte
Locke, John bzw. Lockeaner   21n23, 25, 191, 196, 226n44, 223
- *siehe auch* Repräsentationalismus

Maimon, Salomon   20–28 passim
- Kausalitätsskeptizismus, *siehe* Maimon: quid juris bzw. quid facti
- quid juris bzw. quid facti   248–261, 271–276, 301n19, 319–331, 336f.
- Rezeption des Dings an sich (Existenz und Affektion)   11, 13, 55–87, 51n25, 93f., 102–106, 135n, 139–141, 162, 183f., 188n, 193f., 198, 224
Mythos des Gegebenen   241n

Nichtkonzeptualismus, *siehe* Konzeptualismus
Noumenon   110–120
- *siehe auch* Ding an sich; *siehe auch* Gegenstand, transzendentaler

Paralogismus, Vierter   6f., 51n25, 53, 99, 106, 115n, 150–153, 185, 193, 194–213
Phänomenalismus, phänomenalistisch, *siehe* Idealismus, transzendentaler: Zwei-Welten- vs. Zwei-Aspekte-Interpretationen des
Pistorius, Hermann Andreas   11, 20–28 passim, 39–45 passim, 47, 50n16/18, 53f., 90–101 passim, 139f., 163, 186, 224, 249n, 265f., 268, 268n, 318f., 331n44

- zur unentbehrlichen Rolle von Dingen an sich (über Existenz und Affektion hinaus)   232–237

Rationalismus   20f., 22n26, 75–84, 184n, 333, 334n45
Realismus, *siehe* Ding an sich
- direkter, *siehe* Repräsentationalismus
- *siehe auch* Idealismus, transzendentaler
Reid, Thomas   21n25, 216n44, 226n
- *siehe auch* Repräsentationalismus
Reinhold, Karl Leonhard   11n13, 23, 24n30, 66n50, 75n, 159n, 173n48, 244n15, 249n, 323n36
Repräsentationalismus/direkter Realismus   169n, 177f., 211f., 213–226
Rosefeldt, Tobias   119n48, 127–129, 166f., 175–178, 187n10, 219n

Sandkaulen, Birgit   137n, 215n41
Sassen, Brigitte   194n, 233n
Schematismus, schematisiert   143, 156f., 164f., 273f., 286–289, 314, 320, 333f.
- *siehe auch* Kategorien, kategorial
Schultz, Johann   11n11, 96, 281n2, 301n19
Schulze, Gottlob Ernst   11, 20–28 passim, 40–45 passim, 47f., 50n21, 51n24, 54, 90–101 passim, 112n41, 134f., 136n, 137n, 159n, 161f., 182–193 passim, 198, 214–216, 223n, 224f., 236n4, 245f., 266–268, 301n19, 319, 325n, 335n
- in Maimons Kritik   74–84, 102–106
Sinnlichkeit/Anschauung   3f., 43, 114f., 117n45, 341f., 308–317
- bei Maimon   70–72, 255–261
  - *siehe auch* Maimon: quid juris bzw. quid facti
- vs. Verstand/Begriff   145–158
Skeptizismus   7, 73n62, 74–84
- Außenwelt-   41n, 46–49, 59–69, 134f., 182–194, 213–226
- im Vierten Paralogismus, *siehe* Paralogismus, Vierter
- Kausalitäts-   245–247, 319, 248–261, 271–276, 302n19, 319–331
Stang, Nicholas F.   18n22, 222n53

Strawson, Peter F. 144n16, 304f., 307f., 340

Thielke, Peter 79f.
Thöle, Bernhard 324n
transzendental 123–125
transzendentaler Gegenstand, *siehe* Gegenstand, transzendentaler

Vaihinger, Hans 124f., 197n20
Van Cleve, James 168, 221n49
vernachlässigte Alternative/Mittelhypothese über Raum und Zeit 147n20, 210, 234f., 267f.

Vernunft(-begriffe) 6f., 174–179, 350f.
– *siehe auch* Antinomie; *siehe auch* Paralogismus, Vierter
Verstand/Begriff 4–6, 114f., 341f., 350f.
– bei Maimon, *siehe unter* Sinnlichkeit
– vs. Sinnlichkeit/Anschauung 145–158

Walker, Ralph C. S. 18n22, 157n, 281n3, 334n45
Watkins, Eric 148f., 251n24, 281n3, 324n, 327n
Westphal, Kenneth R. 221n50, 304f., 307f., 314
Widerlegung des Idealismus 185f., 189f.
– *siehe auch* Skeptizismus: Außenwelt-

www.ingramcontent.com/pod-product-compliance
Lightning Source LLC
Chambersburg PA
CBHW031751220426
43662CB00007B/364